中国科协新一代信息技术系列丛书

中国科学技术协会　丛书主编

智能传感器导论

Introduction to Intelligent Sensor

吴一戎　主编

中国检验检测学会　组编

中国科学技术出版社

·北京·

图书在版编目（CIP）数据

智能传感器导论 / 吴一戎主编；中国检验检测学会
组编 . —— 北京：中国科学技术出版社，2022.11
（中国科协新一代信息技术系列丛书）
ISBN 978-7-5046-9813-1

I.①智… II.①吴… ②中… III.①智能传感器
IV.① TP212.6

中国版本图书馆 CIP 数据核字（2022）第 198585 号

责任编辑	韩 颖
装帧设计	中文天地
责任校对	吕传新
责任印制	李晓霖

出　　版	中国科学技术出版社
发　　行	中国科学技术出版社有限公司发行部
地　　址	北京市海淀区中关村南大街16号
邮　　编	100081
发行电话	010-62173865
传　　真	010-62173081
网　　址	http://www.cspbooks.com.cn

开　　本	787mm×1092mm 1/16
字　　数	720千字
印　　张	37.75
版　　次	2022年11月第1版
印　　次	2022年11月第1次印刷
印　　刷	北京荣泰印刷有限公司
书　　号	ISBN 978-7-5046-9813-1 / TP·446
定　　价	149.00元

《智能传感器导论》编写组

主　编

吴一戎　中国科学院院士，中国科学院空天信息创新研究院
　　　　研究员、院长

副主编

程建功　中国科学院上海微系统与信息技术研究所研究员
　　　　传感技术联合国家重点实验室主任

王军波　中国科学院空天信息创新研究院研究员
　　　　传感技术联合国家重点实验室副主任

编委会委员（按汉语拼音字母排序）

蔡新霞　中国科学院空天信息创新研究院

陈德勇　中国科学院空天信息创新研究院

陈　健　中国科学院空天信息创新研究院

程建功　中国科学院上海微系统与信息技术研究所

方　震　中国科学院空天信息创新研究院

付艳艳　中国科学院上海微系统与信息技术研究所

高理富　中国科学院合肥物质科学研究院

郭　正　安徽大学

黄行九　中国科学院合肥物质科学研究院

李怀林　中国检验检测学会

李　铁　中国科学院上海微系统与信息技术研究所

李昕欣　中国科学院上海微系统与信息技术研究所

梁喜双　吉林大学

刘凤敏　吉林大学

刘华琳　中国检验检测学会

卢革宇　吉林大学

祁志美　中国科学院空天信息创新研究院

邵秀梅　中国科学院上海技术物理研究所
王家畴　中国科学院上海微系统与信息技术研究所
王军波　中国科学院空天信息创新研究院
吴学忠　国防科技大学
吴一戎　中国科学院空天信息创新研究院
武震宇　中国科学院上海微系统与信息技术研究所
夏善红　中国科学院空天信息创新研究院
夏　扬　中国检验检测学会
薛晨阳　中北大学
杨　恒　中国科学院上海微系统与信息技术研究所
张文栋　中北大学
周　宏　中国科学院上海微系统与信息技术研究所

前　言

　　当前，经济社会数字化转型和智能升级进入加速道，数字经济将成为继农业经济、工业经济之后的主要经济形态。数字经济是以数据资源为关键要素，以现代信息网络为主要载体，以信息通信技术融合应用、全要素数字化转型为重要推动力，促进公平与效率更加统一的新经济形态。数据是数字经济的核心生产资源，贯穿于数字经济体系或系统架构，传递于由感知、传输、处理、存储、反馈与执行等构成的整个信息系统中。

　　传感器是数据采集的功能载体、信息获取的主要终端，是信息技术的基础核心元器件。传感技术与通信技术、计算机技术被称为现代信息技术的三大支柱。如果把计算机比作人的大脑，通信技术是神经网络，那么传感器就是人的感觉器官，是探测和获取外界信息的重要来源，是数字经济时代经济和社会高质量发展的基石。

　　智能传感器在传统传感器的基础上增加更为丰富的信息处理能力，能够提供更综合的功能，是当今世界正迅速发展的一门现代综合技术，在工业和生活中有着广泛的应用。人们现在被无数智能的设备围绕着：智能手机、智能手表、智能冰箱、智能空调。很难想象在现代生活中如果没有传感器、没有智能设备，我们的城市该如何运作，这说明了智能传感器在现代社会中的重要地位。国家"十四五"规划纲要提出推动物联网全面发展，将物联网纳入七大数字经济重点产业，其中必然要实现物品的智能识别、定位、收集、跟踪、监控、处理，这也决定了智能传感器在其中的基础作用与核心地位。

　　我国政府高度重视传感器发展。习近平总书记多次强调，如果核心元器件严重依赖国外，供应链的"命门"就会掌握在别人手里。自党的十八大以来，国务院、国家发改委、科技部、工信部等多部门都陆续印发了《加快推进传感器及智能化仪器仪表产业发展行动计划》（2013 年）、《＜中国制造 2025＞重点领域技术路线图》（2015）、《"十三五"国家科技创新规划》（2016）、《智能传感器产业三年行动指南（2017—2019）》（2017）、《关于促进制造业产品和服务质量提升的实施意见》（2019）、《新时期促进集成电路产业和软件产业高质量发展的若干政策》（2020）、《工业互联网创新发展行动计划（2021—2023）》（2021）、《基础电子元器件产业发展行动计划（2021—2023）》（2021）、《物联网新型基础设施建设三年行动计划（2021—2023）》（2021）、《"十四五"国家科技创新规划》（2021）等一系列支持、规范智能传感器科研与产业发展的政策，内容涉及智能传感器发展技术路线、发展目标、应用推广等方面。此外，全国各省市也着力优化产业发展政策环境，目前，上海、浙江、江苏、广东、北京等各地区相继发布了加快智能传感器及物联网产业园区建设的相关政策，不断加大对智能传感器发展的支持，加强关键共性技术攻关，推动智能传感器技术与产业快速发展。

为落实国家战略，加速新一代信息技术人才培养，满足数字经济发展的人才需求，为实现经济高质量发展提供人才支撑，中国科协策划并组织编写以传感技术、云计算、大数据、人工智能等为代表的新一代信息技术系列丛书，成立了中国科协新一代信息技术系列丛书编写委员会，聘请梅宏院士为编委会主任，李培根院士、李德毅院士、李伯虎院士、张尧学院士、李骏院士、谭铁牛院士、赵春江院士为编委会委员，统筹丛书编写工作。本书为该系列丛书之一，主要面向高等学校电子科学与技术、仪器科学与技术、自动化等专业的本科高年级学生和研究生，以及从事传感器技术研究和传感器产品研发、生产的技术人员。

本书的编写汇集了多位专家学者的智慧。本书主编吴一戎院士、副主编程建功研究员和王军波研究员等带领编写组全体成员系统地进行了顶层设计和撰写工作。本书第一章由吴一戎、程建功编写，第二章由李昕欣、杨恒、王家畴编写，第三章由王军波、吴学忠、陈德勇、肖定邦编写，第四章由李铁、周宏编写，第五章由张文栋、薛晨阳、张国军、何常德、郑永秋、崔建功、王任鑫编写，第六章由祁志美、邵秀梅编写，第七章由夏善红、武震宇、陈浩编写，第八章由卢革宇、孙鹏、刘凤敏、梁喜双、刘方猛、郑传涛、费腾编写，第九章由黄行九、郭正编写，第十章由蔡新霞、宋轶琳、刘军涛、罗金平、王蜜霞编写，第十一章由方震、王鹏编写，第十二章由高理富、陆伟、李旭昊、黄义庚、殷浩宇编写，全书由程建功、付艳艳、陈健合稿和校稿。

第一章从传感器的定义出发，主要介绍传感器的结构组成、分类及发展历程。在此基础上，进一步介绍了智能传感器的概念及基本结构、价值及应用、现状及发展趋势，并简要介绍了主要发达国家和地区的智能传感器发展规划和我国智能传感器产业的发展机遇。第二章用若干小节来介绍常见的传感效应，帮助读者通过对常用传感效应原理方法的了解来加强理解后面各个章节中介绍的具体传感器技术。另外，鉴于当代主流传感器结构主要使用微机电系统等先进微纳米技术来制造，因此本章在介绍传感效应后，接着介绍了三类最主要的传感器微结构制造工艺技术，以帮助读者理解传感效应在传感器结构中的实现方法。第三章至第十一章，按照传感器被检测量的分类方法依次介绍力、热、声、光、电＆磁等物理量传感器，以及气湿敏、离子敏等化学量传感器和生化、生理等生物量传感器。第十二章介绍智能传感器的主要特征和实现方式，并结合人工智能科学的发展，从传感器滤波、自标定、自补偿、分类、机器学习、多传感器信息融合六个方面出发阐述传感器智能化的常用方法。

此外，中国科协领导多次协调，确保了丛书编写和推广工作的顺利进行。中国科协学会学术部对丛书的撰写、出版、推广全过程提供了大力支持与具体指导。中国科协智能制造学会联合体承担了丛书的前期调研、组织协调和推广宣传工作。中国检验检测学会承担了本书编写的组织工作，学会会长李怀林对本书高度重视，布置相关工作；夏扬副会长兼秘书长以及学会技术总工刘华琳博士和王婷老师在本书写作过程中精心组织，扎实推进此项工作。中国科学技术出版社的全力支持和悉心编校让这本书的付梓成为可能，感谢他们的辛勤工作。

智能传感器是一个新兴领域，处于飞速发展阶段，且与多领域、多学科紧密结合，还有很大的发展空间。由于时间、精力、知识结构有限，书中难免存在错误和不妥之处，恳请广大读者批评指正，以便编写组对本书进一步完善。

吴一戎

2022.8.26

目　录

第一章 绪 论

当前，经济社会数字化转型和智能升级进入加速道，数字经济将成为继农业经济、工业经济之后的主要经济形态。数字经济是以数据资源为关键要素，以现代信息网络为主要载体，以信息通信技术融合应用、全要素数字化转型为重要推动力，促进公平与效率更加统一的新经济形态。数字经济发展速度之快、辐射范围之广、影响程度之深前所未有，正推动生产方式、生活方式和治理方式深刻变革，成为重组全球要素资源、重塑全球经济结构、改变全球竞争格局的关键力量。

数据是数字经济的核心生产资源，贯穿于数字经济体系或系统架构，传递于由感知、传输、处理、存储、反馈与执行等构成的整个信息系统中。传感器是数据采集的功能载体，是信息技术的基础核心元器件。在全球数字化的巨大市场需求牵引下，传感器技术飞速进步，传感器产业蓬勃发展。当前，在消费电子、安防监控、工业制造、医疗健康、电商物流、智慧出行、智慧家居等多个领域，负责数据采集的传感器无处不在。事实上，传感器一直存在于人们的日常生活中，小到遥控器、体温计、智能手环、智能手机，大到出行乘坐的汽车、高铁、飞机等，覆盖大大小小不同的场景，可以说人们的日常生活已经离不开传感技术和传感器。

本章将从传感器的定义出发，介绍传感器的组成、分类和发展历程。在此基础上，进一步介绍智能传感器概念及基本结构、智能传感器的价值及应用，并用几种典型智能传感器描绘智能传感器的技术现状，之后对智能传感器的发展趋势进行展望，引导读者能够对智能传感器有一个总体认识，对学习后续章节起到一定的铺垫作用。

1.1 传感器的定义、组成及分类

按照《中华人民共和国国家标准（GB/T 7665—2005）：传感器通用术语》定义，传感器是能够有效感受被测量并按照一定规律转换成可用输出信号的器件或装置，通常由敏感元件和转换元件组成。其中，敏感元件指传感器中能直接感受或响应被测量的部分；转换元件指传感器中能将敏感元件感受或响应的被测量转换成适合传输或测量的电信号部分，如图1.1所示。传感技术与通信技术、计算机技术被称为现代信息技术的三大支柱。如果把计算机比作人的大脑，通信技术是神经网络，那么传感器就是人的感觉器官，是探测和获取外界信息的重要来源。

图1.1 传感器概念图

"被测量"一般理解为非电学量，可以是物理量，也可以是化学量、生物量等；"可用输出信号"一般理解为电信号，即模拟量的电压、电流信号和离散量的电平变换的开关信号、脉冲信号。

目前，国际上尚未制定权威的传感器标准类型。学界和产业界通常按照被测量，将传感器分为物理量传感器、化学量传感器、生物量传感器；按照工作原理，将传感器分为阻抗式传感器、电动势式传感器、光电式传感器；按照工作物质，将传感器分为半导体传感器、光纤传感器、压电传感器等。其中，按照被测量的分类方法最常用，并且在物理量、化学量、生物量下又进行细分（图1.2）。

1.2 传感器的发展历程

传感器的发展历程可大致分为三代：第一代结构型传感器，第二代固体传感器，第三代智能传感器。

结构型传感器利用结构参量变化来感受和转化信号。例如，电阻式应变传感器利用金属材料发生弹性形变时电阻的变化来转化电信号。

固体传感器是于20世纪70年代发展起来的，由半导体、电介质、磁性材料等固体元件构成，利用材料自身的物理特性在被测量的作用下发生变化，从而将被测

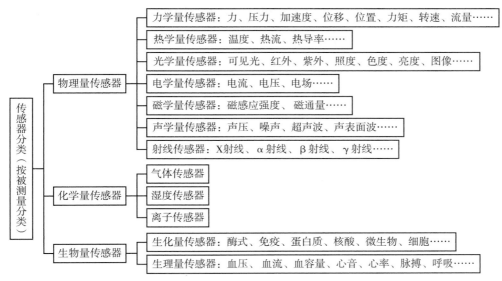

图 1.2　传感器分类（资料来源：国家智能传感器创新中心整理）

量转化为电信号或其他可用输出信号。例如，利用热电效应、霍尔效应、光敏效应分别制成热电偶传感器、霍尔传感器、光敏传感器等。这类传感器具有成本低、可靠性高、性能好、接口灵活等特点。

　　智能传感器概念最早由美国宇航局在研发宇宙飞船过程中提出来，并于 1979 年形成产品。宇宙飞船上需要大量的传感器不断向地面或飞船上的处理器发送温度、位置、速度和姿态等数据信息，即便使用一台大型计算机也很难同时处理如此庞大的数据，何况飞船又限制计算机体积和重量，因此希望传感器本身具有信息处理功能，于是将传感器与微处理器结合，就出现了智能传感器。早期的智能传感器是将传感器的输出信号经处理和转化后，由接口送到微处理机进行运算处理。20 世纪 80 年代，智能传感器主要以微处理器为核心，把传感器信号调节电路、微电子计算机存储器及接口电路集成到一块芯片上，使传感器具有一定的人工智能。20 世纪 90 年代，智能化测量技术有了进一步的提高，传感器实现了微型化、结构一体化、阵列式、数字式，使用方便、操作简单，并具有自诊断功能、记忆与信息处理功能、数据存储功能、多参量测量功能、联网通信功能、逻辑思维以及判断功能。

1.3　智能传感器概念

　　尽管至今科学界对智能传感器尚无规范化的统一定义，但目前智能传感器的概念基本上可以简单概括为"是具有信息采集、信息处理、信息存储、信息交换和逻辑思维及判断功能的传感器，是集传感器、通信芯片、微处理器、驱动程序、软件算法等于一体的系统级产品"。

智能传感器基本结构如图1.3所示，一般包含传感单元、计算单元和接口单元。传感器单元负责信号采集，计算单元根据设定对输入信号进行处理，再通过网络接口与其他装置进行通信。

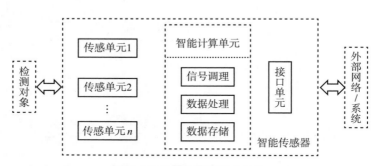

图 1.3　智能传感器基本结构

一个真正意义的智能传感器应具有如下功能：

（1）自补偿与自诊断功能：通过微处理器中的诊断算法能够检验传感器的输出，并能够直接呈现诊断信息，使传感器具有自诊断的功能。

（2）信息存储与记忆功能：利用自带存储器对历史数据和各种必需的参数等数据进行存储，极大地提升控制器的性能。

（3）自学习与自适应功能：通过内嵌的具有高级编程功能的微处理器实现自学习功能，同时在工作过程中，智能传感器还能根据一定的行为准则重构结构和参数，具有自适应的功能。

（4）数字输出功能：智能传感器内部集成了模数转换电路，能够直接输出数字信号，缓解了控制器的信号处理压力。

（5）判断、决策处理功能：通过内嵌的具有数据融合功能的微处理器对传感器的感知信息数据、自身存储的数据进行智能分析，并根据分析结果决定下一步行动。如中国科学院上海微系统与信息技术研究所将MEMS嗅觉、柔性触觉传感器阵列与多模态机器学习算法融合，构建了可用于应急救援掩埋场景下人体识别的触嗅一体智能传感器——机械手。该机械手手指触摸物体后可准确获取其局部微形貌、材质硬度和整体轮廓等关键特征，掌心可同步嗅出物体特征气味，将获得的感知信息通过具有神经网络学习功能的微处理器进行实时处理，最终完成识别人体、确认部位、判断掩埋状态、移开障碍物、闭环救援等动作。

1.4 智能传感器的价值及应用

自美国宇航局在 20 世纪 80 年代提出智能传感器概念以来，经过几十年的发展，智能传感器已成为传感器技术发展的一个重要发展方向，随着与 CMOS 兼容的微机电系统（Micro-Electro-Mechanical System，MEMS）技术的发展，微型智能传感器的发展得到了有力的技术支撑，智能传感器产业面临着一个非常重要的历史发展契机。在当前智能时代的推动下，传感器的重要性更加凸显。

1.4.1 智能传感器是经济和社会高质量发展的基石

传感器已深入国民经济和国防建设各个领域。随着新一代信息通信技术与先进制造技术的深度融合，具有自感知、自学习、自决策、自执行、自适应等功能的新型生产方式快速发展，对智能传感器提出了巨大需求。智能传感器技术能够实现工业过程的全面灵敏感知，实现企业全局及生产经营全过程的高效、绿色与安全，促进生产力进一步提升。

智能传感器是未来智慧型社会信息获取的主要终端，自主掌握该技术是构建安全和富裕社会的前提。应用智能传感器正确感知周围环境，实现自动驾驶汽车，可以有效消除多达 85% 的正面碰撞，减少交通事故，从而缓解交通压力。在人体健康领域，传感器技术可以实现人体健康监测和医疗数据采集等功能，极大丰富医生收集和获取患者信息的方式，提高诊断和治疗的整体水平，促进人类医学的进步和发展，保障人民的生命健康。

智能传感器已成为衡量装备先进化程度的重要标志。传感器是集成电路、航空航天、深地深海探测和轨道交通等领域高端制造装备不可或缺的关键基础零部件，其水平直接决定着重大装备的性能和质量。某型号运载火箭使用 2000 多只传感器，"蛟龙号"深海探测器状态检测使用 150 多只特种传感器，实现航天、深海等极端环境的感知探测和保障装备的高可靠安全工作。"复兴号"高速列车运行使用 2500 余只传感器，实现列车运行状态信息收集、综合性能全面检测、钢轨探伤和室内外环境综合传感，自主识别障碍物、道路、交通信号，避免列车发生意外碰撞，提升列车安全性能。

智能传感器是数字技术、数字经济和数据产业的核心。数字经济是经济高质量发展的新形态，近年来发展迅速。传感器作为数据采集的入口，是数字系统的"眼睛""耳朵"和"皮肤"。在全球数字化的巨大市场需求牵引下，传感器技术飞速进步，传感器产业蓬勃发展。当前，在消费电子、安防监控、工业制造、医疗健康、电商物流、智慧出行、智慧家居等多个领域，负责信息和数据收集的传感器无处不在。智能手机中有几十个传感器，自动驾驶汽车有上百个传感器，应用于精密工业和医疗领域的机器人全身拥有 400 多个传感器，新冠肺炎疫情防控大规模使用了红外传感器和图像传感器。此外，随着 5G、物联网、人工智能等技术加速落地，日益庞大繁杂的数据需求将促使传感器市场规模急剧扩大。

智能传感器是智慧城市智能基础架构的核心。智慧城市的理念是把城市本身看成一个生态系统，系统内部的所有个体实现物物相连、相互优化。每一个需要识别和管理的物体上都需要安装与之对应的传感器，因此传感器的布局以及升级换代成为智慧城市能否快速发展的关键。当前，在电网、交通、安防等城市生活相关领域已逐步开展智能传感器的各类技术研发与智能化的应用探索。智能电网利用传感器技术，实现电力产品质量、电网故障定位的快速测量与在线监控；智慧交通系统通过传感器采集交通信息、流量、噪声、路面、交通事故、天气、温度等，保障人、车、路、环境之间的相互信息交流，有效缓解拥堵状况，提升交通管理能力。此外，智慧城市连接物体类型众多、数据类型多样，促进了 5G 网络传输、大数据融合等技术的发展，也大大加速了传感器在智慧城市中的应用。

1.4.2 智能传感器技术成为新时代国际科技竞争的新焦点

传感器是制造业智能化升级的核心部件。无论是德国推崇的"工业 4.0"、美国力主的"工业互联网"，还是我国制造业的主攻方向"智能制造"，本质核心是传统制造业与新一代信息技术的融合发展。一方面，制造过程的智能化需要利用传感器采集制造系统中的海量数据与信息，利用传感器技术进行及时收集、处理和传递，通过智能分析技术进行大数据处理与利用，推动制造过程实现提质增效；另一方面，在传统装备系统向数字化、智能化发展过程中，传感器承担感知外部信息的作用，传感器系统是制造装备实现智能化的基础。此外，随着传感器技术与物联网设备的应用逐步完善，实时仿真制造系统中的实体对象以及实体之间的规律成为可能，通过仿真过程可以洞察性能趋势和潜在问题，还可以根据其物理对应物的原型进行实时反馈，从而优化设计。因此，制造业的数字化、网络化、智能化转型升级背后离不开传感器技术的支持，制造业智能化转型发展对传感器稳定性、可靠性、安全性的要求也不断提高，传感器成为未来国际制造业竞争的又一个主战场。

为抢占新一轮科技革命的先机，近年来西方发达国家开始在传感器技术领域争夺领导地位。2020 年，美国发布了《关键与新兴技术国家战略》，将高端传感器列为 20 项关键与新兴技术清单。美国国会参议院通过的《2021 美国创新和竞争法案》21 次提及对传感器技术的支持要求，支持建立区域传感器技术创新中心。2016 年，欧洲发布《欧洲传感器系统领导力路线图》，专门规划未来高端智能传感器的发展。2018 年，德国发布《传感器技术 2022——让创新互联》报告，将新型传感器技术作为机器、设备等的核心技术和价值增值手段。

为遏制我国产业的智能化转型和升级，美国把高端传感器列为禁止出口的新兴技术。2018 年 11 月，美国对所谓的可能会影响美国国家安全的 14 类新兴和基础技术进行出口管制，其中与传感器技术相关的有量子信息和传感技术、高超音速空气动力学研究专用传感材料、计算机视觉、定位导航和定时技术、面纹和声纹等先进监控技术。2021 年 3 月 29 日，美国商务部和工业安全局明确包括声学、光学、电磁、重力、雷达、惯性、毒气 / 剂、压力等方面的高端传感器产品和技术对我国进行出口管制。

1.4.3　智能传感器是科学研究和技术创新的重要工具

传感器既是科学研究和技术创新的成果，又是科学研究和技术创新的重要工具。传感器技术是创新度非常高的先进交叉学科技术，更是其他领域技术创新的有力支撑，可以说没有传感器就没有现代科学技术，重大科学发现离不开传感器的保障。利用传感器技术，能够在超高温、超低温、超高压、超低真空、超强磁场、超弱磁场等各种极端条件下获得人类感官无法获得的信息，可以观察到 10 ~ 10cm 的微粒，能实现 10 ~ 24s 的时间、10 ~ 15T 的磁感应强度、10 ~ 13A 的电流、10 ~ 23J 的能量等物理量的高精度检测。量子传感助力纳米级精致成像，引力传感实现百亿分之一的重力加速度测试，万亿帧 / 秒图像感知实现光子运行轨迹精确分析。国家第六次先进制造领域技术预测报告显示，基于新型智能材料的驱动 – 感知 – 控制技术、制造信息智能感知与采集、高稳定生物传感技术 3 项传感器技术是制造领域未来 5 年的先进技术。传感器已成为世界各国基础科学和尖端技术的战略高地，日本有学者甚至提出"谁支配了传感器，谁就支配了我们的时代！"

1.4.4　智能传感器是国防安全的新命门

冷战结束以后，国际形势发生了重大而深刻的变化，世界正处于一个动荡、分化、改组和向多级化方向发展的时期。为了继续保持世界第一超级大国地位，20世纪 90 年代初，美国陆军率先提出数字化战场的新概念并付诸实施。美军计划于2030 年全面实现陆地战场数字化，2050 年建成陆、海、空、天一体化数字化战场。传感器作为信息获取的源头技术，是信息化的基础。数字化战场需要各种各样的传感器，包括惯导、紫外、可见光、红外、无线电波、毫米波、声波、离子敏、气敏传感器等，用于战场空间态势感知、目标截获和识别、导航、制导和控制等，使作战人员及时确切地了解机动控制、火力支援、防空、情报、战斗服务支援和其他一般性的战斗任务。越来越多的武器装上了传感器，武器越先进，所依靠的传感器就越先进。在战争中，传感器给武器以眼睛，指哪打哪，虽然能避免平民受更多炮火的摧残，但也让打击目标在传感器的侦察下逃无可逃。从某种意义上来说，传感器在军事上的价值远比民用的更加重要，传感器带给现代武器质的变化，因此可以说传感器开启了现代战争。

1.5　智能传感器现状及发展趋势

1.5.1　智能传感器技术现状

传感器在技术水平和功能上的迅速发展，一方面来自计算机、检测技术的发展，另一方面则源于应用领域的驱动。传统意义上的传感器输出的多是模拟量信号，本身不具备信号处理和组网功能，需连接到特定测量仪表才能完成信号的处理和传输功能。智能传感器集成了传感器、信号调理电路和带总线接口的微处理器，能在内部实现对原始数据的加工处理，并且可以通过标准的接口与外界实现数据交换，具有良好的开放性、扩展性，给系统的扩充带来了很大的发展空间。

1.5.1.1　智能传感器的实现方式

目前，智能传感器的实现主要有三种方式：模块式、集成式或混合式。

模块式：将传统的基本传感器、信号调理电路、带数字总线接口的微处理器组合为一个整体而构成的智能传感器系统。这种非集成化智能传感器是在现场总线控制系统发展形势的推动下迅速发展起来的。自动化仪表生产厂家原有的一套生产工艺设备基本不变，由附加一块带数字总线接口的微处理器插板组装而成，并配备能进行通信、控制、自校正、自补偿、自诊断等智能化软件，实现智能传感器功能。这是一种最经济、最快速建立智能传感器的途径，但此种传感器集成度较低、技术壁垒低，不适用于微型化产品领域，不属于新型先进传感器。

集成式：采用 MEMS 技术和大规模集成电路工艺技术，利用硅作为基本材料来制作敏感元件、信号调理电路以及微处理器单元，并把它们集成在一块芯片上。集成化使智能传感器达到了微型化、结构一体化，从而提高了精度和稳定性，是当前智能传感器的最高级形式。MEMS 工艺适宜于大批量生产，是先进传感器继续发展的方向。

混合式：要在一块芯片上实现智能传感器系统存在着许多棘手的难题。根据需要与可能，可将系统各个集成化环节（如敏感单元、信号调理电路、微处理器单元、数字总线接口）以不同的组合方式集成在两块或三块芯片上，并封装在一个外壳内。此种作为先进传感器的主要种类而广泛应用。最典型的形式是采用系统级封装（System in Package，SiP）的封装形式，将不同功能的裸片级别芯片封装在一起实现特定的功能，苹果公司的 Apple Watch、Airpods 终端应用是典型代表。

1.5.1.2　几种典型的智能传感器

（1）智能温度传感器

温度传感器的发展大致经历了三个阶段：传统分立式温度传感器、模拟集成温度传感器和智能温度传感器。智能温度传感器包含温度传感器、A/D 转换器、信号处理器、存储器和接口电路，有的产品还带有多路选择器、中央控制器、随机存取器和只读存储器。特点是能输出温度数据及相关的温度控制量，适配各种微控制器，并且是在硬件的基础上通过软件实现测试功能，其智能化水平取决于软件开发水平。新型智能温度传感器的测试功能不断增强，大多具有多种工作模式可供选择，主要包括单次转换模式、连续转换模式、待机模式，有的还增加了低温极限扩展模式。对于某些智能温度传感器，主机（外部微处理器或单片机）还可通过相应的寄存器设定其 A/D 转换速率、分辨率及最大转换时间。另外，智能温度传感器正从单通道向多通道方向发展，这为研发多路温度测控系统创造了良好条件。由美国达拉斯半导体公司研制的 DS1624 型高分辨力智能温度传感器能输出 13 位二进制数据，分辨率高达 0.03℃。

为了避免在温控系统受到噪声干扰时产生误动作，一些智能温度传感器的内部设置了一个可编程的故障排队计数器，专用于设定允许被测温度值超过上下限的次数。仅当被测温度连续超过上限或低于下限的次数达到所设定的次数才能触发中断端口，避免了偶然噪声干扰对温控系统的影响。为了防止因人体静电放电而损坏芯片，一些智能温度传感器还增加了静电保护电路，一般可以承受 1 ~ 4 kV 的静电放电电压。例如，TCN75 型智能温度传感器的串行接口端、中断 / 比较信号输出端和地址输入端均可承受 1 kV 的静电放电电压，LM83 型智能温度传感器则可承受 4 kV 的静电放电电压。

（2）智能压力传感器

智能压力传感器是微处理器与压力传感器的结合，微处理器能够按照给定的程序对传感器实现软件控制，一般具有数据处理功能、自动诊断功能。目前市场的智能压力传感器主要是通过混合式或集成式实现的。比如，无锡康森斯克电子科技公司的智能压力传感器基于系统级封装解决方案（SiP），包含超小型电容式 MEMS 绝对压力传感单元，同时集成智能高精度数字电路和温度传感器。相比其他压力传感器厂商传统的压阻式绝对压力传感器，电容式压力传感器可以提供更高的精度、更低的功耗、更好的稳定性和一致性以及工作在极端温度、湿度环境下的超强能力。上海丽恒光微电子科技有限公司的压力传感器则采用 CMOS-MEMS

单芯片集成解决方案，将 ASIC 芯片和 MEMS 压力传感器芯片通过上下结构的方式集成在一块芯片上，具有更佳的成本优势，主要市场目标为智能手机、平板电脑、可穿戴设备、健康医疗电子设备等以及面向物联网智能传感终端的多种应用。

（3）智能惯性传感器

惯性传感器是 MEMS 传感器中应用最广泛的一类传感器，包括加速度计、陀螺仪和方位传感器。MEMS 技术得天独厚的优势实现了惯性传感器的小型化并且降低了成本。现在的惯性测量模块可以在 10mm×10mm×4mm 的尺寸内集成三轴加速度计、三轴陀螺仪和三轴磁强计，成本在 1 美元以内。这种惯性测量模块可应用于智能手机、可穿戴设备上，实现包括步态监测、步数统计、跌倒检测、睡眠监测、室内导航等运动、健康方面的功能，同时也可实现手势识别、方向感知等娱乐方面的功能。

应用于可穿戴设备上的智能惯性传感器需要具有更小的尺寸、更低的功耗，作为体域网的一个节点实现数据的无线传输，最终实现柔性化。目前，全球最小的三轴加速度计是博世公司在 2014 年发布的 BMA355，它采用晶圆级封装，尺寸仅为 1.2mm×1.5mm×0.8mm，功耗极低，工作电流仅为 130μA，在低功耗模式下，电流可降低到 13μA。此外，BMA355 还具有强大的智能终端引擎，中断模式包括数据就绪同步、运动唤醒、敲击感测、方向识别、水平和竖直切换开关、低 g 值 / 高 g 值冲击检测、自由落体检测、节电管理等，可用于健康追踪器、计步器（智能手表和手环）等可穿戴设备。

（4）智能生化传感器

生化传感器是指能够感应生物量或化学量，并按照一定规律转化为有用信号输出的器件，一般由两部分组成。一是生化分子识别元件，由具有生物化学分子识别能力的敏感材料组成。随着材料科学的发展，由二维新材料形成的生化敏感膜呈现出了更加优越的性能，逐渐成为生化分子识别元件研究领域的热点。二是信号转换器，主要由谐振、电化学或光学检测元件组成，如声表面波、电流电位测量电极、离子敏场效应管、光电倍增管等。随着当前新材料、新原理以及新集成技术的不断发展，特别是 MEMS（微机电系统）/ NEMS（纳机电系统）技术、生物芯片技术的出现，目前生化传感器的研究已经逐渐发展为以微型化、集成化、智能化为特征的生化系统研究。在过去，传感器研究仅仅专注于提升自身性能，如灵敏度、动态范围、响应时间、可靠性等，而随着 MEMS/NEMS 技术与标准 CMOS 技术的不断融合，传感器与读出电路的集成已成为可能；并且随着混合集成技术的不断进步，更多的功能电路，包括将通信模块、能量收集、电源管理模块集成于智能生化传感器当中，为传感器的微型化、多功能化以及智能化奠定了技术基础。

在实际应用中，多个生化信号往往需要同时检测，这就需要一个多传感器的片上系统利用不同的检测原理实现多信号的同时检测。多传感器片上系统的实现为集成电路（Integrated Circuit，IC）后道工艺设计提出了诸多挑战，由于布局多传感器的芯片要经过多次后道工艺，则所有工艺必须与标准 CMOS 工艺兼容，并且后道工艺也要相互兼容。随着新材料、新结构、新原理的不断发展，基于悬臂梁的 DNA 传感器、基于多晶硅纳米线的蛋白质 /DNA 传感器、基于水凝胶的血糖传感器、基于离子敏场效应管的 pH 传感器及基于带隙基准的温度传感器已经可以与其相应的读出电路、无线通信等模块集成于同一芯片上，具备自校准功能，并可在一定范围内实现自调整、自适应功能。2016 年，欧洲微电子研究中心与三星电子共同展示了一种多参数生理信号记录平台，其内置了心电、生物阻抗、电流皮肤反应以及脉搏波传感器，实现了多参数同步采集，该系统可以为可穿戴电子产品提供更精确、更可靠以及更广泛的健康评估。因为多传感器使用同一芯片进行数据采集，使数据流之间可以实现高精度同步，从而为多数据之间的相关性分析以及数据融合提供了基础。例如，可以结合心电和脉搏波数据分析脉搏到达时间，并进一步估计血压值；结合心电、脉搏波和生物阻抗数据可以对血氧动力学参数进行更为精确的估计等。

1.5.2　智能传感器产业现状

受消费电子、汽车电子、医疗电子、工业控制、光通信、仪器仪表等市场的高速成长，智能传感器行业呈现爆发式增长（图 1.4）。2020 年，智能传感器市场规模达到 358 亿美元，占传感器总体规模的 22.3%。美国智能传感器产值全球占比 43.3%，欧洲占比 29.7%，日本占比 19.8%，而中国占比不足 6.2%（图 1.5）。

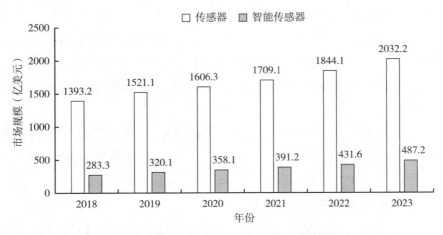

图 1.4　2018—2023 年全球传感器及智能传感市场规模

资料来源：赛迪顾问，2021 年 6 月。

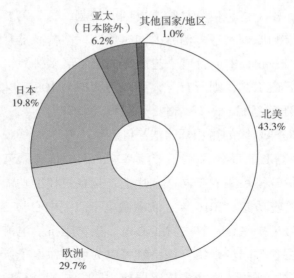

图 1.5　2020 年全球智能传感器产业结构

资料来源：赛迪顾问，2021 年 6 月。

据 2019 年数据统计，我国智能传感器企业主要集聚于华东地区，企业数量约占全国 56.88%。此外，华北、中南等地区也有大量优秀企业聚集，分别占比 23.09% 和 8.36%。

以上海、无锡、南京为代表的华东地区拥有国内最大规模的传感器产业集群，形成了包括热敏、磁敏、图像、称重、光电、温度、气敏等较为完备的传感器生产体系及产业配套，是硬件传感器、软件开发及系统集成企业的主要聚集地和应用推广地，是 MEMS 产业研发设计和制造中心。

以深圳、广州等城市为主的珠三角地区构建了由众多外资企业组成的以热敏、磁敏、超声波、称重为主的传感器产业体系。

以郑州、武汉、太原为核心的中部地区通过产学研紧密结合的模式，在 PTC/NTC 热敏电阻、感应式数字液位传感器和气体传感器等行业细分领域发展态势较好。

而在华北地区，高校和科研院所林立，科技研发活动频繁，主要从事新型智能传感器的开发。

随着全球智能传感器及下游应用行业的快速发展，全国多地在智能传感器领域加快产业布局，谋划建设智能传感器产业基地，力争打造中国智能传感器产业新高地。

1.5.3　我国智能传感器产业链现状

众所周知，由于敏感机理、敏感材料不同，加之使用场景以及被检测介质与个性化参数、结构等复杂性要求，传感器制造工艺呈现出分散性、复杂性等特点，加上制造装备价格昂贵等因素制约，传感器被业界冠以"工业工艺品"称号，长期以来一直处于多品种、小批量生产状态。为解决这一难题，各国工程技术人员围绕工艺技术协同、融合，在产品规范化、性能归一化、功能集成化、结构标准化以及工艺设备和工装夹具的产业化方面展开了长期的技术开发与创新，形成了一大批不同特色和特点的技术成果。在这些成果中，当属 MEMS 技术最为成功。

MEMS 技术是将微电子技术与机械工程融合到一起的、操作范围在微米范围内的一种微细加工工业技术，涉及微电子、材料、力学、化学、机械诸多学科领域。使用该技术制成的产品具有体积小、重量轻、成本低、功耗低、可靠性高、适于批量化生产、易于集成和实现智能化的特点，成功解决了传感器的制造难题，实现了产业化与规模化生产，现已成为制造传感器的主流技术和创新源泉。

基于 MEMS 技术的智能传感器产业链主要包括芯片设计、晶圆制造、封装测试、软件与芯片解决方案、应用几个技术环节（图 1.6）。

图 1.6　基于 MEMS 技术的智能传感器产业链

国外企业自 20 世纪 90 年代进入 MEMS 领域，大部分半导体制造公司也同时从事 MEMS 生产加工业务。国内 MEMS 产业在 2009 年后才逐渐起步，传感器新品研制落后近 10 年，产业化水平落后 10~15 年，主要表现在以下几个方面。

1.5.3.1　研发与芯片设计

传感器的设计技术涉及多种学科、多种理论、多种材料、多种工艺及现场使用条件；设计软件价格昂贵、设计过程复杂、考虑因子众多，国内尚无一套具有自主知识产权的真正好用的传感器设计软件。设计人员不仅需要了解通用设计程序和方法，还需要熟悉器件制备工艺、了解器件现场使用条件。由于设计环节技术壁垒极高，国内具有自主芯片设计能力的企业不多，据估测，智能传感器芯片的国产化率不足 10%。

1.5.3.2　晶圆制造

整个传感器产业链上最为核心的当属晶圆制造环节，包括材料体系、工艺、设备和厂房等的支撑。由于晶圆制造对工艺及设备要求非常高，投入资金巨大，国内绝大部分厂商以无晶圆厂模式居多。大陆仅少数几家公司具备晶圆生产线（华润上华、中芯国际、上海先进半导体等），尽管硬件条件与国际水平相近，但是工艺技术和经验无法达到国外工厂规模生产的标准。因此，大多数本土设计公司更愿意同台积电、Silex Microsystems 等海外成熟的代工厂合作。这也是国内传感器行业难以实现完全 IDM 模式的根本原因。

1.5.3.3 封装测试

国内企业在智能传感器封测环节渗透率较高，越来越多的厂商进军封装行业。封装结构和封装材料会影响传感器的迟滞、时间常数、灵敏度、寿命等性能，从制造成本看，传感器的封装成本通常为总成本的 30%~70%。国内传感器封装技术标准化程度较低，没有统一的接口标准，产品外形千差万别，不利于用户选用和产品互换。MEMS 测试技术经过 20 多年不断发展，国内已有达到国际标准的测试工厂，但晶圆级测试系统仍然存在准确度和一致性检验的问题，验证手段与国际先进水平尚有差距。

1.5.3.4 软件与芯片解决方案

本土企业在传感器配套的软件环节中渗透率较低，被欧美如博世、应美盛等自带软件算法的 IDM 企业垄断，技术与国际水准仍有差距。但是在传感器芯片及解决方案环节中，中小规模技术型企业在新兴应用场景中渗透加速。

1.5.3.5 应用

在智能传感器产业链中，国内下游应用广泛，市场需求拉动作用大。但目前国内智能传感器厂商多为新兴的无晶圆初创公司，技术上以仿制跟随为主，自身技术和产品性能还难以获得手机、汽车等大型应用商的信任，产品进入中高端行列依然存在一定困难。

总体来看，目前我国智能传感器技术和产品滞后于国外及产业需求，一方面表现为传感器在感知信息方面的落后，另一方面表现在传感器在智能化和网络化方面的落后。由于国产传感器没有形成足够的规模化应用，导致国内多数传感器不仅技术水平较低，而且价格高，在市场上竞争力较弱。

1.5.4 智能传感器的发展趋势

1.5.4.1 MEMS 成为智能传感器制造的共性基础工艺技术

MEMS 工艺技术成为各种类型传感器的共性基础工艺技术，被业界称为传感器创新源泉，不仅只是为了提高产业化水平，其工艺易于和 IC 工艺兼容，同时可以把多个敏感元件复合于一体，结合软件处理与算法构成多维度指标测试和多参数融合的微系统模块来拓展产品适用范围，从而弥补片面追求高精度给规模生产带来的难度，以便减少产品测试成本、提高规模经济效益。再结合微能量获取技术给传感器供电，就可以实现完全智能化的数据采集节点，实现远程数据采集能力，实现低成本、网络化应用，为大数据、5G、人工智能、区块链乃至新基建基础数据采集提供可靠和基本保障。

1.5.4.2 智能传感器的微型化不可逆转

从生产及加工角度看，传感器尺寸决定了原材料的使用率，在单片晶圆尺寸固定的情况下，设计的芯片越小，所能产出的芯片数量就越多，MEMS 传感器芯片的成本也能够得到有效降低，传感器微型化代表了生产成本的下降；从性能上看，微型传感器的能耗得到大幅降低；从产品角度看，传感器尺寸的缩小可以释放更多空间，间接提升产品最终的用户体验。根据 Yole Development 的研究，MEMS 典型器件中，加速度计的封装尺寸从 2009 年的 3 mm×5 mm 缩小至 2018 年的 1.6 mm×1.6 mm，面积仅相当于之前的 17%，而成本则是过去的 1/10。因此，在保证产品性能达到客户需求的前提下，不断缩小产品尺寸、降低产品成本是智能传感器的重要发展趋势之一。

1.5.4.3 智能传感器走向集成化、网络化

数据融合是当今科技发展的整体趋势和理念，通过多种类别的传感器集成、构成复杂的网络，发挥其每个传感器的特点，提升传感器的智能水平和应用适应能力。

集成化是智能传感器未来发展的一个重要趋势。由于设计空间、成本和功耗预算日益紧缩，在同一衬底上集成多种敏感元器件、制成能够检测多个参量的多功能组合 MEMS 传感器成为重要解决方案。传感器集成化主要包括两种：一种是传感器与作为信号调理电路的 ASIC 芯片集成，另一种是多种类型传感器及器件集成。传感器与 ASIC 芯片集成，不仅提高了数据可靠性，而且传感器所需配套器件数量亦相应减少，传感器的尺寸、重量、功耗和成本得到减小和降低，为生产满足下游应用的批量化、高可靠性、低成本的传感器提供条件。多种类型传感器及器件集成可以通过多传感器的融合与协同、提升信号识别与收集的效果和智能设备器件的集成化程度来节约内部空间。因此，集成化不仅可以实现产品功能更加强大，满足多样化需求；而且可形成成本优势，1 个集成传感器比 2 个单独的传感器更加具有成本优势；此外还能够降低尺寸，满足更多可穿戴式智能产品的发展需求。

网络化也是智能传感器未来发展的一个重要趋势，多个传感器构成的智能网络可以对某一个节点的错误进行自行的诊断与校正，多个传感器所测出的多组数据在优化算法下无疑会更加精准。正如互联网一样，通过网络化的连接，智能传感器之间的交流也会更加方便，信息的感知传递交流处理也会变得更加迅捷。

1.5.4.4 无线能量采集成为智能传感器应用研究的新热点

电源及电线的存在对于传感器的应用环境带来很大限制，许多工业及医疗场景中复杂的机械及人体结构无法满足传感器电源及线路的排布。对此，无线能量采

集成为传感器下一个发展方向。无线能量收集技术是指把环境中的能量（如光、动能、热能等）转换成电能来给系统供电的技术，以实现传感器的自供电。这样，传感器就可以被安置在任何地方，也减少更换和维护的成本。目前，已有国外企业推出相应的解决方案，并表示传感器能够持续工作达 10 年以上。今后，随着应用的不断推进，传感器还会与人工智能技术相结合，传感器将不再是冷冰冰的器件，而会变成一个更加智能、更有温度的产品。

1.5.4.5　软件算法和方案重要性凸显

智能传感器的关键在于传感器软件和算法。每种传感器所采集的数据在传输之前需要经过校正与优化，多种传感器数据融合产生的大量原始数据需要特定算法和微控制器进行处理。优化的算法和高效的微控制器能够产生用户所需的数据，减轻中央处理器的计算压力，提高传感数据的准确性和效率，提升传感器的智能化水平。同时，为了使传感器满足具体行业应用要求，需要开发新传感器智能算法，通过数据融合技术将多参量数据进行综合处理。比如，生物传感器在医疗健康产业上的应用。在心电算法上，除了心率、心脏负荷率、压力、睡眠指数等，还包括通过FDA 认证的医疗应用。

1.5.5　主要发达国家和地区的智能传感器发展规划

1.5.5.1　美国、欧盟

欧美发达国家将高端传感器视为保持国家竞争力的关键，如 2012 年美国国家科学技术委员会发布的《国家先进制造战略计划》、欧盟委员会发布的《关键使能技术发展共同战略》等都将高端传感器列为重点发展领域。

在传感器件研究方面，美国通过纳米计划推动基于纳米技术的物理、化学、生物传感器研究工作，2015 年白宫公布的《纳米技术引发的重大挑战：未来计算》白皮书中将自主运行的智能大数据传感器列为技术优先领域之一。欧盟利用石墨烯旗舰计划推动石墨烯传感器的基础研究工作。

2022 年 3 月 24 日，美国国家科学技术委员会量子信息科学小组委员会发布了《将量子传感器付诸实践》的战略计划。为应对量子传感技术广泛的应用空间和不同的最终用户需求，计划提出"各机构应简化技术转让和获取做法，以鼓励开发和尽早采用量子传感器技术"等 4 项建议，增强了美国量子信息科学的国家战略。预计量子传感器将成为竞争的新焦点。

1.5.5.2　德国

德国是 MEMS 和传感器技术的领先者。早在 2006 年德国首次发布的《德国高技术战略》中，就将微系统、纳米技术等列为 17 个现代技术创新范围，随即投入前所未有的资金和精力，以保持其国际领先地位。

2015 年，德国发布工业 4.0 战略，传感器被描绘成信息物理系统的核心组件，包括加速度传感器、气压传感器、电子罗盘等。2018 年 9 月 5 日，德国联邦内阁通过了《高技术战略 2025》，确定了德国未来研究与创新资助三大行动领域的总共 12 项使命，其中将发展微电子、通信系统、材料、量子技术、现代生命科学和航空航天研究作为加强德国未来能力的重点任务。

2020 年，德国传感和测量技术协会在《传感器技术 2022——让创新互联》报告中指出，传感器技术是很多机器、设备和车辆竞争力的核心技术，是提升其价值增值的手段，未来传感器的先进程度决定了机械制造、汽车、过程控制和制造领域的国际竞争力。

1.5.5.3 日本

日本将传感器技术列为十大技术之首、国家重点发展的六大核心技术之一。日本传感器产业侧重实用化和商品化，走的是先普及后提高，由引进、消化、仿制到自行改进设计创新的路子。

2013 年，日本经济产业省启动"传感器技术在社会公共服务中的应用开发项目"。同年 7 月，日本新能源产业技术综合开发机构公布了该项目委托研究机构。

2015 年 7 月，日本召开物联网升级制造模式工作组会议，该工作组的目标主要是跟踪全球制造业发展趋势的科技情报，通过政府与民营企业的同心通力合作，实现物联网技术对日本制造业的变革。10 月 23 日，日本成立产学官合作组织——物联网推进联盟，从事传感器技术的研发和测试。2017 年，日本内阁会议通过第五期（2016—2020 年度）科学技术基本计划，将微电子、材料等列为重点发展领域。

1.5.5.4 韩国

韩国传感器专门企业不多，2013 年韩国在全球传感器市场的占有率仅为 1.7%。为加强在物联网领域的竞争力，韩国政府从 2015 年开始，在 6 年时间投资 1508 亿韩元（约 1.3 亿美元）支持推动尖端传感器培育事业。

同时，韩国着力引导民间企业扩大合作，加强与市场相连的策略性研发和生态圈建设。三星电子、乐金电子、SK Telecom 等大企业正在积极摸索与专门传感器企业的合作方式，大力发展系统芯片事业，研发具有潜力的传感器。

1.5.6 我国智能传感器产业的发展机遇

1.5.6.1 产业政策环境持续优化

智能传感器作为电子元器件，处于电子信息制造产业的前端和上游，是支撑电子信息产业的基石，也是保障产业链、供应链安全稳定的关键。

习近平总书记多次强调，如果核心元器件严重依赖外国，供应链的"命门"就会掌握在别人手里。2021年以来，为加快我国电子元器件及关键配套材料和设备产业发展，提升产业链供应链现代化水平，促进我国信息技术产业高质量发展，国家工信部印发《基础电子元器件产业发展行动计划（2021—2023年）》，从发展方向、实现路径、推广市场以及配套方面对基础电子元器件产业提出了规划。具体来看，针对新型MEMS传感器重点向小型化、低功耗、集成化发展，支持产学研合作；完善MEMS传感器行业配套，优化发展环境。工信部等8部门联合发布《物联网新型基础设施建设三年行动计划（2021—2023年）》，明确到2023年在国内主要城市初步建成物联网新型基础设施，社会现代化治理、产业数字化转型和民生消费升级的基础更加稳固；创新能力有所突破——高端传感器、物联网芯片、物联网操作系统、新型短距离通信等关键技术水平和市场竞争力显著提升。

此外，全国各省市也着力优化产业发展政策环境，相继发布了加快智能传感器及物联网产业园区建设的相关政策。目前，上海、浙江、江苏、广东、北京等各地区均积极发展传感器产业园区，壮大新兴产业，加快数字经济转型升级。

1.5.6.2 行业市场需求日益旺盛

加快数字化发展、建设数字中国是我国经济社会发展的一个重要目标。随着数字政府、数字经济、数字社会的建设步伐逐步加快，智能传感器作为感知外界信息并进行信息化、数字化转变的关键基础部件，相应地需求也在进一步被激发。据中国信息通信研究院数据，我国智能传感器市场规模从2015年的106亿美元上升至2019年的137亿美元，产业生态逐渐趋于完备，设计制造、封测等重点环节均有骨干企业布局。未来随着国内厂商技术持续迭代、产品线进一步丰富、市场认知度持续提升，智能传感器市场国产化率有望进一步提高。

1.5.6.3 行业科技创新步伐加快

科技部在"十四五"期间的国家重点研发计划中设立了"智能传感器"重点专项，以战略性新兴产业、国家重大基础设施和重大工程、生命健康保障等重大需求为牵引，系统布局智能传感基础及前沿技术、传感器敏感元件关键技术、面向行业的智能传感器及系统和传感器研发支撑平台，一体化贯通智能传感器设计、制造、封装测试和应用示范环节，以实现传感器创新研制支撑能力明显改善，产业链关键环节技术能力显著增强，若干重点行业和领域的核心传感器基本自主可控，传感器技术研发实力进入世界前列，成为国家强大、行业进步、人民健康、科学腾飞的强大支撑。

参考文献

［1］赛迪顾问物联网研究中心. 2021 年工业智能传感器白皮书，2021 年 6 月发布.

［2］中国科学院信息科技战略研究组. 信息科技：加速人 – 机 – 物三元融合，2012 年 9 月 28 日发表.

［3］中国仪器仪表行业协会传感器分会，中国仪器仪表学会传感器分会，中国仪器仪表学会仪表元件分会，传感器国家工程研究中心. 中国传感器（技术、产业）发展蓝皮书，2020 年 9 月 19 日发布.

［4］工业和信息化部电子信息司，中国电子技术标准化研究院. 智能传感器型谱体系与发展战略白皮书，2019 版.

［5］尤政. 智能传感器技术的研究进展及应用展望［J］. 科技导报，2016（17）：72–78.

［6］郭源生. 传感器：数字技术的核心，国际竞争的新焦点. 2020 年 9 月 2 日在无锡物联网创新促进中心学术交流.

［7］张云勇. 传感器为数字经济赋能. 人民政协网，2020 年 10 月 30 日.

［8］国家自然科学基金委员会，中国科学院. 微纳机电系统与微纳传感器技术［M］. 北京：科学出版社，2020.

［9］Mengwei Liu, Yujia Zhang, Jiachuang Wang, et al. A star–nose–like tactile–olfactory bionic sensing array for robust object recognition in non–visual environments［J］. Nat. Commun.，2022（13）：79.

［10］江西科学院. 智能传感器是未来 10 年产业的主流形态. 传感器专家网，2022 年 3 月 28 日.

第二章 传感器技术基础

当代传感器种类繁多，应用广泛。但设计任何一款传感器都需要根据具体应用来选择适合的传感效应及其原理，进而实现敏感材料和传感器结构的设计与制造。本章将介绍常见的传感效应，帮助读者了解常用传感效应原理和方法。同时，还将介绍三类最主要的传感器微结构制造工艺技术，以帮助读者理解传感效应在传感器结构中的实现方法。

2.1 压阻效应和传感技术

压阻效应是指材料的电阻率随应力改变，从而引起材料电阻改变的效应。MEMS 传感器技术中一般采用硅、锗等半导体材料的压阻效应来实现应力信号向电信号转换。压阻传感是 MEMS 传感器中的重要换能技术。

2.1.1 单晶硅的压阻效应

硅和锗的压阻效应是 C. S. Smith 在 1954 年发现的[1]。经过多年研究，硅压阻效应已经可以用能带理论较好地解释[2]。本书以 MEMS 技术中常用的力敏电阻为例介绍压阻效应，更详细的分析参见参考文献 [2]。

力敏电阻是指电阻值随应力改变的电阻器。对于长为 l、截面积为 A 的单晶硅力敏电阻，当受到长度方向的正应力 T 作用时，其电阻率与应力的关系可表示为

$$\rho = \rho_0(1 + \pi T) \Rightarrow \Delta\rho = \pi T \tag{2.1}$$

式中，ρ_0 是没有应力时的电阻率，π 称为压阻系数。

力敏电阻一般会受到沿电阻方向的正应力以及其他方向的正应力和剪切应力。

由于 MEMS 技术中一般采用集成电路中的离子注入、扩散等工艺制作力敏电阻，通常位于硅片表面几微米的薄层内，故可以近似认为力敏电阻只对硅片表面内的应力敏感。电阻率与应力的关系可简化为

$$\Delta\rho=\pi_l T_l+\pi_t T_t+\pi_s T_s \tag{2.2}$$

式中，T_l 和 π_l 分别为沿电阻长度方向的纵向正应力和纵向压阻系数，T_t 和 π_t 分别为表面内垂直于电阻长度方向的横向正应力和横向压阻系数，T_s 和 π_s 分别为表面内的剪切应力和剪切压阻系数。

单晶硅的压阻系数是各向异性的。在晶格坐标系中，单晶硅有三个独立的压阻系数，分别表示为 π_{11}、π_{12} 和 π_{44}。表 2.1 给出室温下（300K）轻掺杂单晶硅的压阻系数值。由表 2.1 可得，对于 p 型硅，π_{44} 比 π_{11} 和 π_{12} 大两个数量级，可以近似认为 p 型硅中 $\pi_{11} \approx \pi_{12} \approx 0$；而对于 n 型硅，可近似认为 $\pi_{44} \approx 0$，$\pi_{11} \approx 2\pi_{12}$。

表 2.1 单晶硅中压阻系数取值 单位：1/Pa

	π_{11}	π_{12}	π_{44}
p-Si（7.8Ωcm）	6.6	-1.1	138.1
n-Si（11.7Ωcm）	-102.2	53.4	-13.6

2.1.2 压阻检测技术

利用硅的压阻效应可以实现对应力的测量。常用的测量元件有力敏电阻、X 型压阻元件等。

力敏电阻是 MEMS 技术中常用的应力敏感元件。力敏电阻的阻值变化并不完全是由压阻效应引起的。我们知道，电阻值的表达式为 $R = \rho\frac{1}{A}$，电阻条的 l 和 A 也会随应力变化，即应变效应。常用的金属应变片就是利用金属薄膜的应变效应实现应力或应变敏感的。对于单晶硅，通过合理设计可以使压阻效应比应变效应大数十倍，因此，单晶硅力敏电阻中可近似忽略应变效应的影响[3]。

压阻效应是各向异性的，需要根据应用要求选择力敏电阻的晶向和类型。由于各向异性湿法腐蚀是重要的 MEMS 加工技术，常用的（100）硅片中采用各向异性湿法腐蚀制作的结构一般沿 <110> 晶向，而沿 <110> 晶向的 n 型力敏电阻的灵敏度较小，因此一般采用 p 型力敏电阻，其满足

$$\frac{\Delta R}{R_0} \approx \frac{\Delta\rho}{\rho_0}=\frac{\pi_{44}}{2}T_t-\frac{\pi_{44}}{2}T_s \tag{2.3}$$

式中，π_{44} 如表 2.1 所示。

当（100）硅片上 MEMS 结构沿 <100> 晶向时，由于沿 <100> 晶向的 p 型电阻没有压阻效应，需要采用 n 型力敏电阻，其满足

$$\frac{\Delta R}{R_0} \approx \pi_{11} T_l + \pi_{12} T_s \tag{2.4}$$

式中，π_{11} 和 π_{12} 如表 2.1 所示。

MEMS 技术中也经常使用（111）硅片。（111）硅片表面的压阻效应是近似各向同性的，设计灵活度大。一般（111）硅片上采用 p 型力敏电阻以获得较大的压阻系数，（111）硅片表面任意晶向力敏电阻近似满足[4]

$$\frac{\Delta R}{R_0} \approx \frac{\pi_{44}}{2} T_l - \frac{\pi_{44}}{6} T_s \tag{2.5}$$

式中，π_{44} 如表 2.1 所示。显然，（111）硅片上纵向压阻系数是横向压阻系数的 3 倍，设计中应尽可能使用纵向压阻来提高灵敏度。

一方面力敏电阻阻值随应力的变化量是小量，一般满量程时 $\Delta R/R$ 的值也不超过 3%，另一方面力敏电阻的温度系数可达每摄氏度 0.3% ~ 0.5%，因此，直接测量电阻值难以实现高精度测量，一般将力敏电阻连接成惠斯顿电桥来实现应力精确测量。例如，图 2.1 为 MEMS 压力传感器敏感膜片上 p 型力敏电阻的常见排布和连接方式示意图。正方形压力传感器膜片上应力最大值出现在边缘中点处，在该处附近制作 4 个如图所示的 p 型 <110> 晶向力敏电阻。近似认为，4 个力敏电阻受到的应力是相等的。对于 R_1 和 R_4，该应力是横向应力 T_s；而对于 R_2 和 R_3，该应力是纵向应力 T_l。因此，根据式（2.3），R_1、R_4 与 R_2、R_3 的电阻变化 ΔR 的大小相等而符号相反。将 4 个电阻按图所示连接成惠斯顿电桥，电桥输出与 ΔR 成正比。由于 4 个电阻的温度系数近似相等，温度效应为共模信号，惠斯顿电桥可实现对温度效应的抑制。一般采用仪表放大器实现惠斯顿电桥信号的放大[5]。

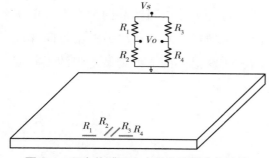

图 2.1　压力传感器上力敏电阻排布与连接

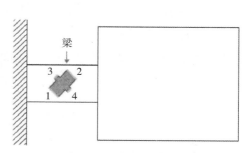

图 2.2　X 型压阻元件典型结构

X 型压阻元件是一种四端口压阻检测元件，其典型结构形如 X[6]，如图 2.2 所示。在图中加速度传感器的梁上制作与梁方向夹角为 45° 的 p 型 X 型压阻元件，在输入端 1 和 2 间加直流电压 V_s，当梁上有应力时，由于压阻效应在输出端 3 和 4 间会产生与应力成正比的电压 V_T，测量该电压就可以测得梁上应力

$$V_T = -\frac{\omega V_s}{L}\frac{\pi_{44}T}{2} \qquad (2.6)$$

式中，w 和 L 是 X 型压阻的宽度和长度，π_{44} 如表 2.1 所示，T 为梁上沿梁方向的正应力。相比于力敏电阻，X 型压阻元件占用面积小，并且直接输出对电阻温度系数不敏感的电压信号。

2.2 压电传感效应

2.2.1 压电效应

1880 年，居里兄弟（皮埃尔和雅克保罗）发现石英材料的正向压电效应，即对材料施加压力可以产生一定量的电荷或电压；1881 年，逆压电效应，即材料在电场激励下会产生应变，由加布里埃尔·李普曼发现。

压电材料在自然状态下，其晶格中的正电荷重心与负电荷重心重合，使得材料在外界呈电中心。受到外部应力产生应变后，材料晶格的正负电荷的重心不再重合。从微观角度上看，材料内部晶畴所呈现的电偶极子的电荷可以相互抵消，于是只剩下在材料表面所积累的电荷；反之，在电场内，晶畴的正负电荷重心受到电场力被极化拉伸，从而材料产生应变。压电本构方程描述了压电晶体受电场极化和受外部应力的变化关系，一共有四类压电本构方程，常用为应力 – 电荷型和应变 – 电荷型两类，如图 2.3 所示。

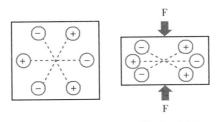

图 2.3 压电材料极化模型示意图

$$应力 - 电荷型: T = C \cdot S - e \cdot E$$
$$D = e \cdot S + e \cdot E \tag{2.7}$$
$$应变 - 电荷型: S = s \cdot T + d \cdot E$$
$$D = d \cdot T + e \cdot E \tag{2.8}$$

其中，E 为电场强度矢量，D 为电位移矢量，T 为应力张量，S 为应变张量，e 为压电系数中应力 – 电荷形式常数，d 为应变 – 电荷常数，s 为柔度张量，C 为刚度张量。

2.2.2 常用压电材料

石英是应用最广泛的压电材料之一。由于人工石英晶体更优越的性能，现在市场上的石英器件全部来源人工石英晶体。不同切向的石英谐振器对应了不同的谐振模态，在谐振器、振荡器、滤波器领域有大量应用，如蓝牙、无线网络通信、全球定位系统等[7]。

锆钛酸铅（$PbZr_xTi_{1-x}O_3$）简称 PZT，是人工合成的最早最广泛应用的压电材料之一，具有非常高的压电系数以及较高的介电常数和机电耦合系数。其体块材料生长技术非常成熟，薄膜生长技术也有比较大的发展；但含有重金属元素，且薄膜刻蚀和图形化的难度较大，需要考虑制备工艺中对压电材料极化性能的影响[7-8]。

氮化铝常用于射频器件的压电陶瓷材料，质地坚硬，同时具备较低的相对介电常数、较好的热稳定性和化学稳定性。该材料 Z 轴上声速较高，适合 3GHz 以上频段的厚度方向模态的谐振器应用，能够被大多数主流镀膜方式制备。但随着磁控溅射技术的不断成熟，低温、均匀性好等优点使得溅射工艺成为氮化铝镀膜的优选加工工艺。同时，掺杂能够显著提升其机电耦合系数，如掺钪氮化铝其机电耦合系数可提升数倍[8-9]。

铌酸锂可以制作高品质因数、高机电耦合系数、高带宽的高频谐振器。该材料具有高居里温度点（1140℃）和高介电常数且高度各向异性，不同切向压电性能差别很大，非常适合横向谐振模态的应用。体块铌酸锂材料的制备类似于单晶硅材料，可以按照不同的应用需求切割成不同切向的晶圆切片；薄膜则可以通过晶体离子剥离切片技术（类似 Smart-Cut 工艺）制备。作为全球最大的表面声波滤波器供应商之一，日本村田电子公司应用铌酸锂并推出了商业级声学滤波器。同时，铌酸锂材料也具有优异的光电特性[7-8, 10]。

聚偏氟乙烯是人工合成的有机聚合物，是一种半晶体的柔性材料，抗磨耐用、声阻抗低，具有很好的热稳定性和化学稳定性。与其他压电材料不同的是，聚偏氟乙烯具有负的 d_{33} 数值，意味着置于电场内，材料在电场方向上会收缩，柔性特性使其在医疗领域有广泛的应用[11]。

2.2.3　常见压电器件与应用

压电材料通常应用于悬臂梁、加速度计、麦克风、谐振器、超声器件等[12-16]。

如微天平，通过谐振频率的变化测量微质量的变化[10]；如加速度计，基于对压电元件受力后产生的微弱电荷量的检测实现对加速度的测量；如压电微镜阵列，利用压电 MEMS 薄膜与光学超平面结合，可用于全息投影、激光雷达、光学通信等领域[17]。

谐振器作为当前市场最为关注的应用，搭配锁相环电路和补偿电路可以制作高精度时钟源，多个谐振器搭配可以制造带通滤波器[8]。压电谐振器主要分为体声波谐振器、表面声波谐振器、超声压电换能器等。

体声波谐振器，其主导振型可以分为厚度扩张模态和厚度剪切模态两种，其结构一般分为固体装配型谐振器和薄膜体声波谐振器。固体装配型需要布拉格反射层来尽量减少驻波在压电材料中传播时对衬底的能量损耗，而薄膜体声波则需要压电三明治结构下的空腔与衬底隔离。氮化铝材料由于其高电阻率、低损耗和能够比较好地兼容 CMOS 工艺的特点，被广泛用于体声波滤波器中[8, 13]。

表面声波谐振器也称瑞利波谐振器，其谐振波主要集中于表面。利用叉指电极激励和接收谐振波，其谐振频率和波长由电极的间距决定，可以集成多种频段于同一衬底上。铌酸锂材料具有非常高的耦合系数，在表面声波谐振器平台上被成功制备出高品质因子、高带宽的器件，因而成为当前制备表面声波谐振器的热门材料[7-8, 13]。

超声压电换能器主要利用压电材料的弯曲模态，使压电薄膜在受到一定频率的电信号激励时在材料面内产生横向的拉伸与挤压应力，从而弯曲产生面外方向上的位移、产生声波。所以其主要利用的压电应变系数为 d_{31}、主要结构为空腔上的支撑层和压电层及金属层，空腔的加工工艺有多种方式，如湿法腐蚀工艺、深反应离子刻蚀工艺、表面加工工艺、键合工艺等[14]。超声换能器多用于距离探测、流量计和超声成像等领域。

通常来说，压电传感器在电学域、机械域、声学域内进行能量转换。在应用测量上，其谐振模态可以通过激光测振仪测量得出，并且可以得到谐振频率、谐振品质因子（Q 值）、器件面内与面外的位移速度数据以及三维振动模态图形；作为滤波器应用时，可以使用网络分析仪测量器件的阻抗信息以及 S 曲线；应用于超声领域时，则需要搭配标准声压探头以及电压放大电路或电荷放大电路。

2.3 电容传感效应

2.3.1 电容传感效应简介

电容传感效应利用可动敏感结构与固定电极之间的电容变化来表征传感量，可以很容易实现 MEMS 传感器到电路系统的机电信号转换，优点是温度效应很小、灵敏度较高、噪声特性好、漂移低，若制作成差动结构可有较好的线性度；缺点是电容传感效应易受寄生电容影响且检测电路较复杂[18-21]。与压阻或压电传感器不同，电容式传感器不需要额外的 MEMS 技术。在所有 MEMS 技术中，采用面内或面外电容进行传感和制动都是可行的，如图 2.4 所示，其基本结构通常由两个平面电极或者相互连接、交叉垂直的叉指阵列构成，排布方式可以分为平行板式电容、倾斜板式电容、直线排列的梳齿电容和辐射状排列的梳齿电容。板式电容的特征参数为极板间隙，电容值对间隙的变化十分敏感。为了测量或产生这一间隙变化，典型方法是将其中一个电极固定在基底上，而另一个电极板作为可动结构的一部分，可用于 MEMS 传感和静电制动。

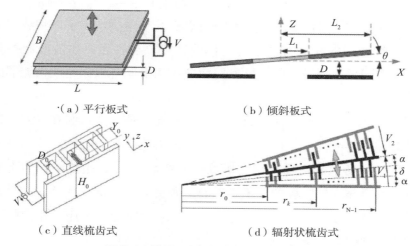

（a）平行板式 （b）倾斜板式

（c）直线梳齿式 （d）辐射状梳齿式

图 2.4 常用 MEMS 电容传感结构排布

2.3.2 电容检测

为了检测出电容变化信号，须在电容结构上施加激励电压 V_p 以产生电荷 Q，产生的电荷变化在接口运算放大器反馈电容上反复进行充放电，产生变化工作电流[22]。图 2.5 为电容检测机电接口示意图[23-24]，假设运算放大器具有无穷大的开环增益、带宽和输入阻抗，则输入电压偏置和输入电流偏置都可忽略不计。电容传感器的分辨率很大程度上由噪声决定，主要包括电容结构激励电压噪声、寄生电容噪声、运算放大器的电压噪声和电流噪声。电容结构对地的所有寄生电容，包括敏感结构的电学连接、接线寄生用 C_{pad} 表示；其中 C_{so} 为检测中心电容，ΔC_{so} 为变化电容，V_p 为激励电压，V^2_{opamp} 和 i^2_{opamp} 分别为运算放大器等效输入电压噪声和等效输入电流噪声，C_F 和 R_F 分别是电荷放大器反馈电容和反馈电阻。

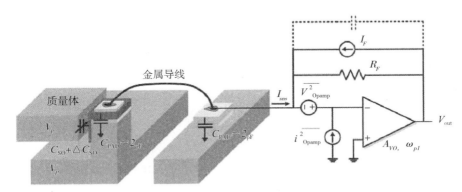

图 2.5　电容传感机电接口示意图

为了实现高分辨率和高信噪比的电容检测，需要增大激励电压，且接口运算放大器应具有高输入电阻和低输入电容、高截止频率、低电压噪声和低电流噪声，同时严格控制激励信号源的噪声，减小分布寄生电容影响。

2.3.3　静电吸合

电容静电吸合效应源于电压反馈的质量－弹簧－阻尼系统自身不稳定性。图 2.4 电容可动结构受到两个力的作用：第一个是可动结构的机械弹性力，第二个是产生的静电力。在平衡状态下，静电弹簧刚度一定要比机械弹簧刚度小；假如可动极板偏离位置较大，超过系统稳定状态的平衡点，其将变得不稳定，向固定极板一侧移动直至被固定极板阻挡。这种接触可能导致极板粘连，应尽量避免，即在任何情况下，MEMS 结构可动范围都应该远小于系统能维持稳定的最大幅值。对于给定的弹簧刚度 k，如果电压 V_p 增大，静电力就会随之增长，直到达到某个电压值，对任意位移系统都无法维持平衡，因此，可以计算得到此时电容的吸合电压 $V_{pull-in}$。理论上，增加与平板电容串联的电容，再增大驱动电压补偿其带来的分压损失，可以很大程度上增大电容结构稳定范围。两个串联的电容可以视为一个具有相同交叠面积但可动位移增大的等效电容，相当于增加了接近 1/3 的可动位移，因此，系统能在全压范围内保持稳定。即使可动结构触碰到固定结构，此时的 MEMS 系统依然稳定。

2.3.4 边缘电容

在 MEMS 电容结构中，特别是梳齿电容，可动结构可能会因边缘电容产生的力而出现非预期的运动，如导致梳齿悬浮。图 2.6 是 3 个梳齿的截面图，驱动梳齿上施加的是等值电压 V_1 和 V_2。可动梳齿的电势为 V_{AGND}，其值可达数伏，产生的吸引力可能导致可动结构塌陷并触碰基底。常用的对策是在可动结构和基底之间插入传导屏蔽层，屏蔽层与基底间是电学隔离，屏蔽层由 V_{AGND} 供电，这样可动结构和下层表面的电位差为零。在初始位置时，底部边缘电容很小，因为与可动结构底部、接地层很近，阻挡了可动结构与固定结构底部间的场线。因此，梳齿上方较大电容产生了沿 z 轴正向的引力，即悬浮力。随着正向位移的增加，越来越多的可动结构底部到固定结构底面的场线脱离阻挡，底部边缘电容增大，直到向上和向下的力实现相互平衡。对电容结构悬浮力的精确分析需要根据库仑定律对梳齿表面的电荷密度和电荷进行积分计算，从而获得力的分布情况。常用的理想化模型会导致极大误差，目前主要采用有限元仿真方法对悬浮效应进行最优化处理。

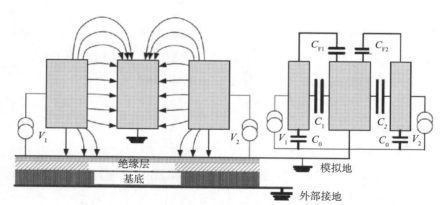

图 2.6　梳齿结构与电场线截面示意图与梳齿边缘效应简化模型

现已有多种降低不对称场或者通过结构间吸引将可动结构移向屏蔽层来补偿悬浮的技术。例如，通过将之前的接地屏蔽分割为若干条，并交替接地，分别施加偏压 $+V$ 和 $-V$，可以将梳齿下表面的边缘电场减弱；或者仅仅施加偏压 $+V$，对可动梳齿产生吸引力与悬浮力平衡。应该注意的是，由于 MEMS 电容传感的边缘场效应可以产生很大的力矩，可以结合不等高梳齿结构设计实现可动梳齿悬浮横轴线转动，产生可观的转动角度，该技术已经用于面外运动的 MEMS 陀螺仪设计。图 2.7 为采用体硅微机械工艺实现的高深宽比电容式 MEMS 加速度计和 MEMS 半球陀螺仪，其中加速度计采用叉指电容传感效应[22]、陀螺仪采用弧形平板电容传感效应[25]。

数量众多的叉指结构和大面积的弧形平板结构均可以构成很大的检测电容，从而产生很大的机械灵敏度。当 MEMS 传感器敏感方向受到加速度力和角速度科里奥利力输入时，惯性质量体带动会导致叉指电容和平板电容发生变化，经过电荷放大器将电容变化转换为电压变化输出。

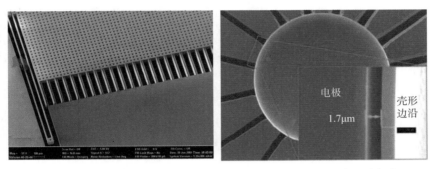

图 2.7　采用电容传感效应的 MEMS 加速度计和 MEMS 半球陀螺仪

2.4　塞贝克效应与传感器

2.4.1　塞贝克效应简介

塞贝克效应又称第一热电效应，由德国科学家塞贝克于 1821 年首次发现，即如果两种不同的电导体（或半导体）在两处相接形成闭环，并且两个结点所处温度不同，则会在回路中出现电流。塞贝克效应是热电偶/热电堆测温和温差发电的技术基础，与帕尔帖效应和汤姆逊效应共同构成温差电三个基本效应。

如图 2.8（a）所示，两种不同的热电极材料 a 和 b 在其中一端相接触形成结点，而另外一端开路，即可构成基于塞贝克效应的常用测温元件——热电偶。热电偶在应用时，结点作为敏感元置于待测区，待测温度 T_1 与开路端的参考温度 T_0 存在差异，通过测量仪表可在开路端测得因温差 ΔT 而产生的热电动势 Θ_{ab}。如图 2.8（b）所示，可以将若干（N）个热电偶相互串联构成热电堆以提高探测性能，在相同温差条件下，热电堆的热电动势是单个热电偶的 N 倍。

塞贝克系数常用来衡量热电极材料的热电转化性能，其取值与费米能级相关[26]，

$$\nabla E_F/q = \alpha_s \nabla T \tag{2.9}$$

其中，E_F 为费米能级，q 为单位电荷量，$E_F/q = \Theta_F$ 又被称作电化学势能，塞贝克系数 α_s 又可进一步表示为

$$\alpha_s = \frac{\mathrm{d}}{q\mathrm{d}T}(E_F) \tag{2.10}$$

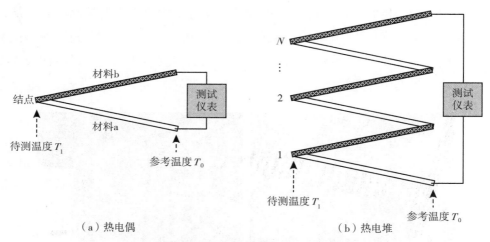

材料b

结点

材料a

待测温度 T_1

参考温度 T_0

测试仪表

（a）热电偶

N

2

1

待测温度 T_1

参考温度 T_0

测试仪表

（b）热电堆

图 2.8　热电偶与热电堆示意图

　　塞贝克系数作为材料的本体特征，主要由材料的化学组成决定。金属中的电子浓度和费米能级基本不随温度变化，因此，金属通常具有较低的塞贝克系数，常见金属塞贝克系数绝对值约为 0~10 μV/K。硅、锗等半导体的塞贝克系数绝对值可高达数百 μV/K 至 mV/K，并且可以通过掺杂水平调控。常见金属和半导体的塞贝克系数可参阅文献［27-28］，塞贝克系数的正负与材料热电动势方向相对应（正值代表热电动势由冷端指向热端，负值代表热电动势由热端指向冷端）。在为热电偶/热电堆选取热电极材料时，两种材料的塞贝克系数差值越大，越利于获得更高的探测性能。

　　相较于金属而言，半导体的塞贝克效应更为显著，下面将以常用硅材料为例，介绍塞贝克效应的产生机理和影响因素。对非简并硅而言，塞贝克系数可以利用麦克斯韦－玻尔兹曼统计进行近似，其取值主要受以下三种因素影响[27]：①随着温度的升高，硅会变得更加"本征"；②随着温度的升高，载流子的平均速率升高，导致热端载流子向冷端扩散并堆积，再者，考虑到载流子受到的散射与载流子能量（或温度）相关，还可能出现载流子在热端堆积的情况，因此实际堆积方式取决于热载流子运动更为自由还是因散射增大而运动受阻；③由于温度差异，还会造成声子由热端向冷端移动，对于在一定温度区间（-10 ~ 500K）的非简并硅，可出现声子向载流子的动量转移，即声子拖拽效应。综合上述因素，非简并硅的塞贝克系数可表式为

$$\alpha_s = -\frac{k}{q}\left[\ln\left(\frac{N_c}{n}\right)+\frac{3}{2}\right]-\frac{k}{q}(1+s_n)-\frac{k}{q}\Phi_n \qquad \text{n-type} \qquad （2.11）$$

$$\alpha_s = \frac{k}{q}\left\{\ln\left(\frac{N_v}{p}\right)+\frac{3}{2}\right\}+\frac{k}{q}\left(1+s_p\right)+\frac{k}{q}\varPhi_p \qquad \text{p-type} \qquad (2.12)$$

其中，k 为玻尔兹曼常数，N_c 为导带态密度，N_v 为价带态密度，n 为电子密度，p 为空穴密度，s_n、s_p 为衡量载流子受到散射作用的参数，$\varPhi_n$、$\varPhi_p$ 为衡量声子拖拽效应强度的参数。

对于通常的应用情形，单晶硅塞贝克系数 α_s 还可进一步简化为电阻率 ρ 的函数[27]

$$|\alpha_s| = \frac{mk}{q}\ln\left(\frac{\rho}{\rho_0}\right) \qquad (2.13)$$

其中，无量纲常数 $m\approx2.6$，电阻率常数 $\rho_0\approx5\times10^{-8}\ \Omega\cdot\text{cm}$。

2.4.2 基于塞贝克效应的传感器

虽然金属的塞贝克系数比半导体低很多，但标准金属热电偶（如 J 型热电偶、K 型热电偶等）仍是一种常用的测温元件，一方面金属材料较易制备成细丝状，以方便进行特定点和小空间的温度测量；另一方面通过选用合适的金属热电偶，可实现 –200 ～ 1600℃以上的宽温区测量[29-30]。

近几十年来，受益于 MEMS 技术的发展，可批量制造的硅基微机械热电堆获得了飞速发展。由于硅材料具有良好的热导，硅基微机械热电堆一般不用于外部温度的探测，而通常作为热传感器来感知由于待测物理 / 化学量引起的局部片上温度梯度，可用作红外传感器[31]、真空传感器[32-33]、化学传感器[34]、流量传感器[35-36]以及加速度传感器[37]等。

在硅基微机械热电堆中，优值 $z=\alpha^2/k\rho$ 常用来衡量热电极材料的性能优劣，选用优值 z 大的材料有利于获得高响应率。在相近掺杂水平条件下，单晶硅的优值 z 比多晶硅高数倍，因此，单晶硅一度被视作更具优势的热电极材料。但由于前期加工手段匮乏，高精度的单晶硅热电极的加工需要采用电化学或浓硼重掺腐蚀自停止等复杂的非 IC 标准工艺[38]，抑或是使用昂贵的 SOI 硅片[39]，导致基于单晶硅热电极的热电堆因制造成本劣势而逐渐失去竞争力。反观多晶硅作为 CMOS 工艺中的常用材料，具有加工方便且精度高的特点，能够充分发挥 IC 工艺规模化制造、性价比高的优势，由此，多晶硅 – 金属以及 P 型多晶硅 –N 型多晶硅构成的热电堆逐步成为主流，但其探测性能仍有较大提升空间。

中国科学院上海微系统所李昕欣研究员课题组开发了"微创手术"MEMS 工艺，可基于单硅片利用 IC 兼容工艺进行介质薄膜下单晶硅的高精度加工，利用该技术已成功开发了基于单晶硅做热电极材料的微型化、低成本、高性能热电堆红外、流量等传感器[40-41]，如图 2.9、图 2.10 所示。

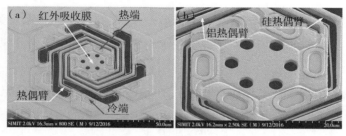

图 2.9 "微创手术"工艺制备的热电堆红外传感器

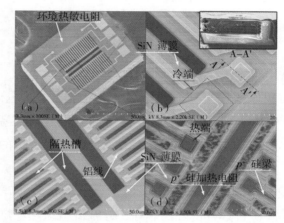

图 2.10 "微创手术"工艺制备的热电堆式气体流量传感器

2.5 谐振传感效应

当机械系统所受激励频率与系统的固有频率接近时，机械系统的振幅显著增大，称为共振现象。谐振传感器便是利用共振效应进行检测的一类传感器，即当待测量（如物理参数、生化成分）引起器件谐振频率改变时，通过谐振变化可对待测量进行高灵敏、高分辨测量。20 世纪中期以来，随着微加工技术的发展，谐振传感器趋于小型化、集成化。自 1967 年 Nathanson 等人首次提出了基于悬臂梁结构的谐振栅晶体管[42]，各类微纳机电谐振器，如梁式、膜式、梳齿式、体 / 表面声波式、纳米线式等相继出现，并在物理、生化感知方面得到广泛应用。先进谐振传感器的不断发展，离不开谐振传感模型的建立，以及谐振驱动、读取方式的实现。

2.5.1 谐振传感模型

谐振器可以简单抽象成一个"弹簧 - 质量 - 阻尼器"系统，如图 2.11 所示。

在弹力、阻力、周期性驱动力的共同作用下，求解系统运动的偏微分方程可得幅频特性曲线，如图 2.12 所示。当驱动频率满足 $\omega = \omega_0 = \sqrt{k/m}$（$k$ 为等效劲度系数，m 为等效质量）时，系统振幅达到最大，即发生共振[43]。此时，$f_0 = \omega_0/2\pi$ 即为谐振器的固有频率。此外，另一个谐振传感器的重要性能指标是品质因数（Q），指的是系统中储存的总能量与谐振器每一个振动周期内损耗能量（如受黏滞阻尼影响）的比值，即 $Q = m\omega_0/c$（c 为阻尼系数）。幅频特性曲线中，Q 值也可表示为固有频率与 3dB 带宽的比值，即 $Q = f_0/(f_2 - f_1)$，体现了谐振峰的尖锐程度。

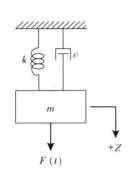

图 2.11 谐振器的弹簧 – 质量 – 阻尼器模型

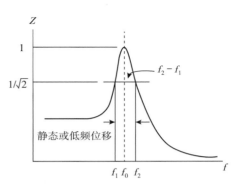

图 2.12 幅频特性曲线

因此，如果待测量引起 k 或者 m 的微小变化，谐振频率 f_0 随之近似线性改变，即可实现对待测量的谐振传感。在工作状态下，如图 2.13 所示，谐振器通过驱动单元、检测单元、信号调节单元形成闭环，稳定输出谐振信号。当外界待测量引起谐振频率改变时，闭环系统将重新调节谐振器稳定工作在新的谐振状态、输出新的谐振频率，即构建了待测量与频率变化之间的对应关系。

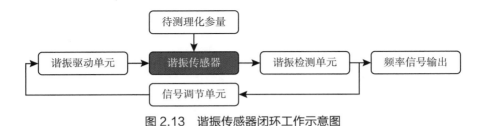

图 2.13 谐振传感器闭环工作示意图

2.5.2 谐振的驱动与读取

谐振驱动和读取对于谐振传感器的应用至关重要。随着微加工技术的发展和不断增长的传感器小型化、集成化需求，谐振传感器衍生出多种驱动、读取方式。

谐振器的驱动方式主要有静电、电磁、压电、电热驱动等。静电驱动是利用谐振器表面和固定面间的周期性静电力驱动谐振，是一种较为常用的驱动方式。电磁驱动利用周期性变化的电流在固定磁场中会受到洛伦兹力来驱动谐振。该方式需要在器件表面构建线圈结构并集成永磁体，给传感器的微型化带来挑战。压电驱动利用压电材料的逆压电效应引起机械形变驱动谐振，该方法原理简单，但在材料制备、器件加工等方面要求和成本较高。电热驱动利用周期性加热导致材料局部热膨胀形成驱动力，因其结构简单、易于集成，经常被采用。

　　谐振器的读取方式主要分为电学（如电容、压电、压阻）和光学（如反射、干涉）两类，如表 2.2 所示。光学读取虽然具有极高的位移灵敏度，但依赖外部复杂、庞大、昂贵的读取光路，不利于系统集成和小型化。电容读取是利用谐振引起极板面积或间距变化导致的电容改变来读取谐振，是常用的谐振读取方法之一。压电读取是利用材料的压电效应，将谐振引起的周期性应力变化转化为电压输出信号，其读取采用高压电常数的压电材料。压阻读取是利用高掺杂硅的压阻效应检测谐振导致电阻率变化信号，该方式工艺成熟、易于片上集成，被广泛采用。

表 2.2　典型谐振驱动、读取方式及谐振传感器举例

驱动类型	读取类型	典型传感器举例
静电驱动	电容读取	压力传感器、加速度计、静电陀螺、流量计
静电驱动	压阻读取	压力传感器、加速度计、流量计
电热驱动	压阻读取	生化传感器、压力传感器、温湿度计
电磁驱动	电磁读取	压力传感器、磁强计
压电驱动	压电读取	压电陀螺、红外传感器
压电驱动	光读取	原子力探针（轻敲模式）
光热驱动	光读取	压力传感器、振动传感器、光学陀螺

2.5.3　谐振传感效应的应用

　　20 世纪 90 年代初，基于电磁驱动、电磁读取的谐振敏感结构被引入微型压力传感器，为仪器仪表提供高精度、高稳定性的压力数据[44]。随后，谐振传感效应更被广泛用于压力、湿度、温度、磁场、加速度、角速度、质量流量等物理量的测量。商用的谐振式压力传感器采用膜片与谐振器同质真空封装结构，测量精度优于 0.01%、稳定性优于 0.01%/年，是高端压力传感器市场的主流产品。而基于谐振的加速度传感器在信号调理电路的帮助下，可将本底噪声控制在 $1\mu g/\sqrt{Hz}$ 量级，在航空航天导航、微重力和地震监测等应用领域显示出极强的竞争力[45]。此外，谐振微机械陀螺利用科氏力引起不同谐振之间的能量转换，通过测量两个谐振轴上的能

量获得角速度大小，如图 2.14 所示。谐振式陀螺的新颖结构与工作模式层出不穷，推动其在消费电子、汽车电子等低成本应用和导航、战略级高端应用。近年来，半导体技术不断发展，涌现出了压电驱动、压电读取的氮化镓基谐振式红外传感器等新型器件，进一步拓宽了谐振传感效应在物理量测量的应用领域[46]。

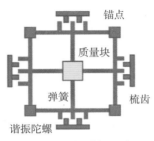

图 2.14　谐振陀螺示意图

与此同时，谐振质量传感可用于生化物质（如气体、离子、蛋白、DNA 等）的痕量浓度检测，如图 2.15 所示。当被测物与谐振器件表面敏感材料作用（如吸附、反应、配受体结合）时，会引起谐振器等效质量改变，进而引起谐振频率改变。通常用灵敏度表示频率和质量间的线性变化关系，即 $S = \mathrm{d}f / \mathrm{d}m = -f_0 / 2m$。分辨率表示谐振传感器能够检测的最小质量变化，即 $\delta m = \delta f / s$。因此，谐振器尺寸越小、谐振频率越高，质量灵敏度越高。同时，提升检测器品质因数，可提升质量分辨率。例如，利用谐振悬臂梁负载碳纳米管吸附氢气，其质量分辨率可达 ag（10^{-18}g）级[47]；而利用尺寸更小的双端固支纳米梁和纳米管，并结合低噪声频率调制锁相环（FM-PLL），可最终实现 zg（10^{-21}g）和 yg（10^{-24}g）级的气体分子检测[48-49]。值得注意的是，上述结果通常在超低温、超高真空的极限条件下测得。在气体环境中，基于电热驱动、压阻检测全集成的谐振微悬臂梁已被广泛应用于爆炸物、毒气、挥发性有机物、环境污染气体等一系列有毒、有害物质的痕量检测。在液体环境中，浸没式的谐振微悬臂梁也实现了汞离子、核酸适配体的 pg（10^{-12}g）级分析[50]；而悬浮通道谐振梁也将单颗粒、单细胞质量检测分辨率提升至 ag（10^{-18}g）量级[51]。

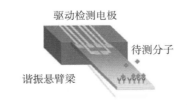

图 2.15　谐振悬臂梁生化传感器示意图

2.6 半导体气体传感效应

气体传感应用于在一定区域范围内探测目标气体分子，并将气体种类和浓度转换成电学信号，获取待测气体信息。根据原理，气体传感器可以分为红外式、电化学式、半导体式、催化燃烧式等[52-54]。半导体式气体传感器是指由金属氧化物材料制成的敏感元件。在工作时，敏感材料在空气中被加热到一定温度，材料与气体相互作用产生表面吸附或反应，引起材料电导率、伏安特性或者表面电位的变化，形成可以检测的电学信号。半导体气敏材料的发展始于 1931 年，直至 1962 年日本的田口尚义等人对氧化锌（ZnO）、氧化锡（SnO_2）薄膜开展了系统性研究，使气敏材料和传感器逐渐发展起来。半导体气体传感器由于结构简单、灵敏度高、响应速度快、价格低廉等优势得到了广泛关注，在工业、环境以及农业等场景得到了大量应用[55]。

半导体气敏元件可以分为电阻式和非电阻式两种，如图 2.16 所示。电阻型气敏元件采用氧化锡、氧化锌和氧化铁等金属氧化物制作，利用其阻值的变化进行气体浓度检测。根据材料与气体的作用发生在表面还是内部，又分为表面电阻控制型和体电阻控制型两类。从结构方面，分为直热式、旁热式、平面式等。非电阻式气体传感器利用半导体材料的功函数、整流特性以及晶体管特性变化进行检测，目前有二极管和场效应晶体管敏感型元件。从基底材料方面，目前大量使用的包括陶瓷基底和 MEMS 基底传感器，陶瓷基底传感器发展较早、应用较广，但是功耗高、体积大，难以在智能终端领域得到应用。随着微纳加工技术的发展，MEMS 微加热板气体传感器得到应用，其功耗低、体积小、易集成，成为半导体气体传感器更新换代的优势方案。

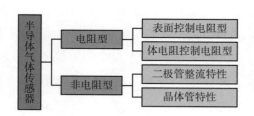

图 2.16 半导体气体传感器类型

2.6.1 表面电阻控制型气敏元件的工作原理

尽管表面控制型气体传感器已广泛应用，但是其机理尚未完全研究清楚，目前公认的理论包括晶界势垒、表面电导和氧离子陷阱势垒模型等[56]。本节以 SnO_2 为例介绍晶界势垒模型。SnO_2 为典型的 N 型半导体材料，由大量的晶粒集合而成，晶粒之间形成颈状结合，如图 2.17（a）所示，该部位决定了元件的阻值大小。当敏感元件暴露于空气中并被加热至数百摄氏度时，氧气吸附在材料表面，从其表面夺得电子使表面带负电荷，结果导致 SnO_2 的晶粒中形成耗尽层，表面空间电荷区内的电子减少、电导降低、处于高电阻状态；当材料暴露于还原性气体（如 H_2）中时，表面吸附氧与气体发生反应，吸附氧分子减少，释放出被束缚的电子，电导增加、材料电阻值降低，如图 2.17（b）所示。

如果在表面控制型半导体氧化物中添加催化剂（如钯、铂等），可以降低化学吸附的激活能，促进反应进行，提升元件的灵敏度。典型的气敏元件结构如图 2.17（c）所示，加热丝给基底加热，使基底上的 SnO_2 达到工作温度（通常在 $300 \sim 450℃$），敏感信号通过金电极输出。

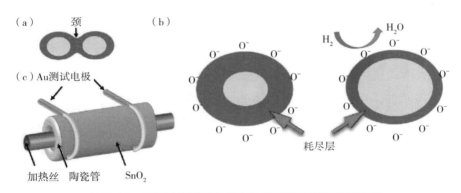

图 2.17　表面控制型半导体气体传感器原理与典型结构

2.6.2　体电阻控制型气敏元件的工作原理

体电阻控制型气敏元件利用体电阻变化进行气敏检测。以氧化铁系材料为代表，它们是由不同价态金属的氧化物构成的固溶体。氧的进入使晶格缺陷发生变化，电导率改变，当待测气体脱离后，气敏元件电阻可以恢复，这类元件结构与表面控制型气敏元件基本相同[57]。此类材料中具有代表性的是尖晶石结构的 $\gamma\text{-}Fe_2O_3$ 和刚玉结构的 $\alpha\text{-}Fe_2O_3$，最适合的工作温度是 $400 \sim 420℃$。其相变、氧化和还原过程如图 2.18 所示。

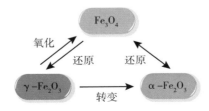

图 2.18　铁的氧化物之间的转换关系

$\gamma\text{-}Fe_2O_3$ 气敏元件对于丙烷和异丁烷的灵敏度比较高，主要用于煤气检测。当待测气体吸附后，从气体分子获得电子，部分 Fe^{3+} 被还原成 Fe^{2+}，使电阻率较大的 $\gamma-Fe_2O_3$ 转变为电阻率很小的 Fe_3O_4。随着元件表面吸附的还原性气体分子数量的增加，Fe^{2+} 增多，气敏元件电阻下降。当气体脱附后，Fe^{2+} 被氧化成为 Fe^{3+}，Fe_3O_4 又转变为电阻率很大的 $\gamma-Fe_2O_3$，元件的电阻率增加。

2.6.3 二极管特性气敏元件的工作原理

二极管特性气敏元件主要包括肖特基二极管气敏元件和气敏开关元件，由于金属催化吸附或分解气体分子形成极性分子偶极层，导致半导体 / 金属之间的功函数发生变换，改变气敏元件的电流电压特性。

肖特基二极管气敏元件由金属（正极）和半导体材料（负极）接触形成的肖特基势垒构成，典型的气敏元件有 $Pd-TiO_2$、$Pt-Ti_2$、$Pd-CdS$ 等，主要用于氢气传感。以 $Pd-TiO_2$ 为例，在空气中吸附氧导致 Pd 功函数增大、正向电流变小；当吸附氢气时，表面吸附氧脱附，Pd 功函数降低，正向电流变大[58]。

气敏开关元件采用金属钯和半导体硅制成，对氢气具有开关特性。在适当的偏压下，当元件接触一定浓度的氢气时，钯到硅的势垒高度降低，元件从关闭状态变为导通状态，形成开关信号[59]。

2.6.4 晶体管特性气敏元件的工作原理

晶体管特性气敏元件属于电压控制型气敏元件，种类较多，下面主要介绍两种气敏元件[60]。

MOS 二极管气敏元件是利用二极管电容 – 电压特性随气体浓度变化的特征进行检测，其结构类似于平行板电容器，硅和 Pd 分别为两个极板，中间介质为氧化硅。吸附的氢气导致 Pd 功函数降低、元件电容降低，从而测定氢气的浓度。

金属栅 MOS 气敏元件利用 MOSFET 的阈值电压 V_T 对栅极材料表面吸附气体敏感的特性进行检测，最早出现的是氢敏 Pd 栅气敏元件。氢气在 Pd 表面吸附并被催化分解成氢原子，氢原子通过 Pd 膜迅速扩散并吸附于 $Pd-SiO_2$ 界面，导致 Pd 功函数减少、V_T 降低，根据 V_T 的变化即可测出氢气的浓度。

2.7 电化学传感器

电化学传感器是基于待测物的电化学性质并将待测物化学量转变成电学量进行传感检测的一种传感器。相较于传统分析方法，电化学传感器具有操作简单、成本低廉、分析速度快、适用于现场检测等优势。如今，电化学传感器已广泛用作化学和生物医学传感元件的整体或组成部分，许多重要的生物医学酶传感器都包含电化学传感器件，如生活中常见的家用型血糖仪就是一种基于电化学原理的实用生物医学传感器。电化学传感器通常可分为电导/电容、电位、安培和伏安等多类型传感器[62]。本节重点介绍适用于生化传感器设计与开发的典型电化学原理与研究方法。

2.7.1　电导率/电容电化学传感器[62-63]

电导率的测量是电化学传感器的基础。与普通的电测量不同，该类电化学传感器主要测定特定浓度电解质溶液的电导率，而该电解质即为待测物质。电解质的电导率可定义为单位立方厘米体积电解质溶液的电导。对于均匀溶液（电解质）而言，其电导率 k 可以表示为

$$k = \frac{l}{A} L \qquad (2.14)$$

其中，L 是电解质的电导，A 为横截面积，l 是溶液长度。在电导率传感器研究中，A 是电极的表面，l 是两个电极之间的距离。

电解质的电导率通常用摩尔电导率表示。摩尔电导率为电导率与浓度 C 的比值，记为 Λ，即

$$\Lambda = \frac{k}{C} \qquad (2.15)$$

电解质依据解离度不同，可分为弱电解质和强电解质。强电解质完全解离，其电导率与电解质浓度呈线性关系。科尔劳施（Kohlrausch）定律指出，在任意浓度 C（单位为 mol/L）下，电解质溶液的摩尔电导 Λ 可以表示为

$$\Lambda = \Lambda_0 - \beta C^{0.5} \qquad (2.16)$$

其中，Λ_0 为无限稀释溶液的摩尔电导率，β 是一个与电解质相关的常数。

但科尔劳施定律描述的线性关系只对稀溶液体系才成立。随着电解质溶液浓度的增加，离子间距离变小，离子间的静电作用迅速增大，使高浓度电解质溶液的电导率只随浓度增加而缓慢增加，从而偏离线性关系。

弱电解质只发生部分解离，浓度越低，分子越接近完全离解，并且其解离程度受温度影响。显然，弱电解质的电导率与其浓度呈非线性关系。弱酸和弱碱是典型的弱电解质，其离子浓度小于电解质本身的浓度。对于弱酸和弱碱，离子浓度可由离解常数算得。对于一元酸，电导率与酸的浓度 C 符合奥斯特瓦尔德稀释定律

$$\frac{1}{\Lambda} = \frac{1}{\Lambda_0} + \frac{\Lambda C}{K_a \Lambda_0^2} \tag{2.17}$$

其中，K_a 为酸的离解常数。

电导率是判断溶液中有无导电离子的一个很好的指标，在工业、食品、医疗等很多领域有广泛应用。使用电化学传感器测量电导率是测定溶液中离子浓度的常规方法，具有快速、低廉和可靠等优点。例如，电导率传感器已广泛用于检测医院、锅炉、酿酒厂等公共供水系统水质。但是利用电导率监测水质无法定性分析离子类型，也无法判断出水中的不导电污染物（如多数有机物）类型。近年来，电导率传感器还在柔性可穿戴传感器等新兴领域获得了应用。

2.7.2 电位型传感器[63]

当电化学反应池中的电极表面发生氧化还原反应（Ox+ne=Red）时，可在电极 – 电解质界面产生一定的电极电位 $\varphi_{Ox/Red}$。根据该电位 $\varphi_{Ox/Red}$，可对氧化反应中物质的活度（当浓度很低时，活度可近似看作浓度）进行定量化测量。电位型传感器由工作电极和参比电极构成，在零电流的条件下，通过测定电极上的电动势求得气体 / 溶液中待测物含量。

在热力学平衡时，可以用能斯特方程表示电极电位 $\varphi_{Ox/Red}$ 与物质的活度关系

$$\varphi = \varphi^0 + \frac{RT}{nF} \ln\left(\frac{\alpha_{OX}}{\alpha_{Red}}\right) \tag{2.18}$$

式中，φ 和 φ^0 分别为 Ox/Red 反应的电极电位和标准电极电位，α_{ox} 和 α_{Red} 分别为 Ox（半电池反应中的反应物）和 Red（产物）的活度，n 是转移的电子数，F 是法拉第常数，R 是气体常数，T 是热力学温度。

在电化学电池中，两个半电池反应同时发生。在电位型传感检测中，两个半电池反应中有一个涉及目标物质，发生于工作电极，其电位为 $\varphi_{Ox/Red}$；而另一个半电池反应是可逆且无干扰的，发生于参比电极，记为 $\varphi_{参比}$。所以，该电位型传感器的电动势 E 为

$$E = \varphi_{参比} - \varphi_{Ox/Red} \tag{2.19}$$

式中，$\varphi_{参比}$ 电位值已知且在一定温度下都是常数。因此，只要测出电动势 E，就可以求出待测物质的活度（当浓度很低时，活度可近似看作浓度）。

电位型传感器测得的电动势 E 与 Ox/Red 活度比的自然对数之间存在线性关系，

其斜率决定电位型传感器的灵敏度。

电位型传感器中的参比电极，其电位为已知值且需要保持恒定，最常用的参比电极是甘汞电极和银／氯化银电极。甘汞由 $Hg/HgCl_2$ 组成，在传统的电分析中广为使用。但考虑到汞具有毒性，在生物医学传感器中一般都避免使用甘汞电极，而更多地使用银／氯化银电极。

电位型传感器可以广泛用于 pH 值、离子活度和气体分子的浓度测定等。其中，pH 值是氢离子活度的负对数，应用 pH 玻璃电极为工作电极（负极）、甘汞电极为参比电极（正极），与待测溶液即可组成电化学传感器。该电化学传感器测得的电动势 E 与溶液的 pH 值呈线性关系，从而可以使用电位型传感器对 pH 值进行测试。

离子选择性电极是另一种典型的电位型传感器，它可以利用膜电势测定溶液中离子的活度（或浓度）。当离子选择性电极与含有待测离子的溶液接触时，在它的敏感膜和溶液的界面上产生膜电势，根据能斯特方程，由该膜电势可以对溶液中的离子活度进行测试。离子选择性电极的应用十分广泛，近年来还发展出可穿戴电位型离子传感器，可对汗液中钠、钾、钙、镁、铵和氯化物等多种生物标志物进行实时检测[64]。

2.7.3 伏安传感器[62, 65]

伏安传感器的基础是电化学电池中的电流－电位关系，即在工作电极上施加随时间连续变化的电位，使得溶液中的电活性物质发生相应的氧化还原反应（法拉第反应），从而获得可以用来检测目标物质的特定电流－电位关系。安培传感器也基于电化学电池中的电流－电位关系，因此可以被认为是伏安传感器的一个亚类。在安培传感器中，向电化学电池施加恒定电位，然后由氧化还原反应而产生相应的电流，该电流可用于测量电化学反应中所涉及的物质。安培传感器的特点是需要在恒定电位下工作。

通常，伏安传感器主要研究待测物质的浓度对相应氧化还原反应的电流－电位特性影响，即伏安法可用于研究工作电极上发生的电化学反应过程。目前，伏安法多采用由工作电极、对电极和参比电极组成的三电极体系进行测试。由于工作电极的电位无法直接测量，因此需要使用参比电极来控制工作电极的电位。在许多检测环境下，需要采集的电流相对较大，如果直接用参比电极传导电流，会改变其电位，因此需要采用对电极来传导电流。由此形成了伏安传感器测试中常见的三电极体系，其中，工作电极与参比电极组成电位回路，用以控制电位输入信号；工作电极与对电极组成电流回路，用以采集电流输出信号。图 2.19（a）为常用的伏安传感器结构示意图。但常规的三电极分析体系在使用时不方便，目前可使用丝网印刷法将三电极印制于纸张等基底上，制成方便使用的可抛弃式电化学传感芯片如图2.19（b）、（c）所示。

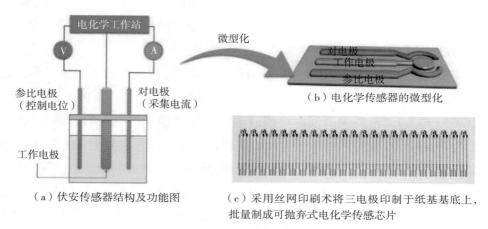

（a）伏安传感器结构及功能图　　（b）电化学传感器的微型化

（c）采用丝网印刷术将三电极印制于纸基基底上，批量制成可抛弃式电化学传感芯片

图2.19　伏安传感器

在常规三电极伏安测试体系中，参比电极用于控制工作电极的电位，对电极用于传导电流。其中，对电极的面积一般要求比工作电极大，这样能确保由工作电极和对电极组成的电流回路中极化主要发生在工作电极而不是对电极上，也就是说，此时工作电极与溶液界面的电荷及物质传递过程成为整个电流回路的速控步骤，决定着整个回路中电流的变化及伏安图形状特征。在此条件下，伏安图上电流的变化主要由工作电极表面的电极反应过程决定。以氧化反应为例，对于工作电极而言，其上发生电极反应产生的法拉第电流一般由三个基本部分组成：①电极上的电子转移或输运；②电子跨过两相界面的异相电子转移过程；③物质从溶液本体向电极与溶液界面的液相传质过程。需要指出的是，上述三个基本过程只是用于描述工作电极上电流回路的组成情况，针对的是最简单、最基本的非吸附物质参与的电极反应模型。实际的电极反应过程中往往还涉及吸附/脱附、化学转化等复杂步骤，均可影响伏安传感器的电流–电位特性。

伏安传感器可以在线性或循环扫描模式下工作。在伏安传感器中，常采用线性扫描伏安法（Linear sweep voltammetry，LSV）。线性扫描伏安法在工作电极上施加一个线性变化的电压来实现物质的定性定量分析或机理研究。LSV以恒定的扫描速率将外加电位从初始电位线性增加到规定的电位上限，峰值电流的高度可对氧化或还原物质的浓度进行定量化。循环伏安法（Cyclic voltammetry，CV）与LSV类似，只是CV需要以恒定的变扫描速率进行扫描，当达到某设定的终止电位时，再反向回归至某一设定的起始电位。

伏安传感器在生化分子检测中应用广泛，但也存在研究难点，比如复杂样品中存在的复杂电子传递途径、长期稳定性差、对特定目标分子的灵敏度不足等，这些都是利用伏安和安培原理开展生化传感器研究面临的挑战。

2.8 场效应晶体管离子传感效应

场效应晶体管（Filed-Effect Transistor，FET）是一种通过控制输入回路电场效应来调控输出电流大小的半导体电子器件，由波兰裔美国物理学家、发明家 Julius E. Lilienfeld 在 1926 首先提出。1959 年，贝尔实验室的 M. M. Atalla 和 Dawon Kahng 首次利用金属－氧化物－半导体结构实现了绝缘栅极场效应晶体管（Metal-Oxide-Silicon Field-Effect Transistors，MOSFET）。荷兰工程师 Piet Bergveld 在 1970 年发明了离子敏感场效应晶体管（Ion-Sensitive Field-Effect Transistor，ISFET），开启了此类传感器在化学与生物检测中的研究与应用[66-67]。

2.8.1 FET 的结构与原理

典型的 FET 结构包括一个 P 型半导体基底，两个高掺杂的 N 型半导体源极／漏极，源极、漏极之间的 N 型通道，以及源极、漏极之间覆盖绝缘层形成的栅极。当不给栅极施加电压时，PN 结的势垒使电路中无法产生电流；向源极、漏极之间施加电压 V_{DS} 时，若产生的栅极电压 V_G 大于阈值电压 V_G，此时源极与漏极之间的通道中载流子量发生变化，场效应管形成有效沟道，源极、漏极导通，电路中产生漏电流（I_D）。调节栅极电压 V_G 能对源极、漏极之间的通道进行控制，从而控制漏电流 I_D 的大小。

在 ISFET 结构中，传统的栅极被离子敏感膜、电解质溶液和参比电极取代，如图 2.20 所示。向参比电极施加电压 V_G 时，电解质溶液中不同的离子浓度或者生物分子在选择性膜上的结合会使栅绝缘层上产生不同的界面电势，导致沟道中的载流子分布，即 I_D 的变化。栅极界面处的电势与敏感膜和被测物的浓度相关，有效的栅极电压会受到栅极界面处电势的影响，源漏极的电流值也同样与该电势相关。因此，电解质中特定种类离子或分子的浓度可以通过测量由离子／分子与离子敏感膜相互作用引起的栅极电压变化来测定。图 2.21 是漏电流在栅极电压变化下的曲线，可以通过读取 ISFET 转移特性曲线的 ΔV 来分析待测物浓度和成分变化。

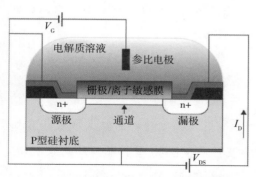

图 2.20 离子敏感场效应晶体管原理图

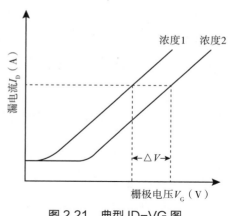

图 2.21 典型 ID-VG 图

2.8.2 ISFET 的传感应用与发展

ISFET 可以通过不同的离子敏感膜或者利用生物识别分子对敏感膜进行修饰，形成一个离子/分子识别层，实现对溶液中不同类型的化学或者生物待测物的高选择性与高灵敏检测。该识别层可以特异性地与待测物相互作用，从而使栅极电位或者漏电流发生变化，以此反映溶液中待测物的浓度，完成定性、定量测量。ISFET被发明后，最早被用于溶液 pH 值，即氢离子浓度的测定。如今，ISFET 已经可以高灵敏地检测钠、钾、钙和汞等多种离子；通过将酶作为生物识别分子制备分子识别层，可以利用酶的特异催化作用检测葡萄糖、乳酸和过氧化氢等小分子待测物；用抗体或单链核酸来修饰分子识别层，则可以利用生物大分子之间特异的结合来测量溶液中极为痕量的蛋白质或 DNA、RNA。在开发此类 ISFET 传感器时，研究者们极为重视传感界面的抗污性能，即避免非特异性吸附，使得此类传感器可以直接测试血液、汗液和尿液等生物样品，避免耗时的预处理，提升检测效率[68]。

越来越多的新型材料被用于 ISFET 制备中，尤其是具有优良稳定性、机械耐力和大比表面积的半导体纳米材料（如硅纳米线、石墨烯、碳纳米管和硫化钼等）的引入，极大地提升了 ISFET 的检测性能，灵敏度甚至达到了单分子水平[69]。例如，由单壁碳纳米管构建的 ISFET 将 DNA 单链探针共价连接到碳纳米管的一个点缺陷上，当与探针互补的 DNA 序列和探针杂交结合时，可以观测信号的变化，以此检测到单个 DNA 分子的存在。由于此传感器无须对待测物进行标记，具有极高的时间分辨，还能实现长时间的连续测试和数据输出，因此不仅能用于核酸检测，还可以在单分子尺度上测量不同序列核酸的动力学与热力学参数，如速率常数、熔解曲线和活化能等[70-71]。高灵敏的 ISFET 传感器还可用于直接观测细胞的生理现象与过程，如一个由硅纳米线构建的场效应晶体管传感器，利用核酸适配体作为生物识别分子来修饰传感界面，在能够检测痕量神经递质小分子的同时，还能够实现复杂背景下对待测物的高选择性识别，因此可以将神经细胞直接放置在传感器上，实时观测其神经递质的释放情况，揭示神经细胞的工作机理[72]。此类神经细胞与场效应晶体管传感器的联合可以为人工神经形态系统与生态神经网络的结合提供可能性[73]。

ISFET 传感器经过近五十年的发展，与微流控和材料科学紧密结合，总体来说，已具备了高灵敏度、响应快、动态范围大、功耗低、可微型化、易于集成等优点，尤其检测的灵敏度是众多类型传感器中的佼佼者。但对于这种极高敏感的性能，需要提高其抗干扰与稳定性，进一步提升其信噪比，以制造出更多可用于医疗诊断、生命科学与环境监控的 ISFET 传感器。

2.9　聚合酶链式反应原理与生物传感检测

聚合酶链式反应（PCR）[74]是获得诺贝尔化学奖的核心分子生物学技术，经过几十次重复的"变性—退火—延伸"反应高效扩增特定 DNA 片段。变性时，双链 DNA 受热分裂为两个单链 DNA；退火时，引物结合到单链 DNA 模板的配对区域；延伸时，聚合酶在引物末端延伸合成模板 DNA 的互补链，完成一次复制。复制后的双链 DNA 分子变性后又可作为模板进行下轮复制，实现指数扩增。在扩增时加入序列特异性探针分子，在扩增一个 DNA 分子的同时会产生一个荧光分子，从而可通过检测荧光信号实现实时检测[75]。因具有准确度高、分析速度快、灵敏度高等优点，PCR 已成为新冠病毒、HIV 病毒、癌症筛查等领域生物检测的金标准技术。MEMS 技术与微流控技术应用到 PCR 领域后展现了多方面优势，最显著的两个优势技术分别发展成为快速 PCR 检测技术和对核酸分子绝对定量的数字 PCR 技术[76]。

2.9.1　快速 PCR

传统 PCR 反应中，生化试剂消耗多，反应体积大，采用金属浴温控平台，每个 PCR 循环需要几十秒时间，总耗时很长。而采用 MEMS 技术制作的 PCR 系统，反应体系只有几十微米，反应单元比表面积大，因而导热迅速，极大地缩短了反应时间并降低了试剂消耗。其中一类已经商品化的自动化微腔式快速 PCR 芯片[77]，采用了在流体通道中嵌入铂电阻加热器以及温度传感器的方法，实现了 PCR 芯片直接温控，最大限度地提高了反应速度。还有一类液体流动式 PCR 芯片，在芯片上设定三个恒温区域，蛇形微通道循环穿行通过三个温区，PCR 溶液匀速流过微通道即可实现 PCR 过程不同温度的切换完成热循环扩增[78]。

2.9.2 数字 PCR

根据泊松分布原理，如果 PCR 溶液分配到等体积的几万个反应单元时，每个 DNA 模板会随机分配到不同的反应单元里，而每个反应单元则含有数目不等的目标分子或不含目标分子。PCR 扩增后，含有目标核酸分子的反应单元会发出阳性荧光信号，则反应单元中目标分子的平均数量 $\lambda = -\ln(1-P)$，其中 P 为阳性微滴所占的比例。这种绝对定量的方法称为数字 PCR（Digital PCR，dPCR）。有多种 dPCR 系统，各有优缺点，而且该技术仍在快速发展过程中，国内外新的 dPCR 方法不断出现。受篇幅限制，下文仅简要介绍较为经典的几类 dPCR。

2.9.2.1 微孔阵列 dPCR

微孔阵列 dPCR 芯片依靠刻蚀工艺制造的微孔阵列反应板，PCR 反应液通过毛细作用分散到不同微孔中，然后将反应板浸入油内进行热反应，油能够防止 PCR 溶液蒸发并且隔离不同反应单元[79]。该芯片操作简单，但其反应单元体积不准确，且分散过程中芯片呈开放状态，存在交叉污染风险，难以应用到临床检测领域。此外，每个芯片只能针对一个 PCR 样品，通量较低。

2.9.2.2 微滴式 dPCR

通过微流控芯片产生分散在油相环境中的液滴，把这些液滴收集起来进行 PCR 扩增后，通过流式检测技术逐滴检测荧光信号[80]。该方法除了能够对核酸分子定量分析外，还能把感兴趣的液滴分离回收进行进一步的测序分析。但是它需要液滴产生、收集、转移、反应、读出分析等复杂的操作流程和配套仪器，逐滴检测速度也较慢。还有集成微滴生成和收集功能的 dPCR 芯片，在并行的喷嘴出口构造同一斜度的斜面，依靠拉普拉斯压力差驱动产生液滴，整个芯片进行荧光成像分析，集成度更高，操作更为简单，但是生成的液滴质量略差。"油包水"液滴在热循环等操作过程中会发生融合、微气泡现象，液滴稳定性差，需要高质量的专用液滴生成油。生成液滴的体积受压力、温度、黏度等因素变化的影响。此外，液滴的准确体积是根据成像系统测量液滴直径后计算得出，由于存在成像误差，液滴的体积误差也较大。

2.9.2.3 微阀式 dPCR

如图 2.22 所示，微阀式数字 PCR 芯片[81]依赖多层软光刻技术，使用聚二甲基硅氧烷高分子材料制造。芯片由微流体腔层和微阀控制层组成，依靠外接泵控制聚二甲基硅氧烷通道形变关闭微阀。把 PCR 溶液填满微流体腔后关闭微阀，PCR 溶液就被隔离在不同的反应腔内。该方法除反应单元体积非常准确以外，通量也高，同一芯片可以分析多个 PCR 样品。但是芯片依靠多层聚二甲基硅氧烷对准键合制成，受对准精度的限制，每个反应单元体积较大而总体反应单元数量较少。此外，芯片制造工艺和泵阀控制操作都很复杂，增加了芯片的设计、加工与使用成本。

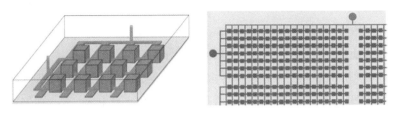

图 2.22 蓝色流体层和红色阀层组成的多层结构 dPCR 芯片示意图

2.9.2.4 高密度微腔 dPCR

如图 2.23 所示，这是一种由聚二甲基硅氧烷和 Parylene 材料制成的高密度 dPCR 芯片[82]，该芯片各反应单元之间没有阀门，在 PCR 溶液填满整个芯片后，使用油替换进样管道内的 PCR 溶液，从而实现不同反应单元间的隔离。该芯片虽然包含多层结构，但是层间并不需要精确对准，因此每个反应单元体积可以达到皮升级别，在单位面积上能够集成高密度的反应单元。阻水的 Parylene 层和包围反应单元阵列外周的水腔则用来减少聚二甲基硅氧烷芯片内水分的蒸发。这种芯片制造工艺极复杂，依然需要泵阀控制。

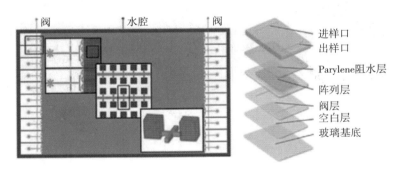

图 2.23 高密度微腔式 dPCR 芯片结构示意图

2.10 传感器体硅微机械制造技术

体硅微机械加工主要以单晶硅衬底为加工对象，通过去除衬底部分材料的方式形成独立的 MEMS 体硅微结构。根据刻蚀试剂不同，体硅微机械制造技术可分为两大类：湿法腐蚀和干法刻蚀。此外，为了弥补体硅微机械制造技术难以制备腔体和更为复杂可动三维微结构的不足，发展了键合技术和近几年兴起的单硅片单面三维体硅微机械加工技术。

2.10.1 各向同性和各向异性湿法腐蚀

氢氟酸（HF）- 硝酸（HNO_3）- 醋酸（CH_3COOH）的混合液是单晶硅各向同性腐蚀最常用的试剂，又称为 HNA[83]，通过调整三种酸的混合比，可得到不同的硅腐蚀速率以及对掩膜材料的腐蚀选择比。由于 HNA 混合液中含有 HF，因此该溶液对二氧化硅的腐蚀速率很快，大约为 300 埃 / 分钟。

硅各向异性湿法腐蚀技术已有 40 多年的发展历史，已成功用于加工多种商业化的 MEMS 传感器产品，包括硅基压力传感器、加速度传感器、神经探针、MEMS 喷墨打印头等。硅各向异性湿法腐蚀主要是利用硅片中不同晶向的腐蚀速率不同，如沿 <110> 和 <100> 晶向的腐蚀速率要远高于沿 <111> 晶向的腐蚀速率，两者腐蚀速率比最大可达 400 : 1，使得所腐蚀的结构在（111）面形成腐蚀近乎停止（图 2.24），利用该技术可在硅衬底上加工出独特的体硅微结构，如倒金字塔状孔腔、金字塔状针尖等。此外，浓硼重掺杂的硅也可作为硅各向异性腐蚀的腐蚀自停止层，防止过腐蚀，但这种在硅结构层中引入大量硼离子会带来很大的内应力，进而影响硅结构层的应用范围。

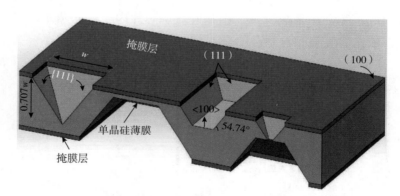

图 2.24 （100）单晶硅各向异性湿法腐蚀示意图

2.10.2 干法刻蚀

干法刻蚀是一种依赖于气相或基于等离子体的刻蚀方法，不同的刻蚀技术取决于放电条件、气体类型及装置。其中，反应离子刻蚀（Reactive Ion Etch，RIE）是 MEMS 传感器制备过程中最常用的干法刻蚀技术，它主要利用射频能量，通过活性离子对衬底的化学反应和物理轰击双重作用进行，同时兼顾各向异性和选择性好的特点。RIE 刻蚀根据反应气体不同，可以刻蚀金属材料，也可以刻蚀氧化硅、氮化硅、多晶硅、单晶硅等非金属材料。

硅深度反应离子刻蚀（Deep Reactive Ion Etch，DRIE）是一种特殊的反应离子刻蚀技术，该技术源于 Robert Bosch GmbH 和得州仪器拥有的专利。DRIE 采用刻蚀、钝化保护重复交替方法加工不受晶向限制的、侧壁陡直的高深宽比结构。在钝化周期，在刻蚀表面沉积一层钝化层，在随后的刻蚀周期，由于刻蚀粒子轰击，槽底部的钝化层被选择性刻蚀；但侧壁上的钝化层则可以起到保护作用，防止侧壁被腐蚀。DRIE 具有刻蚀速度快、侧壁陡直、可在常温下刻蚀等优点，根据掩膜形状可以很容易推断出最终可得到的三维刻蚀结构。

2.10.3 单硅片单面三维体硅微机械加工技术

2.10.3.1 SCREAM 工艺

单晶反应刻蚀和金属化（Single Crystal Reactive Etching and Metallization，SCREAM）工艺可加工深宽比高达 10:1 且任意形状单晶硅悬臂梁结构。图 2.25 为 SCREAM 关键工艺：首先，在硅片上形成一层氧化硅，图形化氧化硅后，利用 DRIE 刻蚀出器件结构形貌，图 2.25 中（a）~（e）；其次，利用 PECVD 在结构侧壁沉积一层氧化硅，并用 RIE 刻蚀槽底部氧化硅后，再用 DRIE 刻蚀释放间隙，图 2.25 中（f）~（h）；再次，各向同性反应离子刻蚀释放悬臂梁结构；最后，溅射金属薄膜，图 2.25 中（i）~（j）。SCREAM 工艺采用各向同性刻蚀释放梁结构，因此设计悬梁时需要考虑梁宽和侧蚀对器件的影响。

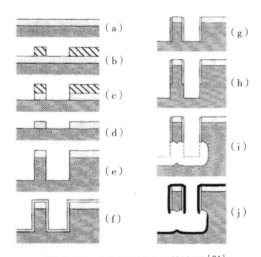

图 2.25 SCREAM 工艺流程[84]

2.10.3.2 SBM 工艺

表面/体硅微机械加工（Surface/Bulk Micromachining，SBM）工艺可用在（111）单晶硅衬底上制备可动的悬梁结构。与 SCREAM 工艺相比，SBM 工艺采用各向异性湿法腐蚀释放悬梁结构，因此悬梁结构底部十分平坦。图 2.26 是 SBM 工艺基本流程，包括：（a）DRIE 刻蚀器件结构图形；（b）PECVD 沉积一层氧化硅层；（c）RIE 刻蚀底部氧化硅层；（d）各向异性湿法腐蚀释放可动结构。SBM 工艺主要用于加工加速度计、陀螺等惯性器件。

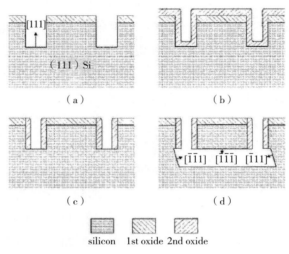

图 2.26　SBM 工艺流程[85]

2.10.3.3　HARPSS 工艺

多晶硅、单晶硅结合的高深宽比（High Aspect-ratio combined Poly and Single-crystal Silicon，HARPSS）工艺用于加工谐振器、加速度传感器和陀螺仪。图 2.27

（a）淀积并图案化氮化硅隔离层
（b）干法刻蚀定义主体结构

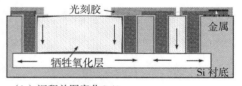

（h）沉积并图案化Cr/Au
（i）SF$_6$方向性干法刻蚀+根部刻蚀释放硅结构/电极（厚光刻胶作为掩膜）

（c）沉积LPCVD牺牲氧化层
（d）用LPCVD多晶硅填充深槽
（e）刻蚀背面多晶
（f）图案化氧化层
（g）淀积，掺杂和图案化多晶

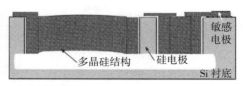

（j）剥离阻挡层
（k）刻蚀牺牲氧化层以完成结构释放

图 2.27　HARPSS 工艺流程[86]

给出了 HARPSS 关键工艺步骤：（a）~（b）沉积氮化硅后，利用 DRIE 刻蚀衬底定义主体结构；（c）~（g）沉积氧化层并图形化，然后沉积掺硼多晶硅并分别图形化氧化硅和多晶硅；（h）~（i）沉积并图形化金属层后，利用 DRIE 刻蚀一定深度的槽，然后利用各向同性反应离子刻蚀释放结构；（j）~（k）剥离阻挡层，完成结构释放。

2.10.3.4 MIS 工艺

MEMS "微创手术"（Micro-holes Inter-etch & Sealing，MIS）工艺的核心思想与真正的微创手术相类似，即以最小的开孔实现在单晶硅衬底内部选择性作业。图 2.28 给出了 MIS 工艺中微型孔设计需要满足的两大规则

$$b=\tan(19.47°)\cdot h\geq w \tag{2.20}$$

$$n\leq\left[i\cdot m+(i-1)\cdot w\right]\cdot\tan 30° \tag{2.21}$$

其中，i 为沿 <211> 晶向排列的微型孔数目[87]。

MIS 工艺基本流程如图 2.29 所示：（a）~（c）图形化系列微型孔，微型孔深度为结构层厚度；（d）沉积侧壁钝化层后，RIE 剥离微型孔底部钝化层，然后利用 DRIE 继续刻蚀微型孔至数个微米；（e）微型孔底部互联互通腐蚀形成腔体结构；（f）密封微型孔制造出完整悬浮单晶硅结构。此外，在 MIS 工艺基础上还延伸出了体硅下薄膜（Thinfilm Under Bulk，TUB）工艺和薄膜下体硅（Bulk Under Thinfilm，BUT）工艺技术[88-89]。MIS 工艺具有很强的拓展性，可用于制作不同类型的 MEMS 传感器件，目前已成功研制出一系列传感器，如压力传感器、加速度传感器、微流量传感器（压差式液体流量传感器和热式气体流量传感器）、气体传感器、多功能

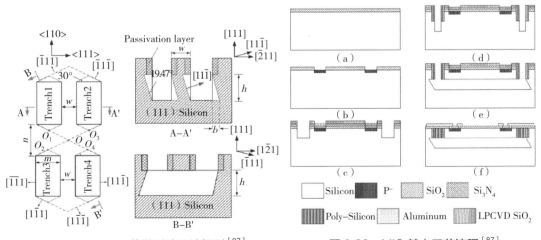

图2.28 MIS工艺微型孔设计规则[87]　　　　图2.29 MIS 基本工艺流程[87]

TPMS 复合传感器等。其中，部分成果已形成产品化应用并解决国家重大需求。

2.10.4 键合技术

圆片级键合技术是一种灵活的加工技术，主要用于传感器的结构制作和封装应用。键合技术可将不同材质、表面结构和功能特性不同的衬底以直接或间接方式组合在一起，得到独特的微机械结构。经过几十年的发展，圆片级键合技术已从最初的硅硅直接键合发展出了多种键合技术，大致包括硅熔融键合、阳极键合、共晶键合、黏合剂键合等。表 2.3 给出了几种主要的键合技术。

表 2.3　几种主要的键合技术

键合方式	典型材料	典型工艺条件	键合面粗糙度敏感性	密封性	可靠性
硅熔融键合	硅－硅	>1000℃ 键合压力适中	非常敏感	是	好
阳极键合	硅－玻璃	180~500℃ 200~1000V 键合压力适中	非常敏感	是	好
共晶键合	金－硅	200~400℃ 键合压力适中	敏感低	是	好
黏合剂键合	很多类型衬底和材料	25~400℃ 键合压力较小	不敏感	否	温度稳定性差

2.11　传感器表面微机械制造技术

早在 20 世纪 60 年代中期，美国西屋研究实验室的 H. C. Nathanson 及其合作者就提出了表面微机械制造技术[90]，并采用该技术制作了金属悬臂梁作为场效应晶体管的谐振栅。该技术在 20 世纪 80 年代至 90 年代得到了进一步发展，1988 年 L. S. Fan 等人基于表面微机械技术制造了静电驱动的微马达[91]，1998 年加州大学 R. S. Muller 等人对表面微机械制造技术进行了总结[92]。牺牲层（Sacrificial Layer）是表面微机械制造技术中最重要的概念。牺牲层一般位于衬底和结构层之间，表面微机械制造技术就是利用牺牲层材料和结构层材料在同一种腐蚀剂中腐蚀速率的差异，选择性地去除牺牲层材料、释放结构层，最终形成所需的悬空结构。

2.11.1 表面微机械制造技术的主要工艺步骤

表面微机械制造技术采用淀积在硅衬底表面的薄膜材料作为器件结构，其主要工艺过程如图 2.30 所示：（a）首先在硅衬底上淀积一层牺牲层材料；（b）采用光刻和腐蚀工艺将牺牲层材料图形化；（c）然后再淀积一层薄膜材料作为器件的结构层；（d）采用光刻和腐蚀工艺将结构层材料图形化；（e）最后腐蚀掉牺牲层，释放器件结构。由以上工艺过程可知，牺牲层材料的主要作用是辅助结构层材料成型并定义结构层和衬底之间的距离。

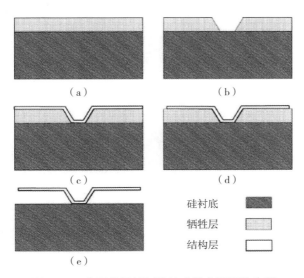

硅衬底

牺牲层

结构层

图 2.30 表面微机械制造技术的主要工艺步骤

2.11.2 牺牲层和结构层材料

二氧化硅（SiO_2）、磷硅玻璃（PSG）是较早使用的牺牲层材料，相应的结构层材料一般选用多晶硅，采用氢氟酸溶液选择性去除 SiO_2 和 PSG 牺牲层。与 SiO_2 相比较，PSG 在氢氟酸溶液中具有更快的腐蚀速率，因此以 PSG 作为牺牲层能更快地释放微结构。除 SiO_2 和 PSG，多孔硅、单晶硅、SiGe、Al、Zn 等无机材料也常被用作牺牲层材料，其中，多孔硅和单晶硅能提供更大的牺牲层厚度，可增大微结构和衬底之间的间距；聚酰亚胺、光刻胶等有机材料也可被用作牺牲层材料，可采用氧等离子体干法释放。

常用的结构层材料有多晶硅、单晶硅、SiN_x、SiO_x、Al、Au 等。一方面选择的结构层材料要满足器件性能需要，另一方面结构层材料的淀积工艺不能破坏牺牲层材料。特别要注意的是，结构层的应力需要控制在一定范围内，否则容易导致器件发生较大的形变甚至失效。较低的张应力有利于获得平整的悬空结构，常用的结构材料，如多晶硅薄膜沉积后在高温下（950℃）进行快速热退火，可获得较低的张应力；而通过调整低压化学气相沉积（LPCVD）、等离子增强化学气相沉积

（PECVD）的工艺参数，可获得具有较低张应力的氮化硅薄膜。

2.11.3 大面积牺牲层的腐蚀

如果结构层尺寸大，就意味着所需要腐蚀的牺牲层面积也大；而受限于薄膜淀积速率和应力，牺牲层厚度通常不大于 2 μm，因此牺牲层腐蚀就需要很长时间。为了缩短结构层释放时间，可在结构层上设计一些腐蚀孔。如图 2.31 所示，在悬臂梁支撑的板结构中设计了 4 个腐蚀孔，牺牲层的腐蚀将在结构边缘和腐蚀孔处同时进行，可大幅降低牺牲层的腐蚀时间。在某些器件中，这些腐蚀孔还能起到减小空气阻尼的作用。

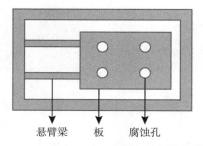

悬臂梁　板　腐蚀孔

图 2.31　用于加速结构层释放的腐蚀孔

2.11.4 牺牲层腐蚀中的黏附问题

当采用湿法腐蚀牺牲层释放悬空结构时，由于牺牲层厚度通常很薄，残留在结构层和硅衬底微间隙之间的液体所产生的表面张力足以使结构层发生较大形变而与衬底产生黏附，最终导致器件失效。为提高器件的成品率，一种方法是采用 CO_2 超临界干燥技术以安全释放悬空结构[93-94]：将牺牲层腐蚀后的器件去离子水冲洗，乙醇置换去离子水，将器件置于 CO_2 超临界干燥腔体中，用 CO_2 液体置换乙醇，并将腔体压力升高至临界压力 7.3 MPa 以上（图 2.32 A 点），随后保持腔体压力不变，升高腔体温度至临界温度 31.2 ℃ 以上（图 2.32 B 点），此时 CO_2 为超临界状态，降低腔体压力至常压（图 2.32 C 点），CO_2 从超临界状态转化为气态，进一步将腔体温度降低至室温（图 2.32 D 点），取出器件。由于在 CO_2 从液态至超临界状态再到气态的过程中没有表面张力，因此器件的结构层得到安全释放。另一种方法是在微结构和衬底表面构筑一层疏水涂层，以降低黏附。

近年来，干法腐蚀释放技术得到了长足发展和广泛应用，如氧化硅、硅牺牲层可分别采用气相 HF[95] 和 XeF_2[96] 进行腐蚀，由于采用气相腐蚀剂，也就不存在液体表面张力对结构层的破坏。图 2.33 所示是采用 XeF_2 腐蚀硅衬底制备的可动微镜阵列[97]，从图中可知，微镜得到了安全释放。

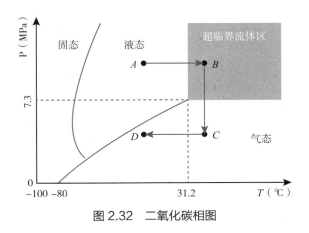

图 2.32 二氧化碳相图

图 2.33 采用 XeF_2 腐蚀硅衬底制备的可动微镜阵列

总之，表面微机械制造技术的优势在于更易于和 IC 工艺集成，ADI 公司的加速度传感器和得州仪器公司的数字微镜阵列器件是基于该技术实现商业化的成功案例。与此同时，由于表面微机械制造技术制备的结构层为薄膜结构，因此一般不能采用该技术制备惯性器件中的质量块以及横向电容敏感结构。

2.12 金属微机械传感器制造技术

在各种传感器件的制造过程中，经常需要用到金属层结构。一般认为厚度在 1 微米以下的为薄金属层，厚度在几个微米到几十甚至几百微米的为厚金属层。

薄金属层在传感器中主要用于器件表面的走线电互连、电镀的种子层、金属键合层、电阻丝以及微加热丝等结构。目前的晶圆级金属沉积方法中，对于厚度在 1 微米以下的薄金属层，主要分物理气相沉积方法（Physical Vapor Deposition，PVD）和化学气相沉积方法（Chemical Vapor Deposition，CVD）两大类。PVD 又分蒸发和溅射两种。蒸发是将金属加热熔化后，金属蒸气上升并附着在需要沉积的基片上。蒸发的设备及工艺相对简单，但是金属层与基板的附着力较弱。金属的加热方式有电阻发热、电子束、激光等，可用于蒸发沉积的金属主要有金、铜、铝等。金属溅射是通过等离子将金属靶材的金属原子轰击出来并沉积在对面放置的基板上，因为轰击出来的金属原子能量较大，所以沉积到基板上的金属层附着力也较强，但溅射设备相对蒸发更为复杂。磁控溅射是目前最主流的溅射方式，可用于溅射的金属材料主要包括钨、钨钛、钛、铝、铜、钼等。无论是蒸发还是溅射，都需要在真空腔体中完成。

化学气相沉积主要是金属有机化合物化学气相沉积（ Metal-Organic Chemical Vapor Deposition，MOCVD）[98]。MOCVD 使用有机金属化合物与氢气反应在基板表面生成金属层，如三甲基铝与氢气可以反应生成铝。相对于蒸发和溅射，MOCVD 具有更好的台阶覆盖性，因此 MOCVD 可以更好地用于硅过孔互连中在侧壁沉积电镀需要的种子层金属。可用于 MOCVD 的金属包括铝、铟、锌以及钛等。MOCVD 还可用于三五族化合物半导体的沉积。

厚金属的应用主要包括像三维堆叠封装或者 MEMS 盖板封装的基板过孔互连中的金属化填充、磁传感器的三维螺线线圈以及各类射频器件等。目前最常用的晶圆级厚金属沉积方法是电镀[99]。电镀利用电解原理，使溶液中的金属正离子在电场的作用下往负极迁移并在负极基板上沉积，如硫酸铜溶液可用于铜的电镀。电镀的优势是属于常温工艺并且可电镀的金属种类较多，比较常见的是铜、锡、金等。电镀的缺点也比较明显：首先，电镀需要种子层，因为在硅、玻璃等不导电的材质上无法直接电镀，所以在电镀的基板表面需要先沉积一层薄金属作为种子层，一般通过蒸发或者溅射等实现；其次，电镀使用的电解液对人体有害，而且很容易造成环境污染；再次，电镀更适合用于平面的厚金属沉积，对于复杂的三维结构比较困难。因为电镀时需要金属离子迁移到需要沉积的负极表面，而复杂的三维结构不利于金属离子迁移。对于像硅过孔互连的微孔铜电镀往往需要在电镀液中添加加速剂和抑制剂，其目的是加速铜离子向微孔的迁移且抑制铜离子在硅表面的沉积[100]。

微机电铸造是一项最新研究出的晶圆级厚金属沉积技术，通俗地讲，就是通过微纳原理将宏观的铸造缩小一百万倍，从而可以在晶圆上实现复杂金属微结构的铸造。传统宏观铸造主要利用铸件的机械性能，而微机电铸造主要利用微铸件的导电性能。晶圆级微机电铸造技术可分为6步，如图2.34所示，分别是硅模刻蚀、合模、填充、固化、脱模和表面处理。第一步，通过体硅刻蚀技术在硅晶圆上刻蚀出需要成型金属微结构的模具。第二步，将刻蚀好的硅片模具与盖板、喷嘴片合成三明治合片结构，其中盖板和喷嘴片均由硅片制作，它们与硅片模具一起将刻蚀的模具合成封装的空间。盖板和喷嘴片提供合金流道和排气等功能。第三步，将三明治结构

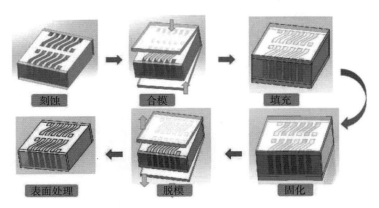

刻蚀　　　合模　　　填充

表面处理　　　脱模　　　固化

图 2.34　微机电铸造的工艺流程

合片结构放入微机电铸造专用设备，进行金属化填充。第四步，填充合金在三明治结构合片结构中完成均匀固化。第五步，将填充完成的三明治结构合片结构从设备中取出，并将盖板与喷嘴片脱离。第六步，对表面进行必要的平整化处理。相对于宏观铸造，微机电铸造解决的最重要的问题是空洞。在铸造过程中，合金本身夹带的气泡、固化时气体的释放以及固化时体积收缩等都会造成空洞。空洞是铸造最常见的缺陷，但对于微机电铸造，空洞更加致命。因为微机电铸造中的铸件尺寸只有几十微米，几十微米的空洞对于宏观铸造影响不大，但对于微机电铸造则是致命的缺陷。相对于电镀，微机电铸造整个工艺过程只需要用到真空和压力，所以更清洁环保。此外，微机电铸造还有沉积效率高以及更容易实现复杂三维结构的特点。

　　金属微机械可用于多种传感器。例如，用铂金属做的铂电阻传感器可用于温度的测量。铂具有非常稳定的电阻率温度系数，将铂金属通过溅射做成曲折的长线，其电阻随温度均匀变化，通过电桥电路可以将电阻的变化转换成电压，从而实现对温度的测量。螺线线圈是一种复杂的三维金属结构。目前，毫米级的螺线线圈主要通过漆包线绕制。电镀也可用来制造螺线线圈，但受限于电镀的沉积速率等，一般需要尺寸到几百微米。螺线线圈在磁传感器中有着广泛的应用，如磁通门就是一种超高精度磁传感器，与其他磁传感器（如霍尔、AMR、GMR 以及巨磁阻等）相比，磁通门传感器具有最高的测量精度。磁通门的结构为在坡莫合金上绕两组线圈，分别为激励线圈和感应线圈。坡莫合金磁芯在激励线圈的电流激励下，对外界磁场的变化产生敏感变化，并在感应线圈中产生放大的电压信号输出。传统的磁通门线圈通过漆包线绕制，难与电路调解芯片做集成封装。而通过微机电铸造技术可以方便在晶圆上加工成型磁通门传感器用的芯片化螺线线圈，与调解芯片可以实现磁通门的单芯片合封，从而进一步缩小磁通门传感器的尺寸[101]。此外，相对于漆包线绕制的线圈，微机电铸造技术可以制造结构更复杂的毫米级线圈结构，如图 2.35 所示的用微机电铸造技术制造的尺寸为 6.2mm×3.6mm×2.1mm 的 U 形线圈。作为电磁铁用线圈，U 形线圈可以形成闭合磁路，产生的吸力比直线线圈约大 10 倍。

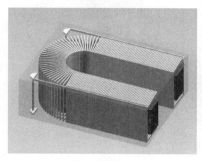 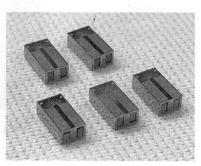

（a）三维模型图　　　　　　　　　　（b）实物样品

图 2.35　基于微机电铸造技术制造的硅基线圈

参考文献

［1］Smith C S. Macroscopic Symmetry and Properties of Crystals［J］. Solid State Physics，1958（6）：175-249.

［2］Bao M. Analysis and Design Principles of MEMS Devices［M］. Amsterdam：Elsevier B. V.，2005.

［3］Bao M. Micro Mechanical Transducers—Pressure Sensors，Accelerometers and Gyro-scopes［M］. Amsterdam：Elsevier B. V.，2000.

［4］Wang J，Li X. A high-performance dual-cantilever high-shock accelerometer single-sided micromachined in（111）silicon wafers［J］. Journal of Microelectromechanical Systems，2010（19）：1515-1520.

［5］Kitchin C，Counts L. A Designer's Guide to Instrumentation Amplifiers［M］. Norwood：Analog Devices，Inc.，2005.

［6］Kanda Y，Yasukawa A. Hall-effect devices as strain and pressure sensors［J］. Sensors and Actuators，1982（2）：283-296.

［7］Uchino K. Advanced Piezoelectric Materials［M］. Sawston：Woodhead Publishing，2017.

［8］Bhugra H，Piazza G. Piezoelectric MEMS Resonators［M］. Cham：Springer International Publishing AG，2017.

［9］Wang Q，Lu Y P，Mishin S，et al. Design，Fabrication，and Characterization of Scandium Aluminum Nitride-Based Piezoelectric Micromachined Ultrasonic Transducers［J］. Journal of Microelectromechanical Systems，2017（26）：1132-1139.

［10］Vives A A. Piezoelectric Transducers and Applications［M］. Berlin：Springer，2008.

［11］Pullano S A，Critello C D，Bianco M G，et al. PVDF Ultrasonic Sensors for In-Air Applications：A Review［J］. IEEE Trans Ultrason Ferroelectr Freq Control，2021（68）：2324-2335.

［12］Liu C. Foundations of MEMS［M］. Upper Saddle River: Prentice Hall, 2012.

［13］Ruppel C C W. Acoustic Wave Filter Technology-A Review［J］. IEEE Trans Ultrason Ferroelectr Freq Control, 2017（64）: 1390-1400.

［14］Percin G, Khuri-Yakub B T. Piezoelectrically actuated flextensional micromachined ultrasound transducers－I: Theory［J］. IEEE T Ultrason Ferr., 2002（49）: 573-584.

［15］Muralidhar Y C, Neethu K N, Nagaraja V S, et al. Design and simulation of polymer piezo-electric MEMS microphone［C］. Proceedings of the 2013 International conference on Circuits, Controls and Communications（CCUBE）, 2013.

［16］Wang H, Yang H, Chen Z, et al. Development of Dual-Frequency PMUT Arrays Based on Thin Ceramic PZT for Endoscopic Photoacoustic Imaging［J］. Journal of Microelectromechanical Systems, 2021（30）: 770-782.

［17］Piot A, Pribosek J, Maufay J, et al. Optimization of Resonant PZT MEMS Mirrors by Inverse Design and Electrode Segmentation［J］. Journal of Microelectromechanical Systems, 2021（30）: 216-223.

［18］Eddy D S, Sparks D R. Application of MEMS technology in automotive sensors and actuators［J］. Proc. IEEE, 1998（86）: 1747-1755.

［19］Yazdi N, Ayazi F, Najafi K. Micromachined inertial sensors［J］. Proceedings of the IEEE, 1998（86）: 1640-1659.

［20］Weinberg M, Connelly J, Kourepenis A, et al. Microelectromechanical instrument and systems development at the Charles Stark Draper Laboratory, Inc.［C］. Digital Avionics Systems Conference, 1997.

［21］Shkel A M. Precision navigation and timing enabled by micro technology: Are we there yet?［J］Proc. SPIE, 2011（8031）: 803118.

［22］Chen F, Li X, Kraft M. Electromechanical sigma-delta modulators force feedback interfaces for capacitive MEMS inertial sensors: A review［J］. IEEE Sensors J., 2016（16）: 6476-6495.

［23］Chen F, Zhou W, Zou H S, et al. Self-clocked dual-resonator micromachined Lorentz force magnetometer based on electromechanical sigma-delta modulation［C］. Proc. 31st IEEE Int. Conf. MEMS, 2018.

［24］Chen F, Zhao Y, Wang J, et al. A single-side fabricated triacis（111）-silicon microaccelerometer with electro mechanical sigma-delta modulation［J］. IEEE Sensors J., 2018（18）: 1859-1869.

［25］Wan Q, Chen F, Xu D C, et al. Enhancing the closed loop stability of a high-Q polysilicon micro hemispherical resonating gyroscope［J］. AIP Advances, 2019（9）: 025211.

［26］Vanherwaarden A W. The Seebeck Effect in Silicon ICs［J］. Sensors and Actuators, 1984（6）: 245-254.

［27］Vanherwaarden A W, Sarro P M. Thermal Sensors Based on the Seebeck Effect［J］. Sensors and Actuators, 1986（10）: 321-346.

［28］Allison S C, Smith R L, Howard D W, et al. A Bulk Micromachined Silicon Thermopile with High Sensitivity［J］. Sensors and Actuators A, 2003（104）: 32–39.

［29］Manjhi S K, Kumar R. Transient Surface Heat Flux Measurement for Short Duration Using K–Type, E–Type and J–Type of Coaxial Thermocouples for Internal Combustion Engine［J］. Measurement, 2019（136）: 256–268.

［30］Webster E S, Greenen A, Pearce J. Measurement of the Inhomogeneity in Type B and Land–Jewell Noble–Metal Thermocouples［J］. International Journal of Thermophysics, 2016（37）: 1–19.

［31］Lahiji G R, Wise K D. A Batch–Fabricated Silicon Thermophile Infrared Detector［J］. IEEE Transactions on Electron Devices, 1982（29）: 14–22.

［32］Vanherwaarden A W, Sarro P M. Performance of Integrated Thermopile Vacuum Sensors［J］. Journal of Physics E–Scientific Instruments, 1988（21）: 1162–1167.

［33］Vanherwaarden A W, Sarro P M, Meijer H C. Integrated Vacuum Sensor［J］. Sensors and Actuators, 1985（8）: 187–196.

［34］Casey V, Cleary J, Darcy G, et al. Calorimetric Combustible Gas Sensor Based on a Planar Thermopile Array: Fabrication, Characterisation, and Gas Response［J］. Sensors and Actuators B, 2003（96）: 114–123.

［35］Randjelovic D, Petropoulos A, Kaltsas G, et al. Multipurpose MEMS Thermal Sensor Based on Thermopiles［J］. Sensors and Actuators A, 2008（141）: 404–413.

［36］Kaltsas G, Nassiopoulou A G. Gas Flow Meter for Application in Medical Equipment for Respiratory Control: Study of the Housing［J］. Sensors and Actuators A, 2004（110）: 413–422.

［37］Dauderstadt U A, Devries P H S, Hiratsuka R, et al. Silicon Accelerometer Based on Thermopiles［J］. Sensors and Actuators A, 1995（46）: 201–204.

［38］Sarro P M, Vanherwaarden A W. Silicon Cantilever Beams Fabricated by Electrochemically Controlled Etching for Sensor Applications［J］. Journal of the Electrochemical Society, 1986（133）: 1724–1729.

［39］Hopper R, Ali S, Chowdhury M, et al. A CMOS–MEMS Thermopile with an Integrated Temperature Sensing Diode for Mid–IR Thermometry［C］. 28th European Conference on Solid–State Transducers, 2014.

［40］Li W, Ni Z, Wang J, et al. A Front–Side Microfabricated Tiny–Size Thermopile Infrared Detector with High Sensitivity and Fast Response［J］. IEEE Transactions on Electron Devices, 2019（66）: 2230–2237.

［41］Wang S, Xue D, Wang J, et al. Highly Sensitive P+Si/Al Thermopile–Based Gas Flow Sensors by Using Front–Sided Bulk Micromachining Technology［J］. IEEE Transactions on Electron Devices, 2020（67）: 1781–1786.

［42］Nathanson H C, Newell W E, Wickstrom R A, et al. The Resonant Gate Transistor［J］. IEEE Transactions on Electron Devices, 1967（14）: 117–133.

［43］Weaver W Jr., Timoshenko S P, Young D H. Vibration Problems in Engineering［M］. Chichester：John Wiley & Sons Limited, 1991.

［44］Ikeda K, Kuwayama H, Kobayashi T, et al. Silicon Pressure Sensor Integrates Resonant Strain Gauge on Diaphragm［J］. Sensors and Actuators A, 1990（21）：146–150.

［45］Chen F, Li X, Kraft M. Electromechanical Sigma–Delta Modulators Force Feedback Interfaces for Capacitive MEMS Inertial Sensors：A Review［J］. IEEE Sensors Journal, 2016（16）：6476–6495.

［46］Gokhale V J, Rais–Zadeh M. Uncooled Infrared Detectors Using Gallium Nitride on Silicon Micromechanical Resonators［J］. Journal of Microelectromechanical Systems, 2014（23）：803–810.

［47］Ono T, Li X, Miyashita H, et al. Mass Sensing of Adsorbed Molecules in Sub–Picogram Sample with Ultrathin Silicon Resonator［J］. Review of Scientific Instruments, 2003（74）：1240–1243.

［48］Yang Y T, Callegari C, Feng X L, et al. Zeptogram–Scale Nanomechanical Mass Sensing［J］Nano Letters, 2006（6）：583–586.

［49］Chaste J, Eichler A, Moser J, et al. A Nanomechanical Mass Sensor with Yoctogram Resolution［J］. Nature Nanotechnology, 2012（7）：301–304.

［50］Jia H, Xu P, Li X. Integrated Resonant Micro/Nano Gravimetric Sensors for Bio/Chemical Detection in Air and Liquid［J］. Micromachines, 2021（12）：645.

［51］Olcum S, Cermak N, Wasserman S C, et al. Weighing Nanoparticles in Solution at the Attogram Scale ［J］. Proceedings of the National Academy of Sciences, 2014（111）：1310–1315.

［52］Modi A, Koratkar N, Lass E, et al. Miniaturized gas ionization sensors using carbon nanotubes［J］. Nature, 2003（424）：171–174.

［53］Hughes R C, Ricco A J, Butler M A, et al. Chemical Microsensors［J］. Science, 1991（254）：74–80.

［54］Fergus J W. A review of electrolyte and electrode materials for high temperature electrochemical CO_2 and SO_2 gas sensors［J］. Sensors and Actuators B, 2008（134）：1034–1041.

［55］Yamazoe N, Sakai G, Shimanoe K. Oxide semiconductor gas sensors［J］. Catalysis Surveys from Asia, 2003（7）：63–75.

［56］Degler D, Weimar U, Barsan N. Current Understanding of the Fundamental Mechanisms of Doped and Loaded Semiconducting Metal–Oxide–Based Gas Sensing Materials［J］. ACS Sensors, 2019（4）：2228–2249.

［57］Hu X L, Yu J C, Gong J M, et al. α–Fe_2O_3 nanorings prepared by a microwave–assisted hydrothermal process and their sensing properties［J］. Advanced Materials, 2007（19）：2324–2329.

［58］Roy S, Jacob C, Basu S. Studies on Pd/3C–SiC Schottky junction hydrogen sensors at high temperature ［J］. Sensors and Actuators B, 2003（94）：298–303.

［59］Fedtke P, Wienecke M, Bunescu M C, et al. Hydrogen sensor based on optical and electrical switching ［J］. Sensors and Actuators B, 2004（100）：151–157.

［60］Crivellari M，Mattevi M，Picciotto A，et al. Microfabrication of MOS H-2 sensors based on Pd-gate deposited by pulsed laser ablation［J］. Sensors and Actuators B，2013（186）：180-185.

［61］Chen Y，Xu P C，Li X X，et al. High-performance H-2 sensors with selectively hydrophobic micro-plate for self-aligned upload of Pd nanodots modified mesoporous In_2O_3 sensing-material［J］. Sensors and Actuators B，2018（267）：83-92.

［62］Bronzino J D. Biomedical Engineering Handbook［M］. Boca Raton：CRC Press LLC，2000.

［63］Hamann C H，Hammett A，Vielstich W. Electrochemistry［M］. Hoboken：Wiley-VCH，2007.

［64］Parrilla M，Cuartero M，Crespo G A. Wearable potentiometric ion sensors［J］. Trac-Trend Anal. Chem.，2019（110）：303-320.

［65］胡成国，华雨彤. 线性扫描伏安法的基本原理与伏安图解析［J］. 大学化学，2020（36）：2005071.

［66］Bergveld P. Development of an Ion-Sensitive Solidstate Device for Neurophysiological Measurement［J］. IEEE Trans. Biomed. Engineer，1970（17）：70-71.

［67］张双，张静，张青竹，等. 离子敏感场效应晶体管传感器研究进展［J］. 微电子学，2020（50）：860-867.

［68］Sadighbayan D，Hasanzadeh M，Ghafar-Zadeh E. Biosensing Based on Field-Effect Transistors（FET）：Recent Progress and Challenges［J］. Trends Analyt Chem.，2020（133）：116067.

［69］Tran T，Mulchandani A. Carbon nanotubes and Graphene. Nano Field-Effect Transistor-Based Biosensors［J］. Trends Analyt Chem.，2016（79）：222-232.

［70］Sorgenfrei S，Chiu C，Gonzalez R L Jr.，et al. Label-Free Single-Molecule Detection of DNA-Hybridization Kinetics with a Carbon Nanotube Field-Effect Transistor［J］. Nat. Nanotech.，2011（6）：126-132.

［71］Vernick S，Trocchia S，Warren S，et al. Electrostatic Melting in a Single-Molecule Field-Effect Transistor with Applications in Genomic Identification［J］. Nat. Commun.，2017（8）：15450.

［72］Li B-R，Hsieh Y-J，Chen Y-X，et al. An Ultrasensitive Nanowire-Transistor Biosensor for Detecting Dopamine Release from Living PC12 Cells under Hypoxic Stimulation［J］. J. Am. Chem. Soc.，2013（135）：16034-16037.

［73］Keene S T，Lubrano C，Kazemzadeh S，et al. A Biohybrid Synapse with Neurotransmitter-Mediated Plasticity［J］. Nat. Mater.，2020（19）：969-973.

［74］Saiki R K，Scharf S，Faloona F，et al. Enzymatic amplification of beta-globin genomic sequences and restriction site analysis for diagnosis of sickle-cell anemia［J］. Science，1985（230）：1350-1354.

［75］Gibson U E M，Heid C A，Williams P M. A novel method for real time quantitative RT PCR［J］. Genome Research，1996（6）：995-1001.

［76］Vogelstein B，Kinzler K W. Digital PCR［J］. Proc. Natl. Acad. Sci.，1999（96）：9236-9241.

［77］Cao W，Bean B，Corey S，et al. Automated microfluidic platform for serial polymerase chain reaction and high—resolution melting analysis [J]. J Lab Autom, 2016 (21): 402–411.

[78] Kopp M U, Mello A J D, Manz A. Chemical Amplification: Continuous—Flow PCR on a Chip [J]. Science, 1998 (280): 1046–1048.

[79] Nagai H, Murakami Y, Morita Y, et al. Development of a microchamber array for picoliter PCR [J]. Anal. Chem., 2001 (73): 1043–1047.

[80] Beer N R, Hindson B J, Wheeler E K, et al. On–chip, real–time, single–copy polymerase chain reaction in picoliter droplets [J]. Analytical Chemistry, 2007 (79): 8471–8475.

[81] Ottesen E A, Hong J W, Quake S R, et al. Microfluidic digital PCR enables multigene analysis of individual environmental bacteria [J]. Science, 2006 (314): 1464–1467.

[82] Heyries K A, Tropini C, VanInsberghe M, et al. Megapixel digital PCR [J]. Nat. Methods, 2011 (8): 649–651.

[83] Petersen K E. Silicon as a mechanical material [J]. Proceedings of the IEEE, 1982 (70): 420–457.

[84] Shaw K A, Zhang Z L, MacDonald N C. SCREAM I: a single mask, single–crystal silicon, reactive ion etching process for microelectromechanical structures [J]. Sensors and Actuators A, 1994 (40): 63–70.

[85] Lee S, Park S, Cho D. The Surface/Bulk Micromachining (SBM) Process: A New Method for Fabricating Released MEMS in Single Crystal Silicon [J]. Journal of Microelectromechanical Systems, 1999 (8): 409–416.

[86] Ayazi F, Najafi K. High Aspect–Ratio Combined Poly and Single–Crystal Silicon (HARPSS) MEMS Technology [J]. Journal of Microelectromechanical Systems, 2000 (9): 288–294.

[87] Wang J, Xia X, Li X. Monolithic Integration of Pressure Plus Acceleration Composite TPMS Sensors with a Single–Sided Micromachining Technology [J]. Journal of Microelectromechanical Systems, 2012 (21): 284–293.

[88] Zhou H, Wang J, Li X. High–Performance low–range differential pressure sensors formed with a thin–film under bulk micromachining technology [J]. Journal of Microelectromechanical Systems, 2017 (26): 879–885.

[89] Xue D, Song F, Wang J, et al. Single–Side Fabricated p^+Si/Al Thermopile–Based Gas Flow Sensor for IC–Foundry–Compatible, High–Yield, and Low–Cost Volume Manufacturing [J]. IEEE Transactions on Electron Devices, 2019 (66): 821–824.

[90] Nathanson H C, Newell W E, Wickstrom R A, et al. The resonant gate transistor [J]. IEEE Trans. Electron Devices, 1967 (ED–14): 117–133.

[91] Fan L S, Tai Y C. IC–processed electrostatic micro–motors [C]. Technical Digest., International Electron Devices Meeting, 1988.

[92] Bustillo J M, Howe R T, Muller R S. Surface Micromachining for microelectromechanical systems [J]. Processing of the IEEE, 1998 (86): 1552–1574.

[93] Hui Y, Gao C Q, Wang L, et al. Supercritical carbon dioxide process for releasing stuck cantilever beams[J]. Journal of Semiconductors, 2010 (31): 106001.

[94] 郑建坡, 史建公, 刘春生, 等. 二氧化碳液化技术进展[J]. 中外能源, 2018 (23): 81-88.

[95] Passi V, Sodervall U, Nilsson B, et al. Anisotropic Vapor HF etching of silicon dioxide for Si microstructure release[J]. Microelectronic Engineering, 2012 (95): 83-89.

[96] Dagata J A, Squire D W, Dulcey C S, et al, Chemical processes involved in the etching of silicon by xenon difluoride[J]. J.Vac. Sci. Technol. B, 1987 (5): 1495-1500.

[97] Feng F, Yang G L, Xiong B, et al. A New Method for protection of anchors in releasing microstructure by using XeF_2 etching process[C]. Transducers 2007, 2017.

[98] Thompson A G. MOCVD technology for semiconductors[J]. Materials Letters, 1997 (30): 255-263.

[99] Becker E W, Ehrfeld W, Munchmeyer D, et al. Production of Separate Nozzle Systems for Uranium Enrichment by a Combination of X-ray Lithograohy and Galvanoplastics[J]. Naturwissenschaften, 1982 (69): 520-523.

[100] Shen W W, Chen K N. Three-Dimensional Integrated Circuit (3D IC) Key Technology: Through-Silicon Via (TSV)[J]. Nanoscale Research Letters, 2017 (12): 1-9.

[101] Gu J B, Hou X W, Xia X Y, et al. Solenoid fluxgate sensor micromachined by wafer-level molten-metal casting[C]. 32th IEEE International Conference on Micro Electro Mechanical Systems (MEMS), 2019.

第三章 力学量传感器

根据《中华人民共和国国家标准（GB/T 7665—2005）：传感器通用术语》，力学量传感器是能感受力学量并转换为可用输出信号的传感器。按照该标准，力学量传感器分为压力传感器、力传感器、力矩传感器、速度传感器、加速度传感器、流量传感器、位移传感器、位置传感器、尺度传感器、密度传感器、黏度传感器、浊度传感器、硬度传感器和流向传感器。

在以上传感器中，压力传感器、加速度传感器（加速度计）和角速度传感器（陀螺仪）是应用广泛的三种传感器，尤其是随着微纳制造技术的发展，基于MEMS 技术的压力传感器、加速度计和陀螺仪发展迅速，从研究论文的占有数量以及市场的占有数量看，这三类力学量传感器在所有力学量传感器中占据了最大的份额。因此，本章力学量传感器将着重介绍基于 MEMS 技术的压力传感器、加速度计和陀螺仪。

3.1 节主要介绍压力传感器的基本概念和主要分类，对压阻式压力传感器、电容式压力传感器、谐振式压力传感器几种典型器件进行介绍和阐述，并介绍近年来发展迅速的柔性压力传感器。

3.2 节主要介绍加速度计的基本概念和分类，对压电式、压阻式、谐振式、电容式、隧道电流式几种典型器件进行介绍和阐述，以蝶翼式加速度计为例介绍其设计、加工和检测等关键技术。

3.3 节主要以 MEMS 振动式陀螺仪为核心介绍振动式陀螺仪的工作原理、特性分析、检测电路等主要内容，以蝶翼式和嵌套环式两种典型振动式 MEMS 陀螺仪为例介绍其设计、加工和检测的关键技术。

3.1 压力传感器

3.1.1 压力传感器概述

压力（压强）是在航空航天、工业控制、科学研究等领域中最广泛使用的物理参数之一，压力传感器也是目前除去温度传感器外使用最为广泛的一种传感器。

压力传感器由压力敏元件及转换元件组成。压力敏元件指能感受压力的元件，通常是弹性敏感元件，常用的是梁、平膜片及圆柱式弹性元件；转换元件是能将压力敏元件感受的压力转换成适于传输和测量的电信号的元件。

MEMS 技术问世以来，在传感器领域得到了广泛应用，使得传感器能够向着体积小、功耗低、成本低、易批量生产、便于集成化等方向发展，极大地推动了传感器研究、开发及产业化进程，市场规模越来越大。MEMS 压力传感器作为最重要、最被广泛应用的传感器之一，同样也得到了迅速发展，成为国内外 MEMS 领域研究的热点之一。近年来，该领域的研究涌现出蓬勃发展的态势，面向市场产业化发展迅速，有的主流大生产商甚至把每年的增长目标定为 25% ~ 30%。图 3.1 所示为适用于各应用领域和不同量程的各种 MEMS 压力传感器技术。

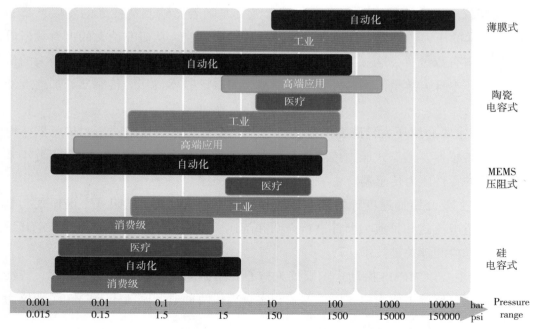

图 3.1　适用于各应用领域和不同量程的各种 MEMS 压力传感器技术

（来源：Yole Developpement，Market & Technology Report：MEMS Pressure Sensor 2013.）

MEMS 压力传感器是最早开始研究的 MEMS 传感器种类之一，也是最重要的一种。经过几十年的学术界研究、工业界研发、市场化运作，目前已经有很成熟的 MEMS 压力传感器商业产品，针对汽车电子、消费电子、手机、穿戴设备等领域的有 Bosch、ST、Freescale、Denso、Aensata 等公司的各类 MEMS 压力传感器产品（以压阻式 MEMS 压力传感器为主）。

3.1.2　压力传感器主要特性

压强是表征压力大小的直接单位，压强定义为单位面积上所承受压力的大小，其国际标准单位为 N/m^2，记为 Pa。其他表示压强的各类单位体系与 Pa 的换算关系见表 3.1。

表 3.1　各类常用压力单位与标准单位 Pa 的换算关系

单位	符号	换算成 Pa
巴	bar	1×10^5
标准大气压	atm	1.01325×10^5
兆巴 / 百帕	Mbar / hPa	100
毫米汞柱 / 托	mmHg / Torr	133.32
英寸汞柱	inHg	3386.39
磅力 / 平方英寸	Lbf/in² (psi)	5894.76
英寸水柱	inH_2O	284.8

压力传感器的主要性能指标有量程、准确度（含线性度、重复性和迟滞）、分辨力、热零点漂移、长期稳定性等。

量程：压力量程是指压力传感器已经测试和标定并达到传感器其他指标的压力范围，在压力量程内进行压力测试时，传感器应能达到各项技术指标。压力量程是用户选择压力传感器的重要指标。根据压力量程，压力传感器已逐渐形成标准化系列，如 ISO 国际标准等。

准确度：又称精度或综合误差，是压力传感器的核心指标，是线性度、重复性和迟滞的综合体现，全温区准确度同时反映了传感器的热漂移影响。传感器的精度一般用相对误差 $\pm m\%FS$ 表示，m 值越大，压力传感器的准确度越低。一般而言，压力传感器的准确度是通过分别计算其线性度、重复性和迟滞后综合计算获得。

分辨力 / 率：压力传感器的分辨力是传感器能分辨出的最小压力的变化值，而该压力值与满量程之间的比值就称为分辨率。它是传感器灵敏度的集中体现，是真空压力传感器等微压传感器的核心指标。

热零点漂移：是指压力传感器在全温工作范围内零点输出随温度的变化情况，一般用 $a\%FS/℃$ 表示，a 值越大，其热零点漂移越大、温度稳定性越差。

长期稳定性：是衡量压力传感器性能的重要指标，一般以传感器零点输出的年漂移量或者年漂移量与满量程之间的比值来表征，年漂移量越小，传感器的长期稳定性越好。

3.1.3　几种常见的压力传感器

压力传感器的种类庞杂繁多、分类各异。根据所测压强类型不同，主要分为绝对压力传感器、表压传感器、差压传感器和真空压力传感器等。根据 MEMS 压力传感器转换元件的不同换能原理，可将压力传感器分为压阻式、电容式、谐振式等不同种类。本章将按照后一种分类方式进行介绍。

3.1.3.1　压阻式压力传感器

1954 年，C.S Smith 首先发现了硅和锗中的压阻效应，从此拉开了基于半导体材料的压力传感器研究的序幕。半导体压阻系数是传统金属压阻系数的几十倍，因此半导体压阻效应的发现被认为是传感技术中的革命性进步。1962 年，Tufte 等人通过离子注入在硅衬底特定区域进行掺杂制作压敏电阻，实现了敏感元件与材料一体的压阻式压力传感器，增加了器件的集成度，促进了器件的小型化发展。

20 世纪 70 年代以来，采用集成电路技术制造硅压阻压力传感器获得迅速发展，制成了周边固支的电阻与硅膜片一体化的硅杯式扩散型压力传感器，克服了半导体应变计式压力传感器存在的问题，不仅性能优良，易于实现小型化和批量生产，而且能够将电阻条、补偿线路、信号调整线路集成在一块硅片上，甚至将计算处理电路与传感器集成在一起制成智能传感器，使压阻式压力传感器获得了重要和广泛的应用，成为人们普遍重视的一种新型压力传感器。

压阻式压力传感器是利用单晶硅材料的压阻效应制成的。根据欧姆定律，对于导体或半导体材料，其电阻 $R=\rho L/A$，则

$$\frac{\mathrm{d}R}{R} = \frac{\mathrm{d}\rho}{\rho} + (1+2\mu)\frac{\mathrm{d}L}{L} \tag{3.1}$$

引用 $\mathrm{d}\rho/\rho=\pi\sigma=\pi E\varepsilon$，则式（3.1）可写成

$$\frac{\mathrm{d}R}{R} = \pi\sigma + (1+2\mu)\frac{\mathrm{d}L}{L} = (\pi E+1+2\mu)\varepsilon = K\varepsilon \tag{3.2}$$

式中，$K=\pi E+1+2\mu$，对金属来说，πE 很小，可以忽略不计，而 $\mu=0.25\sim0.5$，故金属丝的灵敏系数 K_0 近似为 $K_0=1+2\mu\approx1.5\sim2$。

对半导体材料而言，πE 比（$1+2\mu$）大得多，故（$1+2\mu$）可以忽略不计，而压阻系数 π 为（$40\sim80$）$\times10^{-11}\mathrm{m^2/N}$，弹性模量 $E=1.67\times10^{11}\mathrm{Pa}$，故 $K_s=\pi E\approx50\sim100$。

由此可见，硅压阻式传感器灵敏系数 K_s 要比金属应变计的灵敏系数大 $50\sim100$ 倍。由于半导体材料 πE 比（$1+2\mu$）大很多，因而其电阻相对变化可写为

$$\Delta R/R=\Delta\rho/\rho=\pi\sigma \tag{3.3}$$

式中，π 为压阻系数，σ 为应力，ρ 为半导体材料的电阻率。

式（3.3）说明，半导体材料电阻的变化率 $\Delta R/R$ 主要是由 $\Delta\rho/\rho$ 引起的，这就是半导体的压阻效应。

在弹性变形限度内，硅的压阻效应是可逆的，即在应力作用下硅的电阻发生变化；而当应力除去时，硅的电阻又恢复到原来的数值。应力作用在硅晶体使其电阻发生变化这一压阻效应的物理解释：依据 Herring 关于半导体多能谷导带／价带模型的公式，当力作用于硅晶体时，晶体的晶格产生形变，使载流子产生从一个能谷到另一个能谷的散射，载流子的迁移率发生变化，扰动了纵向和横向的平均有效质量，使硅的电阻率发生变化。这个变化随硅晶体的取向不同而不同，即硅的压阻效应与晶体的取向有关。

压阻式压力传感器的组成框图如图 3.2 所示[1]。

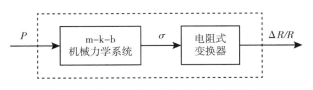

图 3.2 压阻式压力传感器组成框图

图 3.2 中第一部分可等效为质量—弹簧—阻尼（m-k-b）机械力学系统的弹性敏感元件，它将输入的被测压力 P 转换为中间变量（应力 σ 及其对应的应变 ε）。常用的弹性敏感元件有周边固支的圆形、方形和矩形膜片，近年来又发展了 E 型、双岛型。硅膜片的结构不同，在压力 P 作用下膜片上的应力分布也不同，但在确定位置处的应力与压力成正比。

图 3.2 中第二部分是在膜片相应部位采用半导体工艺制作的电阻变换器。由压阻效应输出相应的电阻变化量 ΔR，电阻改变量 ΔR 与相应部位膜片的应力 σ 成正比。

对周边固支圆形膜片，根据弹性力学计算可知，压力 P 在半径为 a、膜厚度为 h 的周边固支圆形硅膜片上引起的径向应力 σ_r 和切向应力 σ_t 分别为

$$\sigma_r = \frac{3Pa^2}{8h^2}\left[(1+\mu) - (3+\mu)\frac{r^2}{a^2}\right] \tag{3.4}$$

$$\sigma_t = \frac{3Pa^2}{8h^2}\left[(1+\mu) - (3\mu+1)\frac{r^2}{a^2}\right] \tag{3.5}$$

式中，a、r、h 分别为膜片的有效半径、计算点半径、厚度；μ 为泊松比，对硅来讲取 $\mu=0.35$；P 为压力。

由上述二式可计算硅膜片受到均布载荷时的应力分布如图 3.3 所示。在膜片中心处，$r=0$，σ_r 和 σ_t 具有正最大值。随着 r 增大，σ_r 和 σ_t 逐渐下降，在 $r=0.635a$ 和 $0.812a$ 处分别为零。在膜片边缘处，$r=a$，σ_r 和 σ_t 均为负值，其绝对值达到最大。

考虑压敏电阻位于同一应力区（图 3.4），在（100）晶面硅膜片上沿 <110> 晶向制作 P 型硅电阻。当电阻置于边缘时，压阻式压力传感器的输入输出特性为

$$\left|\frac{\Delta R}{R}\right| = \frac{3a^2}{8h^2}(1-\mu)\pi_{44}P \tag{3.6}$$

式中，π_{44} 是剪切压阻系数。

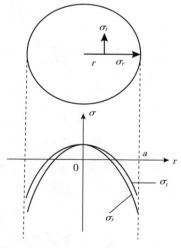

图 3.3　圆膜片上应力分布

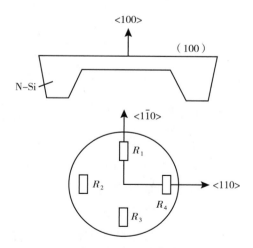

图 3.4　（100）晶面压敏电阻分布

压阻式压力传感器的灵敏度为

$$S_R = \frac{\left|\dfrac{\Delta R}{R}\right|}{P} = \frac{3a^2}{8h^2}(1-\mu)\pi_{44} \tag{3.7}$$

除了圆形硅膜片外，还有周边固支的方形、矩形膜片，不管硅片取什么形状，膜片上的电阻相对变化量与被测压力 P 成正比。这样，当敏感元件与变换器相结合时，压阻式压力传感器就将输入的被测量（压力）转换成电阻的改变量，进而通过测量线路（恒流源或恒压源供电）转变成电压输出信号。

压阻式压力传感器是目前应用最为广泛的半导体压敏传感器，已有集成传感器出现，这种器件具有工作寿命长、体积小、重量轻、灵敏度高的优点，但是存在下列缺点。一是零位失调和温漂：压敏电阻的不对称和温度系数、封装时引进的应力、封装材料与硅片间热膨胀系数差异所引起的应力都会导致零位失调和温漂。二是灵敏度的温度漂移：压阻系数随温度变化，使灵敏度随温度变化。三是非线性度：当晶体中应力较大时，电阻的变化不再与压力成正比；膜形变较大时，应力与压力间的线性关系也会受到破坏，这两个效应限制了传感器的量程。

除单晶硅外，其他压阻材料也都被用来制作压阻传感器，其中包括多晶硅、碳化硅、碳纳米管、绝缘体上硅等，压阻传感器呈多元化发展。

目前，国内外已有许多成熟的压阻传感器供应商，包括美国 Nova 公司、Kulite 公司，瑞士 Kistler 公司，德国 First Sensor 公司等，这些历史悠久的传感器制造厂商具备独自研制与生产高精度压阻传感器的能力。相比之下，国内压阻传感器的研究起步较晚，技术较为薄弱，拥有成熟的压阻器件与自主知识产权的公司或机构较少，比较典型的有国机集团沈阳仪表工艺研究院、昆山双桥有限公司等。

3.1.3.2　电容式压力传感器

电容式压力传感器是将待测压强的大小转换为可动膜片的形变 ΔW，电容器的一个极板在可动膜片上，另一个极板固定，从而膜片的形变将改变电容两极板间的间距，产生一个电容变化量 ΔC，通过检测 ΔC 的大小即可得知加载在可动膜片上的待测压强的大小。图 3.5 为电容式压力传感器原理示意图。

电容式压力传感器的组成框图如图 3.6 所示，其第一部分可等效为 m-k-b 机械力学系统的弹性敏感元件，第二部分为电容变换器。它是将输入的被测压力 P 转换为膜片的形变 W，再将形变 W 转换为电容的变化 ΔC 输出。与压阻式压力传感器相比，电容式变换器具有灵敏度高、温度稳定性好、压力量程低等优点，从而弥补了硅压阻式压力传感器的不足。

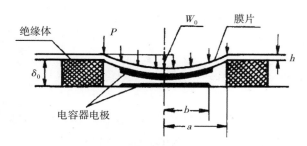

图 3.5　圆膜片电容式压力传感器示意图

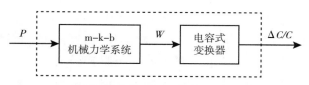

图 3.6　电容式压力传感器组成框图

利用微机械加工工艺制作的圆形硅膜片，既是弹性敏感元件，又是电容变换器的可动极板。以图 3.5 为例，设圆形硅膜片的半径为 a、铝电极半径为 b、膜厚为 h，在零压力作用下（即 $P=0$ 时）两电极间的间隙为 δ_0，则初始电容量 C_0 为

$$C_0 = \frac{\varepsilon_0 \pi b^2}{\delta_0} \tag{3.8}$$

式中，真空介电常数 $\varepsilon_0 = 8.87 \times 10^{-14} \mathrm{F/cm}$。

当膜片两侧压力差 $P \neq 0$ 时，膜片距中心为 r 处的位移量——挠度为

$$W_r = \frac{3P(1-\mu^2)}{16Eh^3}(a^2 - r^2)^2 \tag{3.9}$$

膜片中心处的挠度，即最大位移量 W 为

$$W_0 = \frac{3a^4(1-\mu^2)}{16Eh^3}P \tag{3.10}$$

所以

$$W_r = W_0(1 - \frac{r^2}{a^2})^2 \tag{3.11}$$

在形变情况下，电容变换器的总电容为

$$C = \int_0^b \varepsilon_0 \frac{2\pi r \mathrm{d}r}{\delta_0 - W_r} \tag{3.12}$$

在 $W_0 << \delta_0$ 的情况下，上式积分结果为

$$C = C_0 \left[1 + (1 - g^2 + \frac{1}{3} g^4) \frac{3(1 - \mu^2) a^4}{16 E h^3 \delta_0} P \right] \qquad (3.13)$$

式中，$g = b/a$。式（3.13）表明，当膜中心最大位移量 W_0 比电极初始间隙 δ_0 小很多时，电容量 C 随作用压力 P 的变化呈线性关系。

由微机械加工工艺制作的微米尺寸的电容变换器，其电容数值很小，在压力作用下的变化量更小，这样小的电容量作为分立元件的压力敏感电容变换器是没有实际意义的。采用集成电路工艺技术与微机械加工工艺技术可以把信号调理电路与压敏电容变换器做在同一块芯片上，连接导线极短，从而可使与电容变换器相连接的杂散电容小而稳定。在此条件下，上述微小尺寸的电容变换器才具有实际的使用价值。

由式（3.13）可得电容式压力传感器的输入—输出特性可表示为

$$\frac{\Delta C}{C_0} = (1 - g^2 + \frac{1}{3} g^4) \frac{3(1 - \mu^2) a^4}{16 E h^3 \delta_0} P \qquad (3.14)$$

电容式压力传感器的灵敏度 S_c 为

$$S_C = \frac{\dfrac{\Delta C}{C_0}}{P} = (1 - g^2 + \frac{1}{3} g^4) \frac{3(1 - \mu^2) a^4}{16 E h^3 \delta_0} \qquad (3.15)$$

电容式压力传感器比压阻式压力传感器有更高的灵敏度，通常高 1 个至几个数量级。

电容式压力传感器的基本结构由上下两个电极板组成。按照可动极板位移量与平行板间隙之间的大小，分为非接触式和接触式两种。一般采用图 3.7（a）中非接触式结构居多，但由于其在外界压力增大时压力膜片形变较大，制约了其最大测量量程。图 3.7（b）为接触式电容压力传感器，当压力载荷很大时，上极板膜受压变形弯曲直至与绝缘薄膜相接触，并且随着压力的进一步增加，接触面积也随着改变，进而导致电容发生变化，相比之下，其动态范围更大，并具有很好的过载保护特性。

电容式压力传感器有以下优点：①电容量小，10~100pF，具有高阻抗输出；②极板间静电引力小，具有较高的固有频率和良好的动态响应特性；③可进行非接触测量。

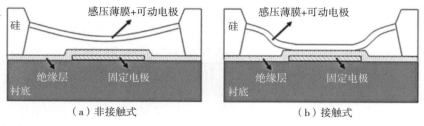

图 3.7　两种不同形式的电容式压力传感器

电容式压力传感器也存在一些缺陷：①温度变化会引起电容传感器各零件几何尺寸改变，产生附加电容变化；②温度变化将引起介质介电常数的变化，使电容器电容改变，带来温度误差；③绝缘材料的性能不够好时，绝缘电阻随温度和湿度的变化而变化，使输出产生缓慢、零位漂移；④电容传感器除了极板间的电容外，极板还可能与周围物体（包括仪器甚至人体）产生寄生电容，从而产生虚假的输出信号，因此还必须注意电容器的接地和屏蔽，以减少外界干扰的影响。

国际上已经有了比较成熟的电容式压力传感器产品，以芬兰 Vaisala 公司的BAROCAP 最具代表性，该类传感器广泛地应用在气象监测领域，综合精度达到30Pa，在专业气象领域应用广泛。美国的罗斯蒙特公司开发的基于金属薄膜的电容式压力传感器在工业测控和压力仪表等领域占据了较大的市场。我国电容式压力传感器多在研发阶段，东南大学等开发了基于电容式压力传感器的无线无源系统，沈阳仪表工艺研究院研发出高精度的硅电容压力传感器并实现了小批量生产。

3.1.3.3　谐振式压力传感器

谐振式压力传感器是利用谐振器（也称谐振子）作为敏感元件，以谐振器固有谐振频率的变化来测量待测压力 P 的大小，其组成框图如图 3.8 所示。其谐振器也是一个 m–k–b 机械力学系统（谐振器可与感受压力的机械力学系统相同，比如谐振膜压力传感器、谐振筒压力传感器等；也可不同，比如感受器是膜、谐振器是梁），存在有确定数值的固有振荡频率 f_n，f_n 取决于系统的刚度 K 及质量 m。待测压力 P

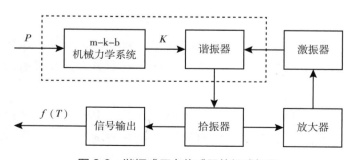

图 3.8　谐振式压力传感器的组成框图

作用在 m-k-b 机械力学系统上，直接或间接改变谐振器的刚度 K，从而改变谐振器的固有谐振频率，通过检测谐振频率（f）或周期（T）的变化实现压力测量目的。

随着微纳加工技术的迅猛发展，作为谐振传感器重要组成部分的振动元件已从早期的宏观尺寸（谐振弦、谐振筒、谐振膜等）发展至现今的微观尺寸，目前的谐振传感器内大量采用的是基于硅微机械的谐振器（也称谐振子），这是微谐振传感器的核心部件。它是利用硅材料的各向异性刻蚀技术对硅片进行微机械加工而成，其几何尺寸很小，通常在 1mm 以下。硅微机械结构谐振子的结构形式多种多样，主要包括悬臂梁式、双端固支梁（桥式）、薄膜式以及梳状叉指式。悬臂式谐振器的主要特点是一端与硅基片固接，而另一端悬空为自由振动端；桥式谐振子的特点为两端固定；薄膜式谐振子的结构特点为周边固支。硅微机械谐振传感器具有独特优点，已广泛应用于很多物理量甚至生物化学量的检测，除用于压力的测量以外，还用来检测力、应变、加速度、质量流量、气体等。

激振、拾振是实现谐振器的电机、机电转换的必要手段，为组成谐振式压力传感器闭环自激系统提供条件。常用的激振方式有电磁、静电、（逆）压电效应、电热、光热等；常用的拾振方式有电磁、电容、（正）压电效应、压阻效应等。电磁激励利用电流导体在磁场中受罗伦兹力作用而受迫振动，工作稳定可靠，但必须利用磁场，难于实现微型化；静电激励利用电容两个电极之间的静电引力，需要两个电极，而且对电极间距控制相对要求较高，电容检测较难；压电激励利用逆压电效应，原理简单、振动稳定、易于检测、容易形成闭环自激，但加工工艺与集成电路工艺不兼容，不利于集成化和智能化；电热激励利用温度差导致的热应力激振，工艺制作相对容易，但抗干扰能力、温度特性稍差。

微机械谐振器的主要材料是单晶硅，此外还有其他一些材料，如多晶硅、二氧化硅、石英、氮化硅、石墨烯等。

谐振器和压力敏感膜是谐振式压力传感器的两个重要组成部分，一般谐振式压力传感器采用压力膜和谐振器的复合结构。谐振器采用双端固支谐振梁，通过其两端的锚点固支在压力敏感膜上方，其简化结构如图 3.9（a）所示，其工作原理如图 3.9（b）所示，虚线表示其受力前的结构整体状态。当压力敏感膜受到来自下方一侧的压力后，压力膜发生弯曲变形，从而使锚点产生位移，导致谐振梁受到内部轴向应力的作用，进而使梁的刚度系数发生变化，最终使梁的谐振频率发生改变。在一定范围内，谐振梁固有频率的变化与外界压力的变化呈线性关系，通过检测其固有频率的变化就可以检测压力膜上压力的变化。

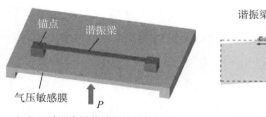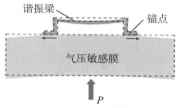

（a）双端固支梁传感器简化结构图　　　（b）膜–谐振器应力传递示意图

图 3.9　基于梁膜复合结构的谐振式感压芯片

在整个过程中，压力敏感膜起着压力转换与应力放大的作用。谐振梁的固有频率与压力敏感膜的形变为间接影响关系，属于二次敏感原理，其优点在于：第一，采用真空封装方法将谐振梁封装于真空中，谐振梁与待测介质隔离，仅将压力敏感膜的外表面暴露在外界环境中，从而保证谐振梁振动时不受待测介质或外界环境影响，有利于提高谐振梁的品质因数 Q，从而大大提高了感压芯片的可靠性、稳定性以及环境适应性；第二，敏感薄膜具有应力放大的作用，其放大倍数正比于薄膜尺寸与厚度之比的平方，这种二次敏感方案有利于提高压力灵敏度。

下面，以谐振器和压力膜集成于一体的典型谐振式压力传感器为例，分别介绍谐振器和压力敏感膜的结构设计。

（1）谐振器的结构设计

图 3.10 为典型的双端固支型谐振梁，梁长度为 l，宽度为 b，厚度为 h。根据弹性理论，图中双端固支梁的无阻尼水平振动微分方程如下

$$EI\frac{\partial^4\omega(x,t)}{\partial x^4}-\sigma A\frac{\partial^2\omega(x,t)}{\partial x^2}=-\rho A\frac{\partial^2\omega(x,t)}{\partial t^2}　　　（3.16）$$

其中，E 是材料的杨氏模量，$I=\dfrac{hb^3}{12}$ 是转动惯量，$\omega(x,t)$ 是梁的动挠度，$A=bh$ 是横截面积，σ 是轴向应力，ρ 是材料密度，b 是梁宽度，h 是梁厚度且 $h>b$。求解这个

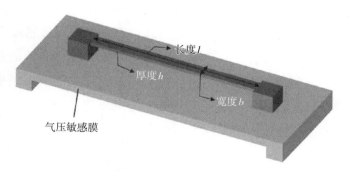

图 3.10　双端固支梁谐振式感压芯片简化模型图

微分方程可得谐振梁的第一阶振动模态的固有频率为

$$f_0 = f_1(0) = \frac{4.73^2}{2\pi l^2}\sqrt{\frac{EI}{A\rho}} = 1.028\sqrt{\frac{E}{\rho}} \cdot \frac{b}{l^2} \qquad (3.17)$$

当轴向应力 $\sigma \neq 0$ 时，

$$f_1(\sigma) = f_1(0)\sqrt{1 + \frac{\sigma}{\sigma_c}} \qquad (3.18)$$

其中，$\sigma_c = \dfrac{\pi^2 E}{3}\left(\dfrac{b}{l}\right)^2$ 是临界欧拉应力。通过分析可知，当谐振梁的材料确定后，谐振梁的固有频率主要取决于谐振器梁的长度 l 和宽度 b。

（2）压力敏感膜的结构设计和敏感特性分析

压力敏感膜是谐振式压力传感器中感受压力的部位，其敏感特性直接影响传感器性能。以方形膜为例（如图 3.11 所示），压力敏感膜位于正方形框架内，中间向上深挖形成一定的膜厚，外圈"回"型框架便于传感器器件的封装和装配。在传感器工作时，敏感膜背面感受外界压力的变化，使得固支在敏感膜正面的谐振器内部应力发生变化，这样谐振器固有频率发生改变，检测其频率变化便能测得压力的变化。下面对这种方形气压敏感膜的敏感特性进行理论分析。

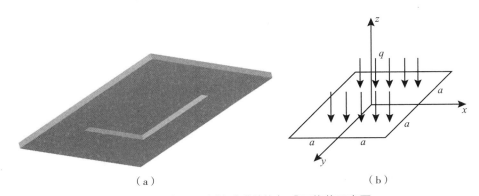

（a）　　　　　　　　　　　　　（b）

图 3.11　方形压力敏感膜结构与感压载荷示意图

图 3.11（b）是受均布载荷的压力膜受力示意图，为 $2a \times 2a$ 的正方形，均布载荷为 q，大小等于待测压力 P。设膜厚为 t，谐振器（假设为长直梁）分布于压力敏感膜上表面的中央，可得其 x、y 方向的轴向应力 σ_x、σ_y 为

$$\sigma_x \mid_{z=t/2}^{y=0} = \frac{3a^2 q}{\pi^2 t^2}\left[2\cos\frac{\pi x}{a} + \mu(1+\cos\frac{\pi x}{a})\right]$$ （3.19）

$$\sigma_y \mid_{z=t/2}^{x=0} = \frac{3a^2 q}{\pi^2 t^2}\left[2\cos\frac{\pi y}{a} + \mu(1+\cos\frac{\pi y}{a})\right]$$ （3.20）

由上式可看出其 x、y 方向的轴向应力分布规律一致。图 3.12 是压力敏感膜 x 方向的轴向应力分布情况，当 $x/a = \pm0.532$ 时，$\sigma_x=0$；当 $x/a \in$ （−0.532，0.532）时，$\sigma_x > 0$，是拉应力；当 $x/a \in$ （−1，−0.532）$\cup$（0.532，1）时，$\sigma_x < 0$，是压应力。

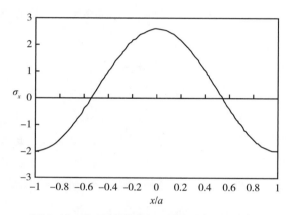

图 3.12　气压敏感膜上 x 轴向应力分布图

因谐振器置于压力敏感膜中央，可近似取 x=0，得到其近似的轴向应力

$$\sigma_x = \frac{6(1+\mu)}{\pi^2}\left(\frac{a}{t}\right)^2 \cdot q = \frac{6(1+\mu)}{\pi^2}\left(\frac{a}{t}\right)^2 \cdot P$$ （3.21）

由式（3.21）可以看出，当膜大小 a 远大于膜厚度 t 时，谐振梁所受应力 σ 远大于压力膜所检测到的压力 P，这样压力膜就起到了应力放大的作用，大大提高了传感器的灵敏度。

由式（3.18）和式（3.19）可知

$$f = f_0\sqrt{1+\frac{P}{P_c}}$$ （3.22）

其中，P_c 是外加临界压力，即能够使梁上产生轴向临界应力 σ_c 的压力大小。当

$P/P_c \leqslant 20\%$ 时，频率可近似为 $f = f_0\left(1 + \dfrac{P}{2P_c}\right)$，因而 $\Delta f = \dfrac{f_0}{2P_c}\Delta P$，所以压力灵敏度表达式为

$$S = \frac{f_0}{2P_c} = \frac{0.095(1+\mu)}{\sqrt{E\rho}} \cdot \frac{a^2}{t_2 b} \qquad (3.23)$$

由式（3.23）可得出影响传感器压力灵敏度的几个重要参数：梁宽度 b，膜大小 a，膜厚度 t。当 $f_0/f < 10\%$ 时，压力与频率可近似为线性关系。

（3）谐振器的激振/拾振工作原理

以电磁激励/磁感应拾振来说明谐振器的工作原理，图 3.13 为通有电流的谐振器在恒定磁场 B 中的工作原理图。谐振器为 H 型双端固支梁型结构，谐振器处于恒定磁场 B 中且与磁场方向垂直，当 H 型谐振梁中的激振梁通有方向周期性变化的电流时，因受到方向周期性变化的安培力 F 的作用而受迫振动，并通过 H 型谐振梁中间的方形连接块带动拾振梁一起振动。拾振梁在磁场中运动时会切割磁场线，根据电磁感应定律，将在其两端产生感应电动势。假设在谐振器激振梁的两端加上交变输入电压 $U_{in} = u_0 \sin\omega t$，那么，谐振器将在安培力 F 作用下做受迫振动，F 大小为

$$F = BIL = B\frac{u_0 \sin\omega t}{R}L = \frac{BLu_0}{R}\sin\omega t \qquad (3.24)$$

其中，B 为外加恒定磁场强度，R 为谐振器上电极的电阻，L 为谐振梁长度。

谐振器在驱动力 F 作用下的振动方程为：

$$my'' + \varsigma y' + Ky = F \qquad (3.25)$$

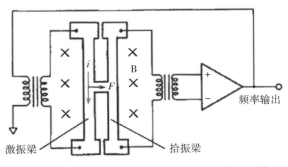

图 3.13　电磁激励/电磁感应拾振的工作原理图

其中，M 为谐振器质量，K 为谐振器等效刚度。

式（3.25）的稳态解为

$$y(t) = A\sin(\omega t - \phi) \tag{3.26}$$

其中，$A = \dfrac{\dfrac{BLu_0}{R}}{K\sqrt{\left(\dfrac{\omega}{Q\omega_n}\right)^2 + \left[1 - \left(\dfrac{\omega}{\omega_n}\right)^2\right]^2}}$，$\tan\phi = \dfrac{\xi\omega}{\omega^2 M - K}$，$Q = \dfrac{\omega_n M}{\xi}$ 为谐振器的机械品

质因数，ω_n 为谐振器固有频率。

当 $\omega=\omega_n$ 时，谐振器达到谐振状态，此时幅值最大，初相 $\omega_0=90°$。此时，谐振器便在驱动电压 $U_{in} = u_0\sin\omega t$ 下进行受迫振动，达到谐振状态，谐振频率为 ω_n。在谐振状态下，拾振梁受力 $F' = BIL = B\dfrac{A\cos\omega_n t}{R}L = \dfrac{BLA}{R}\cos\omega_n t$，则拾振梁的挠度曲线方程为

$$\mathrm{w}(x) = \frac{q}{24EI_0}(x^4 - 2Lx^3 + L^3 x) \tag{3.27}$$

其中，q 是把谐振梁看成一根长直线时，谐振梁受到的均布载荷作用，其方向与 F' 方向相同，大小为 $q = \dfrac{F'}{L} = \dfrac{BA}{R}\cos\omega_n t$。

当拾振梁在磁场中振动切割磁场线时，会在两端产生电动势，其大小为 $u_{out} = \dfrac{\mathrm{d}\Phi}{\mathrm{d}t}$，$\Phi$ 为拾振梁振动所围面积（S）内的磁通量，大小为 $\Phi=BS$。由挠度方程可得

$$S = \int_0^L w(x)\mathrm{d}x = \frac{q}{24EI_0}\int_0^L (x^4 - 2Lx^3 + L^3 x)\mathrm{d}x = \frac{qL^5}{120EI_0} \tag{3.28}$$

因而拾振梁上输出端电动势为

$$U_{out} = \frac{\mathrm{d}\Phi}{\mathrm{d}t} = \frac{BL^5}{120EI_0}\frac{\mathrm{d}q}{\mathrm{d}t} = -\frac{B^2 L^5 \omega_n}{120EI_0 R}A\sin\omega_n t \tag{3.29}$$

从上式可以看出，传感器输出端信号的频率与谐振器的固有频率相等，因而可通过检测输出信号的频率来测量谐振器的固有频率。

谐振式压力传感器具有精度高、准数字化输出、稳定性好、可靠性好等特点。一是精度高：频率和周期是能获得最高测量精度的物理参数，谐振式压力传感器利

用谐振器材料以及真空封装等工艺手段获得高品质因数 Q，从而获得高且稳定的振荡频率，直接提升了传感器的综合精度。二是准数字化输出：谐振式压力传感器输出的是频率信号，无须经过 A/D 转换，可方便地与计算机接口，组成高精度的测量控制系统；而且不会因传输而降低其精度，适合长距离信号传输。三是稳定性好：谐振式压力传感器的输出谐振频率取决于其谐振器的机械参数（如谐振器的几何尺寸、应力状况等），电子装置对其性能影响很小。因此，传感器抗电干扰能力强，对环境影响不敏感。四是可靠性好：谐振式压力传感器无活动元件，具有整体式牢固的机械结构。

但相比压阻式压力传感器和电容式压力传感器，谐振式压力传感器结构复杂，需要高真空封装以获得高性能，使得传感器的加工制造难度极大，仅有少数国家掌握此项技术，以英国 Druck 公司、法国 Thales 公司和日本横河公司为代表的谐振式压力传感器成为压力传感器中综合精度最高的代表性产品。国内的谐振式压力传感器研究起步较晚，中国科学院空天信息创新研究院传感技术国家重点实验室持续 20 年攻关，突破了传感器结构设计、加工工艺、封装和测试等关键技术，研制出具有自主知识产权的高精度硅谐振压力传感器（图 3.14），整体性能达到国际先进水平，在温度跟随性等性能方面具有领先优势，在航空、航天、专业气象、计量等领域实现了推广应用。

图 3.14　中国科学院空天信息创新研究院研制的硅谐振压力传感器芯片和系列产品

3.1.4　压力传感器研究最新进展

柔性压力传感器是面向柔性人机交互、机器人触觉感知、生物医疗等领域需求而发展的一种基于柔性材料的新型压力传感器，具有轻薄、柔韧、可弯曲甚至折叠等特点，能够更好地贴附复杂弯曲表面，实现大面积压力检测。21 世纪以来，随着材料科学、制造技术和柔性电子学等学科领域的快速发展，柔性压力传感器在材料、原理、结构、性能和应用领域等方面取得了较大的研究进展。目前，柔性压力传感器可用材料涵盖了碳纳米材料、金属纳米材料、有机聚合物、离子凝胶等具有不同力学柔性和电学性能的材料，可满足电极、敏感层和基底的不同需求。柔性压力传感器响应机制主要包括电容式、电阻式、压电式和摩擦电式等，器件在结构形式上灵活多样，实现了超薄、超柔顺、超低检测限、超灵敏等高性能，在可穿戴电子、表皮电子、生物医疗、人机交互等领域展现了广泛的应用前景。

　　近年来，柔性压力传感器研究重点集中在提升器件灵敏度、检测限、动态响应范围、空间分辨率等关键性能指标方面，采用的策略主要包括柔性材料和器件微结构设计两个方面。例如，美国斯坦福大学研究团队、中国科学院苏州纳米所研究团队等发展了金字塔结构、纤毛互锁结构等，极大地改善了柔性压力传感器的灵敏性和检测限。此外，南方科技大学研究团队采用具有高孔隙率和低模量的聚氨酯－离子液体泡沫材料，在实验中使电容式柔性压力传感器达到了 $9280kPa^{-1}$ 的超高灵敏度。如何在较宽的压力检测范围内保持柔性压力传感器的高灵敏度是柔性压力传感器研究中面临的一大关键问题和难点。最近，麻省理工学院团队和南方科技大学研究团队等通过分级微纳结构设计，使压阻式柔性压力传感器在 $0{\sim}56kPa$ 宽检测范围内始终保持较大的灵敏度（ $>1000kPa^{-1}$ ）。上述研究工作充分表明了材料和器件微结构设计在调控柔性压力传感器综合性能及突破柔性压力传感器性能极限方面的巨大潜力，将是未来柔性压力传感器研究的重点方向。

　　整体而言，柔性压力传感器向着高性能、多功能、集成化和阵列化方向发展，尽管其在原型设计、性能和应用验证等方面取得了较大进展，然而在实际应用中仍

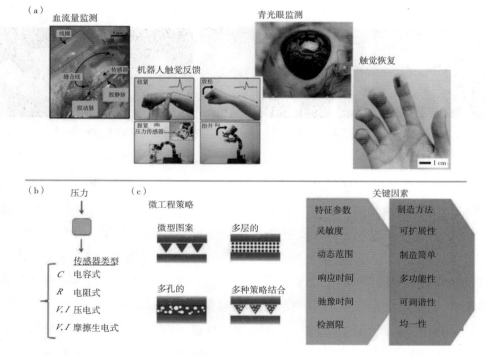

图 3.15　代表性柔性压力传感器应用场景（a）和柔性压力传感器主要类型（b）及
几种典型的微结构设计示意图以及柔性压力传感器研究中需要关注的关键问题（c）

面临柔弹性不足、稳定性和抗干扰能力差、可靠性低等待解决的关键问题，还需要在材料和工艺方面进行更多探索，进一步研制综合性能优越、成本低、可大规模制备的柔性压力传感器及高度集成的柔性压力传感器阵列，并将其实际应用在可穿戴电子、表皮电子、生物医疗、人机交互等领域，这应是柔性压力传感器的主要发展目标。

3.2 加速度计

微机电加速度计是基于 MEMS 加工技术制作而成的加速度传感器。由于微机械加工工艺能够批量化生产 MEMS，从而大幅度降低了 MEMS 加速度计的成本。此外，MEMS 工艺能够使专用集成电路与机械传感器集成在同一个芯片上，从而大幅度提升了 MEMS 加速度计的集成度。随着其性能的不断提高，MEMS 加速度计正逐渐替代价格昂贵、体积庞大的传统机械加速度计，并催生了一系列新的产品和应用。

目前，MEMS 加速度计由于低成本、小型化、高性能的优势已经广泛应用于诸多领域，如汽车的主动安全系统、生物活动监测、摄像机图像稳定系统、工业机器人和装备振动监测等。同时，高灵敏度的 MEMS 加速度计还是惯性导航与制导系统、石油勘探、地震测量、微重力测量和空间平台稳定系统的核心部件。

3.2.1 加速度计基础理论

3.2.1.1 机械灵敏度

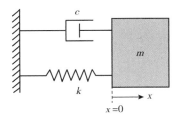

图 3.16 加速度计等效模型

MEMS 加速度计的基本原理与第二章所述加速度计的基本原理类似，此处主要以平动加速度计为例，对 MEMS 加速度计带宽和机械热噪声特性进一步分析推导。如图 3.16 所示[1]，质量块的等效质量为 m，支撑梁的等效弹性系数为 k，影响质量块运动的阻尼系数为 c，则 MEMS 加速度计的物理模型可以等效为一个单自由度的二阶质量—弹簧—阻尼系统，可得到质量块的动力学方程为

$$m\frac{\mathrm{d}^2 x(t)}{\mathrm{d}t^2} + c\frac{\mathrm{d}x(t)}{\mathrm{d}t} + kx(t) = -(a - G) = mf(t) \tag{3.30}$$

其中，G 为沿加速度计敏感轴方向的万有引力加速度，f 是比力，x 是质量块的位移。式（3.30）可以进行如下简化

$$\frac{\mathrm{d}^2 x(t)}{\mathrm{d}t^2} + \frac{c}{m}\frac{\mathrm{d}x(t)}{\mathrm{d}t} + \frac{k}{m}x(t) = -f(t) \tag{3.31}$$

定义质量块无阻尼固有频率$\omega_n = \sqrt{k/m}$，品质因数$Q = \sqrt{km}/c$，对式（3.31）进行拉普拉斯变换得到

$$H(s) = \frac{X(S)}{F(S)} = \frac{-1}{S^2 + \frac{c}{m}S + \frac{k}{m}} = \frac{-1}{S^2 + \frac{\omega_n}{Q}S + \omega_n^2} \tag{3.32}$$

当 MEMS 加速度计受到某一固定频率形式的外界加速度$a = a_0 \sin\varphi l$作用时，式（3.32）的稳态解为

$$x(t) = x_0 \sin(\omega t + \varphi) \tag{3.33}$$

$$x_0 = \frac{\frac{1}{\omega_n^2}a_0}{\sqrt{\left[1 - \left(\frac{\omega}{\omega_n}\right)^2\right]^2 + \left(\frac{1}{Q}\frac{\omega}{\omega_n}\right)^2}} \tag{3.34}$$

$$\varphi = -\tan^{-1}\frac{\frac{1}{Q}\frac{\omega}{\omega_n}}{1 - \left(\frac{\omega}{\omega_n}\right)^2} \tag{3.35}$$

其中，x_0为质量块做简谐振动的幅值，当外界存在静态加速度时，MEMS 加速度计的静态机械灵敏度为

$$S_{\text{static}} = \frac{x_{\text{static}}}{a} = \frac{1}{\omega_n^2} = \frac{m}{k} \tag{3.36}$$

由上述理论分析可知，通过增大 MEMS 加速度计机械结构的弹性系数、减小等效质量，可以提高谐振频率；通过减小阻尼系数、增大弹性系数和等效质量，可以提高机械结构的品质因数；通过减小弹性系数、增大等效质量，可以提高 MEMS 加速度计的静态机械灵敏度。

3.2.1.2　带宽

由式（3.34）可知，MEMS 加速度计的动态灵敏度是静态灵敏度和增益系数的乘积，其中增益系数的大小受外界输入加速度频率的影响，因此，增益的改变可以影响 MEMS 加速度计的检测灵敏度。带宽是 MEMS 加速度计能检测到的输入加速

度的频率范围。通常情况下，规定输入加速度的截止频率为增益等于 –3dB 处的加速度频率。然而，对于高品质因数的 MEMS 加速度计而言，其增益会随着输入加速度频率的增大而增大，这样也会带来测量误差。因此，定义带宽的截止频率为增益在 ±3dB 对应的输入加速度频率。

由式（3.34）可知，MEMS 加速度计的动态机械灵敏度与谐振频率和品质因数有关，令

$$\lambda = \frac{\omega}{\omega_n} \tag{3.37}$$

那么，动态机械灵敏度可以简化为

$$x_0 = \frac{x_{\text{static}}}{\sqrt{(1-\lambda^2)^2 + \dfrac{1}{Q^2}\lambda^2}} \tag{3.38}$$

动态机械灵敏度与静态机械灵敏度之间的增益系数可以表示为

$$\beta = \frac{x_0}{x_{\text{static}}} = \frac{1}{\sqrt{(1-\lambda^2)^2 + \dfrac{1}{Q^2}\lambda^2}} \tag{3.39}$$

通过波特图的形式绘制式（3.39），得到图 3.17[1]。根据品质因数 Q 的大小可以将增益曲线分为三种情况：欠阻尼系统（$Q > 0.5$）、临界阻尼系统（$Q=0.5$）和过阻尼系统（$Q < 0.5$）。当 $Q=10^{0.15}$ 时，增益曲线的峰值等于 +3dB。因此，当 $Q < 10^{0.15}$ 时，带宽的截止频率对应于增益曲线幅值为 –3dB 处的频率点，此时 MEMS 加速度计的带宽可计算为

$$\beta_{(-3\text{dB})} = 10^{-0.15} = \frac{1}{\sqrt{(1-\lambda^2)^2 + \dfrac{1}{Q^2}\lambda^2}} \tag{3.40}$$

如果 $Q \geqslant 10^{0.15}$，带宽的截止频率对应于增益曲线幅值为 +3dB 处的频率点，此时 MEMS 加速度计的带宽可计算为

$$\beta_{(+3\text{dB})} = 10^{0.15} = \frac{1}{\sqrt{(1-\lambda^2)^2 + \dfrac{1}{Q^2}\lambda^2}} \tag{3.41}$$

通过式（3.11）和（3.12），可以求解 λ

$$\lambda = \begin{cases} \sqrt{1-\dfrac{1}{2Q^2}+\sqrt{\dfrac{1}{4Q^4}-\dfrac{1}{Q^2}+10^{0.3}}} & Q<10^{0.15} \\[3mm] \sqrt{1-\dfrac{1}{2Q^2}-\sqrt{\dfrac{1}{4Q^4}-\dfrac{1}{Q^2}+10^{-0.3}}} & Q\geqslant10^{0.15} \end{cases} \tag{3.42}$$

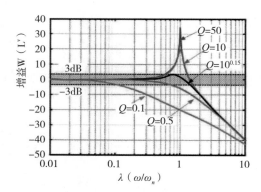

图 3.17　不同品质因数时的增益波特图

实际上，上述分析的 MEMS 加速度计带宽仅仅是敏感结构的机械带宽，对于整个系统的带宽而言，还需要考虑检测电路的带宽。因此，系统的带宽还受到检测电路中低通滤波器带宽的影响。在考虑实际带宽的不同应用需求时，应该合理地设计 MEMS 加速度计机械结构的 Q 值和检测电路中低通滤波器的带宽。

3.2.1.3　机械热噪声

在绝对零度以上，分子做随机热运动，即布朗运动。其中，产生于 MEMS 加速度计敏感结构部分，与 MEMS 加速度计结构阻尼有关的热噪声，称为机械热噪声。机械热噪声可建模为随机的、具有零平均值的高斯随机扰动力。在热平衡状态下，机械热噪声的功率密度谱为

$$S(\omega)=4K_BTC \tag{3.43}$$

其中，K_B 是玻尔兹曼常数，T 是开氏温度，c 为作用在 MEMS 加速度计上的阻尼系数。机械热噪声功率密度谱的单位为 N^2/Hz。机械热噪声对于 MEMS 加速度计的影响相当于存在干扰力 $F=\sqrt{4K_BTc}$。

因此，机械热噪声对应的等效输入加速度可以表示为

$$a_{\text{noise}} = \frac{\sqrt{4K_B TC}}{m} = \sqrt{\frac{4K_B T\omega_n}{Qm}} \qquad (3.44)$$

其中，m 是 MEMS 加速度计的机械结构的等效质量。式（3.44）表明，如果想要降低 MEMS 加速度计的机械热噪声，可以通过增大机械结构的 Q 值和等效质量 m 来实现。

3.2.2 MEMS 加速度计信号转换方式

MEMS 加速度计按照信号转换方式，可以分为电容检测式、压电检测式、压阻检测式、隧道电流检测式和谐振式等[2]。

3.2.2.1 电容检测式 MEMS 加速度计

电容检测式 MEMS 加速度计的敏感质量块和衬底之间分别固定了两组电极，这两组电极会形成一个平行板电容器。当有加速度输入时，加速度计内部的质量块与固定电极会产生相对位移，此位移会引起待测电容两极板的正对面积或间距发生变化，从而导致电容值发生变化。通过检测该电容变化大小就可以得到加速度计敏感轴方向上的加速度大小；检测出正负，就能够辨别出运动方向。

（1）电容量改变的两种基本方式

在 MEMS 加速度计中，检测电容一般以平行板电容器的形式存在，平行板电容器的电容大小为

$$C = \varepsilon_0 \varepsilon_r \frac{A}{d} \qquad (3.45)$$

式中，$\varepsilon_0 = 8.8542 \times 10^{-12}$ F/m 是真空介电常数，ε_r 为电容极板中间介质的相对介电常数，A 是两个极板的正对面积，d 是两个极板之间的间距。

从式（3.45）可以看出，在不改变电容介质的情况下，可以有两种方法来改变平行板电容的电容量，即改变两个极板的正对面积 A 和改变两个极板之间的间距 d。因此，也有两种形式的电容式 MEMS 加速度计：变面积式和变间距式。

1）变间距式。

变间距式电容结构如图 3.18 所示，构成检测电容的两块平行极板分别为固定在敏感质量块上的可动极板与固定在壳体（或微机械结构中与外部壳体相连的衬底）上的固定极板。当外界没有加速度作用到加速度计上时，两极板之间的距离为 d；当 z 轴方向存在加速度时，敏感质量块受到惯性力作用，固定在敏感质量块上的可动极板相对于固定极板在 z 轴方向上产生位移 Δz，使检测电容的两个极板的间距

发生变化、电容值发生变化，通过检测电容值的变化测得加速度的值。这种结构的加速度计一般用于检测 z 轴（即垂直于衬底方向）的加速度。

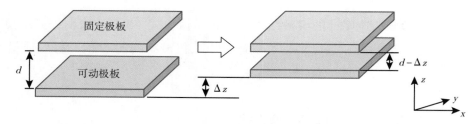

图 3.18　变间距式平行板电容结构

在不受到加速度作用时，变间距式平行板间电容为

$$C_0 = \varepsilon_0 \varepsilon_r \frac{A}{d} \tag{3.46}$$

假设质量块受到加速度的作用带动，可动极板在 z 轴正方向上产生 Δz 的位移，此时平行板间电容变为

$$C = \varepsilon_0 \varepsilon_r \frac{A}{d - \Delta z} \tag{3.47}$$

因此，电容变化量为

$$\Delta C = C - C_0 = \varepsilon_0 \varepsilon_r \left(\frac{A}{d - \Delta z} - \frac{A}{d} \right) \tag{3.48}$$

将式（3.48）进行泰勒级数展开可得

$$\Delta C = C - C_0 = \frac{\varepsilon_0 \varepsilon_r A}{d} \left[\frac{\Delta z}{d} + \left(\frac{\Delta z}{d} \right)^2 + \left(\frac{\Delta z}{d} \right)^3 + ... \right] \tag{3.49}$$

当间距变化不大时（ $\Delta z \ll d$ ），忽略高阶项，式（3.49）可以简化为

$$\Delta C = C - C_0 \approx \varepsilon_0 \varepsilon_r A \frac{\Delta z}{d^2} \tag{3.50}$$

加速度计可以用弹簧—质量—阻尼系统来表示，质量块的加速度与位移之间存在如下关系

$$a = -\frac{k}{m}\Delta z \qquad (3.51)$$

其中，k 为弹簧—质量—阻尼系统的弹性系数。由式（3.50）、式（3.51）可得

$$a \approx -\Delta C \frac{d^2 k}{\varepsilon_0 \varepsilon_r m A} \qquad (3.52)$$

由式（3.52）可以看出，在小位移条件下，加速度与平行板电容器的电容差值呈线性关系，通过检测平行板电容器的电容差值就可以得到加速度值。同时，可以看到加速度与电容值的关系只能近似为线性关系，因此在加速度变化范围较大时，加速度计输出的线性度较差。

2）变面积式。

图 3.19 是敏感轴为 x 轴的变面积式平行板电容器结构。构成检测电容的两块平行极板分别为固定在敏感质量块上的可动极板与固定在壳体（或微机械结构中与外部壳体相连的衬底）上的固定极板。当外界没有加速度作用到加速度计上时，两极板之间的正对面积为 $w \times l$；当 x 轴方向存在加速度时，敏感质量块受到惯性力作用，固定在敏感质量块上的可动极板相对于固定极板在 x 轴方向上产生位移 Δx，使检测电容的两个极板的正对面积发生变化、电容值发生变化，通过检测电容值的变化测得加速度的值。

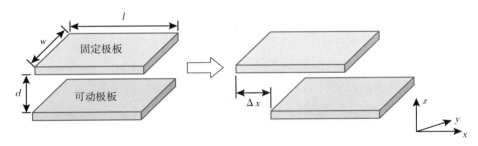

图 3.19　变面积式平行板电容结构

可动极板与固定极板的面积相同，均为 $A=wl$，极板间隙为 d，在没有加速度作用时两极板完全正对，初始电容为

$$C_0 = \varepsilon_0 \varepsilon_r \frac{A}{d} = \varepsilon_0 \varepsilon_r \frac{wl}{d} \qquad (3.53)$$

假设质量块受到加速度的作用带动，可动极板在 x 轴正方向上产生 Δx 的位移，

此时两个极板的正对面积变为 $A = w(l - \Delta x)$，对应的电容为

$$C = \varepsilon_0 \varepsilon_r \frac{w(l - \Delta x)}{d} \qquad (3.54)$$

因此，电容的变化量为

$$\Delta C = C - C_0 = -\frac{\varepsilon_0 \varepsilon_r w}{d} \Delta x \qquad (3.55)$$

系统所受的加速度与电容变化的关系可以表示为

$$a = -\frac{k}{m} \Delta x = \Delta C \frac{dk}{\varepsilon_0 \varepsilon_r wm} \qquad (3.56)$$

由式（3.56）可以看出，变面积式电容 MEMS 加速度计中加速度与平行板电容器的电容变化量呈线性关系，通过检测平行板电容器的电容差值就可以得到加速度值。

综合分析发现，在大加速度输入时，变面积式加速度计要比变间距式加速度计具有更好的线性度。但是在相同极板尺寸和间隙下，变间距式加速度计具有更大的转换系数。

（2）机械结构类型

根据机械结构的特点，电容检测式 MEMS 加速度计可以分为三种：扭摆式微加速度计、梳齿式微加速度计和三明治式微加速度计。

扭摆式微加速度计的结构原理如图 3.20 所示[3]。由于位于支撑扭转梁两边的质量和惯性矩不相等，在惯性载荷的作用下，摆片将绕扭转梁转动一个角度，与下极板形成变间隙检测电容。扭转梁一侧的电容增大，另一侧的电容减小，形成差动电容，测量差动电容值就可以得到沿敏感轴输入的加速度值。

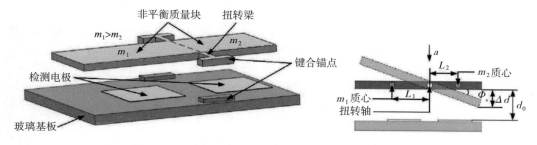

图 3.20　扭摆式微加速度计结构及其工作原理示意图

非平衡质量块因加速度作用而产生的扭转角与加速度的大小呈一定的比例关系

$$(m_1 L_1 - m_2 L_2)a = k_s \Phi_s \tag{3.57}$$

其中，m_1 与 m_2 为非平衡质量块的质量，a 为加速度大小，L_1、L_2 分别为两侧质量块质心到扭转轴中心的距离，k_s 为扭转刚度，Φ_s 为扭转角。

图 3.21 为一种典型梳齿式微加速度计，由位于中央敏感质量块上的梳齿状的可动电极和位于两侧衬底基座上的固定电极组成。该结构依靠相邻可动极板和固定极板之间的间隙形成差分电容，当有垂直于电极的加速度输入时，可动极板产生位移，差分电容随之改变，通过检测电容的变化量来测量加速度大小。

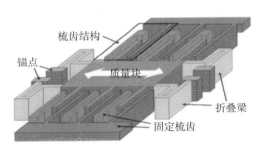

图 3.21　梳齿式微加速度计结构示意图

图 3.22 所示为瑞士 Colibrys 公司研发的 Si-FlexTM 系列 MEMS 加速度计，该加速度计为典型的三明治结构，包括上电极（固定电极）、敏感质量块（可动电极）和下电极（固定电极）。当存在垂直于敏感质量块的加速度输入时，质量块上下运动，电容极板间距发生变化，从而导致差分电容的大小改变，进而检测出输入加速度的大小。

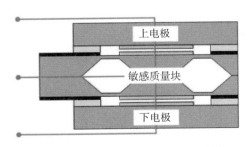

图 3.22　三明治式微加速度计示意图

以上三种电容检测式 MEMS 加速度计各有特点。其中，扭摆式微加速度计灵敏度较高、尺寸小，加工工艺相对简单、成本较低；梳齿式微加速度计可以实现较高的灵敏度和检测精度，但其加工工艺主要是深反应离子刻蚀，由于受深宽比限制，对于较厚的硅结构难以实现较小的间隙，从而无法得到较大的电容；三明治式微加速度计上下平面的应力对称，温度特性好，但需要多次键合，且内部信号引出困难，导致工艺复杂[4]。

3.2.2.2　压电检测式 MEMS 加速度计

压电检测式 MEMS 加速度计是基于压电材料（如 PZT、ZnO、AlN 等）的正压电效应工作的。正压电效应是指某些电介质在沿一定方向上受到外力的作用而变形时，其内部产生极化现象，同时在它的两个相对表面上出现正负相反的电荷。当外力去掉后，它又会恢复到不带电的状态；当作用力的方向改变时，电荷的极性也随之改变。

压电检测式 MEMS 加速度计的敏感单元由质量块、悬臂梁、压电材料和电极等部分构成，如图 3.23 所示。当有 z 轴方向的加速度输入时，质量块由于惯性力作用产生位移，使悬臂梁发生弯曲，从而压电材料发生变形，于是压电层的上下表面产生电势差。通过测量电势差的大小，可以得到输入的加速度值。压电检测式 MEMS 加速度计具有结构简单、易于集成、灵敏度较高、线性度好、频率范围宽等优点。

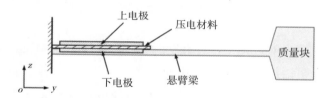

图 3.23　压电检测式 MEMS 加速度计敏感单元

3.2.2.3　压阻检测式 MEMS 加速度计

压阻检测式 MEMS 加速度计是基于半导体材料的压阻效应工作的。压阻效应是指当半导体受到应力作用时，由于载流子迁移率的变化使其电阻率发生变化的现象[5]。

压阻检测式 MEMS 加速度计的敏感单元由质量块、悬臂梁、压敏电阻等部分构成。当外界有加速度输入时，质量块在惯性力作用下产生位移，使悬臂梁发生弯曲，从而压敏电阻发生变形，其电阻大小发生改变，由压敏电阻组成的惠斯通电桥输出一个与电阻变化量成正比的电压信号，通过测量该电压信号就可以得到输入的加速度大小。如图 3.24（a）为一种压阻检测式 MEMS 加速度计结构，由主悬臂梁、检测质量块、质量腿、压阻微梁和参考电阻等部分组成[6]。质量块由主悬臂梁连接在外围固定框架上，两组压阻微梁和质量腿分别对称地布置在主悬臂梁两边，微梁

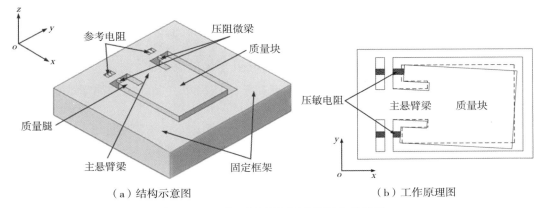

（a）结构示意图　　　　　　　　　　（b）工作原理图

图 3.24　一种压阻检测式 MEMS 加速度计

上通过硼离子注入工艺形成检测用的压敏电阻。在框架上制作了两个同样形状、同样大小的参考电阻，并与压敏电阻共同构成惠斯通电桥。

如图 3.24（b）所示，该加速度计的敏感轴为 y 轴，当受到 y 方向上的加速度时，质量块会带动主悬臂梁产生弯曲变形。由于质量腿的存在，微梁末端的变形位移可以分为两个部分：随质量块的平动位移和绕悬臂梁末端的反方向转动位移。通过合理设计微梁与主悬臂梁之间的距离，可以使这两个变形位移互相抵消，从而使微梁仅受轴向的拉伸或压缩变形。这样，检测用的两个压敏电阻的阻值一个变大、一个变小，惠斯通电桥的输出电压就反映了外部加速度的大小。

惠斯通电桥如图 3.25 所示。电桥采用恒压源供电，桥压为 U_e，R_1 和 R_4 是参考电阻，R_2 是正应变电阻，R_3 是负应变电阻，可以推导得出电桥的输出为

$$U_o = \frac{R_2 R_4 - R_1 R_3}{(R_1 + R_4)(R_2 + R_3)} U_e \tag{3.58}$$

假设四个电阻的初始阻值均为 R_0，其中两个参考电阻的阻值保持不变，两个压敏电阻的变化量均为 ΔR，即

$$\begin{cases} R_1 = R_4 = R_0 \\ R_2 = R_0 + \Delta R \\ R_3 = R_0 - \Delta R \end{cases} \tag{3.59}$$

将式（3.59）代入式（3.58）可得：

$$U_o = \frac{\Delta R}{2R_0} U_e \tag{3.60}$$

由式（3.60）可知，加速度计的输出电压与电阻变化量成正比。

压阻检测式 MEMS 加速度计主要优点在于结构简单、制作工艺简单、读出电路简单，主要缺点在于易受温度影响。

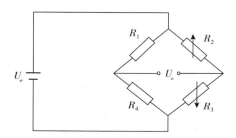

图 3.25　参考电阻和压敏电阻构成的惠斯通电桥

3.2.2.4　隧道电流检测式 MEMS 加速度计

根据量子力学理论，当平板电极和隧道针尖电极之间的距离足够小时（通常控制在 1nm），在偏置电压的作用下，电子会穿过两个电极之间的势垒流向另一电极，形成隧道电流。隧道电流 I_{tun} 与两电极间距离 x 存在如下关系[7]

$$I_{tun} \infty V_b e^{-\alpha\sqrt{\phi x}} \tag{3.61}$$

式中，V_b 是加在极板上的偏置电压，α 是隧穿常数，ϕ 是隧道势垒高度。可见，随着两个电极之间距离的变化，隧道电流也会随之变化，并且隧道电流的大小与极板间距离呈指数关系，隧穿电流对间距非常敏感，因此可以用隧道电流来测量位移的变化。

隧道电流检测式 MEMS 加速度计的基本原理是利用隧道效应。其结构包括质量块、基底、平板电极、隧尖电极和控制电极等，如图 3.26 所示[8]。由于微加工工艺水平的限制，加工完成后的极板间距无法达到 1nm 的量级，因此首先需要在下拉控制电极上施加电压，使极板间距逐渐缩小至 1nm 左右，直到产生隧道电流，此时极板的位置称为平衡位置，对应于平衡工作点。此时，当外界有垂直于基底的加速度输入时，由悬臂梁支撑的质量块会产生惯性力，从而使隧尖电极偏离平衡位置、隧道电流发生变化。为了保证极板间距恒定在工作点附近，需要将隧道电流转换为电压信号反馈到下拉控制电极，将电极重新拉回到平衡位置，通过下拉控制电极上的电压变化就能推导出输入加速度的大小。

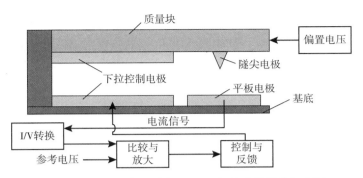

图 3.26　隧道电流检测式 MEMS 加速度计结构示意图

　　隧道电流检测式 MEMS 加速度计具有灵敏度高的特点。然而，这种加速度计的灵敏度受低频噪声的影响较大，并且隧道电流和极板间距之间存在剧烈的非线性指数衰减关系。因此，必须设计反馈控制系统来抑制各种低频噪声，并且需要将极板间隙的波动量控制在极小的范围内，以将非线性关系通过微小量法转化为线性关系。此外，由于隧道电流检测式 MEMS 加速度计的工作原理基于量子效应，其体积和尺寸的理论模型相对不成熟，这些因素都限制了其应用。

3.2.2.5　谐振式 MEMS 加速度计

　　谐振式 MEMS 加速度计的基本工作原理是利用谐振梁的力 – 频特性，通过检测谐振器的谐振频率变化量来获取输入的加速度大小。最早的谐振式 MEMS 加速度计是由 Albert 于 1982 年提出的石英谐振加速度计，石英具有较高的化学稳定性，并且具有压电激励与检测和频率输出等特性[9]。Draper 实验室于 2005 年研制了一种平面内的硅微谐振式加速度计，如图 3.27 所示[10]，其敏感元件采用静电驱动的振动音叉谐振器，谐振器一端与质量块相连。当外界输入加速度作用于振动平面内时，谐振器受到沿轴向的载荷作用，其谐振频率发生改变。其中，谐振器的激振和检测通过硅梳齿驱动结构实现。

　　谐振式 MEMS 加速度计的结构主要包括谐振器、质量块、微杠杆、支撑结构

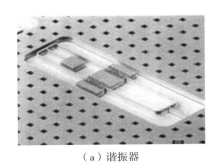
（a）谐振器

（b）梳齿驱动

图 3.27　Draper 实验室研制的谐振式 MEMS 加速度计

等。谐振器是谐振式 MEMS 加速度计的核心部件，其材料为石英或硅。谐振器有单梁式、双梁式、三梁式等类型，其中最常见的是双梁式，其谐振器主要采用双端固定音叉，其工作原理如图 3.28 所示[11]。谐振器工作于谐振状态，当外界有加速度输入时，质量块对两个音叉分别产生惯性力，其中一个音叉受到拉力作用导致谐振频率增大，另一个音叉受到压力作用导致谐振频率减小。两个音叉频率的差值与外界加速度成正比，通过差分测量两个音叉的频率变化量就能推导出外界加速度的大小。由于 MEMS 结构的尺寸很小，引起谐振梁的谐振频率变化非常小，器件的灵敏度受到限制。为了提高加速度计的灵敏度，可以采用微杠杆结构来放大惯性力，常见的有单级放大、双级放大和多级放大等。多级杠杆的放大倍数要比单级大，但是结构设计和加工的难度也将增大，非线性效应将增强，因此一般仅限于两级。

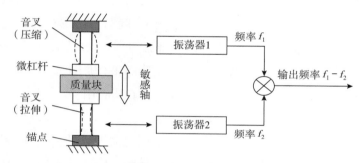

图 3.28　谐振式 MEMS 加速度计的工作原理

谐振式 MEMS 加速度计通过检测谐振器的谐振频率变化量获取输入的加速度大小，避免了幅度测量的误差，不易受到环境噪声的干扰，具有体积小、重量轻、功耗低、测量精度高、稳定性好、易批量生产、直接输出准数字量等优点。

除上述提到的几类 MEMS 加速度计之外，还有一些基于新原理的新型 MEMS 加速度计，如采用温差法设计的热对流加速度计、基于声光效应的加速度计、利用磁流体设计的加速度计以及光学检测加速度计等。

3.2.3　电容式 MEMS 加速度计信号检测技术

3.2.3.1　微弱电容检测原理

目前电容的主要测量手段是把电容变化转换成电压进行测量，模拟电容／电压转换电路主要有开关电容积分型和连续时间调制／解调型两种。

（1）开关电容积分型检测电路

开关电容积分型检测电路的基本原理如图 3.29 所示，主要包括控制时序的电子模拟开关、采样保持电路和电荷放大器。其基本原理是利用电容的充放电将待测电

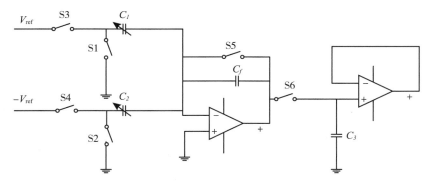

图 3.29　开关电容积分型检测电路

容的变化转化成电压。通过一定频率的时钟信号控制开关的通断，使电容在一定时间间隔内交替充放电，从而把电容值转化为电压信号。

其中，C_1 和 C_2 是 MEMS 加速度计内部的差分电容，通过控制开关的开合可以对差分电容 C_1 和 C_2 充电，然后放电。充放电过程由一定的时序控制，使待测电容处于动态的充放电过程。C_1、C_2 在充放电过程中的输入、输出电流通过运算放大器转换为低阻型的电压输出。分别有两个时钟控制开关，时钟的时序如图 3.30 所示，其中 Clock1 控制 S3、S4、S5，当 Clock1 为高电平时，S3、S4、S5 闭合；当 Clock1 为低电平时，S3、S4、S5 打开；Clock2 控制 S1、S2、S6，当 Clock2 为高电平时，S1、S2、S6 闭合；当 Clock2 为低电平时，S1、S2、S6 打开。

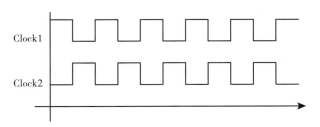

图 3.30　开关电容检测电路时钟时序图

当 Clock1 为高电平、Clock2 为低电平时，C_1、C_2 处于充电状态，所带的电荷分别为 $q_1=V_{ref}C_1$、$q_2=-V_{ref}C_2$，C_f 的带电电荷为 0。

当 Clock1 为低电平、Clock2 为高电平时，C_1、C_2 对 C_f 放电，根据电荷守恒定理，$V_{out}C_f=V_{ref}C_1-V_{ref}C_2$，可得

$$V_{out} = (V_{ref}C_1 - V_{ref}C_2)/C_f \tag{3.62}$$

$$V_{\text{out}} = \frac{V_{\text{ref}}}{C_f}(C_1 - C_2) = 2\frac{V_{\text{ref}}}{C_f}\Delta C \tag{3.63}$$

对开关电容检测电路来说，影响电路精度的主要因素是电荷放大器的输入电流噪声和漂移，因此，要尽量使用输入电流噪声和漂移较小的放大器。

开关电容检测电路的优点有：①结构简单，不需要对高频载波信号进行解调，直流工作点稳定；②不容易受到运算放大器寄生电容的影响；③可以用 CMOS 工艺实现且稳定性高，因而较多地应用在集成式加速度传感器电路中。

开关电容检测电路的缺点为：①该电路要求差分放大器的漏电流很小，直流失调电压很低；②较高的 kT/C 噪声、MOS 开关的热噪声和数据采样系统的折叠噪声造成了电路噪声电平较高；③由于待测电容很小，当电子模拟开关闭合时，即使是模拟开关中很小的漏电流导致的电荷注入都会产生电压尖峰。为消除该尖峰电压带来的高频干扰，必须增加额外的开关和反馈回路以抵消模拟开关中的漏电流。

（2）连续时间调制/解调型电容检测电路

图 3.31 展示了利用调制解调电容检测电路原理图。它主要包括对质量块位移的调制与解调两部分，基本原理是利用载波检测电路将质量块位移进行调制，然后通过相同频率参考信号对调制后的信号进行解调，将质量块位移信息进行频率解析，再利用低通滤波器将信号的高频分量进行滤除，最终得到质量块位移信息。

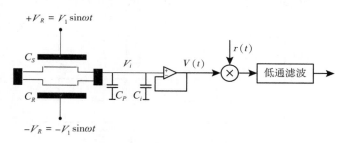

图 3.31　调制解调电容检测电路原理图

图中，C_s 和 C_R 为上下极板电容，C_p 和 C_i 为敏感结构和测控电路寄生电容，V_R 为施加在谐振结构电容动极板上的电压，V_1 为电压幅值，ω 为电压频率，V_i 为运算放大器正向输出电压，由于运算放大器的输入电流为零

$$(V_R - V_i)C_S\omega = (V_R + V_i)C_R\omega + V_i(C_P + C_i)\omega \tag{3.64}$$

从而得到

$$V(t)=V_i=\frac{C_S-C_R}{C_S+C_R+C_P+C_i}V_R \tag{3.65}$$

由于

$$C_S=\frac{A\varepsilon\varepsilon_0}{d-x}=\frac{C_0}{d-x}$$
$$C_R=\frac{A\varepsilon\varepsilon_0}{d+x}=\frac{C_0}{d+x} \tag{3.66}$$

其中，ε_0 为真空介电常数，ε 为相对介电常数，A 为电容极板正对面积，d 为电容初始间隙，C_0 为初始电容值。当质量块位移 x 很小时，式（3.63）可以简化为

$$V(t)=V_i=\frac{2C_0V_1\sin\omega t}{2C_0+\left(C_P+C_i\right)}x \tag{3.67}$$

因此，质量块位移 x 被调制为 $\sin\omega t$ 形式的信号 $V(t)$。为了简化分析，不妨设信号 $V(t)$ 具有如下形式

$$V(t)=V_s\cos\left(\omega_0t+\theta\right) \tag{3.68}$$

其中，V_s 为信号幅值，ω_0 为电压频率，θ 是被测信号 $V(t)$ 与参考输入信号 $r(t)$ 之间的相位差。参考输入为同频率的正弦波信号

$$r(t)=V_r\cos\left(\omega_0t\right) \tag{3.69}$$

那么，经过信号 $r(t)$ 解调之后的信号为

$$\begin{aligned}u_p(t)=V(t)\cdot r(t)&=V_s\cos\left(\omega_0t+\theta\right)\cdot V_r\cos\left(\omega_0t\right)\\&=\frac{1}{2}V_sV_r\cos\left(\theta\right)+\frac{1}{2}V_sV_r\cos\left(2\omega_0t+\theta\right)\end{aligned} \tag{3.70}$$

结果的第一项为乘积的差频分量，第二项为和频分量。经过低通滤波器之后，和频分量被消除，得到的输出为

$$u_o(t)=\frac{1}{2}V_sV_r\cos\left(\theta\right) \tag{3.71}$$

式（3.71）说明，解调的输出正比于被测信号的幅度 V_s，同时正比于被测信号和参考信号的相位差的余弦函数，当 $\theta=0$ 时，输出 $u_o(t)$ 最大。另外，由于 V_r 的大小

已知且保持不变，因此可以根据测量得到的 $u_o(t)$ 计算出被测信号 V_s 的幅度，即可解算出质量块位移的大小。

连续时间调制 / 解调型电容检测电路的优点有：①由于有仪表放大器，可以有效抑制共模噪声分量以及由运算放大器偏置电压引起的误差；②由于采用高频载波进行调制，可以有效避开 $1/f$ 噪声的影响。其缺点在于：①由于差分电容参数可能有一定偏差，容易因此产生测量误差；②低噪声仪表放大器带宽一般不高，有时无法满足高频载波放大的要求。

综上，连续时间调制 / 解调型电容检测电路相对于其他电路具有噪声低、设计简单、线性度高、受到寄生效应影响小等特点；而开关电容型微弱电容检测电路易于实现 CMOS 集成，是 MEMS 加速度计专用集成电路芯片的常用方案。

3.2.3.2 闭环检测技术

MEMS 加速度计系统有开环和闭环两种控制模式，开环测控系统如图 3.32 所示。当外界存在加速度输入时，MEMS 加速度计的机械敏感结构产生相对位移，导致检测电容产生变化，检测电容的变化量通过测控电路转化为电压信号 V_{out}，从而反算出输入加速度的大小。可见，开环控制系统将 MEMS 加速度计的检测电容变化量通过电容到电压变换环节直接读出，并未采用闭环反馈控制策略。

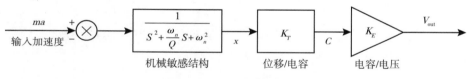

图 3.32　开环测控原理图

当 $a=0$ 时，质量块位于平衡位置，电容变化量 $\Delta C=0$；当 $a \neq 0$ 时，即当有加速度输入时，质量块产生微小位移 Δd，满足 $\Delta d \ll d$，那么电容变化量满足

$$\Delta C = \frac{C_0}{d_0}\Delta d \tag{3.72}$$

加速度 a 与检测电容变化量的关系式为

$$a = \frac{kd_0}{mc_0}\Delta C \tag{3.73}$$

式（3.72）中，k 满足关系 $k\Delta d=ma$。在加速度的作用下，质量块的微小位移 Δd 将转化为检测电容变化量，加速度 a 与电容变化量 ΔC 成正比关系。因此，只要采

取合适的电容检测接口电路，检测出电容变化量 ΔC，就能够间接检测出输入的加速度值。但是开环控制方式下的 MEMS 加速度计性能主要取决于机械敏感结构，因此，检测灵敏度容易受到温度影响；并且由于敏感结构的运动，交叉轴误差相对较大。

变间距式电容适合于检测很小的位移变化，因为线性化的假设仅仅在位移很小时成立，即对应了小的量程；当测量大量程时，近似线性的假设条件不能够得到很好的满足，导致非线性误差很大。开环加速度计在量程与测量线性度方面存在矛盾，如果要保证测量线性度，量程不可能太大；如果测量量程偏大，测量线性度将变差。另外，检测较大的加速度时，可动极板位移较大，极板之间的静电力容易导致"吸合现象"发生。

为了提高量程和测量线性度，防止吸合，一般会使用闭环控制的方式：增加反馈电极，将输出的电容信号转化为电压信号加载到反馈电极上，产生一个与加速度导致的惯性力方向相反的反馈控制力，使可动极板始终维持在平衡位置，此时加载的反馈电压与输入加速度成正比，故依靠检测反馈电压就能得到待测加速度的大小。闭环伺服原理是保证 MEMS 加速度计具有较大量程以及高精度的关键，是目前高精度 MEMS 加速度计普遍采用的测控技术。

静电力是 MEMS 加速度计中最为常见且广泛应用的一种力，当两块平行极板之间存在电压差 V 时，由于电势差的存在，两块极板之间将产生静电吸引力 F，根据电势能原理

$$E = \frac{1}{2}CV^2 \tag{3.74}$$

$$F = \frac{\partial E}{\partial x} = \frac{1}{2}V^2 \left| \frac{\partial C}{\partial x} \right| \tag{3.75}$$

由式（3.75），可以求解两块平行极板间的静电力，如图 3.33 所示。

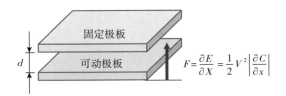

图 3.33 静电力原理示意图

MEMS 加速度计能够很方便地利用静电力来实现闭环控制电路。在闭环 MEMS

加速度计系统中，静电力、惯性力和机械弹性力共同作用决定质量块的运动状态。如图 3.34 所示，为 MEMS 加速度计典型的闭环控制电路原理图。当外界存在加速度输入时，机械敏感结构实现位移／电容信号的转换，检测电容信号从可动极板输出，经过电容／电压（C/V）变换模块，将电容信号转化为电压信号，输出与加速度成正比的直流电压信号 V_{out}，这个直流电压信号 V_{out} 即是开环控制电路的输出。力反馈回路将 V_{out} 作为反馈电压叠加在敏感结构的力平衡电极上，从而产生静电力。依靠静电力来平衡由外部加速度作用于质量块上而产生的惯性力，从而使质量块始终保持在平衡位置附近。由于反馈力 F_b 与惯性力 ma 的大小相等、方向相反，因此，通过闭环控制电路产生的 F_b 便可以解算出加速度。

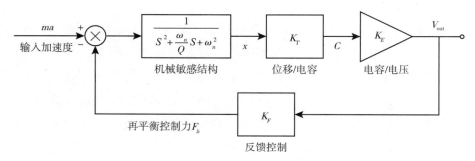

图 3.34　闭环测控原理图

当 $a=0$ 时，质量块在平衡位置，电容变化量 $\Delta C=0$，输出电压 $V_{out}=0$；当 $a \neq 0$ 时，即当有加速度输入时，惯性力作用于质量块，质量块发生位移，电容变化量 $\Delta C \neq 0$，有直流电压输出，将直流输出电压作为反馈电压施加在力反馈电极上，由于负反馈作用，质量块将被拉回到原来的平衡位置。考虑闭环测控电路的传递函数

$$x = \frac{F(s)}{1+F(s)H(s)} ma \approx \frac{1}{H(s)} ma \qquad (3.76)$$

其中，x 为机械敏感结构的位移信号，$F(s)$ 和 $H(s)$ 分别为机械敏感结构的传递函数和测控电路增益的传递函数，满足

$$F(s) = \frac{m^{-1}}{s^2 + 2\delta\omega_0 s + \omega_0^2} \qquad (3.77)$$

$$H(s) = K_T K_E K_F$$

可见，在力平衡测控模式下，敏感结构的位移变小，此时电压信号 V_{out}

$$V_{\text{out}} = \frac{K_T K_E F(s)}{1 + F(s)H(s)} ma \approx \frac{1}{K_F} ma \tag{3.78}$$

可见，在力平衡测控模式下，MEMS 加速度计的灵敏度由力反馈系数 K_F 决定

$$\omega_{\text{CL}} = \omega_0 \sqrt{1 + K_0}$$
$$K_0 = F(s=0)H(s=0) \tag{3.79}$$

根据式（3.79）可知，力平衡闭环控制模式可以有效提升 MEMS 加速度计系统带宽。相比于开环测控回路，闭环测控回路具备如下优势：①闭环测控电路的检测增益较大，检测精度较高；②闭环测控电路具备更好的动态特性和更大的量程；③闭环测控电路可以有效改善测量非线性和交叉轴误差。

3.2.4　蝶翼式 MEMS 加速度计案例

MEMS 加速度计按结构形式分类，可分为扭摆式加速度计、平板式加速度计和梳齿式加速度计。相比平板式加速度计与梳齿式加速度计，扭摆式加速度计具有设计简单、成本低廉、体积小、重量轻、可靠性高、耐冲击等一系列优点，因而受到各国重视并争先研究，目前正逐步在惯性导航、战术武器制导和汽车检测等领域中得到应用。蝶翼式 MEMS 加速度计是一种差分扭摆式 MEMS 单轴加速度计，弥补了国内外在扭摆式加速度计研究过程中的不足，并继承了传统扭摆式加速度计的优点，是一种高性能、低成本 MEMS 加速度计。

3.2.4.1　蝶翼式 MEMS 加速度计结构设计及工作原理

（1）结构设计

此处介绍的蝶翼式 MEMS 加速度计由硅结构和玻璃基板两部分组成，如图 3.35 所示。硅结构形成加速度计的敏感结构，玻璃基板上制作检测电极，硅结构的敏感

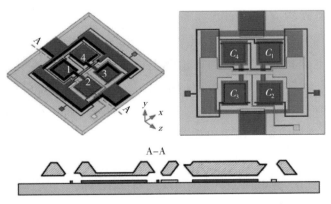

图 3.35　蝶翼式 MEMS 加速度计总体结构示意图

质量块与下方对应玻璃基板上的检测电极组成检测电容[3]。

由图3.36所示，蝶翼式加速度计敏感硅结构包括两对对角质量相等的差分质量块、六边形支撑梁、支撑框架、键合锚点等部分。六边形支撑梁的倾斜角度由（111）晶面与（100）晶面的夹角确定为54.74°[3]。

图3.37所示为蝶翼式加速度计玻璃基板，包括用于与硅结构键合的凸台以及位于凹槽平面内的检测电极及其导线和引脚。敏感硅结构与玻璃基板采用湿法腐蚀工艺制作，利用对准标记对准后键合，再经过划片、封装等工艺过程形成加速度检测MEMS芯片部分[3]。

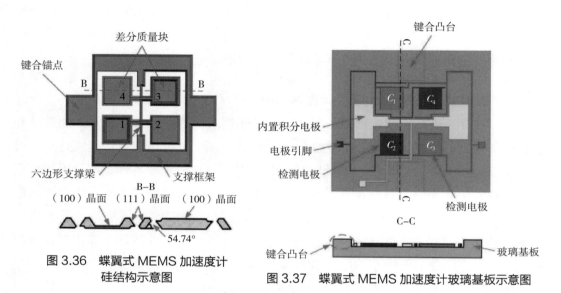

图3.36 蝶翼式MEMS加速度计硅结构示意图

图3.37 蝶翼式MEMS加速度计玻璃基板示意图

（2）工作原理

当加速度计受到面外加速度引起的惯性力作用时，由于分布在支撑梁两侧的质量块质量不相等而导致所受的惯性力不均衡，质量块会绕支撑梁产生扭转。对于敏感质量块与检测电极构成的检测电容部分来说，检测电极位置固定且大小不变，即电容极板相对的有效正对面积不变，但质量块扭转过程中产生面外位移。那么，可以通过电容检测电路检测敏感结构与检测电极之间由于位移变化引起的电容变化，进而得到与检测电容呈正比关系的面外加速度的变化，从而实现加速度检测。

将图3.38中所示坐标系作为基准。当加速度计沿y轴反向加速运动时，受到沿y轴向下的惯性力，六边形支撑梁发生扭转，质量块1和质量块3产生相对于电极向下的面外位移分量，质量块2和质量块4产生相对于电极向上的面外位移分量。当加速度计沿x轴与z轴正向加速运动时，支撑梁将发生弯曲，此时敏感质量块y轴方向的位移很小，与受到y轴加速度时产生的面外方向位移相比可以忽略不计[3]。

从图 3.38 可以看出，单位加速度作用于加速度计时，其结构变形符合上述对蝶翼式 MEMS 加速度计工作原理的分析；且受到垂直于结构平面的加速度作用时，加速度计产生的垂直于结构平面方向的位移远远大于加速度计受到其他两个轴向加速度作用时产生的垂直于结构平面方向的位移，所以，蝶翼式 MEMS 加速度计可作为单轴加速度计使用。

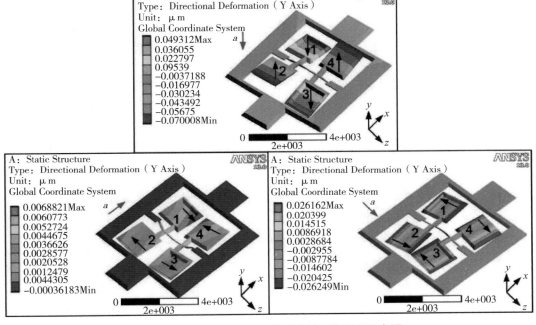

图 3.38 蝶翼式 MEMS 加速度计工作原理示意图

3.2.4.2 蝶翼式 MEMS 加速度计加工工艺

MEMS 微机械加工工艺是实现加速度计结构由理论模型设计转化为工作样机的关键过程。蝶翼式 MEMS 加速度计硅敏感结构主要采用湿法腐蚀，利用双面预埋工艺进行制作。玻璃基板主要是通过湿法腐蚀凸台，然后进行金属铝电极的制作。最后，两者通过阳极键合的方式形成完整的圆片结构，经过划片、封装、电路配置等完成制作。整个加工工艺流程如图 3.39 所示[3]。

具体的制作步骤为：①选取硅片并对其进行清洗，利用氧化炉在设定的时间内使硅圆片周围形成预定厚度的二氧化硅层；②在有一定厚度二氧化硅层的硅片上双面旋涂光刻胶，并在指定位置双面光刻，之后将已光刻的硅圆片放入腐蚀液中显影，将光刻位置的二氧化硅层减薄一半形成预埋掩膜，对硅片进行去胶处理，清洗硅片后对硅片进行烘干处理；③将烘干后的硅片进行双面旋涂光刻胶，此次匀胶将

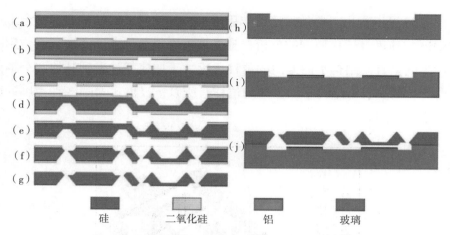

图 3.39　蝶翼式 MEMS 加速度计加工过程示意图

预埋层覆盖形成保护作用，然后在预定位置进行结构层双面光刻，之后将已光刻的硅圆片放入腐蚀液中显影，直到将光刻位置的二氧化硅全部去除、暴露硅结构，形成结构腐蚀掩膜，对硅片进行去胶处理，清洗硅片后对硅片进行烘干处理；④将硅片放入 TMAH 溶液中进行湿法腐蚀，首先腐蚀的表面是已经去除掩膜的硅部分，腐蚀到预定深度后，取出硅片进行清洗吹干；⑤将硅片放入腐蚀液中，同时将二氧化硅层去除一半的厚度，此时第一次光刻曝光部分的二氧化硅全部去除，预埋掩膜打开，对硅片进行清洗吹干操作；⑥将硅片再次放入 TMAH 溶液中进行湿法腐蚀，硅片腐蚀穿透后取出硅片，清洗吹干；⑦将硅片放入腐蚀液中去除全部的二氧化硅；⑧将玻璃板置于真空镀膜机中镀上铬、金层作为玻璃凹槽腐蚀时的掩膜保护层，然后在镀好铬和金层的玻璃板背面贴上保护膜，并放入腐蚀液中腐蚀出特定深度的凹槽，到达深度后取出玻璃片清洗吹干；⑨将腐蚀出凸台的玻璃板置于溅射平台中进行检测电极溅射，之后通过光刻腐蚀形成与硅结构敏感质量块相对应的电极；⑩将全部去除二氧化硅的硅片与玻璃基板利用键合机在特定条件下进行阳极键合。

通过键合机完成敏感硅结构和玻璃基板阳极键合之后，需要对含有多个 MEMS 结构的键合圆片进行划片处理，形成单个蝶翼式 MEMS 加速度计芯片。

3.2.4.3　蝶翼式 MEMS 加速度计性能测试

由于 MEMS 结构尺寸很小，加速度计作用于敏感结构所引起的电容变化量也十分微小，合适的微弱电容检测电路成为 MEMS 加速度计检测电路设计的重要组成部分。反相对称激励电路是检测 fF 级电容变化量且常用于电容式加速度计的主要检测电路之一，结合蝶翼式 MEMS 加速度计四敏感质量块双差分结构的特点，以反相激励检测电路作为蝶翼式 MEMS 加速度计差分电容检测电路，其优点在于减小了MEMS 器件与电路结合处寄生电容的影响，同时可以使温度造成加速度计输出的缓慢漂移得到抑制。

  采用反相激励电路的蝶翼式 MEMS 加速度计微弱电容检测方案如图 3.40 所示，该图表达了通过调制解调的思想将差分电容信号转化为输出电压的过程。单片机产生的调制信号将标准电压调制为方波信号，并通过叠加偏置电压改变调制方波的均值，将改变均值后的方波加载到加速度计芯片中。含有方波信号的电容信号经与放大器直接相连的硅结构进入信号读取电路实现 C/V 转换，信号经过放大和滤波后解调。将解调后的信号再一次放大，并通过低通滤波器滤去信号中高频噪声成分后输出直流电压信号，完成电容检测。

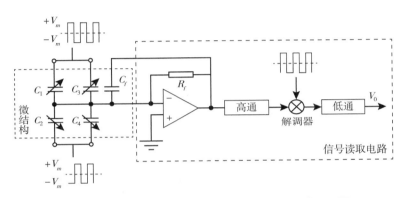

图 3.40 蝶翼式 MEMS 加速度计检测电路设计原理图

  蝶翼式 MEMS 加速度计的主要测试指标包括标度因数、启动时间、全量程非线性和频带宽等，部分测试结果汇总于表 3.2。

表 3.2 蝶翼式 MEMS 加速度计整体性能测试结果汇总

测试性能名称	实际测量值
量程（g）	± 15
标度因数（mV/g）	207.80
1g 稳定性（mg）	0.39
频带宽（Hz）	59.09

  图 3.41 给出了全量程测试拟合曲线和频带宽测试拟合曲线，分别用于计算全量程非线性和频带宽。

  根据式（3.80）计算全量程非线性，可得蝶翼式 MEMS 加速度计全量程非线性度为 0.42%。根据加速度计的幅频特性曲线计算出振幅下降 3dB 的频率点，即为蝶

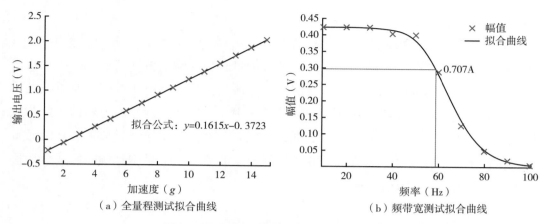

图 3.41　全量程非线性与频带宽测试结果

翼式 MEMS 加速度计的工作带宽，可得频带宽约为 59.09Hz。

$$K_{rm} = \left. \frac{U_j^* - U_j}{|U_{max} - U_{min}|} \right|_{max}$$
（3.80）

式中，U_j^* 为第 j 点输入加速度对应拟合直线上的计算值，U_j 为第 j 点上输入加速度测量值，U_{max} 为对应最大输入加速度输出值，U_{min} 对应最小输入加速度输出值，K_{rm} 为全量程非线性度。

3.3　陀螺仪

振动式微机电陀螺是一种基于哥氏效应，基于 MEMS 加工技术制作而成的陀螺，具有体积小、功耗低、寿命长、成本低等突出特点，目前在移动载体、汽车、无人机等工业领域得到广泛应用。随着智能技术、无人系统、物联网等领域的兴起以及微型武器、微型卫星和高精度惯性导航等国防领域的发展，世界各国对高精度的振动式 MEMS 陀螺提出了迫切需求。

提升振动式 MEMS 陀螺的精度是目前 MEMS 研究界和产业界最具吸引力的发展方向之一。一方面，高精度振动式 MEMS 陀螺可以替换同等精度的传统陀螺，从而使应用领域摆脱传统陀螺在体积、功耗和成本方面的负担，促进这些领域的进一步发展；另一方面，小体积、低功耗、低成本与高精度的组合将会激活一些前所未有甚至是未曾预料的新应用领域，故高精度振动式 MEMS 陀螺将成为一种"使能技术"，极大改变人类的生产和生活方式。

3.3.1 振动式 MEMS 陀螺概述

美国 Draper 实验室于 1991 年首次展示了一种音叉式硅微机械陀螺，自此在世界范围内掀起了 MEMS 陀螺的研究热潮。与此同时，MEMS 工艺也得到了巨大发展，利用表面微机械加工和体微机械加工技术，基于硅材料加工制造的振动式 MEMS 陀螺出现了各种各样的新型结构，常见的典型结构有音叉式（梳齿状）、蝶翼式、四质量块、半球形、环形和嵌套环式结构等，如图 3.42 所示。目前振动式 MEMS 陀螺的主要制造材料是硅，其他用到的非硅材料主要有石英和一些金属材料。石英材料的缺点在于刻蚀加工难度大且材料本身不导电，其他金属材料也难以应用 MEMS 工艺进行加工制造，很难实现量产，因此，目前的振动式 MEMS 陀螺主要是硅基陀螺。

MEMS 陀螺主要用于实现汽车的部分安全功能，如汽车的电子稳定控制系统、车身翻转控制、斜坡保持控制、电子主动转向以及主动悬架控制等[2]。在消费电子行业中，MEMS 陀螺也开始出现大量应用，如相机中的光学图像稳定系统以及各种游戏和手持设备（如 VR 眼镜 / 头盔、3D 鼠标）等。除此之外，MEMS 陀螺和加速度计也被用于构建惯性测量单元 IMU，以实现惯性导航。

根据陀螺的精度，从低到高可以分为速率级、战术级和惯性级，目前多数振动式 MEMS 陀螺停留在速率级水平，但是国内外也有不少单位研制出了战术级的振动

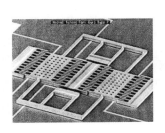

（a）音叉式结构

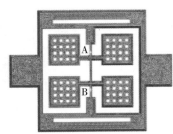

（b）蝶翼式结构

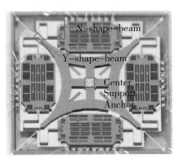

（c）四质量块结构

（d）半球形结构

（e）环形结构

（f）嵌套环式结构

图 3.42 常见的振动式 MEMS 陀螺典型结构

式 MEMS 陀螺。在国防领域，战术级以上的振动式 MEMS 陀螺具有较高的应用价值，可以装配于各种战术导弹、制导炸弹、无人机和无人车等。经过多年发展，振动式 MEMS 陀螺的精度有了巨大进步，正朝着惯性级的精度发展。

研发具有高精度的振动式 MEMS 陀螺一直是业内公认极具挑战性的难题，一方面是因为 MEMS 工艺的相对制造误差比常规加工工艺大，另一方面是谐振器和电容换能器尺度降低会导致传感效率的降低。如何充分利用 MEMS 谐振器在微纳尺度的物理效应，提升陀螺的灵敏度和对误差的鲁棒性，是提升振动式 MEMS 陀螺精度的关键。

振动式 MEMS 陀螺发展至今已经产生了很多种类，根据材料、加工方式、驱动方式、检测方式以及工作模式等可以进一步细分。

按陀螺制作材料，可将振动式 MEMS 陀螺分为硅材料陀螺和非硅材料陀螺。硅材料陀螺又可分为单晶硅陀螺和多晶硅陀螺；非硅材料陀螺主要指石英材料陀螺、金属材料陀螺（如镍）、压电晶体陀螺和其他材料陀螺。

按加工方式，可将振动式 MEMS 陀螺分为体微机电加工陀螺、表面微机电加工陀螺、LIGA 加工陀螺等。

按驱动方式，可将振动式 MEMS 陀螺分为静电驱动式陀螺、电磁驱动式陀螺和压电驱动式陀螺等。静电驱动一般采用推挽驱动方式，在驱动电极上施加交变电压产生线性静电力，具有结构简单、方便设计的优点，是目前常用的驱动方式。缺点是驱动幅度不能过大，否则会产生非线性，造成驱动模态不稳定。

按检测方式，可将振动式 MEMS 陀螺分为电容检测陀螺、压阻检测陀螺、压电检测陀螺、光学检测陀螺和隧道效应检测陀螺等。常用方式为电容式检测。

按工作模式，可将振动式 MEMS 陀螺分为速率陀螺（角速度测量型）和速率积分陀螺（角度测量型）。速率陀螺工作模式包含开环模式和闭环模式；速率积分陀螺则指全角模式。一般非正交线振动结构中的陀螺多可在全角模式下工作，而其他类型的大部分陀螺均属于速率陀螺。

3.3.2 振动式 MEMS 陀螺基本原理

3.3.2.1 哥氏加速度与哥氏力

哥氏加速度最早由法国科学家科里奥利（Coriolis G.G）在 1835 年提出。它是由于动系转动引起相对速度方向改变与由于相对运动引起牵连速度大小和方向改变而产生的。首先选定两个参考系，一个惯性坐标系和一个动坐标系，如图 3.43 所示。

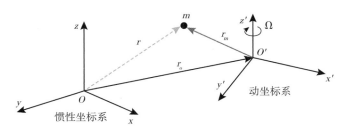

图 3.43 质点在惯性系中的复合运动

设动坐标系 $O'x'y'z'$ 相对惯性坐标系 $Oxyz$ 做旋转运动和平移运动，则质点 m 相对于惯性坐标系的运动状态由质点相对于动坐标系的运动和动坐标系相对于惯性坐标系的运动两方面所决定。假设动坐标系原点 O' 相对惯性坐标系绝对矢径、速度和加速度分别为 r_o、v_o、a_o；动坐标系的旋转运动角速度为 Ω；质点 m 在动坐标系中相对矢径、速度和加速度分别为 r_m、v_m、a_m；质点 m 在惯性坐标系中绝对矢径、速度和加速度分别为 r、v、a，由图 3.43 所示的几何关系

$$r = r_o + r_m \tag{3.81}$$

同时对坐标系 $Oxyz$ 取时间的导数得

$$\left.\frac{\mathrm{d}r}{\mathrm{d}t}\right|_o = \left.\frac{\mathrm{d}r_o}{\mathrm{d}t}\right|_o + \left.\frac{\mathrm{d}r_m}{\mathrm{d}t}\right|_o \tag{3.82}$$

如果两个坐标系之间存在相对运动，那么式（3.82）右边第一项表示两坐标系之间的移动速度，第二项可表示为

$$\left.\frac{\mathrm{d}r_m}{\mathrm{d}t}\right|_o = \left.\frac{\mathrm{d}}{\mathrm{d}t}\left(r_{mx'}i_{o'} + r_{my'}j_{o'} + r_{mz'}k_{o'}\right)\right|_o \tag{3.83}$$

其中，$r_{mx'}$、$r_{my'}$、$r_{mz'}$ 是 r_m 在坐标系 $O'x'y'z'$ 轴上的分量；$i_{o'}$、$j_{o'}$、$k_{o'}$ 是对应的单位向量，由于动坐标系 $O'x'y'z'$ 相对惯性坐标系 $Oxyz$ 做旋转运动且运动角速度为 Ω，所以 $i_{o'}$、$j_{o'}$、$k_{o'}$ 的方向相对惯性坐标系 $Oxyz$ 是随时变化的，所以式（3.83）可表示为

$$\left.\frac{\mathrm{d}r_m}{\mathrm{d}t}\right|_o = \left.\frac{\mathrm{d}r_{mx'}}{\mathrm{d}t}\right|_o i_{o'} + \left.\frac{\mathrm{d}r_{my'}}{\mathrm{d}t}\right|_o j_{o'} + \left.\frac{\mathrm{d}r_{mz'}}{\mathrm{d}t}\right|_o k_{o'} + \left.\frac{\mathrm{d}i_{o'}}{\mathrm{d}t}\right|_o r_{mx'} + \left.\frac{\mathrm{d}j_{o'}}{\mathrm{d}t}\right|_o r_{my'} + \left.\frac{\mathrm{d}k_{o'}}{\mathrm{d}t}\right|_o r_{mz'} \tag{3.84}$$

上式右边前三项可看作是动坐标系 $O'x'y'z'$ 相对惯性坐标系 $Oxyz$ 没有相对旋转运动时，只是向量 r_m 大小的变化，所以前三项可写作向量 r_m 相对动坐标系 $O'x'y'z'$

的导数 $\dfrac{\mathrm{d}r_m}{\mathrm{d}t}$；后三项仅仅是由于动坐标系 $O'x'y'z'$ 的方向变化引起的，当刚体绕定点转动时有

$$
\begin{aligned}
\left.\frac{\mathrm{d}i_{o'}}{\mathrm{d}t}\right|_o r_{mx'} &= r_{mx'}\left(\Omega \times i_{o'}\right) \\
\left.\frac{\mathrm{d}j_{o'}}{\mathrm{d}t}\right|_o r_{my'} &= r_{my'}\left(\Omega \times j_{o'}\right) \\
\left.\frac{\mathrm{d}k_{o'}}{\mathrm{d}t}\right|_o r_{mz'} &= r_{mz'}\left(\Omega \times k_{o'}\right)
\end{aligned}
\tag{3.85}
$$

代入式（3.84），得

$$
\begin{aligned}
\left.\frac{\mathrm{d}r_m}{\mathrm{d}t}\right|_o &= \left.\frac{\mathrm{d}r_m}{\mathrm{d}t}\right|_{o'} + r_{mx'}\left(\Omega \times i_{o'}\right) + r_{my'}\left(\Omega \times j_{o'}\right) + r_{mz'}\left(\Omega \times k_{o'}\right) \\
&= \left.\frac{\mathrm{d}r_m}{\mathrm{d}t}\right|_{o'} + \Omega \times \left(r_{mx'}i_{o'} + r_{my'}j_{o'} + r_{mz'}k_{o'}\right) \\
&= \left.\frac{\mathrm{d}r_m}{\mathrm{d}t}\right|_{o'} + \Omega \times r_m
\end{aligned}
\tag{3.86}
$$

上式就是向量形式的哥氏定理，它说明同一个向量相对两个不同参考系对时间取导数之间的关系。只有在两个参考坐标系没有相对转动时，$\left.\dfrac{\mathrm{d}r_m}{\mathrm{d}t}\right|_o$ 和 $\left.\dfrac{\mathrm{d}r_m}{\mathrm{d}t}\right|_{o'}$ 才相等。上式左边称为绝对导数，右边第一项称为相对导数。将式（3.86）代入式（3.82）得到速度合成定理：绝对速度 = 相对速度 + 牵连速度。

$$
\left.\frac{\mathrm{d}r}{\mathrm{d}t}\right|_o = \left.\frac{\mathrm{d}r_o}{\mathrm{d}t}\right|_o + \left.\frac{\mathrm{d}r_m}{\mathrm{d}t}\right|_{o'} + \Omega \times r_m
\tag{3.87}
$$

其中，$\left.\dfrac{\mathrm{d}r}{\mathrm{d}t}\right|_o$ 称为绝对速度；$\left.\dfrac{\mathrm{d}r_m}{\mathrm{d}t}\right|_{o'}$ 称为相对速度；$\left.\dfrac{\mathrm{d}r_o}{\mathrm{d}t}\right|_o + \Omega \times r_m$ 称为牵连速度，$\left.\dfrac{\mathrm{d}r_o}{\mathrm{d}t}\right|_o$ 表示动坐标系 $O'x'y'z'$ 平动引起的牵连速度，$\Omega \times r_m$ 表示动坐标系 $O'x'y'z'$ 转动引起的牵连速度。

上式左右两边相对时间再取一次导数，则可得加速度之间的向量合成关系

$$
\left.\frac{\mathrm{d}^2 r}{\mathrm{d}t^2}\right|_o = \left.\frac{\mathrm{d}^2 r_o}{\mathrm{d}t^2}\right|_o + \left.\frac{\mathrm{d}}{\mathrm{d}t}\left(\left.\frac{\mathrm{d}r_m}{\mathrm{d}t}\right|_{o'}\right)\right|_o + \left.\frac{\mathrm{d}\left(\Omega \times r_m\right)}{\mathrm{d}t}\right|_o
\tag{3.88}
$$

对右边第二、第三项分别应用哥氏定理，则

$$\frac{\mathrm{d}}{\mathrm{d}t}\left(\frac{\mathrm{d}r_m}{\mathrm{d}t}\bigg|_{o'}\right)\bigg|_{o} = \frac{\mathrm{d}^2 r_m}{\mathrm{d}t^2}\bigg|_{o'} + \Omega \times \frac{\mathrm{d}r_m}{\mathrm{d}t}\bigg|_{o'} \quad (3.89)$$

$$\begin{aligned}\frac{\mathrm{d}(\Omega \times r_m)}{\mathrm{d}t}\bigg|_{o} &= \frac{\mathrm{d}(\Omega \times r_m)}{\mathrm{d}t}\bigg|_{o'} + \Omega \times (\Omega \times r_m) \\ &= \frac{\mathrm{d}\Omega}{\mathrm{d}t}\bigg|_{o'} \times r_m + \Omega \times \frac{\mathrm{d}r_m}{\mathrm{d}t}\bigg|_{o'} + \Omega \times (\Omega \times r_m)\end{aligned} \quad (3.90)$$

将式（3.89）与式（3.90）代入式（3.88），得到

$$\frac{\mathrm{d}^2 r}{\mathrm{d}t^2}\bigg|_{o} = \frac{\mathrm{d}^2 r_o}{\mathrm{d}t^2}\bigg|_{o} + \frac{\mathrm{d}^2 r_m}{\mathrm{d}t^2}\bigg|_{o'} + \frac{\mathrm{d}\Omega}{\mathrm{d}t}\bigg|_{o'} \times r_m + \Omega \times (\Omega \times r_m) + 2\Omega \times \frac{\mathrm{d}r_m}{\mathrm{d}t}\bigg|_{o'} \quad (3.91)$$

上式就是加速度向量合成公式，即惯性坐标系中质点的加速度可以表示为相对加速度、牵连加速度和哥氏加速度之和

$$a = a_m + a_e + a_c \quad (3.92)$$

其中，相对加速度为

$$a_m = \frac{\mathrm{d}^2 r_m}{\mathrm{d}t^2}\bigg|_{o'} \quad (3.93)$$

牵连加速度为

$$a_e = \frac{\mathrm{d}^2 r_o}{\mathrm{d}t^2}\bigg|_{o} + \frac{\mathrm{d}\Omega}{\mathrm{d}t}\bigg|_{o'} \times r_m + \Omega \times (\Omega \times r_m) \quad (3.94)$$

哥氏加速度为

$$a_c = 2\Omega \times \frac{\mathrm{d}r_m}{\mathrm{d}t}\bigg|_{o'} = 2\Omega \times v_m \quad (3.95)$$

哥氏加速度是一种附加加速度，由相对运动和牵连转动的相互影响而形成，其大小和方向可由矢量叉积定义求得。

为了表达简洁以及后面推导方便，假设惯性坐标系与动坐标系的原点重合，则

$r=r_m$，$r_o=0$，用 $\mathrm{d}r/\mathrm{d}t$ 表示矢量 r 对惯性坐标系的变化率，用 $\partial r/\partial t$ 表示矢量 r 对动坐标系的变化率，则式（3.91）可简化为

$$a = \frac{\partial^2 r}{\partial t^2} + 2\Omega \times \frac{\partial r}{\partial t} + \frac{\partial \Omega}{\partial t} \times r + \Omega \times (\Omega \times r) \qquad (3.96)$$

其中，$\dfrac{\partial^2 r}{\partial t^2}$ 项为质点 m 相对动坐标系 $O'x'y'z'$ 的加速度，简称相对加速度 a_m；$2\Omega \times \dfrac{\partial r}{\partial t}$ 项为哥氏加速度，记为 a_c；$\dfrac{\partial \Omega}{\partial t} \times r$ 项为动坐标系 $O'x'y'z'$ 的角加速度引起的切向牵连加速度 $a_{切换}$；$\Omega \times (\Omega \times r)$ 项为动坐标系的角速度引起的向心加速度 $a_{向心}$。

把式（3.96）变形，得到

$$\begin{aligned} a &= a_m + a_c + (a_{切向} + a_{向心}) \\ &= a_m + a_c + a_{牵连} \end{aligned} \qquad (3.97)$$

$$a_{牵连} = a_{切向} + a_{向心} \qquad (3.98)$$

上式表示了加速度合成定理，除了相对加速度 a_m 加上牵连加速度 $a_{牵连}$，还包括哥氏加速度 a_c。这时，在动坐标系中，质点不再是以速度 v_m 运动，而是产生了垂直于 v_m 和 Ω 的偏移，类似于受到外力作用。这种力不符合牛顿坐标系的条件，因此，不能直接应用牛顿运动定律来描述。

为了描述动坐标系的运动，需要在运动方程中引入一个虚拟的力，这个力就是科里奥利力，简称哥氏力。引入哥氏力之后，我们就可以像处理惯性系中的运动方程一样，简单地处理动坐标系中物体的运动方程，大大简化了动坐标系的处理方式。动坐标系中质点受到的哥氏力可以表示为

$$F_c = -2m\Omega \times v_m \qquad (3.99)$$

3.3.2.2 动力学特性

由（3.98）式可见，当牵连运动为转动时，由于牵连运动与相对运动的相互影响，从而使动点除了包含相对加速度和牵连加速度这两个分量外，还要增加一项哥氏加速度分量。哥氏加速度的大小与转动角速度的大小和质点速度成正比，因此，通过测量哥氏加速度和运动物体的速度就可以得到系统转动的角速度 Ω。

振动式 MEMS 陀螺的基本原理是基于物理上的哥氏效应，即转动坐标系中的运动物体会受到与转动速度方向垂直的惯性力的作用。陀螺正常工作时分为驱动和检

测两个模态，内部振动元件受周期驱动力作用作受迫振动，称为驱动模态；当在与受迫振动垂直的方向上有角速度输入时，振动元件由于受到哥氏力的作用，产生垂直于受迫振动方向和角速度输入方向的振动，称为检测（敏感）模态。

图 3.44 为一种典型的振动式 MEMS 陀螺结构，主要由驱动质量块、检测质量块、驱动电极、检测电极以及驱动和敏感弹性梁组成。该结构可以等效为一个二自由度的弹簧—阻尼—质量模型，如图 3.45 所示。

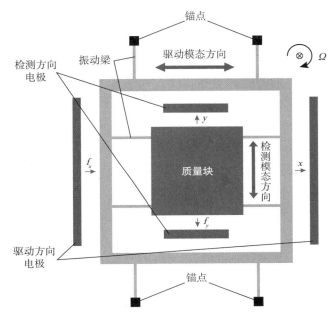

图 3.44 典型的振动式 MEMS 陀螺结构

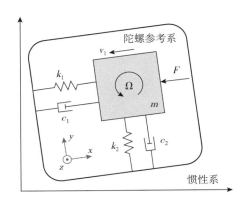

图 3.45 振动式 MEMS 陀螺等效二自由度模型

在图 3.45 的等效模型中，以陀螺的固定基底作为参考系，在该参考系中，集中质量块受到沿 x 轴方向的驱动力 F 作用，以速度 v_1 沿着 x 轴恒频谐振，激发出陀螺的驱动模态；与此同时，整个陀螺参考系以角速度 Ω 相对于惯性系旋转运动。此时，在陀螺参考系中，质量块受到哥氏力的作用，在 y 方向也发生运动，从而激发陀螺的检测模态。

描述振动式 MEMS 陀螺动力学特性的动力学方程可以表示为[11]

$$
\begin{aligned}
m\ddot{x} &= -c_1\dot{x} - k_1 x + m\Omega^2 y + 2m\Omega\dot{y} + m\dot{\Omega}y + F_x \\
m\ddot{y} &= -c_2\dot{y} - k_2 y + m\Omega^2 x + 2m\Omega\dot{x} + m\dot{\Omega}x + F_y
\end{aligned}
\tag{3.100}
$$

其中，Ω 是要检测的角速度，m 是质量块的质量，c_1、c_2 是阻尼系数，k_1、k_2 是刚度系数，F_x 和 F_y 分别是作用于陀螺驱动轴和检测轴的外力，$m\Omega^2 x$ 和 $m\Omega^2 y$ 分别为质量块转动时产生的 x 轴和 y 轴方向上的离心力，$m\dot{\Omega}y$ 和 $m\dot{\Omega}x$ 分别是质量块转动时 x 轴方向和 y 轴方向的切向力，$2m\Omega\dot{y}$ 是 y 轴运动造成的 x 轴方向上的哥氏力，而 $2m\Omega\dot{x}$ 则是 x 轴运动造成的 y 轴方向上的哥氏力。

一般情况下，振动式 MEMS 陀螺的典型谐振频率为 $10^4 \sim 10^5$ Hz，而陀螺的转速和角速度的变化频率一般较小，同时位移 x、y 也很小，因此 $m\dot{\Omega}y$、$m\Omega^2 x$、$m\dot{\Omega}x$ 和 $m\Omega^2 y$ 这四项可以忽略。因此，式（3.100）可以简化为

$$
\begin{aligned}
m\ddot{x} + c_1\dot{x} + k_1 x - 2m\Omega\dot{y} &= F_x \\
m\ddot{y} + c_2\dot{y} + k_2 y + 2m\Omega\dot{x} &= F_y
\end{aligned}
\tag{3.101}
$$

大部分陀螺中都采用了闭环控制，包括对驱动模态进行闭环控制，以维持固定的振幅；对检测模态进行闭环控制，使其动态位移为零。由于检测方向的运动在驱动方向产生的哥氏力与驱动力相比一般较小，因此，为简化分析我们常用的动力学方程为[4]

$$
\begin{aligned}
m\ddot{x} + c_1\dot{x} + k_1 x &= F_x \\
m\ddot{y} + c_2\dot{y} + k_2 y &= F_y - 2m\Omega\dot{x}
\end{aligned}
\tag{3.102}
$$

从上式可以看出，通过在陀螺的驱动轴方向施加周期性的静电驱动力，使质量块沿 x 轴做恒幅恒频的简谐振动；当陀螺在 z 轴有角速度输入时，质量块在 y 轴方向受到哥氏力作用，产生 y 轴方向的简谐振动，振动幅值与角速度大小成正比，即输入角速度被调制在检测模态振动信号的幅值里，利用电容检测技术检测敏感模态的振动，转化为电压信号后进行解调即可得到输入角速度 Ω，这就是振动式 MEMS 陀螺敏感角速度的基本原理。

在开环工作状态下，$F_y = 0$，定义自然频率 $\omega = \sqrt{k/m}$、品质因数 $Q = \sqrt{km}/c$，将动力学方程（3.102）两边同时除以 m 得到

$$\ddot{x}+\frac{\omega_1}{Q_1}\dot{x}+\omega_1^2 x=\frac{F_x(t)}{m}$$

$$y+\frac{\omega_2}{Q_2}\dot{y}+\omega_2^2 y=-2\varOmega\dot{x}$$

（3.103）

其中，ω_1 和 ω_2 分别是陀螺驱动模态和检测模态的固有频率，Q_1 和 Q_2 分别是驱动模态和检测模态的品质因数。理想情况下，当陀螺的驱动轴方向受到正弦周期变化的驱动力 $F_x(t)=F_x\sin\omega_d t$ 作用时，根据式（3.103）的第一式可以得到驱动模态的稳态振动位移为

$$x=A_1\sin(\omega_d t+\varphi_1)$$

（3.104）

其中，

$$A_1=\frac{F_x}{k_x}\frac{1}{\sqrt{\left[1-\left(\dfrac{\omega_d}{\omega_1}\right)^2\right]^2+\left(\dfrac{\omega_d}{\omega_1 Q_1}\right)^2}},\quad \varphi_1=-\arctan\frac{\dfrac{\omega_d}{\omega_1 Q_1}}{1-\left(\dfrac{\omega}{\omega_1}\right)^2}$$

（3.105）

显然，当驱动力频率与模态频率相等，即 $\omega_d=\omega_1$ 时，陀螺的响应幅值最大。此时陀螺处于谐振状态，谐振点处对应的幅值和相位分别为

$$A_{1,res}=\frac{F_x}{k_x}Q_1,\quad \varphi_{1,res}=-\frac{\pi}{2}$$

（3.106）

当陀螺驱动模态处于谐振状态时，根据式（3.103）和式（3.104）可以得到检测轴方向的哥氏加速度为

$$-2\varOmega\dot{x}=-2\varOmega A_1\omega_1\cos(\omega_1 t+\varphi_1)$$

（3.107）

将式（3.107）代入式（3.103）的第二式，同样地对微分方程进行求解，可以得到检测轴开环状态下的振动位移为

$$\begin{aligned}y&=-A_2\cos(\omega_1 t+\varphi_1+\varphi_2)\\&=A_2\sin(\omega_1 t+\varphi_2+\pi)\end{aligned}$$

（3.108）

其中，

$$A_2 = \frac{2\Omega A_1 \omega_1}{\omega_2^2} \frac{1}{\sqrt{\left[1-\left(\dfrac{\omega_1}{\omega_2}\right)^2\right]^2 + \left(\dfrac{\omega_1}{\omega_2 Q_2}\right)^2}}, \quad \varphi_2 = -\arctan\frac{\dfrac{\omega_1}{\omega_2 Q_2}}{1-\left(\dfrac{\omega_1}{\omega_2}\right)^2} \qquad (3.109)$$

3.3.2.3 机械灵敏度

对于振动式 MEMS 陀螺而言，机械灵敏度指的是陀螺检测方向的振动位移幅值与输入角速度之比。根据该定义，结合式（3.107），MEMS 振动陀螺的机械灵敏度可以表示为

$$S_{mech} = \frac{A_2}{\Omega} = \frac{2A_1\omega_1}{\omega_2^2} K \qquad (3.110)$$

其中，

$$K = \frac{1}{\sqrt{\left[1-\left(\dfrac{\omega_1}{\omega_2}\right)^2\right]^2 + \left(\dfrac{\omega_1}{\omega_2 Q_2}\right)^2}} \qquad (3.111)$$

从上式可以看到，振动式 MEMS 陀螺的机械灵敏度与两个模态间的频率裂解以及检测模态的 Q 值相关。当 ω_1/ω_2 为定值时，机械灵敏度与系数 K 成正比；对于不同的频差关系，系数 K 与 Q_2 之间的变化关系如图 3.46 所示。

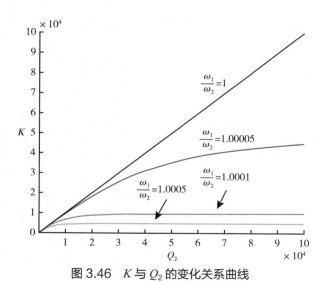

图 3.46　K 与 Q_2 的变化关系曲线

从图 3.46 可以看出，驱动模态频率和检测模态频率越接近，振动式 MEMS 陀螺的灵敏度越高。对于确定的 ω_1/ω_2，当 Q_2 较小时，微陀螺灵敏度随着 Q_2 的增大而增大；当 Q_2 增大一定程度后，振动式 MEMS 陀螺灵敏度将不再继续增大，而是趋向饱和。

根据式（3.109），从检测轴振动位移的相位 φ_2 的表达式发现，当驱动模态与检测模态的频率完全相等时，驱动频率在谐振点处的轻微变化都会导致驱动位移与检测位移的相位差剧烈变化。而在陀螺测试中，检测输出是由驱动信号解调出来的，因此，相位差的剧烈变化将导致检测输出十分不稳定，所以陀螺在开环工作时一般保持一定的频差。

理想情况下，模态完全匹配（即 $\omega_1=\omega_2$）时，振动式 MEMS 陀螺的机械灵敏度为

$$S_{\text{mech}} = \frac{2A_1Q_2}{\omega_2} \tag{3.112}$$

3.3.2.4 机械热噪声

绝大多数传感器通常会面临来自不同层面的测量不确定性，按照不确定性的数量级可以粗略地将其分成三个层级[5]：第一层级的测量不确定性来自测控电路，第二层级的不确定性来自材料本身的布朗热运动，第三层级的不确定性来自测不准原理给定的标准量子极限。对于振动陀螺而言，高水平振动陀螺（半球谐振陀螺）处于第二层级，即机械热噪声决定了其极限精度，目前尚未有试图突破振动陀螺布朗噪声的研究报道。大多数的振动式 MEMS 陀螺尚处于第一层级，其极限精度受制于测控电路的噪声。

机械热噪声是由谐振器本身的布朗热运动引起的随机运动，它决定了器件的分辨率极限。机械热运动可以等效为在谐振器上施加了一个随机的且均值为零的白噪声力，该力的谱密度由下式给出

$$F_n = \sqrt{4K_BTc_2} \tag{3.113}$$

其中，K_B 为玻尔兹曼常数，T 为绝对温度，c_2 为检测模态的阻尼系数。

陀螺的驱动模态和检测模态都会受到此白噪声力的影响。由于驱动轴的位移被稳定控制在恒定值，其热噪声引起的扰动对检测轴输出的影响相较而言非常小；而检测轴的机械热运动将会引起陀螺的随机误差，这里仅考虑机械热运动对检测轴的影响。带机械热噪声的检测轴等效简化模型为

$$m\ddot{y} + c_2\dot{y} + k_2y = \sqrt{4k_BTc_2}\sin\omega_dt - 2m\Omega\dot{x} \tag{3.114}$$

设等效角速度噪声为 Ω_{Brown}，则有

$$m\ddot{y} + c_2\dot{y} + k_2 y = 2m(\Omega_{\text{Brown}} - \Omega)\dot{x} \qquad （3.115）$$

在振动式 MEMS 陀螺的闭环力平衡工作模式中，式（3.115）的右侧始终为零，因此，等效角速度噪声可以计算为

$$\Omega_{\text{Brown}} = \frac{1}{A_1}\sqrt{\frac{k_B T}{m\omega_2 Q_2}} = \frac{1}{A_1}\sqrt{\frac{2k_B T}{k_2 \tau_2}} \qquad （3.116）$$

其中，τ_2 是检测模态的衰减时间常数。从式（3.116）可以看到，为了降低振动式 MEMS 陀螺的机械热噪声，需要提升检测模态的衰减时间常数 τ_2、增大陀螺谐振子的刚度系数 k_2 以及驱动轴的振动位移幅值 A_1。

3.3.3　振动式 MEMS 陀螺检测电路

振动式 MEMS 陀螺检测电路一般包括驱动端的闭环控制以及检测端的角速度提取和正交误差抑制。下面将对振动式 MEMS 陀螺检测电路总体构成、闭环驱动方法以及检测轴闭环控制技术三个方面进行论述。

3.3.3.1　振动式 MEMS 陀螺检测电路总体构成

振动式 MEMS 陀螺检测电路总体构成如图 3.47 所示。其信号处理流程可以描述为：谐振子的位移信号引起谐振子与电极组成的电容值发生变化，通过 C/V 转化后可得到与位移呈正比的电压信号，随后经过 AD 进入控制器，分别进行驱动端的闭环驱动与检测端的闭环控制，将得到的控制力经过 DA 后施加在电极上，使谐振子与电极间形成静电力，实现对谐振子的控制。

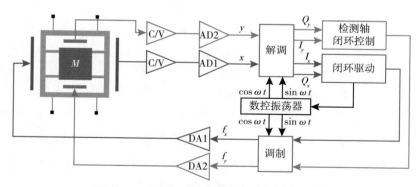

图 3.47　振动式 MEMS 陀螺信号处理流程

以驱动端为例，谐振子的位移检测电路原理如图 3.48 所示。当在谐振子上施加

高频载波信号 $V_c sin(\omega_c t)$ 时（其中载波频率 ω_c 满足远高于谐振子位移信号的谐振频率）那么电极上的电容信号经过 C/V 转换电路后得到的电压信号可表示为

$$V_{out} = -\frac{(C_0 + \Delta C)}{C_{FB}} V_c \sin \omega_c t \qquad （3.117）$$

其中，C_{FB} 为 C/V 转换电路上反馈电容值，C_0 为谐振子与驱动端电极组成的电容的初始电容值，ΔC 表示由于谐振子振动位移引起的电容变化量。当把该电压信号经过载波解调，再经过高通滤波器后，可以滤掉信号中与 C_0 相关的直流成分，得到最终的电压信号，可表示为

$$\Delta C = \frac{\varepsilon A}{d_0 + x} - \frac{\varepsilon A}{d_0} \approx -\frac{\varepsilon A}{d_0^2} x$$
$$V_{out1} = -\frac{\Delta C}{C_{FB}} V_c = \frac{V}{C_{FB}} \frac{\varepsilon A}{d_0^2} x \qquad （3.118）$$

其中，A 和 d_0 分别为谐振子与电极组成的电容的面积与初始间隙，ε 为空气中的介电常数。可以看出，最终输出的电压信号与驱动端的位移呈正比，可将其作为 AD 模块的输入，即可实现对电容的转化和对位移的检测。

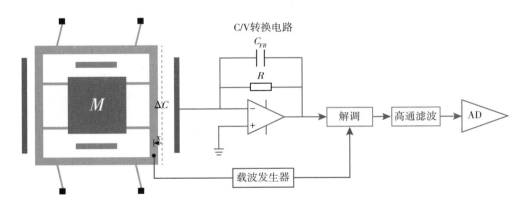

图 3.48　位移检测电路示意图

以驱动端为例，谐振子的力驱动原理为：当在电极上施加电压 $V = V_d + V_a \sin\omega t$ 时，其中 V_d 为直流电压、V_a 为交流电压的幅值、ω 为交流电压的频率，此时谐振子与电极板之间形成的电容之间产生的静电吸引力可表示为

$$|F| = -\frac{1}{2} \left| \frac{\partial C}{\partial d} \right| V^2 = -\left(\frac{\varepsilon A}{d_0^2} V_d \right) V_a \sin \omega t \qquad （3.119）$$

其中，A 和 d_0 分别为谐振子与电极组成的电容的面积与初始间隙，ε 为空气中的介电常数。可以看出，谐振子上所受的静电吸引力与所施加的交流电压信号呈正比，因此，可将 DA 模块输出的交流电压信号与固定直流电压叠加后施加在电极上，即可实现对谐振子的力驱动。

3.3.3.2 振动式 MEMS 陀螺闭环驱动方法

振动式 MEMS 陀螺的闭环驱动方法如图 3.49 所示，包括幅值控制和锁相控制。将谐振子驱动端的位移信号的同相和正交分量通过鉴幅鉴相模块，将得到驱动端的振动位移幅值信息以及检测信号相对于参考信号的相位信息。振动幅值与参考幅值信号作差后输入 PID 控制器中，输出驱动端控制力，即可将驱动位移控制在参考值上，实现驱动端的恒幅振动；相位信息与 –90° 作差后输入 PID 控制器中，输出给数控振荡器用于产生参考信号，即可将相位锁定在 –90°，实现驱动端的谐振。

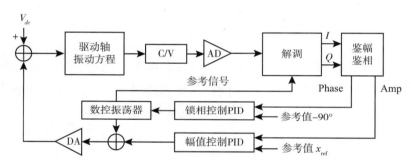

图 3.49　振动式 MEMS 陀螺闭环驱动示意图

假设驱动轴的控制力与位移分别为

$$F_x = F_0 \cos \omega_d t, \ \ x = x_0 \cos\left(\omega_d t + \beta\right) \tag{3.120}$$

将其代入驱动轴振动方程中，可计算得到驱动轴模态的频率响应为

$$\frac{x_0}{F_0} = M = \frac{\tau_1}{\sqrt{\left(\omega_1^2 - \omega_d^2\right)^2 \tau_1^2 + 4\omega_d^2}}, \ \ \tan \beta = -\frac{2\omega_d}{\left(\omega_1^2 - \omega_d^2\right)\tau_1} \tag{3.121}$$

其中，τ_1 为陀螺 x 轴向的衰减时间常数，与谐振频率和品质因数有关，可表示为 $\tau_1 = 2Q_1/\omega_1$。由幅值频率响应可以看出，当驱动信号的频率 ω_d 与驱动轴模态的谐振频率 ω_x 相等时，幅值响应达到最大，即处于谐振状态，此时相位响应为 –90°。因此，当锁相环将相位恒定锁在 –90° 时，驱动轴达到谐振状态。

数控振荡器产生谐振子谐振频率处的参考信号，既可以用于位移信号的解调，也可以用于驱动力信号的调制。

3.3.3.3 振动式 MEMS 陀螺检测轴闭环控制技术

理想的振动式 MEMS 陀螺在工作中其驱动轴保持恒幅振动，当角速度输入时，在检测轴产生哥氏力进而造成检测轴振动，通过在检测轴施加哥氏力的同相控制信号即可抑制该轴振动实现角速度的检测，该同相控制信号即为力反馈控制信号。但由于加工误差的影响，实际陀螺中存在刚度不对称等误差，造成陀螺的检测轴存在与哥氏力正交的振动信号，称为正交误差。为保证检测轴振动位移为零，需要施加力反馈控制信号的正交信号，即正交控制。两者叠加即为检测轴的总控制力，检测轴闭环控制系统如图 3.50 所示。

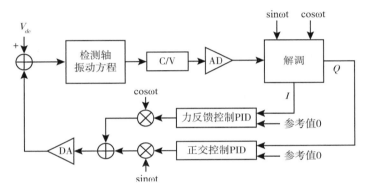

图 3.50　振动式 MEMS 陀螺检测轴闭环控制示意图

从力反馈控制器输出的同相控制力中可以提取到陀螺的角速度信息。当陀螺驱动轴位移通过闭环控制实现谐振频率处的恒幅振动，检测轴位移被抑制为零，可假设其驱动轴振动位移和检测轴的总反馈力分别为

$$x = x_0 \sin \omega_d t, \quad F_y = F_{B\_I} \cos \omega_d t + F_{B\_Q} \sin \omega_d t \tag{3.122}$$

其中，x_0 和 ω_d 分别为驱动轴振动位移的幅值与谐振频率，F_{B_I} 和 F_{B_Q} 分别表示检测轴的同相控制力与正交控制力，即力反馈控制与正交控制的输出。

在实际检测系统中，考虑误差情况下，检测轴振动方程可写为

$$m\ddot{y} + c_2\dot{y} + c_{21}\dot{x} + k_2 y + k_{21}x = F_y - 2m\Omega\dot{x} \tag{3.123}$$

其中，c_{21} 表示驱动轴到检测轴的阻尼耦合系数，k_{21} 表示驱动轴到检测轴的刚度耦合系数。将（3.122）代入（3.123）中后，简化得：

$$\ddot{y} + \frac{2}{\tau_2}\dot{y} + \omega_2^2 y = \frac{1}{m}(F_{B\_Q} - k_{21}x_0)\sin\omega_d t + (\frac{F_{B\_I}}{m} - \frac{c_{21}}{m}\omega_d x_0 - 2\Omega\omega_d x_0)\cos\omega_d t \tag{3.124}$$

其中，τ_2 为陀螺 y 轴向的衰减时间常数，与谐振频率和品质因数有关，可表示为 $\tau_2 = 2Q_2/\omega_2$。该微分方程的稳态解即检测轴方向的位移为

$$y = \frac{1}{m}(k_{21}x_0 - F_{B\_Q})M_2\cos(\omega_d t + \beta_2)$$
$$+ (\frac{F_{B\_I}}{m} - \frac{c_{21}}{m}\omega_d x_0 - 2\Omega\omega_d x_0)M_2\sin(\omega_d t + \beta_2) \tag{3.125}$$

其中

$$M_2 = \frac{\tau_2}{\sqrt{(\omega_2^2 - \omega_d^2)^2\tau_2^2 + 4\omega_d^2}}, \qquad \tan\beta_2 = \frac{(\omega_2^2 - \omega_d^2)\tau_2}{2\omega_d} \tag{3.126}$$

分别表示检测轴的幅值与相位响应。

此时用参考信号对检测轴的位移信号进行二次解调，得到其同相和正交分量分别为

$$y_{\parallel}' = y\big|_{\sin\omega_d t} = \frac{1}{m}(F_{B\_Q} - k_{21}x_0)\frac{M_2\sin\beta_2}{2} + (\frac{F_{B\_I}}{m} - \frac{c_{21}}{m}\omega_d x_0 - 2\Omega\omega_d x_0)\frac{M_2\cos\beta_2}{2}$$
$$y_{\perp}' = y\big|_{\cos\omega_d t} = \frac{1}{m}(F_{B\_Q} - k_{21}x_0)\frac{M_2\cos\beta_2}{2} - (\frac{F_{B\_I}}{m} - \frac{c_{21}}{m}\omega_d x_0 - 2\Omega\omega_d x_0)\frac{M_2\sin\beta_2}{2} \tag{3.127}$$

在力反馈控制与正交控制的作用下，检测轴的位移的同相和正交分量均被抑制为零，从而可以解出同相与正交控制力的表达式分别为

$$F_{B\_I} = c_{21}\omega_d x_0 + 2m\omega_d x_0\Omega$$
$$F_{B\_Q} = k_{21}x_0 \tag{3.128}$$

因此，力反馈控制输出的检测轴同相控制力中蕴含了陀螺的角速度信息，可以将其作为陀螺的输出，即

$$\text{Output} = \text{bias} + SF \times \Omega \tag{3.129}$$

其中，$\text{bias} = c_{21}\omega_d x_0$ 和 $SF = 2m\omega_d x_0$，分别表示陀螺的零偏与标度因数。

3.3.4 振动式 MEMS 陀螺案例

典型的振动式 MEMS 陀螺主要包含四质量块式 MEMS 陀螺、音叉式 MEMS 陀螺、蝶翼式 MEMS 陀螺和嵌套环式 MEMS 陀螺等。下面以蝶翼式 MEMS 陀螺和嵌

套环式 MEMS 陀螺为例进行分析概述。

3.3.4.1 蝶翼式 MEMS 陀螺

蝶翼式 MEMS 陀螺是一种角速度敏感轴在面内的陀螺[6-7]。其内部结构类似双端音叉结构，由于其驱动模态为四个质量块的来回摆动，形似蝴蝶扇动翅膀，因此取名为蝶翼式 MEMS 陀螺。

（1）基本结构

典型的蝶翼式 MEMS 陀螺主要由两部分组成：硅敏感结构和底板硅电极。硅敏感结构主要包括四质量块（两个质量块相对于锚点对称分布并连接成一个整体）、振动斜梁、应力释放结构和锚点，如图 3.51（a）所示。驱动模态沿陀螺敏感结构平行方向差分同频振动，检测模态沿敏感结构垂直方向差分同频振动，角速度输入敏感轴为平行于陀螺敏感结构平面的方向，通过改变陀螺的放置方向可以实现多轴向角速度检测。

蝶翼式 MEMS 陀螺每个质量块的下方都分布有驱动电极、检测电极、调轴电极和调频电极，如图 3.51（b）所示。其中，驱动电极用于提供微陀螺工作所需的驱动信号；检测电极用于检测在哥氏力作用下微陀螺的角速度输出信号；调轴电极用于提供调轴电压，以减小陀螺的正交误差；调频电极用于提供调频电压，以对陀螺的工作模态频率裂解进行调节，增强陀螺工作的稳定性。

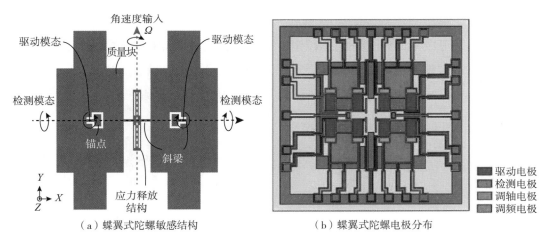

（a）蝶翼式陀螺敏感结构 　　（b）蝶翼式陀螺电极分布

图 3.51　典型的蝶翼式 MEMS 陀螺敏感结构及电极分布图

（2）工作原理

在陀螺驱动电极产生的差分驱动静电力作用下，主轴方位角不为 90° 的振动斜梁发生弯曲形变，驱动陀螺质量块实现主要以平行于敏感结构的左右同频振动以及垂直于敏感结构的扭转振动的三维振动模式，该振动状态即为驱动模态，如图 3.52

（a）所示。角速度输入后，在检测方向上产生哥氏力，振动斜梁发生扭转形变，该振动状态为检测模态，如图 3.52（b）所示，陀螺通过检测敏感结构的扭转变形量可以解析出外界输入的角速度量[8-11]。

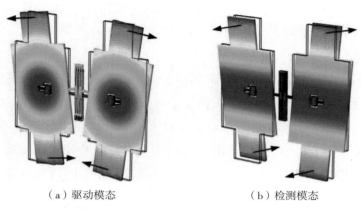

（a）驱动模态   （b）检测模态

图 3.52　蝶翼式 MEMS 陀螺工作模态图

蝶翼式 MEMS 陀螺属于工作在频率非匹配模型下的振动微机电陀螺。如图 3.53 所示，陀螺在驱动模态下的振动幅值最大点位于 A 点，则 A 点对应的频率即为该陀螺的驱动谐振频率；而陀螺在检测模态下的振动幅值最大点位于远离 A 点的位置，其与 A 点之间的频率差值表示为工作频差，检测模态则工作在 B 点位置对应的频率，而非陀螺检测模态的谐振频率，虽然非匹配模型下的工作模式会降低陀螺的灵敏度，但是可以很好地提升陀螺稳定性。因此，蝶翼式 MEMS 陀螺的优化设计中需要对陀螺工作频差进行合理设计，在保证陀螺工作状态稳定的前提下设计较小工作频差，以获得最大的灵敏度，这对于提升陀螺的性能具有重要意义。

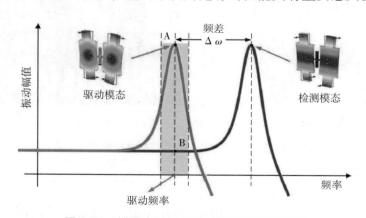

图 3.53　蝶翼式 MEMS 陀螺幅频响应示意图

（3）加工工艺

蝶翼式 MEMS 陀螺样机结构主要包括敏感结构、电极基板和封装盖帽三部分，敏感结构层和电极基板基于 SOI 圆片刻蚀技术加工得到，并采用"硅－硅"低应力键合技术实现固连。之后，通过玻璃浆料键合技术将盖帽和键合结构进行真空密封，并最终实现圆片级封装（图 3.54）。

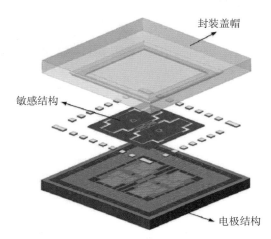

图 3.54 蝶翼式 MEMS 陀螺样机三维立体分解图

简化的加工工艺步骤为：①采用 SOI 圆片制作衬底与电极，图形化电极，并采用深反应离子刻蚀技术刻蚀引线；②采用硅硅键合工艺，将结构层 SOI 与衬底 SOI 的电极层键合；③通过机械化学抛光工艺去除结构 SOI 的背面，湿法腐蚀斜梁；④采用深反应离子刻蚀技术释放结构；⑤采用单晶硅湿法腐蚀制作盖帽；⑥采用玻璃浆料键合将盖板与陀螺结构真空密封，实现圆片级真空封装。工艺流程如图 3.55 所示[10]，实物见图 3.56。

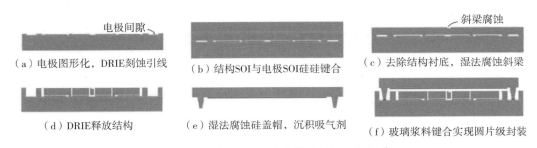

图 3.55 蝶翼式 MEMS 陀螺简化加工工艺步骤

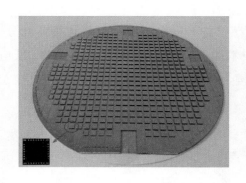
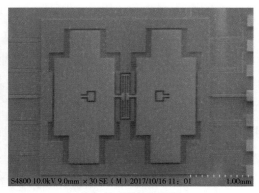

（a）6英寸加工圆片实物图　　　　　　　　（b）敏感结构电镜图

图 3.56　蝶翼式 MEMS 陀螺加工实物图

（4）性能测试

蝶翼式 MEMS 陀螺工作在速率模式下，采用闭环驱动、开环检测的方式。本部分对蝶翼式 MEMS 陀螺测控系统进行介绍，其原理框图如图 3.57 所示。测控系统主要包含驱动闭环控制回路、微弱信号检测和修调回路三部分。驱动回路的主要功能是实现陀螺的自激振荡保持在谐振状态下，通过自动增益控制方法实现陀螺的自激振荡，并且确保蝶翼式微陀螺的驱动模态的振动幅值保持稳定。为保证蝶翼式微陀螺一直工作在谐振状态下，引进锁相放大器直接进行相位控制和幅值控制，采用数字电路实现输出信号对输入信号的实时相位跟踪控制。检测部分采用微弱信号检测方式，解调得到敏感的角速度信号。修调回路利用静电负刚度效应对陀螺振型进行修调，抑制加工及环境误差的影响。

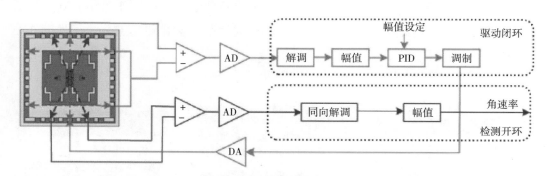

图 3.57　蝶翼式微陀螺测控电路

蝶翼式 MEMS 陀螺是目前最有潜力的面内振动式 MEMS 陀螺之一。国防科技大学微纳系统研究团队在蝶翼式 MEMS 陀螺研究方面已取得了一系列突破[12]。部分测试结果见图 3.58、表 3.3。

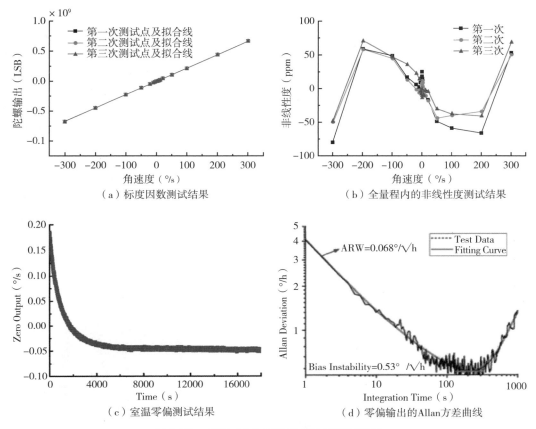

图 3.58　蝶翼式 MEMS 陀螺性能测试结果

表 3.3　蝶翼式 MEMS 陀螺性能汇总（2019 年）

指标	结果	单位
零偏	−0.047	°/s
零偏稳定性（1σ）	1.05	°/h
零偏重复性	8.3	°/h
角度随机游走（Allan）	0.068	°/√h
零偏不稳定性（Allan）	0.53	°/h
量程	300	°/s
标度因数	2225365	LSB/（°/s）
标度因数非线性	80.05	ppm
标度因子不对称度均值	39.16	ppm
标度因子重复性	94.95	ppm

3.3.4.2 嵌套环式 MEMS 陀螺

嵌套环式微陀螺由早期的环式微陀螺发展而来，是振动式 MEMS 陀螺的典型代表之一。本部分将简要介绍嵌套环式 MEMS 陀螺的基本结构、工作原理和加工工艺，概述嵌套环式 MEMS 陀螺的基本特性。

（1）基本结构

嵌套环式 MEMS 陀螺的敏感结构如图 3.59（a）所示，主要由衬底、氧化隔离层、谐振结构及电极几部分组成。硅基衬底用于承载谐振结构与电极，同时与管壳连接减小谐振结构的应力集中；氧化隔离层起绝缘作用；谐振结构是陀螺的核心部件，如图 3.59（b）所示，主要由多个同心薄壁圆环通过交叉分布的辐条相连并连接到中心键合锚点上。嵌套环式 MEMS 陀螺拥有众多的电极，根据位置不同可以分为谐振结构外部的外置电极和谐振结构内部的内置电极。电极与谐振结构之间形成竖直间隙，构成电容，用于结构驱动和信号检测。

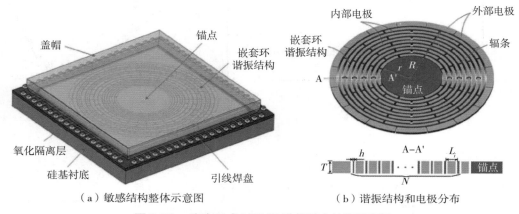

（a）敏感结构整体示意图　　　　　（b）谐振结构和电极分布

图 3.59　嵌套环式 MEMS 陀螺基本结构示意图

（2）工作原理

嵌套环式 MEMS 振动陀螺有多种振动模态，理论上陀螺可以工作在任意模态，由于驱动力的方向位于结构平面内，因此面内模态是陀螺的主要振动模态。根据各模态的波腹数目 n 可以定义为 n 阶模态，但由于 $n=1$ 模态的振动不对称，而 4 阶及以上模态的等效质量减小、振动位移较小，难以实现高性能，因此通常嵌套环式 MEMS 陀螺工作在 $n=2$ 或 $n=3$ 模态。在硅基 MEMS 陀螺中，由于单晶硅各向异性的特点，{111} 晶面的嵌套环式 MEMS 陀螺一般采用 $n=2$ 模态，{100} 晶面的嵌套环式 MEMS 陀螺一般采用 $n=3$ 模态，以保证驱动和检测模态匹配，如图 3.60 所示。

（a）n=2 工作模态　　　　　　　（b）n=3 工作模态

图 3.60　嵌套环式 MEMS 振动陀螺部分面内模态仿真示意图

与传统振动式微陀螺相同，嵌套环式 MEMS 陀螺利用哥氏力效应实现对角速度的检测。谐振结构在椭圆模态保持恒幅振动，当角速度作用于谐振结构轴向时，谐振结构上所有的运动微元均受到哥氏力的作用，其方向可由右手法则确定，大小与振动速度和输入的角速度成正比，哥氏力的合力沿 45° 方向，从而激励出检测模态。检测模态振动的幅值与输入角速度的大小成正比，通过实时解调检测模态振幅就可以测得输入角速度的大小。工作原理如图 3.61 所示。

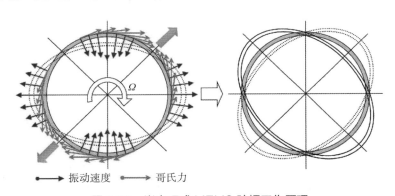

●——→ 振动速度　　●——→ 哥氏力

图 3.61　嵌套环式 MEMS 陀螺工作原理

（3）加工工艺

为降低成本，提高陀螺可靠性，并方便与集成电路进行系统集成，对陀螺进行了圆片级封装。圆片级封装的嵌套环式 MEMS 陀螺敏感结构主要包含谐振结构层、引线层及盖帽层。谐振结构层和引线层采用 SOI 圆片加工实现，二者通过硅硅直接键合实现连接和导通，利用玻璃浆料键合实现敏感结构的真空封装。三维立体分解图如图 3.62 所示。

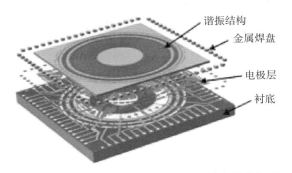

谐振结构
金属焊盘
电极层
衬底

图 3.62　嵌套环 MEMS 陀螺样机三维立体分解图

嵌套环式MEMS陀螺的简化加工工艺流程为：①采用SOI圆片制作衬底与电极，图形化电极引线；②采用硅硅键合工艺，将结构层SOI与衬底SOI的电极层键合；③通过机械化学抛光工艺去除结构SOI的背面，腐蚀去除氧化层；④采用高深宽比深反应离子刻蚀技术释放结构与电极；⑤采用单晶硅湿法腐蚀制作盖帽；⑥采用玻璃浆料键合将盖板与陀螺结构真空密封，实现圆片级真空封装。工艺流程如图3.63所示[11]，实物见图3.64。

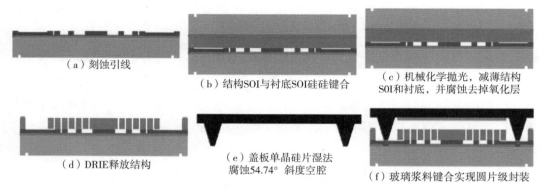

（a）刻蚀引线

（b）结构SOI与衬底SOI硅硅键合

（c）机械化学抛光，减薄结构SOI和衬底，并腐蚀去掉氧化层

（d）DRIE释放结构

（e）盖板单晶硅片湿法腐蚀54.74°斜度空腔

（f）玻璃浆料键合实现圆片级封装

图 3.63 嵌套环式 MEMS 陀螺简化加工工艺流程示意图

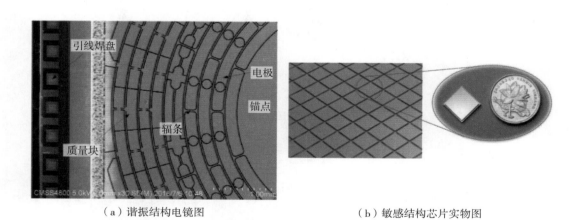

（a）谐振结构电镜图

（b）敏感结构芯片实物图

图 3.64 嵌套环式 MEMS 陀螺实物图

（4）性能测试

嵌套环式 MEMS 陀螺可以工作在速率模式（力平衡模式）和速率积分模式（全角模式），本部分以速率模式为样例对嵌套环式 MEMS 陀螺测控系统进行介绍，其原理框图如图 3.65 所示。传统的力平衡工作模式包括驱动闭环控制回路、检测闭环控制回路和修调回路三部分。其中，驱动闭环控制回路对微陀螺驱动振动幅值与相位进行严格控制，保证微陀螺驱动模态振动的稳定性；检测闭环控制回路也称为力

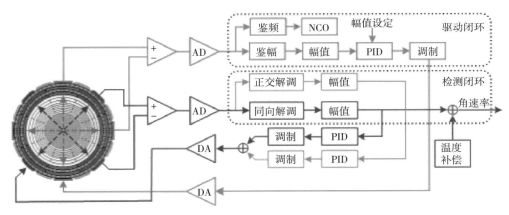

图 3.65 嵌套环式 MEMS 陀螺测控系统原理框图

平衡控制回路，主要用于将哥氏力振动信号抑制为零并对角速度信号进行输出；修调回路是利用频率和振型修调进行陀螺的频率匹配和振型修正，利用温度补偿进一步提高系统的输出稳定性。

　　嵌套环式 MEMS 陀螺具有微陀螺所共有的体积小、成本低、可批量生产等优势，还具有全对称的谐振结构、中心固定的锚点以及大量的内部孔洞，使其具有更强的加工鲁棒性、更好的温度稳定性以及更为灵活的电极配置和更大的电容面积，是目前最具性能潜力的微陀螺方案，应用前景十分广阔，同时也吸引了国内外众多研究团队的兴趣。国防科技大学微纳系统研究团队在嵌套环式 MEMS 陀螺研究方面取得了一系列突破[11]。有关测试结果见表 3.4 和图 3.66。

表 3.4 嵌套环式 MEMS 陀螺性能汇总（2021 年）

指标	结果	单位
品质因数	650936	—
衰减时间常数	50.4	s
室温零偏	−0.01298	°/s
室温零偏稳定性（1σ）	0.144	°/h
室温角度随机游走（Allan）	0.00684	°/√h
室温零偏不稳定性（Allan）	0.018	°/h
量程	±100	°/s
室温标度因数	8380270	LSB/（°/s）
室温标度因数非线性	33.27	ppm
室温标度因数不对称度均值	157.82	ppm
全温区定温零偏稳定性（1σ）	< 0.2（闭环调频）	°/h
标度因数温度系数	81.25（补偿后）	ppm/℃

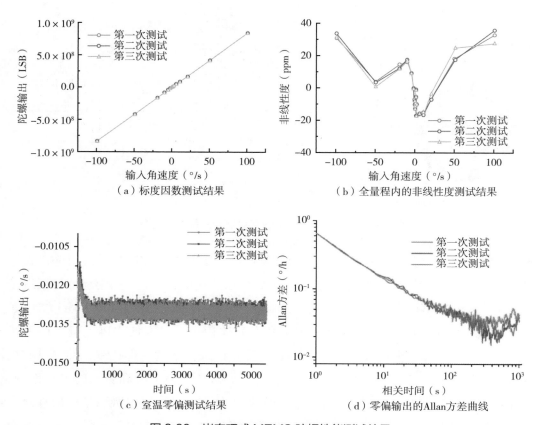

（a）标度因数测试结果

（b）全量程内的非线性度测试结果

（c）室温零偏测试结果

（d）零偏输出的Allan方差曲线

图 3.66　嵌套环式 MEMS 陀螺性能测试结果

参考文献

［1］刘君华. 智能传感器系统［M］. 西安：西安电子科技大学出版社，1999.

［2］陈德勇. 微机械谐振梁压力传感器研究［D］. 北京：中国科学院电子学研究所，2002.

［3］罗振宇. 高 Q 值的谐振式 MEMS 气压传感器的研究［D］. 北京：中国科学院大学，2015.

［4］Ruth S，Feig V R，Tran H，et al. Microengineering pressure sensor active layers for improved performance［J］. Advanced Functional Materials，2020，30（39）：.

［5］Sun F，Gu Y，Cao Y，et al. Novel flexible pressure sensor combining with dynamic-time-warping algorithm for handwriting identification［J］. Sensors & Actuators A Physical，2019，293（1）：70-76.

［6］刘高. 新型蝶翼式加速度计关键技术研究［D］. 长沙：国防科技大学，2015.

［7］夏德伟. 蝶翼式微加速度计优化设计［D］. 长沙：国防科技大学，2016.

［8］Bhattacharyya T K，Roy A L. MEMS piezoresistive accelerometers［M］. Springer India，2014.

［9］王莉，李孟委，杨凤娟，等. 隧道加速度计结构原理及最小电极距离分析［J］. 中北大学学报
（自然科学版），2007，28（2）：177-180.

［10］高杨，雷强，赵俊武，等. 微机械谐振式加速度计的研究现状及发展趋势［J］. 强激光与粒子
束，2017（8）：080201.

［11］李青松. 嵌套环 MEMS 陀螺零偏稳定性提升关键技术研究［D］. 长沙：国防科技大学，2019.

［12］肖定邦. 新型蝶翼式微机械陀螺关键技术研究［D］. 长沙：国防科技大学，2009.

第四章　热学量传感器

热量的传递在自然世界中无处不在，并且与人类的生存、活动息息相关。从木材燃烧取暖到现代建筑的供暖设施，从炎热夏季时的玩水降温到精密电子元件内的制冷散热，从房屋中的保温材料到载人飞船穿过大气层时所需的热防护，无不与热量的传递密切相关。在人类认识自然、改造自然的过程中，热现象逐渐被利用和研究并发展为重要的独立学科。

由于热是一种重要的能量传递方式，随着传感器技术的发展，基于热原理的传感技术得到了充分的研究和发展。传感器可以对过程中的热效应进行检测，还可以利用自身的热效应对其他现象进行传感。

热量传递有三种基本方式：热传导、热对流、热辐射，如图 4.1 所示。应该指出的是，在大多数自然状态下，热量的传递并非仅通过其中某个单一方式进行，而是几种传热方式同时存在、共同作用。

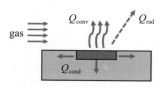

图 4.1　传热的基本方式

基于热式原理的传感器侧重于将一种或几种方式传递热量的变化应用于对目标的传感检测。热传导是指物体各部分间无相对位移时热量通过微观粒子的热运动进行传递，测温电阻是一类与待测物体相接触，通过热传导实现温度平衡，从而进行温度测量的传感器。热对流是指流体宏观运动时各部分之间产生相对位移，热量在不同温度流体相互掺混时进行传递。由于流体中分子的无规则运动，热对流传热中必然伴随热传导。基于热对流原理的热式传感器种类较多，如热式惯性传感器、热式气体传感器以及热式流量传感器等。热辐射是指物体由于微观粒子热运动而以电磁波形式进行的能量传递，应用热辐射原理典型的传感器为热式红外传感器。

4.1　热学量传感器的工作原理

热学量传感器是指能感受热学量并转换成可用输出信号的传感器。广义上讲，所有通过热学量为媒介转化成可用输出信号的传感器都属于这个范畴。简单地说，热学量传感器的工作原理是当传感器受到周围环境的影响，随着传感器自身温度的变化，传感器的相应物理量也因此发生变化，从而通过表征这个物理量的变化来反映环境变化。

传感器周围环境的变化，包括环境温度、周围空气的流速、环境气氛成分变化等，这些环境因素的变化直接通过辐射、对流、热传导等方式与传感器发生热交换，导致传感器热学量的变化。而传感器热学量变化会进一步导致其电学物理量（如电阻、电容等）的变化，通过测量这个变化量可以定性或者定量地反映周围环境的相应变化。这是一个多物理场的相互耦合作用，通过热学量这个纽带联系起来，让我们感兴趣的那个场得到表征（图4.2）。

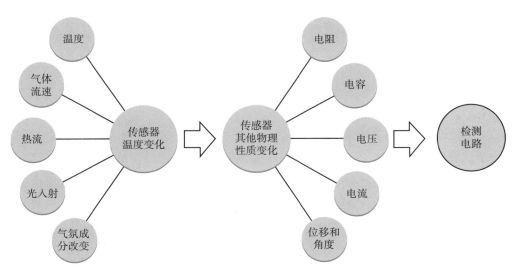

图 4.2　热学量传感器工作原理图

4.1.1　热学量传感器的分类

热学量传感器按照测量对象的不同，可以分为温度传感器、热流传感器、流速传感器、气体成分传感器、光敏传感器等；按照测量条件的不同，又可分为接触式传感器和非接触式传感器。

其中最常见的就是温度传感器。水银温度计就是一款最简单的接触式温度传感器。当周围环境温度发生变化时，环境主要通过热传导效应与温度计中的水银发生热交换，最终水银的温度与外界一致。由于水银的体积与温度成比例关系，所以随着其体积的改变就在刻度上显示出环境温度。

但是，水银温度计不属于智能传感器的范畴。智能传感器是具有信息处理功能的传感器。智能传感器带有微处理机，具有采集、处理、交换信息的能力，是传感器集成化与微处理机相结合的产物。因此，可以作为智能传感器的变换器输出的信号只能是电信号或者调制的光信号，以方便微处理器采集和处理。能输出电信号的传感器种类很多，比如温度传感器就包括接触式温度传感器〔各种金属热电阻传感器（铂、铜、镍等）和半导体热电阻传感器等〕以及非接触式的温度传感器（各种辐射式温度传感器、比色温度计、光电温度计等）。

随着微纳技术的快速发展，自然科学和工程技术中的传感器的研制及其应用研究迈入微纳尺度领域，智能传感器才真正从人们的理想走到了现实。只有当各种小型或者微型传感器出现时，才可能真正应用到各种场景中，起到分布式实时监控、提取相关信息并且经过后续电路的处理、传递汇总到信息中心，从而实现对场景全面信息的正确反映。而这其中智能热学量传感器的研发，由于各种微纳材料或结构表现出与宏观材料迥然不同的传热特性，促使人们把注意力逐渐从宏观物体的传热研究转向微纳材料或结构的传热特性研究。特别是能够应用微纳传热机制的 MEMS 热传感器更是吸引了广大科研工作者的研究兴趣。通过对微机械结构中的微纳材料或结构进行传热控制，目前已开发出多种 MEMS 热传感器。

4.1.2 MEMS 热学量传感器

由于采用微电子加工工艺，这些器件都具有微型化、集成化、可批量制造等特点，主要有 MEMS 热红外传感器、MEMS 热气体传感器、MEMS 热流量传感器、MEMS 热惯性传感器、MEMS 热执行器等。根据微观传热机制[1-2]，当空间尺度和时间尺度微细化后，物体会表现出很多与宏观尺度下不同的传热特性，如热绝缘材料在微尺度下出现超导热特性、良导体出现热绝缘特性、各传热方式的重要性发生变化等。究其原因，主要有两大类[3-4]：一类是当物体的特征尺寸缩小至与热载流子的平均自由程同一量级或更小时，基于连续介质概念的一些宏观概念和规律不再适用，如黏性系数、导热系数等概念需要重新讨论，N-S 方程和导热方程等也可能不再适用；另一类是当物体的特征尺寸大于热载流子的平均自由程时，即连续介质的假定仍能成立，但由于物体的尺度微细，原来的各种影响因数的相对重要性发生变化，导致传热规律发生变化。为探究微尺度条件下物体的传热机理及其应用，宏观传热学正逐步与热力学、量子力学、固态物理学、电磁波理论、微机电系统等多学科进行交叉，研究包括微尺度下的导热、流动及其对流换热、热辐射、相变传热等主要问题。其中，关于物体在微尺度下的导热问题研究尤为重要，主要的研究内容包括四方面。一是导热系数的尺度效应。当物体的特征尺寸减小时，晶粒尺寸会随之减小、晶粒界面随之增大，热量输运能力减弱，导热系数降低。二是导热的波动效应。在微尺度条件下，物体的热流密度矢量和温度梯度矢量之间的时间差增大，出现明显的弛豫时间，即导热介质的热扰动传播速度从近似无限大变得特定有限。此时波动效应明显，需要采用有限速度传播的双曲型导热模型进行分析。三是导热的辐射效应。当物体很薄时，晶粒界面增大，其导热方式可能产生异常情况，原本微弱的辐射传热可能变得重要。四是微纳器件中的微尺度传热机制及其工程应用。基于前面三个研究中获得的热物性参数以及机理等，该研究的主要内容在于通过各种微尺度材料和结构的设计，对微纳器件中的传热过程进行有效控制，使微纳器件获得宏观器件无法具备的优异特点和功能。

　　MEMS 热传感器的种类繁多，目前并无统一的分类标准。根据 MEMS 热传感器的用途不同，我们可以将其分为 MEMS 热红外传感器、MEMS 热气体传感器、MEMS 热流量传感器和 MEMS 热惯性传感器等几大类。其中，MEMS 热红外传感器可用于目标物红外热辐射的探测和热成像等，MEMS 热气体传感器可用于气体成分的识别和气体浓度的测量等，MEMS 热流量传感器可用于气流流速和流量等的测量，MEMS 热惯性传感器可用于加速度、角速度等惯性参数的测量。下面，我们将基于传热基本原理对这几大类 MEMS 热传感器进行简要的介绍和分析。

4.1.2.1　MEMS 热红外传感器

　　由于分子热运动，任何温度高于绝对零度的物体都会产生红外辐射，其波长介于可见光与微波之间。物体的红外辐射与其温度的关系在普朗克定律中已经进行了定义，因此，热式红外传感器被广泛地用于物体温度测量。自新冠肺炎疫情暴发以来，体温监测成为重要的防疫手段，这使热红外传感器迎来了爆发式的增长。

　　与直接进行红外光 – 电转化的器件不同，MEMS 热红外传感器是一类基于红外 – 热 – 电转换机制来实现物体红外热辐射探测的 MEMS 热传感器。相对于体积大、成本昂贵、功耗高的红外光子型传感器[9]，MEMS 热红外传感器具有常温工作、低功耗、结构简单、微型化、CMOS 易集成等优势，目前已广泛应用于红外夜视、红外成像、红外跟踪、红外诊断和红外测温等。MEMS 热红外传感器的基本结构由红外吸收体和热敏感材料或微结构组成。其中，红外吸收体负责吸收红外热辐射并将其转换成热量，该热量除部分耗散外，其余热量将作用于热敏感材料或微结构上转换成电学或机械输出响应。根据热敏感材料或微结构对红外 – 热的响应机制不同，

MEMS 热红外传感器还可细分为 MEMS 热电堆红外传感器[5-6]、MEMS 热释电红外传感器[7-8]、MEMS 测辐射热计红外传感器[9-10] 和 MEMS 红外热驱动传感器[11-12] 等几类。

　　MEMS 热电堆红外传感器是一种基于材料塞贝克效应的红外传感器，如图 4.3（a）所示。介质薄膜红外吸收体转换的热量将作用在两种不同热载流子的热电材料一端，在温差的作用下，热电材料热端的载流子会向冷端移动并积累，从而形成 MEMS 热电堆传感器的输出电压响应[13-15]。MEMS 热释电红外传感器是一种基于材料热释电效应的红外传感器，如图 4.3（b）所示。热释电材料在交变的温度作用下，其极化强度发生变化导致电荷释放，进而于材料两端产生输出电压响应。因电荷释放需要交变的温度，所以 MEMS 热释电红外传感器自身无法对恒辐射源进行探测。MEMS 测辐射热计红外传感器是一种基于材料热敏电阻效应的红外传感器，如图 4.3（c）所示。热敏电阻材料在红外 – 热的作用下，其电阻率将会发生变化，从而通过测试热敏电阻材料的电阻变化来实现对红外热辐射的探测。MEMS 红外热驱动传感器的工作原理为双金属梁结构在受热情况下会发生膨胀弯曲，梁的弯曲可通过多种方式进行读取，包括压阻式、电容式、光学反射式。在相同输入激励的情况下，提高梁的弯曲程度可以提高输出信号强度，进而提高传感器的灵敏度，如图 4.3（d）所示。

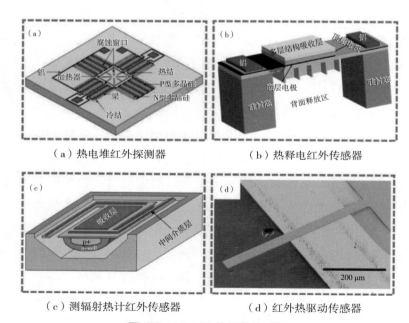

（a）热电堆红外探测器　　　　　　　（b）热释电红外传感器

（c）测辐射热计红外传感器　　　　　（d）红外热驱动传感器

图 4.3　MEMS 热红外传感器

4.1.2.2　MEMS 热气体传感器

　　基于热式原理的传感器在气体相关的测量领域应用十分广泛。除特殊的真空、液体环境外，大多加热结构处于气体环境中，因此，环境中气体种类、流速以及传感器自身的移动等均会导致气体与敏感元件间对流传热的变化，依据该变化即可对待测量物进行传感。此外，与气体相关的热式传感器大多结构简单，并且不含可动部件，具有高机械可靠性与稳定性。

由于气体种类与流速的变化均会使热式传感器中的热分布发生改变，从而影响传感器的输出信号。因此，对应用在气体测量领域的热式 MEMS 传感器来说，其在应用过程中存在的主要问题是测量过程中气体种类与流速的相互干扰。

依据材料与工作原理的差异，热气体传感器可以分为热导式气体传感器[16-17]、半导体式气体传感器[5, 18]、催化燃烧式气体传感器[6-7]与声表面波式气体传感器[8-9]等，如图 4.4 所示。在 MEMS 热气体传感器结构中，MEMS 微加热器既可作为微热源，也可同时作为热敏电阻器，对温度变化进行响应，实现对气体的探测。

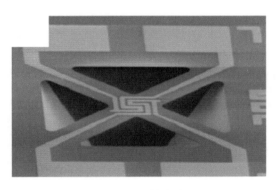

（a）热导式气体传感器

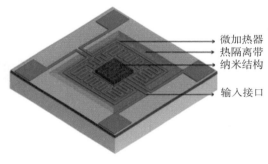

（b）半导体式气体传感器

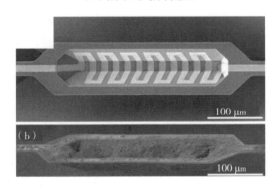

（c）催化燃烧式气体传感器

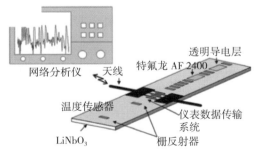

（d）声表面波式气体传感器

图 4.4 热气体传感器

热导式气体传感器也称热导检测器，其工作原理是传感器中的加热元件通过气体散失的热量，随气体热导率的变化而改变，因而可以识别气体种类或浓度的变化。由于其自身不具有选择性，因此在空气条件下适于对高热导率气体进行检测，如甲烷、一氧化碳、氢气和氦气等。而正因为其具有物理通用性，所以在气相色谱技术中得到了广泛应用：色谱柱使混合的气体组分分离并依次析出，以高热导率的氢气或氦气作为载气，使热导检测器可以对绝大多数气体进行微量检测，同时其无损检测的特点使其适于与其他检测器联用。

半导体式气体传感器通常由微加热器、敏感材料以及测试叉指电极组成，其工作原理为敏感材料在测试叉指电极上的输出电阻会随着目标气体的浓度而改变，微加热器为敏感材料提供适宜的工作温度。与传统陶瓷管气体传感器相比，基于微加热器的半导体式气体传感器具有体积小、性能好、易于批量生产等优点。

催化燃烧式气体传感器的工作原理为微加热器上的气敏材料对目标气体进行吸附，待微加热器加热至一定温度后，气体无焰燃烧并放热，使微加热器的温度与电阻发生变化，输出信号大小与目标气体的浓度成正比，常用于检测甲烷、VOCs 等可燃性气体。

声表面波式气体传感器可依据有无敏感材料分为两种类型。含敏感材料的声表面波传感器的工作原理为敏感材料层对目标气体进行吸附，从而改变声表面波振荡器的振荡频率，该方法结合了敏感材料的特异性以及声表面波谐振器的高灵敏性。而不含敏感材料的声表面波传感器与热丝 / 热膜式气体传感器的工作原理相似，即通过对气体热导率变化导致的传感器温度变化进行测量，不同之处在于，对温度变化的测量采用声表面波的方式，对温度变化的分辨更加灵敏，此外其工作温度也相对较低（ 100 ~ 150℃ ）。同样地，自身不具有选择性的声表面波式传感器也可应用于气相色谱技术中，由色谱柱析出的样品气体会冷凝在检测器表面上，从而改变其振荡频率，依据频率变化量完成待测气体的定量检测。在检测时，为保证气体的冷凝吸附，需搭配半导体制冷器来冷却检测器；在检测完成后，需利用加热器进行加热使气体挥发清除，该过程在一定程度上限制了检测器的响应速度。

4.1.2.3　MEMS 热流量传感器

热流量传感器是通过气体流过加热元件时实现对流速或流量检测的传感器。依据工作原理不同，可以分为三类：热损失型传感器[14-15]、热温差型传感器[19-21]、热脉冲型传感器[22-23]，如图 4.5 所示。

热损失型传感器的结构中仅包含一个加热元件，其同时用作加热器与温度传感器。加热丝一般采用具有高电阻温度系数的金属或多晶硅制成。热线结构相比于热膜结构更加脆弱，但两者的传感原理相似。流体流速影响加热元件的对流换热，通过测量温度变化（恒定功率模式）或加热功率变化（恒定温度模式）来测量流量。

热温差型传感器的结构中包含一个加热元件和两个测温元件，加热元件位于薄膜中心，在其上游和下游位置对称地放置一个测温元件，测温元件一般为热敏电阻或热电堆。当流体流速为零时，由加热元件产生的温度分布左右对称，两个测温元件的输出相同；当流体流动时，温度分布发生偏移，两个测温元件间产生温差，通过建立该温差与流速之间的关系即可实现对流速的测量。相比于热线/热膜式流量传感器，量热式流量传感器在低流速下表现出更高的灵敏度，但在高流速下易饱和；此外，其可分辨流体的左右流动方向，若采用多组测温元件，则可对流动方向进行更加精准的识别。

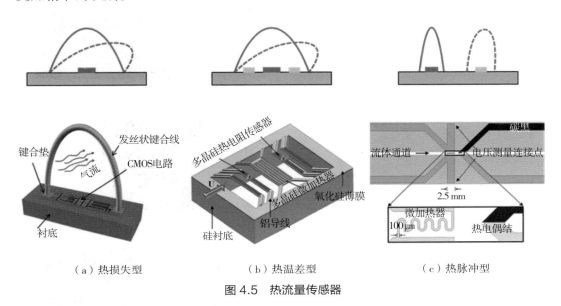

（a）热损失型　　　　　　　　（b）热温差型　　　　　　　　（c）热脉冲型

图 4.5　热流量传感器

热脉冲型传感器的结构通常为两个具有一定距离的温度敏感元件，上游位置为加热元件，下游位置为测温元件。当传感器工作时，一个短热脉冲由加热器产生，并通过流体的传递被测温元件接收，通过测量热量发出与接收的时间差来对流体流速进行计算。理想状态下，加热元件、测温元件与基板之间应具有良好的热隔离，以尽量消减固体热传导，促使热量通过流体进行传输。

4.1.2.4　MEMS 热式惯性传感器

基于 MEMS 微加工技术的惯性传感器已历经了几十年的发展，由于具有体积小、批量制造和低成本的优势，微加工惯性传感器在民用和军用领域均得到了广泛应用，如智能手机、可穿戴设备、运动跟踪设备、车辆导航、无人机、虚拟现实设备等。一般来说，微加工热式惯性传感器包括热加速度计[10-11]与热陀螺仪[12-13, 24]两大类，如图 4.6 所示。热加速度计用于测量线性加速度、速度和位置或倾斜角度、冲击、抖动转导等。热陀螺仪用于测量移动物体的角速率。

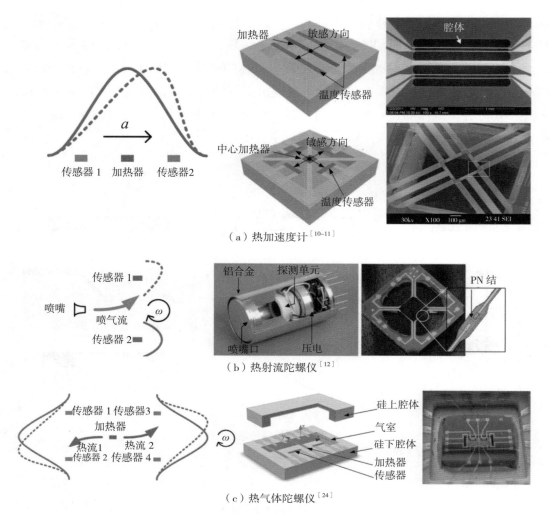

（a）热加速度计[10-11]

（b）热射流陀螺仪[12]

（c）热气体陀螺仪[24]

图 4.6　热式惯性传感器

　　热加速度计基于自然对流传热的原理，在加热元件的两侧对称放置测温元件。在无加速度的情况下，自然对流传热使加热元件两侧的温度分布对称，两侧测温元件的温度没有差异；而当存在横向加速度时，温度分布曲线会发生偏移，使两侧测温元件间的温度存在差异并通过电路进行读出。随着微加工技术的发展，热加速度计逐渐从单轴、双轴发展至三轴，通过在不同方向上设置加热元件与测温元件实现对不同轴向加速度的同步测量。

　　热射流陀螺仪基于强制对流的原理。在机械泵喷射出的气流两侧分别设置两个加热元件（同时用作加热器与温度传感器），在旋转的情况下，射流由于科里奥利加速度而偏转，导致其中一个加热元件因射流引起的强制对流而增强散热，两元件之间的电阻差异通过电路转换为电信号读出且与旋转速率对应。

热气体陀螺仪的工作原理与热加速度计相似：两对测温元件在加热器两侧对称放置，当发生科里奥利加速度偏转时，左右两对测温元件位置处的温度曲线会呈现方向相反的偏移；而在线性加速度的情况下，两侧的温度曲线会向相同的方向偏移。因此，该结构可以同时用于检测旋转加速度与线性加速度。与射流陀螺仪相比，热气体陀螺仪的传感器结构更为简单，但由于热感应流比射流慢，故灵敏度较低。

4.2 热学量传感器的改进与发展

热学量传感器的改进离不开对热学量测量灵敏度的提升。根据热学原理：热量的传递主要通过热传导、热对流和热辐射来进行。对于大多数情况，为了提高传感器的灵敏度，都应该想办法减少热量损失，以换取同样条件下敏感区域温度的上升，这对于有固定温度系数的传感器而言可直接提高其响应度。而在另一些应用中，则需要热量集中在某种形式进行传递，如对于红外光源或者微型加热器而言，不但希望通过热传导传递的能量尽量小，而且希望电源供给的功率能在指定区域以某个波段的红外辐射发射出去，从而提高光源光通量或者提高加热效率，以减小传感器的功耗，同时提高由其所组成的传感器的灵敏度。因此，如何处理热学量传感器的三种热传递系数，充分利用热能，是改进现有热学量传感器性能的一个重要途径。

这其中比较常见的方法包括：利用热导率低的材料制作传感器的绝热结构，以减少热传导损失；在结构设计上减少热导横截面，利用悬空膜或者梁减少垂直方向上的热传导，同时减少梁的数量和尺寸以减少水平方向上的热传导；采用真空封装，减少热对流的热损失；在红外辐射类传感器的非入射面集成反射镜面或者聚焦器件，以提高辐射通量的利用率等。

4.2.1 介质薄膜优化技术[25]

介质薄膜作为良好的绝缘、电介质、钝化材料，已广泛应用于集成电路、微机电系统、功率电子等半导体器件中。随着器件向微型化、集成化发展，介质薄膜厚度已减薄至微米、亚微米以及纳米量级。而这些特征尺度会大于、比拟或小于薄膜中热载流子的平均自由程或平均自由时间，从而使介质薄膜的传热特性明显不同于常规尺度条件下的传热规律，这对微小器件的性能及可靠性等产生了重大影响。因此，对介质薄膜的热物性、传热规律、传热控制等进行研究已成为提高半导体器件性能及可靠性的关键。目前，在微纳传热机制的 MEMS 热传感器研究中，增强介质薄膜的光 – 热转换效率和降低介质薄膜的热传导损耗已成为优化介质薄膜传热特性、提升 MEMS 热传感器性能的两大策略。涂覆纳米黑材料或形成微结构硅材料，能够增加入射光的多次反射，实现介质薄膜的光吸收特性增强；先进的超结构能够基于电磁谐振原理，使介质薄膜的光选择性吸收增强。与增加光 – 热转换效率不同，减薄介质薄膜厚度、形成多孔薄膜、选用低热导率薄膜材料和减少介质薄膜与衬底的接触面积等能够通过降低介质薄膜的热传导损耗特性来增强 MEMS 热传感器的性能。但现有的这些介质薄膜优化方法往往无法使介质薄膜同时拥有光吸收增强特性和热传导损耗降低特性，且还存在成本高、制造复杂、工艺不兼容、易导致机械强度下降等问题。为此，研究一种能同时增强介质薄膜光吸收特性和降低介质薄膜热传导特性的微纳传热控制策略，并以一种简单、工艺兼容性好、可批量化的方式应用到 MEMS 热传感器中，以实现器件性能提升，具有广泛的应用价值。

介质薄膜的光吸收能力和热传导损耗是影响 MEMS 热传感器性能的两个重要因素。在 MEMS 热红外传感器中，介质薄膜红外吸收体先吸收红外热辐射并将其转换成热量，然后该热量除部分由介质薄膜的热传递作用损耗外，其他热量将作用于热敏材料或微结构上，转换成电学或机械响应输出等。从中可以看出，增强介质薄膜的光吸收能力和降低其热传导损耗能够增加热敏材料或微结构热端的温度，进而增强 MEMS 热红外传感器的输出响应。

根据热力学第一定律之能量守恒定律，MEMS 微加热器的功耗与热传递损耗平衡，则降低介质薄膜的热传导损耗能够降低 MEMS 微加热器的功耗。

目前，通过增强介质薄膜的光吸收能力和降低介质薄膜的热传导损耗来优化 MEMS 热传感器的性能已成为两种重要策略。增强介质薄膜的光吸收能力主要用于提高 MEMS 热红外传感器或其他基于光 – 热机制的 MEMS 热传感器的性能，具体方法包括入射光的多次反射吸收增强和电磁谐振吸收增强。与增强介质薄膜的光吸收能力不同，降低介质薄膜的热传导特性既能提高基于光 – 热机制的 MEMS 热传感器的性能，也能优化 MEMS 热气体传感器、MEMS 热流量传感器和 MEMS 热惯性传感器等基于微热源的 MEMS 热传感器的功耗性能，具体方法在于介质薄膜加热有源区的材料选择和结构设计等。下面，我们将综述分析目前介质薄膜的优化研究进展，讨论各方法的优化能力、工艺复杂度、与 MEMS/ CMOS 的兼容性以及对器件性能的增强等。

4.2.1.1 增强光吸收特性的介质薄膜

根据光吸收的增强机理不同，介质薄膜的光吸收增强策略主要包括入射光的多次反射吸收增强和入射光的电磁谐振吸收增强两种方法。其中，入射光的多次反射吸收增强又分为纳米黑材料的吸收增强和微结构硅材料的吸收增强；而入射光的电磁谐振吸收增强又分为光窄带吸收增强和光宽带吸收增强。

（1）基于入射光的多次反射吸收增强

由几何光学可知，入射光在材料表面将发生反射和折射现象[26-28]。对于一束入射光，将材料对入射光的吸收能量 $Q_{吸}$ 定义为入射光能量 $Q_{入}$ 与反射光能量 $Q_{反}$ 和透射光能量 $Q_{透}$ 之差，同时假设入射光在材料表面会发生 n 次反射和折射现象。材料对光的总吸收量 $Q_{吸}$ 可表示为 $Q_{吸1}+Q_{吸2}+\cdots+Q_{吸n-1}+Q_{吸n}$，则增加入射光的反射次数、减少每次的反射能量和每次的透射能量，将会增强材料对光的吸收能力[29-30]。目前，增添多孔纳米黑材料和形成微结构硅材料已成为增加入射光反射次数、实现材料光吸收能力增强的两种重要方法。

1）纳米黑材料的光吸收增强。

基于纳米多孔或间隙等对入射光进行多次反射吸收而显黑色的纳米材料被称为纳米黑材料，如图 4.7（a）所示。其中广泛应用的主要有金属黑材料（如金黑、银黑等）和碳黑（如碳纳米管）材料等。图 4.7（b）和（c）分别展示了金黑[31]和碳黑[32]材料的红外吸收谱，从图中可以看出，金纳米颗粒黑材料对 3 ~ 11 μm 波长的红外光有约 0.9 的高吸收率，而碳纳米管黑材料对 3 ~ 15 μm 波长的红外光有接近 1.0 的超高吸收率。相对于各自的平面介质薄膜参照样品，金纳米颗粒黑材料在 3 ~ 11 μm 波长范围内对样品的红外吸收能力增强约 56%，碳纳米管黑材料在 3 ~ 15 μm 波长范围内对样品的红外吸收能力增强约 50%。这些结果充分说明纳米黑材料除对

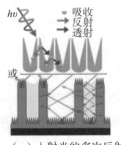

（a）入射光的多次反射
吸收模型[30]

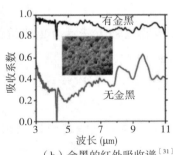

（b）金黑的红外吸收谱[31]

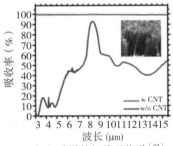

（c）碳黑的红外吸收谱[32]

（d）基于金黑材料的增强型
MEMS 热电堆[33-34]

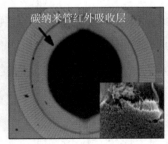

（e）基于碳黑材料的增强型
MEMS 热电堆[32]

（f）基于金黑材料的增强型
MEMS 热测辐射计[31]

图 4.7 纳米黑材料及其在 MEMS 热传感器中的应用

可见光具有吸收增强外，对红外入射光也具有很高的宽带吸收增强能力。除列举的两种纳米黑材料外，其他形态的一些金黑（如纳米叉状[35]、纳米绒状[33, 36]、纳米多孔状[30, 37]）和碳黑（如纳米多孔状[38-39]）材料对 3 ~ 15 μm 范围内红外光的平均吸收率都高达 0.9 ~ 1.0。

2010—2011 年，国立高雄应用科技大学的 Chung-Nan Chen 团队[33-34]将纳米绒状的金黑材料涂覆在 MEMS 热电堆红外传感器的红外吸收区中作为吸收体，传感器在 8 ~ 14 μm 红外波段内的响应率提升约 47%，如图 4.7（d）所示。到 2015 年，剑桥大学 W. I. Milne 团队[32]采用一种原位 T-CVD 方法，将纳米管状碳黑材料生长在 MEMS 热电堆红外传感器的红外吸收区中作为吸收体，传感器对二氧化碳的响应提升约 50%，如图 4.7（e）所示。至 2016 年，佛罗里达大学 David Shelton 团队[31]将纳米颗粒状金黑材料修饰到 VO_x 桥式 MEMS 热测辐射传感器表面作为吸收体，传感器在 3 ~ 14 μm 红外波段范围内的响应率提升约 46%，如图 4.7（f）所示。从三个应用中可以发现，涂覆纳米黑材料的 MEMS 热红外传感器的性能都得到显著增强，传感器的响应增量（47%、50% 和 46%）与相应纳米黑材料的红外吸收增量（56% 和 50%）几乎一致。

涂覆纳米黑材料能够通过入射光的多次反射吸收，使 MEMS 热传感器获得超高的光吸收能力。但黑材料的涂覆工艺需要增加额外的设备和设计特殊的工艺步骤等，这会导致 MEMS 热传感器的工艺复杂度、制造成本、与 MEMS/CMOS 工艺的非兼容性等增加，还会影响器件制造的一致性等。因此，设计一种工艺简单且与 MEMS 热传感器制造过程兼容的光吸收增强方法具有重要价值。

2）微结构硅材料的光吸收增强。

地球表面硅的含量（25.8%）十分丰富，仅次于氧含量（49.5%）。但硅表面对紫外 – 红外光的高反射系数（30% ~ 50%）和禁带宽度 1.124 电子伏特限制的 1.1 μm 吸收波长极限，严重影响着硅基太阳能电池的光电转换效率和光电探测器的光响应率等[40]。太阳光典型的辐射波长范围是 0.2 ~ 3.0 μm，如图 4.8（a）所示，其中包含紫外光（0.2 ~ 0.4 μm）、可见光（0.4 ~ 0.75 μm）、近红外光（0.75 ~ 1.5 μm）和短波红外光（1.5 ~ 3.0 μm）。以硅基太阳能电池为例，硅材料因固有的高反射系数和无法吸收太阳光中 0.2 ~ 0.4 μm 的紫外光以及 1.1 ~ 3.0 μm 的红外光 [图 4.8（b）]，最终导致硅基太阳能电池光电转换效率低。因此，为提高硅基太阳能电池的光电转换效率和光电探测器的光 – 电响应率等，增强硅表面的光吸收系数和展宽硅材料的光吸收波长范围是关键。

20 世纪 90 年代，美国哈佛大学 E. Mazur 团队[41]通过飞秒激光刻蚀工艺在硅表面形成微尖锥阵列后，获得一种黑色的微结构硅材料，称黑硅，如图 4.9（a）所示。由黑硅的光吸收谱可得，黑化不仅将硅的吸收率显著增强到约 0.9，而且将硅

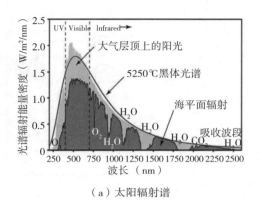
（a）太阳辐射谱

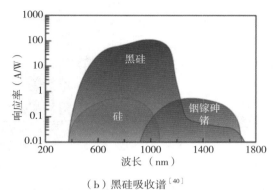
（b）黑硅吸收谱[40]

图 4.8 太阳和黑硅的光谱图

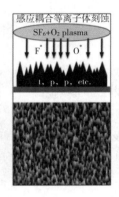

（a）飞秒激光刻蚀[41]（b）感应耦合等离子体刻蚀[49]（c）各向异性湿法腐蚀[50]（d）金属辅助化学腐蚀[51]

图 4.9 黑硅的制备方法

的 1.1 μm 光吸收限制扩展到 2.5 μm 的红外波段[42]，见图 4.10（a）。紧接着，E. Mazur 团队研究了微尖锥高度、刻蚀气体氛围和刻蚀能量密度因素对黑硅光吸收能力的影响[42-44]，发现微尖锥的纵横比和刻蚀的能量密度越高，黑硅的光吸收率越高，如图 4.10（a）（b）（c）所示。研究还发现，在 N_2 或 Cl_2 氛围中形成的黑硅只对 0.25 ~ 1.1 μm 的光有高吸收率，而在 FS_6 氛围中形成的黑硅对 0.25 ~ 2.5 μm 的光都具有高吸收率，说明 F 和 S 元素对光的吸收波长扩宽起重要作用。复旦大学 Li Zhao 等人[46]和东南大学 Yan Tu 等人[47]通过在黑硅表面修饰金属纳米薄膜和纳米颗粒后发现，黑硅的光吸收率得到进一步增强，如图 4.10（d）所示。

对于 0.25 ~ 1.1 μm 波段范围内的光吸收增强，其主要原因可归因于入射光在微 / 纳结构中的多次反射吸收增强作用；但这个增强机制并未改变硅自身的禁带宽度，吸收谱不会被扩展（光吸收增强第一原理）。对于 1.1 ~ 2.5 μm 波段的光吸收增强，首先是因为Ⅵ族元素的掺杂使硅的禁带宽度降低，使硅的吸收带宽扩展到 1.1 μm 以上[44]（光吸收增强第二原理）；然后再结合入射光的多次反射吸收作用，

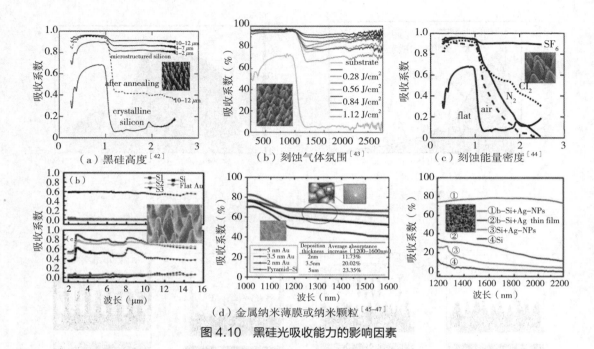

（a）黑硅高度[42]　　　　（b）刻蚀气体氛围[43]　　　　（c）刻蚀能量密度[44]

（d）金属纳米薄膜或纳米颗粒[45-47]

图 4.10　黑硅光吸收能力的影响因素

使黑硅材料在 0.25 ～ 2.5 μm 波段范围内的吸收能力增强。对于金属纳米薄膜或纳米颗粒的增强作用，则可归因于金属纳米材料在入射光作用下发生的表面等离极化现象[47-48]（光吸收增强第三原理）。

　　为进一步发展和利用黑硅材料，除采用飞秒激光刻蚀制备黑硅外，研究人员还开发出基于 ICP 刻蚀、各向异性湿法腐蚀和金属辅助化学腐蚀（MACE）等工艺制备黑硅[52-55]，如图 4.9（b）（c）（d）所示。其中，飞秒激光和 ICP 干法刻蚀形成的是微尖锥黑硅，金属辅助化学腐蚀形成的是陡直纳米柱森林黑硅，而各向异性湿法腐蚀形成的是一种带平滑倾角的微金字塔黑硅。根据黑硅的光吸收增强第一原理，微尖锥和纳米森林黑硅因具有高的纵横比，其光反射次数应该很多，将使其光吸收能力较微金字塔黑硅更强；但微金字塔黑硅结构恰好因为有较平滑的倾角，更易于在其表面图形化其他微结构。目前，这些微结构化的黑硅材料及其制造方法主要应用于基于光 – 电直接转换机制的黑硅太阳能电池和可见光 / 近 / 短波红外黑硅光电探测器中[45, 50, 55-59]。

　　微结构化的黑硅材料一方面能够通过入射光的多次反射来增强硅的光吸收系数，另一方面能通过 VI 族元素的掺杂降低禁带宽度、通过金属纳米颗粒的等离极化效应来展宽硅的光吸收范围。相比于纳米黑材料的涂覆工艺，黑硅的微结构化方法与 MEMS/CMOS 工艺更具兼容性，能直接在器件制造过程中进行集成。但要将黑硅材料应用到传热机制的 MEMS 热传感器中，如何将黑硅的光吸收范围进一步扩展到中 / 长 / 远波红外和如何降低其高的热导率等是挑战。

（2）基于入射光的电磁谐振吸收增强

相较于早期的 λ/4 干涉相消匹配结构和反射金属光栅表面等离子体结构[62-64]的电磁吸收材料，2000 年开始，一种由金属谐振单元阵列、高电磁损耗介质和金属反射层组成的超结构（或超材料）为科研工作者们提供了更加灵活且高效操控电磁波的能力[65-69]，如图 4.11 所示。入射电磁波会在金属谐振单元阵列表面发生电谐振，同时在谐振单元阵列与金属反射层间形成磁谐振，最后引发该电磁谐振的特定波长电磁波被高损耗介质吸收并转换成热能加热衬底，其他波长的电磁波则被金属层反射。因谐振单元的尺寸、材料、形状以及损耗介质层的材料、厚度等因素影响结构的等效阻抗和电磁损耗，使得超结构对光具有窄带或宽带选择性吸收能力。此外，超结构的等效阻抗和电磁损耗还与入射角和极化角等相关，使超结构的光吸收特性具有入射角或极化角的灵敏或非灵敏选择性吸收。

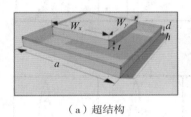

（a）超结构 　　（b）电磁谐振环 　　（c）红外吸收谱

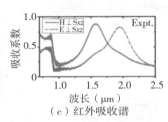

图 4.11　超结构及其电磁谐振[60-61]

1）超结构的光窄带吸收增强

2012—2018 年，本立命馆大学理工学院 Ogawa 等人[70-75]基于 MEMS 工艺，分别将微圆柱、微椭圆柱和微栅超结构引入 MEMS 热电堆红外传感器中，作为介质薄膜的超表面红外吸收体，如图 4.12（a）所示。基于极化不灵敏型微圆柱超结构，MEMS 热电堆器件对 4 μm、4.5 μm、5 μm、6.5 μm 和 9 μm 处的波长具有选择性吸收，如图 4.12（a）（i～ii）所示；基于极化灵敏型微椭圆柱和微栅超结构，MEMS 热电堆器件对 5～6 μm 范围的红外光具有极化选择性吸收特性，即热电堆器件除对波长具有选择性吸收外，其吸收强度还受入射光的极化角影响，如图 4.12（a）（iii～iv）所示。

2016—2019 年，日本国立材料科学研究所 Thang 和北海道大学 Nagao 等人分别将微孔和微方柱超结构引入 MEMS 热释电红外传感器[76]和 MEMS 热测辐射计[77]红外传感器中，作为介质薄膜的超表面红外吸收体，如图 4.12（b）（c）所示。

2）超结构的光宽带吸收增强

超结构除可以使 MEMS 热红外传感器具有光窄带吸收增强外，通过灵活设计也可以使传感器具有光宽带吸收增强能力。2015 年，北京大学 Wei Ma 等人[78]将尺寸和间距都为 1.5 μm 的微方柱超结构吸收体引入 MEMS 热红外焦平面成像阵列，

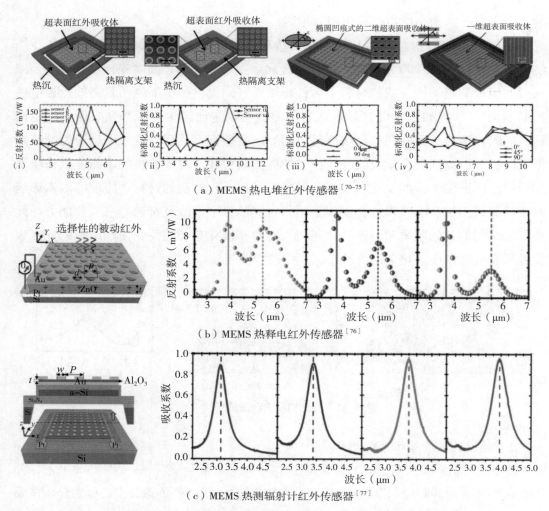

（a）MEMS 热电堆红外传感器[70-75]

（b）MEMS 热释电红外传感器[76]

（c）MEMS 热测辐射计红外传感器[77]

图 4.12　基于超结构吸收体的波长选择性 MEMS 热传感器

该成像阵列对 6 ~ 14 μm 波长范围内的光吸收能力得到增强，如图 4.13（a）所示。2020 年，美国杜克大学 Jon W. Stewart 等人[79]将不同尺寸的银纳米方块阵列引入 MEMS 热释电红外传感器，该传感器对 660 ~ 2000 nm 范围的光吸收能力得到增强，如图 4.13（b）所示。2016 年，美国东北大学 Matteo Rinaldi 等人[80]将尺寸为 1635 nm 和间距为 310 nm 的纳方柱超结构阵列引入压电器件，该器件对 6 ~ 14 μm 范围的红外 – 热 – 压电响应得到增强。

　　将超结构引入 MEMS 热传感器中作为超表面吸收体，能使 MEMS 热传感器的光窄带选择性吸收能力或光宽带吸收能力得到增强。但超结构对制造工艺的精度、最小特征尺寸等要求很高，存在工艺复杂、制造成本高、工艺不兼容、器件不易批量制造等挑战。另外，超结构通常包含两层高热导率的金属薄膜（金属谐振阵列和

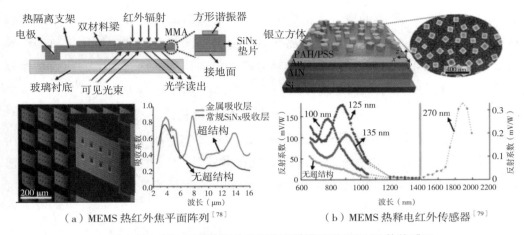

（a）MEMS 热红外焦平面阵列[78]　　　　（b）MEMS 热释电红外传感器[79]

图 4.13　基于超结构吸收体的光宽带增强型 MEMS 热传感器

金属反射层），会导致 MEMS 热传感器的热传导损耗增加，影响其响应性能。因此，与涂覆黑材料的方法类似，寻求一种制造简单、MEMS/CMOS 工艺兼容、可批量生产的光吸收增强方法非常值得探究。

4.2.1.2　降低热传导损耗特性的介质薄膜

与介质薄膜的光吸收增强策略不同，降低介质薄膜的热传导损耗可适用于所有 MEMS 热传感器的性能优化。如图 4.14 所示，在 MEMS 热传感器中，加热有源区的温度可来自介质薄膜的光 - 热转换或电 - 热转换。根据热传递原理，MEMS 热传感器总的热量损耗 Q_{all} 主要包括热传导损耗 Q_{con}、热对流损耗 Q_{cov} 和热辐射损耗 Q_{rad} 三部分。而在三种热量损耗中，热传导损耗 Q_{con} 因直接与介质薄膜加热有源区的材料热物性和结构特征等息息相关，降低热传导损耗已成为优化 MEMS 热传感器性能的重要策略。

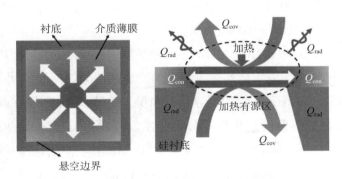

图 4.14　MEMS 热传感器的热损耗原理图

（1）基于介质薄膜材料的热传导降低

减薄介质薄膜是降低热传导最直接的方法，但 MEMS 热传感器的微机械结构需要足够的机械强度,薄膜的设计无法太薄。相对于直接减薄,寻求低热导率的薄膜材料更具吸引力。由此可知,热传导热导 G_{con} 与 MEMS 热传感器中所用材料的热导率成正比,在 MEMS 热传感器中选用低热导率的材料作为加热有源区的薄膜是控制热传导损耗的重要一步。表 4.1 统计出一些在 MEMS 热传感器中的材料及其热导率参数。在这些材料中,氧化硅、氮化硅和氮氧化硅材料因具有低应力、低热导率、良好的绝缘性、与 MEMS/ CMOS 工艺兼容、抗酸碱和耐腐蚀性等优势,已广泛用作加热有源区介质薄膜、电绝缘介质薄膜和钝化薄膜等[81, 84-85]。另外,MEMS 工艺或 CMOS 工艺中氧化硅和氮化硅两种薄膜的残余应力存在互补情况,将两者堆叠可以形成低应力的复合薄膜。

表 4.1　MEMS 热传感器中的材料及其热导率

材料	热导率（$W \cdot m^{-1} \cdot K^{-1}$）	参考文献
氧化硅	1.4	[84, 87-88]
氮化硅	1 ~ 30	[84, 87-88]
氮氧化硅	5	[22]
多晶硅	15 ~ 35	[88, 91]
金属	70 ~ 180	[19, 22]
硅	150	[84, 88]
多孔硅	1.2	[22, 89]
氮化型多孔硅	0.74 ~ 4.09	[22, 88]
氧化型多孔硅	1	[92-93]

多晶硅也具有相对低的热导率[86],但多晶硅应力大,在抗氧化、抗酸碱等方面弱于前面三种薄膜。在 MEMS 热传感器中,多晶硅主要通过离子注入改变其电阻率、热导率或塞贝克系数等形成热敏电阻[87]或热电偶[88]等。硅和金属材料都有高的热导率,硅材料一般被用作 MEMS 热传感器的衬底,金属主要用作互连线和电极等。为了使硅材料也能应用到加热有源区中实现热传导损耗的控制,对其进行微纳加工形成多孔结构,可导致热量的传导路径曲折,能够显著降低硅材料的热导率[86];此外,还可通过调控多孔硅的化学成分,分别发展出更低热导率的氮化型[85]和氧化型[89-90]多孔硅材料。但微纳多孔工艺会增加 MEMS 热传感器的制造复杂度以及制造成本,而且微纳多孔工艺也很难保证多孔硅的一致性,还会降低其机械强度等。不过换一个思路,正因为硅和金属薄膜等材料具有高的热导率,可以将它们直接应用到加热有源区中增强温度分布的均匀性,当然这会在一定程度上导致有源区的热损耗增加。

（2）基于介质薄膜结构的热传导降低

热传导热导 G_{con} 与 MEMS 热传感器中加热有源区的结构息息相关。目前，MEMS 热传感器的加热有源区结构主要可以分为硅表面有源区型、封闭式有源区型、悬臂梁支撑式有源区型和悬臂梁式有源区型四大类，如图 4.15 所示。

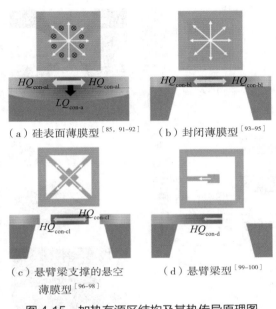

（a）硅表面薄膜型[85, 91-92]　（b）封闭薄膜型[93-95]

（c）悬臂梁支撑的悬空
薄膜型[96-98]　（d）悬臂梁型[99-100]

图 4.15　加热有源区结构及其热传导原理图

从四种有源区相应的热传导热导原理中可以看出，封闭式有源区通过释放其底部高热导率的硅衬底显著降低有源区热量的纵向热传导损耗，有源区的热量只能从有源区中横向地向衬底传导；而悬臂梁支撑式有源区和悬臂梁式有源区不仅没有纵向的热传导损耗，而且通过减少有源区中的热传导面积能进一步降低热量从有源区向衬底的横向热传导损耗。

1）对 MEMS 微加热器的功耗控制。

MEMS 微加热器是大多 MEMS 热传感器中的微热源[81, 85]，其加热性能控制着 MEMS 热气体传感器、MEMS 热流量传感器、MEMS 热惯性传感器等 MEMS 热传感器的功耗参数。因此，对 MEMS 微加热器的功耗进行控制尤为重要。图 4.16（a）所示的是代尔夫特理工大学 Sun J. W. 等人设计和制造的封闭膜型 MEMS 微加热器。当微加热器的工作温度达到 300 ℃时，需要约 200 mW 的功耗[93]。其他的通过减薄有源区厚度、采用低热导率薄膜材料等方法优化后的封闭膜型 MEMS 微加热器的功耗约为 50 ~ 100 mW[85]。

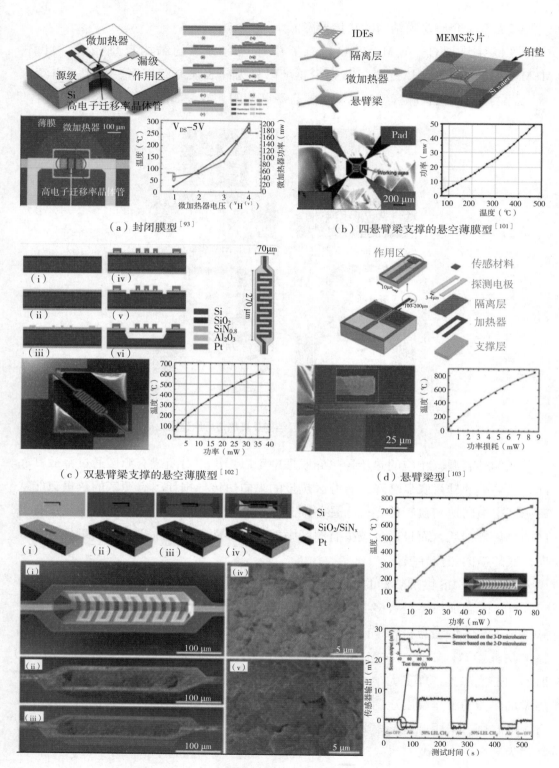

（a）封闭膜型[93]

（b）四悬臂梁支撑的悬空薄膜型[101]

（c）双悬臂梁支撑的悬空薄膜型[102]

（d）悬臂梁型[103]

（e）双悬臂梁支撑的凹槽薄膜型[104]

图 4.16　不同加热有源区的 MEMS 微加热器及其功耗性能

　　图 4.16（b）–（e）所示的是上海微系统所李铁课题组设计和制造的四悬臂梁支撑的悬空薄膜型微加热器[101]、双悬臂梁支撑的悬空薄膜型微加热器[102]、悬臂梁型微加热器[103] 和双悬臂梁支撑的凹槽薄膜型微加热器[104]。通过各器件的功耗 – 温度特性可以看出，在相同的工作温度下，从四悬臂梁支撑的平面薄膜有源区到双悬臂梁支撑的平面薄膜有源区、再到单悬臂梁型平面薄膜有源区，相应 MEMS 微加热器所需要的功耗逐渐降低。以加热到 400℃为例，微加热器所需要的功耗分别约为 40 mW、17.5 mW 和 3 mW。这些结果表明，MEMS 微加热器中加热有源区的支撑悬臂梁越少，相应的功耗就越低。相较于这三种 MEMS 微加热器的功耗，双悬臂梁支撑的凹槽薄膜型微加热器的功耗大约为 30 mW，比对应的双悬臂梁支撑的平面薄膜型微加热器高。但是该 MEMS 微加热器具有更大的有效加热面积和超低的单位面积功耗（$0.64 \ \mathrm{W \cdot mm^{-2}}$）优势。在实际的传感器应用中，凹槽薄膜有源区可以增大传感器的传感面积，提高传感器对环境信息探测的灵敏度[105]。

　　对比上面列举的 5 种微加热器的功耗可得，a 结构的功耗最大，其次是 b 结构，然后是 e 结构和 c 结构，最小的是 d 结构。这个结果与前面关于结构热传导控制的理论分析一致，充分说明基于介质薄膜结构的热传导控制可以显著提高电 – 热转换，进而实现 MEMS 热传感器的功耗优化。综合器件的性能分析可得，缩小加热有源区、减少梁的数量、减少梁的宽长比等可以降低 MEMS 热传感器的功耗，但这会导致 MEMS 热传感器的机械强度下降、抗外力干扰能力降低，还会牺牲微加热器的传感面积等。因此，设计并制造一种既能降低 MEMS 热传感器的热传导，又不会影响其机械强度和传感面积的介质薄膜结构非常重要。

　　2）对 MEMS 热红外传感器的性能控制。

　　以 MEMS 热电堆红外传感器为例，基于加热有源区结构的热传导损耗控制在 MEMS 热电堆红外传感器中的应用如图 4.17 所示。常用的热传导损耗控制结构主要有封闭薄膜型红外吸收体和悬臂梁支撑的悬空薄膜型红外吸收体两种。表 4.2 中统计出一些基于上述两种红外吸收体的 MEMS 热电堆红外传感器的性能，可以看出悬空薄膜型热电堆的响应率明显高于封闭薄膜型热电堆的响应率，而封闭薄膜型热电堆的探测率显著高于悬空薄膜型热电堆的探测率。根据热电堆的基本理论，传感器的响应率与红外吸收体的红外吸收能力 η 成正比，而与红外吸收体的热传导热导 G 成反比。悬臂梁支撑型红外吸收体会因为面积的减小损失一定的吸收能力，但该结构在降低热传导损耗上更加显著，从而使悬空薄膜型热电堆的响应率高于封闭薄膜型热电堆的响应率。又因热电堆的探测率不仅与红外吸收体的红外吸收能力成正比，还与红外吸收体面积的二次根成正比，则封闭薄膜型热电堆的探测率在大吸收面积和高吸收能力的作用下可能高于悬空薄膜型热电堆的探测率。

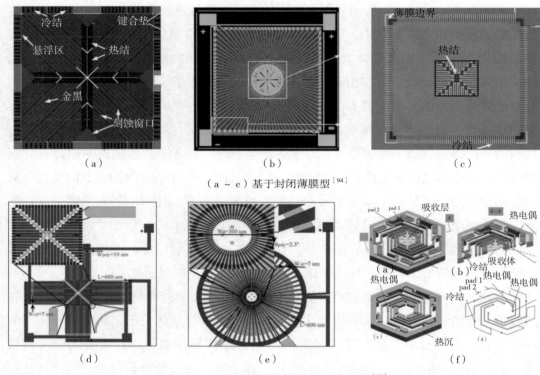

（a～c）基于封闭薄膜型[94]

（d～f）基于悬臂梁支撑的悬空薄膜型[98]

图4.17　MEMS热电堆红外传感器

表4.2　不同介质薄膜结构的MEMS热电堆性能

年份	吸收体	热电偶材料	响应率 （V·W⁻¹）	探测率 （10⁸ cm·Hz¹ᐟ²·W⁻¹）	参考文献
2007		N+poly-Si/Al	63	1.23	[113]
2010	封闭薄膜	P+poly-Si/Al	31.65	1.16	[114]
2011		N+poly-Si/Ti	62.8	1.88	[107]
2013		P+/N+poly-Si	88.5	1.24	[115]
2010		N+poly-Si/Al	102	0.92	[108]
2015	悬空薄膜	P+/N+poly-Si	425.7	0.13	[116]
2018		P+/N+poly-Si	160.3	0.98	[10]
2019		P+Si/Al	342	0.56	[19]

　　根据上述红外吸收体结构对热电堆性能的影响可知，红外吸收体的面积和热传导损耗对热电堆的性能优化存在矛盾：封闭薄膜型红外吸收体的面积大，可以增加红外－热的产生量，但会导致吸收体的热损耗量增加；而悬臂梁支撑的悬空薄膜型红外吸收体的热传导损耗量相对低，但是红外吸收面积的减小会导致红外－热的

产生量降低。上海微系统所李铁课题组提出并设计了一种微金字塔结构的粗糙介质薄膜，拟采用一种简单的三维微结构化方法同时实现介质薄膜光吸收能力的增强和介质薄膜热传导损耗的降低。设计的微金字塔结构粗糙介质薄膜既能通过入射光的多次反射实现光吸收的增强，又能通过热传导距离的等效延长实现热传导损耗的降低，而且微金字塔结构的底角越大，粗糙介质薄膜的光吸收增强特性与热传导损耗降低特性更佳。制造的粗糙介质薄膜在可见光下为黑色，在 2.5 ~ 14 μm 波段范围内的红外吸收增强约为 1.8% ~ 7.0%，其热传导热导的降低量约为 3.7% ~ 28.8%。相比于对照组的平面介质薄膜热电堆，粗糙介质薄膜 MEMS 热电堆的输出电压响应、响应率和探测率增强约 50% ~ 60%；相比于已报道的平面介质薄膜热电堆，粗糙介质薄膜 MEMS 热电堆器件表现出优异的性能，其响应率性能大于 145 V·W^{-1}，探测率性能大于 1.5×10^8 cm·Hz$^{1/2}$·W^{-1}，且响应时间常数小于 11 ms。其中，粗糙介质薄膜 P+/N+poly–Si 热电堆的探测率达到 2.0×10^8 cm·Hz$^{1/2}$·W^{-1} 以上，是目前热电堆在大气环境下实现的最高探测率。相比于对照组的平面介质薄膜微加热器，粗糙介质薄膜 MEMS 微加热器在 400℃时的功耗和单位面积功耗分别降低约 10% 和 47%；相比于已报道的平面介质薄膜微加热器，粗糙介质薄膜 MEMS 微加热器获得约 0.59 W·mm^{-2} 的超低单位面积功耗，比其他平面介质薄膜微加热器降低约 50% 甚至更多。

4.2.2　MEMS 热传感器的研究进展

由于 MEMS 热传感器品类繁多，以下我们重点对几种应用广泛的传感器的研究进展进行介绍。

4.2.2.1　热导式气体传感器 / 热导检测器的研究进展

目前，随着物联网的发展，气体检测在工业生产实时监测、有毒化学品泄漏检测、有毒环境现场分析等方面逐渐发挥出重要作用。

半导体式气体传感器需要通过敏感物质对气体进行特异性的吸附，因此一般用于针对性地识别单一目标种类气体。而仅具有热丝结构的热导式气体传感器的工作原理为检测气体热导率的改变，因而对所有的气体检测具有通用性，同时由于检测过程中不存在敏感物质对气体的吸附与解吸附过程，因此响应速度更快。但由于信号输出与气体热导率的变化相关，因此其更加适用于热导率差异较大的气体的测量，如在空气条件下检测氢气、氦气等气体，这在一定程度上限制了其应用。

随着气相色谱技术的发展，利用色谱柱可以对样品混合气体进行分离并在特定时间析出特定组分气体，并通入热导检测器中进行检测，充分发挥其通用性强、响应速度快的优势。在此过程中，载气一般选用具有高热导率的氢气或者氦气，由于绝大多数待测气体的热导率都远低于载气，因此热导检测器可以实现 ppm 级别的高性能气体检测，成为气相色谱仪中应用最为广泛的检测器。

传统的热导检测器在 20 世纪 60 年代就已发展成熟，但存在死体积大、灵敏度低、响应速度慢、铼钨丝易被污染氧化从而阻值变化或损坏等问题。近些年来，随着 MEMS 微加工技术的发展，形成的微热导检测器已具备体积小、灵敏度高、功耗低、稳定性强等诸多优势，自其发展以来一直备受关注。

基于 MEMS 技术制备的微型热导检测器可追溯至 1979 年，S. C. Terry 等人制备了应用于气相色谱仪的微型热导检测器，该检测器在硅衬底上制备氧化硅薄膜，在其上沉积金属镍制作加热电阻丝，利用背部刻蚀工艺释放薄膜结构，并利用机械装置将其固定至具有气体通道的气相色谱仪硅片上。由于采用背部释放的封闭膜结构，加热元件通过薄膜横向热传导散失热量较多，不利于提高器件的灵敏度。

为减少通过固体热传导的热量散失、提高检测器的灵敏度并降低功耗，研究者们在衬底材料以及结构设计方面已开展了诸多研究。在衬底材料方面，除常规的硅衬底外，玻璃、聚酰亚胺等低热导率材料也被用于制作加热电阻丝的基底，但由于这些基底材料无法如硅衬底一样进行刻蚀工艺来悬浮热丝结构，因此无法通过进一步降低固体热传导来提高性能，并且工艺兼容性较差，如图 4.18 所示。基于硅衬底材料，为提高检测器性能，在结构设计方面也涌现了多种类型，主要包括支撑膜型[107-108]、微桥型[109-112]以及悬浮/悬臂梁型[113-114]等。

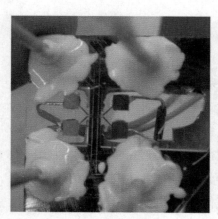

（a）玻璃[105]

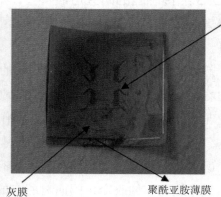

Ni 加热元件

灰膜　　　　　　　聚酰亚胺薄膜

（b）聚酰亚胺[106]

图 4.18　不同衬底材料制备的微热导检测器

2007 年，加州大学 Cruz 等人制备了四支撑梁悬浮薄膜结构的微热导检测器[107]，如图 4.19 所示。其热丝由金属铂制成，支撑薄膜为 1μm 厚的氮化硅薄膜，并利用刻蚀与湿法腐蚀工艺从正面对结构进行释放，同时还针对热丝和释放窗口进行多种尺寸结构的设计优化，进一步减少了薄膜横向热传导产生的热量损失，在此结构基础上进行的双通道器件气体测试显示该检测器具有较高的灵敏度。但该设计中通过湿法刻蚀得到的锥形空腔会带来较大的死体积，在一定程度上影响检测器的响应速度。

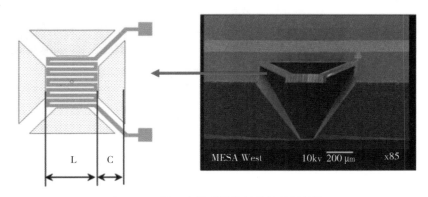

图 4.19 基于支撑膜结构的微热导检测器

2009 年，Kannta 等人对支撑薄膜厚度进行减薄，制备了一种具有交叉网状热丝薄膜结构的微热导检测器[108]，结构如图 4.20 所示。该结构中支撑氮化硅薄膜的厚度为 0.5μm，同时金属镍制成的热丝制作在薄膜预先刻蚀的深度为 150nm 的凹槽中，进一步降低了薄膜结构的横向热传导、提高了检测器的灵敏度。气相色谱仪系统中测得检测器对氦气中己烷的检测限为 260ppb。金属镍虽然具有较高的 TCR 系数，但是其稳定性不如铂，在高温环境中易氧化。

图 4.20 交叉网状结构的微热导检测器

2014—2015 年，Alireza Mahdavifar 等人提出一种基于多晶硅微桥结构的微热导检测器[109-111]，结构如图 4.21 所示。其多晶硅微桥长 100μm、厚 1μm，由 200nm 的条状氮化硅薄膜提供支撑，为使热量尽可能集中，微桥中间位置处的线径尺寸小于其两端位置。由于热容量小、响应速度快，该检测器可工作在高频激励下。同时，为进一步降低功耗，该检测器还采用了电压脉冲的工作模式，最终检测器的功耗仅为 0.4 mW。但由于热丝为线状，其机械强度问题可能影响其使用时的稳定性，且没有进行 MEMS 工艺封装，容易导致死体积大、器件灵敏度降低的问题。

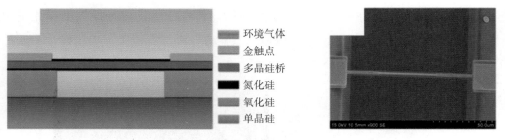

环境气体
金触点
多晶硅桥
氮化硅
氧化硅
单晶硅

图 4.21　基于多晶硅微桥结构的微热导检测器

2017 年，Legendre 等人提出了一种 CMOS 工艺兼容的硅纳米线微热导检测器[112]，如图 4.22 所示。该检测器所使用的衬底为 SOI 晶圆，核心加热结构为 P 型掺杂的硅纳米线阵列，100 根纳米线平行排列总长度达 $300\mu m$，单根纳米线的长宽高分别为 $40\mu m$、250nm、220nm。实验测得，在 N_2 为载气的条件下，检测器对戊烷和丁烷的检测限分别为 60 ppm 和 70 ppm。但器件的制备过程中使用了深紫外光刻，成本较高，并且核心的纳米线结构的机械强度较差，对气压的变化与流速的冲击较为敏感，容易发生损坏。

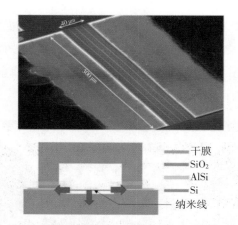

干膜
SiO_2
AlSi
Si
纳米线

图 4.22　CMOS 工艺兼容的硅纳米线阵列结构的微热导检测器

2013 年，Shree Narayanan 等人利用牺牲层技术将热丝进行释放，制备出卷曲悬浮结构的 μTCD[113]，如图 4.23 所示。该悬浮结构显著改善了响应时间，并且相同工作温度下的功耗也得以降低。但由于没有支撑膜，机械强度较低，易产生较大的机械噪声。同时，由于金属薄膜热丝释放后自然卷曲，部分热丝与衬底相接触，增大了衬底的热传导，导致器件灵敏度降低，不同芯片间的一致性也难以保证，不利于批量制造。

2019 年，Ardalan Lotfi 等人制备了基于悬臂梁式热丝薄膜结构的微型热导检测器[114]，如图 4.24 所示，该检测器在 3-w 交流激励模式下，可检测 30ppm 氦气中的氨气。但该检测器中卷曲的悬臂梁式热丝薄膜结构机械强度以及稳定性较差，易受气体流速的影响产生噪声，甚至导致结构损坏。

图 4.23　卷曲悬浮热丝结构的微热导检测器的实物图与 SEM 图

图 4.24　基于悬臂梁式的热丝薄膜结构的微热导检测器

在检测器热丝的结构设计趋于窄、薄、长的同时，其机械强度显著降低，更易发生损坏。为了提高检测器核心热丝薄膜结构的机械强度，减少由气流冲击导致的机械噪声，2011 年，Jianhai Sun 等人设计了基于厚膜支撑结构的微热导检测器[115-116]。该方法利用硼离子注入对硅衬底进行高浓度掺杂，深度为 $15\mu m$，用于实现在 KOH 溶液中的自停止腐蚀；并在硅衬底上沉积 $0.5\mu m$ 的氧化硅与 $0.4\mu m$ 的低应力氮化硅薄膜，最后利用 lift-off 工艺制作铂加热电阻丝，如图 4.25 所示。高浓度掺杂的硅层与氧化硅、氮化硅薄膜共同作为热丝的支撑结构，有效提高了支撑薄膜的机械强度与可靠性。但高浓度掺杂工艺需要花费大量时间，且具有高热导率的衬底硅作为支撑结构的一部分增强了热传导的热量散失，降低了检测器的灵敏度。

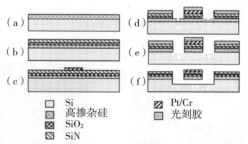

图 4.25　具有厚膜支撑结构的微热导检测器制造工艺

在热导检测器微型化的发展过程中，除加热丝结构外，气体通路作为重要组成部分也在向着小型化、集成化的方向发展，逐渐出现了 PDMS[115]、硅玻璃键合[116-121]、黏合剂键合[112]等多种微气道集成方式。

Jianhai Sun 等人利用 PDMS 材料，通过模板法制作了含有气道结构的上盖板，并在室温条件下实现微热导检测器的微通道封装[115]，如图 4.26 所示。测试表明，该 PDMS 封装具有良好的气密性，并且可以耐受 0.5MPa 的压力。此后，该课题组使用玻璃晶圆替代 PDMS 制作微热导检测器的上盖[116, 118-119]。在玻璃晶圆的加工工艺中，首先利用金作为掩膜、HF 缓冲液作为腐蚀溶液制作深度为 $100\mu m$ 的微通道，再通过阳极键合的方式与硅衬底进行晶圆级键合。相较于 PDMS 制备上盖的方法，玻璃作为上盖并使用硅玻璃键合工艺使器件便于批量化生产，提高了器件密封的可靠性以及器件间的均匀性。

（a）PDMS 上盖　　　　　　　　　　　　（b）玻璃上盖

图 4.26　不同材料封装的微热导检测器

上海微系统所冯飞课题组利用两次硅玻璃键合工艺制备了三明治结构的微热导检测器[120-121]。SOI 基板上制作有网状热丝结构，并利用 DRIE 工艺刻穿衬底形成微气道的同时对热丝结构进行热放。基板两侧与玻璃晶圆进行阳极键合，形成的微气道死体积约为 200nL，如图 4.27 所示。

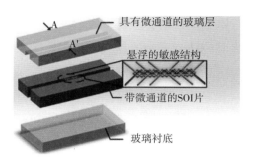

图 4.27　基于硅玻璃键合的三明治结构微热导检测器

在基于 MEMS 技术的微热导检测器发展过程中，其与色谱中其他组件（如色谱柱）进行集成的研究报道也逐渐增多，进一步促进了热导检测器在色谱技术中的微型化与集成化应用。微热导检测器与色谱柱芯片集成的方式主要分为混合集成式[33]与单片集成式[121, 123–124]，如图 4.28 所示。

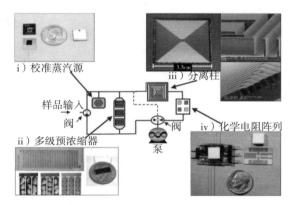

（a）混合集成式[122]

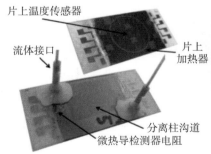  

（b）单片集成式

图 4.28　微热导检测器与色谱柱的集成

混合集成式利用外部管路或衬底上制备的微通道对两芯片进行气路连接。该方式在集成后也能进行单个芯片更换，有利于维修；但增加的气路也为样气通路整体控温以避免气体冷凝方面带来困难，同时在系统中增加的死体积也会影响气体分离检测效果。

单片集成式则在同一衬底上制造色谱柱与检测器，利用 MEMS 工艺可以在制作色谱柱的同时将热导检测器的热丝集成在其微气路中，但集成度的提高也为工艺的良率、一致性以及芯片的稳定性等方面带来了挑战。

在此基础上，基于微热导检测器的微型化、便携式气相色谱仪陆续被开发，国外的研究团队已提出不同集成方式的原理样机，如图 4.29 所示。

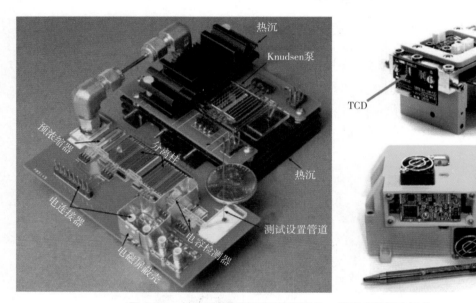

图 4.29   基于微热导检测器的微型化、便携式气相色谱仪

综上所述，在微热导检测器的发展过程中，在材料、结构与封装方式上进行了优化与改进。在材料方面，衬底材料除单晶硅外，还有玻璃、聚酰亚胺以及 SOI 等；敏感元件的材料包括金属镍、铂、多晶硅、多晶锗等高 TCR 系数材料。在结构设计方面，有封闭膜型、支撑膜型、微桥型以及悬臂梁型等。在封装方式上，有 PDMS 封装、硅玻璃键合封装以及黏合剂键合封装等。工作模式主要分为恒功率、恒压、恒流、恒温以及交流脉冲激励等。

4.2.2.2   热流量传感器的研究进展

由于对流体流量或流速监测的需求日益增加，微加工流量传感器在多个领域得到了广泛应用，诸如工业气体监测系统、导航和物体检测、生物医学和治疗领域的流量测量等。在流量或流速监测基础上，结合微流体通道、阀门、微型泵等技术，还可实现微型分析系统。

依据工作原理，微加工流量传感器主要分为热式与非热式两大类。与非热式流量传感器相比，热式流量传感器通过流体传热变化可实现对流速的测量，该过程无须任何机械移动部件，具有结构简单、可靠性高的特点。此外，利用微加工技术的平面工艺适于制备热流量传感器中的加热元件与测温元件，器件的小型化还使其具有低功耗、灵敏度高的优势。因此，自 1974 年首个微加工热流量传感器[36]被提出以来，该类型传感器便得到了广泛研究，当前的研究进展可以概括为四个方面：材料、结构、封装与集成。以下我们分别进行总结。

（1）材料优化

材料方面的优化主要分为基底材料与敏感元件材料两方面，通过降低基底与支撑结构的热传导，提高敏感材料的性能，可以提高热流量传感器的灵敏度。

在基底材料方面，除常见的单晶硅衬底外，当前微机械热式流量传感器的研究还尝试了多种低热导率基底材料，如多孔硅[37-39]、陶瓷[40-42]、玻璃[43-45]、聚酰亚胺[46-48]以及聚对二甲苯[49-51]等，如图 4.30 所示。由于具有较低的热导率，因此可以显著降低通过衬底的横向热传导，同时与基于单晶硅衬底进行薄膜释放的结构相比，低热导率体材料作为衬底具有更高的可靠性。但与此同时，低热导率衬底也存在着两个显著的问题：一是陶瓷基的表面粗糙，制备的热敏电阻的一致性较差；二是工艺复杂与 IC 工艺不兼容。

（a）多孔硅[126]（b）陶瓷[129]（c）玻璃[132]（d）聚酰亚胺[135]（e）聚对二甲苯[138, 140]

图 4.30 多种低热导率基底材料

与衬底材料类似，在含有支撑薄膜的热式流量传感器中，降低支撑薄膜的横向热传导也是提高传感器灵敏度的方法之一。在材料的选取过程中，需要考虑其工艺兼容性，同时需要注意其应力问题，避免工作温度下因应力过大而损坏。目前常用于制备支撑薄膜的材料主要有氮化硅、氧化硅、由氮化硅和氧化硅组成的多层复合材料。

敏感元件按其工作原理可分为 3 种类型，即热敏电阻型、热电偶型以及热电子型。敏感元件材料研究的关键在于在相同温度变化情况下使信号输出增大，从而提高传感器检测的灵敏度。

在热损失型和热温差型传感器中，热敏电阻型的元件既可以用作加热元件，也可以用作测温元件。其电阻值随温度改变，该特性由电阻温度系数（TCR）表示，因此，选择具有高电阻温度系数的材料制作热敏电阻可以有效提高相同条件下传感器的灵敏度，如金属铂、铜、多晶硅、多晶锗等材料。多晶硅的热性能和电性能可以通过晶粒尺寸分布、掺杂剂浓度和类型组合进行调整。此外，作为第三代半导体材料，SiC 凭借其高 TCR 特性也被用作热敏电阻元件[141]，如图 4.31 所示。

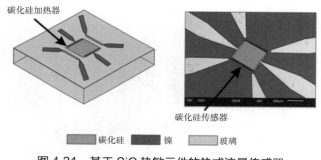

图 4.31　基于 SiC 热敏元件的热式流量传感器

热电偶型的测温敏感元件基于热电势的原理，因此在材料选择上通常选择具有塞贝克系数差异较大的材料组合，一般金属的塞贝克系数较低，而硅材料的系数较高，同时由于硅材料在 CMOS 工艺中的兼容性，因此硅材料在热电偶型中应用较多。此外，增加热电偶对的数量组成热电堆结构，可以有效增大输出信号。

热电子型的测温敏感元件主要基于晶体管的温度特性，但由于其温度特性的非线性，容易产生温度漂移问题，所以在热流传感器中的应用较少。

（2）结构优化

除材料的选择外，结构设计也可以显著降低横向热传导，提高气体对流的比例，增加传感器对气体流速的敏感程度。

在热损失型流速传感器中通常采用热线式的结构来大幅降低横向热传导。该种类型结构与原理简单，操作较为容易。相较于可同时进行流速方向测量的热温差型流速传感器，单一元件的热损失型传感器无法检测气流方向以及二维气流，但可以通过多芯片组合[142-143]或单芯片上集成多个元件[144-145]的方式，在对流速进行测量的同时对方向进行分辨（图 4.32）。

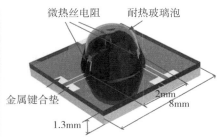

（a）多芯片型[142-143]　　　　　　　　　　（b）单芯片型[144-145]

图 4.32　多元件组合的热损失型流速传感器

此外，通过三维结构的建立，还可以实现面外的流速测量。例如，1998 年瑞典皇家理工学院的 T. Ebefors 等人构建了首个三维热线流速传感器[146]（图 4.33）。结构中设置的聚酰亚胺材料使热线竖起，形成了三根相互垂直的热丝结构，可以进行三个轴向上的气体流速检测，但该三维加工的难度较大。

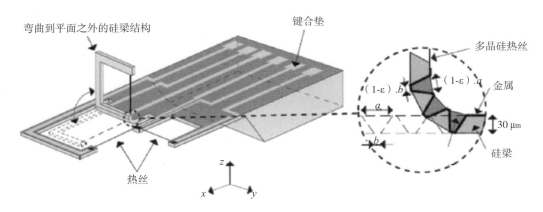

图 4.33　三维结构的热线流速传感器[158]

尽管针对热线式传感器尝试了不同结构，但由于无支撑结构、机械强度较低，容易损坏。所以，为提高结构的稳定性，大多数热流量传感器常使用热膜结构，通过在衬底悬浮介质薄膜为敏感元件提供支撑。为降低薄膜结构的横向热传导，薄膜结构也逐渐发展了全膜、半膜、悬梁等结构。

（3）封装及使用方式的优化

除热流量传感器敏感元件的设计外，其封装及使用方式也直接影响气体与传感器的接触状态，是决定传感器性能与稳定性/可靠性的关键因素，该方面的研究主要包括背面传感与外部微流道封装两方面。

背面传感的使用方式是指敏感元件制备在传感器正面的情况下，利用传感器芯片背面与气流接触进行热交换，再通过衬底的热传导使敏感元件产生信号输出。相较于常规正面感风的使用方式，该封装使用形式中的敏感元件不与气流直接接触，与气流直接接触的是芯片衬底背面或陶瓷基板，敏感元件也不进行悬浮释放，因此具有很高的机械强度，能够应对更加恶劣的使用场景。由于敏感元件需经衬底纵向热传导对气流进行感应，在此过程中需要对衬底的横向热传导加以限制，以提高传感器的性能、降低功耗。此外，该使用方式中存在的另一个问题在于封装方式为单芯片级，制造成本较高。

1990 年，荷兰代尔夫特理工大学的 B. W. Van Qudheusden 制造了首个背面传感型热流量传感器[147]，封装过程采用导热胶将硅芯片黏合至陶瓷基板上（图 4.34）。气流在陶瓷基板的上方流动而不与硅芯片接触，具有较高的可靠性。但硅衬底的高热导率使得传感器的灵敏度低且功耗较大。

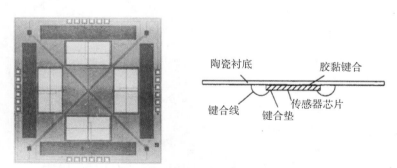

陶瓷衬底　　　　胶黏键合
键合线　　键合垫　　传感器芯片

图 4.34　背面传感型热流量传感器[147]

东南大学的 Qin Ming 课题组在该方向上进行了深入研究。针对衬底横向热传导问题，团队先后优化了不同结构的热隔离槽[148-149]，通过在衬底上刻蚀深槽隔离的方式，大幅降低了敏感元件之间通过衬底的横向热传导，进而提高了气体热交换所占比例（图 4.35）。

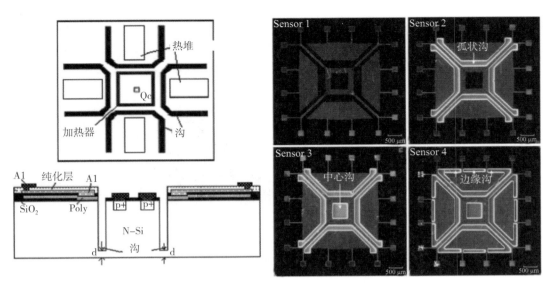

图 4.35　背面传感型热流量传感器中的热隔离槽结构优化[149]

　　背部传感方式中的敏感元件通过衬底、基板与气体进行热交换，但过长的热通路在导致更多热量散失的同时也降低了响应速度。为了缩短热通路，该研究团队分别尝试了倒装焊封装工艺[150]（将芯片正面与陶瓷基板进行焊接）以及加热元件直接制备在陶瓷基板上[151-152]等方法进行改进，如图 4.36 所示。针对单芯片封装效率低、均匀性差的问题，研究团队通过使用金 – 金键合技术实现硅芯片与陶瓷基板间的晶圆级封装[153]，显著提高了封装效果以及器件间的一致性。但基于背部传感方式的热流量传感器仍存在功耗较大的问题，有待改善。

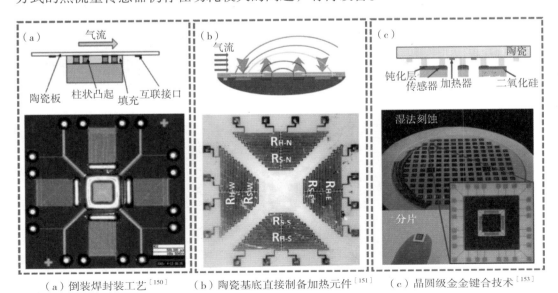

（a）倒装焊封装工艺[150]　　（b）陶瓷基底直接制备加热元件[151]　　（c）晶圆级金金键合技术[153]

图 4.36　背部传感型热流传感器的结构优化

在外部微流道封装方面，用于管路气体流速测量的热流量传感器通常具有外部气道封装，可通过外部封装中气道管路的设计实现不同流量量程的应用，如美国Honeywell 公司的 AWM 系列、HAF 系列等商用流量传感器（图 4.37）。

（a）Honeywell 的 AWM 系列　　（b）Honeywell 的 HAF 系列

图 4.37　商用流量传感器的外部气道封装

随着微加工与微流控技术的发展，流量传感器的外部封装也逐渐向小型化转变，硅[154]、PDMS[155-156]、聚碳酸酯[157]以及玻璃基板[158]等材料被用于制作热流量传感器芯片的外部微流体通道（图 4.38）。

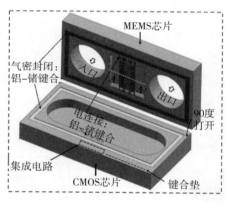 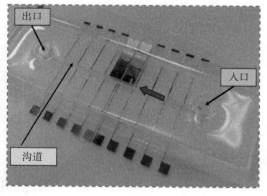

（a）硅[154]、PDMS[155]　　　　　　　（b）聚碳酸酯[157]

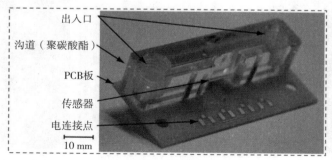

（c）玻璃[158]

图 4.38　不同材料制成的微流体通道封装

　　热流量传感器具有良好的 CMOS 工艺兼容性，在集成制造方面也开展了较多研究[159-160]（图 4.39）。利用成熟的 CMOS 工艺，可以实现硅基热流量传感器与 IC 电路的集成制造，具有高集成度、低成本等优势。2011 年，J. Wu 等人利用标准 CMOS 工艺在同一芯片上集成热温差型流量传感器与其读出电路[159]，通过电路控制来调节芯片上热分布，敏感元件的输出经过电路处理计算得到气体流速与方向。

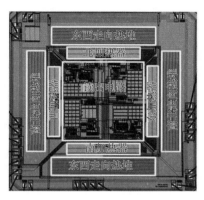

图 4.39　基于 CMOS 工艺与电路集成制造的热流量传感器[159]

　　在工作模式的研究方面，经过长时间的发展，热流量传感器逐渐形成六种主要的工作模式，包括恒功率模式[161-162]、恒压模式[163-164]、恒流模式[165-166]、恒温模式[167]、恒温差模式[168-169]以及温度平衡模式[170-171]。其中，恒功率模式在操作过程中保持加热元件的恒定功率，有利于控制传感器功耗，但对测量范围有一定限制；恒压、恒流模式与恒功率模式相似，但控制电路更为简单；恒温模式保持加热元件的平均温度恒定，可使传感器保持稳定的工作温度，但该模式下环境温度的变化会对传感器造成干扰。因此，在其基础上，恒温差模式通过使用附加的测温电阻控制传感器温度与气流温度保持恒定差值，以此抵消环境温度的变化，但该模式不易对功耗进行控制，传感器的加热功率随着气流增加而增大。为了兼顾传感器的功耗与测量范围，2001 年，Makinwa 等人提出温度平衡模式[170]，该模式保持总加热功率恒定，通过加热脉冲的调节实现芯片与环境之间恒定的温度差，利用不同加热单元的功率计算获得流速信息。

　　综上所述，微热流量传感器在材料、结构、工作模式、封装以及集成制造等方面都取得了长足的进步。在基底材料方面，除常规硅衬底外，多孔硅、陶瓷、聚酰亚胺等低热导率材料被用于降低衬底的热传导；敏感元件依据工作原理的不同而进行相应的材料优化，热电阻型敏感元件采用高 TCR 系数的金属或半导体材料，热电偶型敏感元件选用高塞贝克系数差的材料组合，热电子型敏感元件通过材料参数的调节来优化晶体管的温度特性。在结构方面，主要通过三维结构的设计以及薄膜结构的优化来实现测量维度的增加以及检测性能的提高。在工作模式方面，不同工作模式在传感器的功耗、灵敏度与量程等性能上的侧重点不同，为兼顾功耗与量程发展出了温度平衡模式。在封装与使用方式方面，背面传感增强了传感器的可靠性，使其可应用于恶劣环境中；外部气道封装的设计可有效改变应用的量程范围；基于不同材料的微型气道也为流量传感器的低流速应用提供了可能。此外，与电路的集成制造进一步推进了热流量传感器的集成化、智能化应用。

4.2.3 气体热导的独立检测

4.2.3.1 气体热导与流速的相互干扰问题

在应用气体流量和热导率检测时，热式 MEMS 传感器面临的主要问题是两者之间存在相互干扰。当处于流动的气体环境中，热式 MEMS 传感器的加热元件与气体间的热交换强度同时受到气体热导率与气体流速的影响，任一因素发生变化，传感器的输出信号均会随之改变。因此，当应用环境中两因素同时变化时，热式 MEMS流量/热导传感器的输出信号会受到显著干扰，造成传感器噪声增大、检测性能下降以及测量结果不准确、容易出现误报等问题。

在当前的研究进展中，热流量传感器需要已知待测气体的种类，并预先校准传感器。商用热式气体流量传感器提供了不同气体的校准系数，在检测过程中，如果气体成分发生变化，会导致测量结果出现较大偏差及误报，使其应用场景受到了限制。

热式气体热导率检测的典型应用是气相色谱仪中的热导率检测器。测试过程中气体流量的变化会影响热膜温度，干扰气体热导率的检测，包括：噪声增大降低了信噪比和检测限性能；产生假信号峰，干扰气体组分的识别；气体组分的定量测量结果不准确。因此，气相色谱技术往往需要在气路前端安装精密的流量稳定装置，这种流量干扰限制了热导率探测器在便携式小型化仪器中的应用和发展。因此，降低热导检测器对流量变化的灵敏度有助于增强其热导性能和提高测量结果的准确性，并有助于降低气相色谱仪小型化的难度，扩大其应用领域。

4.2.3.2 气体热导独立检测的研究进展

近年来，随着热导检测器小型化的发展，其所受到的流动干扰问题逐渐受到关注和研究。气体流量的变化影响加热元件的对流换热，从而改变其热稳定状态、干扰气体导热系数的测量。

Jianhai Sun 等人仿真了不同流速下微热导检测器的热膜温度情况，发现流速增大时热膜的温度会显著降低，并且在不同气体混合物条件下该温度降幅也不同。Kaanta 等人对流动气体环境下的热丝温度分布进行了深入研究，恒温模式下热丝的温度分布并不均匀，并且随流速变化，该温度分布以及热丝的散热强度会发生大幅变化（图 4.40）。

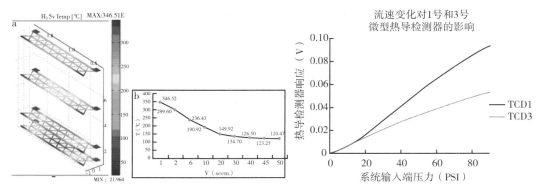

（a）Jianhai Sun 等人仿真的不同流速下热膜的温度情况　　（b）Kaanta 等人测得的热丝输出信号随输入端压
力（输入流速）的变化情况

图 4.40　热导检测器中的流速干扰问题

　　当前研究中已提出了一些方法试图解决流速干扰问题，这些方法可以分为两大类：补偿优化法与热分布优化法，具体情况如下。

　　（1）补偿优化法

　　补偿优化法不改变流速对单个加热元件的影响，通过添加元件来补偿输入流速变化的干扰，同时保留传感器的热导检测能力。

　　由于加热元件与流体间的对流换热强度与热边界层有关，当流量变化时，热边界层变化越大，对流换热变化越大，流量的干扰越大。因此，我们可以用热边界层的变化表示加热元件散热强度的变化，如图 4.41 所示，图中分别为静态或低速（黑线）、高速（蓝线）和优化高速（红线）下的热边界层。

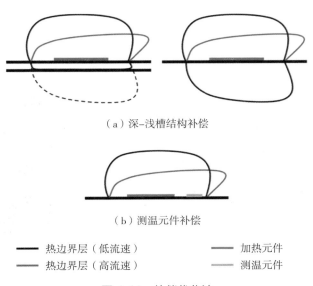

（a）深-浅槽结构补偿

（b）测温元件补偿

―― 热边界层（低流速）　　　　　　―― 加热元件
―― 热边界层（高流速）　　　　　　―― 测温元件

图 4.41　补偿优化法

1）深–浅槽结构补偿法：浅槽腔室结构内热丝与腔室底部距离短，气体传导散热大幅增强，在恒温工作模式下对气体热导的响应更高，可利用深槽腔室结构来补偿流速变化对对流散热的影响，如图 4.41（a）所示。

G. de Graaf 等人设计了深–浅槽双加热器结构对流速进行补偿，制备了流速不敏感的微型热导检测器[172-173]（图 4.42）。利用 DRIE 刻蚀体硅、HF 气体腐蚀牺牲层，分别制成了深度为 520μm 和 2μm 的深、浅槽热丝支撑膜结构。膜结构上制作有多晶硅的热丝（加热元件）与热电堆（测温元件），利用负反馈电路对热丝进行恒温控制。该工作模式下，热丝所消耗的功率即为器件的输出信号。相较于深槽结构，浅槽结构通过气体的散热得到了显著增强，在相同气体导热系数变化的情况下，其功率变化更大，因此气体热导的响应更加灵敏；但对于结构上方流速变化引起的响应，两者几乎相同。据此，利用浅槽结构的输出信号与深槽结构相减来补偿消除流速变化导致的响应，补偿后氢气的流速干扰从 10% 降至 1%，大多数低热导率气体的流速干扰从 2% 降低至 0.5%。但在该方法中，由于在浅槽结构输出的基础上扣除了深槽结构的输出，因此补偿后气体热导检测的灵敏度降为原来的 78.8%。此外，深槽结构的死体积较大，两结构的并排设置也使气道宽度增大，使得封装后的热导检测器死体积过大，因而不利于 μTCD 的小型化、集成化。

2）测温元件补偿法：在热丝下游位置设置测温元件。在恒功率的加热模式下，气体流速的增大使热丝通过气体散失的热量增加，导致热丝温度下降、通过薄膜固体横向热传导散失的热量减少。因此流速变化时，恒功率模式下的热丝通过气体与固体散失的热量呈现相反的变化趋势。可通过优化测温元件与加热元件的位置实现在一定流速范围内两散热方式的相互补偿，使下游测温元件的温度保持稳定，如图 4.41（b）所示。

2017 年，C. J. Hepp 等人基于热温差型结构制备了在一定范围内不受流速影响

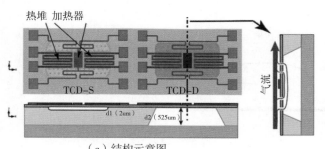
（a）结构示意图

（b）实物图

图 4.42　深–浅槽结构的微热导检测器

的微型热导检测器[174]，如图 4.43 所示。该器件利用下游测温元件的温度变化来对气体热导率进行测量，并通过优化结构参数（悬浮膜宽度、加热元件与测温元件的距离）使下游测温元件的温度在一定范围内稳定，减小流速变化的影响。但对于不同热导率的气体，其所适用的流速范围不同，因此该方法仅适于热导系数相差较小的气体混合物，使其应用受到较大限制。

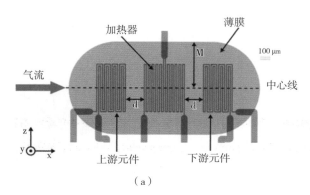

（a）

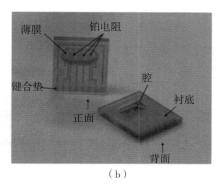

（b）

图 4.43　测温元件补偿优化的微热导检测器的结构示意图与实物图

（2）热分布优化法

相较于补偿法中通过增加额外结构来对流速变化进行补偿，热分布优化法通过器件结构与工作模式的设计来优化传感器的热分布，以减小流量波动的影响。其中，结构设计方面包括多热丝结构与阻挡结构，工作模式方面包括交流激励优化，如图 4.44 所示。

1）多热丝结构优化法：利用上游热丝对气体进行预热，使下游热丝的热分布以及散热状态在流速变化的情况下仍能保持稳定，从而降低流速变化对热丝的影响，如图 4.44（a）所示。

2011 年，B. C. Kaanta 等人制作了多个热丝顺排结构的微热导检测器[86-88]（图 4.45）。在恒温工作模式下，利用前级热丝对气体预热，以减小后续区域内的热丝因流速变化导致的热分布变化。仿真结果显示，随着输入流速的增大，前级热丝的散热强度显著增

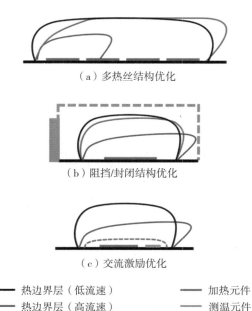

（a）多热丝结构优化

（b）阻挡/封闭结构优化

（c）交流激励优化

— 热边界层（低流速）　— 加热元件
— 热边界层（高流速）　— 测温元件
— 优化后的热边界层（高流速）

图 4.44　热分布优化法

大，其内部的温度分布表现出前端温度低、后端温度高，而后级热丝的温度保持稳定。该器件的制作工艺采用湿法腐蚀对多个热丝结构进行释放，同时制作腐蚀截面呈三角形的膜下气道。当气道内输入流速变化时，顺排的四级热丝中，第一级热丝的温度变化最大，而第三级热丝的温度变化最小，仅为第一级热丝温度变化量的0.27%。相较于第一区域热丝，后面区域的热丝由于气体被预热，所以受流速的影响明显减小。测试结果还表明，结构中的多个热丝都需要精密、稳定的温度控制，若结构中的一条热丝控温不稳或者失效，则会导致后级热丝的抗流速干扰效果明显减弱，为器件的长期稳定性带来困难。

图 4.45　基于热丝顺排结构的微热导检测器

2）阻挡 / 封闭结构优化法：通过设置阻隔结构或封闭空间使敏感结构位置处的流速大幅降低，甚至达到近似停滞状态，从而使加热元件附近的流速及热边界层的变化在输入流速变化时显著减小，如图 4.44（b）所示。这种方法简单、有效，但在增强流量不敏感效果的同时容易导致死体积大和响应速度慢的问题。

2001 年，J. J. van Baar 等人设计了一种用于流体参数测量的多芯片集成式传感器[177]。该传感器中的微热导检测器设置了一个封闭空间，空间内的气体几乎处于停滞状态，从而进行流体热导检测。但由于封闭空间死体积大、气体交换速度慢，致使传感器的响应时间过长，不适于快速气体检测应用。

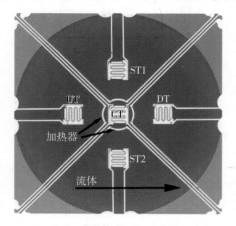

2020 年，Linxi Dong 等人在热导检测器前设置柱状的阻挡结构来降低流速变化的影响[178]，并对比了不同结构、不同大小的阻挡结构对流速干扰的效果。但优化后，检测器的流速干扰仅降至原始的 33.87%，有待进一步提高。此外，该方法中结构的安装过程也较为复杂，容易出现偏差，不适于微热导检测器的批量化生产。

图 4.46　基于交流激励法所使用的加热－测温结构

3）交流激励优化法：在交流激励的工作模式下，加热元件的传热被限制在表面附近流速极慢的薄层中，输入流速对该薄层内传热的影响可忽略不计，可通过测量热脉冲的传导时间对气体热导进行检测，如图 4.44（c）所示。

2013 年，D.F. Reyes Romero 等人基于加热、测温结构在流速变化的情况下实现对气体热导率的测量[179-180]（图 4.46）。通过对加热元件施加 200Hz 交流激励，将其传热限制在比边界层还薄的表面薄层内，以加热元件产生的热脉冲到达不同位置处测温元件的飞行时间作为输出信号来测量气体热导率，该方法可以显著降低输入流速的影响。该研究提出了热传导子层的概念，并半定量地推导了热脉冲的扩散时间与气体热扩散率及热导率的关系，但提取热参数的数据采集过程过于复杂，应用时需要进一步的论证。

综上，现有研究方法主要分为热分布优化与补偿优化两大类（表 4.3），可分别将热导检测器中的流速干扰最低降至 33.87%~0.27%，但同时不同方法中还存在着死体积大、响应速度慢、适用气体受限、电路控制难度大、长期稳定性差等问题。因此，开发一种可简单、有效降低微热导检测器中的流速干扰的方法，对于提高检测器稳定性与检测性能、促进其微型化集成化发展及其应用推广等具有重要意义。

表 4.3　气体热导的独立检测方法对比

方法类别	具体方法	流速干扰降为	死体积	适用气体	电路控制难度
补偿优化	深 - 浅槽结构补偿	10%	大	不限	中
	测温元件补偿	/	/	热导率相近气体	易
热分布优化	多热丝结构	0.27%	小	不限	难
	阻挡 / 封闭结构	33.87%	大	不限	易
	交流激励	/	/	不限	难

参考文献

［1］张卓敏，程强，王志超，等. 微纳尺度传热［M］. 北京：清华大学出版社，2016.

［2］L Qiu，N Zhu，H Y Zou，et al. Advances in thermal transport properties at nanoscale in China［J］. International Journal of Heat and Mass Transfer，2018（125）：413-433.

［3］M I Flik，B I Choi，K E Goodson. Heat-Transfer Regimes in Microstructures［J］. Journal of Heat Transfer-Transactions of the Asme，1992，114（3）：666-674.

［4］L Qiu，N Zhu，Y H Feng，et al. A review of recent advances in thermophysical properties at the nanoscale: From solid state to colloids[J]. Physics Reports–Review Section of Physics Letters, 2020(843): 1–81.

[5] Xu L, Dai Z, Duan G, et al. Micro/Nano gas sensors: a new strategy towards in–situ wafer–level fabrication of high–performance gas sensing chips [J]. Sci Rep, 2015 (5): 10507.

[6] Xu L, Wang Y, Zhou H, et al. Design, Fabrication, and Characterization of a High–Heating–Efficiency 3–D Microheater for Catalytic Gas Sensors[J]. Journal of Microelectromechanical Systems, 2012, 21(6): 1402–1409.

[7] Henriquez D D O, Cho I, Yang H, et al. Pt Nanostructures Fabricated by Local Hydrothermal Synthesis for Low–Power Catalytic–Combustion Hydrogen Sensors[J]. Acs Applied Nano Materials, 2021, 4(1): 7–12.

[8] Lim C, Wang W, Yang S, et al. Development of SAW–based multi–gas sensor for simultaneous detection of CO_2 and NO_2 [J]. Sensors and Actuators B: Chemical, 2011, 154 (1): 9–16.

[9] Ghosh A, Zhang C, Shi S, et al. High temperature CO_2 sensing and its cross–sensitivity towards H–2 and CO gas using calcium doped ZnO thin film coated langasite SAW sensor [J]. Sensor Actuat B–Chem, 2019 (301): 126958.

[10] Garraud A, Combette P, Deblonde A, et al. Closed–loop micromachined accelerometer based on thermal convection [J]. Micro Nano Lett, 2012, 7 (11): 1092–1093.

[11] Park U, Park B, Moon I–K, et al. Development of a dual–axis micromachined convective accelerometer with an effective heater geometry [J]. Microelectron Eng, 2011, 88 (3): 276–281.

[12] Dan V T, Dao D V, Shiozawa T, et al. Convective gas gyroscope based on thermo–resistive effect in Si p–n junction; proceedings of the 14th International Conference on Solid–State Sensors, Actuators and Microsystems [C].21st European Conference on Solid–State Transducers, 2007.

[13] Zhu R, Cai S, Ding H, et al. A micromachined gas inertial sensor based on thermal expansion [J]. Sensors and Actuators A, 2014 (212): 173–180.

[14] Sadeghi M M, Peterson R L, Najafi K. Air flow sensing using micro–wire–bonded hair–like hot–wire anemometry [J]. Journal of Micromechanics and Microengineering, 2013, 23 (8): 085017.

[15] Liu S, Pan S, Xue F, et al. Optimization of Hot–Wire Airflow Sensors on an Out–of–Plane Glass Bubble for 2–D Detection [J]. Journal of Microelectromechanical Systems, 2015, 24 (4): 940–948.

[16] Rastrello F, Placidi P, Scorzoni A, et al. Thermal conductivity detector compact Spice model based on experimental measurements and 3D simulations [J]. Sensors and Actuators A, 2012 (178): 49–56.

[17] Rastrello F, Placidi P, Scorzoni A, et al. Thermal Conductivity Detector for gas–chromatography: Acquisition system and experimental measurements [C]. 2012 IEEE International Instrumentation and Measurement Technology Conference Proceedings, 2012.

[18] Behera B, Chandra S. An innovative gas sensor incorporating ZnO – CuO nanoflakes in planar MEMS technology [J]. Sensors and Actuators B, 2016 (229): 414–424.

［19］Xu W，Wang X，Wang R，et al. CMOS MEMS Thermal Flow Sensor With Enhanced Sensitivity for Heating，Ventilation，and Air Conditioning Application［J］. IEEE T Ind Electron，2021，68（5）：4468-4476.

［20］Xu W，Ma S，Wang X，et al. A CMOS-MEMS Thermoresistive Micro Calorimetric Flow Sensor With Temperature Compensation［J］. Journal of Microelectromechanical Systems，2019，28（5）：841-849.

［21］Cubukcu A S，Zernickel E，Buerklin U，et al. A 2D thermal flow sensor with sub-mW power consumption［J］. Sensors and Actuators A，2010，163（2）：449-456.

［22］Offenzeller C，Knoll M，Voglhuber-Brunnmaier T，et al. Fully Screen Printed Thermocouple and Microheater Applied for Time-of-Flight Sensing in Microchannels［J］. IEEE Sensors Journal，2018，18（21）：8685-8692.

［23］Kallis K T，Vendt V V，K ü chenmeister C，et al. Preparation of nanoscale thermal time of flight sensors by e-beam lithography［J］. Microelectron Eng，2012（97）：357-360.

［24］Liu S Q，Zhu R. System Error Compensation Methodology Based on a Neural Network for a Micromachined Inertial Measurement Unit［J］. Sensors，2016，16（2）：175.

［25］何云乾. 粗糙介质薄膜及其在 MEMS 热学器件中的应用［D］. 上海：中国科学院上海微系统与信息技术研究所，2021

［26］P Campbell，M A Green. Light Trapping Properties of Pyramidally Textured Surfaces［J］. Journal of Applied Physics，1987，62（1）：243-249.

［27］J Zhao，M A Green. Optimized Antireflection Coatings for High-Efficiency Silicon Solar-Cells［J］. IEEE Transactions on Electron Devices，1991，38（8）：1925-1934.

［28］M A Green，J H Zhao，A H Wang，et al. Very high efficiency silicon solar cells – Science and technology［J］.IEEE Transactions on Electron Devices，1999，46（10）：1940-1947.

［29］Z X Zhang，T Martinsen，G H Liu，et al. Ultralow Broadband Reflectivity in Black Silicon via Synergy between Hierarchical Texture and Specific-Size Au Nanoparticles［J］. Advanced Optical Materials，2020，8（19）：2000668.

［30］C Ng，L W Yap，A Roberts，et al. Black Gold：Broadband，High Absorption of Visible Light for Photochemical Systems［J］. Advanced Functional Materials，2017，27（2）：1604080.

［31］E M Smith，D Panjwani，J Ginn，et al. Dual band sensitivity enhancements of a VOx microbolometer array using a patterned gold black absorber［J］. Applied Optics，2016，55（8）：2071-2078.

［32］A De Luca，M T Cole，R H Hopper，et al. Enhanced spectroscopic gas sensors using in-situ grown carbon nanotubes［J］. Applied Physics Letters，2015，106（19）：194101.

［33］C N Chen，W C Huang. A CMOS-MEMS Thermopile With Low Thermal Conductance and a Near-Perfect Emissivity in the 8-14-mu m Wavelength Range［J］. IEEE Electron Device Letters，2011，32（1）：96-98.

［34］C N Chen. Temperature Error Analysis and Parameter Extraction of an 8–14–mu m Thermopile With a Wavelength–Independent Absorber for Tympanic Thermometer［J］. IEEE Sensors Journal, 2011, 11 （10）: 2310 –2317.

［35］M Hirota, Y Nakajima, M Saito, et al. 120 × 90 element thermoelectric infrared focal plane array with precisely patterned Au–black absorber［J］. Sensors and Actuators A, 2007, 135 （1）: 146–151.

［36］D Panjwani, M Yesiltas, S Singh, et al. Stencil lithography of gold–black IR absorption coatings［J］. Infrared Physics & Technology, 2014 （66）: 1–5.

［37］E J Gwak, J Y Kim. Weakened Flexural Strength of Nanocrystalline Nanoporous Gold by Grain Refinement［J］. Nano Letters, 2016, 16 （4）: 2497–2502.

［38］J Z Wang, Y P Zhao, H Huang, et al. Facile synthesis of hybrid silver/porous carbon black substrate for surface–enhanced Raman scattering［J］. Applied Surface Science, 2020 （527）: 146948.

［39］H Li, L Wu, H Zhang, et al. Self–Assembly of Carbon Black/AAO Templates on Nanoporous Si for Broadband Infrared Absorption［J］. Acs Applied Materials & Interfaces, 2020, 12 （3）: 4081–4087.

［40］J E Carey, J Sickler. Black silicon sees further into the IR［J］. Laser Focus World, 2009, 45 （8）: 39–44.

［41］T H Her, R J Finlay, C Wu, et al. Microstructuring of silicon with femtosecond laser pulses［J］. Applied Physics Letters, 1998, 73 （12）: 1673–1675.

［42］C Wu, C H Crouch, L Zhao, et al. Near–unity below–band–gap absorption by microstructured silicon［J］. Applied Physics Letters, 2001, 78 （13）: 1850–1852.

［43］R Younkin, J E Carey, E Mazur, et al. Infrared absorption by conical silicon microstructures made in a variety of background gases using femtosecond–laser pulses［J］. Journal of Applied Physics, 2003, 93 （5）: 2626–2629.

［44］C H Crouch, J E Carey, M Shen, et al. Infrared absorption by sulfur–doped silicon formed by femtosecond laser irradiation［J］. Applied Physics a–Materials Science & Processing, 2004, 79 （7）: 1635–1641.

［45］F Hu, X Y Dai, Z Q Zhou, et al. Black silicon Schottky photodetector in sub–bandgap near–infrared regime［J］. Optics Express, 2019, 27 （3）: 3161–3168.

［46］S F Zhang, Y Li, G J Feng, et al. Strong infrared absorber: surface–microstructured Au film replicated from black silicon［J］. Optics Express, 2011, 19 （21）: 20462–20467.

［47］Z Y Qi, Y S Zhai, L Wen, et al. Au nanoparticle–decorated silicon pyramids for plasmon–enhanced hot electron near–infrared photodetection［J］. Nanotechnology, 2017, 28 （27）: 275202.

［48］I E Khodasevych, L P Wang, A Mitchell, et al. Micro– and Nanostructured Surfaces for Selective Solar Absorption［J］. Advanced Optical Materials, 2015, 3 （7）: 852–881.

［49］Y Xia, B W Liu, J Liu, et al. A novel method to produce black silicon for solar cells［J］. Solar Energy, 2011, 85 （7）: 1574–1578.

［50］S H Zhong, W J Wang, Y F Zhuang, et al. All-Solution-Processed Random Si Nanopyramids for Excellent Light Trapping in Ultrathin Solar Cells［J］. Advanced Functional Materials, 2016, 26（26）: 4768-4777.

［51］H C Yuan, V E Yost, M R Page, et al. Efficient black silicon solar cell with a density-graded nanoporous surface: Optical properties, performance limitations, and design rules［J］. Applied Physics Letters, 2009, 95（12）: 123501.

［52］M Otto, M Algasinger, H Branz, et al. Black Silicon Photovoltaics［J］. Advanced Optical Materials, 2015, 3（2）: 147-164.

［53］F Flory, L Escoubas, G Berginc. Optical properties of nanostructured materials: a review［J］. Journal of Nanophotonics, 2011（5）: 052502.

［54］F Priolo, T Gregorkiewicz, M Galli, et al. Silicon nanostructures for photonics and photovoltaics［J］. Nature Nanotechnology, 2014, 9（1）: 19-32.

［55］J Lv, T Zhang, P Zhang, et al. Review Application of Nanostructured Black Silicon［J］. Nanoscale Research Letters, 2018（13）: 110.

［56］M Garin, J Heinonen, L Werner, et al. Black-Silicon Ultraviolet Photodiodes Achieve External Quantum Efficiency above 130%［J］. Physical Review Letters, 2020, 125（11）: 117702.

［57］H Savin, P Repo, G von Gastrow, et al. Black silicon solar cells with interdigitated back-contacts achieve 22.1% efficiency［J］. Nature Nanotechnology, 2015, 10（7）: 624-628.

［58］S H Zhong, W J Wang, M Tan, et al. Realization of Quasi-Omnidirectional Solar Cells with Superior Electrical Performance by All-Solution-Processed Si Nanopyramids［J］. Advanced Science, 2017, 4（11）: 1700200.

［59］D-H Neuhaus, A Munzer. Industrial Silicon Wafer Solar Cells［J］. Advances in OptoElectronics, 2007: 24521.

［60］J M Hao, J Wang, X L Liu, et al. High performance optical absorber based on a plasmonic metamaterial［J］.Applied Physics Letters, 2010, 96（25）: 251104.

［61］G Armelles, A Cebollada, A Garcia-Martin, et al. Magnetoplasmonics: Combining Magnetic and Plasmonic Functionalities［J］. Advanced Optical Materials, 2013, 1（1）: 10-35.

［62］N Bonod, J Neauport. Diffraction gratings: from principles to applications in high-intensity lasers［J］. Advances in Optics and Photonics, 2016, 8（1）: 156-99.

［63］S H Kong, D D L Wijngaards, R F Wolffenbuttel. Infrared micro-spectrometer based on a diffraction grating［J］. Sensors and Actuators A, 2001, 92（1-3）: 88-95.

［64］J Le Perchec, P Quemerais, A Barbara, et al. Why metallic surfaces with grooves a few nanometers deep and wide may strongly absorb visible light［J］. Physical Review Letters, 2008, 100（6）: 066408.

［65］Y P Lee, J Y Rhee, Y J Yoo, et al. Metamaterials for Perfect Absorption［M］. Berlin: Springer-Verlag, 2016.

［66］D Maystre，P Lalanne，J–J Greffet，et al. Plasmonics：From Basics to Advanced Topics［M］. Berlin：Springer–Verlag，2012.

［67］S Maier. Plasmonics：Fundamentals and Applications［M］. Berlin：Springer–Verlag，2007.

［68］N I Landy，S Sajuyigbe，J J Mock，et al. Perfect metamaterial absorber［J］. Physical Review Letters，2008，100（20）：207402.

［69］Z H Ren，Y H Chang，Y M Ma，et al. Leveraging of MEMS Technologies for Optical Metamaterials Applications［J］. Advanced Optical Materials，2020，8（3）：1900653.

［70］S Ogawa，K Okada，N Fukushima，et al. Wavelength selective uncooled infrared sensor by plasmonics［J］.Applied Physics Letters，2012，100（2）：021111.

［71］S Ogawa，J Komoda，K Masuda，et al. Wavelength selective wideband uncooled infrared sensor using a two–dimensional plasmonic absorber［J］. Optical Engineering，2013，52（12）：127104.

［72］S Ogawa，K Masuda，Y Takagawa，et al. Polarization–selective uncooled infrared sensor with asymmetric two–dimensional plasmonic absorber［J］. Optical Engineering，2014，53（10）：107110.

［73］S Ogawa，M Kimata. Wavelength– or Polarization–Selective Thermal Infrared Detectors for Multi–Color or Polarimetric Imaging Using Plasmonics and Metamaterials［J］. Materials，2017，10（5）：493.

［74］S Ogawa，Y Takagawa，M Kimata. Broadband polarization–selective uncooled infrared sensors using tapered plasmonic micrograting absorbers［J］. Sensors and Actuators A，2018（269）：563–568.

［75］S Ogawa，Y Takagawa，M Kimata. Fano resonance in asymmetric–period two–dimensional plasmonic absorbers for dual–band uncooled infrared sensors［J］. Optical Engineering，2016，55（11）：119803.

［76］T D Dao，S Ishii，A T Doan，et al. An On–Chip Quad–Wavelength Pyroelectric Sensor for Spectroscopic Infrared Sensing［J］. Advanced Science，2019，6（20）：1900579.

［77］T D Dao，A T Doan，S Ishii，et al. MEMS–Based Wavelength–Selective Bolometers［J］. Micromachines，2019，10（6）：416.

［78］W Ma，Y Z Wen，X M Yu，et al. Performance enhancement of uncooled infrared focal plane array by integrating metamaterial absorber［J］. Applied Physics Letters，2015，106（11）：111108.

［79］J W Stewart，J H Vella，W Li，et al. Ultrafast pyroelectric photodetection with on–chip spectral filters［J］. Nature Materials，2020，19（2）：158–162.

［80］Y Hui，J S Gomez–Diaz，Z Y Qian，et al. Plasmonic piezoelectric nanomechanical resonator for spectrally selective infrared sensing［J］. Nature Communications，2016（7）：11249.

［81］J Lee，C M Spadaccini，E V Mukerjee，et al. Differential Scanning Calorimeter Based on Suspended Membrane Single Crystal Silicon Microhotplate［J］. Journal of Microelectromechanical Systems，2008，17（6）：1513–1525.

［82］W J Hwang，K S Shin，J H Roh，et al. Development of Micro–Heaters with Optimized Temperature Compensation Design for Gas Sensors［J］. Sensors，2011，11（3）：2580–2591.

［83］杨世铭，陶文铨. 传热学（第四版）［M］. 北京：高等教育出版社，2006.

［84］C Rossi，E Scheid，D Esteve. Theoretical and experimental study of silicon micromachined microheater with dielectric stacked membranes［J］. Sensors and Actuators A，1997，63（3）：183–189.

［85］T Simon，N Barsan，M Bauer，et al. Micromachined metal oxide gas sensors：opportunities to improve sensor performance［J］. Sensors and Actuators B–Chemical，2001，73（1）：1–26.

［86］C Tsamis，A G Nassiopoulou，A Tserepi. Thermal properties of suspended porous silicon micro–hotplates for sensor applications［J］. Sensors and Actuators B–Chemical，2003，95（1–3）：78–82.

［87］A Rogalski. History of infrared detectors［J］. Opto–Electronics Review，2012，20（3）：279–308.

［88］J Xie，C Lee，M F Wang，et al. Characterization of heavily doped polysilicon films for CMOS–MEMS thermoelectric power generators［J］. Journal of Micromechanics and Microengineering，2009，19（12）：125029.

［89］B Mondal，P K Basu，B T Reddy，et al. Oxidized Macro Porous Silicon layer as an effective material for thermal insulation in thermal effect Microsystems［C］. 2009 International Conference on Emerging Trends in Electronic and Photonic Devices and Systems，2009.

［90］V Lysenko，P Roussel，G Delhomme，et al. Oxidized porous silicon：a new approach in support thermal isolation of thermopile–based biosensors［J］. Sensors and Actuators A，1998，67（1–3）：205–210.

［91］W J Zhao，D Xu，Y S Chen，et al. A Low–Temperature Micro Hotplate Gas Sensor Based on AlN Ceramic for Effective Detection of Low Concentration NO_2［J］. Sensors，2019，19（17）：3719.

［92］W Tian，Y Wang，H Zhou，et al. Micromachined Thermopile Based High Heat Flux Sensor［J］. Journal of Microelectromechanical Systems，2020，29（1）：36–42.

［93］J W Sun，R Sokolovskij，E Iervolino，et al. Suspended AlGaN/GaN HEMT NO2 Gas Sensor Integrated With Micro–heater［J］. Journal of Microelectromechanical Systems，2019，28（6）：997–1004.

［94］H G Hou，Q W Huang，G W Liu，et al. Enhanced performances of CMOS–MEMS thermopile infrared detectors using novel thin film stacks［J］. Infrared Physics & Technology，2019（102）：103058.

［95］S Ashraf，C G Mattsson，G Thungstrom. Fabrication and Characterization of a SU–8 Epoxy Membrane–Based Thermopile Detector With an Integrated Multilayered Absorber Structure for the Mid–IR Region［J］. IEEE Sensors Journal，2019，19（11）：4000–4007.

［96］X Y Wang，W Xu，Izhar，et al. Theoretical and Experimental Study and Compensation for Temperature Drifts of Micro Thermal Convective Accelerometer［J］. Journal of Microelectromechanical Systems，2020，29（3）：277–284.

［97］L Kulhari，K Ray，A Paptan，et al. Development of LTCC micro–hotplate with PTC temperature sensor for gas–sensing applications［J］. International Journal of Applied Ceramic Technology，2020，17（3）：1430–1439.

［98］D H Xu，B Xiong，Y L Wang. Self–Aligned Thermoelectric Infrared Sensors With Post–CMOS Micromachining［J］. IEEE Electron Device Letters，2010，31（5）：512–514.

［99］H T Yu，P C Xu，X Y Xia，et al. Micro-/Nanocombined Gas Sensors With Functionalized Mesoporous Thin Film Self-Assembled in Batches Onto Resonant Cantilevers［J］. IEEE Transactions on Industrial Electronics，2012，59（12）：4881-4887.

［100］N L Privorotskaya，W P King. Silicon microcantilever hotplates with high temperature uniformity［J］. Sensors and Actuators A，2009，152（2）：160-167.

［101］Z F Dai，L Xu，G T Duan，et al. Fast-Response，Sensitivitie and Low-Powered Chemosensors by Fusing Nanostructured Porous Thin Film and IDEs-Microheater Chip［J］. Scientific Reports，2013（3）：1669.

［102］L Xu，T Li，X L Gao，et al. Development of a Reliable Micro-Hotplate With Low Power Consumption ［J］. IEEE Sensors Journal，2011，11（4）：913-919.

［103］D C Xie，D L Chen，S F Peng，et al. A Low Power Cantilever-Based Metal Oxide Semiconductor Gas Sensor［J］. IEEE Electron Device Letters，2019，40（7）：1178-1181.

［104］L Xu，T Li，Y L Wang. A Novel Three-Dimensional Microheater［J］. IEEE Electron Device Letters，2011，32（9）：1284-1286.

［105］Narayanan S，Alfeeli B，Agah M. Two-Port Static Coated Micro Gas Chromatography Column With an Embedded Thermal Conductivity Detector［J］. IEEE Sensors Journal，2012，12（6）：1893-1900.

［106］Wu Y E，Chen K，Chen C W，et al. Fabrication and characterization of thermal conductivity detectors（TCDs）of different flow channel and heater designs［J］. Sensors and Actuators A，2002，100（1）：37-45.

［107］Cruz D，Chang J P，Showalter S K，et al. Microfabricated thermal conductivity detector for the micro-ChemLab（TM）［J］. Sensor Actuat B-Chem，2007，121（2）：414-422.

［108］Kaanta B C，Chen H，Lambertus G，et al. High Sensitivity Micro-Thermal Conductivity Detector for Gas Chromatography［C］. IEEE 22nd International Conference on Micro Electro Mechanical Systems，2009.

［109］Mandavifar A，Aguilar R，Peng Z C，et al. Simulation and Fabrication of an Ultra-Low Power Miniature Microbridge Thermal Conductivity Gas Sensor［J］. Journal of the Electrochemical Society，2014，161（4）：B55-B61.

［110］Mahdavifar A，Navaei M，Hesketh P J，et al. Implementation of a Polysilicon Micro Electro-Thermal Detector in Gas Chromatography System with Applications in Portable Environmental Monitoring［J］. Ecs J Solid State Sc，2015，4（10）：S3062-S3066.

［111］Mahdavifar A，Navaei M，Hesketh P J，et al. Transient thermal response of micro-thermal conductivity detector（mu TCD）for the identification of gas mixtures：An ultra-fast and low power method［J］. Microsyst Nanoeng，2015（1）：7.

［112］Legendre O，Ruellan J，Gely M，et al. CMOS compatible nanoscale thermal conductivity detector for gas sensing applications［J］. Sensors and Actuators A，2017（261）：9-13.

［113］Narayanan S，Agah M. Fabrication and Characterization of a Suspended TCD Integrated With a Gas

Separation Column［J］. Journal of Microelectromechanical Systems，2013，22（5）：1166-1173.

［114］Lotfi A，Navaei M，Hesketh P J. A Platinum Cantilever-Based Thermal Conductivity Detector for Ammonia Sensing Using the 3-Omega Technique［J］. Ecs J Solid State Sc，2019，8（6）：Q126-Q133.

［115］Sun J，Cui D，Chen X，et al. Design，modeling，microfabrication and characterization of novel micro thermal conductivity detector［J］. Sensors and Actuators B：Chemical，2011，160（1）：936-941.

［116］Sun J H，Cui D F，Chen X，et al. A micro gas chromatography column with a micro thermal conductivity detector for volatile organic compound analysis［J］. Rev Sci Instrum，2013，84（2）：025001.

［117］Rastrello F，Placidi P，Scorzoni A，et al. Thermal Conductivity Detector for Gas Chromatography：Very Wide Gain Range Acquisition System and Experimental Measurements［J］. IEEE T Instrum Meas，2013，62（5）：974-981.

［118］Tan T，Sun J，Chen T，et al. Fabrication of Thermal Conductivity Detector Based on MEMS for Monitoring Dissolved Gases in Power Transformer［J］. Sensors（Basel），2019，20（1）：106.

［119］Sun J，Chen T，Tan T，et al. Fabrication and Characterization of a Novel Micro-Thermal Conductivity Detector for Monitoring Small-Molecule Gases［J］. IEEE Sensors Journal，2020，20（19）：11115-11121.

［120］Zhao B，Feng F，Tian B，et al. Micro thermal conductivity detector based on SOI substrate with low detection limit［J］. Sensors and Actuators B，2020（308）：127682.

［121］Tian B W，Feng F，Zhao B，et al. Study of Monolithic Integrated Micro Gas Chromatography Chip［J］. Chinese J Anal Chem，2018，46（9）：1363-1370.

［122］Lu C J，Steinecker W H，Tian W C，et al. First-generation hybrid MEMS gas chromatograph［J］. Lab Chip，2005，5（10）：1123-1131.

［123］Narayanan S，Alfeeli B，Agah M. Thermostatted Micro Gas Chromatography Column with On-chip Thermal Conductivity Detector for Elevated Temperature Separation［J］. 2010 IEEE Sensors，2010：2504-2507.

［124］Narayanan S，Alfeeli B，Agah M. A micro gas chromatography chip with an embedded non-cascaded thermal conductivity detector［J］. Procedia Engineering，2010（5）：29-32.

［125］van Putten A F P，Middelhoek S. Integrated silicon anemometer［J］. Electron Lett，1974，10（21）：425-426.

［126］Hourdakis E，Sarafis P，Nassiopoulou A G. Novel air flow meter for an automobile engine using a Si sensor with porous Si thermal isolation［J］. Sensors（Basel），2012，12（11）：14838-14850.

［127］Kaltsas G，Nassiopoulos A A，Nassiopoulou A G. Characterization of a Silicon Thermal Gas-Flow Sensor With Porous Silicon Thermal Isolation［J］. IEEE Sensors Journal，2002，2（5）：463-475.

［128］Pagonis D N，Kaltsas G，Nassiopoulou A G. Fabrication and testing of an integrated thermal flow sensor employing thermal isolation by a porous silicon membrane over an air cavity［J］. Journal of Micromechanics and Microengineering，2004，14（6）：793-797.

[129] Shen G-P, Qin M, Huang Q-A, et al. A FCOB packaged thermal wind sensor with compensation [J]. Microsystem Technologies, 2010, 16 (4): 511-518.

[130] Wang Z, Ye Y, Yi Z, et al. Ceramic Film Packaging for 2-D Thermal Wind Sensor Using LTCC Technology [J]. Journal of Microelectromechanical Systems, 2019, 28 (6): 1080-1087.

[131] Mart í nez-Cisneros C S, Ibáñez-García N, Valdés F, et al. LTCC microflow analyzers with monolithic integration of thermal control [J]. Sensors and Actuators A, 2007, 138 (1): 63-70.

[132] Zhu Y, Qin M, Huang J, et al. Sensitivity Improvement of a 2D MEMS Thermal Wind Sensor for Low-Power Applications [J]. IEEE Sensors Journal, 2016, 16 (11): 4300-4308.

[133] Zhu Y-q, Chen B, Qin M, et al. Development of a self-packaged 2D MEMS thermal wind sensor for low power applications [J]. Journal of Micromechanics and Microengineering, 2015, 25 (8).

[134] Xue N, Yan W P. A silicon-glass-based microfabricated wide range thermal distribution gas flow meter [J].Sensors and Actuators A, 2012, 173 (1): 145-151.

[135] Buchner R, Froehner K, Sosna C, et al. Toward Flexible Thermoelectric Flow Sensors: A New Technological Approach [J]. Journal of Microelectromechanical Systems, 2008, 17 (5): 1114-1119.

[136] Li G-C, Zhao S, Zhu R. Wearable Anemometer With Multi-Sensing of Wind Absolute Orientation, Wind Speed, Attitude, and Heading [J]. IEEE Sensors Journal, 2019, 19 (1): 297-303.

[137] Cho M-O, Jang W, Lim S-H. Fabrication and Evaluation of a Flexible MEMS-Based Microthermal Flow Sensor [J]. Sensors, 2021, 21 (23): 8153.

[138] Meng E, Li P-Y, Tai Y-C. A biocompatible Parylene thermal flow sensing array [J]. Sensors and Actuators A, 2008, 144 (1): 18-28.

[139] Wu C-H, Kang D, Chen P-H, et al. MEMS thermal flow sensors [J]. Sensors and Actuators A, 2016 (241): 135-144.

[140] Hudson T Q, Meng E. A Continuous, Impedimetric Parylene Flow Sensor [J]. Journal of Microelectromechanical Systems, 2021, 30 (3): 456-470.

[141] Balakrishnan V, Dinh T, Nguyen T, et al. A Hot-film Air Flow Sensor for Elevated Temperatures [J]. Review of Scientific Instruments, 2019, 90 (1): 015007.

[142] Domingueza M, Jimenez V, Ricart J, et al. A hot film anemometer for the Martian atmosphere [J]. Planet Space Sci, 2008, 56 (8): 1169-1179.

[143] Zhu R, Liu P, Liu X D, et al. A Low-Cost Flexible Hot-Film Sensor System for Flow Sensing and its Application to Aircraft [C]. Proceedings of the 2009 IEEE 22nd International Conference on Micro Electro Mechanical Systems, 2009.

[144] Que R, Zhu R. A Compact Flexible Thermal Flow Sensor for Detecting Two-Dimensional Flow Vector[J]. IEEE Sensors Journal, 2015, 15 (3): 1931-1936.

[145] Adamec R J, Thiel D V. Self Heated Thermo-Resistive Element Hot Wire Anemometer [J]. IEEE Sensors Journal, 2010, 10 (4): 847-848.

［146］Ebefors T, Kalvesten E, Stemme G. Three dimensional silicon triple–hot–wire anemometer based on polyimide joints［C］. Micro Electro Mechanical Systems – Ieee Eleventh Annual International Workshop Proceedings, 1998.

［147］Oudheusden B W V. Silicon thermal flow sensor with a two–dimensional direction sensitivity［J］. Measurement Science and Technology, 1990, 1（7）: 565–575.

［148］Dong–Hui G, Ming Q, Hai–Yang C, et al. A self–packaged thermal flow sensor by CMOS MEMS technology［C］. Proceedings of the SENSORS, 2004.

［149］Ye Y, Yi Z, Gao S, et al. Effect of Insulation Trenches on Micromachined Silicon Thermal Wind Sensors［J］. IEEE Sensors Journal, 2017, 17（24）: 8324–8331.

［150］Sun J–B, Qin M, Huang Q–A. Flip–chip packaging for a two–dimensional thermal flow sensor using a copper pillar bump technology［J］. IEEE Sensors Journal, 2007, 7（7–8）: 990–995.

［151］Wang S, Yi Z X, Qin M, et al. Temperature Effects of a Ceramic MEMS Thermal Wind Sensor Based on a Temperature–Balanced Mode［J］. IEEE Sensors Journal, 2019, 19（17）: 7254–7260.

［152］Wang S, Yi Z X, Qin M, et al. Modeling, Simulation, and Fabrication of a 2–D Anemometer Based on a Temperature–Balanced Mode［J］. IEEE Sensors Journal, 2019, 19（13）: 4796–4803.

［153］Dong Z, Chen J, Qin Y, et al. Fabrication of a Micromachined Two–Dimensional Wind Sensor by Au–Au Wafer Bonding Technology［J］. Journal of Microelectromechanical Systems, 2012, 21（2）: 467–475.

［154］Ahmed M, Xu W, Mohamad S, et al. Integrated CMOS–MEMS Flow Sensor With High Sensitivity and Large Flow Range［J］. IEEE Sensors Journal, 2017, 17（8）: 2318–2319.

［155］Kim T H, Kim D–K, Kim S J. Study of the sensitivity of a thermal flow sensor［J］. Int J Heat Mass Tran, 2009, 52（7–8）: 2140–2144.

［156］Kim T H, Kim S J. Development of a micro–thermal flow sensor with thin–film thermocouples［J］. Journal of Micromechanics and Microengineering, 2006, 16（11）: 2502–2508.

［157］Sturm H, Lang W. Membrane–based thermal flow sensors on flexible substrates［J］. Sensors and Actuators A, 2013（195）: 113–122.

［158］Andersson M, Ek J, Hedman L, et al. Thin film metal sensors in fusion bonded glass chips for high–pressure microfluidics［J］. Journal of Micromechanics and Microengineering, 2017, 27（1）: 10.

［159］Wu J, Chae Y, Vroonhoven C P L v, et al. A 50mW CMOS wind sensor with ±4% speed and ±2° direction error［C］. Proceedings of the 2011 IEEE International Solid–State Circuits Conference, 2011.

［160］Kato A, Hasegawa Y, Taniguchi K, et al. Monolithic integration of MEMS thermal flow sensor and its driving circuit onto flexible Cu on polyimide film［J］. Microsystem Technologies–Micro–and Nanosystems–Information Storage and Processing Systems, 2020, 26（9）: 2839–2846.

［161］Moser D, Lenggenhager R, Wachutka G, et al. FABRICATION AND MODELING OF CMOS MICROBRIDGE GAS–FLOW SENSORS［J］. Sensor Actuat B–Chem, 1992, 6（1–3）: 165–169.

［162］Zhu Y, Qin M, Ye Y, et al. Modelling and characterization of a robust, low–power and wide–range thermal wind sensor [J]. Microsystem Technologies–Micro–and Nanosystems–Information Storage and Processing Systems, 2017, 23 (12): 5571–5585.

[163] Qin M, Huang Q G, Zhang Z Y, et al. A novel micromachined thermal anemometer based on laterally polysilicon diode flow sensor [C]. Proceedings of the Conference on Micromachining and Microfabrication Process Technology and Devices, 2001.

[164] Mailly F, Giani A, Bonnot R, et al. Anemometer with hot platinum thin film [J]. Sensors and Actuators A, 2001, 94 (1–2): 32–38.

[165] Tang R, Huang H, Yang Y M, et al. Three–Dimensional Flexible Thermal Sensor for Intravascular Flow Monitoring [J]. IEEE Sensors Journal, 2013, 13 (10): 3991–3998.

[166] Tong Q Y, Huang J B. A Novel CMOS Flow Sensor with Constant Chip Temperature (CCT) Operation [J]. Sensors and Actuators, 1987, 12 (1): 9–21.

[167] Liu H–B, Lin N, Pan S–S, et al. High Sensitivity, Miniature, Full 2–D Anemometer Based on MEMS Hot–Film Sensors [J]. IEEE Sensors Journal, 2013, 13 (5): 1914–1920.

[168] Que R, Zhu R. A Two–Dimensional Flow Sensor with Integrated Micro Thermal Sensing Elements and a Back Propagation Neural Network [J]. Sensors, 2014, 14 (1): 564–574.

[169] Makinwa K A A, Huijsing J H. A wind–sensor interface using thermal sigma delta modulation techniques [J]. Sensors and Actuators A, 2001, 92 (1): 280–285.

[170] Wang S, Yi Z, Qin M, et al. A 2D Wind Sensor Using the Delta P Thermal Feedback Control [J]. Journal of Microelectromechanical Systems, 2018, 27 (3): 377–379.

[171] de Graaf G, Prouza A A, Ghaderi M, et al. Micro thermal conductivity detector with flow compensation using a dual MEMS device [J]. Sensors and Actuators A, 2016 (249): 186–198.

[172] de Graaf G, Prouza A A, Wolffenbuttel R F. Flow Compensation in a Mems Dual–Thermal Conductivity Detector for Hydrogen Sensing in Natural Gas [C]. 2015 Transducers – 2015 18th International Conference on Solid–State Sensors, Actuators and Microsystems, 2015.

[173] Hepp C J, Krogmann F T, Urban G A. Flow rate independent sensing of thermal conductivity in a gas stream by a thermal MEMS–sensor – Simulation and experiments [J]. Sensors and Actuators A, 2017 (253): 136–145.

[174] Kaanta B C, Jonca A J, Chen H, et al. Temperature distribution on thermal conductivity detectors for flow rate insensitivity [J]. Sensors and Actuators A, 2011, 167 (2): 146–151.

[175] Kaanta B C, Chen H, Zhang X. Effect of forced convection on thermal distribution in micro thermal conductivity detectors [J]. Journal of Micromechanics and Microengineering, 2011, 21 (4): 045017.

[176] Kaanta B C, Chen H, Zhang X. Novel device for calibration–free flow rate measurements in micro gas chromatographic systems [J]. Journal of Micromechanics and Microengineering, 2010, 20 (9): 095034.

［177］van Baar J J, Wiegerink R J, Lammerink T S J, et al. Micromachined structures for thermal measurements of fluid and flow parameters［J］. Journal of Micromechanics and Microengineering, 2001, 11（4）: 311–318.

［178］Dong L, Xu Z, Xuan W, et al. A Characterization of the Performance of Gas Sensor Based on Heater in Different Gas Flow Rate Environments［J］. IEEE T Ind Inform, 2020, 16（10）: 6281–6290.

［179］Romero D F R, Kogan K, Cubukcu A S, et al. Simultaneous flow and thermal conductivity measurement of gases utilizing a calorimetric flow sensor［J］. Sensors and Actuators A, 2013（203）: 225–233.

［180］Cubukcu A S, Romero D F R, Urban G A. A dynamic thermal flow sensor for simultaneous measurement of thermal conductivity and flow velocity of gases［J］. Sensors and Actuators A, 2014（208）: 73–87.

第五章　声学量传感器

声学是物理学的一个分支，是一门古老的学科，同时也是一门发展着的学科。声学是研究声音的产生、传播、接收及声学现象的发生和处理的学科。水声学科是声学的一个分支，重点研究声波在水介质中的发生、传播和接收现象，现已成为人们了解海洋、开发海洋、开展海洋研究、发展水路交通安全监测技术的主要工具。

介质质点的机械运动由近及远地传播称为声振动的传播或声波，可见声波是一种机械波，其传播与介质本身的性质有关。当声振动在流体中传播时，形成介质的压缩和伸张交替运动，声波表现为压缩波的形式传播，且声振动传播的方向与质点振动方向一致，即纵波。固体中由于切应力的存在，所以还有横波的传播形式。介质中振动传播过程有时间滞后，即声波在介质中传播有一定速度，称为声波的传播速度，简称声速，声波所涉及的区域统称为声场。在连续介质中，声场中任意一点的运动状态可用压强、介质密度和介质振动速度来表示。在理想流体介质中，由于没有切应力，压强是一个标量函数。设介质中某一体积元没有扰动时的静压强为 $P_0(x, y, z, t)$，声波传到该体积元后压强变为 $P(x, y, z, t)$，则声波所引起的压强变化量 $P(x, y, z, t) = P(x, y, z, t) - P_0(x, y, z, t)$，称为声压。声压的大小反映了声波的强弱，是描述声波的最基本物理量。此外，既然声波是介质质点振动的传播，那么介质质点振动的速度自然也是描述声波的合适物理量之一。但是，声场中介质的振动速度不仅随时间而改变，同时各处振速的方向也不同，即振速分布是个矢量场，这与声压是个标量不同。由于声压的测量比较容易实现，所以通过测量声压也可以间接求得质点振速等其他物理量。声传感器主要以声压或声压梯度为检测目标，常见的声传感器包括麦克风、水听器、超声换能器以及光声传感器。

5.1 声学常见名词和物理量

5.1.1 声压级

声压级以符号 SPL 表示，其定义为

$$SPL=20\lg \frac{p_e}{p_{ref}} \tag{5.1}$$

空气中，0dB 参考值对应 $2 \times 10^{-5}Pa$；在水中，0dB 参考值对应 $1 \times 10^{-6}Pa$。声音声压大 1 倍意味着声压级增加 6dB，人耳对声音强弱的分辨能力约为 0.5 dB。

5.1.2 平面波

离电声源距离足够远处，沿波的传播方向取一局部范围来看，此范围内的波面都是平行的，这样的波可近似看成平面波。平面声波在均匀的理想媒质中传播时，声压幅值、质点速度幅值都是不随距离改变的常数，也就是声波在传播过程中不会有任何衰减，声传播过程中不会发生能量的耗损；同时，平面声波传播时，波阵面不会扩大，因而能量也不会随距离增加而分散。平面声场中任何位置处的声压和质点速度都是同相位的。

5.1.3 球面波

球面波是指波阵面为同心球面的波。设想在无限均匀媒质中有一球状声源，其表面迅速地膨胀和收缩，且表面上的各点作同相位同振幅的振动，向周围媒质辐射的波就是球面波。这种声波是球对称的，即声压的大小仅与离球心的距离有关。任何形状的声源，只要它的尺寸比波长小得多都可以看作点声源，辐射球面波。对于球面波，在离声源任意距离上的声强与距离平方成反比、声压与距离成反比、声压与振动速度之间的相位差与球面波的半径对波长的比值成反比。辐射球面波时，媒质的声阻抗率是复数，具有纯阻和纯抗两部分，并与半径和波长有关。当球面波半径很大时，纯抗分量可以忽略。

5.1.4 声源级

声源级以符号 SL 表示，定义为在声轴上距声源 1m 处声压与参考声压之比的分贝数，即

$$SL = 20\lg \frac{p_e}{p_{ref}} \tag{5.2}$$

5.1.5 传播损失

传播损失以符号 TL 表示，由几何扩展损失和介质吸收损失两部分构成，其定义为

$$TL = 10K \lg r + \alpha r \tag{5.3}$$

其中，α 的单位是 dB/m，r 的单位是 m。当 $K=2$ 时，为球面扩展损失；当 $K=1$ 时，为柱面扩展。α 为传播介质吸收系数，与频率 f 有关，在 10kHz 以下的经验公式为

$$\alpha = 0.007f^2 + \frac{0.263f^2}{2.9 + f^2} \quad (\text{dB/km}) \tag{5.4}$$

5.1.6 声阻抗率

定义为声场中某位置的声压与该位置的质点速度的比值

$$z = \frac{\rho}{v} \tag{5.5}$$

声场中某位置的声阻抗率通常是复数，像电阻抗一样，其实数部分反映的是能量的损耗。在理想媒质中，实数的声阻抗率也具有损耗的意思，不过它代表的不是声能转化为热能，而是代表能量从一处向另一处转移，即传播损耗。

对于平面波，可求得平面前进波的声阻抗率为

$$z = \rho_0 c_0 \tag{5.6}$$

对于沿负 X 方向传播的反射波，可求得

$$z = -\rho_0 c_0 \tag{5.7}$$

由此看出，在平面声场中，各位置的声阻抗率数值上都相等且为一个实数，这反映了在平面声场中各位置上都无能量存储，在前一个位置上的能量可以完全地传播到后一个位置上。同时，乘积 $\rho_0 c_0$ 为媒质的固有常数，所以称 $\rho_0 c_0$ 为媒质的特性阻抗，单位为 N·s/m³ 或 Pa·s/m。

5.1.7　等效本底噪声声压级

设有一正弦声波入射到声传感器上，从而此电压输出的有效值等于声传感器自噪声在 1Hz 带宽上的均方根电压值，则入射声压的有效值叫作等效噪声声压，即声传感器等效噪声声压在数值上等于自噪声在 1Hz 带宽上的均方根电压值与声传感器的灵敏度比值。等效噪声声压反映的是声传感器能够测得的最小声信号的大小。等效噪声声压对 1μPa 基准声压取以 10 为底的对数再乘以 20，所得的分贝数称作声传感器的等效噪声声压级。

5.1.8　动态范围

声传感器能够作出线性响应的最大声压级与最小声压级之差，通常最小声压级由声传感器的等效本底噪声声压级替代。

5.1.9　频程

两个声信号的频率间的距离，以高频与低频的频率比的对数来表示。此对数通常以 2 为底，单位称为倍频程（Oct）。此对数也可以 10 为底，此时单位称为十倍程（decade）。

5.1.10　矢量声传感器

能测量介质质点运动的矢量信号，（如位移、振速、振动加速度）的装置均称为矢量传感器。单个矢量声传感器便可实现对声目标的定向。矢量声传感器作为声传感器的一种，也可表征声传感器的基本参数，如灵敏度、工作频带等。但由于矢量声传感器的特殊性，表征其性能的参数也有其特殊性。矢量声传感器的基本参数还包括各通道的指向性，各通道的灵敏度，x、y、z 通道之间的相位差特性等。下面给出表征每一个正交通道的两个重要特性参数。

5.1.10.1　指向性

理论上在矢量声传感器几何尺寸远小于声波波长时，指向性与频率无关，这就是通常所说的矢量声传感器与声波频率无关的指向性图。一般情况下，波尺寸很小的矢量声传感器能得到"8"字形指向性图，理想情况下的指向性如图 5.1 所示。

在实际研制过程中，由于装配工艺或材料不均匀性的原因，总是不能得到理想的"8"字形指向性，所以通常采用以下参数来评价矢量声传感器指向性图的优劣。

一个是指向性分辨率

$$K_d = 20 \lg \frac{G_0}{G_{\pm 90}} \quad \text{(dB)} \quad\quad\quad (5.8)$$

其中，G_0 为 0° 或者 180° 方向上的灵敏度最大值，$G_{\pm 90}$ 表示在 +90° 或者 −90° 方向上的灵敏度最小值。矢量声传感器通常对指向性分辨率的要求是大于 30dB。

另一个是轴向灵敏度不对称性，定义为 0° 方向上的灵敏度 G_0 与 180° 方向上的灵敏度 G_{180} 的比值

$$K_{\Delta \max} = 20\lg \frac{G_0}{G_{180}} (\text{dB}) \tag{5.9}$$

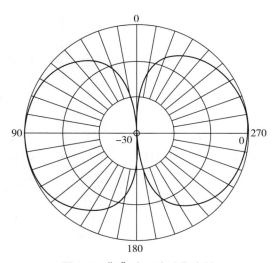

图 5.1 "8"字形余弦指向性

5.1.10.2 通道灵敏度

矢量声传感器的输出电压与它所在处的介质质点振速（或位移或加速度）矢量成正比，矢量声传感器除了响应声场中的声压梯度和矢量信号外，还对所处的声压有响应，因此，可用声压灵敏度来表达。

声压接收灵敏度 M_p、振速接收灵敏度 M_v、加速度接收灵敏度 M_a 和位移接收灵敏度 M_ξ 之间的关系为

$$M_p = \frac{1}{\rho c} M_v = \frac{\omega}{\rho c} M_a = \frac{1}{\omega \rho c} M_\xi \tag{5.10}$$

由式（5.10）可以看出，矢量声传感器的振速灵敏度（M_v）是声压灵敏度（M_p）与平面波声场特性阻抗（ρc）的乘积，所以两者的频率响应曲线形状相同；矢量声传感器的声压灵敏度、位移灵敏度、加速度灵敏度与其频率有关。

若上式中的灵敏度 M_p、M_v、M_a、M_ξ 用分贝值表示，即为矢量声传感器的灵敏度级，它们定性的灵敏度曲线如图 5.2 所示。

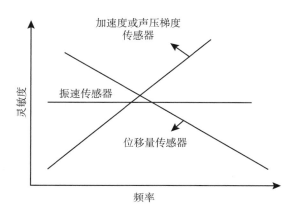

图 5.2　矢量声传感器灵敏度的不同表示方法

5.2　MEMS 麦克风

麦克风是将声信号转换成电信号的信号转换器件，对拾音质量和效率具有重要影响。麦克风主要分为电容式和压电式，电容式麦克风目前在市场上处于主导地位。根据麦克风制造技术，可以分为传统的驻极体麦克风和 MEMS 麦克风两种类型。驻极体麦克风通常使用独立的金属部件和聚合物材料混合制成，尺寸较大，不易于大批量生产。相对于驻极体麦克风，MEMS 麦克风采用并集成电路工艺兼容的硅微加工技术制成，具有体积小、稳定性好、一致性好、可靠性高等特点，适合集成和大规模量产，正逐渐取代驻极体麦克风，成为众多电子标配器件。

随着对高性能硅麦克风的需求增大，国内外都开展了相关研究。Royer 等[1]在 1983 年首次使用硅微加工技术制造电容式 MEMS 麦克风。1992 年，Scheeper 等[2]提出了单个硅片的设计，如图 5.3 所示。Scheeper 实现了方形振膜面积为 (1.5×1.5) mm^2、厚度为 1μm 的 MEMS 麦克风。其中，空气腔的高度为 1.1μm、带宽为 100Hz~12kHz，在偏置电压为 16V 时，开路灵敏度为 4mV/Pa。2000 年，Torkkeli 等[3]成功分析和设计了具有低应力振膜的 MEMS 麦克风，如图 5.4 所示。振膜的大小为 (1×1) mm^2，该 MEMS 麦克风在 2V 的偏置电压下具有 4mV/Pa 的开路灵敏度，但带宽仍然较低，为 10Hz~12kHz。Torkkeli 提出的低应力多晶硅振膜使偏置电压降低到 2V，大大降低了麦克风的功耗。

Chan 等[4]设计了比较新颖的结构：在一个弹簧型振膜上方连接了一块刚性背板，代替了传统的振膜与背板结构，这样可以减小薄膜残余应力对振膜形变的影响，如图 5.5 所示。Hassan Gharaei 等[4]采用双极板结构，在振膜中间设置了一块刚性极板，这可以提升 MEMS 麦克风的机械灵敏度。

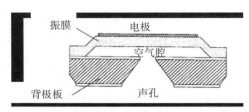

图 5.3　Scheeper 等提出的电容式 MEMS 麦克风结构[3]

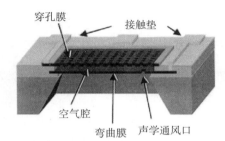

图 5.4　Torkkeli 等提出的电容式 MEMS 麦克风结构[4]

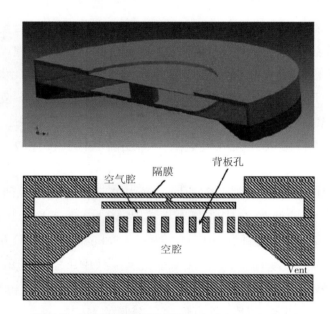

图 5.5　振膜带有刚性极板的电容式 MEMS 麦克风

　　为了降低振膜与背极板之间的阻尼效应，Lo 等[5]设计了一种新的 MEMS 麦克风结构，通过平面叉指感应电极实现电容的变化。这种结构只有一个带有平面叉指电极的多晶硅振膜，没有背板，因此不会发生吸合电压的现象。相同的，Sebastian Anzinger 等[6]也制作了叉指电极电容式 MEMS 麦克风，如图 5.6 所示，该结构有极高的信噪比。但缺点是工艺复杂、技术难度大且不够成熟，目前仍处在仿真研究阶段。

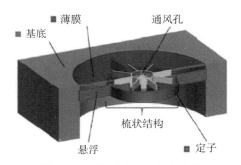

图 5.6　叉指式 MEMS 麦克风

随着 MEMS 传感器的快速发展，MEMS 麦克风在智能电子设备（如智能手机、电脑、耳机等）中得到了广泛应用，其市场随着机器智能的发展得到了爆发式的增长，巨大的市场使很多新供应商不断涌入，但是全球 MEMS 麦克风市场 80% 以上的份额都被国外公司所主导。MEMS 技术在国内起步较晚、发展较慢，非常缺乏高性能 MEMS 芯片的核心技术，因此，研究高性能 MEMS 麦克风的相关技术是非常必要的。

5.3　MEMS 水听器

水听器又称为水声传感器，是把水声信号转换为电信号的换能器。世界上第一个水听器是 1906 年由英国海军的刘易斯·尼克森发明的，在第一次世界大战时被应用到战场上，用来侦测水下的潜水艇。

本节介绍 MEMS 水听器的现状与进展，包括 MEMS 压电薄膜式标量水听器、基于 MEMS 加速度计的同振式矢量水听器、MEMS 热流式矢量水听器、MEMS 纤毛式仿生矢量水听器四种类型。

5.3.1　MEMS 压电薄膜式标量水听器

MEMS 压电薄膜式标量水听器基于 MEMS 工艺的悬空压电薄膜敏感结构对水下声压信号进行探测，具有全向指向性，是一种标量水听器。传感器原理图如图 5.7 所示，当声信号作用在 MEMS 压电薄膜式标量水听器时，压电薄膜内会产生应变，由于正压电效应，在压电薄膜的上下表面出现感应电荷，电荷经过电极收集后传输至后端信号处理电路中，即可得到与声信号对应的电信号输出，实现声 – 电转换。目前，应用得比较广泛的压电材料有 PZT、ZnO 和 AlN 几种，PZT 压电薄膜的压电性能要优于 ZnO 和 AlN 薄膜，将其优良的压电系数与良好的 MEMS 水听器结构设计相结合，可使制备的 MEMS 水听器具备较好的低频特性和较高的灵敏度[7-9]。但是，PZT 压电薄膜加工的水听器有体积较大、成本高、集成度低以及与 CMOS 工艺不兼容等缺点，无法达到水听器高灵敏度与甚低频信号检测的性能需求。ZnO 材料属于两性氧化物，制备技术成熟，缺点在于 ZnO 薄膜在潮湿环境中易发生水解反应，抗腐蚀能力较弱，难以适应复杂的工作环境。AlN 压电薄膜和其他压电材料相比，虽然压电系数不高，但有着良好的相对介电常数以及优异的物理性能和耐酸碱等稳定的化学性能，且无毒、易与 CMOS 工艺兼容。下面主要介绍基于 AlN 薄膜的 MEMS 标量水听器。

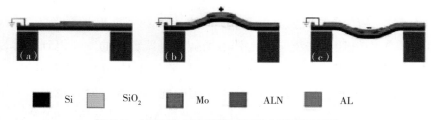

图 5.7　MEMS 压电薄膜式标量水听器原理图

典型压电薄膜式标量水听器单元结构如图 5.8 所示。以 AlN 薄膜压电水听器为例，主要由 SOI 衬底和 Mo/AlNMo 三明治结构组成，通过在 SOI 背部深硅刻蚀至埋氧化层以释放振动薄膜，振动薄膜 SOI 由 SiO$_2$ 埋氧层、Si 器件层和 Mo/AlN/Mo 敏感层组成。SOI（Silicon-On-Insulator）即绝缘衬底上的硅，是在顶层 Si 和衬底 Si 之间引入了一层埋氧化层。使用 SOI 作为传感器的衬底，可有效减少寄生电容、降低器件功耗。由于深硅刻蚀工艺对 Si 和 SiO$_2$ 的选择比非常高，SOI 的埋氧化层还可以作为深硅刻蚀的截止层，用以精确控制振动薄膜的厚度。

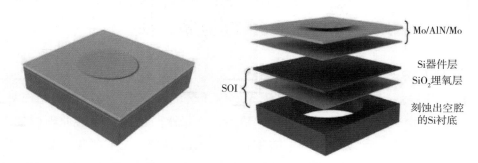

图 5.8　压电 MEMS 水听器单元示意图

2010 年，韩国浦项科技大学的 Sungjoon Choi 等[10] 提出了一种具有静水压平衡补偿空气背腔的压电水听器（图 5.9）。由于在水下测试时，静水压会使压电水听器的振动薄膜有一个初始的应变，采用静水压平衡补偿空气背腔可以抵消环境压力，进而有效提高水听器的灵敏度和低频响应。测试结果表明，该水听器可以承受 0.29MPa 的压强，这使得水听器可以在深海环境中工作；水听器的灵敏度为 –227.5dB（ref. 1V/μPa），当静水压增加时，水听器的灵敏度会出现一定程度的下降。

图 5.9　封装后的压电水听器实物图

2015 年，美国加利福尼亚大学的 Yipeng Lu 等[11]设计了一种高填充系数的压电微机械超声换能器（PMUT），通过理论计算和有限元仿真对 PMUT 的结构进行了优化，采用空腔 SOI 对 PMUT 完成了加工，压电薄膜分别选择锆钛酸铅（PZT）和氮化铝（AlN），如图 5.10 所示。测试结果表明，PZT–PMUT 的位移灵敏度为 316nm/V，比 AlN–PMUT 高 20 余倍；其机电耦合系数为 12.5%，电阻抗为 50Ω 与典型的接口电路匹配；当在 PMUT 电极加 25V 的交流电压时，在 1.2m 外测得声压为 58kPa，表明该 PMUT 可用于超声成像等领域。

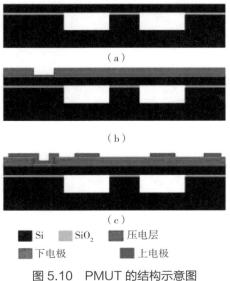

（a）

（b）

（c）

■ Si　■ SiO$_2$　■ 压电层
■ 下电极　■ 上电极

图 5.10　PMUT 的结构示意图

2016 年，新加坡微电子研究所的 Xu Jinghu 等[12]研制出基于 AlN 的压电微机械水听器（图 5.11），该水听器的大小为 2mm×2mm，阵列数为 5×5。水听器的谐振频率为 1.086MHz，工作带宽为 10~100Hz，声压灵敏度为 −182 ± 0.3dB，线性度在声音强度为 640Pa 时小于 0.11%，噪声分辨率为 7.5dB，加速度灵敏度为 −196dB。噪声分辨率是迄今为止压电水听器中最高的。

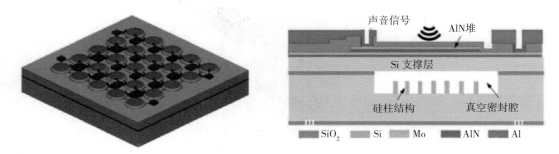

图 5.11　压电微机械水听器的结构示意图

2018 年，中国科学院声学研究所的李俊红等[13]设计了一种基于 ZnO 薄膜的 MEMS 水听器（图 5.12），灵敏度为 −192dB（参考 1V/μPa），与同类型水听器相比，其灵敏度提高了 17dB，满足工程应用要求。为了进一步提高其性能，设计了具有 U 型槽的压电复合梁结构和电极串联的结构，并通过在 ZnO 薄膜里掺杂钒来提高 ZnO 薄膜的压电系数，预计该水听器的灵敏度会提升 20dB。

图 5.12　基于 ZnO 的 MEMS 压电水听器

2019 年，伊朗的 Peyman Amiri 等[14]设计了一种能够测量静态加速度和声波的 MEMS 压电水听器（图 5.13），传感器包括固定在圆柱上的圆盘及其上面的由压电层、电极组成的三明治结构，结构类似于一个平顶蘑菇。同时，有关人员还对水听器模型做了理论模型分析和有限元仿真分析：首先构建了水听器的静态模型（包括位移、应力等）和动态模型（包括模态分析、输出电压等）；其次仿真分析了圆柱半径与水听器谐振频率和输出电压的关系、在声压下圆盘边缘的位移等，将理论推导结果与仿真结果进行了对比；最后分析了水听器的频率响应及灵敏度。

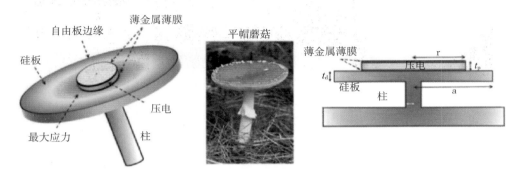

图 5.13　压电水听器的结构示意图

2021 年，浙江大学 Yang Dengfei 等[15]设计了一种高灵敏度、低噪声的压电 MEMS 水听器（图 5.14）。水听器由以 AlN 为功能层的振动薄膜组成，整个传感器的大小为 3.5mm × 3.5mm，阵列数为 10 × 10。采用透声材料封装后，水听器的声学灵敏度为 –178 dB，带宽为 100~1600 Hz，等效噪声密度为 52.6 dB@100 Hz，有效机电耦合系数为 1.2%，可用于海洋噪声监测和其他低频微弱声信号的监测。

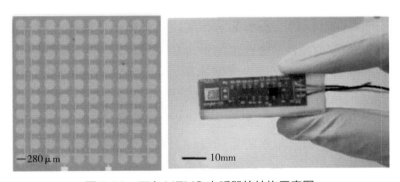

图 5.14　压电 MEMS 水听器的结构示意图

2021 年 11 月，西北工业大学 Wei Gao[16]团队研制了一种基于气背纳米结构掺钒氧化锌（ZnO）薄膜的高性能微机械压电传感器（图 5.15），采用绝缘体上氧化锌（ZnO）工艺平台制作了面积为 2 mm × 2 mm 的传感单元。该传感器在 10 Hz ~ 10 kHz 的频带内，声压灵敏度可达 –165 ± 2dB（1VμPa–1），具有较好的稳定性和较高的可靠性。

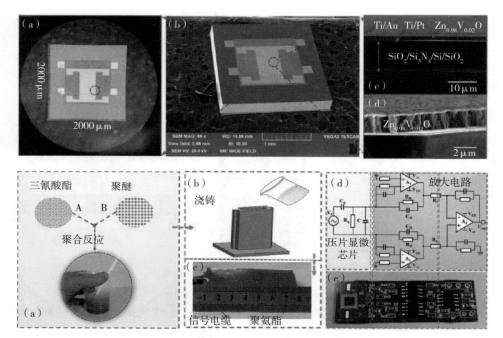

图 5.15　传感器 SEM 电镜图及传感器封装

5.3.2　基于 MEMS 加速度计的同振式矢量水听器

同振式矢量水听器一般由声压水听器和质点振速水听器复合封装在一个声学刚性运动球体内，其几何尺寸远远小于波长，在水中声波作用下作自由运动。如果矢量水听器的整体平均密度 $\bar{\rho}$ 接近水的密度 ρ，则声学刚性运动球体与水质点的振速幅值相等，而相位差趋近于零。矢量水听器的测量原理便是基于以上声学理论，从而得到同振式矢量水听器能够完成液体水介质中矢量信息测量的三个必备条件：① $ka \ll 1, k = \omega / c = 2\pi / \lambda$；② $\rho_{\text{单元}} = \rho_{\text{介质}}$；③重心与几何中心严格重合。

由此可知，在同振型矢量水听器的设计上要保证矢量水听器的半径远小于所测声波的波长。当满足以上条件时，在球的几何中心安装一个用于检测质点加速度的电容式加速度计就可以测量水听器等效声中心的质点加速度了[17]。

基于 MEMS 加速度计的矢量水听器的核心是 MEMS 加速度计。1977 年，美国大学在世界上首先采用微加工技术制造了一种开环硅加速度计，并在 20 世纪 80 年代初期产品化，但这种开环结构动态范围高、振动分离低、偏置及标度因数稳定性较差。80 年代后半期，人们开始研究各种闭环力平衡式硅微机械加速度计，并取得巨大进展[18]。以美国 Analog Devices 公司研制的 ADXL 系列产品为典型代表[19]，其量程分别为 ±2g~±100g，且在零位偏置、动态范围、噪声和功耗等方面有很大改进。1998 年推出双轴加速度计 ADXL 202，此款加速度传感器在一块芯片上集成了双轴加速度敏感元件、信号调理和脉宽调制信号输出电路[20]，如图 5.16 所示。

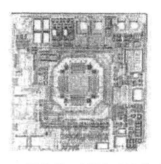

图 5.16　ADXL 202 集成芯片电路版图及外形图

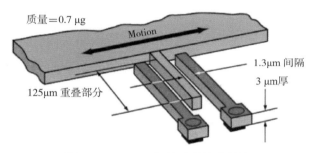

图 5.17　ADXL 加速度计梳齿结构

差动式电容梳齿结构的加速度计结构如图 5.17 所示。可动梳齿分别位于质量块左右两侧，固定梳齿通过锚点固定在衬底上。每一个可动梳齿被两个固定梳齿所环绕形成差分电容，根据平行极板电容计算并忽略边缘电容效应可以得到变化的电容值为

$$C_{1,2} = N \frac{\varepsilon_0 h l_0}{g_0 \pm x} \tag{5.11}$$

输出的电压值为

$$V_{OUT} = \frac{c_1 - c_2}{c_1 + c_2} V_{IN} \tag{5.12}$$

式中，N 为传感器梳齿电容极板对数，ε_0 为相对介电常数，h 为梳齿电容极板厚度，l_0 为梳齿电容极板的交叉重叠长度，g_0 为可动梳齿与固定梳齿极板间距，x 为质量块的位移量，V_{IN} 为施加在固定梳齿上的输入电压信号，V_{OUT} 为从可动梳齿电极上引出的输出电压信号。当不存在加速度时，可动梳齿电极位于两个固定梳齿电极中

心，电容 C_1、C_2 相等，输出电压理论上为零；当存在加速度时，质量块发生位移，带动可动极板与固定极板之间的间距发生变化，电容 C_1 增大、C_2 减小相同的数值，差分电容形成，输出电压

$$V_{OUT} = \frac{x}{g_0} V_{IN} \qquad (5.13)$$

依据弹性力学原理容易知道

$$Kx = Ma \qquad (5.14)$$

将（5.14）式带入式（5.13）可以得到加速度与输出电压的关系式

$$\frac{v_{OUT}}{a} = \frac{MV_{IN}}{Kg_0} \qquad (5.15)$$

式中，M 为质量块的质量，K 为弹簧的弹性系数，对于单端固定导向的悬臂梁而言，其弹性系数为

$$K = \frac{Ewh^3}{4l^3} \qquad (5.16)$$

式中，E 为悬臂梁的弹性模量，l、w、h 分别为梁的长、宽、高，将式（5.16）代入式（5.15）可以得到

$$\frac{v_{OUT}}{a} = \frac{4MV_{IN}l^3}{Bwh^3g_0} \qquad (5.17)$$

可以看到，式中的所有参数都是常数，当外界加速度作用于传感器时，输出的电压数值与外界加速度成正比关系，具有很好的线性度和分辨率。

哈尔滨工程大学研制的基于 MEMS 加速度计的同振式矢量水听器[21]指向性分辨率大于 20dB，轴向灵敏度不对称性不大于 2dB，灵敏度呈每倍频程 6dB 的上升趋势，600Hz 以上的频点灵敏度略低于理论值［这是由加速度传感器本身的性能决定的，由于加速度计敏感结构的幅频特性受到阻尼的影响，因此在所设计的工作频带（0~500Hz）以上时呈下降趋势］，而且 X、Y 通道的灵敏度曲线优于 Z 通道的曲线（图 5.18、图 5.19），这是因 Z 通道没有采用差动结构造成的。

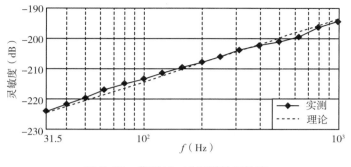

图 5.18　典型 X、Y 通道的灵敏度

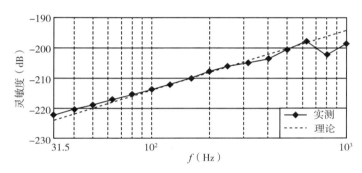

图 5.19　典型 Z 通道的灵敏度

5.3.3　MEMS 热流式矢量水听器

MEMS 热流式矢量水听器结构主要由加热电阻与传感电阻构成[22]，传感电阻相同且以加热电阻为中心完全对称放置。加热电阻通电后，加热电阻产生的温度会全部分布在周围介质中，产生一个相当于敏感质量块的热团。当周围粒子不存在粒子速度时，则周围介质的温度场是恒定的，热团的分布基于加热电阻是对称的，传感电阻感知到的温度相同；当声场改变了加热电阻周围的粒子速度时，加热电阻周围介质的温度分布就会发生变化，传感电阻周围的温度就会产生一个温度差，如图 5.20 所示的 ΔT，导致两个传感电阻的阻值产生差值，这个差值可以由惠斯通电桥原理测得。

利用惠斯通电桥测得电压变化的原理如图 5.21 所示，R1 和 R2 为传感电阻，R3 和 R4 为外接恒定电阻。AB 两点电压在外部介质没有受到声压作用时是相等的，即没有差分电压输出（$V=0$）；当外部介质受到声压作用时，传感器电阻阻值产生差值，即有差分电压输出（$V \neq 0$）。

Microflown[23] 的第一个热流式声学传感器如图 5.22 所示，是一种用作测试样品流体速度和一些流体性质的传感器，这个传感器被用作声学传感器，是热流式声学传感器项目的开始。图 5.23 显示了第一个专用的热流式声学传感器，就功能而

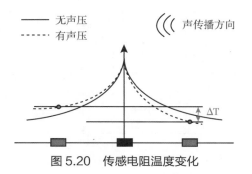

图 5.20　传感电阻温度变化

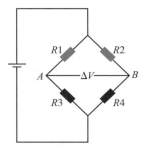

图 5.21　惠斯通电桥

言，它的运作方式与之前图中显示的一样。不同之处在于，为了增强稳定性，三根导线在尖端相连，且电子连接被做得更小，这样在一个晶片上就可以制造出更多的传感器。在早期阶段只需要两根导线，因此制作了热流式声学传感器（图 5.24），采用稳定器减小传感器弯曲。

　　现代热流式声学传感器是桥式传感器，提供了比悬臂式更多的机械稳定性，因此电线可以做得更薄，从而提高音频质量。图 5.25 展示的热流式声学传感器可实现在正常（晶圆）方向上测量压力，图 5.26 展现的是做一个三维热流式声学传感器的原理，这一认识目前在科学上极具挑战性。

图 5.22　第一个热流式声学传感器

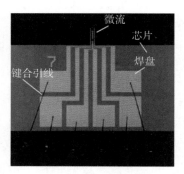

图 5.23　第一个专用的热流式声学传感器

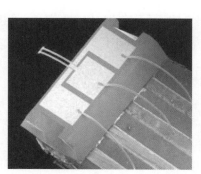

图 5.24　热流式声学传感器

图 5.25　正常（晶圆）方向上测量压力

惠斯通电桥的电压输出与驻波管中声级计测量的声压级的关系如图 5.27 所示。驻波管中的声阻抗已知，声波中声粒子的速度可以从实测的声压级中得出。测试不同的声速输入得到的结果都具有较好的线性，如图 5.27 所示。从图中也可以看出，该传感器在低频下具有较高的灵敏度。

图 5.26　三维热流式声学传感器

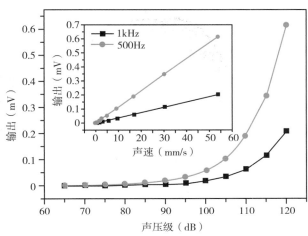

图 5.27　电压输出与声压级的关系

SUASIS 水下系统科技研究发展有限公司负责这些声矢量水听器和热流式矢量声学传感器独立项目的研究和发展，并与杭州应用声学研究所合作研制声学矢量水听器。杭州应用声学研究所的声学矢量水听器将在 2022 年进入市场[24]。

5.3.4　MEMS 纤毛式仿生矢量水听器

MEMS 纤毛式仿生矢量水听器是受到鱼类侧线器官的启发，模仿鱼类神经丘里面的可动纤毛感知水中声音信号。鱼类侧线器官获取水下声信号的过程如图 5.28 所示：当外界声音信号作用到侧线上成簇的感觉顶时，感觉顶将声音传递给内部的黏液，黏液作为声信号的传播介质将声音信号传递给动纤毛；动纤毛在声音信号的作用下发生摆动，然后感觉细胞感知到动纤毛的摆动，并将声音信号转化为生物信号，随后通过传出神经将生物信号传递给鱼类的延脑，最终完成对外界声音信号的感知。除了本文涉及的 MEMS 纤毛式仿生矢量水听器之外，鱼类侧线器官作为仿生学领域的典型，也被应用到各个领域中。

MEMS 矢量水听器的仿鱼类侧线原理如图 5.29 所示：当外界声音信号作用到透声帽时，透声帽将声音信号传递到水听器内部介质硅油，硅油将声音信号传递到仿生纤毛柱体；接收到声音信号的纤毛柱体发生横向偏移，从而带动十字梁发生相应方向上的弯曲，导致悬臂梁上的压敏电阻阻值发生变化，相对的两个悬臂梁上的四个压敏电阻组成一个惠斯通全桥电路，目的是将阻值变化转化为电压变化输出，进而完成声音信号的提取工作；转化后的电压信号由后端信号调理电路经过放大、滤波后，最终以模拟信号的方式输出。

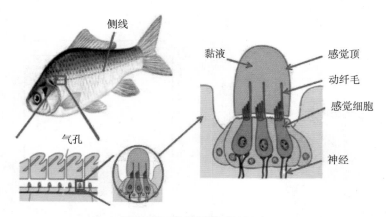

图 5.28 鱼类侧线感知器官

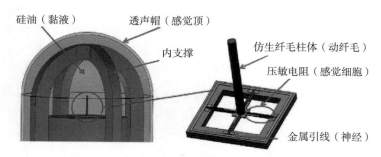

图 5.29 MEMS 矢量水听器仿鱼类侧线器官示意图

MEMS 纤毛式仿生矢量水听器以一根仿生纤毛作为外界声音信号的接收单元进行水声传感。该仿生原理也被广泛应用于各个领域，如 Alfadhel 等人[25]通过一个人造纤毛制成流量传感器［图 5.30（a）］，Hanasoge 等人[26]提出了一个磁性人工纤毛的制作方法，用于微流体泵和搅拌等过程［图 5.30（b）］；Asadnia 等人[27]代发了一个可表面安装的人工纤毛阵列应用于流量传感［图 5.30（c）］；Nesterov 等人[28]制作了一个三维硅微力学传感器［图 5.30（d）］；Chen 等人[29]把一个高深宽比的纤毛硅微悬臂梁连到硅微悬臂梁的末端，制成一个人工纤毛传感器［图 5.30（e）］；Krijnen 等人[30]模仿蟋蟀感觉纤毛制作了流量传感器阵列［图 5.30（f）］。以上可以看出，纤毛式结构被广泛应用于流量传感器和力学传感器。

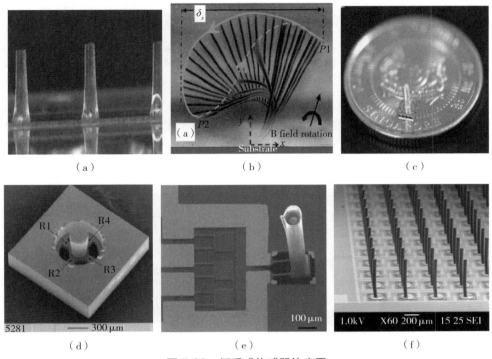

（a）　　　　　　　　　（b）　　　　　　　　　（c）

（d）　　　　　　　　　（e）　　　　　　　　　（f）

图 5.30　纤毛式传感器的应用

2004 年，中北大学研究团队首次提出 MEMS 纤毛式仿生矢量水听器的原型，成为近十几年该水听器优化研究的基础，此后发表了一系列论文介绍 MEMS 纤毛式仿生矢量水听器结构设计、MEMS 芯片制备、壳体设计和性能测试等方面的内容。纤毛式 MEMS 矢量水听器芯片 SEM 照片及电镜图如图 5.31~ 图 5.35 所示，四梁 –中心连接体的封装实物图如图 5.36 所示。

图 5.31　四梁 – 中心连接体微结构的整体 SEM 图

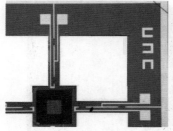

图 5.32　四梁－中心连接体的局部电镜图

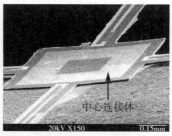

图 5.33　中心连接体的局部 SEM 图

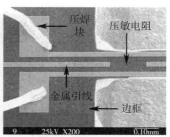

图 5.34　四梁－中心连接体的局部电镜

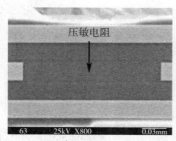

图 5.35　微结构的压敏电阻 SEM 图

图 5.36　四梁－中心连接体微结构的封装图

MEMS 纤毛式仿生矢量水听器前期在科技部"863"项目支持下，开展了应用于海底观测网关键技术研究，并在东海进行了海上应用初步验证。海上试验地点为舟山摘箬山岛附近航道，水深为 50m，海况为 3 级，背景噪声约 70dB。发射换能器为鱼唇声源，声源级为 144dB，MEMS 纤毛式仿生矢量水听器安装于座底式平台上（系统一起集成的还有光纤矢量水听器及光纤温度、压力传感器），测试数据能够通过 1000m 光电复合海缆实时上传显示。试验结果表明，对声源级为 144dB 的 1kHz 单频声信号目标的探测距离可达 2km。

5.4　电容式微机械超声换能器

集成电路制造技术的快速发展带动了 MEMS 技术的快速发展，使 MEMS 技术能够以制造集成电路的精度可靠地制造微结构。20 世纪 70 年代，MEMS 技术快速发展起来，硅微压力传感器、加速度传感器、喷墨打印机喷头、角速度传感器和数字微镜器件等许多传感器和执行器从发明到应用经历了巨大的发展，超声成像系统和设备广泛应用于医学诊断、水下勘探和材料无损检测等领域。在此期间，超声成像技术快速发展[31-32]。超声换能器是超声成像系统和设备获取目标信息的窗口，可实现电能和声能转换。然而，超声换能器技术尽管也在发展和进步，但其发展速度不能与这些 MEMS 器件相比拟。实际上，迄今为止，压电换能器仍主导着超声换能器市场，采用的依旧是 20 世纪 60 年代和 70 年代的制造技术。

提出电容器作为声换能器的思想与压电换能器是在同一个时期。Paul Langevin 预测[33]，电容器要与压电材料竞争，需要在电容器间隙中产生一个非常高的电场（约 10^6 V/cm），这样，电容器才达到与压电换能器相匹配的机电耦合系数。MEMS 技术的发展使制造出如此小间隙的电容器成为现实，使电容式超声换能器的机电耦合系数与压电换能器相匹配甚至更高。

电容式微机械超声换能器（Capacitive Micromachined Ultrasonic Transducer，CMUT）技术在 MEMS 技术快速发展的背景下被提出并得到快速发展。在 20 世纪 80 年代末和 90 年代初，电容式微机械静电换能器的概念和制作方法被提出[34-36]，但制备的器件性能无法与压电材料相比。直到 1994 年亚微米间隙的电容式微机械超声换能器被制造出来[37]，CMUT 超声换能器以其内在的诸多优势被重视和发展起来。面向不同的应用需求，研究者们研究了不同的器件结构、阵列结构（线阵、环形阵列、二维阵列）、驱动与前端集成电路、制造工艺以及换能器与电路集成方法。美国斯坦福大学 B. T. Khuri-Yakub 教授团队研制了 192 阵元 CMUT 线阵器件[38]，并将一个 24 阵元微型线阵与专用集成电路实现集成后装配于心腔内超声成像导管内，测试得到兔子心脏的跳动图像[39]，研制了与前端电路集成的 32×32 阵列的 CMUT 器件[40]，分别对多种目标体实现了实时三维成像测试。佐治亚理工大学 F. Levent 教授团队不断提高平面环形阵列的阵元数量和器件频率，利用平面环形阵列实现血管内部结构三维超声成像[41-42]。CMUT 超声换能器 256 阵元线阵被 KOLO 医疗公司制造出来，并实现初步的商业应用和销售[43]。2018 年，基于 CMUT 超声换能器的 Butterfly iQ 掌上超声成像设备发布，这款手机大小的装置可以基本满足全身器件的超声扫描需求。CMUT 超声换能器也在光声成像系统[44-45]和高强度聚焦超声（HIFU）治疗系统[46]等超声应用中崭露头角。

自 20 世纪 90 年代以来，国外已经从该技术的理论、制造到应用开展了全面研究。近几年，国内的研究逐步开展起来，目前已经开展了结构设计和工艺技术的初步研究。天津大学的张慧等研究和制备了空耦 CMUT 换能器阵列以及前端电路[47]。西安交通大学的赵立波等用低温键合工艺制备了一种空耦型[48]。中北大学研究团队针对水下成像需求研制了 CMUT 换能器线阵并进行了成像验证，同时针对 CMUT 换能器研制了低噪声放电器[49-51]。澳门大学的刘鑫等对非封闭腔室的空耦型 CMUT 换能器进行了建模分析[52]。西安电子科技大学和吉林大学等高校的研究者开展了器件研制及应用研究。

CMUT 是利用 MEMS 微加工技术制造的一种新型超声换能器，具有微制造技术带来的微型化、高密度阵元集成制造、与信号处理电路集成以及批量化制造等优势；同时兼具结构原理带来的高机电转换效率、宽频带以及与人体等环境介质声阻抗匹配性好等优势；尤其是该技术具有制备超声换能器二维阵列的优势，这是三维超声成像系统的核心部件。基于这些优势和原因，该技术受到国内外产业界和学者的青睐。目前，CMUT 技术已成为一种重要的新型超声换能器技术，是下一代超声换能器的发展方向之一。

5.4.1　CMUT 的结构与工作原理

CMUT 的工作原理基于带电电容器两个极板间的静电吸引力（库仑力）。在静电力改变时，静电力使其中一个电极板（可变形极板）可相对于另一个极板发生位移，两个极板中存在的机械回复力与静电力平衡，使可变形极板保持平衡状态。当施加交流电压时，可变形极板将振动，在与其接触的介质中产生超声波；当超声波信号作用于带电电容器的可变形极板上时，可变形极板拾取超声波信号并振动，引起两个极板之间距离变化，从而导致带电容电容器的电容变化，并产生电荷或电流的流入和流出，通过检测电荷或电流变化即可实现超声波信号的检测。

CMUT 通常以单阵元器件、线性阵列器件和二维阵列器件的形式出现，阵列器件由一定数量阵元构成。CMUT 的阵元则由一定数量的电容结构单元并联构成，这些电容结构单元是构成整个 CMUT 的最小单元。一个典型的 CMUT 电容结构单元（简称 CMUT 单元）由金属上电极、可变形薄膜极板、小间隙空腔、绝缘层、边缘支撑体、衬底和金属下电极构成，如图 5.37 所示。衬底一般为高掺的硅材料，衬底和金属下电极之间形成欧姆接触。CMUT 单元构成了一个可变电容器，其中衬底和下电极构成的下极板为固定极板，不能变形；上电极和可变薄膜极板构成上极板，在外力作用下能够变形。电容上极板与下极板之间的间隙尺寸一般为几百纳米甚至几十纳米。电容腔体为真空腔体，真空腔体主要有三个好处：一是器件一般工作在

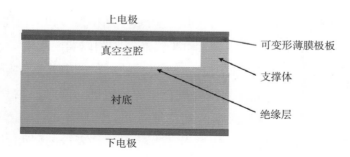

图 5.37　CMUT 电容结构单元构成

大气压下，上极板会腔体内变形，可减小腔隙、提高器件机电转换效率；二是提高了器件的耐电压值，使器件施加较大的电压时而不被击穿；三是薄板振动时，腔体内部不会形成媒质压缩而向衬底方向传递声音，避免了阵元间在衬底材料内的超声信号传播造成的串扰。

　　CMUT 可以看作是一个上极板移动、下极板固定的平行板电容器。根据 CMUT 单元结构和工作原理，可以将其等效为由质量块、弹簧和平行板电容组成的平行板电容模型，如图 5.38 所示。m 为质量块的质量，k 为弹簧弹性系数，V 为施加在薄膜和衬底上的直流偏置电压，g_0 为原始空腔高度，x 为直流偏压下薄膜的初始位移。

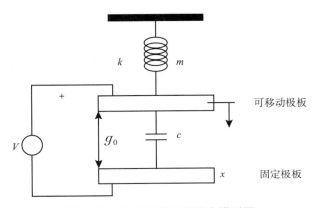

图 5.38　CMUT 的平板电容模型图

　　对上极板进行受力分析，由牛顿第二定律可得

$$F_{mass} + F_e + F_s = 0 \qquad (5.18)$$

其中，F_{mass} 为施加在薄膜上的综合外力，F_e 代表由施加偏压引起的两个平行板间静电力，F_s 为弹簧回复力。静电力 F_e 表达式为

$$F_e = -\frac{\mathrm{d}}{\mathrm{d}_x}\left(\frac{CV^2}{2}\right) = \frac{\varepsilon_0 AV^2}{2(g_0-x)^2} \qquad (5.19)$$

其中，A 是电容的等效面积，ε_0 是真空介电常数 $8.854187817 \times \frac{10^{-12}F}{m}$。弹簧回复力 F_s 可表示为

$$F_s = -kx \qquad (5.20)$$

　　接下来，用平行板电容模型推导出 CMUT 的参数，包括塌陷电压、带宽、最大输出声压、接收灵敏度等。

当偏置电压与临界电压相等时，静电力与薄膜回复力相等，CMUT 薄膜处于临界状态，此时偏置电压称为临界电压或塌陷电压；如果再增加偏置电压，则静电力大于薄膜机械回复力，薄膜会发生塌陷，导致 CMUT 破损失效。因此，在保证 CMUT 正常工作时，工作电压要小于塌陷电压；与此同时，为了减少损耗和获得更高的机电转换效率，施加的偏置电压应尽可能接近塌陷电压。

在静态平衡状态下，薄膜速度 $\dot{x}$ 和加速度 $\ddot{x}$ 均为 0，将式（5.19）和式（5.20）代入式（5.18）变为

$$m\frac{\mathrm{d}^2 x(t)}{\mathrm{d}t^2} + \frac{\varepsilon_0 A V^2}{2(g_0 - x)} - kx = 0 \qquad (5.21)$$

在静态平衡状态下，$F_{\text{mass}} = 0$。通过移项得到下式

$$\frac{\varepsilon_0 A V^2}{2(g_0 - x)^2} = kx \qquad (5.22)$$

当满足上式时，此刻的 V 即为塌陷电压 V_{collapse}

$$V_{\text{collapse}}^2 = \frac{2kx^2(g_0 - x)^2}{\varepsilon_0 A} \qquad (5.23)$$

经计算，当 $x = \frac{1}{3}g_0$ 时，得到塌陷电压为

$$V_{\text{collapse}} = \sqrt{\frac{8kg_0^3}{27\varepsilon_0 A}} \qquad (5.24)$$

其中 $k = \dfrac{192\pi D}{a^2}$。

由上式可知，空腔越高，塌陷电压越大；薄膜面积越大，塌陷电压越小。塌陷电压过小，则意味着工作电压小，影响 CMUT 的实际应用；塌陷电压过大，则造成不必要的能量损耗。综上所述，需要结合各种因素考虑空腔高度与薄膜面积。

在发射模式下，最重要的一个参数为发射声压，在发射阶段应尽量增大发射声压，CMUT 的最大发射声压的粗略估计式为

$$p_{\text{max}} = 2\pi f D_{\text{max}} Z f_a \qquad (5.25)$$

式中，Z 为介质的声阻抗，f 为工作频率，D_{max} 为薄膜振动的最大位移，f_a 为薄膜的

平均位移与中心最大位移的比值，其值一般取 1/5~1/3。

根据公式可以看出，在保持薄膜尺寸不变的情况下，即工作频率不变，如果要获得最大发射声压，需要增大薄膜振动最大位移。但受塌陷电压限制，薄膜位移要小于空腔高度的 1/3，所以，为了获得更大发射声压，需要增加空腔高度。

在接收模式下，CMUT 的输入声压转换为电容变化，电容变化为

$$\Delta C = \frac{\varepsilon_0 A}{g_0 - x} - \frac{\varepsilon_0 A}{g_0} = \frac{\varepsilon_0 A x}{(g_0 - x)g_0} \tag{5.26}$$

电容变化转化为电流变化，输出电流表示为

$$I = \frac{\partial(CV)}{\partial t} = \frac{\varepsilon_0 A V_{dc}}{(g_0 - x)^2}\dot{x} \tag{5.27}$$

输出电流与输入声压比值为 CMUT 接收灵敏度，接收灵敏度表示为

$$S = \frac{1}{P} = \frac{\varepsilon_0 A V_{dc}}{p(g_0 - x)^2}\dot{x} \tag{5.28}$$

从式（5.26）和式（5.28）可知，对于一个给定的位移，电容变化量和接收灵敏度随着空腔高度的减小而增大。综上所述，空腔高度是 CMUT 最大发射声压和接收灵敏度的重要参数。在 CMUT 的发射模式下，为了获得更大发射声压，需要增加空腔高度；在 CMUT 的接收模式下，为了得到高接收灵敏度，需要减小空腔高度。CMUT 属于收发两用型换能器，需要兼顾高发射声压和高接收灵敏度，因此，在设计空腔高度时需要权衡 CMUT 的发射性能和接收性能。

5.4.2　CMUT 的制造工艺

CMUT 主要有两种制造工艺：一种是牺牲层释放工艺，用氮化硅作为 CMUT 振动薄膜；另一种是晶圆键合工艺，用硅作为 CMUT 振动薄膜。图 5.39 给出了以 6 寸硅晶圆键合工艺为主要工艺的典型 CMUT 制备工艺流程。

具体工艺步骤有 8 步（其中每步光刻之前都需要进行标准清洗，该工艺流程内没有包含标准清洗）：

第一步：备片，准备 6 寸氧化硅晶圆片（1# 晶圆）和 6 寸 SOI 晶圆片（2# 晶圆），氧化硅晶圆氧化层的厚度为真空腔高度与腔内绝缘层厚度之和。

第二步：在氧化片晶圆（1# 晶圆）的正面做图形，并刻蚀氧化层，保留一定厚度的氧化层，如图 5.39（b）。

第三步：硅晶圆预键合，实现 SOI 晶圆片（2# 晶圆）和氧化晶圆片（1# 晶圆）键合，然后进行高温退火（最高温度 1100℃），退火的目的有两个，一个是实现两个晶圆的键合，另一个是尽量减小内部应力，SOI 晶圆片器件层与图形化的氧化片

硅硅键合如图 5.39（c）所示。

第四步：去掉 SOI 晶圆片（2# 晶圆）的衬底层［图 5.39（d）］以及氧化硅晶圆片（1 号晶圆）的背面氧化层［图 5.39（e）］，这样就形成了一个带有真空腔体的 SOI 晶圆片（3# 晶圆），该 3# 晶圆片的器件层厚度与 2# 晶圆片的器件层厚度相同，将 3# 晶圆的器件层这一面定义为正面。

第五步：在 3# 晶圆片的正面刻蚀硅至氧化层形成隔离通道，如图 5.39（f）所示。

第六步：在 3# 晶圆片的正面沉积二氧化硅，如图 5.39（g），厚度取决于设计。

第七步：在 3# 晶圆片的正面溅射金属并图形化，制作出 CMUT 的上电极，如图 5.39（h）。

第八步：在 3# 晶圆片腐蚀掉二氧化硅层并在背面进行离子注入，沉积金属并退火，使背面的金属与衬底硅之间形成欧姆，制作出 CMUT 的下电极，如图 5.39（i）。

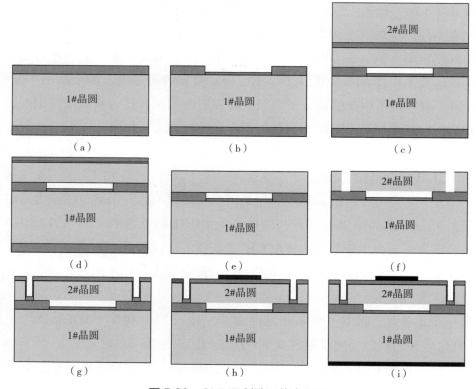

图 5.39　CMUT 制造工艺流程图

使用硅晶圆键合技术制造的 CMUT 具有键合强度高和极高的气密性。硅晶圆键合使小腔隙电容结构制造更加容易，避免了牺牲工艺技术中存在的腐蚀不到位的情况，而且采用单晶硅作为机械材料已经得到了广泛的研究和很好的表征。该工艺过程始于两个晶圆片：一个氧化硅晶和一个 SOI 晶圆。在器件制备过程中，使用了 3 块掩模版，下面给出了一个 2.83μm 振动薄膜厚度和 180μm 直径腔体的 CMUT 制造工艺流程，使用的掩模版如图 5.40 所示。

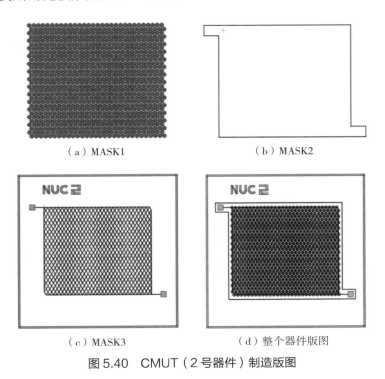

（a）MASK1　　　　　　　　　（b）MASK2

（c）MASK3　　　　　　　　　（d）整个器件版图

图 5.40　CMUT（2 号器件）制造版图

如图 5.39（b）所示，首先使用图 5.40（a）中的 MASK1 做掩膜，将总厚度为 800nm 的二氧化硅蚀刻掉 650nm，保留 150nm 二氧化硅，以在氧化硅晶圆上定义空腔→在室温下和在真空条件下，预键合 SOI 晶圆片和带有腔体图案的氧化硅晶圆，并在 1100℃的最高温度下对预键合的晶片进行退火，如图 5.39（c）所示，整个过程称为硅晶圆熔融键合工艺→如图 5.39（d）和 5.39（e）所示，通过执行化学机械抛光步骤和湿法蚀刻去除 SOI 晶圆的衬底层和埋氧层（BOX）层，以释放器件层的薄膜，至此制造出了带有空腔的 SOI 晶圆→使用图 5.40（b）中的 MASK2 做掩膜，在器件单元周围定义图形化的硅膜沟槽并将其蚀刻到氧化层，以使器件与其他器件和框架结构实现电隔离，如图 5.39（f）所示→在器件层上沉积 100nm 厚的氧化硅层，如图 5.39（e）所示→将铝金属层溅射在带腔体结构的 SOI 晶圆的器件层的一侧，并使用图 5.40（c）中的 MASK3 做掩膜进行图形化，从而形成 CMUT 器件的顶部电极（上电极），如图 5.39（i）所示→整体在带腔体的 SOI 衬底层背面溅射铝金属层，不需要图形化，从而形成 CMUT 器件的底部电极（下电极），如图 5.39（i）所示。进行退火以使底部电极和高掺杂硅衬底之间进行欧姆接触。上电极和下电极的金属铝薄膜溅射厚度均为 $1\mu m$。

利用图 5.39 所示的硅晶圆键合工艺，最终制备出了 CMUT（2 号器件），划片得到如图 5.41（a）所示的器件芯片，器件内部电容单元如图 5.41（b）所示，器件内部的隔离槽结构如图 5.42（a）所示，器件的 PAD 以及 PAD 周围的隔离槽结构如图 5.42（b）所示。通过显微镜检查显示，整个器件结构完整，符合预期，器件内部没有缺陷单元。

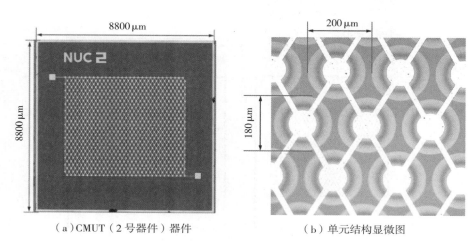

（a）CMUT（2 号器件）器件　　　　　（b）单元结构显微图

图 5.41　CMUT（2 号器件）器件显微照片

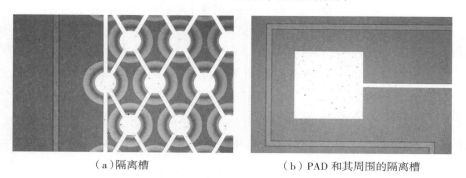

（a）隔离槽　　　　　　　　（b）PAD 和其周围的隔离槽

图 5.42　2 号器件的隔离槽和 PAD

5.4.3　CMUT 测试

本部分介绍 CMUT 的性能测试实验研究，包括 CMUT 的电容 – 电压特性测试、换能器的接收灵敏度测试和带宽测试等。

5.4.3.1 电容 – 电压特性研究

CMUT 的工作原理是基于电容器的薄板在静电力或声波作用下的弹性变形。该薄片由上电极、氧化硅绝缘介质层和硅膜组成。CMUT 器件的电容 – 电压（C–V）特性直接说明了结构变形与偏置电压之间的定量关系。此外，C–V 曲线还与器件的重要参数有关，如灵敏度、机电转换效率、塌陷电压等。

当给 CMUT 施加一个正向的直流偏置电压时，CMUT 的振动薄膜会因静电力作用而向 CMUT 器件的衬底弯曲，导致 CMUT 器件真空腔高度降低，从而引起 CMUT 器件电容增加，并且随着偏置电压的变化，CMUT 器件的电容也会随之变化。

采用安捷伦的阻抗分析仪（E4990A）测试 CMUT 器件的电容随电压变化的特性，即对 CMUT 器件进行 C–V 曲线测试。测试时，将 –40~40V 的直流偏置电压加载至 CMUT 的上电极和下电极之间，增大步长为 1V，CMUT（2 号器件）的测量结果如图 5.43 所示。

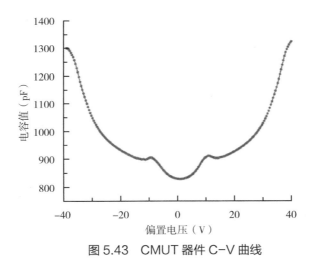

图 5.43　CMUT 器件 C–V 曲线

根据器件的 C–V 曲线得出以下结论：在 –40~40V 范围内，电容变化紧随直流偏置电压变化。直流偏置电压增大，CMUT 器件电容值也相应增大；直流偏置电压减小，CMUT 电容值也相应减小。可见，该换能器的 C–V 特性对称性较好。当直流偏置从 0V 增加至 40V 时，CMUT 电容值变化率达到了 37.4%，这反映了器件可变化的电容量，该值的大小间接反映了发射灵敏度和接收灵敏度的水平。由此可知，通过降低腔隙或者优化设计，可提高电容变化率，进而提高器件的发射灵敏度和接收灵敏度；另外，通过对器件的多次测试和不同方向的电压扫描，CMUT 电容值随偏置电压的变化没有迟滞性。

5.4.3.2 接收灵敏度测试

用比较校准法测试 CMUT 的接收灵敏度,图 5.44 给出了接收灵敏度测试装置示意图。1 号 CMUT 为发射换能器,让已知接收灵敏度的针式水听器接收发射换能器发出的超声波信号,示波器记录其输出电压信号,测试装置如图 5.44(a)所示。再将待测的 2 号 CMUT 放置于针式水听器相同的位置,接收发射换能器发出的超声波信号,示波器记录经低噪放大器后的输出电压信号,测试装置如图 5.44(b)所示。

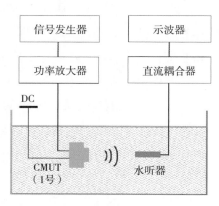 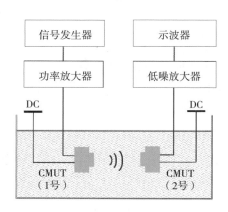

(a)针式水听器的输出测设装置　　　　　(b)2 号 CMUT 的输出测试装置

图 5.44　CMUT 接收灵敏度测试装置示意图

在 CMUT 接收灵敏度测试中,1 号 CMUT 始终施加了 20 V 直流偏置电压,峰 – 峰值幅度为 20 V 的 3 个正弦脉冲电压驱动换能器发出超声波信号。2 号 CMUT 也始终施加了 20 V 直流偏置电压,分别测试得到在 1 MHz、2 MHz 和 3 MHz 频率时针式水听器的输出电压信号[如图 5.45(a)所示]和 2 号 CMUT 的输出电压信号[如图 5.45(b)所示]。2 号 CMUT 的输出经低噪运算放大器输出至示波器,但在测试过程中,该低噪运算放大器的增益设置为 0 dB,其作用是将换能器的输出电流转换为电压信号。

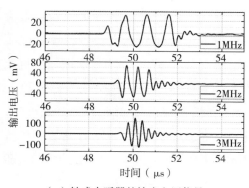 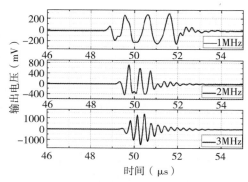

(a)针式水听器的输出电压信号　　　　　(b)2 号 CMUT 的输出电压信号

图 5.45　针式水听器和 2 号 CMUT 的输出响应

表 5.1 列出了在不同频率下针式水听器输出电压信号的峰 – 峰值幅度（V_N）、针式水听器的接收灵敏度（S_N）、2 号 CMUT 输出电压信号的峰 – 峰值幅度（V_C）、计算得到的 2 号 CMUT 的接收灵敏度（S_C）和分贝量表示的接收灵敏度（S_{CdB}）。在 1 MHz、2 MHz 和 3 MHz 频率时，2 号 CMUT 的接收灵敏度分别为 –218.29 dB、–219.39 dB 和 –218.11 dB，其中参考灵敏度为 1 V/μPa。在 CMUT 接收灵敏度测试过程中，1 号换能器和 2 号换能器具有相同结构参数，作为发射换能器的 1 号 CMUT 工作稳定可靠，验证了制备的 CMUT 具有发射超声波的功能。由于针式水听器的接收电压和灵敏度已知，可以计算得到在 1 MHz、2 MHz 和 3 MHz 频率时，1 号 CMUT 的发送电压响应级分别为 160.81 dB、168.44 dB 和 174.76 dB，其中基准值为 1 μPa·m/V。

表 5.1　接收灵敏度测试实验数据

频率 /MHz	V_N/mV	S_N/（mV·MPa⁻¹）	V_C/mV	S_C/（mV·MPa⁻¹）	S_{CdB}/dB
1	54.5	1206	550	12170.64	–218.29
2	122.5	1126	1167	10726.87	–219.39
3	245	1088	2799	12429.84	–218.11

5.4.3.3　脉冲回波法测试换能器带宽

2 号 CMUT 的带宽测试采用了脉冲回波法，测试装置如图 5.46 所示，超声波脉冲发射接收器是型号为奥林巴斯 5073PR 的超声换能器带宽测试商业仪器。在测试中，2 号 CMUT 施加了 20 V 直流偏置电压，5073PR 仪器产生单个窄脉冲电压信号驱动 2 号 CMUT 发射超声波，该换能器接收到经铝块反射后的超声回波信号，再经 5073PR 仪器内的低噪放大器转换和放大输出至示波器，如图 5.47 所示。对回波信号进行傅里叶变换后得到换能器的频率响应图，如图 5.48 所示。测试得到，2 号 CMUT 的中心频率为 1.965 MHz，6 dB 带宽范围为 0.89~3.04 MHz，相对带宽（FBW）达到 109.4%。CMUT 的相对带宽远大于传统压电陶瓷换能器 70%~80% 的相对带宽，且该换能器工作频率满足了高频图像声呐系统的需求。

5.4.4　CMUT 典型应用

CMUT 可作为超声成像系统的探头，应用于水下成像系统中。利用研制的 56 阵元 CMUT 线阵与成像系统互联后，进行成像测试。图 5.49 给出了 CMUT 线阵实物图，测试结果如图 5.50 所示，实现了目标体的清晰成像且准确获得目标物体尺寸验证了 CMUT 阵列进行水下成像的可行性（图 5.51）。

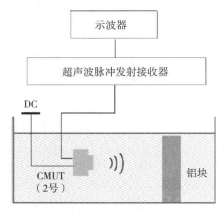

图 5.46　CMUT 带宽测试装置示意图

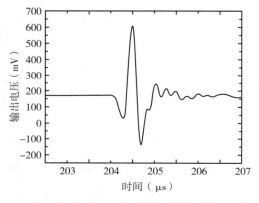

图 5.47　CMUT 脉冲回波响应信号

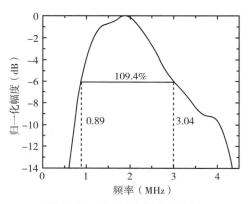

图 5.48　CMUT 频率响应图

图 5.49　CMUT 线阵

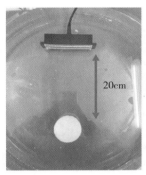
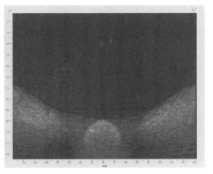

（a）测试现场　　　　　　　　（b）成像结果

图 5.50　CMUT 阵列的成像测试及结果

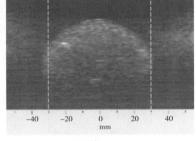

尺寸：65mm　　　　　　　　测量值：~65mm

图 5.51　目标体成像结果的对比

5.5　MEMS 光声传感器

早在 1880 年，Bell 提出"光电话"的概念并首次实现声信号的光探测。随着电子技术、激光及光纤技术的出现和进步，越来越多的新型光声探测技术得到发展。

光声传感器根据声场与光的耦合形式的不同，可分为间接耦合型与直接耦合型光声传感器。其中，间接耦合型光声传感器使用了声耦合材料，常用的有光纤、声敏感膜片等，声场通过声耦合材料间接与光相互作用；直接耦合型光声传感器无声耦合材料，声场与光直接作用。其中，间接耦合型光声传感器主要分为光强调制型和相位调制型。

5.5.1　光强调制型光声传感器

光强调制型光声传感技术是一种使用广泛的传统技术，其利用声波振动影响光传输通道从而进行测量，主要包括五种类型：弯曲波导型、耦合波导型、悬臂型、反射型、移动闸门型。其中，反射型和移动闸门型光声传感器直接采用膜片感应声波，以光纤作为传光媒质，此两类光声传感器结构简单、稳定且均可以借助 MEMS 膜技术提升灵敏度和响应线性度。

这里以反射型光声传感器为例，介绍其具体工作原理：光源发出的光经入射光纤传播射向敏感膜，敏感膜受声源激励发生位移变化，导致反射光纤的光强发生变化，经光电检测与信号处理得到电信号输出。传感器的工作原理及结构示意如图 5.52（b）所示。

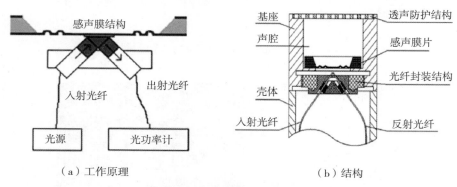

（a）工作原理　　　　　　　　　　（b）结构

图 5.52　光强调制型光声传感器

5.5.2　相位调制型光声传感器

相位调制型光声传感器利用光纤干涉仪探测声场引起的光路光程微小变化，从而实现声场检测。其中报道最多的 MEMS 相位调制型光声传感器是基于 Fabry-Perot 干涉仪（FPI）的。

如图 5.53 所示，FPI 型光声传感器的声敏感机理为：当声压作用到膜片上时，将导致膜片发生形变，从而改变 FP 腔的腔长；腔长的变化量与作用在膜片上的声压之间存在线性关系，通过对 FP 腔长变化量的解调实现对外界待测压强的测量。

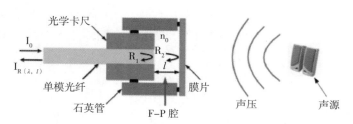

图 5.53　FPI 光声传感器的声探测原理图

5.5.3　直接耦合型光声传感器

Fabry–Perot 标准具（FPE）型光声传感器是 MEMS 直接耦合型光声传感器的代表，其传感结构为两个半反射或高反射的平面镜组成的一个刚性 FPE（图 5.54）。

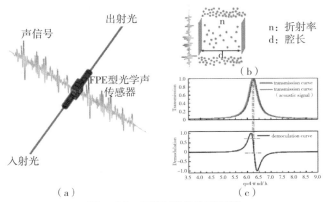

图 5.54　FPE 光声传感原理

由 FPE 的多光束干涉原理可得 FPE 的透射传递函数为

$$T = \frac{I_{\text{trans}}}{I_0} = \frac{1}{1 + \dfrac{4R\sin^2(q/2)}{(1-R)^2}}, \qquad q = 4\pi nd/\lambda \tag{5.29}$$

其中，I_{trans} 是透射光强；I_0 是输入光强；R 是镜面反射率；q 是腔内的往返相移，取决于激光波长 λ、腔长 d 和腔镜之间的介质折射率 n。

当声压作用于 FPE 时，腔长不变，腔镜间空气分子密度受到声波的扰动发生变化，导致空气折射率变化，进而影响腔内的光程 $n \cdot d$。根据 JM Rüeger 总结的空气折射率公式

$$N_{\text{sph}} = (n_{\text{sph}} - 1) \times 10^6 = 287.6155 + \frac{1.62887}{\lambda^2} + \frac{0.01360}{\lambda^4} \tag{5.30}$$

$$N_{\text{ph}} = (n_{\text{ph}} - 1) \times 10^6 = \left(\frac{273.15}{1013.25} \cdot \frac{p}{T} \cdot N_{\text{sph}}\right) - 11.27\frac{e}{T} \tag{5.31}$$

其中，λ 是激光中心波长，单位为 μm；N_{sph} 是标准环境大气折射度；N_{ph} 是实际环境大气折射度；n_{ph} 是实际环境的折射率；p 是压力，单位为 hPa；T 是温度，单位为 K；e 是蒸汽压力，单位为 hPa。由于实际环境中二氧化碳和相对湿度对折射率的影响可以忽略，式（5.31）可以简化为

$$N_{\text{ph}} = (n_{\text{ph}} - 1) \times 10^6 = \frac{273.15}{101325} \cdot \frac{p}{T} \cdot N_{\text{sph}} \tag{5.32}$$

其中，p 是以 Pa 为单位的压力。

在实际测量中，声传播的过程很快，热交换可以忽略。因此，声波引起的折射率改变为

$$\Delta n_{\mathrm{ph}} = (\frac{273.15}{101325} \times \frac{\Delta p}{T} \times N_{\mathrm{sph}}) \times 10^{-6} \tag{5.33}$$

由上式可知，在光波长固定的条件下，声压的改变和空气折射率的改变是线性关系。由此，可以计算得到每 1Pa 声压引起的空气折射率变化为 2.84×10^{-9}。然而，从声学的观点来看，1Pa（标准大气压）的交变压力已经相当大了，大致相当于一个人在你耳边几厘米的近距离喊叫的水平。因此，高性能光声传感器需要解决远低于 1Pa 的压力。事实上，FPE 型光声传感器可以实现优异的声压分辨能力，可以检测到 10^{-14} 以下的折射率变化，对应的压力变化可小至 1μPa（归一化到 1Hz 带宽）。

同时，以单直波导微环谐振腔为基础：光由输入端进入微环谐振腔，在直波导传输的过程中，由于倏逝场效应，直波导与环波导产生近场耦合，部分光场进入环形波导，经过一周的传输后，微环中的光场与直波导中的光场相互干涉，满足谐振条件的光会进入微环，产生谐振增强效应；不满足谐振条件的光会从直波导的输出端输出。如此重复循环，在微环内就会形成较强的光场。输出端口的归一化光场强度（透射光谱）如图 5.55 所示，其表达式如下

$$T = \frac{t^2 + a^2 - 2ta\cos\theta}{1 + t^2 a^2 - 2ta\cos\theta} \tag{5.34}$$

其中，t 为透射系数；a 为光在微环传输一周的损耗系数；$\theta = \frac{2\pi}{\lambda} n_{\mathrm{eff}} L$，代表光在微环传输一周的相位变化，$n_{\mathrm{eff}}$ 为波导的有效折射率，L 为微环周长。

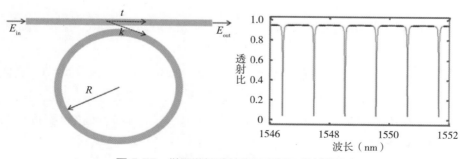

图 5.55　微环谐振腔结构示意图及透射谱图

当微环或周围的介质受到声压作用时，谐振模式发生改变，反映出声信号的变化。微环谐振腔传感检测方法主要分为波长检测法和强度检测法两种，如图 5.56 所示。波长检测法主要通过观察谐振波长漂移量实现对被测声波的检测，能够直观观测到被测量与光信号间的转换过程，具有较大的测量范围；强度检测法主要根据同一谐振波长处的光强变化实现对被测声波的测量。

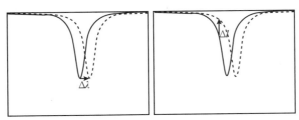

图 5.56　波长检测和强度检测原理图

5.5.4　典型应用

5.5.4.1　非接触式无损检测

在海军、航空航天、汽车工业以及建筑业，材料的无损检测非常重要，因为材料故障可能危及人身安全。与金属相比，复合材料有更高的强度和刚度、优异的耐腐蚀性以及改进的疲劳性能。然而，复合材料本身也容易出现缺陷，这些缺陷可能是由制造不完善（嵌入的异物、孔隙率过大的区域、层板方向或铺层顺序错误、层板波纹和分层）引起的，也可能是使用中产生的，主要是低速冲击导致的表面视觉非损坏，但内部损坏明显。随着复合材料使用的增加，对其结构制造和随后维护中的快速、可靠检测技术的需求越来越大。光声传感器可以完成复合材料冲击损伤的非接触无损检测，具有高度自动化、成本低和测试速度高等优点，如图 5.57 所示[67-69]。

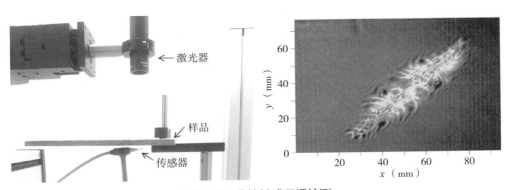

图 5.57　非接触式无损检测

5.5.4.2 激光材料加工过程控制

光声传感器可以识别传统、光学或基于温度的控制系统不能检测到的问题和故障，可以记录 10Hz~1MHz 超宽带宽的声信号，还可采用全新方式控制机器生产过程，代表了一种新型的激光应用过程监控。

光声传感器还可以完成激光焊接过程中裂纹形成的实时检测、焊接过程中形成的飞溅检测、熔体中可能导致激光金属沉积不均匀的高频振动检测以及标记和结构化应用中的不规则去除率检测。

焊接：激光焊接用途广泛，使用这种激光工艺，很难确定最终产品是否达到了所需质量，这是因为以前很难在不破坏过程的情况下检查过程结果。例如，在汽车行业经常使用镀锌钢，因为它对外部影响具有很强的抵抗力。然而，锌的熔点低于钢，这会导致焊接区域附近的飞溅，从而增加孔隙率。为此，在焊接过程之前要去除锌层。如果残留锌，通常会导致焊缝不连续，这意味着质量差。使用光声传感器，一方面可以在过程中清楚地确定激光的焦点位置，另一方面可以确定相应焊接区域的除锌是否令人满意[70]。激光焊接过程控制如图 5.58 所示。

图 5.58 激光焊接过程控制

切割：在切割过程中，往往很难确定工艺效率，如激光穿透时间（穿孔）、切割过程中损失的材料量、最佳气压等。

结构化：新传感器可以以多种方式用于激光结构化，如焦点的确定和实时参数检查，重复率、扫描速度或消融体积的确定等都可以通过光声传感器进行。

5.5.4.3 检测高压输电线的电晕噪声

380kV 高压输电线引起的噪声主要为电晕放电，尤其是有小雨或雾的情况下会导致大量的噪声排放。传统电晕噪声检测面临的主要挑战为背景噪声的干扰，如街道、铁路、动物、小溪、农场或森林等的噪声，传感器离声源的位置越远，干扰噪声越大。理论上，外部干扰的声压级应至少比声源的声级低 10dB，以保证测量的独立性。如果距离声源 10m 处的声压级大约为 55dB，那么背景噪声最高为 45dB，但是长时间是不可能实现的，因为雨本身的背景噪音通常在 45dB（A）左右[71]。

与传统的电容式麦克风相比，光声传感器的主要优点是没有任何金属和运动部件。一方面，没有金属部件意味着它可以在高电场附近工作而不受干扰，麦克风可以放置在距离导线只有几十厘米的范围内；另一方面，由于没有运动部件（如薄膜等），可以将测量范围扩展到超声系统。光声传感器可以安装在高压输电线 30cm 处，即使在周围环境，如汽车、动物、农业、飞机以及雨、雾、风等环境条件下，也能完成 350kV 高压输电线的电晕噪声检测[72]，如图 5.59 所示。

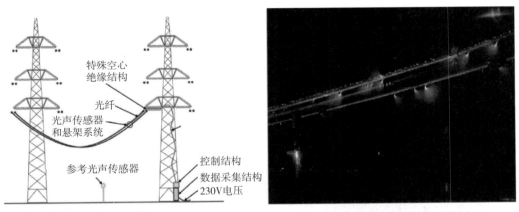

图 5.59　光声传感器安装在距高压电缆仅 30cm 的位置处用以检测电晕噪声

5.5.4.4　恶劣环境声信号检测

光声传感器可以在苛刻实验环境中使用，图 5.60 为欧洲核子研究中心在超级质子同步加速器（大型强子对撞机的加速器）上进行声学监测。加速器隧道中安装了两个传感器，以研究质子对粒子准直器钳口材料的冲击损伤。由于大型强子对撞机中质子的极端速度非常接近光速，它们的能量目前达到 6.5TeV（约 1μJ），并且由于许多质子束同时在加速器环中行进，能量超过 100MJ。很明显，质子与隧道管孔的意外碰撞可能导致重大损坏。准直系统通过具有

图 5.60　欧洲核子研究中心的不同材料对质子诱导损伤声发射监测

小间隙尺寸的准直器钳口保护隧道管孔。在受控条件下，各种不同的金属合金在专门的材料测试中被特意用质子束轰击，以评估它们的坚固性。目标容器向周围隧道空气中发出的声压级可以与撞击损坏相关联，并且是一种有用的诊断工具。由轫致辐射引起的加速质子辐射会导致恶劣的环境，从而影响传统传感器的功能。将光学传感器头靠近撞击位置，并使用 160m 长的光纤连接到远程激光和检测单元，使在恶劣环境中材料检测成为可能[67]。

5.5.4.5 光声成像

光声传感器可以用作水听器，特别适用于光声成像（PAI），为此，将两个反射镜之间的空腔充满液体（如水、油或折射率匹配物质）。光学水听器在信噪比方面超过了类似尺寸的同类最佳医用超声压电传感器。超宽频率范围内达到高灵敏度是对光声成像应用具有明显优势的关键特性，因为它直接影响图像分辨率和测量时间。如图 5.61 所示，光学成像系统应用于斑马鱼幼体的成像，表明其能够提取小动物体内的形态和血流动力学参数，扫描时间缩短为几分钟，分辨率提高到 $2.4\mu m$，这对于生理、病理生理和药物反应研究的临床前成像至关重要[64, 72-74]。

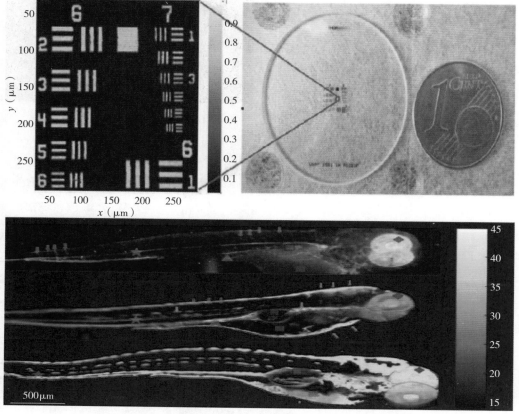

图 5.61　标准化美国空军目标的光声图像与斑马鱼幼鱼成像

5.5.4.6　海洋水声信号测量

在实际应用过程中，以微环谐振腔作为传感媒介的水声信号检测可利用谐振波长的漂移或者波长的光强变化来实现宽频带高灵敏的探测结果。基于微环谐振腔的水声传感器在宽频带、高灵敏的水声信号探测方面具有良好的应用前景。

参考文献

［1］Royer M，Holmen J O，Wurm M A，et al. ZnO on Si integrated acoustic sensor［J］. Sensors and Actuators A，1983（4）：357–362.

［2］Scheeper P R，Van der DonkAG H，Olthuis W，et al. Fabrication of silicon condenser microphones using single wafer technology［J］. Journal of Microelectromechanical Systems，1992，1（3）：147–154.

［3］Torkkeli A，Rusanen O，Saarilahti J，et al. Capacitive microphone with low–stress polysilicon membrane and high–stress polysilicon backplate［J］. Sensors & Actuators A Physical，2000，85（1–3）：116–123.

［4］Chan C K，Lai W C，Wu M，et al. Design and implementation of a capacitive–type microphone with rigid diaphragm and flexible spring using the two poly silicon micromachining processes［J］. IEEE Sensors Journal，2011，11（10）：2365–2371.

［5］Lo S C，Lai W C，Chang C I，et al. Development of a no–back–plate SOI MEMS condenser microphone［C］. 201Transducers–20118th International Conference on Solid–State Sensors，Actuators and Microsystems（TRANSDUCERS），2015.

［6］Anzinger S，Manz J，DeheA，et al.A Comb–Based Capacitive MEMS Microphone with High Signal–to–Noise Ratio：Modeling and Noise–Level Analysis［J］. Multidisciplinary Digital Publishing Institute Proceedings，2017，1（4）：346.

［7］王春雷，李吉超，赵明磊. 压电铁电物理［M］. 北京：科学出版社，2009.

［8］张亚婷. 基于压电–磁电复合技术的振动能量拾取：MEMS 器件设计与制造［D］. 太原：中北大学，2012.

［9］符春林. 铁电薄膜材料及其应用［M］. 北京：科学出版社，2009.

［10］Choi S，Lee H，Moon W. A micro–machined piezoelectric hydrophone with hydrostatically balanced air backing［J］. Sensors and Actuators A，2010，158（1）：60–71.

［11］Lu Y，HORSLEY D A. Modeling，Fabrication，and Characterization of PiezoelectricMicromachined Ultrasonic Transducer Arrays Based on Cavity SOI Wafers［J］. J Microelectromech Syst，2015，24（4）：1142–1149.

［12］Xu J，Zhang X，Fernando S N，et al. AlN–on–SOI platform–based micro–machined hydrophone［J］. Applied Physics Letters，2016，109（3）：032902.

［13］李俊红，马军，魏建辉，等．MEMS 压电水听器和矢量水听器研究进展［J］．应用声学，2018，37（1）：101-105.

［14］Amiri P，Kordrostami Z，Ghoddus H. Design and simulation of a flat cap mushroom shape microelectromechanical systems piezoelectric transducer with the application as hydrophone［J］．Iet Science Measurement & Technology，2020，14（2）：157-164.

［15］Yang D，Yang L，Chen X，et al. A piezoelectric AlN MEMS hydrophone with high sensitivity and low noise density［J］．Sensors and Actuators A，2021：318-325.

［16］Gao W，Zhang Y，Ma B H，et al. Fabrication and calibration of nanostructured vanadium-doped ZnO-based micromachined sensor with superior sensitive for underwater acoustic measurement［J］．Journal of Micromechanics and Microengineering，2022，32（1）：11.

［17］管宇．一种低频三维 MEMS 矢量水听器的研制［D］．哈尔滨：哈尔滨工程大学，2010.

［18］董景新．微惯性仪表——微机械加速度计［M］．北京：清华大学出版社，2002.

［19］Kuehnel Wolfgang，Sherman Steven. A surface micromachined silicon accelerometer with on-chip detection circuitry［J］．Sensors and Actuators A，1994，45（1）：7-16.

［20］Lyshevski S E．Optimal structural synthesis，modeling，and control of micro-mechatronic systems［J］．Mechatronics，2001，11（7）：837-851.

［21］李金亮．三轴向电容式矢量水听器的研究［D］．哈尔滨：哈尔滨工程大学，2009.

［22］Li Z，Chang W，Gao C，et al. A novel five-wire micro anemometer with 3D directionality for low speed air flow detection and acoustic particle velocity detecting capability［J］．Journal of Micromechanics & Microengineering，2018，28（4）：044004

［23］Bree H E．The Microflown E-Book. 2009.

［24］Akal T，de Bree H，Wang Y，et al. Underwater Acoustic Vector Sensor Development and Applications［J］．Sea Technology Worldwide Information Leader for Marine Business Science & Engineering，2011，52（9）.

［25］Alfadhel A，Li B，Zaher A，et al.，A magnetic nanocomposite for biomimetic flow sensing［J］．Lab Chip，2014，14（22）：4362-4369.

［26］Hanasoge S，Ballard M，Hesketh P，et al. Asymmetric motion of magneticallyactuated artificial cilia［J］．Lab Chip，2017，17（8）：3138-3145.

［27］Asadnia M，Kottapalli A，Miao J，et al. Artificial fish skin of self-poweredmicro-electromechanical systems hair cells for sensing hydrodynamic flowphenomena［J］．J. R. Soc.，2015（12）：20150322.

［28］Nesterov V，Brand U. Modelling and investigation of the silicon twin design3D micro probe［J］．J. Micromech Microeng.，2005，15（3）：514-520.

［29］Chen N，Tucker C，Engel J，et al. Design and characterization of artificialhaircell sensor for flow sensing with ultrahigh velocity and angular sensitivity［J］．J. Microelectromech. Syst.，2007，1（5）：999-1014.

［30］Krijnen G J M，Dijkstra M，Baar J J V，et al. MEMS based hair flow-sensors as model systems for acoustic perception studies〔J〕. Nanotechnology，2006，17（4）：S84–S89.

〔31〕Fujita H. Two decades of MEMS–from surprise to enterprise〔C〕. IEEE 20th International Conference on Micro Electro Mechanical Systems（MEMS），2007.

〔32〕王喆垚. 微系统设计与制造〔M〕. 北京：清华大学出版社，2008.

〔33〕Hunt F V. Electroacoustics：The analysis of transduction，and its historical background〔M〕. Boston：The American Institute of Physics，1982.

〔34〕Hohm D，Hess G. A subminiature condenser microphone with silicon nitride membrane and silicon back plate〔J〕. Journal of the Acoustical Society of America，1998，85（1）：476–480.

〔35〕Suzuki K，Higuchi K，Tanigawa H. A silicon electrostatic ultrasonic transducer〔J〕. IEEE Transactions on Ultrasonics，Ferroelectrics，and Frequency Control，1989，36（6）：620–627.

〔36〕Rafiq M，Wykes C. The performance of capacitive ultrasonic transducers using v–grooved backplates〔J〕. Measurement Science and Technology，1991，2（2）：168–174.

〔37〕Haller M I，Khuri–Yakub B T. A surface micromachined electrostatic ultrasonic air transducer〔C〕. IEEE Ultrasonics Symposium，1994.

〔38〕Mills D M. Medical imaging with capacitive micromachined ultrasound transducer（cMUT）arrays〔C〕. IEEE Ultrasonics Symposium，2004.

〔39〕Nikoozadeh A，Wygant I O，Lin D S，et al. Forward–looking intracardiac ultrasound imaging using a 1–D CMUT array integrated with custom front–end electronics〔J〕. IEEE Transactions on Ultrasonics，Ferroelectrics，and Frequency Control，2008，55（12）：2651–2660.

〔40〕Bhuyan A，Choe J W，Lee B C，et al. Integrated Circuits for Volumetric Ultrasound Imaging With 2–D CMUT Arrays〔J〕. IEEE transactions on biomedical circuits and systems，2013，7（6）：796.

〔41〕Tekes C，Zahorian J，Gurun G，et al. Experimental study of dual–ring CMUT array optimization for forward–looking IVUS〔C〕. IEEE International Ultrasonics Symposium，2011.

〔42〕Gurun G，Tekes C，Zahorian J，et al. Single–chip CMUT–on–CMOS front–end system for real–time volumetric IVUS and ICE imaging〔J〕. IEEE Transactions on Ultrasonics，Ferroelectrics，and Frequency Control. IEEE，2014：239–250.

〔43〕Zhao D，Zhuang S，Daigle R. A commercialized high frequency CMUT probe for medical ultrasound imaging〔C〕. IEEE International Ultrasonics Symposium，2015.

〔44〕Ma T J，Kothapalli S R，Vaithilingam S，et al. 3–D deep penetration photoacoustic imaging with a 2–D CMUT array〔C〕. IEEE International Ultrasonics Symposium，2010.

〔45〕Kothapalli S，Ma T，Vaithilingam S，et al. Deep tissue photoacoustic imaging using a miniaturized 2–D capacitive micromachined ultrasonic transducer array〔J〕. IEEE Transactions on Biomedical Engineering，2012，59（5）：1199–1204.

〔46〕Wong S H，Kupnik M，Watkins R D，et al. Capacitive micromachined ultrasonic transducers for therapeutic ultrasound applications〔J〕. IEEE Transactions on Biomedical Engineering，2010，57（1）：

114-123.

[47] Zhang H, Liang D, Wang Z, et al. Fabrication and characterization of a wideband low-frequency CMUT array for air-coupled imaging [J]. IEEE Sensors Journal, 2020, 20 (23): 14090-14100.

[48] Zhao Y, Zhao L, Li Z, et al. Capacitive micromachined ultrasonic transducers for transmitting and receiving ultrasound in air [J]. Journal of Micromechanics and Microengineering, 2019, 29 (12): 125015.

[49] Du Y, He C, Hao G, et al. Full-differential folded-cascode front-end receiver amplifier integrated circuit for capacitive micromachined ultrasonic transducers [J]. Micromachines, 2019, 10 (2): 88.

[50] Wang H, Tong Y, Wang X, et al. Experimental investigation of the influence of excitation signal on radiation characteristics of capacitive micromachined ultrasonic transducer [J]. Microsystem Technologies, 2018, 24 (7): 2999-3018.

[51] Song J, Xue C, He C, et al. Capacitive micromachined ultrasonic transducers (CMUTs) for underwater imaging applications [J]. Sensors, 2015, 15 (9): 23205-23217.

[52] Liu X, Yu Y, Wang J, et al. An analytical model for bandwidth enhancement of air-coupled unsealed helmholtz structural CMUTs [J]. Journal of Sensors, 2019 (1): 1-16.

[53] 高椿明, 聂峰, 张萍, 等. 光纤声传感器综述 [J]. 光电工程, 2018, 45 (9): 180050.

[54] Zhao Y, Chen M-Q, Xia F, et al. Small in-fiber Fabry-Perot low-frequency acoustic pressure sensor with PDMS diaphragm embedded in hollow-core fiber [J]. Sensors and Actuators A, 2018 (270): 162-169.

[55] Dass S, Chatterjee K, Kachhap S, et al. In reflection metal coated diaphragm microphone using PCF modal interferometer [J]. Journal of Lightwave Technology, 2021, 39 (12): 3974-3980.

[56] Zhang W, Lu P, Ni W, et al. Gold-diaphragm based Fabry-Perot ultrasonic sensor for partial discharge detection and localization [J]. IEEE Photonics Journal, 2020, 12 (3): 1-12.

[57] Preisser S, Rohringer W, Liu M, et al. All-optical highly sensitive akinetic sensor for ultrasound detection and photoacoustic imaging [J]. Biomedical Optics Express, 2016, 7 (10): 4171-4186.

[58] Bilaniuk N. Optical microphone transduction techniques [J]. Applied Acoustics, 1997, 50 (1): 35-63.

[59] Li F, Liu Y, Wang L, et al. Investigation on the response of fused taper couplers to ultrasonic wave [J]. Applied Optics, 2015, 54 (23): 6986-6993.

[60] Rines G A. Fiber-optic accelerometer with hydrophone applications [J]. Applied Optics, 1981, 20 (19): 3453-3459.

[61] Nessaiver M S, Stone M, Parthasarathy V, et al. Recording high quality speech during tagged cine-MRI studies using a fiber optic microphone [J]. Journal of Magnetic Resonance Imaging, 2006, 23 (1): 92-97.

[62] 于洪峰, 王伟, 王世宁, 等. 一种基于感声波纹结构的光学式声传感器 [J]. 传感器与微系统,

2014，33（9）：68-70，73.

［63］Chen J，Xue C，Zheng Y，et al. Micro-fiber-optic acoustic sensor based on high-Q resonance effect using Fabry-Pérot etalon［J］. Optics Express，2021，29（11）：16447-16454.

［64］Wu L，Zheng Y，Xue C，et al. An Optical Acoustic Detection System Based on Fabry Pérot Etalon Stability Structure［J］. Micromachines，2021（12）：1564.

［65］闫树斌，安盼龙，郑永秋，等 . 高 Q 光纤环谐振腔陀螺角速度传感研究［J］. 光子学报，2014，43（12）：1214002.

［66］Fischer B. Optical microphone hears ultrasound［J］. Nature Photonics，2016，10（6）：356-358.

［67］Rus J，Gustschin A，Mooshofer H，et al. Qualitative comparison of non-destructive methods for inspection of carbon fiber-reinforced polymer laminates［J］. Journal of Composite Materials，2020，54（27）：4325-4337.

［68］Fischer B，Sarasini F，Tirillò J，et al. Impact damage assessment in biocomposites by micro-CT and innovative air-coupled detection of laser-generated ultrasound［J］. Composite Structures，2019（210）：922-931.

［69］Balthasar Fischer W R，Nils Panzer，Sebastian Hecker. Acoustic Process Control for Laser Material Processing［J］. Laser Technik Journal，2017，14（5）：21-25.

［70］Fischer B，Claes L. Miniaturized all-optical sound pressure sensor［C］. 45th International Congress and Exposition on Noise Control Engineering，2016.

［71］Schichler U，Troppauer W，Fischer B，et al. Development of an innovative measurement system for audible noise monitoring of OHL［J］. Elektrotechnik and Informationstechnik，2018，135（8）：556-562.

［72］Haindl R，Sturtzel C，Drexler W，et al. Dual modality reflection mode optical coherence and photoacoustic microscopy using an akinetic sensor［J］. Optics Letters，2017，42（21）：4319-4322.

［73］Haindl R，Deloria A J，Sturtzel C，et al. Functional optical coherence tomography and photoacoustic microscopy imaging for zebrafish larvae［J］. Biomed Optics Express，2020，11（4）：2137-2151.

［74］Preißer S，Fischer B，Panzer N. Listening to Ultrasound with a Laser［R］. Munich，2017.

第六章　光学传感器

　　光学传感器是利用光波感知、测量并传输物质变化信息的分析仪器。具体而言，光学传感器能够基于光与物质的相互作用，将物质的某种特性的变化转换为光波的强度、相位、波长、偏振状态等参量的变化，再通过解调光波信号得出物质特性的变化量。光学传感器通常由光源、换能器、光电探测器、信号处理单元组成。光源发射出光波，光波通过换能器感知物质特性的变化，然后光波携带着物质变化的信息被光电探测器转换为电信号，再经信号处理单元处理，得出物质变化信息。换能器是光学传感器的核心元件，是基于光学原理，利用光学功能材料通过光学设计和微纳光学加工技术制作而成的光学器件，用于产生和增强光波与被测物质的相互作用，从而实现高灵敏光学感知与测量。光学传感器不仅灵敏度高，而且抗电磁干扰、无电磁辐射，易于采用光纤实现低损耗信号传输和远距离组网探测，适合在强磁强电、易燃易爆等危险环境中使用。光学传感器种类繁多，分类方法不一而足，按照光学测量方法可分为吸收型、荧光型、散射型、干涉型、共振型五大类型；按照检测对象可分为物理量、化学量、生物量三大家族。绝大多数探测物理量的光学传感器是基于干涉测量原理制作而成的，导致相位差变化的机理是各种基本的物理光学效应，包括磁光效应、电光效应、弹光效应、声光效应、热光效应、Sagnac 效应、非线性光学效应。这些基本的物理光学效应是大学物理的主要内容，在此不再讲述。本章讲述用于探测化学量和生物量的光学传感器，这里统称为光学生化传感器。光学生化传感器的主流技术是导波光学传感器，包括光纤传感器、表面等离子体共振传感器、集成光波导传感器、回音壁模式光学微环传感器。

6.1　光学生化传感器

光学生化传感器始于 20 世纪 70 年代，最早报道的光学生化传感器是一种光纤传感器，称为光电极，用于测定生物体液 pH 值和 CO_2 浓度以及溶液中的各种离子浓度，之后迅速诞生了基于端面荧光测量和端面反射干涉测量的光纤生化传感器。随着导波光学理论与技术的发展，光学生化传感器在西方发达国家获得了广泛研究，研究人员不断推出新原理、新方法和新结构传感器。与此同时，光学传感器的实用化和商业化也获得巨大进步，在生物医学、环境监测、国家安全等科研工作中起着重要作用[1-4]。从对样品的处理上，检测方式可分为两类[5]：一类需要用荧光标示剂对样品进行标记；另一类则无须对样品进行标记。对样品进行标记可以获得很高的灵敏度，但同时也可能对样品造成破坏，因此无须标记样品的检测方法获得广泛关注。根据导波光学传感器结构的不同，无标记生化传感器可分为光纤型、表面等离子体共振型、平面波导型、光子晶体型、光学微腔型等。导波光学生化传感器是消逝波传感器，为了便于理解，下面对消逝波进行简述。如图 6.1 所示，产生消逝波的最简单方法是全反射，消逝波位于界面处光疏介质一侧，具有以下四个主要特征：①消逝波的电场（消逝场）随着离开表面的距离呈指数衰减，当消逝场衰减至表面处幅值的 1/e 所对应的距离定义为消逝场的穿透深度，消逝场穿透深度小于一个波长，在可见光波段约为 200 nm；②消逝波是非均匀平面波，其等振幅面平行于表面，等相位面垂直于表面；③消逝波的相速度小于在其所处介质中自由传播的光束的相速度，因此，消逝波属于慢波，不能脱离表面向外辐射，这意味着消逝波是一种表面波，不能与其所处介质中自由传播的光束发生能量交换；④只有在消逝场穿透深度内发生的生化反应才能有效调制消逝波的光学参量，进而实现对生化反应的传感与检测。

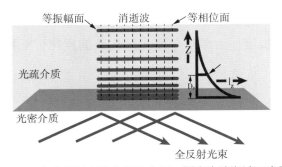

图 6.1　由全反射方法在光疏介质一侧产生消逝波示意图

6.1.1 光纤传感器

光纤传感是以光波为载体，以光纤为媒质，按照外界被测信号的变化特性，对光纤中光波的物理特性参数（如强度、波长、频率和偏振态）进行调制，再解调后进行数据处理。根据光受外界信号调制的物理量不同，可将光纤传感分为强度调制、波长调制、相位调制及偏振态调制，后来又出现了时分调制、光栅调制和非线性光纤光学调制等。在生化传感领域，光纤传感器主要通过在光纤表面修饰一层对待测物质敏感的敏感薄膜，当被测物质与敏感薄膜作用时，会引起薄膜的厚度、折射率、吸光度等性质变化，这些变化会引起光纤中传播的光波特性参数的变化，如图 6.2 所示。

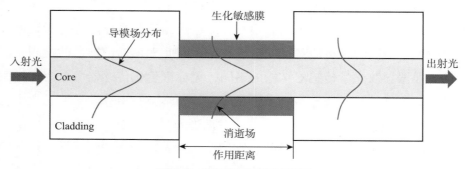

图 6.2　光纤传感剖面示意图

光纤生化传感器分为非本征和本征两种类型，对于非本征光纤生化传感器，光纤只起传输光信号的作用，换能器对光信号的调制发生在光纤之外；对于本征型光纤生化传感器，换能器与光纤融合为一体，光信号在光纤中传输的过程中受到换能器的调制。早期报道的光电极就是典型的非本征光纤传感器，而基于长周期光纤光栅、侧抛光纤、亚波长光纤等的光纤生化传感器则属于本征型光纤传感器。光纤生化传感器体积小、重量轻，便于携带，容许远距离传输信号，适用于酿造、发酵、制药等工业过程的在线监测，使传统的取样分析不再是生化检测的必要手段。但是光纤生化传感器不利于集成，单位作用距离的灵敏度较低，需要通过延长光纤敏感区间的长度获得高灵敏度。由单根单模光纤构成的生化传感器在操作时容易断裂，需格外小心。

6.1.2 表面等离子体谐振传感器

表面等离子体谐振（Surface Plasmon Resonance，SPR）是一种物理现象，最早于 1902 年被物理学家 Wood 在观察光栅衍射时发现，当偏振光照射到金属衬底的衍射光栅上时出现了异常衍射现象，但当时的理论不足以解释这一现象[6]。直到 1941 年，Fano 对光栅衍射异常现象的产生给出了比较完整的理论解释，即金属表面自由电子与衍射光相互作用产生了光栅衍射异常现象[7]。1960 年，Stern 和 Ferrell 首次提出了"表面等离子体"的概念，并研究了等离子体共振条件[8]。1968 年，Otto 提出采用棱镜靠近金属薄膜的光学结构，利用全内反射产生的消逝波激发 SPR[9]。同年，Kretschmann 直接将金属薄膜覆盖在棱镜底部，设计了激发 SPR 的 Kretschmann 棱镜结构[10]。此后，Otto 棱镜结构和 Kretschmann 棱镜结构成为 SPR 传感器的常用结构。1982 年，Nylander 和 Liedberg 将 SPR 传感器用于气体检测[11]，这是最早报道的 SPR 化学传感器；一年后，他们又使用 SPR 传感器进行了抗原－抗体结合的探测和分析[12]，使 SPR 在生化传感领域引起了广泛关注。1990 年，瑞典 Biacore AB 公司研发了国际上第一台商业化 SPR 分析仪，极大地推动了 SPR 传感技术的发展。到目前为止，SPR 传感技术已非常成熟，在环境监测、食品质量安全检测、医疗诊断、药物筛选、生命科学等众多领域都有广泛应用。本章 6.2 节系统介绍了 SPR 传感原理与技术。

6.1.3 集成光波导传感器

集成光波导（Integrated Optical Waveguide，IOW）传感器与 SPR 传感器均属于导波光学传感器，是基于消逝波与表界面附着的化学生物分子相互作用的表界面探测传感器。消逝波是 SPR 和 IOW 传感器的一个共有属性，是沿金属与介质的界面或光波导表面传播的横磁波或横电波。

自 20 世纪 80 年代初开始，SPR 和 IOW 传感器在国际上逐渐引起重视，并随着计算机电磁仿真技术及微纳加工技术的发展而获得广泛研究，目前已在化学生物传感检测领域获得了普遍应用。SPR 和 IOW 传感器具有灵敏度高、响应快、非标记、样品用量少、对样品干扰小、适合原位动态检测等优点。为了赋予 SPR 和 IOW 传感器对被测生物或化学分子的特异性识别功能，它们的换能器（即 SPR 和 IOW 传感芯片）需要安装识别元件。所谓识别元件，就是能够与被测化学生物分子进行特异性反应的生物敏感膜或化学敏感膜。这些敏感膜覆盖于 SPR 和 IOW 传感芯片表面，其厚度一般远小于消逝场穿透深度。由于传感芯片表面处的消逝场最强，敏感膜一旦与被测化学生物分子发生特异性反应，就能够被非常灵敏地探测到。本章 6.3 节系统介绍了 IOW 传感原理与技术。

6.1.4 光波导共振镜传感器

光波导共振镜（Resonant Mirror，RM）传感器是一种利用介质导波层中的光波导导模代替金属膜的表面等离子体模式，通过光波导导模与被测生化分子吸附层相互作用实现无标记生化检测。如图 6.3（a）所示，光波导共振镜传感芯片不包含金属，由全介质多层膜组成，包括敏感层、高折射率单模导波层（也称共振层）、低折射率耦合层、高折射率基底（一般为棱镜）。入射光照射到棱镜底部发生全反射，在衬底层激发消逝场；当消逝场沿传播方向的波矢分量与导模的传播常数匹配时，产生共振；入射光能量在波导层大量累积，在波导层内部引起很强的电场，场强的极大值位于波导内部，如图 6.3（b）所示。透出其上表面的消逝场作为探针，与敏感层的待测物质相互作用，达到传感的目的[13]。

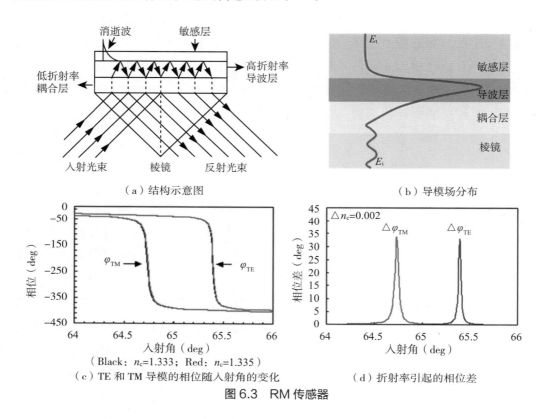

（a）结构示意图　　　　　　　　　　　　（b）导模场分布

（Black：$n_c=1.333$；Red：$n_c=1.335$）
（c）TE 和 TM 导模的相位随入射角的变化　　　　（d）折射率引起的相位差

图 6.3　RM 传感器

在 SPR 发生时，由于光被金属吸收，反射光强度会下降，表现为反射曲线出现吸收峰。而 RM 是一个低损耗系统，因此反射曲线不会有吸收峰出现。但当 RM 系统发生共振时，TE 偏振和 TM 偏振的反射光相位会发生变化，如图 6.3（c）所示。当处于共振角度时，反射光中 TE 和 TM 偏振光的相位差为 0 或 2π 的整数倍，因此，可以通过检测反射光经过检偏器后的干涉图谱来确定 RM 的共振角度。反射光经过 +45° 或 –45° 的检偏器后，其光强由等振幅偏振干涉光强公式得到

$$I_{+45°}(\theta)=I_0\left[1+\cos\varphi(\theta)\right] \tag{6.1}$$

$$I_{-45°}(\theta)=I_0\left[1-\cos\varphi(\theta)\right] \tag{6.2}$$

其中，I_0 表示入射光经过起偏器后的光强，$\varphi(\theta)$ 表示 TE 和 TM 偏振光的相位差。当 θ 为共振角时，$I_{+45°}(\theta)$ 取得干涉极大值而 $I_{-45°}(\theta)$ 取得干涉极小值。因此，通过对入射角 θ 进行扫描，探测追踪偏振干涉图谱极大值或极小值的方法就可以确定 RM 的共振角。由于没有金属吸收，光波导共振镜的导模共振峰比 SPR 共振峰尖锐得多。

　　RM 传感器非常适合场增强应用，如荧光增强和拉曼散射增强。RM 传感器的场增强因子定义为 $EF=|E_t/E_i|$，场增强因子可由四层结构的菲涅尔公式中的透射系数计算得到，图 6.4 给出了不同偏振入射光下场增强因子随覆盖层折射率的变化规律。

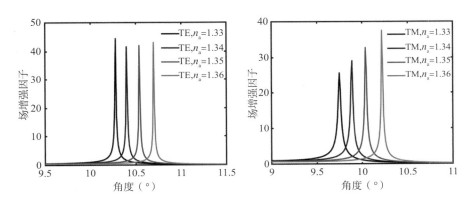

图 6.4　TE 和 TM 偏振入射光下场增强因子与覆盖层折射率的关系

　　RM 传感技术已经商业化，自 1993 年起即为英国 Affinity Sensor 公司用作医用传感器和环保设备上的常规技术，并于 1998 年服务于英国武装部队，作为集成生物检测系统的一个成员主要用于生物毒素的现场探测[14]。共振镜传感芯片仅仅由真空淀积在透明衬底上的两层介质薄膜组成，避免了使用贵金属，降低了检测成本。采用此结构的装置已被证明可以在免疫传感器应用中担当对表面折射率变化高度敏感的传感器。

　　RM 传感器的特点：①是一种全介质漏模光波导，损耗低，允许更长的分子相互作用距离；② TE 和 TM 偏振入射光下均能产生共振，用于表面折射率和厚度传感；③具有显著的场增强效应，适合用于荧光增强、表面拉曼散射增强等；④能够对 TE 和 TM 偏振的入射光电场起到增强作用，适合偏振拉曼光谱的探测，而 SPR 传感器只能对 TM 偏振的入射光电场起到增强作用；⑤ RM 增强表面拉曼光谱技术在液体探测环境中具有很高的拉曼增强因子，适合对固液界面进行原位拉曼光谱分析；⑥ RM 全介质结构作为表面增强拉曼散射（Surface Enhanced Raman Scattering，SERS）基底，能够克服常规 SERS 基底贵金属对待测分子的影响，还能够有效降低 SERS 基底的制作成本；⑦ RM 结构可以实现拉曼散射光的定向耦合发射，有助于提高拉曼信号收集效率。

6.1.5　共振波导光栅传感器

共振波导光栅（Resonant Waveguide Grating，RWG）传感器是利用制作在平面光波导上的同一个光栅作为输入与输出耦合器，光栅区间作为消逝波敏感窗口的光波导传感器。如图 6.5（a）所示，RWG 传感器由衬底层、导波层、介质覆盖层以及导波层表面的嵌入式光栅组成。导波层为单模波导，只能传播横电基模（TE_0）和 / 或横磁基模（TM_0），光栅周期小于入射光波长。入射光从衬底侧以入射角 θ 照射光栅，产生一套反射衍射光束，反射光即为零级衍射光，没有获得波矢补偿，因此不能激励光波导导模。当某一高级衍射光束的波矢与导波层中导模的波矢方向相同、大小相等时，二者满足波矢匹配条件，该衍射光束的能量就会耦合进入导波层中转换为导模。导模在传播过程中与光栅作用，又会耦合成定向辐射光，该定向辐射光与反射光方向相同、位相相同，二者干涉相长导致反射光谱中出现一强度急剧增强的反射峰，该反射峰对应的入射角或入射波长即为导模的共振角或共振波长，如图 6.5（b）所示。在光栅区间发生的表面生化反应会导致折射率和（或）厚度变化，这些变化会引起导模传播常数的变化，进而导致反射光谱中反射峰的移动。因此，通过测量导模共振角或共振波长的变化，就能够获得表面生化反应相关信息。值得指出的是，RWG 传感器能够同时测量 TE 基模和 TM 基模的共振角或共振波长，可获得双重灵敏度，从而进行互校准。

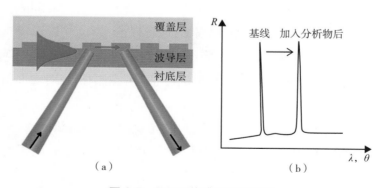

（a）　　　　　　　　　　　（b）

图 6.5　RWG 传感原理示意图

由于 RWG 具有高度的光学可调谐性（波长、相位、偏振、强度）以及各种可用的制造工艺和材料，RWG 传感器在科学研究和工业生产中得到了广泛应用，包括生物传感、太阳能电池和光电探测器、信号处理、偏振器和滤波片、分光计、有源可调谐滤波器等方面[15]。由于传感器表面的局部折射率与细胞内容物的质量密度成正比，RWG 生物传感器被广泛用于测量外界刺激介导的多种细胞反应[16]。通过监测入射角和共振峰形状两个光学读数的变化，检测垂直和平行于传感器表面两个方向上的细胞内容物的重新分布。共振峰形状的变化主要是由刺激调制的平行于传感器表面的细胞内容物的不均匀再分配造成的，入射角的变化主要反映刺激触发的垂直于传感器表面的细胞的动态质量再分配（Dynamic Mass Redistribution，DMR）。鉴于 RWG 生物传感器在测量 DMR 中的高灵敏性和无创性，它可以作为表征癌症信号的平台，用于挖掘功能受体、发现癌症受体信号下游的核心通路以及通过药物反应性表征癌症细胞等[17]。

6.1.6　基于干涉计结构的光波导传感器

干涉计是实现相位测量的常用结构，以集成光波导取代传统干涉计的空气光程，就构成了波导干涉计[18]。Lukosz 等人将包括 SPR 在内的集成光学传感器系统理论上的灵敏度进行对比，发现基于干涉计结构的传感器具有更高的灵敏度[19]。与其他结构相比，由于干涉计传感器的参比波导臂可以抵消因温度变化等因素引起的共模噪声，其探测极限得到很大改善。目前的干涉计有 Mach — Zehnder（MZ）干涉计[20-22]、杨氏干涉计[23-25]等多种结构。

6.1.6.1　MZ 干涉计

MZI 传感器的结构如图 6.6 所示。将单模相干线偏振光耦合进单模光波导，再通过 Y 型功率分配器平均分到两分支波导中，在其中一条分支波导上开一窗口，使消逝场能够和波导表面的样品作用，从而使该波导的等效折射率发生改变；而另一分支波导则用覆盖层与样品隔离，消逝场不能与样品作用；然后在输出端将两分支波导的光场耦合到一起，发生干涉，通过光电探测器来探测输出光强的变化以得到样品的信息。输出光功率可表示为

$$P_{\text{out}} = \frac{1}{2} P_{\text{in}} \left[1 + \gamma \cos \left(\Delta \varphi + \Delta \varphi_0 \right) \right] \tag{6.3}$$

其中，P_{in}、P_{out} 为输入光功率和输出光功率；γ 为干涉条纹对比度；$\Delta \varphi_0$ 为干涉计两波导臂中导波光的初始相位差；$\Delta \varphi$ 为待分析物质引起的敏感波导臂导波光的附加相位差，它与敏感窗口长度 L、导模等效折射率的变化 ΔN_{eff}、光波长 λ 的关系为

$$\Delta\varphi(t) = \frac{2\pi}{\lambda} \cdot L \cdot \Delta N_{\text{eff}}(t) \tag{6.4}$$

式中，ΔN_{eff} 随着敏感窗口待测物表面密度的变化而变化，是时间的函数，因此，双臂相位差 $\Delta\varphi$ 也是时间的函数，即集成光波导 MZI 传感器能够实时高灵敏地测量表面生化反应动力学过程。

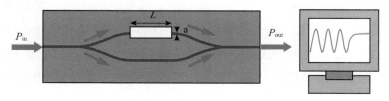

图 6.6　MZI 传感器结构示意图

Heideman 研究组最先将集成 MZI 传感器用于生物传感[26]，他们在硅基底上制作氮化硅波导，并刻蚀出光栅用于输入输出耦合。在实验中，折射率探测极限可达 5×10^{-7} 量级，通过在某一波导臂上固定抗体，可以实现对人类促性腺激素的特异性检测，分辨率可达 50 pM。与此同时，Ingenhoff 研究组利用集成 MZI 传感器实现了单生物分子吸附层的检测[27]。

但是，由于输出光强度呈余弦函数变化，当初始光强位于光强极值处时，会使检测折射率微小变化的灵敏度降低。Heideman 和 Lambeck[20] 对 MZI 进行了重大改进，在两波导臂上制作了相位调制电极并施加合适的交流三角电压信号，消去输出信号的直流分量后，通过检测输出的余弦信号零点位置的偏移就可以精确确定附加相位差 $\Delta\varphi$ 的值和折射率是变大还是减小。这样既可以消除共模噪声的影响，又解决了灵敏度下降的问题。

MZI 传感器有利于向未来高度集成化、微型化方向发展，易于实现阵列化和多通道同时检测，而且最重要的是，它在获取高灵敏度方面一直被认为是最具发展潜力的一种结构类型。

6.1.6.2　杨氏干涉计

杨氏干涉仪的原理和 MZI 传感器大致相同，只不过在输出端没有将两分支波导中的光信号合并，而是将它们耦合出来，在自由空间发生干涉，结构见图 6.7（a）。这样，干涉条纹不仅是时间分辨的，而且是空间分辨的，可以获得更多信息。干涉图样的空间功率分布为[24]

$$P(y) = A(y)\left[1 + \cos\left(2\pi\frac{y}{p_0} + \Delta\varphi_0 + \Delta\varphi\right)\right] \tag{6.5}$$

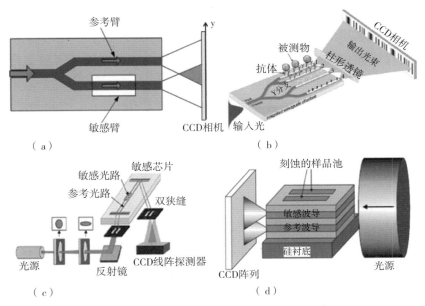

图 6.7　不同结构的集成光波导杨氏干涉计传感器

式中，y 为观察面的横向坐标，即沿干涉条纹的发散方向；$A(y)$ 是由于光波导的有限孔径形成的包络函数；$p_0 = L\lambda/d$，为干涉条纹的间距，d 是两波导臂的间距；$\Delta\varphi_0$ 为两波导臂的初始相位差；$\Delta\varphi$ 为待测物质引起的附加相位差。$\Delta\varphi$ 的变化引起干涉条纹产生响应的移动 Δy，它们之间的关系为 $\Delta\varphi = (2\pi d \Delta y)/(\lambda L)$。从这个式中可以看出，通过测量干涉条纹的位移 Δy，即可得到附加相位差 $\Delta\varphi$。但是，这种方法测得的 $\Delta\varphi$ 误差较大，在实际应用中，$\Delta\varphi$ 通常利用以下傅里叶变换方法求得。

$$P(y) = A(y)\left[1 + \cos\left(2\pi\frac{y}{p_0} + \Delta\varphi_0 + \Delta\varphi\right)\right]$$
$$\Rightarrow \left[P(y) - A(y)\right]/A(y) = e^{i(2\pi \cdot f \cdot y + \Delta\varphi_0 + \Delta\varphi)} \qquad (6.6)$$
$$\Rightarrow \Delta\varphi = a\tan\left\{\frac{\int_{-\infty}^{+\infty}\left[P(y)-A(y)\right]/A(y)\sin(2\pi \cdot f \cdot y)dy}{\int_{-\infty}^{+\infty}\left[P(y)-A(y)\right]/A(y)\cos(2\pi \cdot f \cdot y)dy}\right\} - \Delta\varphi_0$$

上式中 $f = 1/p_0$。

　　Brandenburge 和 Henninger 首次将集成光杨氏干涉计应用于传感方面[28]，随后采用相同的设计方案制作出可探测折射率变化 10^{-7} 的干涉计传感器[29]，达到了集成光 MZI 传感器的最好水平。荷兰特文特大学 Lambeck 研究组的 Ymeti 对集成光杨氏干涉计的基本设计进行了重大改进，在图 6.7（a）的结构上又增加两个 3 dB 功率分配器，形成四条分支波导，如图 6.7（b）所示，一条用作参比，其余三条作为敏感臂，利用傅立叶变换对干涉图样进行处理，可同时测量三种物质[29-30]。稍后，该组成员又对干涉仪加以改进，做成适用于生物传感的杨氏干涉仪芯片[18]。通过固定在干涉仪表面相应的抗体，对于 10^5 个 /mL 的 HAV-1 血清混合液可以在 30 分钟内探测出来，在磷酸盐缓冲液中的探测极限可达 10^3 个 /mL，现在这种传感器已经商品化。如果将输入端波导通过级联 Y 型功率分配器分成三支、四支甚至更多支波导，并在不同分支波导上固定不同的生化选择分子层，就可以实现单片的多元检测，只是这时需要合理设置各敏感臂与参比臂的距离和解决各组干涉条纹提取的问题。

利用平面波导，也可以制作杨氏干涉计传感器，如图 6.7（c）[31]与图 6.7（d）[32]所示。Craham 等人[32]采用五层平板波导结构实现了杨氏干涉：利用第三层波导作为参比，第五层波导作为敏感层与样品接触，采用 CCD 阵列探测干涉条纹的变化以获取样品信息。英国 Farfield 公司已成功将这种传感技术转化成一系列的产品 AnaLight 系列[33]，可用于超薄的分子 / 原子膜及纳米表面特性研究以及分子吸附动力学领域。

6.1.6.3 其他干涉计结构

除了上面介绍的两种集成光干涉计传感器，人们还设计了集成光迈克尔逊干涉计[34-36]、偏振干涉计[37-40]等，其结构原理如图 6.8 所示。其中，迈克尔逊干涉计主要用于位移检测，精度可达 20 nm；偏振干涉计可用于生化检测，在使用波长 632.8 nm 激光时，采用氮化硅光波导的偏振干涉计的折射率与分子吸附层厚度的检测精度可以达到 3×10^{-8} RIU、10^{-4} nm。

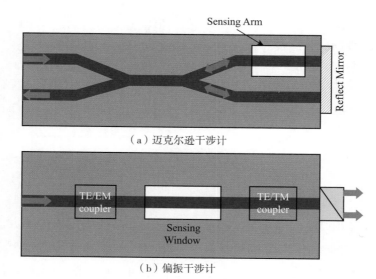

（a）迈克尔逊干涉计

（b）偏振干涉计

图 6.8　迈克尔逊干涉计与偏振干涉计

随着对传感器的集成度和计算能力的更高要求成为当前传感器发展的主要趋势，集成光波导传感器的优势会越来越明显，其应用领域也会更加广泛。人们希望传感器具有多功能、大带宽、高可靠性和极强的抗电磁干扰能力，而集成光波导传感器和光纤数据传输相结合则是最好的选择。在药物投递、基因研究和材料合成及化学分析等应用中，集成光波导传感器由于具有高灵敏度和多信道同时探测的发展潜力，得到了广泛研究。近年来，随着环境保护、生命科学和工业控制的发展，人们对具有高分辨率、宽测量范围、可快速测量和远程控制、价格便宜的微型生物化学传感器提出了更为迫切的需求，这无疑对集成光波导传感器的发展起到了巨大的推动作用。

6.1.7 回音壁模式光学微腔传感器

回音壁模式光学微腔是一种尺寸为亚毫米级、具有旋转对称性的光学透明器件，包括微球、微盘、微环等。入射光通过消逝场耦合导入微腔，光在微腔的内表面发生连续全反射，干涉叠加形成回音壁共振模式，其原理类似于声音在北京天坛回音壁的墙面传播，故而得名（图6.9）。回音壁模式光学微腔具有超高品质因子，从而极大地增强了光与待测物质的相互作用，使这种器件能够探测单个纳米粒子和单个细胞。回音壁模式光学微腔传感器分为色散型、耗散型、色散 – 耗散复合型以及正反向模式互耦型四种类型，其中色散型传感器的响应是共振峰的平移，耗散型传感器的响应是共振峰展宽，色散 – 耗散复合型传感器的响应是共振峰的平移与展宽，正反向模式互耦型传感器的响应是共振峰劈裂。2002 年，Vollmer 等[41]首次报道了回音壁模式光学微腔生化传感器，由此开启了光学微腔

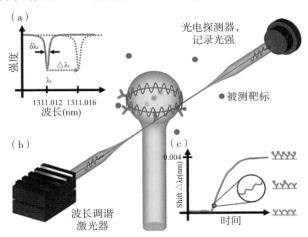

（a）由可调谐激光器激发产生透射光谱中谐振峰（波谷处为谐振峰位 λ_r），分子结合引发峰位移 $\Delta\lambda_r$；（b）介电球中 WGM 由消逝场引发，并由锥形光纤耦合收集，WGM 分布于介电球体表面，由谐振峰位移可检测待测物分子与抗体的结合过程；（c）待测物分子与抗体结合过程的时间分辨峰位移 $\Delta\lambda_r$，单分子结合对应的峰位移（插图）呈阶跃式时间分辨趋势[41]

图 6.9 WGM 光学微腔传感器的概念

生化传感器的研究领域（图 6.9）。回音壁模式在国际上称为 Whispery Gallery Mode（WGM），译为耳语画廊模式，意思是在一些能够引起声音共振传播的画廊中，即使耳语也能听得清。值得指出的是，北京大学肖云峰[42-44]在该领域取得了诸多原创成果，使我国在光学微腔生化传感器研究方面处于国际领先水平。

6.2 SPR 传感原理与技术

SPR 传感技术是一项新兴的生物化学检测技术。当入射光的波长与表面等离子体波的固有波长相同时，就会产生表面等离子体谐振效应。

表面等离子体是由沿着金属和电介质间的界面传播的电磁波形成的。如果在两种介质的界面之间存在一层合适厚度（约为几十纳米）的金属膜，在发生全反射的条件下，入射光的消逝场的 P 偏振分量将穿透导电金属层，并与金属层中的自由电子相互作用，激发出沿金属导体表面传播的表面等离子体波（SPW）。适当地改变入射角度或者波长，当消逝场与 SPW 发生谐振时，入射光的大部分能量被 SPW 吸收，使得反射光能量急剧下降，从而出现谐振吸收峰，把吸收谐振吸收峰对应的入射角称为表面等离子角。如果入射光波波长或各层材料折射率发生了变化，则入射角也将发生相应变化；若入射角保持不变，原来完全吸收的光能将有一部分被反射回来。由于反射光的光强和相位都发生了很大变化，所以可以用来监测入射光或各层材料折射率的变化[45]。通常用于激发 SPR 的结构有四种13：棱镜耦合、波导耦合、光纤耦合、光栅耦合。

6.2.1 基本原理

6.2.1.1 表面等离子体波的概念

表面等离子体波是沿金属表面传播的自由电子金属中的自由电子在金属与介质的界面做集体振荡处入射光照射到半无限大金属和介质形成的界面上时，金属中的自由电子在金属表面，在光场的作用下与光子发生耦合，形成沿金属–介质界面传播的自由电子密度波，又称表面等离激元（Surface Plasmon Polariton，SPP）或表面等离子体波（Surface Plasmon Wave，SPW），如图 6.10 所示。SPW 是一种横磁（TM）波，在金属–介质界面处场强最大，在垂直于界面方向呈指数衰减，振幅衰减至初始振幅的 1/e 时对应的距离称为穿透深度。SPW 沿传播方向传播时，强度呈指数衰减，强度衰减至初始强度的 1/e 时对应的距离称为传播距离或衰减距离。表 6.1 中给出了可见光波段金和银两种常用金属与空气界面处 SPW 的主要特性。SPW 在金属中的穿透深度远小于其在介质中的穿透深度，穿透深度在纳米量级，传播距离在微米量级。

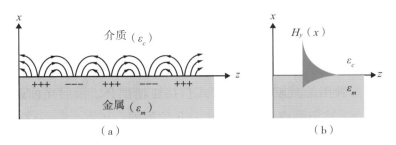

图 6.10　SPW 的电荷与磁场分布示意图

表 6.1　金属 – 空气界面 SPW 的主要特性

金属 – 空气界面	银		金	
入射波长（nm）	532	785	532	785
金属介电常数	−11.8+0.9i	−29.7+1.6i	−5.6+2.2i	−24.6+1.8i
SPW 有效折射率	−1.0458+0.0037i	−1.0173+0.0010i	−1.1034+0.0471i	−1.0210+0.0016i
SPW 传播距离（μm）	12.6	70.1	1.1	42.0
空气中穿透深度（nm）	277.8	669.9	181.7	607.6
金属中穿透深度（nm）	23.6	22.5	32.4	24.6

6.2.1.2　SPR 的激发

金属的复介电常数为 ε_m，$\varepsilon_m=\varepsilon'_m+i\varepsilon''_m$，介质的介电常数为 ε_1，SPW 的传播常数（波矢）为

$$\beta_{sp} = \frac{\omega}{c}\sqrt{\frac{\varepsilon_1\varepsilon_m}{\varepsilon_1+\varepsilon_m}} = \beta_{sp}' + i\beta_{sp}'' \tag{6.7}$$

近似地，

$$\beta_{sp}' = \frac{\omega}{c}\sqrt{\frac{\varepsilon_1\varepsilon'_m}{\varepsilon_1+\varepsilon'_m}} \tag{6.8}$$

$$\beta_{sp}'' = \frac{\omega}{c}\frac{\varepsilon''_m}{2\varepsilon'^2_m}\left(\frac{\varepsilon_1\varepsilon'_m}{\varepsilon_1+\varepsilon'_m}\right)^{\frac{3}{2}} \tag{6.9}$$

当入射波沿 SPW 传播方向的波矢分量 k_z 与 SPW 的传播常数实部 β' 满足波矢匹配时，入射波的能量极大地耦合到 SPW，产生 SPR 现象。但是，入射波直接从介质入射到金属表面是不能有效地产生 SPR 现象的。如图 6.11 所示，由于金属的

介电常数实部 $\varepsilon'_m < 0$，使得 $\sqrt{\dfrac{\varepsilon_1 \varepsilon'_m}{\varepsilon_1 + \varepsilon'_m}} > \sqrt{\varepsilon_1}$，在相同频率下，入射波的波矢（图 6.11 蓝色虚线）总是小于 SPW 的波矢。因此，必须增加入射波的波矢（图 6.11 红色虚线），才能有效激发 SPR。常用的激发 SPR 的方式包括棱镜耦合、衍射光栅耦合和波导耦合，下面将具体介绍这三种耦合结构激发 SPR 的原理。

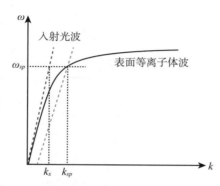

图 6.11　半无限大金属 – 介质界面处的 SPW 与入射波的色散曲线

（1）棱镜耦合结构

棱镜耦合结构主要包括 Otto 结构和 Kretschmann 结构，利用棱镜材料的高折射率特性进行波矢补偿。如图 6.12 所示，一束光以角度 θ 入射到金属 – 棱镜界面处发生全反射，入射光的一部分光被反射回棱镜，一部分光以消逝波的形式激发金属表面的 SPP。调节入射光照射到金属 – 棱镜界面处的角度 θ 或者入射光的波长，当满足匹配条件 $\dfrac{2\pi}{\lambda} n_p \sin\theta = \text{Re}(\beta_{sp} + \Delta\beta)$ 时，产生 SPR，表现为反射光能量急剧降低。β_{sp} 是没有棱镜结构时，SPW 的传播常数；$\Delta\beta$ 是棱镜存在时，因 SPW 由金属薄膜向棱镜泄漏引起的对 β_{sp} 的微扰。Kretschmann 结构与 Otto 结构的区别在于金属薄膜相对于棱镜的位置不同。Otto 结构对金属没有厚度要求，可以用

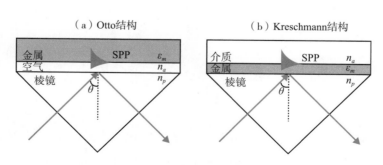

图 6.12　用于激发 SPR 的棱镜结构

于激发半无限厚金属的表面等离子体波，但要求金属与棱镜之间的间距控制在波长量级，这一要求实现起来较为困难，实用性较差，在实际应用中较少采用这种结构；Kretschmann 结构是直接在棱镜的底面上镀一层厚度合适的金属薄膜，相比于 Otto 棱镜结构更容易实现，是目前最常用的 SPR 激发结构。

（2）光栅耦合 SPR 结构

光栅耦合 SPR 的原理是利用光栅产生的衍射光束提供波矢增量，用于补偿入射光与表面等离体波（SPW）的波矢之差，从而使两者在满足波矢匹配的条件下发生共振耦合。光栅耦合 SPR 结构如图 6.13 所示，入射光以入射角 θ 照射到周期为 Λ 的金属光栅表面，产生不同级次（m）的反射衍射光束。当某一级衍射光的传播方向与 SPW 的传播方向相同时，即两者满足波矢匹配条件，该级衍射光的能量转换成为 SPW 能量，从而产生沿光栅表面传播的 SPW。SPW 在光栅波矢补偿作用下又会向外耦合辐射产生自由空间光束，该光束的传播方向与反射光（即零级衍射光）相同，但相位相反，两者在光栅表面干涉相消，能量透入光栅金属层中被吸收，导致反射光能量急剧减小直至为零，从而使反射光谱中具有一共振吸收峰。因此，光栅激励 SPR 的波矢匹配条件可写为：$\frac{2\pi}{\lambda}n_d\sin\theta + \frac{2\pi m}{\Lambda} = \pm\mathrm{Re}(\beta_{sp} + \Delta\beta)$，式中 n_d 为覆盖光栅的介质的折射率，β_{sp} 是没有光栅结构时 SPW 的传播常数，$\Delta\beta$ 是光栅存在时引起的对 β_{sp} 的微扰，$\frac{2\pi m}{\Lambda}$ 是光栅提供的波矢增量。从上述波矢匹配方程可以看出，光栅 SPR 传感器可以在单波长入射光下通过测量共振角的变化获取生化样品信息，也可以使用宽带光源在固定入射角下通过测量共振波长的变化反映生化样品信息。光栅耦合 SPR 生化传感器的敏感区间就是光栅表面，这种传感器结构简单，便于集成且成本较低，适合批量生产。但实际应用时，样品需要具有一定的透明性才能使入射光射到光栅表面，这限制了该结构的实际应用。

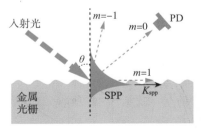

图 6.13　用于激发 SPR 的光栅结构

（3）波导耦合结构

激发 SPR 的波导耦合结构如图 6.14（a）所示，介质波导上表面镀有一层金属薄膜，波导中传播的模式（导模）通过金属区域时能够在金属上表面耦合激发

SPW。当导模的传播常数等于 SPW 的传播常数的实部时，导模的光场能量会耦合到 SPW 中产生 SPR。使用波导结构激发 SPR 具有尺寸小、结构坚固、可以抑制杂散光影响等优势。在实际应用中，常采用光纤做波导层，如图 6.14（b）所示。将光纤某段的包层剥去，再镀上金属膜，就制成了激发 SPR 的简单波导结构。光纤耦合呈现出 SPR 传感器小型化的最高水平，允许在难以接近的位置进行生化传感，其机械灵活性和长距离传输光信号的能力使光纤耦合结构非常有吸引力。

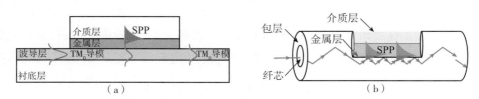

图 6.14　用于激发 SPR 的波导结构

6.2.1.3　SPR 传感器的检测方法

激发 SPR 需要满足的波矢匹配条件是入射光波矢、金属介电常数和介质折射率的函数。当金属表面介质折射率发生变化时，反射光的光学参数也会随之改变。通过分析反射光强度、相位和波长的变化，可以得到金属表面待测物质的特性，即为 SPR 传感器的检测原理。根据传感信号检测方式的不同，SPR 传感器可以分为角度检测型 SPR 传感器、强度检测型 SPR 传感器、波长检测型 SPR 传感器、相位检测型 SPR 传感器和图像检测型 SPR 传感器。

（1）角度检测型 SPR 传感器

角度检测型 SPR 传感器是指将入射波长固定，采用扇形光束或者转动光源扫描入射角，得到入射角度 – 反射率曲线。图 6.15（a）给出了 SPR 传感器在入射波长 650 nm、不同折射率溶液覆盖时的 SPR 角谱曲线，曲线中强度最低点对应的入射角称为共

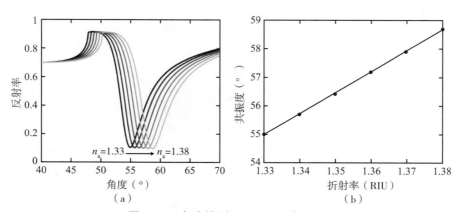

图 6.15　角度检测型 SPR 传感器响应

振角。随着折射率增大，共振角变大。如图 6.15（b）所示，在一定范围内，共振角变化与折射率变化呈线性关系，通过计算曲线斜率可以得到 SPR 传感器的折射率灵敏度。

（2）强度检测型 SPR 传感器

强度检测型 SPR 传感器是将入射光的波长和入射角固定，通过直接测量反射光光强的变化实现对待测物的检测。图 6.16（a）给出了 SPR 传感器在入射波长 650 nm、入射角度 54°、不同折射率溶液覆盖时的 SPR 反射曲线，反射光光强会随着样品折射率的变化而变化。在一定范围内，强度变化与折射率变化呈线性关系，如图 6.16（b）所示。线性区域内可检测的折射率变化最大范围定义为 SPR 传感器检测的动态范围，强度型 SPR 传感器检测的动态范围小于角度型 SPR 传感器。强度型 SPR 传感器具有实验装置简单易操作的优势，是目前商业化应用最多的 SPR 传感器。

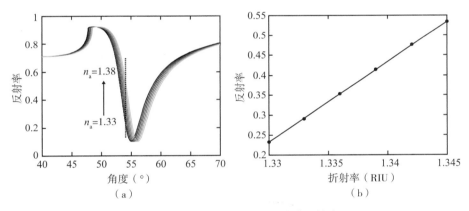

图 6.16　强度检测型 SPR 传感器响应

（3）相位检测型 SPR 传感器

相位检测型 SPR 传感器是通过检测发生 SPR 现象前后 TM 偏振光相位的变化来实现对样品折射率变化的检测。入射光中 TM 偏振光分量能够激发 SPR 现象，发生 SPR 前后 TM 偏振光的相位会发生剧烈变化。图 6.17（a）给出了 SPR 传感器在入射波长 650 nm、入射角度 54°、不同折射率溶液覆盖时的相位差曲线。检测相位差通常有两种方式，一种是将入射波长和入射角度固定，检测入射光与反射光中 TM 偏振光的相位差；另一种是通过检测 TM 偏振光与 TE 偏振光的相位差来检测样品折射率的变化，因为 TM 偏振光会导致 SPR 现象相位发生变化，而 TE 偏振光由于不激发 SPR 现象，经过传感面前后的相位不发生变化。相位型 SPR 传感器的折射率灵敏度高，但所需的光学系统复杂。由于相位跃变只发生在一段非常有限的折射率范围内，因此，相位型 SPR 传感器测量的动态范围窄，如图 6.17（b）所示。

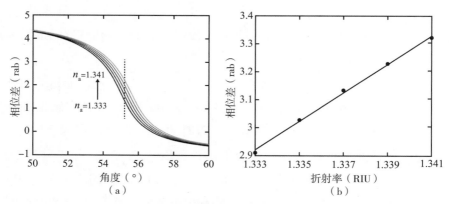

图 6.17 相位检测型 SPR 传感器响应

（4）波长检测型 SPR 传感器

波长检测型 SPR 传感器是指将入射角度固定，通过对入射波长进行扫描或使用宽谱光源作为入射光，得到入射波长 – 反射率曲线。图 6.18（a）给出了 SPR 传感器在入射角度 72°、不同折射率溶液覆盖时的 SPR 光谱曲线，曲线中强度最低时对应的波长称为共振波长。随着折射率增大，共振波长红移，如图 6.18（b）所示，通过测量共振波长的偏移可以实现对分析物的检测。波长型和角度型 SPR 传感器的折射率灵敏度介于强度型和相位型 SPR 传感器之间，动态范围优于强度型和相位型

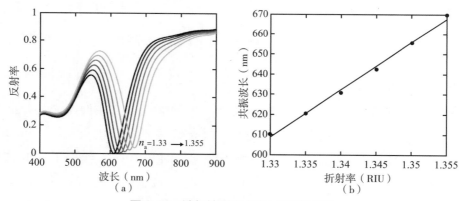

图 6.18 波长检测型 SPR 传感器响应

SPR 传感器。

SPR 传感器不仅对表面折射率敏感，对表面介质厚度变化也很敏感。当待测溶液中的分子由于疏水作用、静电引力、氢键、范德华力等分子相互作用力吸附在 SPR 传感膜表面，在传感膜表面形成具有一定厚度的吸附层，该层折射率的变

化或厚度的变化都会引起共振波长的偏移。图 6.19（a）展示了牛血清蛋白分子吸附在 SPR 传感器表面引起的共振波长变化。依据蛋白质折射率与浓度的关系为 dn/dc=0.190 mL/g，在极稀浓度下，牛血清蛋白水溶液折射率变化引起的共振波长变化可以忽略。因此，只考虑吸附层厚度变化引起的 SPR 响应，图 6.19（b）给出了共振波长随吸附层厚度变化的曲线，通过计算曲线斜率可以得到 SPR 传感器的分子

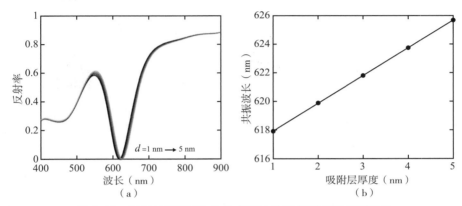

图 6.19　波长检测型 SPR 传感器的分子吸附层厚度灵敏度

吸附层厚度灵敏度。

（5）图像检测型 SPR 传感器

图像检测型 SPR 传感器是指采用面阵探测器采集传感信号，一次成像获取二维传感面上不同位点的 SPR 信号。图像中的每一个像素都可以作为独立的传感单元，实现对多种样品的高通量检测。图像检测型 SPR 传感器主要分为两种，一种是基于棱镜结构的表面等离子体共振成像（Surface Plasmon Resonance Imaging，SPRI）传感器，一种是基于倒置高数值孔径显微物镜的表面等离子体共振显微镜（Surface Plasmon Resonance Microscopy，SPRM）。

如图 6.20（a）所示，基于棱镜结构的 SPRI 传感器是将传统 SPR 传感器中的光谱探测器替换为 CCD 相机，若采用宽带光源作为入射光源，则 CCD 相机可获取 SPR 传感面的彩色图像；若采用单色光源作为入射光源，则 CCD 相机获取的是 SPR 传感面的灰度图像。SPRI 的成像视场不受限，能够同时检测多个通道的分子相互作用。如图 6.20（b）所示，SPRM 是采用高数值孔径显微物镜替代棱镜激发 SPR，其成像分辨率可达到衍射极限。SPRM 采用单色光源作为入射光源，利用折射率匹配油将物镜与基于载玻片制成的 SPR 传感芯片耦合，入射光经过物镜照射到载玻片 – 金属薄膜界面发生全反射激发 SPR，从物镜出射的光由 CCD 相机捕获获得 SPR 显微灰度图像。

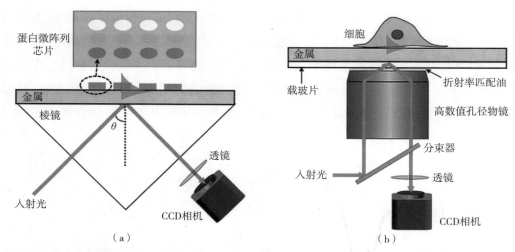

图 6.20 基于棱镜结构的 SPRI 和基于倒置高数值孔径显微物镜的 SPRM 传感原理示意图

如图 6.21 所示，在 SPRI 和 SPRM 灰度图像中，满足波矢匹配条件产生 SPR 的区域表现为暗区，而不满足波矢匹配条件的区域表现为亮区。SPR 被激发时，一部分入射光能量被金属吸收转化为焦耳热损耗，一部分反射光与泄漏到棱镜或物镜中的 SPW 发生干涉相消，最终表现为反射光能量降到最低。当样品区由于分子相互作用发生折射率变化时，SPR 波矢匹配条件被破坏，入射光与 SPW 耦合较弱，使得大部分入射光被反射收集。通过分析 SPR 图像强度的变化，即可实现对 SPR 传感面上生物分子相互作用的检测。

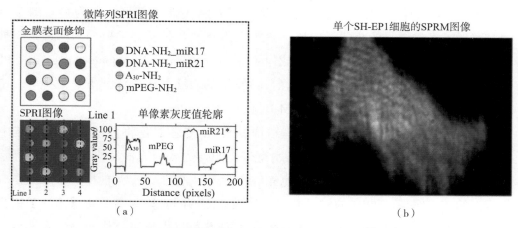

图 6.21 微阵列 SPRI 图像与单细胞 SPRM 图像[46-47]

图 6.21（a）利用棱镜耦合的 SPRI 传感器测得的结果，图 6.21（b）是由物镜 SPRM 测得的单细胞灰度像。从中可以看出，图像的背景为暗区，是表面等离子体共振区间；图像亮区为非共振区间，反映了被测样品形貌等信息。一般情况下，在

将被测样品载入 SPR 芯片表面之前，首先通过调节入射角，使入射光满足波矢匹配条件，从而将传感器设置为共振状态，使整个视场成为暗背景；然后将样品载入 SPR 芯片表面，由于样品区域发生了折射率和厚度变化，入射光不再满足波矢匹配条件，SPR 共振转为非共振，金膜吸收减少，反射光增强，导致样品区域变亮。这里值得注意的是，由于 SPW 存在传播距离，亮暗区间的分界线与样品边缘不相重合。在垂直于 SPW 传播方向的一侧，亮区从样品边缘起逐渐过渡到暗区，过度区间长度为 SPW 传播距离。这是因为从样品边缘起建立 SPW 共振需要在芯片金属膜内经历多次反射。

6.2.2　SPR 传感器的特点

SPR 传感器具有如下特点：①样品免标记，可以避免引入标记物对分析物测试的干扰；②无须繁杂的样品前处理过程；③高灵敏，折射率分辨率可达 $10^{-7} \sim 10^{-8}$ RIU；④响应快，允许原位实时动态监测；⑤可记录分子相互作用的全过程，测定分子动力学参数；⑥抗电磁干扰能力强；⑦兼容性强，可与多种其他分析检测技术联用；⑧检测对象涵盖各类小分子化合物、多肽、蛋白质、寡核苷酸和寡聚糖以及类脂、噬菌体、病毒和细胞。

6.2.3　SPR 传感器增敏方法

在极稀条件下检测小分子量生化分子对于从早期癌症诊断到安全监测的应用至关重要。然而，常规 SPR 传感器的灵敏度不足以直接检测分子量小于 200 道尔顿的分子相互作用。近年来，随着纳米技术的快速发展，各种纳米材料增强的 SPR 传感器已被开发用于超灵敏检测极稀浓度或小分子量分析物。

用于增强 SPR 传感器信号的纳米材料（图 6.22）包括：①贵金属纳米颗粒，如金和银纳米颗粒；②磁性纳米颗粒，如 Fe_3O_4 纳米颗粒；③碳基纳米材料，如石墨烯材料；④纳米多孔材料，如纳米多孔金薄膜。基于各种金 - 银纳米结构的免标记增强型 SPR 传感器将在生物医学和环境传感应用中发挥重要作用，因为它们有可能作为便携式设备实现小型化，用于现场监测样品，如受感染血样和受污染水样的检测。磁性纳米颗粒用于 SPR 增强具有生物分离功能，可用于选择性分离和检测具有高黏度的复杂生理基质（如血浆）中的目标分析物样品。纳米多孔薄膜具有分子富集能力，可增大消逝场与小分子的作用深度，从而提高 SPR 传感器检测小分子的灵敏度。石墨烯包覆的金或银薄膜是下一代增强 SPR 传感器中很有前景的传感基底，因为它们能够在目标分析物和传感表面之间的耦合过程中产生强烈的增强效应，如图 6.23 所示。

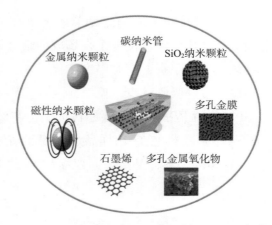

图 6.22　用于增强 SPR 传感器的纳米材料[48]

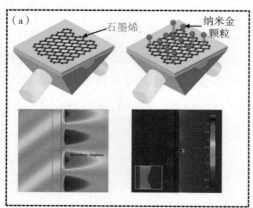

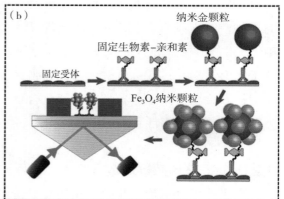

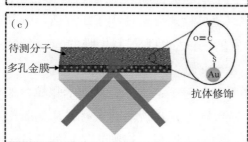

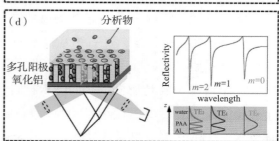

图 6.23　各种纳米材料增强的 SPR 传感器[49-51]

　　SPR 传感器的增敏机制分为：①利用纳米贵金属颗粒表面激发的局域表面等离子体激元与传感膜上激发的 SPW 耦合获得更大场增强；②从纳米材料表面到金属传感膜表面的电荷转移将导致更大的消逝场增强，从而放大 SPR 信号；③利用功能化纳米材料的催化活性进一步触发二次信号放大；④利用目标分析物和纳米材料表面之间的 pi 堆积力提高吸附效率；⑤利用纳米多孔材料的超大比表面积和选择性吸附能力来提高被测分子吸附量以及增加 SPW 与待测分子的作用深度。

6.2.4　SPR 商业化仪器

　　由于 SPR 传感器的广泛应用，SPR 传感器在仪器市场的需求也日益增加，表 6.2 列举了一些主要的 SPR 商业化传感器及制造商信息。Biacore 是 SPR 仪器市场最大的公司，拥有完整的 SPR 产品线。目前主流的 SPR 产品被国外垄断，造成了科学研究中面临仪器购买成本高、耗材贵等问题。国内开展 SPR 传感器研究的科研院校较多，包括清华大学、吉林大学、中国科学技术大学、浙江大学、华中科技大学、中科院长春应化所等。我国科研人员尽管在 SPR 传感技术与应用方面做了大量研究工作，但没有发展出商业化的 SPR 仪器。这里值得指出的是，中科院电子学研究所（现为空天信息创新研究院）传感技术国家重点实验室是国内最早开展 SPR 传感技术与仪器研究的单位之一，先后研制出角度检测型、光谱检测型、图像检测型三代 SPR 生化传感器。在此基础上，该实验室科研人员将高光谱技术、SPR 传感技术、显微成像技术有机融为一体，通过仿真设计与系统集成相结合构建了新一代高光谱 SPR 显微成像传感装置样机，并开发出配套的传感数据实时处理算法软件。该样机不仅保持了前三代 SPR 传感器功能，还增添了单像素共振光谱量化检测新功能。

表 6.2　部分 SPR 商业化传感器及生产商信息

产品名称	检测方式	公司及所在国家	网址
Biacore S200、T200、8K 等	角度检测型	Biacore，美国	www.biacore.com
Reichert 4SPR	角度检测型	Reichert Technologies，美国	www.reichertai.com
SPRm 200 Series	图像检测型	Biosensing Instruments，美国	www.biosensingusa.com
Pioneer FE	角度检测型	SensiQ Technologies，美国	www.sensiqtech.com
SPRi™	强度检测型	K-MAC（Korea），韩国	www.kmac.com/eng
EzPlex	图像检测型	Horiba Scientific，法国	www.horiba.com
MP-SPR Navi™	角度检测型	Bionavis，芬兰	www.bionavis.com
OpenSPR XT	波长检测型	Nicoya，加拿大	www.nicoyalife.com
BIOSUPLAR-6	强度检测型	Analytical μ-Systems，德国	www.biosuplar.de
SPRINGLE	角度检测型	KE Instruments，荷兰	www.ke-instruments.com

6.2.5　SPR 传感器的应用

6.2.5.1　SPR 物理传感器

　　由于 SPR 产生于金属 – 介质界面，因此，最初 SPR 传感器常用于监测金属膜的介电性能。通过将 Langmuir–Blodgett（LB）膜或自组装单层（SAM）膜沉积在金属上，SPR 传感器能够探测各种材料的物理特性和表面特性，包括介电特性、吸附过程、表面降解或水合[52]。基于对入射光波动量的敏感性，SPR 传感器可用于测量位移和角度等物理量[53-54]。各种光学转换材料中发生的物理现象也已被用于开发 SPR 物理传感器，包括基于聚合物薄膜湿度敏感引起折射率变化的湿度传感器和基于氢化非晶硅热光学效应的温度传感器[55-56]。

6.2.5.2 SPR 化学传感器

大多数 SPR 化学传感器基于分析物在介质表面吸附或化学反应引起的折射率变化进行传感，包括对各种有机薄膜表面吸附的碳氢化合物、醛、醇和烃蒸气的检测[57]，对 NO_2、H_2S 和 NH_3 等气体的检测[58-59]，以及对环境或食品中汞、镉、铜、铅、铬以及类金属砷等生物毒性显著的重金属离子的监测等。重金属离子为小分子分析物，并且大多数属于痕量污染，使用常规 SPR 传感器无法直接进行检测，一般需要对传感器表面进行生物和化学特异性修饰；或使用纳米材料放大 SPR 传感信号，实现对重金属离子的选择性检测。例如，哺乳动物的金属硫蛋白对多种重金属具有高度亲和性，将其固定到羧甲基化的 SPR 传感器表面，可以特异性定量检测镉、锌和镍离子[60]；纳米多孔薄膜富集小分子可以增加消逝场与分子的作用深度，从而提高 SPR 传感器的灵敏度，采用巯乙胺修饰的二氧化硅介孔薄膜 SPR 传感芯片能够有效地痕量探测铅离子[61]；基于表面修饰 DNA 探针和引入金纳米颗粒进行信号放大，SPR 传感器能够特异性识别和高灵敏检测水溶液中的汞离子[62]。

6.2.5.3 SPR 生物传感器

虽然 SPR 传感器可被应用于物理和化学量的测量，但更多的是利用 SPR 传感器进行原位非标记生物检测。SPR 生物传感器的主要功能包括：①浓度测定，即测定样品中的目标分子浓度高低，常用检测限作为衡量 SPR 生物传感器的指标；②动力学分析，即测定目标分子与靶分子结合与解离的速率快慢，常用结合常数 k_a 和解离常数 k_d 进行评估；③亲和力测定，即测定两种分子之间的结合强度，常用平衡常数 k_D 评估，$k_D=k_d/k_a$；④特异性分析，即检测目标分子与靶分子之间是否发生结合以及结合是否具有特异性。

如图 6.24 所示，SPR 生物传感器测试分子动力学实验一般包括固定配体、分析物与受体相互作用、芯片再生三个步骤。首先将受体固定于 SPR 传感芯片表面，然后通过流控进样通入待测分析物。样品中的分析物分子与芯片表面的受体发生分子结合，引起芯片表面折射率变化，产生响应信号。待分析物与受体结合稳定后，通入缓冲液使分析物从受体中自发解离，分析物解离后彻底清洗 SPR 芯片进行再生。

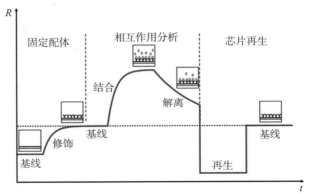

图 6.24 SPR 传感器监测分子动力学过程

分析物与受体的结合和解离过程表示如下

$$A + B \underset{k_d}{\overset{k_a}{\rightleftharpoons}} AB \tag{6.10}$$

其中，A 表示 SPR 芯片表面固定的受体，B 表示待测分析物，AB 表示分析物和受体结合形成的复合物，k_a 和 k_d 分别表示分析物与受体两种分子的结合速率常数与解离速率常数。在液相反应中，[AB] 表示 t 时刻形成复合物 AB 的摩尔浓度；在固相表面反应中，[AB] 表示 t 时刻形成复合物 AB 的表面浓度或表面覆盖度；[AB]$_{\max}$ 表示达到平衡时形成最多复合物 AB 的浓度，C 为受体 A 的浓度。对于结合过程，满足

$$\frac{d[AB]_a}{dt} = k_a C \left([AB]_{\max} - [AB]\right) \tag{6.11}$$

对于解离过程，满足

$$\frac{d[AB]_d}{dt} = -k_d [AB] \tag{6.12}$$

在实际实验中，生物分子结合和解离是同时发生的，分析物和受体在不断结合和解离过程中达到平衡，形成稳定的复合物。k_a 和 k_d 可以由以下公式确定

$$\frac{d[AB]}{dt} = \frac{d[AB]_a}{dt} + \frac{d[AB]_d}{dt} = k_a C \left([AB]_{\max} - [AB]\right) - k_d [AB] \tag{6.13}$$

由于 SPR 传感器检测信号 R 与 [AB] 成正比[63]，因此可以得到

$$\frac{dR}{dt} = k_a C (R_{\max} - R) - k_d R \qquad (6.14)$$

其中，$R_{\max}$ 表示稳定或平衡状态下芯片表面形成最多 AB 复合物时的 SPR 响应，R 表示 t 时刻的 SPR 响应，dR/dt 为 SPR 响应曲线在 t 时刻的斜率。

到目前为止，各种各样的 SPR 生物传感器已被开发用于抗原 – 抗体反应测定、蛋白质相互作用分析、DNA 与蛋白质相互作用分析、核酸间的相互作用、药物与蛋白质的相互作用、药物筛选、药效机理分析、新药开发、疫苗研发、癌症标志物的检测、生物毒素的检测、有害微生物的检测、细菌和病毒的检测等[64]。

6.2.5.4　SPR 成像传感器应用

单一通道或单点测量的 SPR 传感器无法满足高通量生化分析的研究需求，为了提高检测通量，SPRI 和 SPRM 传感器应运而生。SPRI 和 SPRM 传感器都具有免标记高通量可视化分析能力，但 SPRI 传感器的空间分辨率还有待进一步提高以用于亚细胞或单分子水平的研究。基于棱镜结构的 SPRI 传感器被用于多通道生物分子相互作用成像检测[46]、药物筛选[65]、细胞 – 基质黏附动力学研究等[66]。而基于显微物镜的 SPRM 能够对几纳米到几微米的实体成像，从单分子传感到单细胞成像应用都取得了巨大进展，SPRM 已被广泛用于检测单个 DNA 分子、原位定量膜蛋白的结合动力学、检测细胞色素 c 的构象变化、监测细胞内的细胞器动态以及细胞对外部刺激的反应[67]。

6.2.6　电化学 – SPR 联用传感器

6.2.6.1　电化学 – SPR 传感器原理和特点

电化学分析技术用于检测电极表面分析物吸脱附或氧化还原过程引起的电流、电压或阻抗变化，能够灵敏探测单分子或亚单分子层吸附物。由于 SPR 传感器与电化学分析技术的传感方案可以很好地兼容，并且 SPR 对表面化学反应引起的折射率变化非常敏感，所以 SPR 传感器可以用于对电化学反应过程的实时监测。将 SPR 传感器与电化学分析技术联用，有助于从多角度分析和理解表界面反应的复杂过程，如图 6.25 所示，电化学 – SPR 传感器由传统的 SPR 传感结构、电化学电极和电解液构成。传感器中的金属薄膜不仅可以作为激发 SPR 的敏感膜，还可以作为电化学反应的工作电极，在电极 – 溶液界面发生的得失电子反应会引起 SPR 信号的变化，电化学 – SPR 传感器可同时检测同一反应的光信号变化和电信号变化。SPR 传感可以原位跟踪电极表面的电化学反应，通过电化学方法修饰金属膜表面还可提高 SPR 传感器的灵敏度，电化学 – SPR 传感器实现了 SPR 传感和电化学分析技术的优势互补。

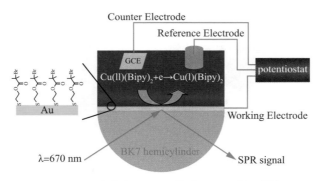

图 6.25　电化学 –SPR 传感原理示意图[68]

6.2.6.2　电化学 – SPR 传感器应用

电化学 –SPR 传感器已被广泛用于痕量检测、电极表面吸脱附过程和导电聚合物的电聚合反应过程监测、纳米薄膜原位动力学研究、反应动力学常数测定、生物分子相互作用分析等[69]。近年来，电化学与 SPRM 技术联用在细胞生物学领域发挥了重要作用。美国亚利桑大学陶农建教授课题组分别将电位阶跃法、交流阻抗法、电化学阻抗等电化学分析技术与 SPRM 结合，开发了一系列电化学 –SPRM 系统，并将其成功应用于绘制亚细胞的极化率和电导率、揭示细胞结构和离子分布的详细信息、单根纳米线的表面电化学反应等离子体成像研究、动态监测单细胞的凋亡和电穿孔过程以及单个神经元动作电位的成像等[70-74]。

6.2.7　LRSPR 传感器

6.2.7.1　LRSPR 传感器的基本原理

长程表面等离子体共振（Long Range Surface Plasmon Resonance，LRSPR）传感器是在传统 SPR 传感器的金属膜下表面增加一层缓冲介质层，构成介质 – 金属 – 介质"三明治"结构，如图 6.26（a）所示。当金属膜上下两个介质层的折射率相同且金属膜足够薄时，上下两个金属 – 介质界面处产生的 SPW 会发生空间叠加，从而相互耦合导致两个新的共振模式，即一个反对称模式和一个对称模式。图 6.26（b）和（c）分别展示了两种模式等效折射率的实部和虚部与银膜厚度依赖关系的仿真曲线。仿真参数为波长 $\lambda=633$ nm，介质层折射率 $n_c=1.4$，银膜复折射率 $n_m=0.055+j4.24$。从图中可以看出，银膜越薄，两界面上的 SPW 的耦合越强，两种模式的等效折射率实部和虚部的差异越大；金属层越厚，两界面上的 SPW 的耦合越弱，两种模式的等效折射率实部和虚部的差异越小，趋近于无限厚金属表面传播的 SPW 的等效折射率（即图中虚线）。在图 6.26（c）中，反对称模式的衰减系数，即等效折射率虚部，大于对称模式。就衰减系数而言：对称模式 < 无穷厚金属膜 SPW< 反对称模式。因此，对称模式具有更长的传播距离，被称为 LRSPR；而反对称模式因传播距离短，被称

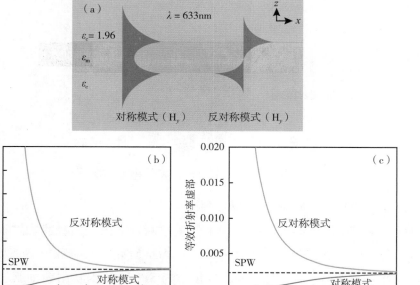

图 6.26　对称（长程）和反对称（短程）共振模式磁场分布（a）以及两种模式的
等效折射率实部（b）和虚部（c）与金属层厚度关系的仿真曲线

为短程表面等离子体共振（Short Range Surface Plasmon Resonance，SRSPR）。

6.2.7.2　LRSPR 传感器特点及应用

图 6.27（a）给出了一个典型的 LRSPR 传感器结构，由 SF11 棱镜、700 nm 厚的 Teflon 缓冲层、24 nm 厚的金膜和介质覆盖层水构成。其中，Teflon 缓冲层的折射率为 1.31，水的折射率为 1.33。与传统 SPR 相比，LRSPR 具有更深的穿透深度和场增强作用，非常适合于生物大分子的探测。如图 6.27（b）所示，LRSPR 的共振光谱曲线更尖锐、半高峰宽更窄，有利于获得较高的 SPR 折射率分辨率和更好的信噪比。LRSPR 传感器已被用于表面增强荧光、表面增强拉曼散射、蛋白质和病毒等大分子检测以及细菌和细胞检测等[75]。

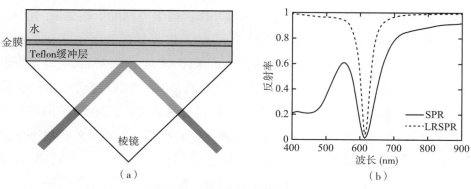

图 6.27　LRSPR 传感器示意图

6.2.8　PWR 传感器

6.2.8.1　PWR 传感器基本原理

等离子体波导共振（Plasmon Waveguide Resonance，PWR）传感器是在传统 SPR 传感器的金属膜上表面增加一层波导层，如图 6.28（a）所示。入射光照射到棱镜 – 金属界面发生全反射，产生消逝场。当波导层较薄时，在金属膜与波导层界面激发与传统 SPR 结构相同的 SPW 模式，即 TM_0 导模；当波导层厚度大于导模截止厚度时，消逝波进入波导层激发高阶导模。当波导层中的导模与消逝波满足波矢匹配条件时，产生 PWR，反射光谱出现多个共振吸收峰，如图 6.28（b）所示。

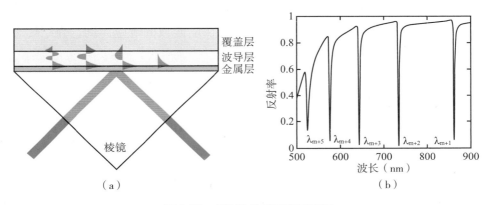

图 6.28　PWR 传感原理示意图

6.2.8.2　PWR 传感器特点及应用

与传统 SPR 传感器相比，PWR 传感器的灵敏度较低。但如果波导层是多孔薄膜，利用多孔薄膜大的比表面积优势进行分子富集，能够增加待测分子与消逝场的作用深度，进而提高灵敏度。与 SPR 的反射光谱曲线相比，PWR 的反射光谱曲线更尖锐、半高峰宽更窄，有利于获得较高的 SPR 折射率分辨率和更好的信噪比。PWR 传感器对波导层折射率和厚度都非常敏感，特别适用于研究生物分子与脂质双层膜的相互作用。二氧化硅和二氧化钛是 PWR 传感器常用的两种波导薄膜，它们具有很好的亲水性，为脂质囊泡融合和生物膜分析提供了合适的平台。基于二氧化硅薄膜的 PWR 传感器已被开发用于检测脂质双层膜的质量密度和构象变化，包括蛋白质 – 配体结合和重组跨膜蛋白质的构象变化[76]。不同于 SPR 传感器，TE 和 TM 偏振光均能激发 PWR，使得 PWR 传感器可以被用于研究各向异性材料的双折射和光学二向色性。纳米多孔薄膜具有均匀的孔结构和狭窄的孔径分布，纳米孔的大比表面积和分子筛效应有利于提高 PWR 生物传感器的灵敏度和选择性。基于多孔二氧化硅、多孔阳极氧化铝、多孔二氧化钛等波导薄膜的 PWR 传感器已被开发并成功用于高灵敏检测生物小分子[77-79]。

6.3 IOW 传感原理与技术

集成光学传感器具有体积小、灵敏度高、抗电磁干扰、稳定可靠等优点，在生命科学、医疗检测、药物筛选、食品检测、环境监测、毒品检测、法医鉴定等领域具有广泛的应用需求。本节首先从几何光学和导波光学的角度介绍波导光学理论；然后通过波导灵敏度的计算仿真结果，介绍光波导各参数与灵敏度之间的关系与传感器芯片波导结构的设计思路；进而介绍传感器芯片的工艺制作流程与传感器检测装置研制；最后以传感器芯片对 BSA 溶液、溶菌酶溶液的响应为例，介绍传感器芯片的测试过程与代表性结果。

6.3.1 导波光学理论

集成光波导传感器分析的理论基础为光波导理论，即光波在介质波导中的传播理论，主要包括波导模式分析和传输计算。通过理论分析与计算，设计合适的传感器结构，以提高传感器的性能。光波导根据横截面的不同，可分为圆形波导（光纤）、平板波导、矩形波导；根据折射率的不同，可分成渐变折射率波导、阶跃折射率波导。下面从麦克斯韦方程的边值问题出发，推导平板波导各类模式的场分布、携带功率以及模式本征方程等。

6.3.1.1 波动方程[80-82]

设图 6.29 中的非对称平板波导的衬底和覆盖层分别延伸到无穷远，且导波层的宽度远大于它的厚度 h。这时，平板波导的光场只在一个方向上受到限制，设为 x 方向，设平板波导的几何结构和折射率分布沿 y 方向不变，即折射率分布 $n(x)$ 只是坐标 x 的函数，可以写为

$$n(x)=\begin{cases} n_c & h<x<+\infty \\ n_f & 0<x<h \\ n_s & -\infty<x<0 \end{cases} \quad (6.15)$$

平板光波导在 y 方向视为无限大，在其内部沿 z 方向传播的导波光具有两种偏振模式，一种为横电（TE）波，即电场方向平行于 y 轴；另一种为横磁波（TM）波，即磁场方向平行于 y 轴。TE 导模有 E_y、H_x 和 H_z 三个场分量，TM 导模包含

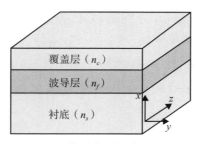

图 6.29 非对称平板波导示意图

H_y、E_x 和 E_z 三个场分量。TE 导模的波动方程可写为

$$\frac{\partial^2 E_y}{\partial x^2} + \left(k_0^2 n_i^2 - \beta^2\right) E_y = 0 \tag{6.16}$$

TM 导模的波动方程为

$$\frac{\partial^2 H_y}{\partial x^2} + \left(k_0^2 n_i^2 - \beta^2\right) H_y = 0 \tag{6.17}$$

式中，$k_0 = \omega\sqrt{\varepsilon_0 \mu_0} = \dfrac{2\pi}{\lambda}$，是光在真空中的传播常数；$\lambda$ 为光在真空中的波长；β 是导波光沿 z 方向的传播常数，下标 $i = c$，f，s。它们适用于无源、无损耗、各向同性和非磁性的介质平板波导。

6.3.1.2 TE 导模

根据上面的分析可知，平板波导中 TE 导模的电磁场分量为 E_y、H_x 和 H_z，在衬底和覆盖层中场呈指数形式衰减；而在导波层中的场是振荡的，是两个相反方向传播的平面波叠加的图像。平板波导三个区域中的电场分布为

$$E_y = \begin{cases} A \exp\left(p_0 x\right) & -\infty < x < 0 \\ B \exp\left(j\kappa x\right) + C \exp\left(-j\kappa x\right) & 0 < x < h \\ D \exp\left[-p_2\left(x - h\right)\right] & h < x < +\infty \end{cases} \tag{6.18}$$

式中，A、B、C、D 是待定常数。若把式（6.18）带入波动方程（6.16）则可得

$$\begin{cases} \kappa = \left(k_0^2 n_f^2 - k_0^2 N^2\right)^{1/2} = \left(k_0^2 n_f^2 - \beta^2\right)^{1/2} \\ p_0 = \left(k_0^2 N^2 - k_0^2 n_c^2\right)^{1/2} = \left(\beta^2 - k_0^2 n_c^2\right)^{1/2} \\ p_2 = \left(k_0^2 N^2 - k_0^2 n_s^2\right)^{1/2} = \left(\beta^2 - k_0^2 n_s^2\right)^{1/2} \end{cases} \tag{6.19}$$

κ 是沿 x 方向的传播常数，p_0、p_2 分别是衬底和覆盖层中场的衰减系数，N 为导模的等效折射率，β 为导模的传输常数。

根据边界条件，可知 E_y 和 H_z 在边界上连续，即 E_y 和 $\partial E_y/\partial x$ 在 $x=0$ 和 $x=h$ 界面上连续。首先利用 E_y 在 $x=0$ 和 $x=h$ 界面上连续和 $\partial E_y/\partial x$ 在 $x=0$ 上连续，代入式（6.18）得到

$$\begin{cases} B+C=A \\ j\kappa(B-C)=p_0 A \\ B\exp(j\kappa h)+C\exp(-j\kappa h)=D \end{cases} \tag{6.20}$$

将 B、C、D 都用 A 来表示，$E_y(x)$ 可写成如下形式

$$E_y(x)=\begin{cases} A\exp(p_0 x) & -\infty<x<0 \\ \dfrac{A}{\cos\varphi_0}\cos(\kappa x-\varphi_0) & 0<x<h \\ \dfrac{A}{\cos\varphi_0}\cos(\kappa h-\varphi_0)\exp\left[-p_2(x-h)\right] & h<x<+\infty \end{cases} \tag{6.21}$$

利用 $\partial E_y/\partial x$ 在 $x=h$ 界面上连续的条件可得

$$-\kappa\frac{A}{\cos\varphi_0}\sin(\kappa h-\varphi_0)=-p_2\frac{A}{\cos\varphi_0}\cos(\kappa h-\varphi_0) \tag{6.22}$$

化简得

$$\tan(\kappa h-\varphi_0)=\frac{p_2}{\kappa} \tag{6.23}$$

得到 TE 导模的本征方程

$$k_0\sqrt{n_f^2-N^2}\,h=\arctan\sqrt{\frac{N^2-n_c^2}{n_f^2-N^2}}+\arctan\sqrt{\frac{N^2-n_s^2}{n_f^2-N^2}}+m\pi \qquad (m=0,1,2,\cdots) \tag{6.24}$$

方程（6.24）为相位色散方程，是分析波导内模式的理论基础。

值得注意的是，并不是 m 取任何非负整数所对应的模式都可以在平板光波导中传播。如果特征参量 p_0 和 p_2 都是正实数，则 β 也是正实数，由式（6.21）可知，衬底和覆盖层中的场随离开波导层表面的距离按指数形式迅速衰减，而在 z 轴方向呈

无衰减行波特性，满足这些条件时，我们称这样的模式为导模。如果 p_0 和 p_2 中有一个是虚数，或者两个都是虚数，则衬底或覆盖层中的场在 x 轴方向呈行波特性，这说明电磁波能量在向 z 轴方向传播的同时，又在衬底或覆盖层中形成沿 x 轴方向的辐射，显然这样的模式不可能沿 z 轴方向长距离传播，这样的模式称为辐射模。

当 $\beta = n_2 k_0$ 时为辐射模的临界条件，此时可以得到 TE_m 的截止波长为

$$\lambda_{\text{cut-off}} = 2\pi h \sqrt{n_f^2 - n_s^2} \left(m\pi + \arctan \sqrt{\frac{n_s^2 - n_c^2}{n_f^2 - n_s^2}} \right)^{-1} \tag{6.25}$$

波长长于截止波长的光波不可能在光波导中以导模形式传播。由式（6.25）可以看出，在导波层厚度、各层的折射率和工作波长确定的条件下，第 m 阶模式能否传播将完全取决于 m 的大小，m 越小，截止波长越长。因此在确定的波导中，低阶模容易满足传播条件，而高阶模则往往不能传播。

对于波长一定的光波，当导波层厚度小于某一值时，m 阶模也不能传播，此时的导波层厚度称为 TE_m 模的截止厚度，其表达式为

$$h_{\text{cut-off}} = \lambda \left(m\pi + \arctan \sqrt{\frac{n_s^2 - n_c^2}{n_f^2 - n_s^2}} \right) \left(2\pi \sqrt{n_f^2 - n_s^2} \right)^{-1} \tag{6.26}$$

从上式中可得到，波长越长，所需要支持其传播的波导层的厚度越大。也就是说，对于厚度一定的波导，波长越长，越容易发生截止而不能传播。

6.3.1.3 TM 导模

平板波导中的 TM 导模具有 H_y、E_x、E_z 三个电磁场分量，类似于上面 TE 导模的分析，该平板波导三个区域中的磁场分布为

$$H_y = \begin{cases} A \exp(p_0 x) & -\infty < x < 0 \\ B \exp(j\kappa x) + C \exp(-j\kappa x) & 0 < x < h \\ D \exp[-p_2(x-h)] & h < x < +\infty \end{cases} \tag{6.27}$$

根据边界条件，可知 H_y 和 E_x 在边界上连续。由于三介质折射率不同，须用 $E_z = (1/n_i^2)(\partial H_y / \partial x)$ 在界面上连续的条件，把 B、C、D 用 A 表示，可得

$$H_y(x) = \begin{cases} A\exp(p_0 x) & -\infty < x < 0 \\ \dfrac{A}{\cos(\varphi_0)}\cos(\kappa x - \varphi_0) & 0 < x < h \\ \dfrac{A}{\cos(\varphi_0)}\cos(\kappa x - \varphi_0)\exp\left[-p_2(x-h)\right] & h < x < +\infty \end{cases} \quad (6.28)$$

TM 模的本征方程为

$$k_0\sqrt{n_f^2 - N^2}\,h = \arctan\left(\frac{n_f^2}{n_c^2}\sqrt{\frac{N^2 - n_c^2}{n_f^2 - N^2}}\right) + \arctan\left(\frac{n_f^2}{n_s^2}\sqrt{\frac{N^2 - n_s^2}{n_f^2 - N^2}}\right) + m\pi \quad (m = 0,1,2\cdots) \quad (6.29)$$

TM_m 模的截止波长和导波层截至厚度分别为

$$\lambda_{\text{cut-off}} = 2\pi h\sqrt{n_f^2 - n_s^2}\left[m\pi + \arctan\left(\frac{n_f^{\;2}}{n_c^{\;2}}\sqrt{\frac{n_s^2 - n_c^2}{n_f^2 - n_s^2}}\right)\right]^{-1} \quad (6.30)$$

$$h_{\text{cut-off}} = \lambda\left[m\pi + \arctan\left(\frac{n_f^{\;2}}{n_c^{\;2}}\sqrt{\frac{n_s^2 - n_c^2}{n_f^2 - n_s^2}}\right)\right]\left[2\pi\sqrt{n_f^2 - n_s^2}\right]^{-1} \quad (6.31)$$

6.3.2 传感器芯片设计

传感器的灵敏度是衡量传感器性能的重要指标。本部分将介绍基于杨氏干涉的光学传感器结构,并结合 6.3.1 的光波导理论对波导的灵敏度进行分析,以提高传感器的性能。

6.3.2.1 波导传感方式及灵敏度

光波导通过消逝场探测波导表面物质光学特性的变化,根据样品材料和消逝场作用的形式将波导传感分为均匀传感和表面传感。如果光学性质的改变在覆盖层中均匀分布(主要是折射率的改变),称为均匀传感;如果待测物质的某些成分在波导表面形成一层很薄的吸附层(如生化物质的分子吸附),则称为表面传感[83]。

(1)均匀传感

在均匀传感方式中,传感器相当于一折射率计,探测的对象为覆盖层折射率的变化,其灵敏度与覆盖层中的消逝场能量有关,见图 6.30。

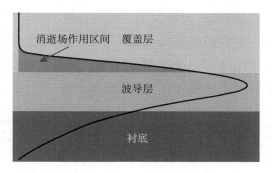

图 6.30　光波导均匀传感示意图

覆盖层折射率的变化引起波导中导模有效折射率的改变，因此定义波导的灵敏度为覆盖层折射率变化引起导模有效折射率的变化率[84]，即

$$S\left(n_c\right)=\frac{\partial N}{\partial n_c} \tag{6.32}$$

则 TE 模和 TM 模的波导灵敏度分别为

$$S_{\mathrm{TE}}\left(n_c\right)=\frac{n_c}{N}\frac{\kappa^2}{p_c\left(\kappa^2+p_c^2\right)\left(h+\dfrac{1}{p_c}+\dfrac{1}{p_s}\right)} \tag{6.33}$$

$$S_{\mathrm{TM}}\left(n_c\right)=\frac{n_c}{N}\left(2\frac{N^2}{n_c^2}-1\right)\frac{n_c^2 n_s^2\kappa^2}{p_c\left(n_c^4\kappa^2+n_f^4 p_c^2\right)h_{eff}} \tag{6.34}$$

式中

$$\begin{aligned}
&p_c=k_0\sqrt{N^2-n_c^2}\\
&p_s=k_0\sqrt{N^2-n_s^2}\\
&\kappa=k_0\sqrt{n_f^2-N^2}\\
&h_{\mathrm{eff}}=h+\frac{n_f^2 n_c^2}{p_c}\frac{\kappa^2+p_c^2}{n_c^2\kappa^2+n_f^2 p_c^2}+\frac{n_f^2 n_s^2}{p_s}\frac{\kappa^2+p_s^2}{n_s^2\kappa^2+n_f^2 p_s^2}
\end{aligned} \tag{6.35}$$

其中，n_c、n_f、n_s 为覆盖层、波导层、衬底的折射率，$h+\dfrac{1}{p_c}+\dfrac{1}{p_s}$ 和 h_{eff} 分别为波导对于 TE 模和 TM 模的等效厚度。

对于某一确定的波导，设其参数为 n_c=1.333、n_f=1.53、n_s=1.525。利用式（6.33）、式（6.34）以及 TE 模和 TM 模的模式本征方程，可以得到波导灵敏度与波导厚度的关系（图 6.31）。从图中可以看到，在截止厚度处，各阶导模的灵敏度都为零；随着波导厚度的增加，灵敏度迅速升高；但当波导厚度超过某一值时，灵敏度将不再增加，而是随厚度的增加而逐渐降低，最后趋近于零。无论是 TE 模还是 TM 模，零阶模的灵敏度最高，高阶模的灵敏度降低，模式越高，其灵敏度越低；而对于同阶导模，TM 模的灵敏度要比 TE 模稍高一些。

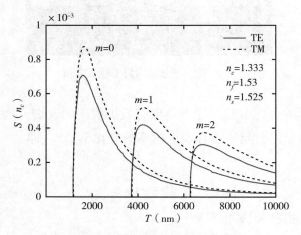

图 6.31　平板波导各阶模的灵敏度

对于波导的灵敏度还可以从能量的角度来研究，覆盖层中消逝场的能量占总能量的比例越大，覆盖层折射率的变化引起的波导有效折射率变化就越大，波导的灵敏度就越高。对于 TE 模，磁场和电场的关系为

$$H_x = -\frac{\beta}{\omega\mu_0}E_y \qquad (6.36)$$

可以得到平板波导中 TE 导模在 y 方向单位间隔内沿 z 方向具有的功率为

$$P = \frac{\beta}{\omega\mu_0}\int_{-\infty}^{+\infty}\left[E_y(x)\right]^2 \mathrm{d}x \qquad (6.37)$$

把波导各层的电场分布式（6.21）代入式（6.37），并利用色散方程（6.24），可以得到导波层、覆盖层和衬底中的功率分布，分别以 P_g、P_o 和 P_{sub} 表示

$$P_{sub} = \frac{\beta}{\omega\mu_0}\int_{-\infty}^{0}A^2\exp(2p_s x)\,\mathrm{d}x = \frac{\beta}{\omega\mu_0}\frac{A^2}{2p_s} \qquad (6.38)$$

$$P_g = \frac{\beta}{\omega\mu_0} \int_0^h \frac{A^2}{\cos^2\varphi_0} \cos^2(\kappa x - \varphi_0) \mathrm{d}x$$

$$= \frac{\beta}{\omega\mu_0} \frac{A^2}{2\cos^2\varphi_0} \left[h + \frac{\sin(2\kappa h - 2\varphi_0) + \sin(2\varphi_0)}{2\kappa} \right] \quad (6.39)$$

$$= \frac{\beta A^2}{2\omega\mu_0} \left[\frac{h}{\cos^2\varphi_0} + \frac{\cos^2\kappa h}{\kappa} (\tan\kappa h - \tan\varphi_0)(1 + \tan\kappa h \tan\varphi_0) + \tan\varphi_0 \right]$$

$$P_o = \frac{\beta}{\omega\mu_0} \int_h^{+\infty} \frac{A^2}{\cos^2\varphi_0} \cos^2(\kappa h - \varphi_0) \exp\left[-2p_c(x-h) \right] \mathrm{d}x$$

$$= \frac{\beta}{\omega\mu_0} \frac{1}{2p_c} \frac{A^2}{\cos^2\varphi_0} \cos^2(\kappa h - \varphi_0) \quad (6.40)$$

$$= \frac{\beta}{\omega\mu_0} \frac{A^2}{2p_c} \cos^2\kappa h (1 + \tan\kappa h \tan\varphi_0)^2$$

利用

$$\tan\varphi_0 = \frac{p_s}{\kappa} \qquad \frac{1}{\cos^2\varphi_0} = 1 + \tan^2\varphi_0 = \frac{\kappa^2 + p_s^2}{\kappa^2} \quad (6.41)$$

$$\tan\kappa h = \frac{\kappa(p_c + p_s)}{\kappa^2 - p_c p_s} \qquad \cos^2\kappa h = \frac{1}{1 + \tan^2\kappa h} = \frac{(\kappa^2 - p_c p_s)^2}{(\kappa^2 + p_s^2)(\kappa^2 + p_c^2)} \quad (6.42)$$

将 P_o、P_g 化简得到

$$P_g = \frac{A^2}{2} \frac{\beta}{\omega\mu_0} \left[\frac{(\kappa^2 + p_c p_s)(p_c + p_s)}{\kappa^2(\kappa^2 + p_c^2)} + \frac{h(\kappa^2 + p_s^2)}{\kappa^2} \right] \quad (6.43)$$

$$P_o = \frac{A^2}{2} \frac{\beta}{\omega\mu_0} \frac{\kappa^2 + p_s^2}{p_c(\kappa^2 + p_c^2)} \quad (6.44)$$

定义功率约束因子为

$$\Gamma_f = \frac{P_g}{P_{total}} = \frac{P_g}{P_{sub} + P_g + P_o} \quad (6.45)$$

覆盖层的功率比例因子为

$$\Gamma_c = \frac{P_o}{P_{total}} = \frac{P_o}{P_{sub} + P_g + P_o} \tag{6.46}$$

将式（6.38）、式（6.43）、式（6.44）代入式（6.45）、式（6.46）得到

$$\Gamma_f = \frac{h + \dfrac{p_s}{\kappa^2 + p_s^2} + \dfrac{p_c}{\kappa^2 + p_c^2}}{h + \dfrac{1}{p_s} + \dfrac{1}{p_c}} \tag{6.47}$$

$$\Gamma_c = \frac{\kappa^2}{p_s \left(\kappa^2 + p_c^2\right)\left(h + \dfrac{1}{p_s} + \dfrac{1}{p_c}\right)} \tag{6.48}$$

将式（6.48）与式（6.33）比较，可以发现波导灵敏度与覆盖层的功率比例因子有很大关系

$$S_{\mathrm{TE}}(n_c) = \frac{n_c}{N} \frac{P_o}{P_{total}} = \frac{n_c}{N} \Gamma_c \tag{6.49}$$

同理，利用电磁场理论计算 TM 模的功率分布后可以得到

$$S_{\mathrm{TM}}(n_c) = \frac{n_c}{N}\left(2\frac{N^2}{n_c^2} - 1\right)\Gamma_c \tag{6.50}$$

式（6.45）和式（6.46）可合写为

$$S(n_c) = \frac{n_c}{N}\left(2\frac{N^2}{n_c^2} - 1\right)^{\rho}\Gamma_c \tag{6.51}$$

式（6.51）中，对于 TE 导模，$\rho=0$；对于 TM 导模，$\rho=1$。对于图 6.31 中的光波导，利用式（6.47）、式（6.48）以及模式特征方程，可以得到 TE 模的功率约束因子和覆盖层的功率比例因子与波导层厚度的关系，如图 6.32、图 6.33 所示。从图 6.32 中可以看出，随着波导层厚度的增加，各阶模的功率约束因子迅速增加，最后趋近于 1，这说明波导层中的能量所占总能量的比例越来越高，波导对能量的约束能力随厚度的增加而增强。

图 6.33 中，覆盖层功率比例因子随波导层厚度的增加而降低，最后趋近于零，这说明覆盖层中的能量越来越少，而覆盖层中的能量即探测待测物质的消逝场的能量。消逝场的能量减少，灵敏度就降低。这样，我们从理论上解释了波导灵敏

度与消逝场的关系，即消逝场能量越强，占总能量的比例越高，其灵敏度就越高。TM 模的功率约束因子和覆盖层功率比例因子与 TE 模的类似，这里不再详细给出。

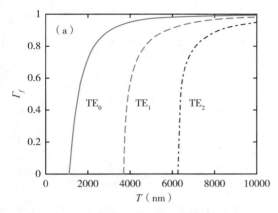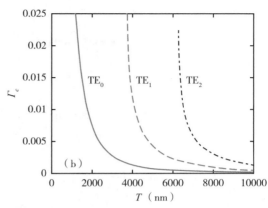

图 6.32　功率约束因子与波导层厚度的关系　　图 6.33　覆盖层功率比例因子与波导层厚度的关系

（2）表面传感

当探测生化反应或者波导表面容易吸附待测的生物分子时，由于吸附作用会在波导表面形成一层吸附层，如图 6.34 所示。此时，探测对象为吸附层厚度的改变，灵敏度与波导 – 覆盖层界面处模场的平方有关。

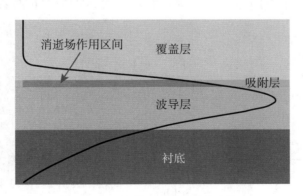

图 6.34　光波导表面传感示意图

设吸附层的折射率为 n_a，厚度为 a。利用场匹配法可以得到四层波导模型的模式特征方程分别为

当 $n_s < n_a < n_f$ 时：

$$\kappa_f h = m\pi + \arctan\left[\left(\frac{n_f}{n_s}\right)^{2\theta}\frac{p_s}{\kappa_f}\right] + \arctan\left[\left(\frac{n_f}{n_a}\right)^{2\theta}\frac{p_a'}{\kappa_f}\right] \tag{6.52}$$

其中

$$p_a' = \begin{cases} \kappa_a \tan\left[\arctan\left(\dfrac{n_a^{2\theta}}{n_c^{2\theta}} \dfrac{p_c}{\kappa_a} \right) - \kappa_a a \right] & (n_s < N < n_a) \\ \kappa_a \tan h\left[\operatorname{arctan} h\left[\left(\dfrac{n_a}{n_c} \right)^{2\theta} \dfrac{p_c}{\kappa_a} + \kappa_a a \right] \right] & (n_a < N < n_f) \end{cases} \quad (6.53)$$

$$\kappa_f h = m\pi + \arctan\left[\left(\frac{n_f}{n_s} \right)^{2\theta} \frac{p_s}{\kappa_f} \right] + \arctan\left[\left(\frac{n_f}{n_a} \right)^{2\theta} \frac{p_a'}{\kappa_f} \right] \quad (6.54)$$

当 $n_a < n_s$ 时：

$$\kappa_f h = m\pi + \arctan\left[\left(\frac{n_f}{n_s} \right)^{2\theta} \frac{p_s}{\kappa_f} \right] + \arctan\left[\left(\frac{n_f}{n_a} \right)^{2\theta} \frac{p_a}{\kappa_f} \right] \quad (6.55)$$

$$p_a = \kappa_a \tan h\left[\operatorname{arctan} h\left[\left(\frac{n_a}{n_c} \right)^{2\theta} \frac{p_c}{\kappa_a} + \kappa_a a \right] \right] \quad (6.56)$$

正对称波导一般属于 $n_a < n_s$ 的情况，我们只对这种情况进行讨论。TE 模的波导灵敏度为

$$S(a) = \frac{\partial N}{\partial a} = \frac{\left(N^2 - n_a^2 \right)\left(p_a^2 - \kappa_a^2 \right)}{N\kappa_a^2\left[\left(h + a + \dfrac{1}{p_c} + \dfrac{1}{p_s} \right) + \dfrac{p_a^2}{\kappa_f^2}\left(h + \dfrac{1}{p_s} + \dfrac{1}{p_a} \right) + \dfrac{p_a^2}{\kappa_a^2}\left(\dfrac{1}{p_a} - \dfrac{1}{p_c} - a \right) \right]} \quad (6.57)$$

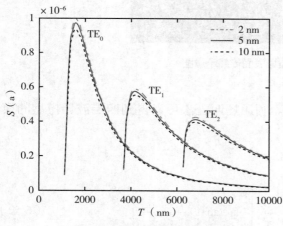

对于图 6.31 中的光波导，设吸附层折射率为 1.43，厚度分别为 2nm、5nm、10nm，利用上式可以得到 TE 模的灵敏度随波导层厚度变化的关系，如图 6.35 所示。可以看出，其零阶模的灵敏度极大值出现在大约 1600 nm 处；而且吸附层厚度增加时，灵敏度降低，导模阶数越高，灵敏度越低。

图 6.35　表面传感的灵敏度

6.3.2.2 复合光波导

离子交换玻璃光波导是折射率渐变型光波导，表面消逝场弱，生化检测灵敏度低。为了提高玻璃光波导传感器的灵敏度，研究人员进行了大量的尝试，后来发现在光波导表面制作一层高折射率薄膜可以显著提高光波导的灵敏度，大约能使灵敏度提高一到两个数量级[85-88]。为了抑制高折射率薄膜端面折射率不连续引起的端面散射和模式转变，K. Itoh 教授于 1991 年提出了如图 6.36（a）所示的平面型复合光波导结构，先后研制出 Ag^+/K^+ 离子交换玻璃复合光波导、TiO_2 薄膜 $/K^+$ 离子交换玻璃复合光波导等[89-91]。在此基础上，本章作者祁志美提出了如图 6.36（b）所示的三维条形 / 平面复合光波导结构[89]，实现了复合光波导偏振干涉生化传感器[92]。

在制作复合光波导的薄膜时，在薄膜两端形成梯度末端，以避免有效折射率突变激发出其他模式（图 6.36）。根据梯度耦合理论，在 K^+ 交换层中的导波光到达梯度末端时发生 "绝热迁移"，耦合到高折射率薄膜中传播，在另一梯度末端又耦合回 K^+ 交换层[92]。

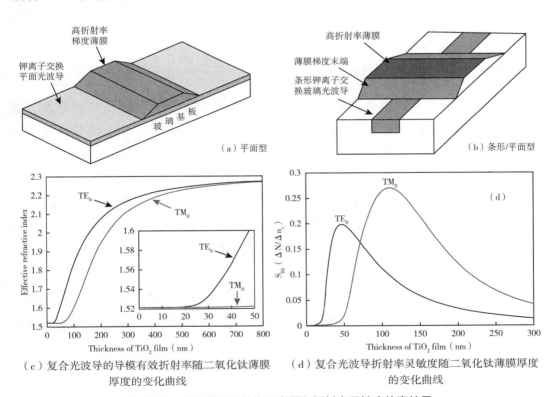

（a）平面型

（b）条形/平面型

（c）复合光波导的导模有效折射率随二氧化钛薄膜厚度的变化曲线

（d）复合光波导折射率灵敏度随二氧化钛薄膜厚度的变化曲线

图 6.36 复合光波导结构示意图和折射率灵敏度仿真结果

6.3.2.3 波导材料与结构的设计

用于制作光波导的材料种类非常多，它们需要采用不同的制作技术，见

表 6.3[93]。其中以玻璃为基底的光波导使用非常广泛，可以制得低损耗、能承受高功率密度的玻璃光波导，而且制作工艺简单、可重复性好。

表 6.3　典型的光波导制作技术与材料（◎表示使用特别多的例子）

制作技术	材料	高分子化合物	玻璃	硫硒碲化合物	LiNbO₃ LiTaO₃	ZnO	Nb₂O₅Ta₂O₅	Si₃N₄	YIG
淀积法	旋转甩涂法	○							
	真空蒸发镀膜		◎						
	溅射		◎	◎		◎	○		
	化学气相沉积	○				○		○	
	聚合	○							
	热扩散				◎				
	离子交换		◎		○				
	离子注入		○						
外延	液相外延				○				○
	气相外延				○				

基底材料的选择应遵循以下原则[94]：①常温及热处理（离子交换和退火）温度下具有化学稳定性；②化学组成（主要是碱金属离子的含量）复合波导材料的要求；③具有适合离子交换的显微结构；④具有平面度和较低的表面粗糙度；⑤具有光学性质均匀性。

在硅酸盐玻璃中，常用来制作光波导器件的主要有 Schott BK7、Corning 0211、Soda-lime 等[94]。由于离子交换主要是 K⁺/Na⁺ 交换，所以我们选用钠离子丰富的钠玻璃作为基底。这种玻璃在很宽的光谱范围内具有很高的透过率，材料本身造成的损耗很低。

杨氏干涉计很早就被应用于集成光学传感器中，基本原理是：波导表面物质的折射率发生变化时，会引起有效折射率的改变，这样与参比波导相比，敏感波导就会产生一附加相移 $\Delta\Phi$，其表达式为

$$\Delta\Phi = \frac{2\pi}{\lambda}\int_0^L \left(\Delta N_S - \Delta N_R\right)\mathrm{d}l \qquad (6.58)$$

式中，λ 为激光波长，ΔN_S、ΔN_R 分别为敏感波导和参比波导的有效折射率的变化，L 为敏感窗口的长度。附加相移可以通过测量干涉条纹的移动或某点处光强的变化

获得，表面待测物质的折射率变化越
大，附加相移就越大。

前面已经提到，杨氏干涉计传感
器的结构主要有 Y 分支波导型、双光
束光栅耦合平面波导型、端面耦合叠
层双波导型，见图 6.7[95]。中科院空天
院祁志美组[92, 96]在深入分析之前的干

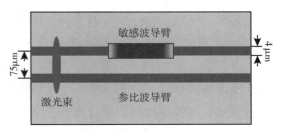

图 6.37 双通道同时耦合的集成光杨氏
干涉计结构

涉计结构基础上，提出一种双通道波导的杨氏干涉结构（图 6.37），每条单模离子交
换波导宽 4 μm、长 4.8 cm，每对波导间距 75 μm。为了方便理解，图 6.38 显示了复
合光波导敏感臂的结构及梯度薄膜区间不同位置处的 TE$_0$ 模场分布。与之前的结构相
比，这种结构具有以下特点：①省去了 Y 型功率分配器，直接将激光耦合到两分支
波导中。由于工艺精度的限制，很难做到将输入光平均分配到两分支波导中，这就
使两个输出光的强度不同，从而影响干涉条纹的对比度。一般激光束的直径为 1 mm
左右，远大于波导间距 75 μm，而且能量呈高斯分布，可以通过移动光束的照射位置
调节耦合到两波导内的光功率大小，使两个输出光的强度相同，改善干涉条纹的对
比度。②采用条形分支波导可以保证导波光的路径每次都一样，避免操作中引入误
差。③采用复合光波导作为敏感波导臂、离子交换波导作为参比臂，利用它们的灵
敏度之差检测芯片表面物质的变化，而表面无须覆盖一层厚的低折射率致密薄膜。
④棱镜耦合抑制输出光的纵向发散，无须使用柱形透镜多数出光进行纵向聚焦就能
够探测，分立器件少，便于集成。⑤激光同时耦合到两分支波导中，使波导中的光

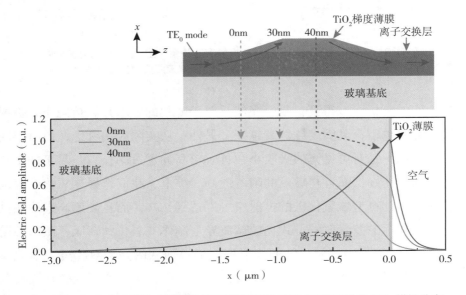

图 6.38 复合光波导敏感臂的结构及梯度薄膜区间不同位置处的 TE$_0$ 模场分布

功率增加，有利于提高输出信号的信噪比。

6.3.2.4 敏感波导臂的设计

由于芯片利用两波导臂的灵敏度之差检测表面物质的变化，所以要尽量提高敏感波导臂的灵敏度，也就是复合光波导的灵敏度。下面，从均匀传感的情况分析折射率薄膜、薄膜厚度以及离子交换层厚度对复合光波导灵敏度的影响。

图 6.39 中展示了不同厚度薄膜的复合光波导其表面折射率变化的灵敏度随薄膜折射率变化的关系，计算时各参数为 n_c=1.333、n_2=1.53、n_3=1.525、h_2=2000 nm。可以看出，薄膜厚度 h_1 越小，折射率越高，复合光波导的最佳灵敏度越高；随着薄膜厚度的增加，达到灵敏度最佳值所需的薄膜折射率减小。我们可以从波导层功率的角度来解释这一规律：薄膜厚度越高，束缚导波功率的能力就越强，约束相同比例的功率所需的厚度就越小。由前几节的讨论可知，波导的灵敏度与覆盖层中消逝场功率占导波总功率的比例呈正比关系，因此对于某一厚度的薄膜，必有一与之对应的折射率可以使复合光波导的灵敏度达到最高。当薄膜厚度增加时，束缚相同比例的能量所需的薄膜折射率就越小，因此达到最高灵敏度所需的薄膜折射率减小。

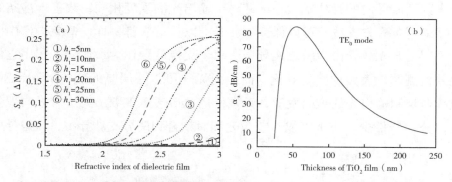

图 6.39 不同厚度薄膜的灵敏度与折射率的关系（a）以及复合光波导中
TE₀ 模的表面散射损失（α_s）随二氧化钛梯度薄膜厚度的变化曲线（b）

通过上面的分析可以得到：复合光波导对于薄膜的要求是高折射率，折射率越高，所需厚度就越小，灵敏度性能就越好。另外，从实际应用考虑，该材料还需要满足以下两点：一是对可见光的吸收小，具有较高的透过率；二是易于加工，耐酸碱和耐腐蚀的性能好，而且与玻璃的附着性好。综上，我们选择二氧化钛薄膜制作复合光波导。金红石型二氧化碳的折射率可以达到 2.76，而且硬度高、耐腐蚀、化学性质稳定。选用磁控溅射的方式在玻璃波导上制作二氧化钛薄膜，溅射后薄膜的折射率为 2.3，低于晶体二氧化钛的折射率。值得强调的是，对梯度二氧化钛薄膜最大厚度的控制至关重要，较厚的薄膜会使表面散射损失急剧增大，从而使复合光波导内的导波光因表面散射而消失，无法形成干涉条纹。这是因为光波导灵敏度和表面散射损失都与消逝场有关，而消逝场与薄膜厚度密切相关。按照 Tien 给出的三层平面波导表面散射损失理论，传播损失（α_S）可表示为

$$\alpha_S = 8.686 K_0{}^2 \left(\sigma_{12}{}^2 + \sigma_{13}{}^2\right)\left(n^2 - N^2\right)^{3/2}\left(N T_{\text{eff}}\right)^{-1} \tag{6.59}$$

式中，$K_0 = 2\pi/\lambda$，σ_{12} 和 σ_{13} 分别表示导波层上下表面的均方根粗糙度，n 为导波层的折射率，N 为导模的有效折射率，T_{eff} 表示光波导的有效厚度。我们利用 AFM 方法测试得到溅射法制得的 TiO_2 薄膜表面粗糙度约为 1 nm，钾离子交换玻璃波导的表面粗糙度非常小，约为 0.5 nm，给定入射光波长 λ= 633 nm，计算得到横电基模（TE_0）的 α_S 随 TiO_2 薄膜厚度的关系曲线如图 6.39（b）所示。从图中可以看出，在薄膜厚度小于 50 nm 的范围内，表面散射损失随着 TiO_2 薄膜厚度增加迅速增大，这一变化规律与光波导消逝场随厚度的变化关系完全一致，这就意味着在设计制备复合光波导时，不能一味地增大薄膜厚度以增大灵敏度，必须同时考虑表面散射损失随薄膜厚度的变化。为了兼顾灵敏度和表面散射损失，在设计制备复合光波导时，应将高折射率梯度薄膜的最大厚度控制略大于 TE0 模的截止厚度。实验结果表明，当溅射的二氧化钛薄膜最大厚度为 23 nm、宽度为 1 cm（即敏感窗口长度为 1 cm）时，可获得清晰的干涉条纹。

接下来分析离子交换层厚度对复合光波导灵敏度的影响，见图 6.40。对于参比波导（即裸露的 K^+ 交换波导），其对表面折射率变化的灵敏度与敏感波导臂（即复合光波导）相比很小，大约小 3~4 个数量级，接近于零。对于敏感波导，即复合光波导，其灵敏度随 K^+ 交换波导层厚度的增加而很快减小，这仍然可以从 K^+ 交换波导层厚度对表面消逝场功率的影响来解释。为保证实验中波导内能传输足够的能量，我们进行了充分的离子交换，K^+ 交换波导层可等效为 $2\,\mu m$ 的平板单模波导。

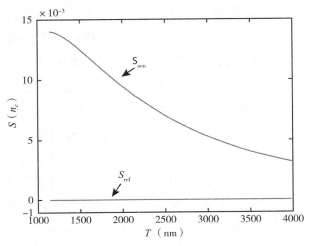

图 6.40　两波导臂灵敏度与 K^+ 交换层厚度的关系

6.3.2.5　输出信号的探测

集成光杨氏干涉计传感器一般采用 CCD 阵列探测干涉条纹的变化，通过傅立叶变换得到其相位变化的信息[29,95]。使用 CCD 阵列探测干涉条纹可以获得丰富的干涉条纹信息，数据分析的准确性更高。但是其精度取决于 CCD 每一像素的大小，CCD 的成本较高，对于像素较小的 CCD 价格更高，高昂的成本限制了它的广泛使用。因此，我们使用廉价的光电探测器与可调狭缝制作的狭缝 – 光电探测器组合来接收光信号。使用时，将狭缝 – 光电探测器组合固定，当干涉条纹变化时，光电探测器处的光强也随之周期性改变，经计算可以得到附加相位的信息。

这种探测器具有以下特点：成本低廉，方便制作；在探测干涉条纹的微小变化时，由于输出光强呈余弦函数变化，可通过移动光电探测器改变初始相位差使初始光强位于余弦函数的线性区，提高分辨能力，操作更加具有灵活性。

6.3.3　传感器芯片制备

玻璃基片上的光波导芯片制备包含一系列的制备过程，包括光刻、离子交换、磁控溅射等主要工艺步骤，下面将具体介绍各工艺流程及操作过程中需要注意的问题。

6.3.3.1　离子交换光波导的制作

（1）离子交换法[97]

玻璃的折射率取决于玻璃单位体积内的离子极化率，所以可以用改变玻璃成分的方法改变其折射率。通常玻璃的结构是在 SiO_2 和 B_2O_3 等玻璃骨架材料中夹杂着 Na_2O、K_2O 以及 CaO 等辅助性金属氧化物，在高温下，这些辅助性金属氧化物离化成离子，游荡于 SiO_2 之类的网目结构中。当玻璃被加热到某个温度以上时，外部的其他离子就可以扩散进玻璃内部，置换其内部的 Na^+ 等，这种方法叫作热离子交换法。一般情况下，价数越高的离子在玻璃中的扩算系数越小，所以在离子交换中除了 Na^+ 离子以外，Ag^+、K^+、Tl^+ 等一价离子都可以作为离子源。如果再给玻璃加上电场，将会对离子的扩散起到促进作用，这种方法叫作电场离子交换法。

热离子交换法是制作低损耗玻璃薄膜波导的最简单方法。采用这种方法时，首先要准备好含有适当一价金属离子的中性盐，将这种盐加热到熔点以上使之融化，然后将钠玻璃放入其中浸泡一段时间。由此，在玻璃的表面附近形成 Na^+ 被金属离子置换的高折射率层。经常采用 $AgNO_3$（熔点 208℃）、KNO_3（熔点 339℃）、$TlNO_3$（熔点 230℃）作为中性盐，作为热离子交换反应的离子源。这种热离子交换波导表面折射率的变化 Δn 对应于金属离子的极化率，在 Tl^+ 的情况下，$\Delta n \geqslant 0.1$；在 Ag^+ 的情况下，在 K^+ 的情况下，$\Delta n \approx 8 \times 10^{-3} \sim 20 \times 10^{-3}$。可以看出，用 Tl^+ 离子和 Ag^+ 离子进行交换能够得到大的折射率变化，由此也带来了波导的多模化。而

K^+ 离子交换适于制作单模光波导。实验结果表明，离子交换波导的折射率分布可以近似看作突变型。

（2）工艺流程

制作离子交换玻璃光波导的工艺如图 6.41 所示。

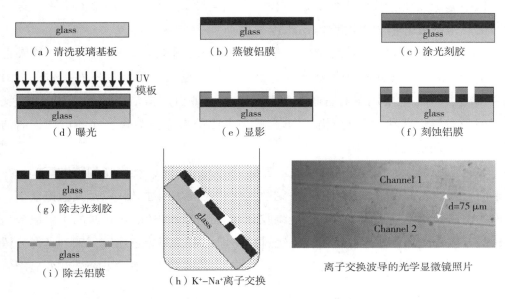

（a）清洗玻璃基板   （b）蒸镀铝膜   （c）涂光刻胶

（d）曝光   （e）显影   （f）刻蚀铝膜

（g）除去光刻胶   （h）K$^+$–Na$^+$离子交换   离子交换波导的光学显微镜照片

（i）除去铝膜

图 6.41 离子交换波导工艺流程图

1）清洗。首先要将玻璃基片的表面清洗干净，否则会影响后面的蒸镀铝膜工艺，造成铝膜表面有很多缺陷，削弱其作为掩膜的作用。清洗的目的是除去表面的油污、各种离子、灰尘等。清洗过程为：将准备的玻璃基片浸入丙酮中超声清洗 3 分钟，除去表面的油污和有机物。如果玻璃表面有明显的手印或污迹，先用丙酮棉球擦拭干净再超声清洗，然后取出玻璃基片，再浸入乙醇中超声清洗 3 分钟，除去残留在玻璃表面的丙酮。接下来浸入去离子水中再超声 3 分钟，除去残留的乙醇，最后用去离子水冲洗干净。

一般清洗干净的玻璃表面会附着一层均匀的水膜，用洗耳球从一端向另一端快速吹干，放入培养皿中，避免表面黏附灰尘。整个过程都要在超净间内进行。为保证基片与金属薄膜接触良好，需要除去玻璃基片表面的水分，通常将清洗后的基片放入烘箱中烘干。

2）蒸镀铝膜。由于我们要制作的离子交换玻璃光波导为条形波导，需要制作掩膜，以保证其他部分不会发生离子交换。在离子交换过程中，掩膜材料应符合以下条件：①与玻璃结合牢固；②化学性质稳定，在熔融盐中具有化学惰性，不被腐蚀；③阻止离子扩散的能力。

根据实际需要，我们选择用 Al 作掩模。Al 材料容易得到，加工方便，而且除去光刻后裸露的线条比较简单。采用真空蒸发工艺在玻璃基片上蒸镀铝膜。真空蒸发工艺制作铝掩模就是在真空系统中将需要蒸发的纯铝片加热到很高的温度，使其原子获得足够的能量，脱离束缚逸出到真空中成为蒸气状态的原子。这些原子在运动过程中遇到玻璃基片的表面后，就积淀在上面形成一层薄薄的金属铝膜。这一方法的优点是蒸镀的铝膜厚度均匀，比较美观。

3）反应离子刻蚀。在反应离子刻蚀过程中，气体（O_2 或 SF_6）在高频或直流电场中受到激发并分解成为等离子体，然后与基片起反应形成挥发性物质，再由抽气泵排出去。O_2 主要用于对各种光刻胶等刻蚀，或者起清洁表面的作用。SF_6 气体主要用于对氮化硅和硅等的刻蚀。本实验中主要用来除去铝膜表面的污物，清洁表面，以利于光刻胶均匀涂布。

4）光刻。光刻工艺是微机械加工工艺中的关键工艺，利用光刻胶做掩模，在各种平面材料的表面开窗口，用于干法刻蚀氮化硅或湿法刻蚀硅，以及其他掩模层，在刻出的窗口中溅射金属或氧化物。光刻胶分两类：正胶和负胶。正胶的主要成分是酚醛树脂，被曝光部分发生分解反应，经过显影后，曝光部分被除掉，未曝光部分留下来。负胶与之相反，被曝光部分发生交联反应，显影后留下来，未曝光部分显影后被除去。

光刻的基本工艺流程为：甩胶→前烘（80℃）→曝光→显影→后烘（120℃）。

甩胶：使用离心甩胶机将光刻胶涂布在玻璃基片上，光刻胶的厚度取决于光刻胶的黏度以及离心甩胶机的旋转速度。由于玻璃基片为矩形而不是圆形，基片四角以及边沿很难涂布均匀，一般是在滴胶的时候将整个基片表面涂满，先低速匀胶6秒左右，再用1500转/分的速度甩胶1分钟。旋涂速度越快，甩胶时间越长，光刻胶的分布就越均匀。经验表明：旋涂速度越快，延长旋涂时间对于光刻胶厚度均匀性的影响就越小。甩胶的关键是制作的光刻胶膜层必须是均匀而且没有针孔的膜层。

前烘：为了使光刻胶中的溶剂彻底挥发掉，并且提高光刻胶膜层对衬底的附着性，确保接触式曝光时不会污损或损伤光刻掩模板，在甩完胶后，应迅速将基片放入烘箱中，在 80℃的温度下烘 30 分钟。前烘的温度不宜过高，时间也不宜过长，否则将可能造成光刻胶硬化，曝光后显影不彻底，造成图形边沿不平，影响后面的腐蚀。

曝光：在光刻胶膜层上形成所需图形的过程称为曝光。曝光的方式主要有接触式曝光、投影式曝光和电子束曝光等，通常采用接触式曝光。接触式曝光要求掩模板与光刻胶膜层紧密接触，否则可能会由于衍射的原因造成图形模糊，分辨率下降等缺陷。曝光时间是光刻工序的一个重要参量，它根据曝光灯的功率、光刻胶的类型和厚度决定。选择曝光时间必须保证曝光后能显影完全，不会有残留，而且不影响图形边沿线条质量。曝光前要用丙酮棉球将掩模板擦拭干净，避免有灰尘落在上面，影响曝光质量。我们采用德国 KARLSUSS 公司的双面光刻机，曝光波长光波长范围 350~450 nm，对准精度 1 μm。负胶曝光时间为 3 s，正胶曝光时间 23 s。线条很细时可以减少胶厚和曝光时间，但曝光时间不足则会出现显影后胶层表面褶皱的现象。

显影：显影过程中，负胶采用专用显影液和清洗液，正胶采用 1% NaOH 溶液。负胶显影时间一般依次为：1 min 显影液，1 min 清洗液，1 min 显影液。在一定范围内，时间变化对显影效果影响不大。正胶显影时间为：5~20 s，然后用去离子水漂洗。正胶显影时间对显影效果影响很大。显影时间由胶厚度决定，如果显影时间不足会使正胶表面残留，反之如果显影时间过长则会破坏图形，因此，必须精确控制显影时间。

后烘：后烘也称为坚膜，是显影之后对光刻胶重新烘烤，增强光刻胶的附着力。正胶坚膜温度一般为 80℃或 120℃，时间 30 min。负胶坚膜温度为 180℃，时间 30 min，可以适当延长。坚膜之后光刻胶边缘会有所流动，造成线条变细。线条小于 5 μm 时尤其明显，此时可以适当降低温度，缩短坚膜时间，或不进行坚膜，而在室温下放置晾干。

5）腐蚀。显影完毕后，波导图形处的光刻胶膜层被除去，露出铝膜，接下来再把裸露出来的铝膜腐蚀掉。光刻胶作为铝掩模的掩模，阻止腐蚀区之外的部分发生反应。传统的腐蚀铝膜的方法为磷酸腐蚀法，腐蚀液为：磷酸：乙酸：硝酸 = 15：4：1（容积比）的混合液，腐蚀时采用水浴加热，约为 60℃，其反应方程式为 $2H_3PO_4+2Al=3H_2+2AlPO_4$。

腐蚀的过程与显影的过程类似，注意腐蚀图形的变化，控制腐蚀时间。腐蚀时要不断用显微镜观察腐蚀情况，既要完全腐蚀，又要避免钻蚀。最后用去离子水清洗基片，除去残留的腐蚀液。

6）离子交换。离子交换使用的加热装置为马弗炉，使用的离子源为硝酸钾。将硝酸钾粉末加入洗净并烘干的氧化铝坩埚中，放入马弗炉中加热，设定温度为 400℃。等到硝酸钾熔融后，先将玻璃基片预热两三分钟，再浸入熔融的硝酸钾里，大约交换 50 分钟后，在硝酸钾仍处于熔融状态时将基片取出，置于室温下冷却，然后用去离子水冲洗干净。

7）波导性能测试。采用棱镜耦合方式对制作的离子交换波导进行测试，观察是否出现清晰的干涉条纹。条纹越清晰，说明波导制作的越好，可以进行下一步的工艺；如果条纹比较模糊，则波导质量不是很好，就不能进行下一步的工艺。检测结果如图 6.42，图 6.42（a）为单条光波导通道输出光的近场图像，图 6.42（b）为芯片两波导输出光的干涉条纹。

（a）单条光波导输出光近场图像　　　　（b）芯片两波导输出光的干涉条纹

图 6.42　波导性能检测结果

6.3.3.2　复合光波导的制作

（1）溅射镀膜

溅射法是使溅射气体（Ar、Ne、Kr 等惰性气体）通过放电而等离子化，位于等离子体中的靶材（用于制作薄膜的材料）因受正离子轰击，靶材的原子被打出，从而使这些原子淀积在衬底上形成薄膜的一种方法。溅射法特别适用于难以用加热蒸发淀积法制作薄膜的高熔点材料。溅射设备根据其放电形式的不同，可以分为二极型和磁控型，二极型的工作环境气压比较高，约为 1~10 Pa；相比之下，因工作环境气压低可以制作高纯度薄膜、淀积速率更快的磁控溅射法更具优越性，其工作气压为 0.1~1 Pa。

镀膜速率影响因素有溅射源设计、电源功率输出、靶材溅射产额、工艺气体种类及压力、靶基间距、镀膜表面的空间角等。另外，在相同输出功率下，直流溅射的沉积速率高于射频溅射。在一定范围内，镀膜速率与溅射功率输出大小近似成正比。在掺氧溅射工艺中，氧气会大大吸收消耗溅射功率，致使镀膜速率比不掺氧时极大下降。靶间距越大，溅射速率越低，但膜的均匀性有所提高。

（2）工艺流程

工艺流程分为旋涂光刻胶、光刻显影、溅射 TiO_2 薄膜，见图 6.43（a）。

旋涂光刻胶：将经过离子交换的玻璃基片表面清洗干净，用离心甩胶机将光刻胶均匀涂布在基片表面。

前烘：将光刻胶烘干，避免接触曝光时污损光刻掩模板。

套刻：是指在原有图形结构上再制作一层结构，因此对于两次图形对版标记的要求很高，必须严格对齐，否则会损坏原有图形，影响器件性能。在对齐对版标记后使基片和光刻掩模板接触的过程中，要使用较慢的速度接近，并随时调节基片位置，以保证基片与光刻掩模板对准。通过套刻，在每对光波导中的一条波导上面开一窗口以溅射二氧化钛、制作复合光波导。

显影坚膜与上节介绍一样，这里不再详细列出。

溅射：将坚膜后的玻璃基片经过三分钟的反应离子刻蚀，去掉显影不充分的残留胶。把玻璃基片装进夹具中进行溅射镀膜以形成梯度末端，溅射时通入的氧气与氩气体积比为 2 : 3，以保证溅射到玻璃基底上的为二氧化钛薄膜，并保证其纯度。

Lift-off：将溅射 TiO_2 薄膜后的玻璃基片浸没在丙酮中，待光刻胶溶解后用无水乙醇冲洗，再经去离子水洗净后烘干，放入培养皿中。此时的复合光波导照片见图 6.43（b），波导 1、2、3、4、5 均为复合光波导。

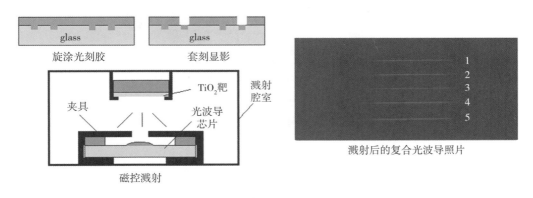

图 6.43　制作复合光波导的工艺

测试：利用棱镜耦合方式对制作好的芯片进行测试，不仅要在空气中测试，还要测试芯片浸入水中时的输出干涉条纹。

经过上述一系列工艺，集成光杨氏干涉计传感器芯片就制备完成了。

6.3.4　传感器芯片测试

制备了集成光杨氏干涉计传感器芯片后，还要设计测试系统对其性能进行标定与测试。下面从传感器测试系统的设计、传感器系统的标定以及传感芯片对蛋白质溶液中生物分子吸附的响应等方面进行测试分析。

6.3.4.1 传感器测试系统的设计与分析

（1）传感器测试系统

图 6.44 为集成光波导杨氏干涉计传感器测试系统示意图。采用棱镜耦合方式在光波导芯片的一端将激光器发出的线偏振光同时耦合到两波导通道中，导波光从芯片另一端经棱镜耦合输出后，由于棱镜耦合的限制只能产生横向发散，两束光叠加产生干涉，利用可调狭缝－光电探测器组合探测干涉条纹某一点处光强的变化。为研究实验环境对测试的影响，将一个小型温度计安装在流动池中实时记录温度，测试结果通过计算机显示。

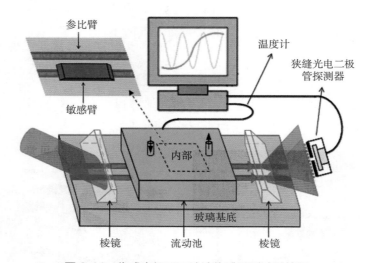

图 6.44　集成光杨氏干涉计传感器测试系统图

（2）影响干涉条纹对比度的因素

干涉条纹对比度是衡量干涉条纹质量的一个重要指标，反映了干涉条纹的清晰程度。干涉条纹对比度定义为

$$\gamma = \frac{I_{\max} - I_{\min}}{I_{\max} + I_{\min}} \tag{6.60}$$

其中，$I_{\max}$ 和 $I_{\min}$ 分别是干涉场中光强的极大值和极小值，γ 的取值范围为 $0 \leqslant \gamma \leqslant 1$。

当 $I_{\min} = 0$（暗纹全黑）时，$\gamma = 1$，条纹对比度最大，清晰可见；当 $I_{\max} \to I_{\min}$ 时，$\gamma \approx 0$，条纹模糊不清乃至不可辨认，此时测试结果的准确度下降。因此，有必要研究装置各参数对干涉条纹对比度的影响。

设光源波长为 λ，每条通道光波导中传输的光功率为 P_0，狭缝光电二极管探测器的狭缝宽度为 a，与输出端耦合棱镜的距离为 D，位置（以干涉条纹的发散方向为 x 轴）为 x_0，两波导臂中导波光的初始相位差为 φ_0、附加相位差为 $\Delta\varphi$、间距为

d，将每条波导的输出端看作两个点光源，根据干涉理论可以得到[92]

$$P = \frac{2P_0}{a} \int_{x_0-\frac{a}{2}}^{x_0+\frac{a}{2}} \left[1 + \cos\left(\Delta\varphi + \varphi_0 + \frac{2\pi d}{\lambda D} x \right) \right] \mathrm{d}x$$

$$= 2P_0 \left[1 + \frac{\lambda D}{a\pi d} \sin\left(\frac{\pi da}{\lambda D} \right) \cos\left(\Delta\varphi + \varphi_0 + \frac{2\pi d}{\lambda D} x_0 \right) \right] \qquad (6.61)$$

$$\gamma = \frac{P_{\max} - P_{\min}}{P_{\max} + P_{\min}} = \frac{\lambda D}{a\pi d} \left| \sin\left(\frac{\pi da}{\lambda D} \right) \right| = \left| \sin c\left(\frac{da}{\lambda D} \right) \right| \qquad (6.62)$$

由式（6.61）可知，干涉计芯片的响应曲线为余弦函数，对于较小的相位差 $\Delta\varphi$，只有当初始相位 $\varphi_0 + 2\pi dx_0 / \lambda D = k\pi + \pi / 2$ 时，即响应处于余弦函数的线性区才会有较高的分辨力，这可以通过简单地调节狭缝光电二极管探测器的位置 x_0 实现。式（6.62）表明，当参比波导臂和敏感波导臂的间距 d 越小、光电二极管探测器的狭缝光阑 a 越小、光源波长 λ 越长、探测器与耦合棱镜输出端的距离 D 越大，条纹的对比度越高，结果越精确。

通过以上分析可得到以下结论：干涉条纹对比度与两波导臂的间距成反比，间距越小，条纹对比度越高，反之则越低；干涉条纹对比度与光源波长成正比，波长越长，条纹对比度越高，但增加波长有可能使灵敏度降低；干涉条纹对比度与光电二极管探测器的狭缝光阑成反比，光阑越小，干涉条纹对比度越高，否则条纹对比度降低。这还可以从另外一个角度来解释：狭缝光阑在干涉条纹移动时，其实对条纹强度起到了滑动平均的作用，减小了条纹强度的起伏落差，狭缝越大，平滑作用就越显著，因此降低了干涉条纹的对比度。

（3）测试装置的改进

在实验过程中将前面设计的测试装置进行改进，包括底座、流动样品池及流动样品池座、输入和输出耦合棱镜及棱镜压紧组件。其中，棱镜压紧组件由不脱出螺钉、弹性元件、倒 L 型压块组成；流动样品池座兼有棱镜压紧组件的支座作用，棱镜压紧组件安装在流动样品池座两侧；流动样品池位于流动样品池座中部，流动样品池周边有密封圈，流动样品池通过加工在流动样品池座上的样品输入输出管道与外界连接；底座与流动样品池座铰接并夹紧；光波导放置在底座上，两耦合棱镜安装在棱镜压紧组件的倒 L 型压块下，并在预压紧的弹性元件压力作用下，耦合棱镜的底面与光波导紧密接触。

改进后装置的优点在于：集成了流动样品池与棱镜压紧组件支座于一体，棱镜与波导接触的压紧力恒定；底座与流动样品池座铰接，拆装更换波导方便；整个装置结构新颖、简单实用、操作方便、测试精度高、重复性好。其结构如图 6.45 所示。

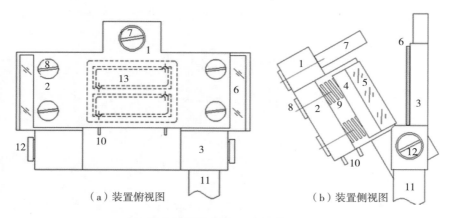

（a）装置俯视图   （b）装置侧视图

1. 流动样品池座；2. 弹性元件；
3. 倒 L 型压块；4. 棱镜；5. 波导；
6. 底座；7. 密封圈；8. 夹紧螺钉；
9. 前端面；10. 不脱出螺钉；11. 轴
位螺钉；12. 支架；13. 流动样品
池；14. 温度传感器

（c）装置照片

图 6.45　改进后的测试装置

6.3.4.2　传感器系统的标定与吸附测试研究

（1）传感器芯片对表面折射率变化的响应

使用图 6.46 所示装置，以波长为 632.8 nm 的线偏振 He-Ne 激光器作为光源，通过棱镜耦合法将入射光束同时耦合到两平行单模光波导通道中，在两波导中同时激发 TE 导模。先用蠕动泵将流动样品池中泵满去离子水，待输出信号稳定后，匀速泵入不同质量分数的 NaCl 水溶液，在此过程中流动池中的液体折射率缓慢连续变化，引起波导中导模的等效折射率变化，干涉条纹也发生相应改变，通过光电二极管探测器记录的光强信号变化可以很容易地获得附加相位差 $\Delta\varphi$ 的值。使用不同浓度的 NaCl 水溶液改变表面折射率的值，得到附加相位差 $\Delta\varphi$ 随表面折射率 n_c 的变化曲线，结果如图 6.46 所示（其内部插图为向样品池泵入 10% 的 NaCl 水溶液时探测器信号随时间的变化，所用的狭缝尺寸为 200 μm）。

式（6.61）中，$\Delta\varphi$ 可以表示成表面折射率 n_c 的函数[92]

$$\Delta\varphi = \frac{2\pi}{\lambda} \int_0^L \left(\Delta N_S - \Delta N_R \right) \mathrm{d}l = A n_c^2 + B n_c + C \tag{6.63}$$

与图 6.46 中拟合曲线的表达式对比，可以确定各系数分别为 A=17988.49，B=−46539.89，C=30075.07。利用式（6.62）作为标定曲线，我们可以通过测试确定未知液体的折射率。在检测与去离子水折射率差别不大的微小变化时，式（6.62）可以写成 Δn_c 的函数

$$\Delta\varphi = 2567.2\Delta n_c^2 + 238.56\Delta n_c \qquad （6.64）$$

图 6.46 插图中干涉条纹的对比度为 0.29，低于通过式（6.61）计算的理论对比度 0.47，我们推测是由光电二极管对光强的非线性响应造成的。为验证这一推测，使用光功率计对光电探测器进行测试，结果如图 6.47 所示，横坐标为光功率计探测的激光光束功率，纵坐标为狭缝光电探测器的响应。从图 6.47 中可以看出，光功率越小，光电探测器响应的线性度越高；随着光功率的增加，其响应呈现非线性，从而证明了我们的推断。

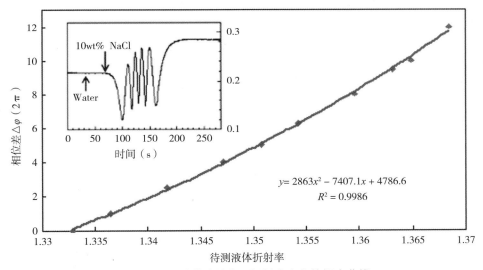

图 6.46 传感芯片随表面折射率变化的标定曲线

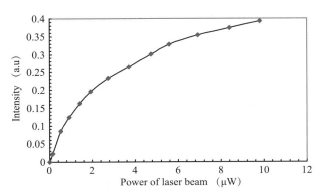

图 6.47 光电探测器对不同强度激光的响应

（2）狭缝宽度对干涉条纹对比度的影响

为验证狭缝宽度对干涉条纹对比度的影响，我们使用 11% 的 NaCl 水溶液进行测试，狭缝宽度分别选取 0.2 mm、0.5 mm、1.0 mm、1.5 mm，棱镜输出端与狭缝相距 9.5 cm，结果如图 6.48 所示。根据光强响应曲线计算干涉条纹的对比度，并与理论值比较，见图 6.49。

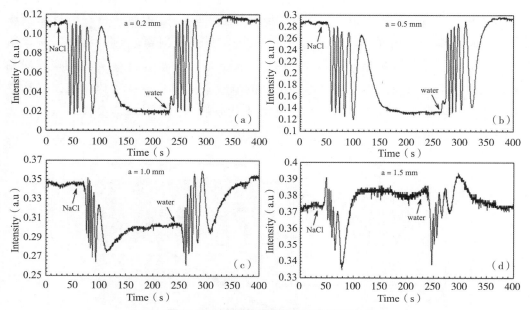

图 6.48　不同尺寸狭缝对应的干涉条纹

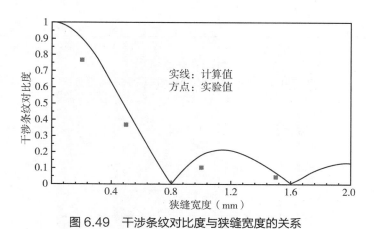

图 6.49　干涉条纹对比度与狭缝宽度的关系

从图 6.49 中可以看出，干涉条纹随狭缝宽度的增大逐渐降低，当狭缝宽度 a=0.8 mm 时，条纹对比度为零，这说明干涉条纹的宽度为 0.8 mm；当狭缝宽度超过条纹宽度后，条纹对比度大大降低（$\gamma < 0.22$）。这说明我们对于条纹对比度与狭缝关系的推导是正确的，要获得高对比度的条纹，狭缝宽度必须小于条纹宽度，而且条纹对比度随狭缝的减小而升高[92]。

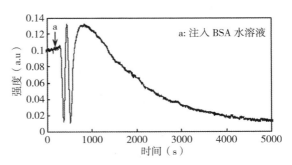

图6.50　干涉计芯片对BSA吸附的响应

（3）传感器芯片对蛋白质溶液生物分子吸附的研究

利用 NaCl 水溶液对传感器芯片进行标定后，我们又检测了传感芯片对蛋白质溶液中生物分子吸附的响应。牛血清蛋白（BSA）是牛血清中的主要蛋白质，来源十分丰富，性质比较稳定，溶于水、稀盐、稀酸及稀碱溶液，在分子生物学和细胞生物学等方面应用广泛。BSA 分子量约为 65000，等电点为 4.9，因此要观察 BSA 分子吸附，必须使 BSA 溶液的 pH 值低于 4.9，实验中，我们使用 pH=4.0 的磷酸缓冲液做溶剂。先将样品池中泵满磷酸缓冲液，待输出信号稳定后再匀速泵入 1 μM 的 BSA 溶液，最后样品池中充满 1 μM 的 BSA 溶液。采用 200 μm 狭缝作为光阑，测得的结果见图 6.50：由于 BSA 吸附引起的附加相位改变为 $\Delta\varphi=4.67\pi$，此时的表面覆盖密度小于完全覆盖 BSA 单分子层的密度（约 2.5 mg/m^2[98]）。假设芯片对 BSA 吸附的响应呈线性关系，则表面只吸附 1% 单分子层时引起的相位改变 $\Delta\varphi > 8.41°$，而这可以通过干涉计芯片很容易地检测出来。图中，干涉条纹的对比度为 0.83，接近于理论计算值 0.9。

6.3.4.3　传感器系统温度稳定性检测[96]

在测试过程中对传感器芯片影响较大的外部因素为环境温度，因此需要研究温度对传感器芯片的影响。为保证流动池中的温度连续变化，在加热去离子水的同时，用蠕动泵向流动池中泵加热过的去离子水，得到的结果如图 6.51。结果表明，当温度从 28.6℃ 上升到 50℃ 时，干涉条纹的相位变化为 $\Delta\Phi=-194.7°$，而去离子水的热光系数为 $-0.000091/℃$[99]；$\Delta T=21.4℃$ 时，折射率变化 $\Delta n=-0.00195$，由去离子水热效应引起的折射率变化导致的附加相位差为 $\Delta\Phi'=-131.5°$，传感器芯片由于温度影响引起的相位改变 $\Delta\Phi-\Delta\Phi'=-63.2°$。假设芯片引起的相位改变与温度是线性关系，则 d（$\Delta\Phi-\Delta\Phi'$）/d$T=-3.26°$，而去离子水温度每升高 1℃ 引起的相位改变 d（$\Delta\Phi'$）/d$T=-6.14°$，两者的数量级相同，因此在进行精密检测时要考虑温度的影响，需要利用图 6.52 的 $\Delta\Phi$-T 关系曲线在结果中减去温度的影响。

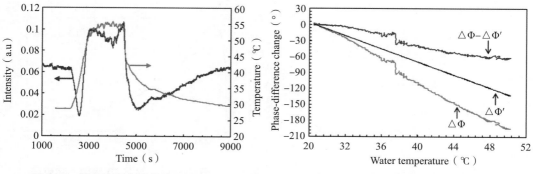

图 6.51　样品池中水温的变化及其
导致的输出光强的变化

图 6.52　$\Delta\Phi$、$\Delta\Phi'$、$\Delta\Phi-\Delta\Phi'$ 随温度变化的关系

6.4　红外传感原理与技术

　　1800 年，天文学家 William Herschel 在研究太阳光谱的热效应时，第一次发现了红外辐射的存在[100]。随着对红外辐射研究的深入，人们发现任何高于绝对零度（0 K）的物体都在不断地吸收和辐射电磁波。红外辐射是介于可见光区和微波之间的电磁辐射，其波长为 0.75~1000 μm，因位于可见光谱的红端以外，所以俗称红外线、红外光或红外辐射[101]。

　　红外传感器与红外探测器的内涵相同，本书中，不加区别地使用红外传感器和红外探测器两个概念，以下按红外技术领域的习惯使用红外探测器一词。红外探测器能感知自然和人工物体红外辐射信号 / 信息的存在，并将其转换成便于计量的物理量（通常转换成电信号），其物理形态可以是一个嵌入式的芯片、一个简单结构的元件或器件、一个结构复杂的组件甚至是微系统，也可以是一个包含红外光学系统、红外探测器组件、低温制冷系统、信号处理电子系统、控制和显示系统等部分的复杂系统[102]。

　　红外探测器根据工作原理不同，主要分为热敏型探测器和光子型探测器。典型红外探测器的光谱响应波段与探测器材料、波长探测率、工作温度和工作模式的关系见图 6.53[103]。

　　红外探测器和系统应用的发展历史如图 6.54 所示[104-105]：第一代主要是单元、线列扫描成像；第二代发展二维焦平面阵列进行凝视成像；再到第三代的更多像素、双色功能；最后到当前发展的第四代，在第三代的基础上要求达到更多像素、多色、智能化读出等多功能的凝视型焦平面探测器阵列。其中，红外焦平面是指带有读出电路的红外探测阵列器件，通常由红外探测器（敏感元）阵列和读出电路阵列两部分组成，读出电路可以实现对敏感元信号的放大、采样和顺序扫描读出，甚至具有对信号进行 A/D 转换、背景剔除等多种处理功能。

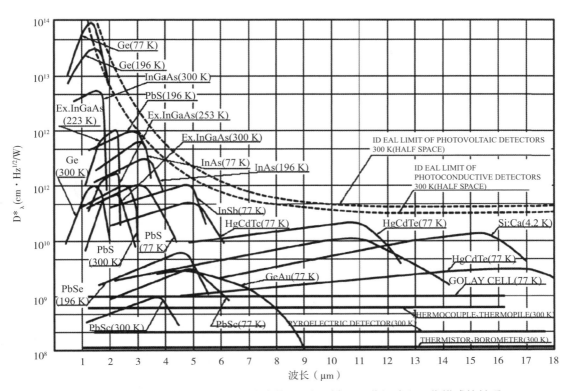

图 6.53　典型红外探测器的光谱响应范围、探测率、工作温度和工作模式的关系

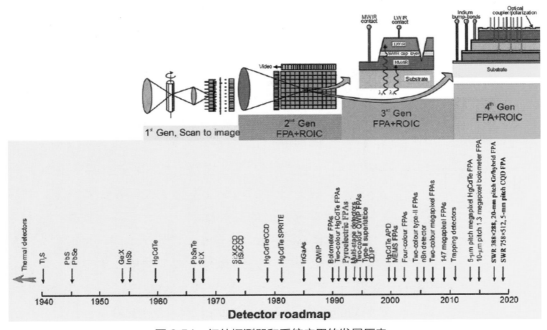

图 6.54　红外探测器和系统应用的发展历史

6.4.1 热敏型红外探测器

热敏型红外探测器依据材料的热效应进行探测。红外辐射的热效应在引起某种材料温度变化的同时，会使该材料产生某种可度量的物理性质变化，检测出这种变化就得到了与红外辐射相对应的信号。由于电信号最容易处理和利用，所以绝大多数热敏型探测器都将红外辐射信号最终转换成电信号。在理论上，热敏型探测器对一切波长的红外辐射都具有相同的响应，属于无波长选择性探测器，即对不同波长的单位入射功率有相同的输出信号。探测器材料的温度变化由吸收的热辐射能量引起，与红外辐射波长没有关系。但实际上，热敏型红外探测器对不同波长的红外辐射响应存在一定差异，而且在应用需求的牵引下，探测器通常配置不同波段范围的窗口材料，实际的光谱响应范围受窗口材料所限。热敏型探测器和光子型探测器相比，其峰值探测率低、响应速度慢，但因为具有宽广的、比较平坦的光谱响应，能够在室温下工作，且使用方便、价格便宜，所以仍得到广泛应用。

按物理量及其变化的类型区分，热敏型探测器有很多种。目前在各类热敏型红外探测器中被实际利用的效应主要有热胀冷缩效应、热敏电阻效应、温差电效应和热释电/铁电效应。

6.4.1.1 热胀冷缩效应

热动探测器是利用气体、液体或固体的热胀冷缩效应探测红外辐射，即气体、液体或固体吸收红外辐射热，将其转变为可以测量的物理量变化，并最终转换成电信号。

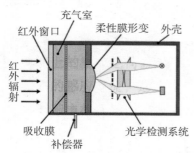

图 6.55 热气动红外探测器示意图

图 6.55 是一个典型的热气动探测器结构。密封的气室中充满了气体（一般充氙，因其热导低），红外辐射通过窗口照在吸收膜上，吸收膜的温升加热了气室中的气体，使其压力增大，从而使固定在另一室壁上的柔性膜形变，使膜片外表面反射的入射光发生改变而被探测出来，即可检测入射的红外辐射。热气动探测器是由 Marcel Golay 在 20 世纪 40 年代发明，因此也被称为高莱管（Golay cell）。其性能主要受吸收膜和气室气体热交换的温度噪声限制，探测率（D^*）可达 $3 \times 10^9 \mathrm{cmHz}^{1/2}\mathrm{W}^{-1}$，但是响应时间很长，典型的达 15ms。由于这种探测器的结构复杂，易受外界振动的影响，因此一般仅在实验室中应用。

6.4.1.2 热敏电阻效应

测辐射热计探测器利用金属或半导体的热敏电阻效应探测红外辐射，即检测由红外辐射热效应引起的材料电阻率随温度的变化来探测红外辐射，通过调制材料的电阻率（实际上是电导率）再调制偏置电流形成光电信号。

早期用金属（镍、铋、铂、锑等）薄膜制成的测辐射热计其电阻温度系数很小，仅 0.3%/℃左右；后来用锰、镍、钴氧化物烧结而成的半导体热敏电阻其电阻温度系数已提高到 2%~4%/℃，探测率 D^* 一般在 $2 \times 10^8 cmHz^{1/2}W^{-1}$ 量级。这种在室温下工作的器件已广泛应用于入侵报警、火焰探测、工业温度测量、卫星地平仪、辐射计等领域。

由硅、锗、碳等半导体制成的低温测辐射热计工作在几 K 的深低温下，其电阻温度系数可达约 100%/℃，最小可探测功率达 $10^{-14}~10^{-16}WHz^{-1/2}$，特别适用于红外至亚毫米波段的微弱辐射信号探测。

20 世纪末，在硅基非制冷焦平面中发展了多种新型的测辐射热计探测器。微测辐射热计红外焦平面通常是指以热敏电阻作为探测器阵列敏感元的焦平面，属非制冷型红外焦平面。敏感元常用的材料有氧化钒、非晶硅、多晶硅等。为了实现敏感元与衬底的热隔离，焦平面的敏感元通常以微桥的形式架设在衬底上，敏感元的信号则通过衬底上的读出电路读出，形成一个单片式结构，如图 6.56 所示。

由于微测辐射热计红外焦平面的制作工艺与 CMOS 工艺有较好的兼容性，可以利用成熟的 CMOS 工艺进行加工生产，因此在 20 世纪 90 年代初出现后，立即受到广泛重视并得到迅速发展。用氧化钒或非晶硅作敏感元的微测辐射热计红外焦平面是目前发展最成熟、产量最多的非制冷焦平面，已经做到的 1024×768 元规模、17 μm 中心距、20~60 Hz 帧频、30~50 mK NEDT 以及宽光谱、无须制冷等优异性能使它在很多领域可以取代制冷型焦平面，因而得到了广泛应用。同时，焦平面本身仍在不断提高，目前用氧化钒作敏感元的微测辐射热计红外焦平面已可做到 2048×1536 元规模和 17 μm 中心距。

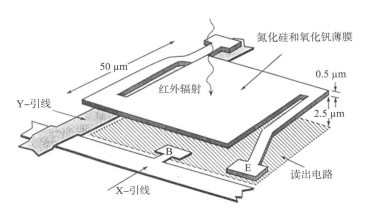

图 6.56　采用微电子工艺制造的微测辐射热计探测器单元

6.4.1.3　温差电效应

热电探测器利用金属 – 金属或金属 – 半导体结温差电效应探测红外辐射，即热电偶 / 热电堆结吸收红外辐射热导致温度变化，直接调制结的温差电势差形成光电信号。

如果把两种金属或半导体材料的两端接触连在一起形成一个结点，而另外两端开路，就形成了一个热电偶结构。如果通过某种方法使其结点与开路端之间形成温度差（假设结点为热端，开路端为冷端），则两个开路端会产生一定的热电势，该温度梯度使材料内部的载流子向冷端移动，并造成冷端电荷积累，这一现象被称为塞贝克效应或热电效应和温差电效应。如果热端作为一个探测器的敏感元，则在冷端就可以测到因敏感元吸收红外辐射后引起的温升产生的热电势，这种探测器即为热电偶探测器。

为了提高热电偶探测器的响应率，可以把 N 个热电偶串联起来形成一个热电堆探测器，其所有的热端都与敏感元相连，而所有的冷端处于同一温度，因此热电堆的输出信号可以提高 N 倍。

热电偶与热电堆探测器都属于热探测器，通常在室温下工作，可探测的辐射波长范围很广，同时还具有使用时无须偏置电源和斩波器的优点。

近年来，在集成电路和微机械技术的基础上，已经研制出各种新型的集成化的热电堆探测器，其中尤以多晶硅和金属及 P– 多晶硅和 N– 多晶硅构成的热电堆最为成功。其典型的性能为：D^* 约为 $1 \times 10^8 \mathrm{cmHz^{1/2}W^{-1}}$，响应时间为几十毫秒。虽然与热敏电阻和热释电探测器相比，热电堆不是最灵敏的，但由于其高可靠性和高性价比以及使用时无须偏置电源和斩波器的优点，使其在非接触测温（体温计、高温计）、气体分析仪中获得广泛应用。此外，还有热电堆的线列器件在卫星地平仪中应用的实例。

6.4.1.4　热释电 / 铁电效应

在一切极性分子构成的晶体中，极性分子正负电荷中心偏离形成分子电矩，分子电矩的有序排列形成宏观电极化，即自发极化。当晶体温度变化时，自发极化随之发生变化，从而导致表面电荷变化，这就是热释电效应[106]。如果用这种具有自发极化的热释电晶体或铁电晶体作为介质做成一个电容器，那么这个电容器吸收红外辐射后引起的温升会使自发极化发生变化，从而输出电流，如图 6.57 所示。由于它的输出电流与自发极化的变化成正比，因此在使用时常常需要在探测器前加斩波器以调制入射的红外辐射。

热释电 / 铁电探测器利用材料电极化率随温度变化的热释电 / 铁电效应探测红外辐射，即热释电 / 铁电材料吸收交变红外辐射热导致温度变化，通过温度变化调制材料电极化率形成光电信号，铁电材料加偏置电压后可增强电极化率，因而输出

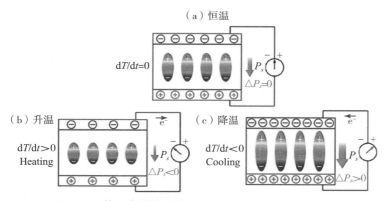

图 6.57 热释电体的自发极化和自由电荷随温度的变化

的光电信号更大。

有多种材料可以制成热释电探测器，其中以硫酸三甘肽（TGS）、钽酸锂（LiTaO$_3$）、铌酸锶钡（Sr$_{1-x}$Ba$_x$Nb$_2$O$_6$）等单晶为代表制成的热释电探测器性能最好，在 10 Hz 频率时，D^* 可达 2×10^9cmHz$^{1/2}$W^{-1}，而且到 1 kHz 频率时，D^* 仍可保持在 1×10^8cmHz$^{1/2}$W^{-1} 的水平。用锆酸铅（PbZrO$_3$）、钛酸铅（PbTiO$_3$）等氧化物陶瓷制成的热释电探测器，尽管 D^* 只有 10^8cmHz$^{1/2}$W^{-1} 的水平，但因其成本低、稳定性好，已在入侵报警、红外遥控等领域广泛使用。用铁电薄膜材料制成的热释电探测器正在向红外焦平面方向发展。

6.4.2 光子型红外探测器

红外辐射在半导体材料中会激发非平衡电子或空穴，引起材料电学性能的变化，利用这种光电效应制成光子型探测器。光子型探测器输出的电信号与红外辐射的入射光子能量有关，即光子能量必须大于或等于探测器半导体材料的能带宽度才能激发光生载流子，一旦光子型红外探测器的响应达到某一波长——即截止波长时就不再有信号响应，因此光子型红外探测器对响应的红外辐射波长有选择性。当波长不同时，相等入射功率的红外辐射所含的光子数不相同，因而光子探测器的响应率、探测率也不相同。根据探测波长选择的响应波段的不同，光子型红外探测器可以分为短波红外、中波红外、长波红外探测器等。由于光子型探测器具有信噪比高、响应速度快等优点，在 20 世纪 40 年代后得到快速发展。

根据光电效应的不同，光子型探测器又可分为光导型探测器、光伏型探测器、肖特基势垒探测器和量子结构探测器。

6.4.2.1 光电导红外探测器

利用半导体吸收红外辐射后引起电导率变化的光电导效应来探测红外辐射的器

件，简称光导红外探测器。

光电导效应是指由于入射红外辐射引起半导体材料中自由载流子的平均数或迁移率的变化，从而导致电导率变化的效应。根据对光子吸收机制的差别，光电导型红外探测器可分为本征光电导型、非本征光电导型、自由载流子光电导型和量子阱光电导型等。图6.58（a）为本征型光电导探测器的工作原理示意图，其价带电子吸收红外光子跃迁到导带参加导电；图6.58（b）为非本征光电导探测器的工作原理示意图，其杂质能级的载流子吸收红外光子跃迁到导带或价带参加导电。

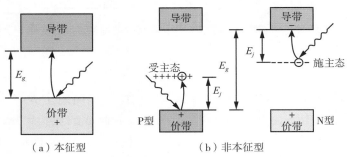

（a）本征型　　　　　　　　　（b）非本征型

图6.58　光电导红外探测器工作原理示意图

所谓本征吸收，即电子吸收了能量大于半导体材料禁带宽度的光子后，从价带跃迁至导带，产生电子–空穴对，从而使材料的电导率发生变化的过程。利用本征吸收做成的器件吸收系数很高，对直接能隙半导体更是这样。因此，它可做成薄片或薄膜状，便于集成。本征光电导探测器的另一个重要优点是其工作温度比非本征光电导探测器高。

当前最主要的本征光电导探测器有碲镉汞（HgCdTe）光导探测器、锑化铟（InSb）光导探测器、硫化铅（PbS）和硒化铅（PbSe）光导探测器。其中，碲镉汞光导探测器根据组分的不同，已有工作在77 K至室温的不同温度下，探测波段在$1 \sim 3 \ \mu m$、$3 \sim 5 \ \mu m$和$8 \sim 14 \ \mu m$的各种光导探测器，性能已接近背景限。锑化铟光导探测器的典型工作温度为77 K、响应波段为$1 \sim 5 \mu m$，探测率已接近背景限。对于工作温度为300 K的光导探测器，其响应波段可扩展到$7 \mu m$，但D^*只有$1 \times 10^8 cmHz^{1/2}W^{-1}$。硫化铅和硒化铅光导探测器是于20世纪40年代发展起来的多晶薄膜型探测器。硫化铅工作在$1 \sim 3 \ \mu m$波段和195 K温度下，D^*达到$1 \sim 3 \times 10^{11} cmHz^{1/2}W^{-1}$，但响应时间在毫秒量级；硒化铅工作在$1 \sim 5 \ \mu m$波段和195 K温度下，$D^*$达到$1 \sim 6 \times 10^{10} cmHz^{1/2}W^{-1}$，响应时间在几十微秒量级。

所谓非本征吸收，即半导体杂质能级上的电子（或空穴）吸收光子后激发到导带（或价带）的过程。这一过程将使材料电导率发生改变，从而可利用它制作光电探测器。材料中杂质的电离能决定了这类探测器的响应截止波长，选择不同的杂质可以得到几微米到几百微米响应波长的探测器。

非本征吸收的吸收系数很低，大约比本征吸收系数小 3~4 个量级。为了提高探测器的吸收效率，必须增大入射辐射在敏感元中的光程，因此，非本征光导探测器的线度都较大，很难做成薄膜状，难于集成。此外，为了降低杂质的热激发、提高器件性能，非本征光电导探测器必须工作在很低的温度下。

20 世纪 60 年代发展较成熟的锗掺杂探测器有 Ge：Au、Ge：Hg、Ge：Cu、Ge：Zn 等，其中 Ge：Hg 工作在 8~14 μm 波段（40 K 低温），获得了较成功的应用，但不久即被在 77 K 温度下工作的 HgCdTe 探测器所取代。20 世纪 80 年代，非本征硅探测器的研究开始受到重视，主要是希望发展出能与读出电路单片集成的焦平面。

光电导探测器的特性决定其工作时必须施加偏压或偏流，如图 6.59 所示。

6.4.2.2　光伏型红外探测器

光伏型红外探测器是利用半导体 P–N 结在接收红外辐射后，其两端产生电压的光伏效应来探测红外辐射的器件。这种探测器的内部或表面制作有一个 P–N 结，如图 6.60 所示，当能量大于半导体禁带宽度的红外光子入射到该 P–N 结区或结区附近时，它激发的电子空穴对会被结区的电场分开，从而在 P–N 结的两端产生一个电压；如果用外电路使 P–N 结短路，则在电路中会产生一个短路电流，人们常把这种电压和短路电流称为光电压和光电流。由于这种光电压或光电流与入射的红外辐射的辐照度成正比，因此通过测量探测器输出的光电压或光电流即可探测红外辐射。

图 6.61 是 P–N 结平衡态的能带示意图，W_D 为空间电荷区的宽度，eV_D 为 P–N 结自建势垒，E_C 为导带

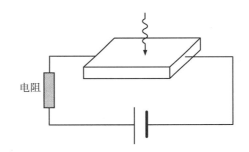

图 6.59　施加偏置的光电导探测器工作示意图

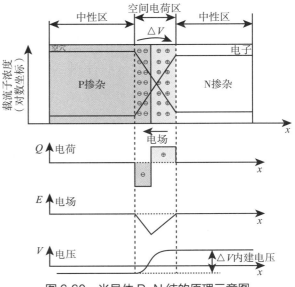

图 6.60　半导体 P–N 结的原理示意图

底能级，E_V 为价带底能级，E_F 为能级费米，P–N 结平衡态的条件为费米能级与价带底能级的能量差（E_F-E_V）等于导带底能级与费米能级的能量差（E_C-E_F）。当能量大于半导体材料禁带宽度的光照射 P–N 结时，在空间电荷区产生电子 – 空穴对被自建电场分离，产生的光电压等于降低的势垒 e（V_D-V）高度，如图 6.62 所示。

PIN 光伏探测器是 P–N 光伏探测器的扩展，其工作原理与 P–N 光伏探测器一样，结构上只是在 P 区与 N 区之间增加了一个 I 区，可称其为本征区。由于 I 区的杂质浓度很低，在很弱的电场下即处于耗尽状态，因此 I 区的引入即在 P–N 结之中增加了一个很宽的耗尽区。这一宽耗尽区的存在可给 PIN 探测器带来以下优点：①由于结电容的减小和耗尽区中载流子漂移速度的增加，探测器的响应速度可提高，即减小上升时间、增大带宽；②由于在耗尽区中激发的光生载流子都转变为光电流，因此可以提高探测器的量子效率，特别是在吸收系数小的长波段。然而，宽耗尽区的存在也会使探测器的暗电流增大。

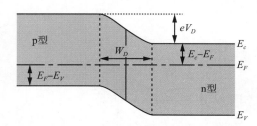

图 6.61　P–N 结平衡态的能带示意图

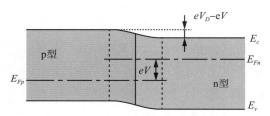

图 6.62　P–N 结光照时的能带示意图

与光导探测器相比，光伏型探测器具有响应时间快的优点，再加上高阻抗、低功耗等特点，比较容易与 CCD 或 CMOS 读出电路输入级相耦合，因而光伏型红外探测器阵列是大部分红外焦平面实现的基础。

当前，最主要的光伏型红外探测器有 HgCdTe 探测器、InSb 探测器、InGaAs 探测器。其中，HgCdTe 探测器可以覆盖短波到长波范围，典型工作温度为 77K；InSb 探测器在中波（3~5μm）工作，典型工作温度为 77K；InGaAs 探测器在短波工作（0.9~1.7μm、0.9~2.5μm），近室温工作。这些探测器的探测率已经接近于背景限。

6.4.2.3　肖特基势垒红外探测器

金属和半导体接触在界面上形成的势垒称为肖特基势垒。肖特基势垒红外探测器即是利用检测红外辐射在肖特基势垒中产生的光电流来探测红外辐射的器件，包含一个肖特基接触和一个欧姆接触。当辐射照射到金属薄层上时，如果光子的能量足够大，使它在金属中激发的电子能越过肖特基势垒而进入半导体表面的耗尽区，则它们将转变为光电流。光电流的大小与入射辐射的强弱成正比。而响应的截止波长则取决于肖特基势垒的高度，不同的金属和半导体材料形成的肖特基势垒高度也不同。

当前研制成功的最主要的肖特基势垒红外探测器有 Pd–Si、Pt–Si、Ir–Si 三种，它们对应的截止波长分别是 3.7 μm、5 μm 和 7.3~10 μm。

肖特基势垒探测器是一种利用金属与半导体接触势垒进行工作的器件，是多子器件，不存在少子寿命和反向恢复问题，因此响应速度快且器件工艺比光伏探测器简单。但其量子效率偏低、探测率也偏低，单元的探测器很少得到应用。但与此同时，良好的均匀性使其在红外焦平面的发展中占有一席地位。

金属 – 半导体 – 金属（Metal–Semiconductor–Metal，MSM）红外探测器是 20 世纪 80 年代中后期开始受到重视的一种肖特基势垒探测器，其本质相当于两个肖特基结背靠背串联，如图 6.63 所示。在外加偏压时，一个结处于正偏，另一个结处于反偏，MSM 探测器的伏安特性由处于反偏的肖特基结决定。在两个金属电极间加偏压，受光照后，在半导体中激发出电子空穴对，其中空穴向负电极漂移、而电子向正电极漂移，从而形成光电流。

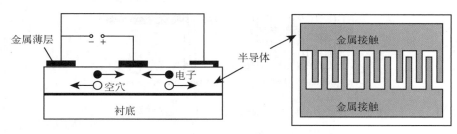

图 6.63　MSM 红外探测器结构示意图

6.4.2.4　量子阱红外探测器（Quantum Well Infrared Photodetector，QWIP）

量子阱是指由两种不同的半导体材料相间排列形成的具有明显量子限制效应的电子或空穴的势阱，在吸收红外辐射后，势阱中的电子可发生导带子带间的跃迁等多种跃迁过程，最终导致材料电导的变化，利用这一效应可制成量子阱红外探测器。量子阱中的电子态、声子态和其他元激发过程以及它们之间的相互作用，与三维体状材料中的情况有很大差别。在具有二维自由度的量子阱中，电子和空穴的态密度与能量的关系为台阶形状，而不是像三维体材料那样的抛物线形状。

量子阱的最基本特征是，由于量子阱宽度（只有当阱宽尺度足够小时，才能形成量子阱）的限制导致载流子波函数在一维方向上的局域化。如果势垒层足够厚，以致相邻势阱之间载流子波函数之间耦合很小，则多层结构将形成许多分离的量子阱，称为多量子阱。由于量子效率低、暗电流大，量子阱探测器必须工作在较低的温度下，性能也比常规的 HgCdTe 探测器差。但是，由于 GaAs 工艺成熟，材料的均匀性好、成品率高、热稳定性好、抗辐照以及低成本等一系列优点，量子阱焦平面与 HgCdTe 焦平面有一定的竞争潜力。

在量子阱结构设计中，通过调节阱宽、垒宽等参数，可使量子阱子带输运的激发态被设计在阱内（束缚态）、阱外（连续态）、势垒的边缘或者稍低于势垒顶（准束缚态），以便满足不同的探测需要、获得最优化的探测灵敏度。近 20 年来，国内外学者对工作在 3~5 μm 和 8~12 μm 大气窗口的基于子带间跃迁的 QWIP 进行了广泛研究。为了减小器件的暗电流、提高探测器的灵敏度，研究人员先后提出了束缚态到束缚态（Bound-to-Bound）、束缚态到连续态（Bound-to-Continuum）、束缚态到微带（Bound-to-Miniband）和束缚态到准束缚态（Bound-to-Quasibound）四种跃迁模式，分别简称为 BTB、BTC、BTM、BTQB，如图 6.64 所示[107]。

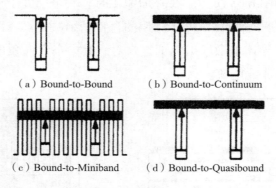

（a）Bound-to-Bound　　　　（b）Bound-to-Continuum

（c）Bound-to-Miniband　　　　（d）Bound-to-Quasibound

图 6.64　量子阱子带间跃迁的四种模式

目前发展得较为成熟的是用 GaAs/AlGaAs 系列的多量子阱结构材料制成的量子阱探测器及焦平面，其典型性能是：截止波长为 10 μm，在工作温度为 77K 时，峰值 D^* 大约为 1×10^{10}cmHz$^{1/2}$W^{-1}；当温度下降至 60 K 时，D^* 可升至 1×10^{11}cmHz$^{1/2}$W^{-1}。

6.4.2.5　量子点红外探测器（Quantum Dot Infrared Photodetector，QDIP）

量子点红外探测器是指利用吸收光子后电子在量子点的子带间跃迁引起的电导或电动势变化来探测红外辐射的探测器。量子点是准零维的纳米材料，由少量的原子构成。粗略地说，量子点三个维度的尺寸都在 100 nm 以下，外观恰似一极小的点状物，其内部电子在各方向上的运动都受到局限，所以量子局限效应特别显著，导致类似原子的不连续电子子带能阶结构。

东京大学的 Y. Arakawa 首先提出了将量子点应用于光电器件的概念[108]。与 QWIP 一样，QDIP 也是依靠光激发的子带间跃迁将基态电子激发到激发态或者连续态，在外加电场下光电导增益产生光电流。与 QWIP 相比，QDIP 由于更长的载流子俘获和弛豫时间，因而具有更低的暗电流和更高的光电响应；即使红外光垂直射入，QDIP 也无须使用表面光栅；此外，在量子点中的子带跃迁过程中，QDIP 电子的寿命比量子阱中要长 2~3 个量级，因此 QDIP 的工作温度有可能比 QWIP 高，从而可弥补 QWIP 的不足。

用于制作量子点探测器的材料有 InAs/InGaAs/GaAs 结构、InAs/GaAs 结构和 Si 基 Ge 量子点等。尽管量子点的生长技术有一定难度，但自 1996 年理论预言了 QDIP 的优势以来，QDIP 发展很快。当前在 77K 温度下测量到的探测率 D^* 可达 $1.1 \times 10^{12} \mathrm{cmHz}^{1/2} \mathrm{W}^{-1}$（$\lambda$ =4.7μm）；此外，随着量子点红外探测器单管性能的较大提高，量子点红外焦平面阵列的研制也取得了很大进展。

6.4.2.6 Ⅱ类超晶格红外探测器

Ⅱ类超晶格红外探测器是指利用Ⅱ类超晶格材料制成的光导或光伏红外探测器件。Ⅱ类超晶格的特点是前者的导带在后者的价带之下，能带彼此"错开"。Ⅱ类超晶格材料由于特殊的能带结构，可以利用它制作工作波长范围在 3~25μm、性能优良的红外探测器。有人预言Ⅱ类超晶格材料是下一代红外光子探测器的首选材料。

目前研究最多的是 InAs/GaInSb Ⅱ类超晶格材料和器件。它的能带结构是 InAs 的导带底低于 GaInSb 的价带顶，这样可以把电子主要限制在 InAs 层中、把空穴主要限制在 GaInSb 层中，构成在空间上为非垂直的能带间隙，见图 6.65 所示。其禁带宽度依赖于材料的厚度和组分，因此通过选择不同的材料厚度和组分便可调整所需的禁带宽度，从而控制探测器的截止波长。

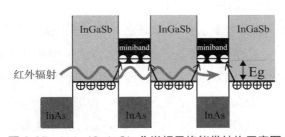

图 6.65　InAs/GaInSb Ⅱ类超晶格能带结构示意图

此外，InAs/GaInSb Ⅱ类超晶格材料的设计选择范围很宽，通过优化材料参数能使一些重要参数得到提高。例如，电子空穴的空间分离分布有助于抑制材料的俄歇复合，提高载流子寿命，从而降低暗电流；InAs/GaInSb 超晶格材料的有效质量并不直接依赖于禁带宽度，在具有相同禁带宽度（如 Eg ≈ 0.1eV）的情况下，InAs/GaInSb 超晶格的有效电子质量比 HgCdTe 的大，因此用此超晶格材料制备的二极管的隧道电流比 HgCdTe 的小；通过设计不同的 InAs 厚度与 GaInSb 厚度以及引入应力平衡等措施，可改善材料的吸收系数。目前已能获得与 HgCdTe 的光吸收系数相当的 InAs/GaInSb Ⅱ类超晶格材料，其在长波红外和甚长波红外方面有着广阔的应用前景，性能比具有相同截止波长的 HgCdTe 高。

6.4.2.7 雪崩型红外探测器

雪崩型红外探测器是指利用光生载流子在 PN 结耗尽区的强电场中产生雪崩倍增的雪崩效应来探测红外辐射的器件，也称雪崩光电二极管（APD）。APD 具有内部增益和放大的作用，一个光子可以产生几十到几百对光生电子 – 空穴对，从而能够在器件内部产生很大的增益。APD 工作在反向偏压下，反向偏压越高，耗尽层当中的电场强度也就越大。当耗尽层中的电场强度达到一定程度时，耗尽层中的光生电子 – 空穴对就会被电场加速而获得巨大的动能。它们与晶格发生碰撞时，就会产生新的二次电离的光生电子 – 空穴对，新的电子 – 空穴对又会在电场的作用下获得足够的动能，再一次与晶格碰撞，又产生更多的光生电子 – 空穴对，如此下去，形成了所谓的"雪崩"倍增，使信号电流放大。

与光电倍增管相比，APD 具有量子效率高、功耗低、工作频谱范围大、体积小、工作电压较低等优点，但同时也有增益低、噪声大、外围控制电路较复杂等缺点。APD 主要应用于单光子探测、三维探测和光通信等领域。目前应用的主要三种 APD 分别是工作波长范围在 400~1100nm 的 Si-APD、工作波长范围在 800~1650nm 的 Ge-APD、工作波长范围在 1100~1700nm 的 InGaAs-APD。此外，HgCdTe 由于其特殊的能带结构特性、特别适用于制作 APD，已经有大量关于 HgCdTe 雪崩红外焦平面的报道。

6.4.3 研究进展与发展趋势

红外探测器涉及探测器材料、红外敏感芯片、读出电路、探测器组件封装，以及制冷器 / 机设计与制造、高精度测试、可靠性等多方面，探测器组件正向微型化、多功能化、系统化、智能化的方向发展。目前，传统的光伏型红外焦平面探测器单片规模已达到 4096×4096 元，光敏元尺寸介于 5~10μm，如图 6.66 所示，探测器工作温度有所提升，同时探测率接近理论背景限。以法国 Sofradir 公司为例，该公司是 HgCdTe 红外焦平面探测器的主流供应商之一，其 HgCdTe 探测器的发展历程如图 6.67 所示，呈现像元尺寸不断缩小、组件集成化水平不断提升且向大规模面阵、多色发展的趋势。

（a）10μm–HgCdTe　　　　　　　　　　　（b）5μm–InGaAs

图 6.66　单片规模 4096×4096 元红外探测器

为满足细分和新应用的需求，未来将出现更多的新型红外探测器技术。III-V族和 II-VI 族量子阱 / 超晶格焦平面探测器技术已在挑战传统的制冷型 HgCdTe、InSb 红外焦平面探测器技术；继非制冷热释电 / 铁电、微测辐射热计红外探测器技术成熟之后，具有更多技术优势的热电堆和热二极管非制冷红外探测器技术也进入快速发展期，可能成为下一代非制冷红外焦平面探测器技术。此外，科研人员在不断探索红外探测器的新材料、新机理，基于二维材料的新型红外探测器得到快速发展，如图 6.68 所示。

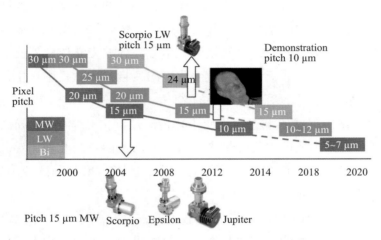

图 6.67　法国 Sofradir 公司 HgCdTe 红外焦平面的发展历程

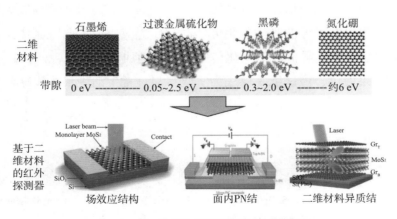

图 6.68　基于二维材料的新型红外探测器

红外探测器除了可用于解决国防安全的被动探测、夜视、侦察、搜索、红外 / 热成像制导等军事应用的关键问题，解决国民经济行业中涉及昼夜观察、遥感、测量、热过程和能量交换等精确感知与控制应用的问题，还将进一步走进人民群众的日常生活，支持智慧交通、智慧城市、智慧家庭等应用。红外探测器的应用仍然有待科技人员创造性地挖掘和持续不断地开发。

6.5　本章小结

　　导波光学生化传感器包含光纤传感器、集成光波导传感器、SPR 传感器、光子微腔传感器以及光子晶体共振传感器，它们都能够产生一个很高场增强因子的消逝波。这个消逝波就是一个游走于传感器表面的看不见的电磁探针，能够极其灵敏地感知靠近表面和着陆表面的生化分子和纳米粒子，传感器借助光学测量原理，将消逝波感知的表面物质信息转换为可测量的光信号。导波光学传感器能够在无须样品前处理的条件下实现原位非标记高灵敏生化检测，且检测过程中对生化样品几乎无干扰、无损伤，检测信号不受环境电磁的影响。

　　导波光学生化传感器的上述优势使生化传感逐渐"光学化"。导波光学传感器广泛的应用需求和高集成度也为它带来了较大的商业前景。此外，导波光学传感器基于成熟的电磁理论，有许多成熟的仿真方法，仿真结果和测试结果拟合度较高，可以缩短产品的研发周期。

　　但是，集成光波导的制备工艺仍远不及集成电路成熟。此外，导波光学生化传感芯片与纯电路元件不同，需要与样品接触的表面，进一步增大了封装难度。这导致导波光学生化传感器在商业应用中并没有发挥高集成度的优势，因此，商用光学生化传感器的结构仍类似于测试样机，由微小的内部传感芯片和庞大的外部调试接口构成，不仅限制了导波光学生化传感器的广泛应用，也会限制传感器的测量精度。有效的封装可以让导波光学生化传感器真正地成为"芯片"，在片上实现传感、信号处理与结果展示，像试纸一样成为实验室与日常生活中最为实用且高效的生物化学检测手段。

参考文献

［1］Narayanaswamy R. Wolfbeis O S. Optical Sensors，Industrial，Environmental and Diagnostic Applications ［M］. 北京：科学出版社，2008.

［2］庄峙厦，李伟，陈曦，等 . 光纤化学／生物传感技术在海洋环境监测中的应用［J］. 海洋技术，2002，21（1）：27–32.

［3］武文斌. 生物传感器及其在微生物检测中的应用评价［J］. 海军医学，2007，28（4）：374–376.

［4］863 计划海洋领域海洋监测技术主题办公室 . 海洋监测化学、生物传感器及集成技术探讨［M］.

厦门：厦门大学出版社，2000，1–12.

［5］Fan X–D，White I M. Sensitive optical biosensors for unlabeled targets，A review［J］. Analytic Chemic Acta，2008（20）：8–26.

［6］Wood R W XLII. On a remarkable case of uneven distribution of light in a diffraction grating spectrum［J］. The London，Edinburgh，and Dublin Philosophical Magazine and Journal of Science，2009，4（21）：396–402.

［7］Fano U. The theory of anomalous diffraction gratings and of quasi–stationary waves on metallic surfaces（Sommerfeld's waves）［J］. J. Opt. Soc. Am.，1941，31（3）：213–222.

［8］Stern E A，Ferrell R A. Surface plasma oscillations of a degenerate electron gas［J］. Phys. Rev.，1960，120（1）：130–136.

［9］Otto A. Excitation of nonradiative surface plasma waves in silver by method of frustrated total reflection［J］. Z. Phys.，1968，216（4）：398–410.

［10］Kretschm E，Raether H. Radiative decay of non radiative surface plasmons excited by light. Zeitschrift Fur Naturforschung Part a–Astrophysik Physik Und Physikalische Chemie 1968，A 23（12）：2135–2136.

［11］Nylander C，Liedberg B，Lind T. Gas–detection by means of surface–plasmon resonance［J］. Sensors and Actuators，1982，3（1）：79–88.

［12］Liedberg B，Nylander C，Lundstrom I. Surface–plasmon resonance for gas–detection and biosensing［J］. Sensors and Actuators，1983，4（2）：299–304.

［13］Velasco–Garcia M N. Optical biosensors for probing at the cellular level，A review of recent progress and future prospects［J］. Seminars in cell and Developmental Biology，2009（2）：27–33.

［14］King F W，Wawrzymow A. Co–chaperones Bag–1，Hop and Hsp40 regulate Hsc70 and Hsp90 interactions with wild–type or mutant p53［J］. EMBO，2001（20）：6297–6305.

［15］Quaranta G，Basset G，Martin O J F，et al. Recent advances in resonant waveguide gratings［J］. Laser & Photonics Reviews，2018，12（9）：1800017.

［16］Fang Y，Ferrie A M，Fontaine N H，et al. Resonant waveguide grating biosensor for living cell sensing［J］.Biophys. J.，2006，91（5）：1925–1940.

［17］Fang Y. Probing cancer signaling with resonant waveguide grating biosensors［J］. Expert Opinion on Drug Discovery，2010，5（12）：1237–1248.

［18］Passaro V M N，Dell'Olio F，Casamassima B，et al. Guide–Wave Optical Sensors［J］. Sensors，2007（7）：508–536.

［19］Lukosz W. Principles and sensitivities of integrated optical and surface plasmon sensors for direct affinity sensing and immunosensing［J］. Biosensors and Bioelectronics，1991（6）：215–225.

［20］Heideman R G，Lambeck P V. Remote opto–chemical sensing with extreme sensitivity，design，fabrication and performance of a pigtailed integrated optical phase–modulated Mach–Zehnder interferometer system [J]. Sensors and Actuators B, 1999 (61): 100–127.

[21] Brosinger F, Freimuth H, Lacher H M, et al. A label–free affinity sensor with compensation of unspecific protein interaction by a highly sensitive integrated optical Mach–Zehnder interferometer on silicon [J]. Sens. Actuators B, 1997 (44): 350–355.

[22] Prieto F, Spulveda B, Calle A, et al. An integrated optical interferometric nanodevice based on silicon technology for biosensor applications [J]. Nanotechnology, 2003, 14 (8): 907–912.

[23] Wang M, Uusitalo S, Määttäläet M, et al. Integrated dual–slab waveguide interferomer for glucose concentration detection in the physiological range [J]. Proc. of SPIE, 2008, 7003, 70031N–1–70031N–10.

[24] Lambeck P V. Integrated optical sensors for the chemical domain. Meas [J]. Sci. Techonl, 2006 (17): 93–116.

[25] Brandenburg A, Henninger R. Integrated optical Young interferometer. [J] Appl.Opt., 1994, 33 (25): 5941–5947.

[26] Heideman R G, Kooyman R P H, J Greve. Performance of a highly sensitive optical waveguide Mach–Zehnder interferometer immunosensor [J]. Sens. Actuators B, 1993 (10): 209–217.

[27] Ingenhoff J, Drapp B, Gauglitz G, et al. Biosensors using integrated optical devices [J]. Fresenius' Journal of Analytical Chemistry, 1993 (346): 580 – 583.

[28] Brandenburg A, Henninger R. Integrated optical Young interferometer [J]. Appl. Opt., 1994 (33): 5941–5947.

[29] Ymeti A, Kanger J S, Greveet J, et al. Realization of a multichannel integrated optical Young interferometer sensor [J]. Appl.Opt., 2003 (42): 5649–5660.

[30] Ymeti A, Greve J, Lambeck P, et al. Fast, ultrasensitive virus detection using a Young interferometer sensor [J]. Nano Lett. 2007, 7 (2): 394–397.

[31] Schmitt K. A new waveguide interferometer for the label–free detection of biomolecules [D]. Strasbourg: Universit é Louis Pasteur, 2006.

[32] Cross G, Reeves A, Brand S, et al. The metrics of surface adsorbed small molecules on the Young's fringe dual–slab waveguide interferometer [J]. Phys. D., 2004 (37): 74–80.

[33] http//www.biolinscientific.com/

[34] Fuest R, Fabricius N, Hollenbach U, et al. Interferometric displacement sensor realized with planar 3 × 3 coupler in glass [J]. Proc. SPIE, 1993 (1794): 352–365.

[35] Helleso O G, Benech P, Rimet R. Interferometric displacement sensor made by integrated optics on glass [J]. Sensors Actuators A, 1995, 47 (1): 478–481.

[36] Hofstetter D, Zappe H P, Dandliker R. A monolothically integrated double Michelson interferometer for optical displacement measurement with direction determination [J]. IEEE Photonics Technol. Lett, 1996, 8 (10): 1370.

[37] Stamm Ch, Lukosz W. Integrated optical difference interferometer as refractometer and chemical sensor

［J］.Sensors Actuators B，1993（11）：177–181.

［38］Qi Z，Itoh K，Murabayashi M，et al. A composite optical waveguide–based polarimetric interferometer for chemical and biological sensing applications ［J］. Lightwave Technol，2000（18）：1106–1110.

［39］Fattinger Ch，Koller H，Schlatter D，et al. The difference interferometer，a highly sensitive optical probe for quantification of molecular surface concentration ［J］. Biosens. Bioelectron，1993（8）：99–107.

［40］Johnston R G，Grace W K. Refractive index detector using Zeeman interferometry ［J］. Appl. Opt.，1990（29）：4720–4724.

［41］Vollmer F，Arnold S. Whispering–Gallery–Mode Biosensing：Label–Free Detection Down to Single Molecules ［J］. Nature Methods，2008，5（7）：591–596.

［42］Shen B–Q，Yu X–C，Zhi Y–Y，et al. Detection of Single Nanoparticles Using the Dissipative Interaction in a High–Q Microcavity ［J］. Physical Review Applied，2016（5）：02401.

［43］Li B–B，Clements W R，Yu X–C，et al. Single nanoparticle detection using split–mode microcavity Raman lasers ［J］. PNAS，2014，111（41）：14657.

［44］Shao L–B，Jiang X–F，Yu X–C，et al. Detection of Single Nanoparticles and Lentiviruses Using Microcavity Resonance Broadening ［J］. Advanced Materials，2013，25（39）：5616.

［45］Narayanaswamy R，Wolfbeis O S. Optical Sensors，Industrial，Environmental and Diagnostic Applications ［M］. 北京：科学出版社，2008.

［46］Aoki H，Corn R M，Matthews B. MicroRNA detection on microsensor arrays by SPR imaging measurements with enzymatic signal enhancement ［J］. Biosensors Bioelectron.，2019（142）：111565.

［47］Wang W，Wang S，Liu Q，et al. Mapping single–cell–substrate interactions by surface plasmon resonance microscopy ［J］. Langmuir，2012，28（37）：13373–13379.

［48］Zeng S，Baillargeat D，Ho H P，et al. Nanomaterials enhanced surface plasmon resonance for biological and chemical sensing applications ［J］. Chem. Soc. Rev.，2014，43（10）：3426–3452.

［49］Zeng S，Sreekanth K V，Shang J，et al. Graphene–Gold Metasurface Architectures for Ultrasensitive Plasmonic Biosensing ［J］. Adv. Mater.，2015，27（40）：6163–6169.

［50］Alexander L，Yang Z，Wei C，et al. Ultrasensitive Detection of Bacterial Protein Toxins on Patterned Microarray via Surface Plasmon Resonance Imaging with Signal Amplification by Conjugate Nanoparticle Clusters ［J］. ACS Sensors 2018，3（9）：1639–1646.

［51］Hotta K，Yamaguchi A，Teramae N. Nanoporous waveguide sensor with optimized nanoarchitectures for highly sensitive label–free biosensing ［J］. ACS Nano，2012，6（2）：1541–1547.

［52］Green R J，Frazier R A，Shakesheff K M，et al. Surface plasmon resonance analysis of dynamic biological interactions with biomaterials ［J］. Biomaterials，2000，21（18）：1823–1835.

［53］Margheri G，Mannoni A，Quercioli F. In A new high–resolution displacement sensor based on surface plasmon resonance ［C］. Conference on Micro–Optical Technologies for Measurement，Sensors，and Microsystems，Besancon，1996.

[54] Schaller J K, Czepluch R, Stojanoff C G. In Plasmon spectroscopy for high resolution angular measurements [C]. Conference on Optical Inspection and Micromeasurements II, 1997.

[55] Weiss M N, Srivastava R, Groger H. Experimental investigation of a surface plasmon-based integrated-optic humidity sensor [J]. Electron. Lett., 1996, 32 (9): 842–843.

[56] Chadwick B, Gal M. An optical-temperature sensor using surface-plasmons [J]. Japanese Journal of Applied Physics Part 1-Regular Papers Short Notes & Review Papers, 1993, 32 (6A): 2716–2717.

[57] Miwa S, Arakawa T. Selective gas detection by means of surface plasmon resonance sensors [J]. Thin Solid Films, 1996 (281): 466–468.

[58] Ashwell G J, Roberts M P S. Highly selective surface plasmon resonance sensor for NO_2 [J]. Electron. Lett., 1996, 32 (22): 2089–2091.

[59] Paliwal A, Sharma A, Tomar M, et al. Surface plasmon resonance study on the optical sensing properties of tin oxide (SnO2) films to NH3 gas [J]. J. Appl. Phys., 2016, 119 (16): 213.

[60] Wu C M, Lin L Y. Immobilization of metallothionein as a sensitive biosensor chip for the detection of metal ions by surface plasmon resonance [J]. Biosens. Bioelectron., 2004, 20 (4): 864–871.

[61] Zhang Z, Lu D F, Liu Q, et al. Wavelength-interrogated surface plasmon resonance sensor with mesoporous-silica-film-enhanced sensitivity to small molecules [J]. Analyst, 2012, 137 (20): 4822–4828.

[62] Wang L, Li T, Du Y, et al. Au NPs-enhanced surface plasmon resonance for sensitive detection of mercury (II) ions [J]. Biosens. Bioelectron., 2010, 25 (12): 2622–2626.

[63] Homola J. Surface Plasmon Resonance Based Sensors [C]. In Surface Plasmon Resonance Based Sensors, 2006.

[64] Singh P. SPR Biosensors, Historical Perspectives and Current Challenges [J]. Sensors Actuators B, 2016 (229): 110–130.

[65] Pillet F, Romera C, Trévisiol E, et al. Surface plasmon resonance imaging (SPRi) as an alternative technique for rapid and quantitative screening of small molecules, useful in drug discovery [J]. Sensors Actuators B, 2011, 157 (1): 304–309.

[66] Kim S H, Chegal W, Doh J, et al. Study of cell-matrix adhesion dynamics using surface plasmon resonance imaging ellipsometry [J]. Biophys. J., 2011, 100 (7): 1819–1828.

[67] Zhou X L, Yang Y, Wang S, et al. Surface plasmon resonance microscopy, from single-molecule sensing to single-cell imaging [J]. Angew. Chem. Int. Ed. Engl., 2019 (58): 2–12.

[68] Chen D, Hu W. In Situ Investigation of Electrochemically Mediated Surface-Initiated Atom Transfer Radical Polymerization by Electrochemical Surface Plasmon Resonance [J]. Anal. Chem., 2017, 89(8): 4355–4358.

[69] Bao Y, Mao Y, Wang W, et al. Combination and Applications of Time-Resolved Surface Plasmon Resonance Spectroscopy and Electrochemical Methods [J]. Journal of Electrochemistry, 2013, 19 (1): 17–28.

［70］Wang W，Foley K，Shan X，et al. Single cells and intracellular processes studied by a plasmonic–based electrochemical impedance microscopy［J］. Nat. Chem.，2011，3（3）：249–255.

［71］Lu J，Li J. Label–free imaging of dynamic and transient calcium signaling in single cells［J］. Angew. Chem. Int. Ed. Engl.，2015，54（46）：13576–13580.

［72］Liu X–W，Yang Y，Wang W，et al. Plasmonic–Based Electrochemical Impedance Imaging of Electrical Activities in Single Cells［J］. Angewandte Chemie–International Edition，2017，56（30）：8855–8859.

［73］Wang Y，Wang H，Chen Y，et al. Fast Electrochemical and Plasmonic Detection Reveals Multitime Scale Conformational Gating of Electron Transfer in Cytochrome c［J］. J. Am. Chem. Soc.，2017，139（21）：7244–7249.

［74］Wang Y X，Shan X N，Wang H，et al. Plasmonic Imaging of Surface Electrochemical Reactions of Single Gold Nanowires［J］. J. Am. Chem. Soc.，2017，139（4）：1376–1379.

［75］Jing J–Y，Wang Q，Zhao W–M，et al. Long–range surface plasmon resonance and its sensing applications，A review［J］. Optics and Lasers in Engineering，2019（112）：103–118.

［76］Zhang H，Orosz K S，Takahashi H，et al. Broadband Plasmon Waveguide Resonance Spectroscopy for Probing Biological Thin Films［J］. Appl. Spectmsc.，2009，63（9）：1062–1067.

［77］Qi Z M，Honma I，Zhou H S. Nanoporous Leaky Waveguide based Chemical and Biological Sensors with Broadband Spectroscopy［J］. Appl. Phys. Lett.，2007，90（1）：011102.

［78］Wang G Q，Wang C N，Sun S Q. An Optical Waveguide Sensor based on Mesoporous Silica Films with a Comparison to Surface Plasmon Resonance Sensors［J］. Sensors Actuators B，Chem.，2018（255）：3400–3408.

［79］Wang G，Wang C，Shao R，et al. Fabrication of Orderly Porous Anodic Alumina Optical Waveguide Sensor via Interface Hydrophilic Treatment for the Detection of Small and Large Molecules［J］. Advanced Materials Interfaces，2020，7（15）：2000622.

［80］唐天同，王兆宏. 集成光学［M］. 北京：科学出版社，2005.

［81］曹庄琪. 导波光学［M］. 北京：科学出版社，2007.

［82］T.塔米尔，梁民基，张福初，等. 集成光学［M］. 北京：科学出版社，1982.

［83］Parriaux O，Veldhuis G J. Normalized analysis for the sensitivity optimization of integrated optical evanescent–wave sensors［J］. Light Wave Technology，1998，16（4）：573–582.

［84］Veldhuis G J，Parriaux O，Hoekstra H J W M，et al. Sensitivity enhancement in evanescent optical waveguide sensors［J］. Light Wave Technology，2000，18（5）：677–682.

［85］Quigley G R，Harris R H，Wilkinson J S. Sensitivity enhancement of integrated optical sensors by use of thin high–index films［J］. Applied Optics，1999，38（28）：6036–6039.

［86］Stamm C，Lukosz W. Integrated optical difference interferometers as refractometer and chemical sensor［J］. Sens. Actuators B，1993（11）：177–181.

［87］Stewart G，Culshaw B. Optical waveguide modeling and design for evanescent field chemical sensors［J］. Opt. Quartum Electron，1994（26）：S249–S259.

［88］Qi Z-M, Matsuda N, Iton K, et al. A design for improving the sensitivity of a Mach-Zehnder interferometer to chemical and biological measurands［J］. Sens. Actuators B, 2002（81）: 254-258.

［89］Iton K, Madou M. Optical waveguides for surface spectroscopy, FePO₄ thin film/K+ doped glass composite optical waveguide systems having tapered velocity couplers［J］. Appl. Phys., 1991, 69（11）: 7425-7428.

［90］Chen X-M, Iton K. Highly sensitive and low loss ion-exchanged glass optical waveguides constructed by the successive doping of K+ and Ag+. Bull Chem［J］. Soc. Jpn., 1995, 68（10）: 2823-2825.

［91］Chen X-M, Qing D-K, Iton K, et al. A TiO₂ thin film/K+ ion-exchanged glass optical waveguide and its application to a refractive index sensor［J］. Opt. Rev, . 1996, 3（3）: 351-352.

［92］Qi Z-M, Zhao S-K, Chen F, et al. Integrated Young interferometer sensor with a channel-planar composite waveguide sensing arm［J］. Optics Letters, 2009, 34（14）: 2213-2215.

［93］西原浩, 春明正光, 栖原敏明. 集成光路［M］. 北京: 科学出版社, 2004: 146-150.

［94］郝寅雷. 离子交换玻璃光波导器件制备技术. 上海, 中国科学院上海微系统与信息技术研究所, 2005, 56-57.

［95］Nakadate S. Phase detection of equidistant fringes for highly sensitive optical sensing, principle and analysis［J］. Opt. Soc. Am., 1988, 5（8）: 1258-1264.

［96］Qi Z, Zhao S, Chen F, et al. Performance investigation of an integrated Young interferometer sensor using a novel prism-chamber assembly［J］. Optics Express, 2010, 18（7）: 7421-7426.

［97］西原浩, 春明正光, 栖原敏明. 集成光路［M］. 北京: 科学出版社, 2004: 152-155.

［98］Fair B D, Jamieson A M. Studies of protein adsorption on polystyrene latex surfaces［J］. Colloid Interface Sci, 1980, 77（2）: 525-534.

［99］Reimer M. Technical Bulletin（Reichert, Inc）, 2004-09-13, http: //www. reichertai.com/files/applications/1095094344.pdf.

［100］W Hersehel. Experiment on the refrangibility of the invisible rays of the Sun［J］. Philosophical Transaction on Royal Society of London, 1800（90）: 284-293.

［101］周书铨. 红外辐射测量基础［M］. 上海: 上海交通大学出版社, 1991.

［102］方家熊. 中国电子信息工程科技发展研究（领域篇）——传感器技术［M］. 北京: 科学出版社, 2018.

［103］Hamamatsu Photonics. Characteristics and Use of Infrared Detectors［EB/OL］（2004）.

［104］Rogalski A. Next decade in infrared detectors［C］. Electro-Optical and Infrared Systems: Technology and Applications XIV. International Society for Optics and Photonics, 2017.

［105］Rogalski A, Kopytko M, Martyniuk P. Two-dimensional infrared and terahertz detectors: outlook and status［J］. Applied Physics Reviews, 2019, 6（2）: 021316.

［106］钟维烈. 铁电体物理学［M］. 北京: 科学出版社, 1996.

［107］熊大元. 量子阱红外探测器及相关量子器件的研究进展［J］. 红外, 2006, 27（12）: 10-14.

［108］Y Arakawa, H Sakaki. Multidimensional quantum well laser and temperature dependence of its threshold current［J］, Appl. Phys. Lett., 1982, 40（11）: 939-941.

第七章 电、磁传感器

电、磁传感器主要用于电场、磁场、电压、电流等电、磁参量的检测，具有广泛的应用。随着科学技术的进步以及日益增长的应用需求，电、磁传感器在不断地发展。本章简要介绍电、磁传感器的应用与发展，阐述若干具有代表性的电、磁传感器工作原理，举例说明电、磁传感器关键技术。希望使读者初步了解电、磁传感器的发展及应用，掌握电、磁传感器的基本工作原理与关键技术，为推进电、磁传感器的持续发展及更多应用奠定基础。

7.1 电场传感器应用需求

电场强度是一个重要的电学特性参量，电场传感器在科学研究、航空航天、工业生产、石油石化、电力、气象等许多领域具有广泛的应用需求。

7.1.1 科学研究

电场传感器是许多科研工作中获取研究数据的重要手段，这里仅就几个应用需求举例简述。

7.1.1.1 大气科学研究

大气电场探测技术是支撑大气物理和大气环境学科发展的重要基础，雷暴闪电、气候变化、太阳活动、环境污染、沙暴来临、地震发生、火山爆发等都会引起大气电场发生变化，尤其雷暴闪电会使大气电场发生剧烈的变化。电场传感器可用于研究大气电场的特征及其与自然现象的相关性，对于基础科学问题的研究具有重要意义[1-3]。

7.1.1.2　雷暴云电荷结构研究

雷暴云的电荷结构是云内复杂的微物理过程和动力过程相互作用的结果，决定着雷暴云内部和雷暴周围的空中电场分布，并在很大程度上决定着闪电的放电特性。雷暴云产生的强空间电场是威胁飞行器安全的重要因素，飞行器在穿越强电场区域时，可能会遭受雷击或诱发闪电而产生灾难性后果，强电场也可导致精密电子设备失效。所以，雷暴云内的电场探测不仅对了解雷暴云内的电荷结构具有重要的科学意义，而且对了解空中电场分布、保障飞行器安全具有十分重要的应用价值[4-5]。

7.1.1.3　全球电路研究

富兰克林发现闪电是一种电过程，从而开创了大气电学研究的先河。人们证实了大气中离子的存在，确定了大气的导电性，为大气电学研究奠定了理论基础。人们一方面努力寻找使大气导电的电离源，另一方面寻找能维持大气电场和电流的电源，从而逐渐形成了全球大气电路的概念。全球大气电路的经典图像是球形电容器模型，该模型虽能解释许多电过程，但由于缺乏大量可靠的全球大气电学量的测量结果加以验证，所以到目前为止球形电容器模型仍是一个假设[6]。

7.1.1.4　太阳耀斑研究

一些学者注意到太阳活动和全球大气电参量之间的联系，认为太阳活动可以改变电离层电位和高度以及晴天电场强度和中层大气电导率等。通过数据分析发现，太阳耀斑爆发和大气电场强度以及雷暴活动之间存在着一定的相关性。太阳耀斑爆发首先是使大气电场发生变化，然后通过对全球大气电路的调制，导致雷暴活动发生相应变化。太阳活动主要通过改变中层大气电阻（即充电电阻）和中高层电场强度对全球电路进行调制来影响雷暴的充电和起电，使雷暴对电离层的充电作用增强以及有可能影响雷暴起电过程。通过分析中高层大气电场的变化，可以在一定程度上分析预测太阳耀斑的活动[7]。

7.1.1.5　城市局地气候研究

一个地区大气电场的变化同时受全球因素和局地因素的影响。对于人口密集、工业发达的城市，局地因素占主导作用，这些局地因素主要包括气溶胶含量、水汽含量、云量及云的类别、闪电、降水，以及其他多种气象要素和人为因素。大气电场对各种要素变化有着敏锐的反应，对一个地区大气电场特征的研究有助于分析各种相关的天气过程，对该地区气候特征的研究也具有重要意义。结合大气电场探测技术，可以对气溶胶与大气电场、水汽与大气电场、雾霾与大气电场、沙尘天气与大气电场作用关系进行更深入的研究[8-10]。

7.1.2 雷电预警

雷电是一种在时空上有很大随机分布的高能大气电过程，是联合国公布的十大自然灾害之一。闪电产生大电流、高电压、强电磁辐射，会对人身安全、电讯设施、交通设施、地面建筑物、电网、油库、森林、飞行器等造成很大危害，甚至是灾难性的毁坏。因此，研究雷电的规律性、发展雷电预警技术具有重要的社会意义和经济价值。

大气电场强度是大气电学的基本参数，不仅是进行科学的雷电防护和开展雷电预警所必须了解的关键参量，而且对雷电物理过程及雷电与地面物体相互作用机理的研究也十分重要。在雷雨云来临时，大气电场强度会发生剧烈变化，通过监测雷雨云中强电荷的极性、强度、分布及其发展演变，可对雷电活动发生时间、方位、强度、移向等进行提前预警，并可利用电场传感器探测到的大气电场数据设定多级报警值。通过对大气电场强度大小、极性等变化进行监测和分析，对可能造成雷击危险的大气电场变化加以识别，以便在灾害来临之前进行预警，对防雷减灾具有非常重要的意义[11-13]。

7.1.3 人工引雷

人工引雷不仅可用于科学研究，而且可作为雷电安全防护的手段之一[14]。

大气电场强度大小是决定引雷时机的重要参考量。但是只考虑地面电场的大小显然是不够的，还需要测量空中电场的强度。事实上，地面电场随雷暴类型、发展阶段和地理环境条件等不同会有很大差异。另外，由于地面建筑物、植被等尖端产生的电晕空间电荷层的屏蔽作用，地面电场值较几百米高的空中电场值有不同程度的减弱，不能完全反映空间电场分布，触发闪电时的地面电场在不同地区差别很大。因此，研究和发展人工引雷技术不仅需要地面电场传感器，而且需要空中电场传感器。

法国人率先改进了传统的人工引发雷电技术，发展了空中引发雷电技术，即将火箭拖带的金属导线底部通过一定长度的绝缘尼龙线与地连接，这样一段空气间隙的存在使放电过程较地面触发方式更接近于自然闪电的放电过程，也为研究高塔上的雷击现象提供了较为真实的放电源。人工触发闪电不仅能为雷电防护提供必要的雷电参数，如峰值电流、电流变化率等，而且对闪电的物理过程和防雷机理的研究具有重大意义。

7.1.4 航天发射

雷电是直接影响航天发射成败的重要天气因素。飞行器在发射升空过程中有可能遭到自然雷击或诱发闪击，造成飞行器直接损坏或间接损伤。人类开展航天活动以来相继发生了多次雷击飞行器事件，损失惨重。火箭、导弹升空遭受雷电是由于空中电场强度超过一定数值时触发的放电现象，空中电场是触发闪电的直接原因。大气电场的变化量是反映雷电形成过程的主要参量，航天器发射规范中已经将大气电场强度列为航天器能否发射的主要条件之一[15-16]。

为有效保障航天器升空安全，需要在航天发射基地周围进行地面电场传感器的布设组网，用于分析闪电活动以及雷云电荷运动造成地面大气电场强度的变化，并采用球载或机载电场传感器进行空中电场探测，以便及时发布雷电预警并决定是否按时发射，以减少雷击航天器事故的发生，保障航天器安全发射。

7.1.5　工业生产

在工业生产领域，静电放电危及设备运行和人员生命安全。例如，在油气产品的管道输送中，油气物质会在与管道壁的摩擦过程中形成静电荷，积累到一定程度有可能出现放电爆炸事故[17]；石油开采露天作业受天气影响大，雷击可能造成石油开采设备损坏、对工人造成人身伤害。又如，集成电路制造业中产生的静电[18]、工厂生产中产生的粉尘带电[19]，有可能引起设备故障甚至引发爆炸事故。在集成电路制造、平板显示屏生产、石化炼厂、贮油站、炸药厂、壁纸厂等易遭受静电和雷电危害的场所采用电场传感器实现表面电势、电荷或电场的非接触式测量，包括在线测量绝缘体、半导体或导体的表面电位，连续测量油面静电电压，监测与控制生产过程中的静电，使用电场传感器进行静电安全监测和起电预警。

在电力传输及电力系统工程应用中，因雷击造成的线路跳闸、输变电设备故障等突发状况屡见不鲜，影响电网运行安全和人们的用电保障。电场传感器的应用可促进智能电网的发展，如用于输电线路的电压监测、绝缘子缺陷检测、电力设备或输电网周围电磁环境监测等。

7.2　电场传感器种类及原理

电场探测技术的发展具有深远的意义。面向不同的应用场合与检测需求，有各种各样的电场传感器。根据其工作原理，电场传感器可分为电荷感应式、光学式、振动电容式等。总体上来看，电场传感器朝着小体积、高性能的方向发展。

7.2.1　电荷感应式电场传感器

电荷感应式电场传感器广泛应用于大气电场探测、静电场检测、低中频电场检测等领域。

电荷感应式电场传感器利用感生电荷原理来检测电场，其基本工作原理是：导体或半导体材料的表面在电场作用下会产生相应量的感应电荷，通过测量敏感结构表面的感应电荷量变化产生的电流可实现对待测电场的测量。电荷感应式电场传感器具有稳定性高、环境适应性好、制造成本较低等特点，在电场测量设备中较为常见，特别是在静电场和低频电场测量方面具有优势。

电荷感应式电场传感器按照体积大小可以分为传统机电型和微型。其中机电型电荷感应式电场传感器在 20 世纪 60 年代就有文献报道[20]，70 年代中期先后出现了场磨式[21]、双球式[22]、火箭式[23]等多种电场传感器。机电结构传感器基于传统机械加工技术制造，体积较大，可用于低温、潮湿等恶劣环境。微型化是电场传感器的重要发展方向，其中基于 MEMS 和微电子技术的微型电场传感器是近年来的研究热点[24]，这类传感器可采用微加工工艺批量制造，敏感芯片体积小，目前应用产品主要有谐振式微型电场传感器。

7.2.1.1 场磨式电场传感器

场磨式电场传感器利用接地金属板（屏蔽电极）对电场的屏蔽作用，通过周期性运动的屏蔽电极调制另一金属板（感应电极）在电场中的感应电荷，使感应电荷发生周期性变化，从而得到与外部待测电场成正比的感应电流，所获得的电流通过检测电路将信号放大、解调和滤波等处理，得到待测电场强度值[25-28]。

场磨式电场传感器的典型结构如图 7.1 所示，传感器有两组大小一致、均匀分布的扇形金属片，分别称为定子（感应电极）和转子（屏蔽电极，接地）。转子通过轴与电机相连，可在电机驱动下转动。传感器工作时，屏蔽电极的扇形金属片高速旋转，感应电极的扇形金属片交替地暴露在外电场中或被接地屏蔽电极遮挡，不断改变感应电极表面的电场分布状况。这样周而复始，感应电极上的感应电荷随之发生相应变化，从而产生与外部电场成正比的交变感应电流输出信号。通过测量感应电流，可以得到外部电场强度的大小。面向地面大气电场测量的场磨式电场仪已广泛应用，市场上有多个厂家的多种型号产品销售，图 7.2 给出了几种场磨式地面大气电场仪图片。

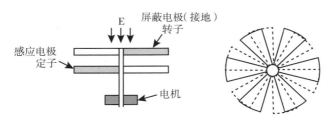

图 7.1 场磨式电场传感器结构示意图

美国 Campell 公司　　　　法国苏伊士公司　　　　芬兰 Vaisala 公司
CS110 地面大气电场仪　　AMEO340 地面大气电场仪　　地面大气电场仪

图 7.2　场磨式地面大气电场仪

　　与地面电场检测相比，空中电场探测难度更大。探空电场传感器在高空恶劣环境中工作，需解决耐低温、抗空间离子流和空间电荷干扰等难点问题。针对空中大气电场探测需求，中国科学院电子学研究所研制出双定子、单转子结构的旋片式电场传感器。如图 7.3 所示，传感器采用两组定子（即两组感应电极），增强了感应信号，并结合信号检测与处理电路设计，减小了空间粒子流及电磁辐射对测量的影响[29]。

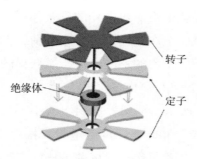

转子

绝缘体

定子

（a）传感器结构示意图　　　　　　（b）传感器实物照片
图 7.3　双定子旋叶式电场传感器

7.2.1.2　双球式电场传感器

　　双球式电场传感器由两个相隔一定距离的空心导体球、水平旋转轴以及驱动电机及轴承构成，如图 7.4 所示，电路和电池分别安装在两个球内，两个导体球分别连接到电流放大器的同相端和反相端。垂直于旋转轴的电场分量分别在两球上感应出大小相等、极性相反的电荷，感应电荷量同外界电场强度成正比。当电机驱动两球以旋转轴为中心旋转时，两球上的感应电荷交替发生变化形成电流，通过该感应电流的大小可以检测电场强度[30]。

　　双球式电场传感器主要用于空中大气电场探测。但是图 7.4 所示的双球式传感器只能实现空中电场的二维检测，无法测量传感器转轴沿线方向的电场。为了实现空中三维电场测量，出现了图 7.5 所示的双球式三维电场传感器，该传感器增加了一个旋转维度，可以实现空中大气电场三维探测[31]。

双球式电场传感器广泛应用于国内外空中电场探测，其制作技术较成熟，量程及精度基本满足实用需求，但是体积较大、成本较高。

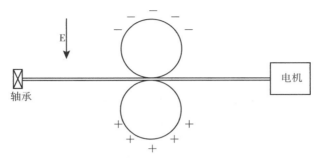

（a）双球式电场传感器原理示意图

（b）双球式电场传感器实物图

图 7.4　双球式电场传感器

7.2.1.3　火箭式电场传感器

火箭式电场传感器如图 7.6 所示，将火箭壳体的两个相对部分与箭体的其余部分绝缘作为感应电极，利用火箭自身的旋转检测垂直于火箭轴线方向的电场强度[32]。这种传感器用于检测空中电场，其不足之处是由于火箭的运动速度较快，对空间各点电场的测量精度相对较低，并且要解决航空管制、火箭自毁等安全问题；另外，发射的火箭对空间电场还会产生较大的影响，不能做到电场强度的精确测量。

7.2.1.4　旋转电极式三维电场传感器

由于地面大气电场的方向一般垂直于地表，地面大气电场强度可以采用固定在地面的一维电场传感器进行测量。而空中电场的情况比较复杂，比如雷暴云中的电场受云中电荷分布的影响，且随着云层的运动不断变化，呈现三维动态分布特征，并且电场传感器在空中的位置也难以固定。因此，空中电场强度需要采用三维电场

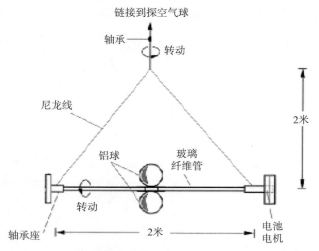

（a）双球式三维空中大气电场传感器工作原理示意图

（b）双球式三维空中大气电场传感器放飞实物图

图 7.5　双球式三维电场传感器[31]

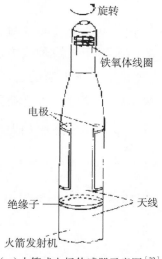

（a）火箭式电场传感器示意图[32]　　　　（b）火箭式电场传感器实物图

图 7.6　火箭式电场传感器

传感器进行测量。

　　中国科学院电子学研究所研制出了旋转电极式三维电场传感器，其电场测量单元如图 7.7 所示，包括轴向（Z）电场测量单元和径向（X、Y）电场测量单元，构成一组正交的三维方向电场测量单元，不管电场方向从何而来或者传感器的姿态如何，其检测均覆盖了电场的三维方向分量，可同步感应来自空间各个方向的电场强度，从而实现电场的三维探测[33-34]。

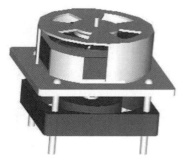 

（a）电场测量单元示意图　　　　　　　　（b）传感器实物照片

图 7.7　旋叶式三维电场传感器

　　在旋转电极式三维电场传感器中，轴向（Z）电场测量单元采用单转子、双定子的结构[29]，径向（X、Y）电场测量单元由屏蔽转子和两组径向电极组成，其中屏蔽转子就是轴向（Z）电场测量单元中的屏蔽转子，但其屏蔽作用是通过转子上的 1/4 侧圆柱面实现的。径向 X 方向和 Y 方向中分别对称布置了两个感应电极，工作时，电机通过轴使两个轴向分布的屏蔽转子产生同速转动。屏蔽转子的 1/4 侧圆柱面在空间电场强度矢量的径向（X、Y）分量作用下，对径向（X、Y）感应电极产生交替性屏蔽作用，导致感应电极上的感应电荷量 Q 发生周期性变化，形成电流并输出到信号处理电路单元。

7.2.1.5　MEMS 微型电场传感器

　　MEMS 技术的发展为人类开辟了一个全新领域和产业。由于其特征结构尺寸可以达到微米，甚至微米以下的量级，使得基于 MEMS 技术制备的器件具有宏观条件下无法达到的性质，因此在航空、航天、汽车、工业、军事等诸多领域中具有广阔的应用前景。

　　20 世纪 90 年代以后，随着 MEMS 技术的发展，学术界提出了基于微加工技术的微型电场传感器。与传统机电式电场传感器相比，MEMS 电场传感器具有体积小、重量轻、功耗低、成本低、宜于批量化制造等多方面优势，从而得到了持续关注和不断发展。

（1）MEMS 微型电场传感器的发展

关于 MEMS 电场传感器有大量文献报道。2001 年，Horenstein 基于 MEMS 技术提出一种微孔型谐振式静电场传感器[35]，如图 7.8 所示。2003 年，Riehl 研制出一种 MEMS 电场传感器与 IC 电路集成芯片[36]，如图 7.9 所示。该传感器中分别设计了两种不同结构的电场传感单元，一种是屏蔽电极位于感应电极的上方，屏蔽电极在驱动信号作用下沿水平方向往复运动，从而改变感应电极在电场中的暴露面积，起到调制电场的作用；另一种是侧壁屏蔽感应式，屏蔽电极和感应电极为共面结构，屏蔽电极的往复振动使其与感应电极之间的间距增大或缩小，从而调制感应电极侧面的电场。2008 年，Bahreyni 研制出一种热驱动微型电场传感器[37]，如图 7.10 所示。该传感器引入了具有大位移驱动能力的热驱动结构，驱动电压低，分辨率较高。

国内微型电场传感器研究工作从 21 世纪初开始。中国科学院电子学研究所

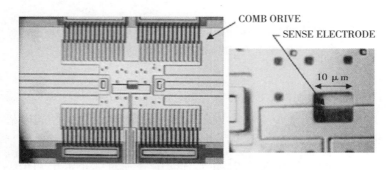

图 7.8　微孔型谐振式电场传感器扫描电镜照片[35]

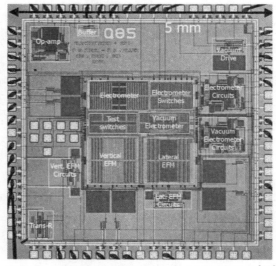

图 7.9　MEMS 电场传感器与 IC 电路集成芯片[36]

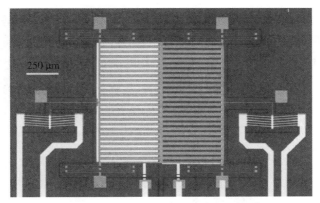

图 7.10　热驱动微型电场传感器[37]

于 2004 年提出一种基于聚酰亚胺振动薄膜结构的微型电场传感器[38]，2005 年研制出交错振动式微型电场传感器[39]，后于 2006 年提出一种热驱动切向振动式微型电场传感器[40]（图 7.11），并研制出一种静电激励的谐振式微型电场传感器[41]。

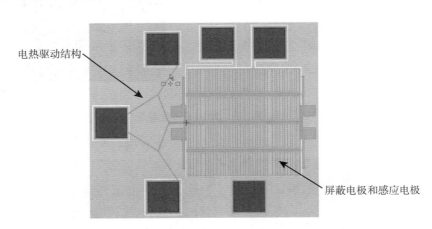

（a）传感器结构示意图

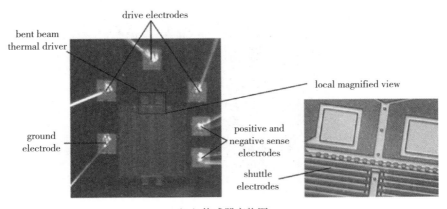

（b）传感器实物图

图 7.11　热驱动微型电场传感器[40]

（图 7.12）。2011 年，中科院电子所利用 SOI 工艺研制出静电激励梳齿感应微型电场传感器[42]，如图 7.13 所示，该传感器的敏感结构由激励电极、屏蔽电极、感应电极和支撑梁等构成，感应原理是屏蔽电极侧面屏蔽感应电极，提高了感应效率。2015 年，中科院电子所又报道了一种基于旋转谐振结构的单芯片二维电场传感器[43]，如图 7.14 所示，该传感器基于面内旋转谐振器驱动，对平面内的二维电场实现了检测。

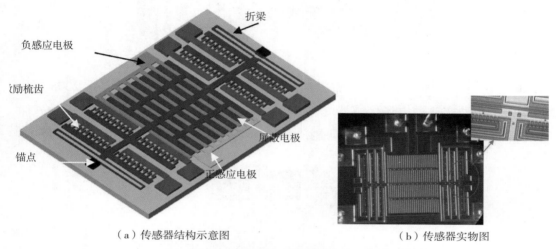

（a）传感器结构示意图　　　　　　　　　（b）传感器实物图

图 7.12　静电驱动梳齿谐振式微型电场传感器[41]

图 7.13　基于 SOI 的静电驱动梳齿感应微型电场传感器[42]

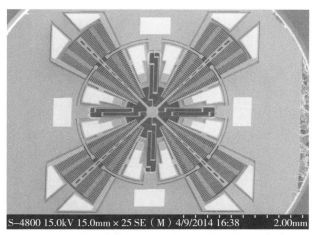

图 7.14 单芯片旋转谐振式二维电场传感器[43]

（2）电荷感应式 MEMS 电场传感器工作原理

电荷感应式 MEMS 微型电场传感器的工作原理与场磨式电场传感器的原理类似，只不过屏蔽电极和感应电极都采用微加工技术制备，传感器的体积大大减小。根据屏蔽电极相对于感应电极运动方式的不同，MEMS 电场传感器的敏感结构大致可分为三类：①屏蔽电极在感应电极上方做水平运动，如图 7.15 所示；②屏蔽电极在感应电极侧面做水平运动，如图 7.16 所示；③屏蔽电极相对于感应电极做交错运动，如图 7.17 所示。

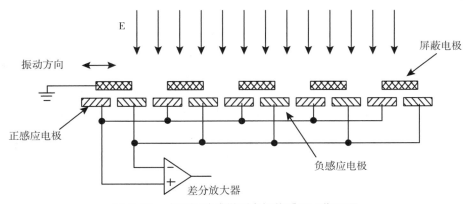

图 7.15 水平振动式微型电场传感器工作原理

屏蔽电极在感应电极上方做水平运动的 MEMS 电场传感器主要包括屏蔽电极、正感应电极、负感应电极和驱动结构等部分，屏蔽电极接地，感应电极与检测电路相连。屏蔽电极在驱动结构的驱动下在平面内往复周期运动，实现对其下方正感应电极和负感应电极的周期性暴露与屏蔽。根据高斯定理，当感应电极完全暴露于外

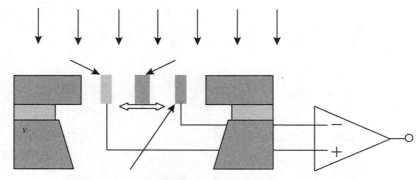

图 7.16　谐振式共面电极微型电场传感器工作原理

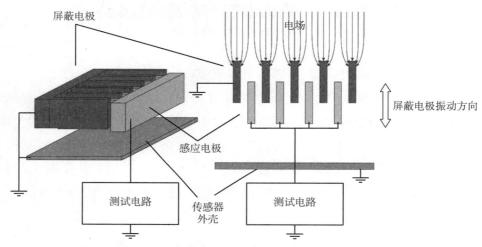

图 7.17　交错振动式 MEMS 电场传感器工作原理

电场 E 时，感应电极上的感应电荷量最大；当感应电极完全被屏蔽电极掩蔽时，感应电极上的感应电荷量最小。随着屏蔽电极周期性往复振动，在感应电极上产生一定频率的感应电流，通过检测感应电流的大小可实现电场探测的目的。

　　屏蔽电极在感应电极侧面做水平运动的 MEMS 电场传感器其屏蔽电极接地，感应电极与检测电路相连接。通过屏蔽电极侧面屏蔽感应电极获得感应电流。当屏蔽电极周期性地在正感应电极和负感应电极之间左右振动时，感应电极上的电荷发生交替变化，产生感应电流。感应电流经过差分放大器转换成电压，通过测量输出电压值可以反演出被测电场大小。

　　屏蔽电极与感应电极之间做交错振动的 MEMS 电场传感器工作原理是：当屏蔽电极交错运动到感应电极的上方时，感应电极被接地的屏蔽电极所屏蔽，其上产生的感应电荷很少；当屏蔽电极运动到位于感应电极的下方时，感应电极被暴露，其表面上会感应出与外电场成正比的电荷。

7.2.2　光学式电场传感器

光学式电场传感技术起源于 20 世纪 70 年代中期。随着光纤材料、集成光学技术、半导体激光器、半导体光检测器等技术的进步，光学式电场传感器在不断地发展。光学式电场传感器的优点是响应速度较快、抗电磁干扰，但大多数光学式电场传感器在静电场、低频电场测量时灵敏度较低。

根据工作原理的不同，可以将光学式电场传感器分为光纤式电场传感器和其他类型光学式电场传感器。光纤式电场传感器根据光纤材料在其中充当的作用，又可以分为功能型光纤电场传感器和非功能型光纤电场传感器。功能型光纤电场传感器利用逆压电效应或电致伸缩效应使光纤材料在电场作用下发生一定程度的形变，通过测量形变量的大小达到测量电场强度的目的[44-45]。而非功能型光纤电场传感器中的光纤充当传输光波的载体，主要有基于 Pockles 效应[46-47]、Kerr 效应[48-49] 和光波导效应[50-51] 的电场传感器。

7.2.2.1　功能型光纤电场传感器

功能型光纤电场传感器主要利用一些对电场有特殊响应的材料制作成光纤，通过光纤在电场中表现出的特异的光学、力学等特征来测量电场，其主要利用的材料特性为逆压电效应和电致伸缩效应。

当压电晶体受到外加电场作用时，晶体的形状会产生微小变化，这种现象称为逆压电效应。逆压电效应只有在压电晶体中才具有。逆压电效应所产生的形变与外电场成正比例关系，而且当电场反向时，形变也发生变化（如原来的伸长可变为缩短，或者原来的缩短变为伸长）。

由于诱导极化的作用，任何介质在电场中都存在着一种机电耦合效应，称为电致伸缩效应。电致伸缩效应在所有的电介质中都有，不论是压电晶体还是非压电晶体；只是不同结构的电介质晶体的电致伸缩效应强弱不一样。由于诱导极化作用而产生的形变与外电场的平方成正比，且形变与外电场方向无关。

光纤形状变化会改变其自身的一些光学性质，如折射率、偏转角度、光程等。通过光学测量（如相位、光强、偏转角度的测量），就可以得到光纤的形变状况，并据此计算出电场强度的大小。

7.2.2.2　非功能型光纤电场传感器

非功能型电场传感器仅仅把光纤作为传输光波的载体，光纤不一定连续，中间有中断（中断部分须加上其他敏感元件才能构成传感器），光调制由光纤端部或中间的晶体或光波导来进行。非功能型电场传感器按原理主要分为三种：基于 Pockels 效应的电场传感器[46-47]、基于 Kerr 效应的电场传感器[48-49]、光波导型电场传感器[50-51]。

Pockels 效应是指某些晶体在外加电场作用下，其入射光折射率改变的一种线性电光效应，其表达式为 $\Delta n = K \times E$。式中，Δn 为晶体折射率的变化量，E 为外加电场强度，K 为常数。基于 Pockels 效应的电场传感器材料主要有铌酸锂（LN）、硅酸铋（BSO）、锗酸铋（BGO），偏硼酸钡（BBO）晶体也有一定的应用。

Kerr 效应是存在于某些光学各向同性介质中的一种二次电光效应，其表达式为 $\Delta n = K \times E^2$，式中，Δn 为介质折射率的变化量，E 为外加电场强度，K 为常数。Kerr 效应不仅存在于某些晶体中，而且存在于某些液体介质中，因而可以用于液体电场的传感。最重要的特征是，采用此种效应的电场传感器其感应双折射几乎与外加电场同步，有极快的响应速度，响应频率可达 100GHz。因此，可以用此传感器来测量超高频电磁场。但 Kerr 效应一般较弱，器件灵敏度不高。

7.2.2.3 其他类型的光学电场传感器

其他类型的光学电场传感器种类也很多，其中最主要的是基于光波导原理的电场传感器[52]。光波导电场传感器典型结构如图 7.18 所示。在传感器两端电极加以电场或电压，波导平行两臂上的电场不同，输入光在波导入口被 Y 型波导口分为两路。当光通过波导时，两臂或一臂上发生 Pockels 效应，产生大小相同、方向相反的相移，再在 Y 型输出波导口会合，相位调制被转换为光强度调制。利用波导传感器可使整个检测系统很小，并具有稳定、可靠、带宽大、抗噪声及弱微扰等特点，从而实现检测系统的高性能和多功能化。

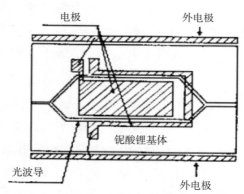

图 7.18　集成光波导电场传感器结构示意图

也有报道用反射技术来进行电场测量的[53-54]。基于该技术的电场传感器采用反射光纤探头，此探头相对反射镜放置并对位移相当敏感，而反射镜面与压电元件连接在一起。当被测电压或电场加入时，压电元件产生移动，带动反射镜位置发生变化，从而使反射光信号与所加电压或电场成正比。还有一种光纤验电器，其光纤带有薄薄的导电保护层，在电场作用下，由于光纤所受侧向力不平衡，光纤彼此分开并发生弯曲，侧向力与电场平方成正比，电场增加时，光纤向外偏移也要增加，因此反射光随着电场强度增加而减小。

7.3　磁场传感器应用需求

磁场传感器是利用磁场敏感元件将磁场信号转换成电信号、光信号或其他信号，从而检测相应物理量的器件。磁场传感器广泛用于现代工业和电子产品中，如工业、汽车、医疗、消费电子、航天航空等领域，以感应磁场强度来测量电流、位置、方向等物理参数。表 7.1 展示了基于不同磁测量原理的传感器和相应的工作范围、主要用途。

表 7.1　常见的磁传感器类型

名称	工作原理	工作范围	主要用途	备注
霍尔效应器件	霍尔效应	$10^{-7}\sim10$T	磁场测量、位置、速度、电流、电压传感	包括霍尔开关、线路和各种功能集成电路
半导体磁敏电阻	磁敏电阻效应	$10^{-3}\sim1$T	旋转和角度传感	对垂直于芯片磁场敏感
磁敏二极管	复合电流的磁场调制	$10^{-5}\sim10$T	位置、速度、电流及电压传感	
磁敏晶体管	集电极、漏极电流的磁场调制	$10^{-6}\sim10$T	位置、速度、电流及电压传感	包括双极、MOS 两大类
金属膜磁敏电阻	磁敏电阻的各向异性	$10^{-3}\sim10^{-2}$T	磁读头、旋转编码器、速度检测	包括三端、四端及集成电路
巨磁电阻器	磁耦合多层膜或自旋阀	$10^{-3}\sim10^{-2}$T	高密度磁读头	
磁光传感器	法拉第效应或磁致伸缩	$10^{-10}\sim10^{2}$T	磁场测量、电流及电压传感	包括磁光和光纤磁传感器
核磁共振磁强计	核磁共振	$10^{-12}\sim10^{-2}$T	磁场精度测量	
磁通门磁强计	材料的 B-H 特性	$10^{-11}\sim10^{-2}$T	磁场测量	
磁电感应传感器	法拉第电磁感应效应	$10^{-3}\sim100$T	磁场测量、位置及速度传感	

7.3.1　工业应用

在汽车工业中，当今智能车辆控制系统的变革在很大程度上依赖于迅速发展的传感器技术。汽车中关于车速、倾角、角度、距离、接近、位置等的参数都需要集成化并能面对复杂电磁环境的传感器进行测量，从而实现车速控制、电机转速调整、助力扭矩控制、曲轴位置控制、电子导航、防抱死检测、泊车定位、安全气囊与太阳能板中的缺陷检测、座椅位置记忆等诸多功能。由于磁传感器在部件位置、速度检测方面具有高可靠性和精密度、尺寸小巧且成本合理，并且在很多情况下可以和控制电路一同集成到芯片上，因此，磁传感器被人们广泛应用于汽车控制电子当中。在混合动力和电动汽车中，磁传感器用于监控辅助电机逆变器，用于电池直流电转换成电机交流电的监测。

以磁传感器为基础的各种电流传感器被用来监测控制和保护大功率半导体器件。依靠磁场和被控电路耦合，传感器不接入主电路，因而功耗低、抗过载能力强、线性度好、可靠性高，既可作为大功率器件的过流保护驱动器，又可作为反馈器件，成为自控环路的一个控制环节。

电网的自动检测系统需对电网的运行状况实施监控，采集大量的数据，并进行负载的分配调节和安全保护。自动监控系统的各个控制环节通过以磁传感器为基础的电流传感器和互感器等来实现。

7.3.2　航空、航天、卫星通信及国防领域应用

高灵敏度和探测弱磁场磁阻传感器在航空、航天及卫星通信技术上发挥重要的作用。在军事工业中，随着吸波技术的发展，军事物体可以通过覆盖一层吸波材料而躲避雷达侦测，但它们不可避免地都会产生磁场，因此通过高灵敏的弱磁传感器就可以使隐蔽的物体现身。在国防装备中，由于坦克或军舰都是钢铁制造的，在它们接近（无须接触目标）时，磁传感器可以探测到磁场变化，预备水雷或地雷爆炸以实现精准制敌。地磁传感器在飞行器／导弹导航（航位推测）、航海和航空的高性能导航设备中发挥着后备导航设备的功能，可实现不依赖"北斗"导航系统时的无卫星定位导航。

7.3.3　医疗应用

随着人类科技发展水平的提高，健康监护和诊断分析相关的医疗技术正变得愈发重要。医疗中磁传感器的应用需要高的自动化程度和精确度。磁性传感器在医疗领域中以各种方式辅助患者护理和监控，无论是在手术过程、重症监护室、医院复健护理，还是在家庭护理方面，都发挥了重要作用。包括电机控制，如呼吸机、输液、胰岛素和肾脏透析机等方面的应用；电磁编码器霍尔传感器用于注射泵中检测流速，以确定注射器是否为空和注射器是否堵塞（应用于监测血液再造系统、自动血样分析系统）。将细胞、蛋白质、抗体、病原体、病毒、DNA 等用纳米级的磁性小颗粒来标记，高灵敏度的磁传感器就可以探测它们的具体位置，并以此确定病灶

和生物分子识别分析，这种应用方式在医学及临床分析、DNA 分析中具有重要意义。

7.3.4　消费电子

　　随着消费电子普及化，磁传感器在消费电子中的应用十分广泛，如手机、笔记本电脑、电子罗盘等中都有着非常广泛的应用。巨磁阻效应磁传感器的首次商业应用是由 IBM 公司投放市场的硬盘数据读取探头。到目前为止，巨磁阻技术已经成为全世界几乎所有电脑、数码相机、MP3 播放器的标准技术。

7.4　磁场传感器种类及原理

7.4.1　磁通门传感器

7.4.1.1　磁通门磁传感器

　　磁通门传感器利用被测磁场中高导磁率磁芯在交变磁场的饱和激励下，其磁感应强度与磁场强度的非线性关系来测量弱磁场。这种物理现象对被测环境磁场来说好像是一道"门"，通过这道"门"，相应的磁通量即被调制并产生感应电动势，利用这种现象来测量被测磁场引起的通过磁芯的磁通变化，就可达到间接测量的目的。这个过程实际上是一个调制与解调的过程。被测的磁场信号转化为电信号，提取反映磁场大小的电信号并测量其幅值，就能得到相对应的磁场信号。磁通门能测量的磁场范围为 0~0.1mT，可用于地磁、地震预报、探矿、探潜和星际间磁测量等领域。

　　图 7.19 是一个典型的单磁芯磁通门传感器探头结构，由高导磁磁芯外绕激励线圈、感应线圈组成。一般使用的高导磁铁芯材料具有矫顽力小、磁导率高的特点，这样在外加磁场有微小变化时，磁芯中的磁感应强度有显著变化，在感应线圈中可以产生明显的电动势。高导磁磁芯材料受到固定频率的交变电流激励，磁芯往复磁

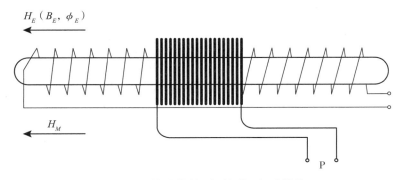

图 7.19　单磁芯磁通门传感器探头结构

化到饱和（一般激磁电源频率要尽可能高）。如没有外磁场，磁芯中外磁场形成的磁通被交变激励磁场调制，只包含激励频率的奇次谐波；若存在直流外磁场，外磁场在一半周期内帮助激励磁场使铁芯提前达到饱和，而在另一半周期内使磁芯推迟饱和，造成激励周期内正负半周不对称，从而导致电压曲线中出现偶次谐波或振幅差。各级偶次谐波均与被测磁场有关，各奇次谐波与被测磁场无关。通过偶次谐波测量电路可实现待测磁场的幅值和相位，通常二次谐波中的幅值最大、信噪比高，因此一般通过二次谐波来测量磁通门的输出。

　　磁通门传感器按照尺寸，可以分为常规块状磁通门和微磁通门传感器。常规块状磁通门传感器的优点是高灵敏度，这主要归因于其大截面积和高线圈匝数以及较低的退磁因子。目前的最高水平可达 $2pT/Hz^{-1/2}$，是丹麦科技大学设计制造的用于空间探测的磁通门传感器[55]，缺点是成本高和重量大，如图 7.20 所示。

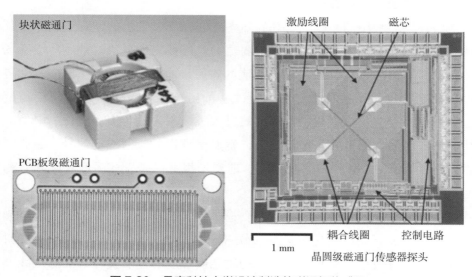

图 7.20　丹麦科技大学设计制造的磁通门传感器

　　微磁通门传感器主要有三个类型：①基于 PCB 的设备，由轨道和通孔制成的螺线管；②基于 CMOS 技术的扁平线圈传感器；③基于薄膜或 MEMS 微加工螺线管的传感器。微磁通门传感器研究始于 20 世纪 80 年代末，这种微型传感器允许更高的激励频率，并且可以集成两轴正交传感元件和解调控制电子元件。但由于制造后的残余应力（铁芯黏结），其性能参数不如常规块状磁通门的参数[56]。较低的灵敏度限制了其应用场景，目前最优水平为 $0.1nT/Hz^{-1/2}@1MHz$ 的激励频率。2012 年，上海交大研究组提出了一种基于 MEMS 技术的微磁通门，他们利用在湿法蚀刻的微槽中嵌入纳米晶磁芯的方法制造了三维微型螺线管[57]，传感器尺寸仅为 6mm×5mm，噪声低至 $0.5nT/Hz^{1/2}$。德州仪器开发了一种基于 CMOS 技术集成的使用梯度排列的

Förster 型微磁通门，器件尺寸为 4mm×4 mm，采用 QFN 封装，噪音水平为 1.5 nT/Hz$^{1/2}$ @ 1 kHz[58]。2018 年开始，中科院上海微系统所利用微铸造技术开发了多款磁通门传感器探头芯片。有别于传统的漆包线绕制方法，磁通门的三维螺线线圈是通过液态合金在预制的硅微模具上填充成形。通过这种方法，整个螺线式线圈通过一次成型的方式制造出来，可以实现晶圆级的批量制造[59]。

7.4.1.2 磁通门电流传感器

磁通门电流传感器利用磁探头在被测磁场中的饱和机理、磁补偿原理来检测通过磁环中的电流。

其基本原理类似霍尔电流传感器，将磁通门激励电流产生的二次谐波信号放大后驱动补偿线圈，使聚磁磁芯中的磁通与原边电流产生的磁通相互抵消，保持为"零"，即所谓"零磁通"状态。此处的磁通门探头作用与霍尔元件相同，可实现无接触式的电隔离测量。高精度磁通门电流传感器的量程为 12.5 A~24 kA，在室温（25℃）环境可以达到 ppm 级别的精度，其热偏移漂移极低，介于 0.1~6.7 ppm/K。

半导体制造依赖复杂的光刻工艺来制造芯片上纳米级的集成电路元件。扫描步进式光刻机的核心技术是在曝光时移动物体和光刻版，并重现纳米尺度的几何形状，因此位置和运动控制在光刻机中至关重要。扫描定位机构的行程有限（约 10~20mm），通常使用线性（音圈）驱动器进行布局，该机构的运动控制可以通过测量线圈内的驱动电流来实现。由于在运动之间实现近乎完美的同步是最重要的，具有极高的微分线性度的高精度电流测量至关重要。超高精度直流电流传感器采用磁通门电流传感器方案，可提供足够的精度和差分线性度。

国外对磁调制器的理论研究始于 20 世纪 30 年代。1951 年，英国曼彻斯特大学的 Williams 和英国电信研究所的 Noble 对二次谐波磁调制器的理论模型进行了深入研究，基于磁化曲线的分段线性函数模型推导了恒流源激励的双磁芯磁调制器的输出电压方程。国内的相关研究始于 70 年代。1978 年，中国计量科学研究院郭来祥对磁调制器技术进行研究，对磁调制器的传输特性进行了理论分析。2013 年，华中科技大学任士焱课题组建立了 60kA 强直流计量标准装置，相对比例精度达到 5ppm。2016 年，哈尔滨工业大学张钟华院士团队基于国家重大科学仪器设备开发专项"宽量限超高精度电流测量仪"，探索了基于自激振荡磁通门技术实现直流大电流测量的方案，提出三磁芯四绕组方案，并研制了 600A 精密电流传感器，其最高测量精度达到 1/10 万。

7.4.2 基于磁阻效应的磁传感器

物质电阻率在磁场中发生变化的现象称为磁阻效应。利用磁阻效应制成的传感器称为磁阻传感器。1856 年，威廉·汤普森（开尔文勋爵）首先发现了各向异性磁电阻效应，之后的数十年中，不同类型的磁阻效应被相继发现[60]。本部分分别介绍三类主流的磁阻类传感器：各向异性磁电阻效应（Anisotropic Magneto Resistance，AMR）传感器、巨磁电阻效应（Giant Magneto Resistance，GMR）传感器和隧道磁电阻效应（Tunnel Magneto Resistance，TMR）传感器。

7.4.2.1　各向异性磁电阻效应传感器

磁阻可分为正常磁阻和各向异性磁电阻两种类型。普通磁阻效应可以在一些非磁性金属和半导体材料中发现，这种效应是由霍尔电压引起的电子在材料中的传输路径变长导致的电阻增加。正常磁电阻效应的电阻增量值近似于正比磁场强度的平方。

各向异性磁电阻效应指铁磁金属或合金中磁场平行电流和垂直电流方向电阻率发生变化的效应。电子自旋－轨道耦合和势散射中心的低对称导致了电子散射的各向异性。铁磁性磁畴在外磁场下各向异性运动，使得各向异性磁阻效应强烈依赖于自发磁场的偏转方向。对于有各向异性特性的强磁性金属，磁阻的变化与磁场和电流间夹角有关。常见的这类金属有铁、钴、镍及其合金等。当外部磁场与磁体内建磁场方向成零度角时，电阻不随外加磁场变化而改变；但当外部磁场与磁体的内建磁场有一定角度时，磁体内部磁化矢量偏移，薄膜电阻降低，如图 7.21 所示。

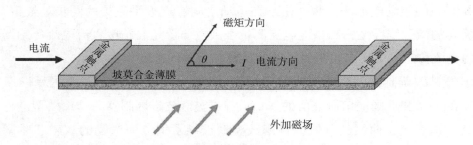

图 7.21　AMR 磁传感器工作原理示意图

AMR 磁传感器的基本结构由四个磁阻组成惠斯通电桥。当施加一个偏置磁场 H 在电桥上时，两个相对放置的电阻的磁化方向就会朝着电流方向转动，两个电阻的阻值会增加；而另外两个相对放置的电阻的磁化方向会朝着与电流相反的方向转动，该两个电阻的阻值则减少。通过测试电桥两输出端输出的差电压信号，可以得到外界磁场值。如图 7.22 所示，易磁化轴方向与电流方向的夹角为 45°[61-62]。采用 45° 偏置磁场，当沿与易磁化轴垂直的方向施加外磁场，电桥输出与外加磁场强度呈线性关系。

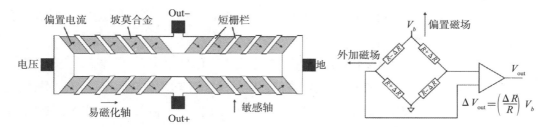

图 7.22　AMR 磁传感器的转换特性和典型电路结构示意图

AMR 磁阻传感器可以很好地感测地磁场范围内的磁场低于 1G，可用来检测一些铁磁性物体，如飞机、火车、汽车。其他的应用包括磁罗盘、旋转位置传感、电流传感、钻井定向、线位置测量、偏航速率传感器和虚拟实景中的头部轨迹跟踪。

AMR 传感器的主要缺点有：①电阻变化相对较小，不超过 2%；②对正交分量的灵敏度有差别，其中一轴分量不超过正交轴的 10%；③存在被强磁场退磁的可能性，尽管可以通过再次磁化来逆转，但阻碍了 AMR 的实际应用。

7.4.2.2　巨磁电阻效应传感器

GMR 结构由中间带隔离层的两层铁磁体组成。其中的电流受到多层磁性层磁化的相对取向的影响[63-64]。当上下铁磁层磁化方向相同时，磁性多层膜的电阻较低；当相邻多层膜的磁化反平行时，磁性多层膜的电阻较高。电阻取决于薄膜界面的电子自旋散射。通过施加一个外部磁场，可以实现从反铁磁耦合到铁磁耦合的变化，从而改变合成电阻值。

可以产生 GMR 效应的结构有几种[65]。对于工程应用，由于其集成需求，多层结构是首选。典型的多层结构的磁性层由铁、钴、镍多种元素合金的组合或坡莫合金组成，中间被一个非常薄的非磁性导电层隔开，可以是铜等材料，如图 7.23 所示。磁性薄膜厚度约为 4~6nm，导体层厚度约为 35nm，层间磁耦合较小。在这种

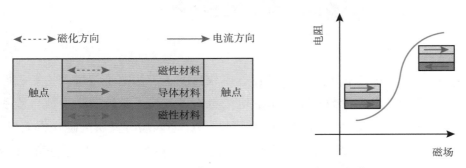

图 7.23　GMR 磁传感器的多层结构和典型的响应曲线

结构下，磁阻水平可达到4%~9%，线性范围约5mT。通过不断重复基本结构，可以提高这些器件的性能。

GMR器件的制造涉及标准半导体工艺的沉积、图案和封装等技术，不需要掺杂和注入工艺。制造基本的GMR器件需要3~5个光刻步骤。它们可以沉积在硅晶圆上，也可以使用玻璃、蓝宝石或柔性衬底。GMR器件中磁性层的制造需要使用磁性材料（铁、钴、镍、锰及其合金）、金属（铜、钌等）和金属氧化物（Al_2O_3、MgO），这些材料在传统半导体工艺中不常用。每种材料在沉积技术、条件或系统污染方面都有特定的要求，需要特别考虑和优化。值得注意的是，需要使用放置在沉积系统内的极化磁铁进行具有优先排列磁矩的原子层的沉积，因此不容易与热沉积工具兼容。

7.4.2.3 隧道磁电阻效应传感器

TMR传感器元件的磁性结构和材料与GMR元件基本相同，但GMR元件的电流平行于膜面流过，而TMR元件的电流垂直于膜面流过[66]。

TMR元件是一种薄膜元件，具有两层强磁性层（自由层／固定层）夹住1~2nm薄绝缘体的势垒层的结构。固定层的磁化方向被固定，但自由层的磁化方向根据外部磁场方向而变，元件的电阻也随之而变，如图7.24所示。

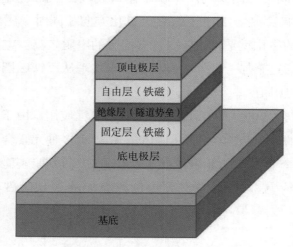

图7.24 TMR磁传感器的基本结构

当两层铁磁层的磁化方向互相平行，多数自旋子带的电子将进入另一磁性层中多数自旋子带的空态，少数自旋子带的电子也将进入另一磁性层中少数自旋子带的空态，总的隧穿电流较大，此时器件为低阻状态；当两层磁铁层的磁化方向反平行，情况则刚好相反，即多数自旋子带的电子将进入另一磁性层中少数自旋子带的空态，而少数自旋子带的电子也进入另一磁性层中多数自旋子带的空态，此时隧穿电流较小，器件为高阻状态。隧道电流和隧道电阻依赖于两个铁磁层磁化强度的相对取向，当磁化方向发生变化时，隧穿电阻发生变化，因此称为隧道磁电阻效应[67]。

实际的 TMR 磁阻传感器的制作远比铁磁层 + 绝缘层 + 铁磁层的三明治结构复杂。基本结构除了铁磁层 + 绝缘层 + 铁磁层的三明治结构外，还在上下增加了顶电极层和底电极层，两层电极直接与相近的磁层接触。底电极层位于绝缘基片上方，绝缘基片要比底电极层宽且位于衬底的上方。

基于磁阻效应磁信号可以转变为电信号，TMR 元件可制成各种高灵敏度磁传感器用于检测微弱磁场。此类传感器具有体积小、可靠性高、响应范围宽等优势，所以应用非常广泛，包括工业控制、金融器具、生物医疗、消费电子、汽车领域等，其典型特征是低功耗、小尺寸、高灵敏度。

在流量计领域中，智能水表、智能热量表一般都采用电池供电，因此对传感器的功耗要求非常苛刻。当前水表方案的频率响应低导致测量精度不够，功耗大导致电池寿命很短；而采用霍尔器件的传统电表方案温度性能差、灵敏度低，需要额外增加聚磁环，导致体积和成本增加。目前，TMR 超低功耗磁传感器可根据叶轮转动的磁场变化测量转速，得到水表的瞬时流量，并且功耗非常低。在智能电表中，基于 TMR 磁传感器的电表比传统电表体积更小、成本更低、精度更高、温度特性更好。

在电动汽车领域，电动汽车上需要检测电流的地方很多，如 MCU、车载充电器等。基于经济型，目前行业内对电流的检测和监控普遍用的是霍尔效应开环方案。基于 TMR 效应的电流传感器可实现更小体积的芯片来精确检测导线上电流，其精度、线性度、响应速度和温漂特性可以媲美霍尔闭环方案，而且成本比霍尔传感器有优势。

在电梯、矿洞、桥梁等钢丝绳无损探伤方面，基于 TMR 磁传感器能够利用弱磁检测精确定位绳索的表面缺陷和内部缺陷，与目前几万元、几十万元的检测系统相比精度更高、价格更加低廉、检测更方便。

7.4.3　光泵磁力计

光泵磁力计是基于原子在磁场作用下的塞曼效应为基础，结合光泵浦作用和磁共振技术进行精确测量磁场强度的装置。法国物理学家卡斯特勒在 20 世纪 50 年代首先提出了光学泵浦技术，即用圆偏振光激发原子，使原子在能级间不再满足玻尔兹曼分布，形成原子在能级间的偏极化分布，同时再用射频场激发原子产生磁共振，并使用光探测手段进行探测。20 世纪 60 年代，Bell 和 Bloom 建立了光泵效应的理论模型，并第一次实现了基于光泵原理的磁力计[68]。随着研究不断深入，到 90 年代，光泵磁力计的精度已经可以达到 0.1nT，灵敏度可达 0.1pT，在标量磁场测量领域性能超过质子磁力仪。21 世纪初，G. Bison 和 A. Weis 采用灵敏度为 99fT 的艳原子光泵磁力仪得到了人体的心磁信号，其灵敏度可与高温超导量子干涉仪相媲美。

碱金属原子由于其能量结构相对简单，主要由外层一个未配对价电子决定，因而在许多原子物理实验中受到青睐。铷（Rb）、铯（Cs）和钾（K）等基态碱原子在气相中的自旋都可以采用光抽运方式实现磁场探测。这里，我们以铯原子磁力计为例。

对于铯元素，其基态是 $6^2S_{1/2}$，最低激发态是 $6^2P_{1/2}$ 和 $6^2P_{3/2}$，从 6P 能级跃迁到 6S 能级会产生两条谱线：一条从 $6^2P_{1/2}$ 能级到 $6^2S_{1/2}$ 能级跃迁的谱线，称为 D_1 线，对应波长为 894.592nm；另一条从 $6^2P_{3/2}$ 能级到 $6^2S_{1/2}$ 能级跃迁的谱线，称为 D_2 线，对应波长为 852.347nm。当考虑原子核自旋时，原子核角动量（对应量子数为 I）和电子总角动量（对应量子数为 J）的耦合使原子能级产生超精细结构。对于碱金属原子 Cs，基态 $6^2S_{1/2}$ 能分裂成总角动量（对应量子数为 $F=I+J$）为 $F_g=3$ 和 $F_g=4$ 两个超精细子能级，激发态 $6^2P_{1/2}$ 能分裂成 $F_e=2$、$F_e=3$、$F_e=4$ 和 $F_e=5$ 四个超精细子能级，如图 7.25 所示。

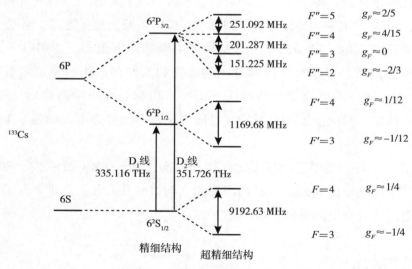

图 7.25 铯原子气的能级结构

当有外磁场存在时，原子的超精细结构进一步发生塞曼分裂。其磁量子数 $m_F=F$，$F-1$，…，$(-F)$，每个超精细能级分裂成（$2F+1$）个塞曼能级；当外场为零时，能级成简并状态。与外场 B 相互作用，相邻塞曼子能级间隔为 $\Delta E=g_F\mu_B B$。当入射光为左旋圆偏振光时，根据原子吸收光子跃迁选择定则：$\Delta L=\pm 1$，$\Delta F=\pm 1$，0，$\Delta m_F=+1$，$6^2S_{1/2}$ 态的能级 $m_F=+4$ 粒子不能激发到 $6^2P_{1/2}$ 态，其过程如图 7.26 所示。原子通过自发辐射等机制从 $6^2P_{1/2}$ 回到 $6^2S_{1/2}$ 态时，粒子返回到基态各能级的概率相等。不断循环基态的 $m_F=+4$ 能级上的粒子数不断积累，相当于很大一部分的粒子被泵浦到 $m_F=+4$ 子能级上，这就是所谓的光泵浦效应。通过光泵浦效应打破热平衡状态粒子的玻尔兹曼分布，形成原子宏观上的偏极化状态，原子不再对光进行吸收。由磁共振理论可知，当外界射频频率满足 $h\omega=g_F\mu_B B$ 时，会引起塞曼子能级之间的磁共振，即本来在塞曼子能级 $m_F=+4$ 能级的大量粒子跃迁到相邻塞曼子能级，如 $m_F=+3$、$m_F=+2$ 等，如图 7.26 所示。当磁共振发生时，除了 $m_F=+4$ 塞曼子能级上不会集中大量粒子，原子对 D_1 光重新吸收，透射光强出现极小值，我们就可通过光强检测和处理，并通过与出现光强极小值对应的射频频率（即拉莫尔进动频率）来得到磁场的大小。

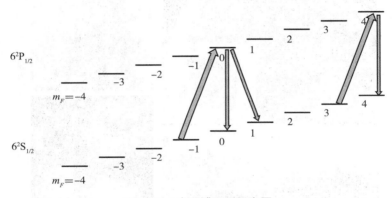

图 7.26　光泵浦原理示意图

在全光抽运状态下，气室的透明度最好、光强最大，如图 7.27 所示。光的强度（气室的不透明度）取决于射频线圈的频率，在共振条件下，光强最小。常用的碱金属原子材料是：铯（$\gamma=3.498$ Hz/nT，$\Delta\omega=20$ nT）、钾（$\gamma=7.005$ Hz/nT，$\Delta\omega=1$nT）和氦（$\gamma=28.025$ Hz/nT，$\Delta\omega=70$nT）。其中，氦的旋磁比最高，而钾的共振线宽较窄；铯和钾需要额外的加热来获得蒸气，而氦是气态的，不需要加热。

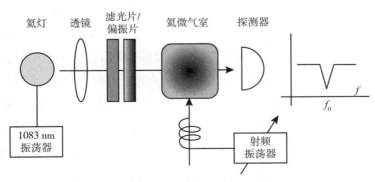

图 7.27　光泵浦磁力计的装置示意图

磁强计在实验室以外复杂环境中的应用除了要考虑灵敏度，还取决于传感器的其他特性，如尺寸、重量、功率和成本。在这方面，近十年来利用硅微加工技术发展起来的高度小型化光学磁强计具有很大的应用前景。这些微加工制造的光泵磁强计的物理封装体积为 $0.01\sim1cm^3$，质量为几克，功耗小于 200mW。同时，半导体微加工平台的大批量制造具有严格的公差标准，在一致性和成本控制方面具有优势。可以说，利用标准微加工制造技术开发小型、高灵敏度的光泵磁强计已在探测微弱场（如人体产生的场，图 7.28）方面取得了显著进展[69]。

光泵浦磁力计的芯片[70]

光泵磁力计的微气室[71]

光泵磁力计的脑磁探测[72]

图 7.28　光泵浦磁力计的芯片[70]（左上），光泵磁力计的微气室[71]（左下）。光泵磁力计的脑磁探测[72]

光泵磁力仪具有灵敏度高、无零点漂移、响应快速等优点，是目前航空磁测中广泛应用的一种磁力仪，也是国内外研究的热点。我国国土资源部航空物探遥感中心研制了多种用于航空磁测和地面磁测的氦光泵磁力仪，其中 HC-2000 型航空氦光泵磁力仪灵敏度达到了 $0.3pT/Hz^{1/2}$。中船重工 715 所是我国生产氦光泵磁力仪的主要单位，其产品在地磁台站、海洋磁测等领域有广泛应用。吉林大学在国家"863"计划的支持下开展了氦光泵磁力仪的研究。浙江大学在氦光泵磁力仪和铯光泵磁力仪领域进行了深入研究，其中铯光泵磁力仪在地磁场条件下的灵敏度达到 $8.6pT/Hz^{1/2}$。武汉理工大学开展了铯光谱灯光泵磁力仪的研究。国外目前已有多家公司能提供性能良好的光泵磁力仪产品。如美国 Polatomic 公司生产的 P-2000 型氦光泵磁力仪灵敏度达到 $0.1pT/Hz^{1/2}$，目前已装备到美国 P-3C 飞机上。加拿大 GEMSystem 公司生产的 GSMP-40 钾光泵磁力仪灵敏度优于 $3pT/Hz^{1/2}$，美国

Geometries 公司生产的 G–822A 铯光泵磁力仪灵敏度达到 0.5pT/Hz$^{1/2}$，工作范围均达到了 20~100μT。

7.4.4 钻石量子色心磁传感

众所周知，钻石是用于订婚和其他特殊场合的宝石，但这种材料在工业上的巨大影响也无处不在。例如，钻石被用作加工精密零件的刀具，也可以被用作生产汽车零部件的高功率激光的激光窗口。然而，有一种新的应用前景可能更加深远——钻石量子技术，它可以被用作高灵敏度、原子尺度的磁传感器。

很多关于钻石磁传感的研究都集中在识别碳晶格中数百种不同的缺陷上，这种缺陷之一是带负电荷的氮空位（NV）缺陷。1997 年，Wrachtrup 教授和他在德国 Chemnitz 工业大学的同事证明了单一的 NV 缺陷可以在室温下通过微波操控。2008 年，Degen 教授和 Taylor 首先提出利用 NV 缺陷对磁场的响应，并用单个 NV 缺陷进行了磁测量。在接下来的十年中，基于钻石 NV 的磁传感技术迅速拓展了在凝聚态物理、神经科学、生命科学和工业矢量磁力测量的应用。钻石 NV 磁传感具有特殊的优势：①其本身的敏感介质的尺寸在纳米以下，因此适用于高空间分辨率的磁力测量；②钻石本身具有高硬度和高的温度稳定性，特别适合在极端环境下工作；③钻石本身的晶体结构稳定，具有取向性的晶格缺陷赋予了其矢量测量优越性。这些特性推动了近年来 NV 磁强计的快速发展，目前正在进行的工作旨在扩展其最佳可达到的灵敏度和应用范围。

NV 色心磁测量主要根据其能级结构，如图 7.29 展示了 NV 色心在室温下的能级结构[2]。三重态 S=1 系统具有三个自旋态，分别是 m_s=0 和 m_s= ±1。自旋态粒子数分布可通过光探测磁共振（ODMR）技术探测。532 nm 激光将基态粒子泵浦到激发态，处于自旋 m_s=0 的激发态粒子大部分直接跃迁回基态，并辐射出 637~800nm 的荧光；处于自旋 m_s= ±1 的激发态粒子大部分通过非辐射跃迁到单态 ^{1}A1 能级回到基态 m_s=0，造成不同自旋态粒子所辐射的荧光强弱不同；当作用于钻石 NV 的微波频率与自旋共振频率一致时，m_s=0 和 m_s= ±1 上的粒子数发生翻转，此时荧光强度变弱。因此，通过光读出的方法，可以很方便地获取自旋能级的共振，从而得到自旋能级的位置。当无外磁场时，自旋 m_s= ±1 处于简并状态，其与 m_s=0 的共振频率约为 2.87 GHz；当外磁场非零时，由于塞曼效应，自旋 m_s= ±1 发生劈裂，劈裂间隔与磁场强度有关。当温度变化时，自旋 m_s= ±1 能级同向移动。因此，自旋 m_s=0 和 m_s= ±1 之间的共振频率与外磁场和温度的关系为[73]

$$f_{0\pm} D_{gs} + \beta\Delta T \pm \gamma B_{NV} \tag{7.1}$$

其中，$f_0\pm$ 为 $m_s=0$ 和 $m_s=\pm1$ 之间的共振频率，$D_{gs}=2.87$ GHz 为零场偏移，$\beta\approx-74$kHz/K 为温度系数，ΔT 为温度距 300K 的偏移量，$\gamma=28$ Hz/nT 为 NV 的旋磁比，B_{NV} 为外磁场在 NV 轴上的投影大小。

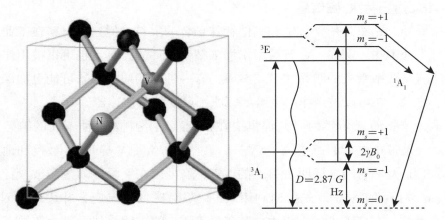

图 7.29　钻石氮空位缺陷的能级示意图

　　在实验室中搭建的磁测量系统通常很大，而且不易移动。为了克服这一实际问题，近年来陆续有研究组提出了集成钻石磁力仪样机[75]。图 7.30 显示了一些灵敏度为 nT 量级的磁强计。2019 年，美国麻省理工学院提出了基于 CMOS 技术的集成化小型探头和光纤耦合的手持式探头[76]，在军事上，可以被用于反潜[77]。现在钻石已经成为量子材料领域的主要参与者，在世界各地有 200 多个学术团体致力于其量子特性的应用。开发钻石量子技术的公司也越来越多，包括洛克希德·马丁（Lockheed Martin）、博世（Bosch）和泰利斯（Thales）等大公司以及 NVision 和 Qnami 等许多初创公司。钻石材料是所有这些技术的核心，但由于钻石生长技术的限制，需要大量耗时的化学气相沉积设备，即便如此，很多研发机构已经在测试原型系统。

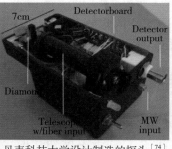

美国"黑冰"计划使用的舰载钻石　　丹麦科技大学设计制造的探头[74]　　博世公司和德国乌尔姆大学制造的
NV 磁力计（用于地磁异常的探测）　　　　　　　　　　　　　　　　　　　探头[75]

图 7.30　钻石氮空位缺陷的传感器探头

7.4.5 超导量子干涉仪磁传感器

超导量子干涉仪（Superconducting Quantum Interference Devices，SQUID）是一种将磁通转化为电压的磁通传感器，其基本原理是基于超导约瑟夫森效应和磁通量子化现象。SQUID 是目前最高灵敏度的磁传感器，其噪声约为 $1fT/Hz^{1/2}$，能够检测 fT 磁场。常用的直流 SQUID 是具有两个 0.1~0.2nm 对称隧道结（约瑟夫森结）的薄膜环（RF-SQUID 只需要一个隧道结）。通常这种设备是由具有相对较大的临界温度 9.3K 的铌制成的，可以用于冷却液氦（也可以使用临界温度约为 120 K 的高温陶瓷材料，但这样的传感器噪声更大）。由于带宽大、频率响应平稳、范围从 DC 到 GHz 等特性，因此非常适合于各种极端情况的应用，如细胞磁学、脑磁、地球物理勘探、重力波和低场磁共振的检测[78]。

SQUID 器件通常由包含一个或两个约瑟夫森结的超导环路构成[79]，一般称前者为射频 SQUID（RF-SQUID），后者为直流 SQUID（DC-SQUID）。当穿过 SQUID 环路的磁通 Φ 发生变化时，SQUID 器件的电感（射频 SQUID）或临界电流（直流 SQUID）会发生相应变化，因此可以用射频和直流方法分别来探测外界磁通变化的影响。利用磁通耦合器，任何可以转化为穿过 SQUID 环路磁通的被测量都可以利用 SQUID 传感器来测量，如图 7.31 所示。

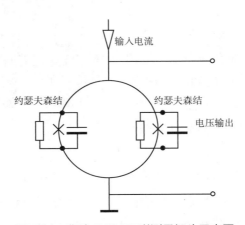

图 7.31 直流 SQUID 磁测量探头示意图

在超导材料方面，早期采用不同材料来制备 SQUID 器件，但自 20 世纪 80 年代以后，低温 SQUID 器件一般都用超导金属铌，采用薄膜平面工艺制备。铌是难熔金属，机械性能好，用铌薄膜制备的约瑟夫森结非常稳定。高温超导 SQUID 器件一般采用 YBCO/ReBCO 超导薄膜制备。低温超导 SQUID 器件一般工作在 4.2 K，用液氦冷却；高温超导 SQUID 器件则工作在 77 K，用液氮冷却。利用基于小型制冷机的恒温器来冷却 SQUID 器件，可以更方便应用，但面临如何有效抑制制冷机产生的电磁干扰的困难。

为了获得高的磁场灵敏度，SQUID 通常需要通过磁通变换器和一个更大面积的探测线圈耦合。对低温超导 SQUID，可以用低温超导线绕制探测线圈，也可以利用薄膜制成单圈或多圈平面探测线圈。探测线圈可以是一阶或二阶梯度计的形式，便于减少环境干扰。

SQUID 器件具有以下特点：①接近量子极限的磁探测灵敏度，可以探测低至 10^{-15} T/Hz$^{1/2}$ 的磁场信号；②具有很宽的频响特性，由于超导体对磁场而非磁场的变化率产生响应，SQUID 器件可以探测直流到 GHz 的信号，通常测试系统的频响受读出电路的限制，一般可达 10~100 MHz 量级；③具有很大的动态范围，SQUID 器件的动态范围很容易达到 130dB 水平，即使磁信号幅度变化 6~7 个量级也不会影响系统的工作稳定性；④具有很高的线性响应特性。由于这些特点，SQUID 器件的应用研究已经涉及医学科学、科学仪器、地球物探、工业无损检测以及精密测量等许多领域。

大脑神经活动产生的磁场信号可为研究大脑的行为、脑部疾病产生的原因和确定病灶等提供非常有用的信息[80]。脑磁图（Magneto Encephalo Graphy，MEG）系统采用多路信号探测器收集大脑外表皮各处的磁信号。由于人的脑磁信号在 1~2pT 的范围，MEG 测量需要 fT 的磁场分辨率，因此 SQUID 器件非常合适于 MEG 应用。目前，SQUID 器件是 MEG 系统中采用最广泛的探测器件，如图 7.32 所示。

图 7.32　SQUID 磁力计制成的脑磁图谱仪[81]

SQUID 器件的高灵敏性和很好的低频特征非常适于地球物理方面的应用，用以探测微弱的地球磁场变化或激励的响应信号。SQUID 器件已经在多种场合开展过示范应用，商业化设备也已经出现[82]。这方面的应用大致可分为被动型和主动型两类。在被动型探测中，SQUID 器件磁强计或梯度计直接探测扫描区域内微弱的地磁场变化，发现磁异常区域。这些磁异常通常与各种金属矿或其他导电型矿有关。此类应用中通常采用梯度计构型，或者利用多个梯度计进行磁场分布的全张量测量。中国科学院上海微系统研究所成功研制出航空低温超导全张量磁梯度探测系统[83]，并进行了多次野外飞行测量，得到了航空全张量磁梯度分布图。此外，研制的用于瞬变电磁探测的超导 SQUID 系统噪声为 7fT、动态范围达 160dB[84]，多地实际反演深度大于 2km，先后成功探到铅锌矿，并在云南、内蒙古等常规技术疑难矿区获得突破，探测结果得到钻井资料的验证。

7.4.6 质子进动磁力计与核磁共振磁力计

7.4.6.1 质子进动磁力计

质子旋进磁力仪是利用氢核在地磁场中的拉莫尔旋进现象制成的精密测磁仪器，这种磁力仪的工作原理如图 7.33 所示。探头溶液中富含氢质子，线圈绕在探头上产生恒定的大磁场，使原子磁矩极化。当断开极化场，质子磁矩在待测磁场作用下，从固定的顺磁方向变化到待测磁场方向；同时质子围绕自身原子核做旋转运动（自旋），此时质子表现出来的运动形式就像倾斜旋转的陀螺一般，称为拉莫尔进动。原子磁矩的拉莫尔进动的感应信号被同一个线圈收集，这个信号以拉莫尔频率振荡衰减，其中振荡频率与待测的磁场存在关系 $f=\gamma B$，对于氢核旋磁比 $\gamma=42.5775$ MHz/T。通过对线圈中感应信号频率 f 的精确测量，就可以准确计算出磁场值 B。基于这一原理，各种质子旋进磁力仪被设计、制作并得到广泛应用。常用的质子磁力计的材料类型见表 7.2。

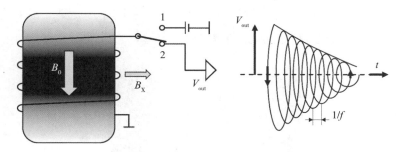

图 7.33 质子进动磁力计工作原理

表 7.2 磁共振常用质子旋磁比

质子类型	旋磁比（MHz/T）
^{1}H	42.58
^{2}H	6.535
^{13}C	10.71
^{14}N	3.08
^{19}F	40.08
^{23}Na	11.27
^{27}Al	11.093
^{31}P	17.25

　　基于质子进动的磁传感器的输出振荡信号小、原始信号噪声大和衰荡速度快，同一高电感线圈的快速断开可能引起过电压。由于测得的回转磁因子值很小，频率也较小。在地球磁场下（$50\mu T$），对应的频率仅为2130Hz，需要后端的解调电路抽取有效信号。市场上的质子进动磁强计可达到分辨率0.1nT，量程20~90μT，传感器尺寸约为$100cm^3$。质子进动磁强计的主要缺点是测量的不连续，带宽仅有几十赫兹。

　　质子旋进磁强计是一种高精度弱静磁场测量仪器。自由感应衰减信号的频率测量依赖于其测量精度，而信噪比是影响测量结果的重要因素。由于其操作简单、可靠性强、价格适中等优点，在地磁测量中获得广泛应用。由于地磁场强度为20~120μT，属于质子进动磁测量范围，此时传感器的灵敏度对于测量结果的可靠性极为重要。国际上目前性能最为优良的质子磁力仪来自加拿大 GEM 公司，其灵敏度达到0.05nT。国产质子磁力仪在性能、功能等方面都有较大的差距，尤其是灵敏度指标。

7.4.6.2　核磁共振磁力计

　　核磁共振磁力计的工作原理和质子进动磁力计类似，也是通过测量原子磁矩共振频率对应的磁场实现磁探测，通常用于非常精确地测量强磁场。测量原理如图7.34所示。它包括一个待测的强磁场和两个线圈，一个用于激发，一个用于信号检测，用于检测的线圈绕在存放溶液的探头上。

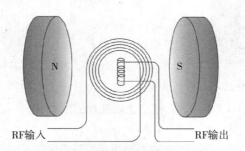

RF输入　　　　　　　　　RF输出

图 7.34　核磁共振磁力计示意图

　　常用的测量模式有连续波测量和脉冲测量两种。其中连续波测量模式通过搜索溶液的吸收峰频率对应磁场大小。通常在激发线圈中输入频率调制信号，在信号监测端采用锁相放大器模块检测过零点的频率，有助于提高信噪比。脉冲测量模式通过输入一个脉冲的宽带射频信号（垂直于被测磁场），在脉冲结束后，由信号检测线圈检测进动磁矩的自由感应衰减，通过傅里叶变换抽取振荡的频率信号对应磁场大小。图7.35为典型的核磁共振传感器电路示意图。激励线圈由外部振荡器提供40μs脉冲，输出信号由上位机进行傅里叶变换分析[85]。

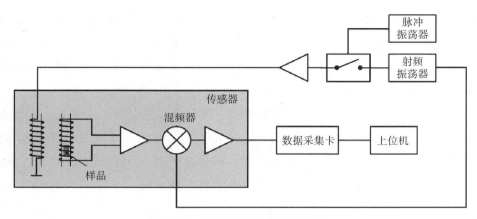

图 7.35　核磁共振磁力计解调电路

图 7.36　磁共振造影用脉冲式高精度核磁共振阵列探头磁力计[32]

　　核磁共振磁力计可以测量 0.2~20T 范围内的磁场，精度为 5ppm，分辨率为 0.01ppm，主要用在磁共振造影设备中的强背景磁场的校准。高质量的核磁共振成像需要一个高强度的并且非常均匀的磁场。NMR 磁强计用于磁共振造影设备的磁场测量并主动修正，通常使用特殊的线圈和小铁片，这个过程被称为磁垫。在磁铁生产中，NMR 磁强计具有重要意义。目前国内还没有相关产品，主要厂商是瑞士的 Metrolab 和 Skope，相关产品广泛用于美国通用、德国西门子、荷兰飞利浦、日本佳能、东芝等厂商的磁共振造影设备中[86]。

7.4.7　霍尔效应传感器

　　霍尔元件被广泛应用于工业、汽车、计算机、手机和新兴消费电子产品。未来几年，随着越来越多的汽车电子和工业设计企业迁往中国，霍尔传感器在中国市场的年销售额将保持 20%~30% 的高增长率。同时，霍尔传感器的相关技术仍在完善，可编程霍尔传感器、智能霍尔元件和微型霍尔传感器具有良好的市场前景。

霍尔元件是根据霍尔效应制成的磁场传感器，而霍尔效应实验测得的霍尔系数可以用来判断半导体材料的导电类型、载流子浓度和载流子迁移率等重要参数。由于霍尔元件产生的电位差很小，霍尔元件通常与放大电路、温度补偿电路和稳压电源电路集成在一个芯片上，称为霍尔元件[87]。

霍尔传感器具有许多优点，其结构牢固、体积小、重量轻、寿命长、安装方便、功耗小、带宽高（可达1MHZ）、耐震动，不怕灰尘、油污、水汽及盐雾等的污染或腐蚀；霍尔线性器件的精度高、线性度好；霍尔开关器件无触点、无磨损，输出波形清晰、无抖动、无回跳，位置重复精度高（可达微米级）[88]。采用补偿后，霍尔器件的工作温度范围可达 –55℃~150℃。许多非电、非磁的物理量，（如力、力矩、压力、应力、位置、位移、速度、加速度、角度、角速度、转数、转速以及工作状态发生变化的时间等）都可以通过霍尔传感器转变成电量进行检测和控制。

如图 7.37 所示，图中有一个电流流经的薄导电板为霍尔元件。导电板水平方向放置，通过的电流为 I，垂直于外加磁场 B。自由电子在电场作用下定向运动，此时外加磁场由于洛伦兹力使电子发生偏转，这个力使电子聚集在侧端面，在图上用减号表示。电子聚集并产生附加电场为霍尔电场，两侧端之间产生电势差即为霍尔电压 V_H。霍尔电场的形成阻止电荷继续累积，此时施加在电子上的库仑力和洛伦兹力达到动态平衡。对于厚度为 t 的霍尔元件，输出霍尔电压为 $V_H=\frac{R_H}{t}IB$，其中 R_H 为霍尔常数（$R_H=-\frac{1}{qn}$，q 为电荷量，n 为载流子浓度），v_d 为电子运动平均速度。

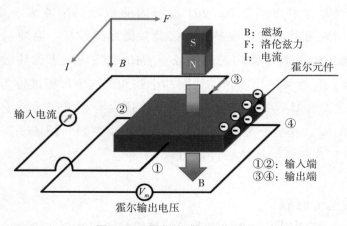

图 7.37 霍尔传感器工作原理

霍尔元件最重要的参数是载流子迁移率，它取决于霍尔元件的材料。对于金属材料，载流子浓度高会增加晶格散射，从而缩短弛豫时间、导致迁移率降低。具有较低载流子密度的材料在给定的电流下会表现出更强的霍尔效应。半导体材料的载流子浓度比金属中的载流子浓度低多个数量级，半导体中的电子只有在获得足够的热能达到传导状态时才可用于传导，这使得载流子浓度高度依赖于温度。常用做霍尔效应的半导体材料有：锑化铟（InSb）、砷化铟（InAs）和砷化镓（GaAs）。市场上常用的传感器有基于砷化镓的传感器，其灵敏度约为 0.2mV/mT；或基于锑化铟的传感器，其灵敏度约为 5mV/mT，但这些传感器有相当大的温度漂移。硅具有比较小的载流子迁移率，更容易与基于硅的半导体工艺集成，因此通常用于 IC 霍尔传感器。近年来，具有放大功能和温度误差校正功能的 IC 霍尔传感器在市场上占据主导地位。

霍尔效应传感器的应用可以分为两大类，即线性输出霍尔传感器和数字输出霍尔效应传感器或霍尔效应开关[89]。线性输出霍尔传感器用来测量磁场的大小并输出一个线性信号，常用于电流和位置传感，如磁盘驱动器、电机控制指示器、电源保护、压力膜片、流量计、阻尼器控制、无刷直流电机、旋转编码器、黑色金属探测器、振动传感器、转速表等。数字霍尔传感器常用作电子开关，无外磁场作用时，是"关"的字段；当外加磁场超过预设值时，数字霍尔传感器的输出将切换到"开"的状态，无任何触点反弹。这种开关比机械开关成本低，而且可靠性有了非常大的提升。常用的应用包括转速检测器、脉冲计数器、电机驱动器、阀门位置传感器、操纵杆传感器、门锁、接近探测器、镜头位置传感器、纸张传感器、轴位传感器等。除了这些在商业电子和工业中的应用，霍尔传感器在生物医学传感和可穿戴电子等新兴领域也得到了广泛的研究和应用。微流体和 Lab-on-chip 技术的最新进展推动了紧凑型芯片的医疗诊断和生物筛查系统[90]。小型化霍尔传感器结构简单易集成且不受复杂生物医学样品的干扰，通常被用作生物传感器的磁标签，可以检测到磁性纳米颗粒，这种纳米颗粒用作标记生物标本，通过测量它们在外部磁场中产生的杂散场改变，可实现对样本的追踪。有别于传统霍尔传感器的取材和加工方式，柔性霍尔传感器已经集成在可弯曲和可伸缩的聚合物上。

霍尔电流传感器是利用霍尔效应，将一次大电流变换为二次微小电压信号的传感器。实际应用中的霍尔传感器往往通过运算放大器等电路，将微弱的电压信号放大为标准电压或电流信号。基于此原理制作而成的霍尔电流传感器被称为直检式霍尔电流传感器或开环式霍尔电流传感器。

通常，开环霍尔效应传感器会使用一个磁性传感器来产生与被感测电流成比例的电压，然后该电压被放大成与导体中电流成比例的模拟输出信号。导体通过铁磁体的中心位置以集中磁场，磁传感器则被放置在铁磁体的间隙中，如图 7.38 所示。在开环架构中，霍尔效应电流传感器 IC 对于温度的任何非线性和灵敏度漂移都可能产生误差。

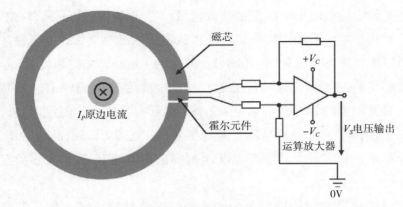

图 7.38　霍尔开环传感器工作示意图

闭环传感器使用由电流传感器 IC 主动驱动的线圈来产生一个与导体中电流产生的磁场相反的磁场。这样，霍尔传感器总是在一个零磁场的工作点运行。输出信号由电阻器产生，该电阻器的电压与线圈中的电流成比例，该电流也与绕在磁芯线圈中电流的匝数倍成正比，如图 7.39 所示。由于磁场互相抵消，磁芯中的实际磁通为零，不受高导磁材料的非线性和磁滞效应的影响，线性度和精度较高；而且气隙处的磁场始终是在零磁通附近变化，由于磁场变化幅度非常小，变化的频率就可以更快，因此具有更快的响应时间。虽然闭环电流传感器比开环架构更复杂，但由于系统仅在零磁场这一个工作点运行，因此消除了与霍尔传感器 IC 相关的灵敏度误差。

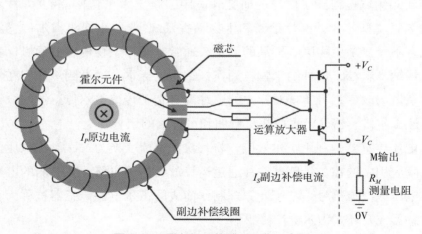

图 7.39　霍尔闭环传感器工作示意图

霍尔电流传感器可以检测从直流到 100kHz，甚至可以达到 MHz 级的各种波形的电流，响应时间可短到 1μs 以下。开环与闭环传感器的选择需要考虑精度和响应时间。如果应用要求高精度，通常选择闭环电流传感器，因为它消除了上面谈到的系统灵敏度非线性误差；在某些应用中需要快速响应时间来保护 IGBT 和 MOSFET 等半导体器件，此时选择开环电流传感器能更好地控制应用中的电流。

电、磁传感器应用广泛，面向不同应用领域、基于不同工作原理的电、磁传感器种类繁多，难以一一例举。目前已有的电场传感器还不能完全满足应用需求，尤其对于高分辨力、高灵敏度、高可靠性、微型化、低功耗的传感器需求迫切，科研工作者还需不断探索新的敏感机理和敏感方法。

参考文献

［1］郗秀书.全球闪电活动与气候变化［J］.干旱气象，2003，21（3）：69–73.

［2］吴亭，吕伟涛，刘晓阳，等.北京地区不同天气条件下近地面大气电场特征［J］.应用气象学报，2009，20（4）：394–401.

［3］张义军，言穆弘，郭凤霞.大气电过程与日地关系［M］.北京：气象出版社，2010.

［4］赵中阔，郗秀书，张广庶，等.雷暴云内电场探测仪及初步实验结果［J］.高原气象，2008，27（4）：881–887.

［5］赵中阔，郗秀书，张廷龙，等.一次单体雷暴云的穿云电场探测及云内电荷结构［J］.科学通报，2009（22）：3532–3536.

［6］张义军，言穆弘.一个准稳态的全球大气电路模式［J］.高原气象，1990，9（3）：293–306.

［7］言穆弘，郭昌明，申巧南，等.我国部分地区雷暴活动、大气电场等与太阳活动的关系［J］.国家天文台台刊，1989（S1）：255–260.

［8］邓鹤鸣，何正浩，许宇航，等.雾霾对冲击放电路径影响特性的分析［J］.高电压技术，2009，35（11）：2669–2673.

［9］沈长寿.大气中尘埃层对电离层电场向下映射的影响［J］.北京大学学报（自然科学版），1989，25（3）：300–311.

［10］陈大任，郭虎.沙尘天气中的大气电场［J］.干旱区资源与环境，2004，18（S）：60–62.

［11］吴明江，杜莉萍，陈勇斌，等.大气电场的特征及雷电预警技术研究［J］.气象水文海洋仪器，2010，27（1）：10–14.

［12］罗林艳，祝燕德，王智刚，等.基于大气电场与闪电资料的雷电临近预警方法［J］.成都信息工程学院学报，2010，25（5）：524–530.

［13］宋豫晓.基于大气电场与闪电定位技术的雷电预警方法在民用航空中的应用［J］.现代电子技术，2013，36（21）：152–154.

［14］张义军，言穆弘.人工触发闪电的条件和对雷暴特征的可能影响［J］.高原气象，1992，11（2）：178–185.

［15］罗福山.雷击飞行器事件与美国航天活动的发射规范［J］.中国航天，1993（1）：27–29.

［16］罗福山.肯尼迪航天中心的雷电防护系统.中国航天，1991（3）：43–46.

[17] 蒲家宁，王菊芬. 油品管输带电问题 [J]. 后勤工程学院学报，2006，22（2）：1–5.

[18] 韩卓人. 半导体集成电路的静电损伤及其对策 [J]. 半导体杂志，1989（3）：32–42.

[19] 吕作舟. 静电和纺织粉尘爆炸 [J]. 纺织导报，1988（29）：3–5.

[20] Evans W H. The measurement of electric fields in clouds [J]. Pure and Applied Geophysics PAGEOPH，1965，62（1）：191–197.

[21] Thoms P S. Model of response of an electric field mill operating during suborbital flight [J]. Rev. Sci. Instrum.，1974，45（2）：171–177.

[22] Winn W P, Byerley L G. Electric field growth in thunderclouds [J]. Quarterly Journal of the Royal Meteorological Society，1975，101（430）：979–994.

[23] Winn W P, Moore C B. Electric field measurements in thunderclouds using instrumented rockets [J]. Journal of Geophysical Research，1971，76（21）：5003–5017.

[24] Xia S, Lei H, Liu J, et al. Research and development on MEMS based electric field sensor [C]. The 21st International Conference on Solid–State Sensors，Actuators，and Microsystems，2021.

[25] 卢昆亮，白德宝. 一种新设计的大气电场仪 [J]. 高原气象，1984(3)：45–54.

[26] 肖庆复，肖正华，惠世德. DC–3 型大气平均电场仪 [J]. 电子技术应用，1988(5)：13–15.

[27] 肖正华，惠世德，肖庆复，等. 倒置式大气平均电场仪 [J]. 高原气象，1994，13（1）：106–112.

[28] 罗福山，庄洪春，何喻晖，等. KDY 型旋转式电场仪 [J]. 电测与仪表，1993(4)：17–21.

[29] 白强，夏善红，陈绍凤，等. 新型旋片式空中电场传感器及应用 [J]. 电子与信息学报，2004，26（4）：651–654.

[30] 罗福山，胡圣波. 球载双球式电场仪及其应用 [J]. 地球物理学报，1999，42（6）：772–777.

[31] MacGorman D, Biggerstaff M, Waugh S, et al, Coordinated LMA, Balloon–borne Electric Field, and Polarimetric Radar Observations of a Triggered Lightning Flash at Camp Blanding [C]. XV International Conference on Atmospheric Electricity，2014.

[32] 罗福山，庄洪春，何渝晖，等. 微火箭电场仪的原理及其应用 [J]. 地球物理学报，2000，43（5）：616–620.

[33] 张星，白强，夏善红，等. 小型三维电场传感器设计与测试 [J]. 电子与信息学报，2007，29（4）：1002–1004.

[34] 张星，白强，夏善红，等. 一种小型三维电场传感器 [J]. 仪器仪表学报，2006，27（11）：1433–1436.

[35] Horenstein M N, Stone P R. A micro–aperture electrostatic field mill based on MEMS technology [J]. Journal of Electrostatics，2001（51）：515–521.

[36] Riehl P S, Scott K L, Muller R S, et al. Electrostatic charge and field sensors based on micromechanical resonators [J]. Journal of microelectromechanical systems，2003，12（5）：577–589.

[37] Bahreyni B, Wijeweera G, Shafai C, et al, Analysis and design of a micromachined electric–field sensor [J]. Journal of Microelectromechanical Systems，2008，17（1）：31–36.

［38］龚超，夏善红，邓凯，等. 聚酰亚胺振动膜微型电场传感器［J］. 微纳电子技术，2004，41
（12）：41-44.

［39］龚超，陶虎，白强，等. 振动式微型电场传感器［J］. 机械工程，2005（16）：188-190.

［40］Chen X，Peng C，Tao H，et al. Thermally driven micro-electrostatic fieldmeter［J］. Sensors and
Actuators A，2006，132（2）：677-682.

［41］Peng C，Chen X，Ye C，et al. Design and testing of a micromechanical resonant electrostatic field sensor
［J］. Journal of Micromechanics and Microengineering，2006（16）：914-919.

［42］Yang P，Peng C，Zhang H，et al. A high sensitivity SOI electric-field sensor with novel comb-
shaped microelectrodes［C］. 16th International Conference on Solid-State Sensors，Actuators and
Microsystems（TRANSDUCERS），2011.

［43］Wang Y，Fang D，Feng K，et al. A novel micro electric field sensor with X－Y dual axis sensitive
differential structure［J］. Sensors and Actuators A，2015（229）：1-7.

［44］史东军，史战军，史永基. 高压电力系统中的光纤电压传感器［J］. 传感器世界，2002，8（7）：17-23.

［45］Bohnert K M，Brändle H，Frosio G. Field test of interferometric optical fiber high-voltage and current
sensors［C］. Tenth International Conference on Optical Fibre Sensors. International Society for Optics
and Photonics，1994，（2360）：16-20.

［46］Passard M，Barthod C，Fortin M，et al. Design and optimization of a low-frequency electric field sensor using
Pockels effect［J］. IEEE Transactions on Instrumentation and Measurement，2001，50（5）：1053-1058.

［47］Santos J C，Taplamacioglu M C，Hidaka K. Pockels high-voltage measurement system［J］. IEEE
Transactions on power delivery，2000，15（1）：8-13.

［48］Maeno T，Nonaka Y，Takada T. Determination of electric field distribution in oil using the Kerr-effect
technique after application of dc voltage［J］. IEEE Transactions on Electrical Insulation，1990，25（3）：
475-480.

［49］Liu R，Satoh A，Kawasaki T，et al. Two-dimensional electric field measurement in liquid dielectrics using a
highly sensitive Kerr-effect technique［C］. Properties and Applications of Dielectric Materials，1991.

［50］Rao Y J，Gnewuch H，Pannell C N，et al. Electro-optic electric field sensor based on periodically poled
LiNbO3［J］. Electronics Letters，1999，35（7）：596-597.

［51］Yamada M，Nada N，Saitoh M，et al. First order quasi phase matched LiNbO$_3$ waveguide periodically
poled by applying an external field for efficient blue second harmonic generation［J］. Applied Physics
Letters，1993，62（5）：435-436.

［52］王学伟，王琳. 光纤磁场电场传感器［J］. 电测与仪表，1997，34（373）：44-45.

［53］Johnson A R. Fiber Optic Electric Field Meter［C］. NASA Tech. Briefs，1985.

［54］Byberg B R. Measuring Electric Field by Using Pressure Sensitive Elements［J］. IEEE Transaction on
Electrical Insulation，1979，14（5）：250-254.

［55］Janošek M，Vyhnánek J，Zikmund A，et al. Effects of Core Dimensions and Manufacturing Procedure on Fluxgate Noise [J]. Acta Physica Polonica A, 2014 (126): 104–105.

[56] Kubík J, Janošek M, Ripka P. Low–Power Fluxgate Sensor Signal Processing Using Gated Differential Integrator [J]. Sensor Letters, 2007 (5): 149–152.

[57] Lei J, Chong L, Zhou, Y. Micro Fluxgate Sensor using Solenoid Coils Fabricated by MEMS Technology [J]. Measurement Science Review, 2012 (12): 286–289.

[58] Texas Instruments Inc. Fluxgate Magnetic–Field Sensor [EB/OL]. http: //www.ti.com/lit/ds/symlink/ drv425.pdf. 2015–2016.

[59] Gu J, Hou X, Xia X, et al. In Solenoid Fluxgate Current Sensor Micromachined by Wafer–Level Melt– Metal Casting Technique [C]. 2019 IEEE 32nd International Conference on Micro Electro Mechanical Systems (MEMS), 2019.

[60] Thomson W. On the electro–dynamic qualities of metals: Effects of magnetization on the electric conductivity of nickel and of iron [J]. Proceedings of the Royal Society of London, 1857 (8): 546–550.

[61] Kuijk K, Gestel W, Gorter F. The barber pole, a linear magnetoresistive head [J]. IEEE Transactions on Magnetics, 1975, 11 (5): 1215–1217.

[62] Tuma ń ski S, Stabrowski M. The optimization and design of magnetoresistive barber–pole sensors [J]. Sensors and Actuators, 1985, 7 (4): 285–295.

[63] Baibich M M, Fert A, Van Dau F N, et al. Giant Magnetoresistance of (001) Fe/ (001) Cr Magnetic Superlattices [J]. Phys. Rev. Lett., 1988, 61 (21): 2472–2475.

[64] Binasch G, Gr ü nberg P, Saurenbach F, et al. Enhanced magnetoresistance in layered magnetic structures with antiferromagnetic interlayer exchange [J]. Physical Review B, 1989, 39 (7): 4828–4830.

[65] Hirota E, Sakakima H, Inomata K. Giant Magneto–Resistance Devices [m]. Heidelberg: Springer Nature, 2002.

[66] Yuasa S, Nagahama T, Fukushima A, et al. Giant room–temperature magnetoresistance in single– crystal Fe/MgO/Fe magnetic tunnel junctions [J]. Nature Materials, 2004, 3 (12): 868–871.

[67] Lee Y M, Hayakawa J, Ikeda S, et al. Effect of electrode composition on the tunnel magnetoresistance of pseudo–spin–valve magnetic tunnel junction with a MgO tunnel barrier [J]. Appl. Phys. Lett., 2007, 90 (21): 212507.

[68] Dang H B, Maloof A C, Romalis M V. Ultrahigh sensitivity magnetic field and magnetization measurements with an atomic magnetometer [J]. Appl. Phys. Lett., 2010, 97 (15): 151110.

[69] Alem O, Sander T H, Mhaskar R, et al. Fetal magnetocardiography measurements with an array of microfabricated optically pumped magnetometers [J]. Physics in medicine and biology, 2015, 60 (12): 4797–4811.

[70] Haesler J, Balet L, Porchet J A, et al. The integrated swiss miniature atomic clock [C]. 2013 Joint European Frequency and Time Forum & International Frequency Control Symposium (EFTF/IFC), 2013.

[71] Perez M, Nguyen U, Knappe S, et al. Rubidium vapor cell with integrated Bragg reflectors for compact atomic MEMS [J]. Sensors and Actuators A, 2009 (154): 295–303.

［72］ Boto E, Holmes N, Leggett J, et al. Moving magnetoencephalography towards real-world applications with a wearable system ［J］. Nature, 2018, 555（7698）: 657-661.

［73］ Felton S, Newton M E, Martineau P M, et al. Hyperfine interaction in the ground state of the negatively charged nitrogen vacancy center in diamond ［J］. Phys. Rev. B, 2009, 79（7）: 075203.

［74］ Webb J L, Clement J D, Troise L, et al. Nanotesla sensitivity magnetic field sensing using a compact diamond nitrogen-vacancy magnetometer ［J］. Appl. Phys. Lett., 2019, 114（23）: 231103.

［75］ Stürner F M, Brenneis A, Kassel J, et al. Compact integrated magnetometer based on nitrogen-vacancy centres in diamond ［J］. Diamond and Related Materials, 2019（93）: 59-65.

［76］ Stürner F M, Brenneis A, Buck T, et al. Integrated and Portable Magnetometer Based on Nitrogen-Vacancy Ensembles in Diamond ［J］. Adv. Quantum Technol, 2021, 4（4）: 2000111.

［77］ Frontera P, Alessandrini S, Stetson J. In Shipboard calibration of a diamond nitrogen vacancy magnetic field sensor ［C］. 2018 IEEE/ION Position, Location and Navigation Symposium（PLANS）, 2018.

［78］ Krause H J, Kreutzbruck, M V. Recent developments in SQUID NDE ［J］. Physica C, 2002, 368（1-4）: 70-79.

［79］ 郑东宁. 超导量子干涉器件 ［J］. 物理学报. 2021, 70（1）: 018502.

［80］ Hari R, Salmelin R. Magnetoencephalography: From SQUIDs to neuroscience: Neuroimage 20th Anniversary Special Edition ［J］. NeuroImage, 2012, 61（2）: 386-396.

［81］ Mäkelä J P, Forss N, Jääskeläinen J, et al. Magnetoencephalography in Neurosurgery ［J］. Neurosurgery, 2006, 59（3）: 493-510.

［82］ Leslie K E, Binks R A, Lam S K, et al. Application of high-temperature superconductor SQUIDs for ground-based TEM ［J］. The Leading Edge, 2008, 27（1）: 70-74.

［83］ Song Z, Dai H, Rong L, et al. Noise Compensation of a Mobile LTS SQUID Planar Gradiometer for Aeromagnetic Detection ［J］. IEEE Transactions on Applied Superconductivity, 2019, 29（8）: 1-5.

［84］ Rong L, Bao S, Wu J, et al. High-Performance Dual-Channel Squid-Based TEM System and Its Application ［J］. IEEE Transactions on Applied Superconductivity, 2019, 29（8）: 1-4.

［85］ Boero G, Frounchi J, Furrer B, et al. Fully integrated probe for proton nuclear magnetic resonance magnetometry ［J］. Rev. Sci. Instrum., 2001, 72（6）: 2764-2768.

［86］ Metrolab Inc. MFC2046 NMR MAGNETIC FIELD CAMERA ［EB/OL］. https: //www.metrolab.com/wp-content/uploads/2020/05/MFC2046_BrochureA4-VF_HD.pdf. 2020.

［87］ Popovic R S. Hall Effect Devices ［M］. Boca Raton: CRC Press, 2003.

［88］ Boero G, Demierre M, Besse P A, et al. Micro-Hall devices: performance, technologies and applications ［J］. Sensors and Actuators A: Physical, 2003, 106（1）: 314-320.

［89］ Tumanski S. Modern magnetic field sensors – a review ［J］. Przeglad Elektrotechniczny, 2013, 89（10）: 1-12.

［90］ Grieshaber D, MacKenzie R, Vörös J, et al. Electrochemical Biosensors–Sensor Principles and Architectures ［J］. Sensors（Basel）, 2008, 8（3）: 1400-1458.

第八章　气湿敏传感器

　　气体对于人类至关重要，有些气体是人类生存所必需的，例如氧气；有些气体对于人类既有益处也有危害，比如氨气是重要的化工原料，但也是典型的污染气体；有些气体对人类的危害远大于其用途，例如二氧化碳、氮氧化物就是代表性的大气污染物。气体种类辨识和气体浓度检测在安全监测、环境监控、载人航天、物联网、医学诊疗等领域非常重要。湿度也是人们在生产活动和日常生活中十分关心的重要参数。气体的检测方法多种多样，包括基于光学和光谱学的检测设备以及基于色谱和质谱的检测装置。虽然这些检测装置具有灵敏度高、选择性好和精度高等优点，但是价格昂贵、体积较大、操作复杂，不利于进行原位在线实时检测。气体和湿度传感器具有灵敏度高、选择性可调、体积小、价格低等优点，是进行实时、在线检测的有效方法，同时在空间受限的载人航天器、水下航行器中发挥着不可替代的作用。另外，在苛刻或极端条件下，气体和湿度传感器也会展示其耐高温、耐高压、耐腐蚀等优异性能。

　　气体传感器是一种将气体种类和浓度转换为可测量量（电量或光学量）的元件或装置，湿度传感器是将湿度（相对湿度或绝对湿度）转换为可测量（电量或光学量）的元件或装置。气体传感器的主要性能指标包括灵敏度、选择性、响应恢复时间、检测量程、工作温度、稳定性和寿命，下面主要介绍气体传感器关键指标的定义，湿度传感器的性能指标将在 8.6 节中阐述。

　　灵敏度表示被测气体浓度变化所引起的传感器信号变化的程度，是衡量气体传感器性能最重要的指标之一。当气体浓度产生很小的变化就能引起传感器信号很大变化时，意味着该气体传感器具有很高的灵敏度。灵敏度的定义多种多样，最常用的是传感器信号比表示法。以 N 型氧化物半导体型气体传感器为例，其对还原性气体的灵敏度（S_r）定义为在规定工作条件和一定待测气体浓度下，传感器在洁净空

气中的稳态电阻值 R_a 与在待测气体中的稳态电阻值 R_g 的比值，即 $S_r=R_a/R_g$。

选择性是指气体传感器在多种气体共存的环境中对待测气体的辨识能力。若传感器对待测气体具有很高的灵敏度，而对共存气体的灵敏度很低，表示该传感器的选择性很好。选择性的表示方法也是多种多样，例如（GB/T 15653—1995）《中华人民共和国国家标准：金属氧化物半导体气敏元件测试方法》中，用在规定工作条件下，传感器在规定浓度的干扰气体和待测气体中的稳态电阻值之比表示传感器的气体选择性，也可用传感器在相同条件下对同浓度不同种类气体的灵敏度比值来表示选择性。

响应恢复特性反映的是当传感器与待测气体接触时响应的快慢以及当传感器脱离待测气体后恢复的快慢，通常用响应时间和恢复时间来表示。《中华人民共和国国家标准（GB/T 15653—1995）：金属氧化物半导体气敏元件测试方法》中响应时间的定义为：在规定工作条件下，传感器接触规定浓度待测气体后，其被测信号下降（或上升）到清洁空气中稳态信号值与待测气体中稳态信号值差值的70%时所需要的时间；而恢复时间则为在规定工作条件下，传感器脱离待测气体后，其被测信号上升（或下降）到清洁空气中稳态信号值与待测气体中稳态信号值差值的70%时所需要的时间。实际上，响应时间和恢复时间也存在不同的定义，除70%的限度外，目前更多的是用90%的定义限度。

检测量程是指传感器能检测气体浓度的范围，传感器的检测范围越宽，表明其量程越大。在选择传感器时，当传感器的种类确定以后，首先要看其量程是否满足要求。

工作温度影响气体在传感材料上的吸/脱附速率以及发生化学或电化学反应的反应速率，进而影响传感器的传感性能。对于同一浓度的待测气体，在不同工作温度下，传感器的响应值、灵敏度和响应恢复时间不尽相同，因此在实际应用中，需要选择合适的工作温度，以使传感器的综合性能指标处于最优。

长期稳定性和寿命反映的是气体传感器使用环境中的水汽、共存气体、催化剂等外在因素以及长期高温工作造成的传感材料晶粒长大等内在因素，对传感器的零点信号值、灵敏度等性能有很大影响。传感器长期稳定性通常是指零点检测信号和灵敏度的随外界因素和时间的变化程度，也是传感器在实际应用中最重要的参数之一。寿命是指传感器在正常工作下的使用时间。

本章将主要介绍气湿敏传感器的工作原理、研究进展和典型应用，主要介绍半导体式气体传感器、催化燃烧式气体传感器、电化学式气体传感器、固体电解质式气体传感器、红外气体传感器和湿度传感器。

8.1 氧化物半导体气体传感器

氧化物半导体气体传感器是最重要的一类化学量传感器，由于其具有全固态、易集成、高灵敏和高可靠等优点，一直是气体传感器领域的研究前沿。氧化物半导体气体传感器是依据其电阻在不同气氛中的变化来实现对气体的检测。1962年，日本九州大学的 T. Seiyama 教授等人首次报道了 ZnO 薄膜在可燃性气体中电阻明显减小[1]，从而开启了氧化物半导体气体传感器研究的先河。几乎在同一时期，日本 FIGARO 公司的创始人 N. Taguchi 率先发明了以 SnO_2 为基体传感材料的半导体气体传感器，并命名为 TGS（Taguchi Gas Sensor）传感器；随后，他还发现掺杂贵金属的 SnO_2 可用于检测低浓度的可燃性气体和还原性气体，并实现产业化。20世纪70年代中期，氧化物半导体气体传感器传入中国，吉林大学和中国科学院长春应用化学研究所在我国最早开始了相关的研究工作。

目前，多种金属氧化物半导体传感材料相继被发现（图 8.1），如 SnO_2、ZnO、WO_3、TiO_2、In_2O_3、Fe_2O_3 等 n 型氧化物半导体以及 CuO、NiO、Co_3O_4、$LaFeO_3$、Cr_2O_3 等 p 型氧化物半导体。虽然部分基于上述氧化物半导体传感材料的气体传感器已被成功开发并应用于燃气报警器、手持式酒驾检测仪、室内污染气体检测仪等仪器中，但其灵敏度（检测下限）、选择性、稳定性等关键技术指标仍然难以满足军事安全、航空航天、医疗诊断等领域的应用要求。因此，研究人员期望从新型传感材料研发、功能化改性、器件结构优化以及传感器智能化等几方面入手，使氧化物半导体气体传感器的技术开发与应用体系逐步完善。

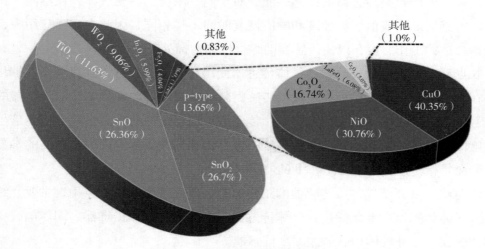

图 8.1 氧化物半导体传感材料种类

8.1.1 氧化物半导体气体传感器的分类

氧化物半导体气体传感器根据传感材料的导电机制，可分为表面电导型和体电导型两类，这主要取决于传感材料的种类和性质。比如常用的传感材料 SnO_2、ZnO 和 WO_3 等属于表面电导型，而 $\gamma\text{-}Fe_2O_3$ 则是典型的体电导型。

8.1.1.1 表面电导型氧化物半导体气体传感器

表面电导型氧化物半导体气体传感器的工作原理不仅涉及晶粒自身的表面状态，而且与晶粒间接触有关。因此，表面电导型氧化物半导体气体传感器的工作原理通常可用空间电荷层和晶界势垒模型描述。

（1）空间电荷层模型

如图 8.2 所示，以 n 型氧化物半导体传感材料为例[2]，当氧化物半导体暴露在不同的待测气体氛围时，由于气体分子的吸附以及气体分子的电子亲和势 A 和半导体功函数 W_S 的不同，导致电子转移，从而使半导体的能带发生弯曲并在表面形成空间电荷层。传感材料被置于空气中时，由于氧的电子亲和势较大，电子将从传感材料向氧气分子发生转移，氧气分子获得电子并在氧化物的表面形成氧离子吸附，如反应式（8.1）—（8.4）所示[3-4]。此时，氧化物半导体因失去电子能带向上弯曲，在靠近表面的位置形成空间电荷层，导致电子浓度降低，从而引起电导下降或电阻增大。当接触到还原性气体时，半导体表面的吸附氧会与气体分子发生反应，之前被表面吸附氧俘获的电子将被重新释放到传感材料的导带中，从而使半导体中的电子浓度增加、电阻下降；与之相反，当接触氧化性气体时，由于氧化性气体分子

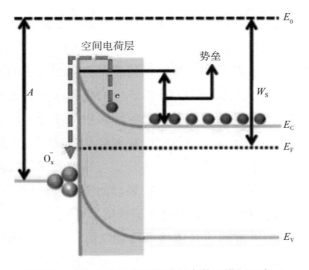

图 8.2 n 型氧化物半导体空间电荷层模型示意图

普遍具有较大的亲和势，使得空间电荷层进一步变宽，从而导致传感材料电导率降低、传感器电阻增大。

$$O_2 \text{ (ads)} \leftrightarrow O_2 \text{ (ads)physisorption} \tag{8.1}$$

$$O_2 \text{ (ads)physisorption} + e^-\text{(CB)} \leftrightarrow O_2^- \text{ (ads)ionosorption} \tag{8.2}$$

$$O_2^- \text{ (ads)ionosorption} + e^-\text{(CB)} \leftrightarrow 2O^- \text{ (ads)ionosorption} \tag{8.3}$$

$$O^- \text{ (ads)ionosorption} + e^-\text{(CB)} \leftrightarrow O^{2-} \text{ (ads)ionosorption} \tag{8.4}$$

同样对于 p 型传感材料，吸附氧气分子从传感材料夺取电子，也可以认为是氧气分子往传感材料的价带注入了空穴，因此 p 型材料在表面附近形成了空穴积累层。由于 p 型材料中的多数载流子为空穴，因此在有氧分子吸附状态下，传感材料表面形成的是空穴积累层，表面的导电性增强，传感材料的表面层将起到促进载流子传导的作用，传感材料的电导率增加。当有还原性气体出现时，还原性气体与敏感材料表面的各种氧吸附种类发生反应，这些表面吸附氧上束缚的电子被重新注入传感材料，传感材料价带中的空穴浓度相应降低，电导率下降，传感器电阻增大。

研究发现[5]，p 型氧化物半导体空穴浓度在空气中和待测气体中的比值为 $p_{air}/p_{gas}=\exp(-q\Delta V_s/2kT)$，而 n 型氧化物半导体电子浓度在空气中和待测气体中的比值为 $n_{air}/n_{gas}=\exp(-q\Delta V_s/kT)$，其中 $q\Delta V_s$ 为表面能带弯曲、k 为玻尔兹曼常数、T 为绝对温度。由此推论，相较于 p 型氧化物半导体气体传感器，n 型氧化物半导体气体传感器在接触待测气体后其电导率（或电阻）的相对变化较大。

（2）晶界势垒模型

由于传感材料是氧化物半导体单晶颗粒的聚集体，因此，还必须考虑气体分子吸附对晶粒接触势垒的影响。同样以 n 型氧化物半导体传感材料为例[6]，在多晶半导体传感材料中存在着许多晶粒和晶界。当传感材料与空气中的氧接触时，氧分子从晶粒表面俘获大量电子，在晶粒的表面形成空间电荷层，从而构成传感材料晶粒间的接触势垒。此时，电子的传输将受到晶粒间接触势垒的限制，电子若要从一个晶粒转移到另一个晶粒，必须克服晶粒间的接触势垒，这使得传感材料呈现高阻状态。当还原性气体分子存在时，还原性气体分子与晶粒表面的吸附氧发生反应，被氧俘获的电子又重新回到传感材料中，晶粒表面的空间电荷层厚度减小，晶粒间的接触势垒高度下降，从而使越过势垒的电子数增加，传感材料电导率上升，如图 8.3（a）所示；反之，如果被测的气体是氧化性气体，由于氧化性气体的电子亲和势较大，氧化性气体一方面与晶粒表面的吸附氧发生反应并夺取电子，另一方面直接从传感材料中俘获电子，从而使晶粒间的接触势垒高度继续增加，传感材料的电导进一步下降，如图 8.3（b）所示。

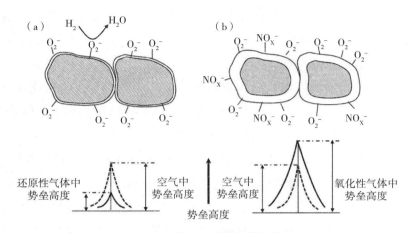

图 8.3　n 型氧化物半导体晶界势垒分布示意图

对于 p 型氧化物半导体传感材料，其情况正好与 n 型材料相反。当接触还原性气体时，离子型吸附氧与还原性气体的反应使束缚在吸附氧中的电子重新注入 p 型氧化物半导体导带中，导致空穴积累层厚度减小、接触势垒高度升高，传感器的电阻变大。当接触到氧化性气体时，由于氧化性气体分子普遍具有较大的亲和能，在其与表面吸附氧离子反应的同时，还会进一步从导带上夺取电子，使表面空穴积累层进一步变宽，从而导致晶界势垒降低、传感材料电导率升高、传感器电阻降低。

8.1.1.2　体电导型氧化物半导体气体传感器

体电导型氧化物半导体气体传感器是指气体的吸附使传感材料体内结构组成发生变化，从而表现出传感器电阻值的变化，其中 $\gamma\text{-}Fe_2O_3$ 就是典型的体电导型传感材料。下面，我们以 $\gamma\text{-}Fe_2O_3$ 为例来分析体电导型传感器的工作原理[2]。一般来说，氧化铁有多种组成和晶型，但常见的主要有 Fe_3O_4、$\gamma\text{-}Fe_2O_3$ 和 $\alpha\text{-}Fe_2O_3$，这三种形态在一定条件下可以相互转化，且是可逆的并伴有氧化还原反应（主要指 Fe_3O_4 和 Fe_2O_3 之间存在氧化还原反应）的过程。$\gamma\text{-}Fe_2O_3$ 具有较多缺位结构，在较高的温度下会转变为更稳定的 $\alpha\text{-}Fe_2O_3$ 结构。在适当的温度下，$\gamma\text{-}Fe_2O_3$ 遇到还原性气体后会转变为电导率高的 Fe_3O_4，而 Fe_3O_4 在氧化性气氛（如 O_2）中又会转变为电导率低的 $\gamma\text{-}Fe_2O_3$。从上面的分析可知，从电导率角度来看，Fe^{2+} 与 Fe^{3+} 间的电子交换增加了载流子浓度的变化，这对电导率改变是有利的，但是电导率也依赖于载流子迁移率，而迁移率与晶界势垒密切相关。$\gamma\text{-}Fe_2O_3$ 是 n 型半导体，在空气中会吸附 O_2 使晶粒表面及晶界处形成较高的势垒。在还原性气氛中，O_2 的脱附降低了晶界的势垒，从而增大了电导率。

8.1.2　氧化物半导体气体传感器的器件结构类型

目前，以氧化物为传感材料的半导体式电阻型气体传感器主要有三种器件结构类型：烧结型、厚膜型和薄膜型。

8.1.2.1　烧结型器件

烧结型器件因为结构简单、制作成本低、工艺成熟，是目前氧化物半导体气体传感器研究中使用最为广泛的一种器件结构。这种器件以氧化物半导体为基体材料，同时加入适量的催化剂、黏合剂和稳定剂等组成传感材料，通过烧结工艺制作成器件。根据加热方式的不同，烧结型传感器又分为直热式和旁热式两种结构类型。

直热式结构主要由气体传感材料、加热丝和信号丝组成。直热式传感器是将传感材料涂敷在 Pt 线圈（或 Pt 线）上形成微球，然后把上述微球置于 Pt 加热线圈之内，接着涂覆传感浆料形成较大的微球，再经过烘干、烧结、封装后形成微球型直热式传感器。其中，加热器一端作为加热器电极和信号电极的共用端，传感器只有三个电极。这种结构的优点在于传感器件结构简单、体积小、成本低；其缺点是制作工艺不利于规模生产，且传感器信号易受干扰、一致性和机械强度差。

旁热式结构是指加热器与传感材料相分离的传感器件结构。图 8.4 显示的是旁热式传感器的结构示意图，主要由四部分组成：陶瓷管、测试电极、加热器和传感材料膜。这种结构是将传感材料涂敷在一个两端各带有一个环形 Au 电极的氧化铝陶瓷管上，再从陶瓷管中间穿入 Ni-Cr 合金线圈作为加热丝，每个 Au 电极连有 Pt 丝作为电极引线。这种器件结构因测试电极和加热器被有效隔离，避免了传感材料与加热线圈直接接触，使测量回路与加热回路分离，克服了相互之间的干扰。此外，与直热式器件相比，旁热式传感器一致性好、成品率高，并且器件的一致性和机械强度都得到大幅度提高，但是其加热功耗较高。

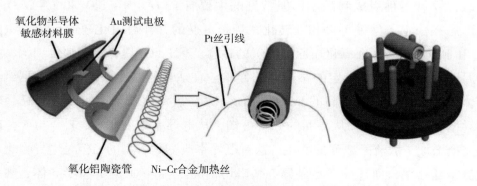

图 8.4　旁热式氧化物半导体气体传感器的器件结构示意图

8.1.2.2 厚膜型器件

厚膜型气体传感器主要是通过丝网印刷技术制备的器件结构。图 8.5 显示的是厚膜式传感器的结构示意图和实物图。这种结构通常以氧化铝陶瓷为基板，在基板的一面形成加热电极和厚膜加热器，在基板另一面制备测试电极和传感材料膜。条形测试电极可以采用丝网印刷、蒸发和溅射的方法制作；传感材料膜通过丝网印刷技术将配制好的传感浆料涂印刷在电极表面上，然后进行干燥和烧结；加热器材料通常采用二氧化钌，也是利用丝网印刷技术形成厚膜。因此，该类器件的传感层厚度均匀，传感器的一致性明显改善，且厚膜技术有利于大规模生产；但其功耗较大，此外与旁热式器件相比，加热器的稳定性和可靠性有待提高。

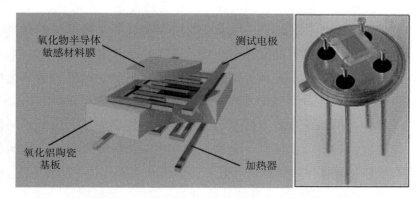

图 8.5 厚膜式氧化物半导体气体传感器的器件结构示意图及实物图

8.1.2.3 薄膜型器件

随着气体传感器朝着低功耗、小型化和集成化的方向发展，上述烧结型和厚膜型的传统器件因功耗较高、体积较大，很难与半导体工艺兼容，从而使薄膜型器件受到了广泛关注。薄膜型气体传感器利用 MEMS 技术制作微热板，然后利用溅射、蒸发或化学气相沉积等薄膜技术制作传感膜。图 8.6 显示的是薄膜式传感器的结构示意图和实物图。这种结构的传感器件具有功耗低、稳定性高和一致性好等优点，适于大批量生产；但采用薄膜制作技术不利于传感材料的改性，从而使其受到一定

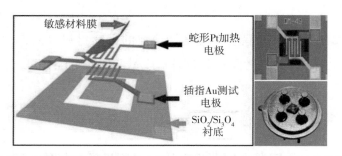

图 8.6 薄膜式氧化物半导体气体传感器的器件结构示意图及实物图

限制。利用 MEMS 技术，可以将薄膜型器件集成在同一衬底上，制作出多功能集成化的气体传感器，这也是气体传感器未来的发展方向。

8.1.3 氧化物半导体气体传感器的研究进展和发展趋势

与其他类型传感器相比，氧化物半导体气体传感器具有结构简单、尺寸小、易集成、成本低等优势，可以监测大气环境中 NO_x 和 O_3 等污染气体、检测室内家具释放的 VOCs（挥发性有机化合物）气体、监控易燃易爆气体的泄漏、监控工业生产过程中毒害气体等，在环境监测、智能家居、疾病诊断、工业安全、食品安全、公共安全等领域有着广泛的应用前景。但氧化物半导体气体传感器距离广泛使用还有一段距离，其灵敏度、选择性、稳定性、功耗等还需进一步改进。

针对传感器灵敏度和选择性，主要集中在高效氧化物半导体传感材料的设计和开发方面。目前，在传感材料的设计上大致形成了三个发展方向：第一个发展方向是制备具有大比表面积、疏松多孔、不易团聚的具有特殊结构的金属氧化物，优化基体传感材料的自身属性；第二个发展方向是对传感材料进行掺杂和修饰改性，改善材料的气敏特性；第三个发展方向是通过传感材料体系的扩展以及不同传感材料之间的复合，开发新材料或新体系。上述三个方面的研究相互促进、相辅相成，为实现高性能的气体传感器发挥了巨大作用。

针对降低器件功耗问题，主要是开发低温或室温工作的传感器[7]，其中利用光代替热来活化氧化物半导体传感材料是实现室温传感的一种有效方式[8]。对半导体材料进行带间光激发所产生的非热力学平衡光生载流子被表面吸附氧所俘获，得到活性的吸附氧离子，参与传感材料表面的化学反应，从而实现室温下对目标气体的检测，器件工作的能耗得到降低。同时，光激发所产生的光生载流子具有一定的氧化还原能力，能够使吸附在表面的水分子发生分解和脱附，有利于提升传感器的抗湿性。另外，降低器件的尺寸，使用微纳结构器件也是降低功耗的一种有效方式，MEMS 气体传感器通过器件尺寸的小型化，将功耗降低到几十毫瓦甚至更低，所采用的半导体工艺利于批量生产，利于与读出电路、数据处理电路集成，获得芯片式气体传感器[9]。

针对传感器的稳定性，除了合成结构稳定的传感材料以外，利用温湿度补偿、故障诊断及数据恢复等智能化方法也能提升传感器的稳定性。

8.2 催化燃烧式气体传感器

催化燃烧式气体传感器采用催化燃烧法来测量可燃气体或蒸汽在空气中的含

量，在天然气、煤气、烷烃类、汽油、醇类、酮类和苯类等可燃气体浓度的检测和安全报警方面具有十分重要的作用，特别是对自然条件差、危险源多、安全隐患大的化工、采矿等行业意义重大。催化燃烧式气体传感器的发展历史很长，1923年Jones采用裸露的铂丝线圈制作了催化燃烧式传感器，并首次用于矿山中的甲烷检测，展示出了很好的发展前景。该类传感器制作容易，但由于其工作温度较高，使器件寿命大大缩小。1959年，Baker在裸露的铂丝线圈表面涂覆以耐火材料为载体的贵金属Pd催化剂，大大提升了该类传感器的灵敏度和稳定性。随后，许多科研工作者开始关注催化燃烧式传感器，但在传感器的主体结构和工作原理方面并未实现大的突破。

8.2.1　催化燃烧式气体传感器的结构和工作原理

催化燃烧式传感器工作温度较高，当其接触含有可燃性气体的空气时，可燃气体和空气中的氧气在催化剂表面发生燃烧反应，产生燃烧热，使铂丝的温度上升、铂丝的电阻值增大。如果可燃性气体的浓度比较低，在进行完全燃烧反应的范围内，发热量就取决于可燃气体的量，最终使铂丝的电阻值随可燃性气体的浓度变化而变化。根据输出电信号的变化，就可以检测出可燃性气体的浓度。

催化燃烧式传感器由敏感元件和参考元件构成。敏感元件是指在铂丝线圈上涂覆催化剂形成的球状体，俗称黑元件；参考元件是指在铂丝线圈上涂覆无催化活性的载体形成的球状体，俗称白元件。催化燃烧式传感器的结构如图8.7所示。催化燃烧式传感器的工作电路为敏感元件、参考元件和固定电阻组成的惠斯通电桥。一般给敏感元件和参考元件供给300~400mA的电流，为可燃气体接触燃烧反应提供必要的温度。图8.8为催化燃烧式传感器工作原理图。

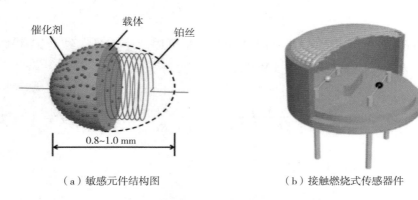

催化剂　　载体　　铂丝

0.8~1.0 mm

（a）敏感元件结构图　　　　　　　　（b）接触燃烧式传感器件

图8.7　催化燃烧式气体传感器结构示意图

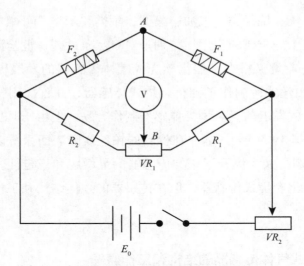

图 8.8　催化燃烧式气体传感器工作原理图

当传感器处在纯净的空气中时，如果黑白元件的 Pt 线圈电阻相同（F_1 和 F_2 电阻相等），并且固定电子 R_1 和 R_2 也相同，那么 A、B 点之间的电位差为零。如果被检测气体中有可燃气体时，可燃气体会在催化剂表面与氧气发生接触燃烧反应，反应产生的燃烧热转移到敏感元件 F_1 上，使其铂丝线圈的电阻增大，而参考元件 F_2 的铂丝线圈电阻不发生变化，结果导致电桥失去平衡，在 A、B 点之间产生电位差。现在，设惠斯通电桥的输入电压为 E_0，A、B 点之间的电位差为 E，固定电阻为 R_1、R_2，敏感元件 F_1 和参考元件 F_2 的电阻分别为 R_{F1}、R_{F2}，接触燃烧导致的 F_1 电阻变化为 ΔR_F。则 A、B 点之间的电位差 E 可以用下式求得

$$E = E_0 \cdot \left(\frac{R_{F1} + \Delta R_F}{R_{F1} + R_{F2} + \Delta R_F} - \frac{R_1}{R_1 + R_2} \right) \tag{8.5}$$

由于 ΔR_F 远小于 R_{F1}、R_{F2}，分母中的 ΔR_F 可以忽略不计。结合桥式电路的平衡条件 $R_{F1} \cdot R_2 = R_{F2} \cdot R_1$，式（8.5）可以简化成如下形式

$$E = E_0 \cdot \frac{R_1}{(R_1 + R_2)(R_{F1} + R_{F2})} \cdot \frac{R_{F2}}{R_{F1}} \cdot \Delta R_F \tag{8.6}$$

令 $k = E_0 \cdot \dfrac{R_1}{(R_1 + R_2)(R_{F1} + R_{F2})}$，则

$$E_\Lambda = k \cdot \frac{R_{F2}}{R_{F1}} \cdot \Delta R_F \tag{8.7}$$

其中，F_1 和 F_2 的电阻之比 R_{F1}/R_{F2} 接近 1，A、B 之间的电位差近似地与 ΔR_F 成正比。ΔR_F 与可燃性气体燃烧引起的温度变化有关，与发热量成正比。

$$\Delta R_F = \rho \cdot \Delta T = \rho \cdot \frac{\Delta H}{C} = \rho \cdot \alpha \cdot m \frac{Q}{C} \qquad (8.8)$$

其中，ρ 代表敏感元件的电阻温度系数，ΔT 代表可燃性气体燃烧引起敏感元件的温度变化量，ΔH 指可燃气体燃烧产生的发热量，C 指敏感元件的热容量，m 代表可燃气体的浓度（vol%），Q 是可燃性气体的燃烧热，α 是一个取决于敏感元件催化能力的恒量，综合表达式（8.7）、（8.8），我们可以得到表达式（8.9）

$$E = \beta \cdot m \qquad (8.9)$$

其中，$\beta = k \cdot \rho \cdot \alpha \cdot Q / C$。从式（8.9）可以看出，$A$、$B$ 间电位差与可燃性气体的浓度成正比，因此可以通过检测输出信号 E 得知可燃性气体的浓度。当报警电路接在 A 和 B 两点之间时，可以在特定的气体浓度下自动发出警报。表 8.1 为常见可燃气体热值表。对于甲烷、氢、CO 等引起爆炸灾害的可燃性气体的警报器，通常以 100% 爆炸下界（Lower Explosion Limit，LEL）为监视测量浓度。表 8.2 为常见可燃气体爆炸极限。可燃气体的 LEL 值根据其种类不同分别取不同的值，LEL 浓度的所有可燃性气体所具有的危险性是同等的。例如，甲烷和丙烷的 LEL 分别为 5.0 vol% 和 2.2 vol%，所以 5.0 vol% 的甲烷和 2.2 vol% 的丙烷具有同等的爆炸危险性。因此，为了防爆目的而使用的可燃气体报警器，最好对绝对浓度不同的这两种气体给予相等的警示。另外，在 100% 的 LEL 内，催化燃烧式气体传感器的响应曲线线性度很好，输出信号与空气中可燃性气体的浓度呈线性关系，可以对不同浓度的可燃性气体进行标定。但当超过了爆炸极限，输出信号将不再遵循线性关系变化，所以依托于此类传感器的可燃气体检测仪器只能在 0~100%LEL 的量程范围内工作。

表 8.1　常见可燃气体热值表

名称	高位热值		低位热值	
	（M/Nm^3）	（kcal/Nm^3）	（M/Nm^3）	（kcal/Nm^3）
氢	12.74	3044	18.79	2576
一氧化碳	12.64	3018	12.64	3018
甲烷	39.82	9510	35.88	8578
乙烷	70.30	16792	64.35	15371
丙烷	101.20	24172	93.18	22256

续表

名称	高位热值		低位热值	
	（M/Nm³）	（kcal/Nm³）	（M/Nm³）	（kcal/Nm³）
丁烷	133.80	31957	123.56	29513
异丁烷	132.96	31757	122.77	29324
戊烷	169.26	40428	156.63	37418
乙烯	63.40	15142	59.44	14197
丙烯	93.61	22258	87.61	20925
丁烯	125.76	30038	117.61	28092
戊烯	159.10	38002	148.73	35525
苯	162.15	38729	155.66	37180
乙炔	58.48	13968	56.49	13493
硫化氢	25.35	6054	23.37	5501
石油液化气 LPG	——	——	92.10~121.40	
煤气	——	——	16.72	——
天然气 LNG	——	——	38.50	——

表 8.2　常见可燃气体爆炸极限

易燃气体名称	化学式	爆炸下限（vol%）	爆炸上限（vol%）
乙烷	C_2H_6	3.0	15.5
乙醇	C_2H_5OH	3.3	19.0
乙烯	C_2H_4	3.1	32.0
氢	H_2	4.0	75.0
硫化氢	H_2S	4.3	45.0
煤油		0.7	5.0
甲烷	CH_4	5.0	15.0
甲醇	CH_3OH	5.5	44.0
丙醇	C_3H_7OH	2.5	13.5
丙烷	C_3H_8	2.2	9.5
丙烯	C_3H_6	2.4	10.3
甲苯	$C_6H_5CH_3$	1.2	7.0
二甲苯	$C_6H_4(CH_3)_2$	1.0	7.6
二氯乙烷	$C_2H_4Cl_2$	5.6	16.0
二氯乙烯	$C_2H_2Cl_2$	6.5	15.0

续表

易燃气体名称	化学式	爆炸下限（vol%）	爆炸上限（vol%）
二氯丙烷	$C_3H_6Cl_2$	3.4	14.5
乙醚	$C_2H_5OC_2H_5$	1.7	36.0
二甲醚	CH_3OCH_3	3.0	27.0
乙醛	CH_3COH	4.0	57.0
乙酸	CH_3COOH	4.0	17.0
丙酮	CH_3COCH_3	2.15	13.0
乙酰丙酮	$(CH_3CO)_2CH_2$	1.7	
乙酰氯	CH_3COCl	5.0	19.0
乙炔	C_2H_2	1.5	100.0
丙烯氰	CH_2CHCN	2.8	28.0
烯丙基氯	CH_2CHCH_2Cl	3.2	11.2
甲基乙炔	CH_3CCH	1.7	
氨	NH_3	15.0	30.2
乙酸戊酯	$CH_3CO_2C_5H_{11}$	1.0	7.5
苯胺	$C_6H_5NH_2$	1.2	11.0
苯	C_6H_6	1.2	8.0

当有两种以上的可燃性气体共同存在时，混合气体的 LEL 值可通过式（8.10）求得

$$m_L = \frac{1}{\dfrac{N_1}{m_1} + \dfrac{N_2}{m_2} + \cdots\cdots + \dfrac{N_n}{m_n}} \qquad (8.10)$$

此处，m_L 为混合可燃性气体的 LEL 值（vol%），m_n 为可燃性气体 n 的 LEL 值（vol%），N_n 为可燃气体 n 的摩尔分数。

另外，混合可燃性气体的燃烧热具有相加性，可以通过式（8.11）计算

$$Q_L = N_1Q_1 + N_2Q_2 + \cdots\cdots + N_nQ_n \qquad (8.11)$$

Q_L 代表混合可燃性气体的燃烧热，Q_n 代表可燃气体 n 的燃烧热。

8.2.2 催化燃烧式气体传感器的研究进展与发展趋势

催化燃烧式气体传感器具有成本低、线性好、响应快、结构简单、性能相对稳定、受环境温湿度影响小等优点。在催化燃烧式甲烷传感器的研究中，燃烧催化剂的研究是基础。催化剂的作用是降低燃烧反应的活化能，提高化学反应速率。催化剂既要具有较高的催化活性，也要有较好的热稳定性和抗中毒能力。通常状况下，催化剂如果具有了高的催化活性就很难具有好的热稳定性；反之，如果催化剂稳定性好，催化活性可能就会差些，两者很难兼得。因此，研发活性高且稳定好的燃烧催化剂是非常必要的。

催化剂主要有以下几类：贵金属催化剂、钙钛矿型催化剂、六铝酸盐类催化剂及过渡金属复合氧化物催化剂。其中，贵金属催化剂具有活性高、稳定性好、抗积碳和抗中毒能力强等优点，特别是在低温燃烧方面更具优势，使得此类催化剂得到广泛关注。贵金属催化剂在甲烷催化燃烧领域的应用已经有很长的历史，研究者对贵金属材料的制备到催化剂的催化反应机理都进行了非常深入的研究。以上提到的几类催化剂中，贵金属催化剂表现出的催化活性最高，之所以具有如此优越的特性，是由于金属状态的原子对 O-O、C-H 键有较强的活化能力，使原本很稳定的分子形成反应性能极强的自由基，从而触发链反应，即表现出高的催化活性。贵金属类催化剂主要包括 Pd、Pt、Rh、Au 等。催化剂的催化活性受很多因素影响，比如催化剂种类、粒径、反应时间、预处理以及载体种类和性能等。

负载型燃烧催化剂通常由活性组分和载体两部分构成。负载型载体在一定程度上提高了催化剂的比表面积，进而改善了贵金属催化剂的催化活性。因此，选择合适的载体材料、改善载体的制备方法及制备条件可以在一定程度上提高催化剂的性能。目前用于担载贵金属的载体主要有 Al_2O_3、SiO_2、TiO_2、MgO、六铝酸盐和分子筛载体等。其中，Al_2O_3 和 SiO_2 由于具有较好的热稳定性、较大的比表面积、低廉的价格、良好的抗热冲击性及较强的抗机械振动的能力，被广泛用作贵金属活性组分的载体。近年来，纳米材料的独特化学物理性能引起研究人员的广泛关注，对催化剂和载体进行适当设计并采用多种新型纳米合成工艺进行材料的组成、形貌调控，能够显著提高传感器性能。

催化燃烧式气体传感器由于其固有特点，在实际应用中需要注意一些问题。敏感元件表面发生的接触燃烧反应不同于气体的单纯燃烧反应，是一个复杂过程。分子燃烧热是指可燃气体发生完全燃烧生成 CO_2 和 H_2O 所放出的全部热量。但是，实际上敏感元件表面发生的可燃气体的燃烧并不是一步完全燃烧，而是通过各种中间生成物产生的连锁反应，到最终产物生成前的所有氧化反应产生的热量都影响着检测信号。

因此，对于测试可燃性气体的环境，此类传感器有很大的适用性，但是很难分辨是哪类气体，选择性较差。此外，催化燃烧式气体传感器接触某些物质时，可能会发生中毒，降低使用寿命。如铅或硫的化合物以及硅化物等在催化剂表面分解形成固体的钝化层，覆盖活性位点，阻止可燃气体与催化剂的接触，最终导致敏感元件的灵敏度产生不可逆转的降低，可以通过安装过滤层、催化层以及传感器定期效验等进行克服。

8.3 电化学式气体传感器

电化学式气体传感器主要由电极和电解质构成，被测气体在电极上（准确讲是在三相界面处）或电解质中发生化学反应，通过在两个电极间产生与气体种类及浓度相关的电信号来测量气体浓度。最早的电化学气体传感器是 1953 年由 L.C.Clark 研制的薄膜氧电极（Clark 氧电极）[14]，随后，科研人员陆续研制出了多种电化学气体传感器，应用于 CO、NO、NO_2、SO_2、H_2S 等多种不同有毒有害气体的检测上。目前，电化学气体传感器正向着小型化、集成化、模块化和智能化方向发展。电化学式传感器由于具有灵敏度高、功耗低、准确性好、体积小、操作简单、携带方便、可用于现场监测且价格低廉等优点，在工业、农业、国防、航天、矿山、医疗、环保、食品等领域具有广泛应用。

电化学式气体传感器按照工作原理，一般分为四种类型[15]。①恒电位电解式气体传感器和伽伐尼电池式气体传感器：当在电极和电解质溶液的界面上施加或形成一定的恒电位时，被测气体直接在工作电极和对电极上发生氧化或还原反应，将流过外电路的电流作为传感器的检测信号；②离子电极式气体传感器：被测气体溶解于电解质溶液，工作离子电极的电动势受被测气体离子化的气态物质离子影响而发生改变，把此电动势的改变作为传感器的检测信号；③电量式气体传感器：被测气体与电解质溶液反应，将反应产生的电解电流作为传感器的检测信号；④固体电解质式气体传感器：将液体电解质更换为有机电解质、有机凝胶电解质、固体电解质、固体聚合物电解质等材料制作电化学式气体传感器（这类传感器将在 8.4 节进行详细阐述）。

8.3.1 各种电化学式传感器的工作原理

8.3.1.1 恒电位电解式气体传感器

恒电位电解式气体传感器主要由透气隔膜、工作电极、电解质、参考电极、对电极以及传感器外壳等几个部分构成（图 8.9）。其传感机理为：当被测气体存在时，在工作电极和对电极间施加恒定电压，使电极与电解质溶液的界面保持一定电解电位，待测气体在界面处进行氧化或还原反应产生电解电流，电解电流大小和气

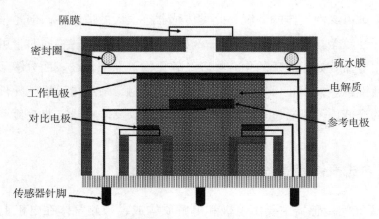

图 8.9　恒电位电解式气体传感器的结构示意图

体浓度之间的关系如下式

$$I = (nFADC / ä) \tag{8.12}$$

其中，I 为电解电流，n 是 1mol 气体产生的电子数，F 为法拉第常数，A 代表气体扩散面积，D 是扩散系数，C 为气体浓度，$ä$ 是扩散层的厚度。在同一传感器中，n、F、A、D 及 $ä$ 是常数，所以电解电流与气体浓度成正比。以 CO 传感器为例，其结构如图 8.9 所示。在密封的传感器内部充满电解质溶液，工作电极靠近扩散孔，对比电极远离扩散孔，当 CO 气体透过隔膜后，在工作电极上发生氧化反应（8.13），O_2 在对电极上发生还原反应（8.14），总反应为（8.15）。在工作电极和对电极之间的电流与 CO 浓度呈正比例关系。通过控制恒定电位的大小，可以有选择地实现气体的氧化或还原，从而定量检测气体，如 NO、NO_2、H_2S、HCl、Cl_2、SO_2、PH_3 等。

$$2CO + 2H_2O = 2CO_2 + 4H^+ + 4e^- \tag{8.13}$$

$$O_2 + 4H^+ + 4e^- = 2H_2O \tag{8.14}$$

$$2CO + O_2 = 2CO_2 \tag{8.15}$$

8.3.1.2　伽伐尼电池式气体传感器

伽伐尼电池式气体传感器主要由透气隔膜、工作电极、电解质溶液、对比电极以及传感器外壳等几部分构成。工作电极和对比电极采用两种不同的金属，两个电极即构成了一个电池，不需要施加额外电压，在工作电极和对比电极之间就可形成一定大小的电动势，两电极间形成电流，通过测量电流来检测气体浓度。伽伐尼电池式氧传感器在诸多领域具有广泛应用，下面以氧传感器为例具体说明伽伐尼电池式气体传感器的传感机理，其结构如图 8.10 所示。O_2 首先通过隔膜溶解于隔膜和工作电极（Pt、Au、Ag 等）之间的电解质溶液（KOH、$KHCO_3$）薄层中，如果电解质溶液呈碱性，那么在工作电极处会发生电化学还原反应（8.16），在对电极（Pb、Cd 等）处会发生电化学氧化反应（8.17），总反应为式（8.18）。在工作电极和对比电极之间产生一个与氧气浓度相关的电流，这一电流可以由式（8.12）给出。通过测试电流的大小即可实现对氧浓度的检测。

$$O_2 + 2H_2O + 4e^- \rightarrow 4OH^- \tag{8.16}$$

$$Pb + 4OH^- \rightarrow 2PbO + 2H_2O + 4e^- \tag{8.17}$$

$$2Pb + O_2 \rightarrow 2PbO \tag{8.18}$$

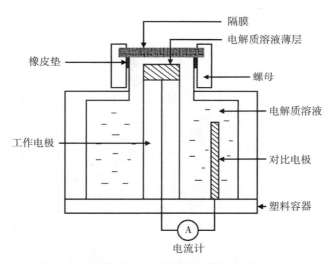

图 8.10　伽伐尼电池式气体传感器的结构示意图

8.3.1.3　离子电极式气体传感器

离子电极式气体传感器主要由气体渗透膜、电解质、工作电极和参比电极构成。其传感机理为：被测气体通过气体渗透膜，溶解于电解质溶液并离解产生一种或几种离子，新生成的离子浓度与被测气体浓度正相关。新生成的离子会对电解质中的化学平衡产生影响，从而使平衡中某一特定离子的活度产生变化，离子选择电极的电势会随离子活度改变而改变，其大小遵循能斯特方程。通过测量离子选择电极电动势，即可实现对被测气体浓度的检测。以氨气传感器为例，其结构如图 8.11 所示。参考电极是 Ag/AgCl 电极，电解质溶液为 NH_4Cl 溶液，工作电极选用的是能测试 pH 值的玻璃电极。在电解质中，NH_4Cl 会发生反应（8.19）生成一定量的 NH_4^+，同时，水通过微弱的离解反应（8.20）生成一定量的 H^+，在环境中 NH_3 浓度一定时，NH_4^+

和 H^+ 保持平衡。此时，H^+ 的浓度产生的电动势 E 满足能斯特方程（8.21）。

$$NH_4Cl = NH_4^+ + Cl^- \qquad\qquad (8.19)$$

$$H_2O = 2H^+ + O_2 \qquad\qquad (8.20)$$

$$E = E_0 + \frac{2.3RT}{F}\log\left[H^+\right] \qquad\qquad (8.21)$$

式中，E_0 为电池的标准电动势，R 为理想气体常数，T 是绝对温度，$\left[H^+\right]$ 代表氢离子浓度。当传感器测试 NH_3 时，NH_3 首先通过气体渗透膜向电解质中浸透，使 NH_4^+ 浓度增加、H^+ 离子浓度减少，通过工作电极测试 pH 值的变化，即可获得 NH_3 浓度。通过改变工作电极、电解质和气体透过膜的种类，可以实现对 CO_2、SO_2、H_2S、NO_2、Cl_2 等多种气体的检测。

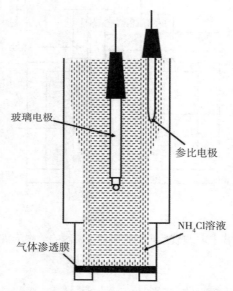

图 8.11　离子电极式气体传感器（气敏电极）结构示意图

8.3.1.4　电量式气体传感器

电量式气体传感器主要由工作电极、对比电极和电解质溶液等几部分构成，主要以被测气体与电解质溶液反应产生的电解电流作为传感信号来检测气体浓度。现以电量式 Cl_2 传感器为例具体说明此类传感器的机理，其结构如图 8.12 所示。传感器的工作电极和对比电极均采用 Pt 电极，电解质溶液采用溴化物 MBr（M 是一价金属）水溶液。溴化物发生离解式（8.22）生成 Br^-，同时，水通过微弱的离解反应式（8.20）生产一定量的 H^+；在两个铂电极间加上适当电压，两电极间会产生电流，H^+ 在获得电子后，发生反应式（8.23）产生 H_2；电极间发生极化，当生成的

H_2 达到一定量时，反应（8.23）达到平衡，整个电化学系统也到达平衡，两个电极之间的电流变为零。当传感器测试 Cl_2 时，Cl_2 和 Br^- 发生反应（8.24），Br^- 被氧化成 Br_2。Br_2 与反应（8.23）产生的 H_2 发生反应（8.25），消耗掉部分 H_2，破坏了原来的平衡，使反应（8.23）继续反应，两个电极间重新产生 H^+ 的移动，从而产生电流。该电流与 Cl_2 浓度成正比，所以测量该电流就可实现 Cl_2 浓度的检测。

$$MBr = M^+ + Br^- \tag{8.22}$$

$$2H^+ + 2e^- = H_2 \tag{8.23}$$

$$Cl_2 + Br^- = Cl^- + Br_2 \tag{8.24}$$

$$Br_2 + H_2 = 2HBr \tag{8.25}$$

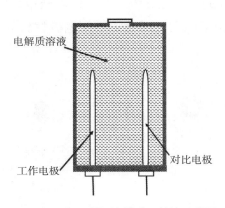

图 8.12　电量式气体传感器结构示意图

8.3.2　电化学式气体传感器的研究进展与发展趋势

电化学气体传感器主要由工作电极、对比电极、参考电极和电解质溶液组成。为了改善传感器的选择性、灵敏度、稳定性，使传感器小型化、低成本、长寿命，研究人员主要从传感器的工作电极和电解质溶液两个方面进行研究。

8.3.2.1　电化学式气体传感器工作电极的研究进展与发展趋势

化学气体传感器多采用两电极或三电极体系，在传感器的研究过程中，参考电极一般选用饱和甘汞电极或 Ag/AgCl 电极，对比电极一般选择贵金属铂电极，工作电极一般选用碳电极为基础电极。工作电极对传感器性能影响很大，因此研究人员主要针对工作电极开展研究，以提高传感器的灵敏度和稳定性，下面主要介绍化学修饰电极、微电极和丝网印刷电极。

（1）化学修饰电极

化学修饰电极是在电化学检测系统中广泛应用的电极，通过特定的物理或化学方法将化学物质修饰到电极表面获得具有功能性的电极，常用的载体电极主要有玻碳电极、碳糊电极和贵金属电极。目前主要的修饰方法有[16]物理、化学吸附法（非水溶液的液体蒸发、水性胶体溶液的浸涂、有机小分子对碳电极的不可逆吸附），共价键键合法（基底电极的特定官能团修饰），均质多层均相修饰法（离子交换聚合物膜 PVP、Nafion 以及溶胶–凝胶的离子体系的修饰），异质多层异相修饰法（固体载体以非均匀的方式与介体系统结合）。在电化学分析中，与未修饰电极相比，化学修饰电极可以实现选择性预浓缩、选择性渗透、选择性识别、电催化和预防污染等目的，从而提高传感器的选择性、灵敏度和稳定性[17]。

（2）微电极

20 世纪 80 年代初，微电极的重要性引起电化学研究者的注意。微电极没有严格的定义，通常是指电极的尺寸在微米量级，微电极包括单一微电极和复合微电极（图 8.13），可以加工制作不同几何形状、不同电极材料的微电极，如圆盘、圆柱、带、环、球等形状。

（a）盘状　　（b）环状　　（c）带状　　（d）球形　　（e）半球形

（f）正方形阵列　　　　（g）六角阵列　　　　（h）交叉型微带

图 8.13　常见类型的微电极

与常规尺寸的电极相比，微电极具有许多独特的性质，如高质量传输、抗欧姆降、较小变化电流、小 RC 常数、更大的信噪比等[19-22]。具体的优点包括：①通过微电极的径向扩散产生的高质量传输使自然对流更小，因此在预浓缩步骤中不需要搅拌；②微电极的小电极表面积所产生的小双层电容显著降低了充电电流，从而提高了法拉第电流与非法拉第电流的比值，提高了测量灵敏度，有利于极小样本量的分析；③微电极产生的电流极小，欧姆降可忽略不计，使溶出分析也可以在高阻介质中进行，甚至不需要辅助电解质，最大限度地减少化学污染；

④小 RC 时间常数和快速达到稳态的能力使其可以使用微电极进行高速实验。由于这些优越性能，微电极在电化学、生物技术、医学和环境科学的研究领域都具有重要的应用。

（3）丝网印刷电极

丝网印刷是一项广泛应用于微电子行业的成熟技术，丝网印刷电极的生产过程主要为挤压触变流体（即墨膏）通过丝网（丝网具有预设的图案）到电绝缘基板上。当基材底部处于负压时，刮刀产生的强力挤压迫使高黏度的墨浆穿透筛网，一旦与固定的承印物接触，油墨就会恢复到黏性状态，从而形成预定形状[23]。在电化学检测中，丝网印刷电极除了具有与传统电极相当的电化学性能，还具有一些独特的优势：①可将工作电极、对电极和参比电极组装在平面塑料或陶瓷基板上，制作成本低，可以用作一次性传感器件；②可以将少量分析物溶液直接滴在传感区域进行检测，实现工业化大规模生产；③通过使用市售的印刷油墨可以非常容易地调节丝网印刷电极的电化学性质，从而获得具有高度特异性且校准精细的电极[24-25]。由于这些独特的优势，丝网印刷电极在多个领域具有良好的应用前景。

8.3.2.2　电化学式气体传感器电解质溶液的研究进展与发展趋势

电化学型传感器最大的缺点就是寿命短，一般只有 1~2 年，这主要是由电解质溶液决定的，大部分的传感器都是以水溶液为电解质，该类溶液存在易挥发、易泄露的缺点，如酸性电解质（H_2SO_4/H_2O 体系）易吸收水分，使传感器破裂、电解质泄露；水溶液还容易受到环境温度和湿度的影响，不能在剧烈温度变化或极端潮湿、干燥的条件下使用，因此，研究人员比较重视新型电解质的开发，希望延长电化学传感器的寿命、扩大其使用范围。

离子液体（ILs）由于具有低挥发性、高导电性、高化学稳定性、宽电位窗口等优点，已成为传统电解液的替代品，可以在更苛刻的工作条件（如高达 300℃）下使用，不存在溶剂蒸发或降解问题，是一种理想的气体传感器电解质。有很多课题组已经开展了相关研究，澳大利亚新南威尔士大学化学学院的赵川教授课题组将巯基接入咪唑阳离子中，将巯基官能团与金微阵列电极以共价键形式结合，制备的电化学氧气传感器稳定性大大提升[26]。美国得克萨斯大学的 Prasad 教授课题组利用 EMIM［BF_4］和 EMIM［TF_2N］室温离子液体开发了电化学 CO_2 传感器，大幅度提高了传感器的稳定性[27]。郑州大学的詹自力教授课题组利用 SiO_2–H_2SO_4–PVA 凝胶电解质成功构建了电化学 CO 传感器，与 H_2SO_4 水溶液相比，凝胶电解质具有更好的保水性，可有效改善传感器寿命[28]。以固体电解质、固体聚合物电解质为电解质的固体电解质式气体传感器可以有效地改善传感器的稳定性，相关内容将在 8.4 节阐述。

8.4 固体电解质式气体传感器

固体电解质式气体传感器是以固态离子导电体为电解质，通过与不同的电极材料进行有效组合来感知气体的传感器，是电化学式气体传感器的重要分支。由于采用全固态的电解质，相比于液体电化学传感器，固体电解质式气体传感器不存在电解液的腐蚀和泄露问题，可以大幅度延长传感器寿命，同时在检测范围、响应恢复特性、选择性和长期稳定性方面具有显著优势。根据检测信号的不同，固体电解质式气体传感器总体上可分为电流型、阻抗型和电位型三类。

8.4.1 电流型固体电解质式气体传感器

电流型固体电解质式气体传感器的检测信号是电流，传感器的电流值与待测气体发生在敏感电极上的电化学反应密切相关。对于电流型固体电解质传感器，通常在工作电极和参考电极两端施加恒定或者变化的电压，通过测量所产生的电解电流或短路电流（不加电压时）来检测气体浓度。电流型传感器通常包括工作电极、对电极和参比电极（有时也为两电极系统，即工作电极和对电极）。固体电解质以离子传输的形式携带电流，并且必须向电极提供参与电化学反应的反应物离子或获得电化学反应所产生的离子[29]。电流传感器依靠法拉第定律和动态反应在传感器中实现稳态条件。按照工作原理，电流型气体传感器可分为伏安型、安培型和库伦型三种。

8.4.1.1 伏安型传感器

伏安型传感器是在工作电极和参比电极之间施加不同的电压，并测量工作电极和对电极之间的电流以得到伏安特性关系。图 8.14（a）是电流型氧化锆基氧传感器的结构示意图，泵送电极在含有缝隙或扩散孔道的外壳内，当外壳内的电极处于负压时，O_2 分子在阴极处被还原成 O^{2-}，然后被泵送到阳极。根据泵送速率与通过孔径的氧气扩散通量之比，产生三个 I–V 特性区域，如图 8.14（b）所示。在低压区（即区域 Ⅰ）时，传感器的泵送速率小于氧气扩散通量，电流随偏置电压线性增加；当泵送速率逐渐增大超过扩散通量时，电流达到稳定状态（即区域 Ⅱ），由氧气从环境通过扩散孔到达电极的速率确定；稳态下（区域 Ⅱ）的泵浦电流与环境中的氧分压成线性关系，利用这种线性关系可实现氧气的检测。有时也称这种传感器为比例氧计，广泛用于稀薄燃烧汽车发动机的氧气浓度监测上。

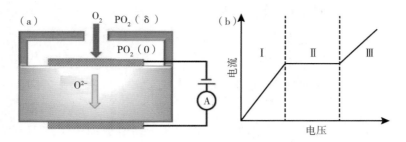

图 8.14　限流型氧传感器的结构示意图及其典型响应

8.4.1.2　安培型（检流计型）传感器

安培型传感器的响应值为待测气体在敏感电极处发生电化学反应产生的电流信号，根据电流大小来检测待测气体的浓度。传感器的电极通常处于短路状态，电解质两端通常施加一恒定电压。基于 Nafion（全氟磺酸质子交换膜）的 H_2S 传感器是一种安培型传感器（图 8.15），主要由气体扩散帽、膜电极组件、集电层和储水罐组成。其中膜电极组件是传感器的核心部分，待测气体在其上发生电化学反应产生电流信号，这一部分直接决定了传感器的气体传感性能。

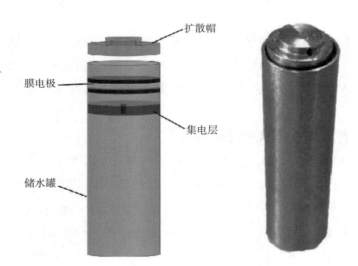

图 8.15　Nafion 基气体传感器的结构示意图[30]

H_2S 在敏感电极上可能同时发生如下的电化学氧化还原氧化反应，形成局部电池，其电极电位是混成电位。

$$H_2S + O_2 \rightarrow 2H^+ + SO_2 + 2e^- \tag{8.26}$$

$$2H^+ + \frac{1}{2}O_2 + 2e^- \rightarrow H_2O \tag{8.27}$$

上述反应生成的质子穿越 Nafion 膜到达参考电极侧，而电子从外部电路传输，反应（8.28）发生在参考电极。

$$2H^+ + \frac{1}{2}O_2 + 2e^- \rightarrow H_2O \tag{8.28}$$

敏感电极和参考电极间的短路电流（混成电位 / 电池内阻）与 H_2S 浓度密切相关，从而实现了对 H_2S 气体的检测。

8.4.1.3　库伦型传感器

在库伦型固体电解质气体传感器中，待测气体在工作电极处被完全氧化或还原，从而产生电流。可检测成分是可以以离子形式存在于固体电解质中或能与这些离子反应的气体。以钇稳定的氧化锆（YSZ）为电解质材料时，氧和氢在工作电极上的反应可根据方程式写成（8.29）和（8.30）的 Kröger–Vink 形式[31]。

$$O_{2(g)} + 2V\ddot{o}(YSZ) + 4e'(Pt) \rightleftharpoons 2O_O^x(YSZ) \tag{8.29}$$

$$H_{2(g)} + O_O^x(YSZ) \rightleftharpoons H_2O_{(g)} + V\ddot{o}(YSZ) + 2e'(Pt) \tag{8.30}$$

由于库伦型固体电解质传感器的工作原理是基于法拉第定律，因此具有较高的精度、较好的稳定性和较大的量程，能够实现从百分之几到亚 ppm 水平的超过 5 个数量级浓度范围内的长时间免校准测试，在实际应用中具有重要意义。

8.4.2　阻抗型固体电解质式气体传感器

阻抗型固体电解质式气体传感器利用在器件两端施加变化频率的交流电压，测试阴极、阳极电化学反应相关的界面阻抗，以得到不同的响应信号，从而实现气体成分与浓度的检测。总的来说，是在阻抗谱的测试中得到由虚部（Z''）和实部（Z'）组成的奈奎斯特图，结合等效电路，从而分离出气体不同的反应过程[32]；并根据阻抗谱图计算出传感器在不同氛围气体中的总阻抗（$|Z|$）随样品气体浓度与种类的变化关系，从而实现对特定种类气体的检测。

以 N. Miura 等人报道的阻抗型固体电解质 NO_x 气体传感器[33]为例，通过施加 1 MHz~0.1 Hz 的交流电压，测试传感器在不同气体中的复阻抗。图 8.16（a）中低频区域的阻抗随着气体成分和浓度的变化而变化，这对应于图 8.16（b）等效电路图中的界面电阻，其大小取决于界面处电化学反应的进行程度。计算在空气和不同气体氛围下界面总电阻的差值，作为传感器的响应信号，便可得到图 8.16（c）所示的响应信号与气体浓度之间的关系，从而通过阻抗的变化反映出气体的成分及含量，实现气体的有效监测。

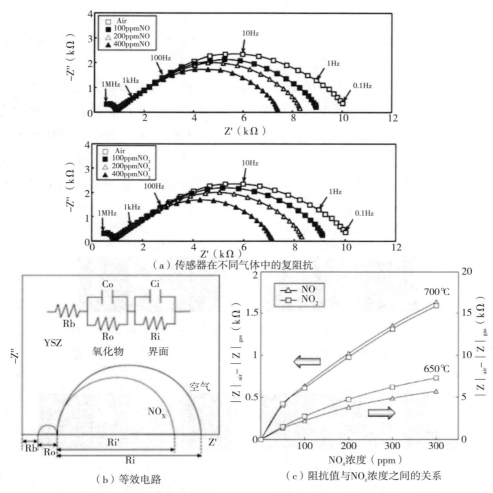

（a）传感器在不同气体中的复阻抗

（b）等效电路

（c）阻抗值与 NO$_x$ 浓度之间的关系

图 8.16 阻抗型固体电解质 NO$_x$ 气体传感器工作原理和传感性能[33]

8.4.3 电位型固体电解质式气体传感器

电位型固体电解质气体传感器以敏感电极（SE）和参考电极（RE）之间的电势差（ΔV）作为检测信号。根据气体在敏感电极和固体电解质界面处的反应是否属于热力学平衡，即敏感信号的数值是否满足能斯特方程，又可将这类传感器分为平衡电位型和非平衡电位型（混成电位型）两类。

8.4.3.1 平衡电位型气体传感器

平衡电位型气体传感器的传感信号在数值上遵循能斯特方程

$$\Delta V = \frac{RT}{nF} \ln \frac{P^S}{P^R} \tag{8.31}$$

其中，R 为气体常数，T 为绝对温度，F 为法拉第常数，P^S 和 P^R 分别是 SE 和 RE 处的气体分压。

根据待测气体与固体电解质中导电离子的关系，进一步将其分为三类[34-35]：①Type I：待测气体与固体电解质中可移动离子相同；②Type II：待测气体与固体电解质中固定离子相同；③Type III：待测气体与固体电解质中可移动离子或固定离子均不相同，需要借助与待测气体含有相同离子的辅助相电极。由于辅助相电极的区别，该类传感器可继续分为a、b、c三类。这三类传感器的典型结构如图8.17 所示[36]。

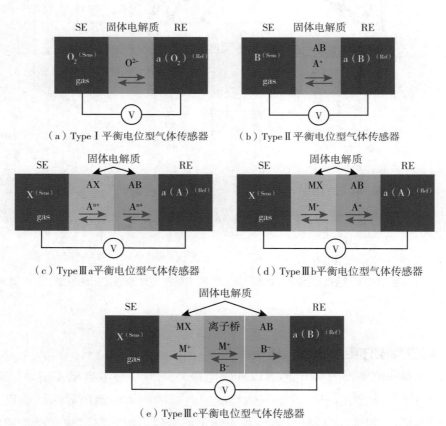

（a）Type I 平衡电位型气体传感器   （b）Type II 平衡电位型气体传感器

（c）Type IIIa 平衡电位型气体传感器   （d）Type IIIb 平衡电位型气体传感器

（e）Type IIIc 平衡电位型气体传感器

图 8.17　典型的平衡电位型气体传感器结构示意图[36]

Type I 平衡电位型中最常见的是氧传感器，其结构如图8.18 所示，以氧化钇稳定氧化锆（YSZ）为固体电解质，敏感电极和参考电极均为多孔 Pt 电极。在工作过程中，参考电极和敏感电极分别置于参比气体（通常为空气）和待测气体中。

通常参比区气室氧气浓度较高，氧气分子被吸附到 Pt 电极上，结合电子被还原成 O^{2-}，并通过 YSZ 固体电解质向氧浓度较低的待测区扩散，在敏感电极上转换成 O_2 分子，完成氧的迁移。

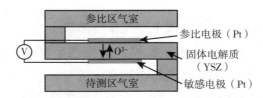

图 8.18　平衡电位型 YSZ 基氧传感器结构示意图

由于参比气室和待测气室中氧气浓度不同，在参考电极和敏感电极两端产生电位差，因此这种类型的传感器也被称为浓差电池式氧传感器。这一电位差可通过能斯特方程计算得到

$$V = \frac{RT}{4F} \ln \frac{P^S}{P^R} \qquad (8.32)$$

在参考电极一侧氧浓度已知的情况下，只需要测量两个电极之间的电势差和器件的工作温度，就能计算得到待测气体中的氧气浓度。

这种类型的氧传感器主要应用于汽车尾气催化转化系统中氧气含量的监测。在汽车尾气排放过程中，需要使用三元催化剂对尾气中的有害气体进行催化转化。三元催化剂对 NO_x、HCs 和 CO 等有害气体的净化率与氧气含量密切相关，因此需要利用氧传感器对氧气浓度进行监测以调整燃烧室中的供氧量、控制发动机中的空气/燃料比（简称空燃比，A/F），达到高效净化尾气的目的。图 8.19 是利用这一类型的氧传感器用于控制燃烧室中空燃比的原理图。

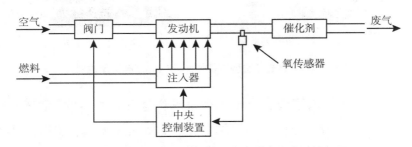

图 8.19　氧传感器用于控制燃烧室中空燃比的原理图

除了氧传感器，一些 Type Ⅰ 型 H_2 和 Cl_2 传感器也相继被开发应用。类似地，研究人员还开发了以 K_2CO_3 为固体电解质的 CO_2 气体传感器（Type Ⅱ 型），通过选

用不同的固体电解质，Type Ⅱ 型 NO_x 和 SO_x 气体传感器也有报道。然而，由于匹配的固体电解质以及辅助电极材料种类有限，平衡电位型气体传感器的发展受到了限制，尤其是还原性气体（如 CO、HCs 以及 VOCs 等）检测很难用平衡电位型传感器实现有效检测。

8.4.3.2 非平衡电位（混成电位）型气体传感器

YSZ 基氧传感器被开发后，迅速发展并成为汽车发动机燃烧控制过程中不可或缺的部件，用来监测氧气浓度以控制燃烧室中的空燃比。然而，在实际使用过程中，传感器的响应会偏离理想情况。针对这种非能斯特行为，用混成电位机理给予解释。混成电位不同于平衡电位，它是指在同一个电极上同时发生一个以上的电化学反应，当电化学氧化和还原反应的速率达到平衡时所获得的电位。N. Miura 和 Lu 等人在 20 世纪 90 年代中后期系统研究了基于 YSZ 和氧化物电极的高温混成电位型气体传感器，开发了一系列高性能氧化物敏感电极材料，并研制出一系列 YSZ 基 CO、NO_2、H_2S 及 H_2 传感器，利用极化曲线验证了混成电位机理。

混成电位型传感器的结构通常有管式和平面式两种，如图 8.20 所示。管式结构的传感器只有敏感电极暴露于待测气体中，参考电极始终暴露于大气环境中，由于分离式的结构，SE 侧的传感行为可以被独立观察到。平面式传感器通常将 SE 和 RE 置于电解质基板的同侧或者两侧，通过测量两个电极的电势差得到传感信号。平面型传感器制作工艺简单，易于大规模生产及器件集成；然而平面结构的混成电位型传感器在较低的工作温度下，Pt-RE 上的电位受 O_2 和干扰气体的影响较大。

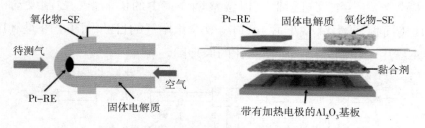

图 8.20　混成电位型气体传感器的典型结构示意图

Miura 和 Lu 等人提出了混成电位机理来解释这种传感器的敏感行为。图 8.21 是一个典型的 YSZ 基 H_2 传感器。传感器置于待测气体（H_2）中时，H_2 分子经由敏感电极层扩散至三相界面（敏感电极 / 固体电解质 / 气体）处，在此同时发生 H_2 的阳极电化学反应（8.33）和 O_2 的阴极电化学反应（8.34）。当两种电化学反应达到稳态时，在敏感电极上形成混成电位。然而，H_2 到达三相界面参与电化学反应之前，一部分会在敏感电极层内发生气相催化反应（8.35），使到达三相界面

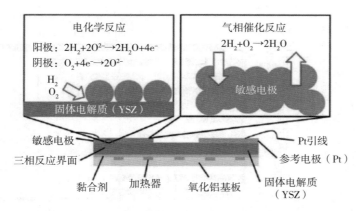

图 8.21　YSZ 基混成电位型 H_2 传感器的敏感机理图

处的 H_2 浓度减少，减低了响应信号。因此，YSZ 基混成电位型气体传感器对 H_2 的敏感特性由三相界面处的电化学反应以及 H_2 的异质气相催化反应共同决定。

$$2H_2 + 2O^{2-} \rightarrow 2H_2O + 4e^- \tag{8.33}$$

$$O_2 + 4e^- \rightarrow 2O^{2-} \tag{8.34}$$

$$2H_2 + O_2 \rightarrow 2H_2O \tag{8.35}$$

根据混成电位机理计算得到的混成电位可以表示如下

$$V_m = V_0 + nA\ln C_{O_2} - mA\ln C_{H_2} \tag{8.36}$$

其中，V_0、n、A 均为常数。因此在 O_2 浓度恒定时，V_m 与 H_2 浓度的对数呈线性关系；同时对于相同浓度的 H_2，混成电位值也受到 O_2 浓度的影响，与 O_2 浓度对数呈线性关系。基于这一机理，可以通过测试混成电位信号来检测气体的浓度，同样该机理也适用于混成电位型传感器检测其他种类的气体。该机理通过极化曲线得到了验证。

　　通过选择合适的敏感电极材料，混成电位型气体传感器可以实现对不同种类气体的检测，因此受到了本领域学术界和产业界的广泛关注，已经成为固体电解质式气体传感器的主流方向。图 8.22 以 NO_2 传感器为例，通过开发不同种类的敏感电极材料实现了对 NO_2 敏感性能的不断提升[37-38]，尤其是以 $CoTiO_3$ 为敏感电极材料的 YSZ 基传感器显示出了对 NO_2 良好的敏感特性。

　　除此之外，还可利用特殊的加工方法来提高电解质表面的粗糙度、增大三相反应界面面积，使反应位点增多，从而提升传感器的敏感性能。其中，低能离子束刻蚀、模板法、激光直写法、HF 腐蚀法都是构筑高效三相反应界面的有效技

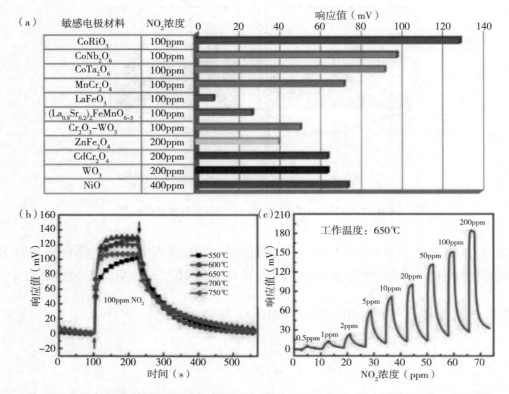

图 8.22 （a）不同敏感材料的 YSZ 基传感器对 NO₂ 的响应值；（b）工作温度对以 CoTiO₃
为敏感电极材料的传感器性能的影响；（c）传感器对 0.5~200 ppm NO₂ 的
连续响应恢复曲线[37-38]

术。图 8.23 给出了低能离子束刻蚀技术在稳定氧化锆表面构筑三相界面的原理及
其对传感性能的影响。

除了 YSZ 以外，其他的固体电解质材料也被用来构筑混成电位型气体传感器，
如 NASICON、CeO₂ 等[40-41]。基于这些固体电解质的混成电位型气体传感器的敏感
机理与 YSZ 基传感器类似，研究思路和策略也基本一致。

8.4.4 固体电解质式气体传感器的研究进展与发展趋势

固体电解质式气体传感器由于具有良好的灵敏度、选择性和稳定性，得到了广
泛的研究和发展，其中电位型氧传感器是目前在汽车燃烧过程控制中应用最成功、
最广泛的传感器。通过大量的敏感电极材料的开发、高效三相界面的构筑以及阵列
化集成结构的设计等策略，已经制备出了各种基于不同固体电解质的传感器，广泛
应用于 NOₓ、SO₂、NH₃、VOC 等气体的检测。

总体来讲，固体电解质式气体传感器的发展潜力很大，未来主要有两点值得关

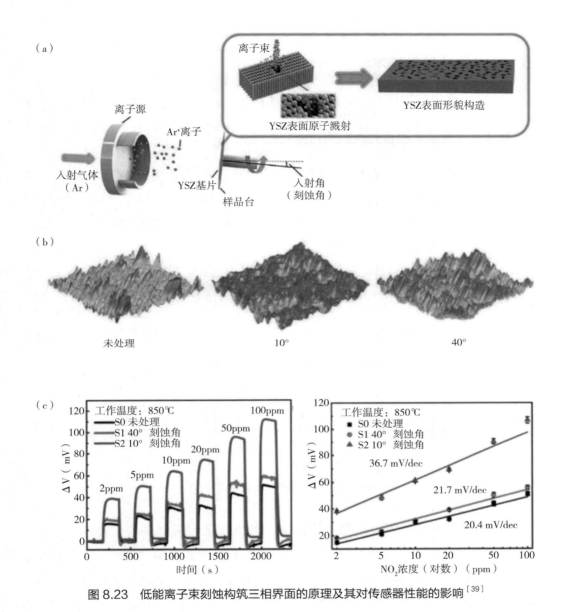

图 8.23　低能离子束刻蚀构筑三相界面的原理及其对传感器性能的影响[39]

注：一是通过研究传感器的敏感性能与敏感材料、器件结构之间的关系，建立敏感电极材料和器件结构的设计方法和策略，为探索新材料和新器件提供理论指导；二是改进传感器的设计和制备技术，推动传感技术和先进加工技术的结合，实现器件的阵列化、集成化，这也是传感器的重要发展方向。

8.5 红外气体传感技术

红外气体传感技术具有高灵敏度、高选择性（指纹吸收）、原位和非侵入性检测等优势，已成为痕量气体检测的常用手段，在环境保护、大气监测、工业安全、设施农业、资源勘探等领域具有广泛应用。

红外气体传感技术的原理是利用气体分子的红外吸收光谱特性，通过测量其对特定频率光的吸收来确定相应气体浓度，其理论依据是朗伯 – 比尔定律：特定频率的光穿过待测气体后，透射光强的衰减量与待测气体的浓度和有效吸收光程有关，如图 8.24 所示。根据朗伯比尔定律

$$\frac{I}{I_0} = \exp(-k_v L) \tag{8.37}$$

其中，I_0 为初始的入射光强；I 为出射光强；k_v 为待测气体在光学频率 v 处的吸收系数，单位为 cm^{-1}；L 为有效的光程长度，单位为 cm。

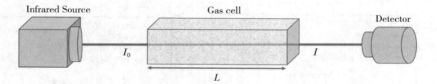

图 8.24　气体吸收红外光的示意图

随着科学技术的发展，痕量气体检测领域出现了多种红外检测技术，按照信号检测方式，可分为直接吸收光谱气体传感器和间接吸收光谱气体传感器。直接吸收光谱气体传感器通过测量透射光的光强来测定气体浓度，而间接吸收光谱气体传感器中气体浓度信息包含在敏感单元吸收光能后产生的热能、声能、荧光之中。红外吸收光谱气体传感器具有原理清晰、检测下限低、宽量程、寿命长、实时在线监测能力强等特点，近年来逐渐成为研究热点，并广泛应用于空气质量监测、在线气体分析和过程工业控制等领域。目前常用的红外吸收光谱技术主要有可调谐半导体激光吸收光谱（Tunable Diode Laser Absorption Spectroscopy，TDLAS）技术、腔增强吸收光谱（Cavity Enhanced Absorption Spectroscopy，CEAS）技术、光声 / 光热光谱（Photoacoustic and Photothermal Spectroscopy，PAS/PTS）技术等[42-44]。

8.5.1 可调谐半导体激光吸收光谱技术

TDLAS 技术是利用窄线宽激光器的波长可调谐特性，通过周期性低频扫描特定波长范围，以提取气体分子吸收光谱的一种光谱检测技术，可以认为是一种响应快速、分辨率高、结构简单的特殊光谱仪。基于 TDLAS 技术的气体传感系统所利用的光学设备主要包括激光光源、气体吸收池和红外探测器。

8.5.1.1 激光光源

1962 年，随着在 GaAs 和 GaAsP 的 P-N 结中观察到激光作用以来，激光二极管就因其体积小、成本低、易于使用且效率高的优点被广泛关注并使用。激光二极管的另一个优点是具有较大的光谱增益带宽，能在较大的光谱范围内进行调谐，因此可以同时测量多种气体。近年来，随着激光技术的巨大进步，半导体激光器在红外检测的各个领域崭露头角。半导体激光器的波长覆盖近紫外（375 nm）到中红外（11 μm）区域，功率可达 500mW。常见的红外半导体激光器有分布反馈式（DFB）激光器、分布式布拉格反射（DBR）激光器、垂直腔面发射激光器（VCSEL）、带间级联激光器（ICL）、量子级联激光器（QCL）等。这些激光器结构紧凑便携，很多分布反馈式激光器可以通过改变激光器的注入电流和温度来调节激光器的输出波长。输出波长调谐范围可以达到几个波数，一些外腔激光器甚至可以调谐到 $100cm^{-1}$ 以上。测量气体时，需要根据待测气体的特征吸收波长来选择激光器出射波长。以甲烷为例，目前常用的检测波长范围有混合吸收带 1.33 μm、泛频吸收带 1.65 μm、基频吸收带 3.31μm 和 7.66 μm 以及混合吸收带 2.3 μm，可以根据应用场景选择相应中心波长的激光器。

8.5.1.2 探测器

一般选择探测器时主要考虑的因素是响应波长范围、探测率、响应时间、噪声特性、封装及成本。不同材料的红外探测器覆盖的波长范围是不同的。同时，探测器的响应速度即频率带宽也很重要。探测器的带宽由探测器的材料、探测器的面积、温度和前置放大器等参数共同决定。一般来说，增加探测器的面积或是使用较大的前置放大器增益都会降低探测器的频率带宽。光电倍增管主要用于测量紫外、可见光和近红外波长区域的辐射。光电导（PC）探测器可以探测近红外到中红外范围（1~20μm）的辐射。光电二极管通常称为光伏（PV）探测器，当光电二极管被光照射时会产生电压或电流，光伏探测器可以探测的波长覆盖近红外到中红外，范围可达 10μm。

在近红外可调谐激光光谱技术中，最常用的探测器由硅（Si）和铟镓砷（InGaAs）制成。硅探测器的响应范围为 200~1100 nm，InGaAs 探测器可以实现

800~2600 nm 的探测。这种类型的探测器不需要冷却，并且具有快速的时间响应，范围从 100kHz 到 GHz。此外，它们的等效噪声功率也比较小，能达到 1×10^{-12}W/Hz$^{1/2}$ 量级。

锑化铟（InSb）和碲镉汞（HgCdTe/MCT）是用于中红外探测器的最常见的半导体材料。InSb 光电探测器可以探测 1~5.5 μm 的红外范围，但是必须在液氮冷却的低温环境下使用。光伏或光电导的 MCT 探测器可以探测 2~20μm 的波段，通过热电制冷的方式进行散热。由于 MCT 探测器驱动简单，能够通过热电制冷实现室温使用，探测率较高，所以被广泛应用。但是，红外探测器在有源区域受空间不均匀响应的影响，探测面积也会影响实际的探测效果，因此要综合考虑探测器的探测面积、灵敏度和带宽等参数以选择合适的探测器。

8.5.1.3 多反射气室

根据朗伯 – 比尔定律可知，光程长度直接影响气体吸收信号的大小，因此必须提供足够的光程长度才能达到较低的检测限。目前常用的多反射气室主要是怀特（White）气室、赫里奥特（Herriott）气室和彻宁（Chernin）气室等。这种气室的物理长度在几个厘米到几十厘米之间，但是有效光程长度能达到几十米甚至是上百米，这将大大提高系统检测的灵敏度。设计选择多反射气室时，需要考虑多反射气室的物理尺寸、是否易于准直、有效光程、气室本身背景噪声、对于灰尘和温湿度的抗干扰性和响应时间等因素[44]。

8.5.1.4 检测技术

常用的光谱检测手段有直接吸收光谱（Direct Absorption Spectroscopy，DAS）和波长调制光谱（Wavelength Modulation Spectroscopy，WMS）两种。图 8.25 展示了采用同一套光学设备分别基于 DAS 和 WMS 两种方法进行光谱提取的原理及信号处理过程。在光路结构中，被电信号驱动的激光光源发出原始光强为 I_0 的准直红外光线，射入气体吸收池后，依赖于气体分子浓度、环境温度、环境压强、光的传输路径长度四项主要参数而产生定量吸收；剩余的透射光能量 I 从吸收池射出并聚焦到红外探测器的感光窗口，被转换成电信号。通过以上电—光—电的信号转换过程，即可实现关于待测气体红外吸收光谱的电信号提取，进而计算浓度信息。

DAS 技术是一种简单的 TDLAS 光谱检测技术，其实现过程如图 8.25 上半部分所示：采用周期性的锯齿波信号驱动可调谐激光光源，发出波长在一定范围内的重复连续变化的红外光，称为波长扫描；通过波长扫描产生的宽光谱红外光被气体以特定形状的谱线线型吸收，经红外探测器转换成电信号便产生相应形状的凹陷，称为吸收信号；对吸收信号中的无吸收部分进行基线拟合，得到背景信号；再利用朗

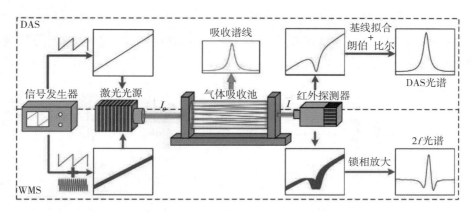

图 8.25　TDLAS 气体传感的两种光谱检测方法（DAS/WMS）原理框图

伯－比尔定律，对吸收信号（I）和背景信号（I_0）进行计算，进而得到气体的浓度信息。

WMS 是为了克服 DAS 技术的精度限制而提出的一种光谱分析技术。如图 8.25 下半部分所示：在波长扫描基础上，向激光光源驱动信号中叠加高频正弦波信号，频率可为 kHz~MHz 量级；该方法将系统的信号处理过程搬移至高频段，可以有效抑制激光强度波动、光学干涉、电子装置的 1/f 噪声等低频噪声；经过高频调制的原始信号被吸收后，会产生幅度与气体浓度成比例的高次谐波分量，而其中的偶次谐波分量在扫描范围内的峰值与吸收谱线中心重合，因此通常选择幅度较强的二次谐波（2f）信号，用其对应于中心波长处的幅值来表征浓度，以获得最大的信噪比。利用 WMS，可将 TDLAS 技术的吸光度检测精度进一步提高至 10^{-3}~10^{-4} 量级[45]。

8.5.2　腔增强吸收光谱技术

CEAS 技术是近几年发展起来的一种较新的高灵敏红外光谱技术，是利用谐振腔来增加有效光程的气体检测技术，具有检测精度高、鲁棒性强和分析速度快等优点。谐振腔一般由两片高反射率镜片组成，镜片反射率可高达 99.999%，这样耦合进腔的光束就可在腔内反射上万次，选择合适的腔长，谐振腔的有效光程可达到几千米甚至几百千米，大大增加了气体有效吸收路径，有效提高了检测灵敏度。同时谐振腔的体积很小，在很小气体流量的情况下能够实现更快的响应，有利于仪器的集成和便携式检测，因而被广泛地应用于气体检测。基于以上优点，CEAS 技术快速发展并衍生出了多种类型的 CEAS 方法，目前常用的 CEAS 技术有光反馈腔增强吸收光谱技术、噪声免疫腔增强光外差分子光谱技术、光学频率梳腔增强吸收光谱技术、非相干宽带腔增强吸收光谱技术以及离轴积分腔输出光谱技术等。如图 8.26

所示，按照光源和高精细度谐振腔的耦合模式，CEAS 又可分为共轴和离轴两种方式[46]。这些光谱技术的基本原理类似，气体检测方法各异，在灵敏度上较传统技术均有很大提高。

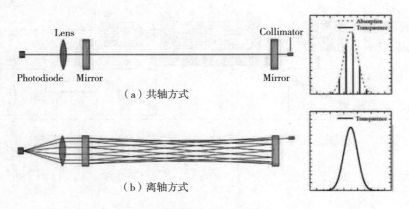

（a）共轴方式

（b）离轴方式

图 8.26　腔增强技术的原理图[46]

以宽带腔增强吸收光谱（IBBCEAS）技术为例，2003 年，Fiedler 等人将短弧氙灯作为宽带光源，结合光程为 4500 m 的宽带腔，测量了 O_2 和 $C_{10}H_8$ 在可见光范围内的吸收谱线，这是 IBBCEAS 技术在气体检测领域的首次应用。在 IBBCEAS 中，从腔透射出的光强度的时间积分与目标气体分子的吸收系数成反比[47]。光学腔中的光束传输原理如图 8.27 所示，长度为 d 的光学腔由两个反射率分别为 R_1 和 R_2 的高反镜组成。用 Iin 表示输入腔的非相干光强度，此时假定反射镜不吸收光，那么除了由于腔镜反射率不理想造成的透射损耗（$1-R_i$）外，主要损耗 L 是由于光在腔内传输时每次通过待测气体后的吸收（$1-L$）。透射出腔的总光强可以由腔透射出的每个单独光强之和表示。这样就可以利用能够色散或成像的装置在频域上检测出腔的光强信号。因此，透射光既可以直接汇聚到带有 CCD 的单色仪上，也可以成像到干涉仪上，以此来确定腔透射光强与波长的关系。在 IBBCEAS 中，利用标定的腔镜反射率 R 和腔长 d，可通过最小二乘拟合算法反演目标气体浓度。

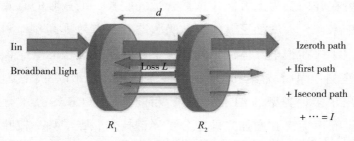

图 8.27　光学腔中宽带光束的传输原理图[42]

8.5.3　光声 / 光热光谱技术

PAS/PTS 技术不同于 TDLAS 技术和 CEAS 技术，是一种零背景的检测方法，其基于光声 / 光热效应，检测敏感材料吸收光能后产生的压力波或声波信号、折射率变化或形变量，是典型的间接吸收光谱技术。没有光吸收导致的声波或热信号，探测器就不会产生任何输出信号。另外，光声 / 光热信号与光源功率正相关，通过增强光源输出功率，气体检测灵敏度甚至可以达到 pptv（万亿分之一的体积比）量级。光声 / 光热光谱技术中的信号本质上都来源于物质吸收光能后产生的热（光热效应），相对于基于直接探测原理的光谱传感器，通常具有更为广泛的应用场景。

光声 / 光谱气体传感器利用气体吸收光能后产生的声波信号（压力波信号）来反演气体浓度。光声信号的产生原理如图 8.28 所示，光源经过强度调制或者波长调制后照射到待测气体分子，待测气体分子吸收光能后发生无辐射跃迁，在此过程中释放出的能量转变为分子内能，宏观体现是气体分子局部温度的上升，这种局部温度的周期性上升与下降使得气体的体积周期性膨胀收缩，从而产生了压力波，即声波信号。声波信号经声学传感器转换为电信号，进行信号处理后便可以用于反演气体浓度信息[49]。

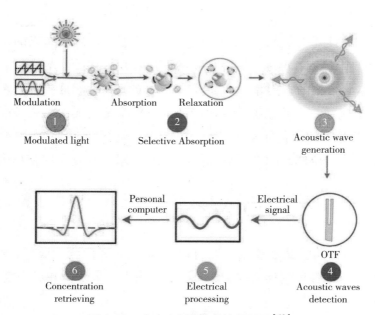

图 8.28　光声 / 光谱技术的原理图[48]

PTS 基于光热效应对待测样品进行检测，这里提及的 PTS 泛指除 PAS 之外的一切基于光热效应的光谱气体检测技术。在光热光谱气体传感器中，材料吸收光辐射后发生无辐射跃迁，从而影响其折射率、形状等材料参数，即可通过检测这种折射率变化或者热形变来反演气体浓度。目前，基于折射率变化进行检测的 PTS 更为普遍，在此检测方法中，气体分子首先被能量源激发，这通常通过一个被称为泵浦光（又称激励光、抽运光）的激光光源辐射待测气体分子来实现。与直接吸收气体传感器类似，泵浦光的发射波长需要与待测气体的吸收谱线吻合。气体吸收光能后会发生无辐射跃迁，从而导致局部气体密度变化，进而引发气体折射率变化。由于这种折射率的变化通常非常小（$\Delta n \sim 10^{-9}$），为了提高检测灵敏度，目前普遍采用的方法大多基于光学干涉检测原理，通过检测相位变化来反映折射率变化，从而推演气体浓度[50]。

探测光从一个光源出射后分为两束，一束经过折射率周期性调制（泵浦光周期性调制以扫描待测气体吸收峰，从而引发折射率周期性变化）的待测气体，一束经过稳定的光路作为参考。由于气体周期的折射率变化，经过待测气体的探测光束将导致光程发生变化，这样两束光交汇处由于干涉条件的改变将导致光强变化，经高灵敏度的探测器探测，这种光强变化便可以反演气体浓度信息[51]。在基于折射率传感的光热光谱气体传感器中，折射率的变化（Δn）可以通过等式给出

$$\Delta n \propto \frac{(n-1)}{T_0}\frac{\alpha P_{\text{exc}}}{4\pi a^2 \rho C_p f} \tag{8.38}$$

其中，α 为特定浓度单位光程下目标气体的吸收系数，f 为泵浦光的调制频率，C_p 为气体混合物的比热容，ρ 为气体混合物的密度，P_{exc} 为泵浦光的功率，T_0 是绝对温度，n 为气体混合物的折射率，a 为泵浦光的光束半径。通常探测光和泵浦光都会在待测气体中交互一定的光程，因而局部的折射率变化无法完全表征系统信号的强度，可以将折射率的变化转换为探测光的相移（$\Delta \Phi$）以更为准确地表征系统信号强度。基于光热相位调制的基本概念如图 8.29 所示，探测光的相移由下式给出

$$\Delta \Phi \propto \frac{2\pi l \Delta n}{\lambda} \tag{8.39}$$

其中，l 为激光和气体的交互长度（即有效光程），λ 为探测光波长，$\Delta \Phi$ 与光热信号正相关，因而通过各种途径增强 $\Delta \Phi$ 便可以增强光热系统检测灵敏度。

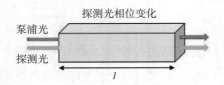

图 8.29　光热相位调制的基本概念

在实际应用中，为了增强基于折射率检测的光热光谱传感系统的检测灵敏度，研究人员会通过各种方法提高探测光的相移，如采用光学气体多通气室以提高激光和气体的交互长度、采用光学放大器以提高泵浦光功率、采用空芯光纤以减小泵浦光的半径等。采用空芯光纤的光热光谱气体传感器同时具有光纤传感的优势，如结构紧凑、可远程检测等。

另一种类型的 PTS 基于材料吸收光能后的热弹性效应，通过测量热形变程度来反映气体浓度信息。目前应用于这种检测方案的敏感单元主要有悬臂梁和石英晶体振荡器（即石英音叉）。周期性的光热信号会导致悬臂梁或者石英音叉产生热形变，通过干涉测位移原理或者压电效应等方法可以测量这种气体浓度相关的位移量，经过线性标定后便可以反演气体浓度信息。近年来，QEPTS 得到了飞速发展，基于不同检测结构的石英增强光热气体传感器广泛应用于各种环境下的单组分、多组分气体检测。

8.5.4　红外气体传感技术的研究进展与发展趋势

如何进一步实现高灵敏红外气体传感器的小型化、低功耗、芯片化[51]和多气体同时测量，仍是目前该领域的研究热点。人们在新型光源（如新型片上光频梳激光器）、新型探测器（如光谱探测器阵列）、新型光谱探测方法［如光频梳光谱技术（图 8.30）、高光谱成像气体探测技术、片上集成的气体检测技术］等方面开展了深入探索。

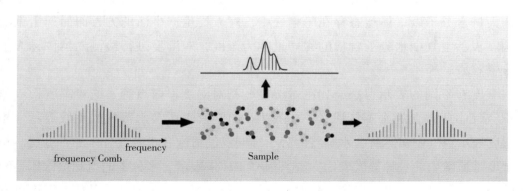

frequency

frequency Comb

Sample

图 8.30　基于光频梳的气体传感技术

在新型光源方面，中红外波段的带间级联激光器（2~6 μm）、量子级联激光器（4~20 μm）已经广泛应用于气体检测。相比窄带激光器，光频梳激光器具有更宽的光谱范围，可检测多组分气体。光频梳光源的发展趋势是片上集成化，加州理工大学将激光器、倍频晶体、微腔进行了异质集成，研制出芯片级中红外双光频梳。人们先后提出了光频梳腔衰荡光谱、光频梳腔增强光谱和双梳多外差光谱等高精度气体吸收光谱技术。美国国家标准技术研究所利用光频梳光谱技术实现了 ppb 量级的多种呼吸气体成分分析、新冠肺炎患者的呼吸检测与医疗诊断。

在新型光谱气体探测技术方面，除了光频梳光谱技术外，人们重点研究了片上集成的气体检测技术，已经报道了仅具有无源传感波导的片上红外气体传感器。为了提高片上气体传感器的集成度，为了将激光器、探测器和传感波导集成到同一个衬底上，人们探索了"硅基异质集成"和"Ⅲ-Ⅴ族同质集成"技术。例如，美国得州大学奥斯汀分校在 InP 衬底上已经集成了双功能量子级联激光器/探测器和传感波导并应用于气体传感。如何增强灵敏度是片上气体传感亟须突破的关键。

在应用领域方面，红外气体传感技术已经由环境监测、工业安全、化工过程等传统领域逐步拓展至深空、深海、深地、极地、行星等新型探测领域，在资源/能源勘探、地球深部探测、星际物质探测等方面将发挥重要作用，从而解决国家层面的重要战略需求。

8.6 湿度传感器

水是人类的生命之源，物质主要以固液气三种状态存在。水的 P-T 相界曲线如图 8.31 所示[52]，三相点温度为 273.16 K，压力为 611.66 Pa。地球表面环境温度在三相点温度附近，环境温度变化对水分子状态影响很大。除了冰、雪、液态水，大量水分子以气体状态存在于空气中，对人类生产生活的方方面面产生重要影响。表示空气中水分子含量的物理量称为湿度，对湿度进行检测的器件称为湿度传感器。

湿度有不同的表示方法，如绝对湿度、相对湿度、露点等。绝对湿度指单位体积空气中所包含的水蒸气质量，一般用 $1m^3$ 空气中所含水蒸气的克数表示。相对湿度表示空气中实际所含水蒸气的分压和同温度下饱和水蒸气分压的百分比。相对湿度是最常用的一种湿度表示方法，用 % RH 来表示。水分子的饱和蒸汽压是温度的函数，所以环境温度发生变化时，即使水蒸气实际分压不变，其相对湿度也发生变化。在保证气压不变、空气含水量一定的情况下，使空气冷却降温达到饱和水蒸气时的温度称为露点温度。在逐渐冷却过程中，气氛的相对湿度会逐渐增加直至 100% RH，此时所对应的温度值定义为露点。气温和露点相差越小，表示空气中水蒸气浓度越接近饱和。

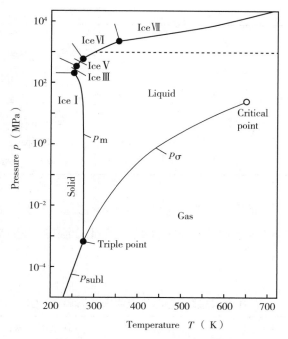

图 8.31 水的 P-T 相界曲线示意图

湿度传感器是指对环境湿度具有响应或能够转换成相应可测信号（如电阻、电容或频率等）的装置，由湿敏元件及转换电路组成。湿度传感器种类繁多，按元件输出的电学量分类，可分为电阻式、电容式、频率式等；按其探测功能可分为相对湿度、绝对湿度、结露和多功能等；按材料则可分为陶瓷式、有机高分子式、半导体式、电解质式等。湿度传感器分类详见表 8.3[53]。

表 8.3 湿度传感器分类

陶瓷式湿度传感器	烧结型
	厚膜型
	薄膜型
半导体式湿度传感器	电阻型
	表面电位型
有机高分子式湿度传感器	电阻型
	电容型
	电阻开关型
电解质式湿度传感器	电阻型
	电流型

续表

	微波湿度传感器
	干湿球湿度计
	尺寸变化湿度传感器
其他类型湿度传感器	红外湿度传感器
	石英谐振式湿度传感器
	声表面波湿度传感器
	光纤式湿度传感器

随着农业、工业等部门对产品质量要求的不断提高，用于湿度检测和控制的湿度传感器的检测标准也愈发严格。表 8.4 给出了部分湿度传感器的应用领域与测量范围[53]。

表 8.4　湿度传感器的应用领域与测量范围

应用领域	举例	使用温度（℃）	适用湿度（%RH）	作用
家用电器	空调设备	5~40	40~70	湿度调节
	干燥器	80	0~40	室内干燥
汽车	风窗防霜	-20~80	50~100	防结霜
医疗	治疗器	10~30	80~100	呼吸器
	保育器	10~30	50~80	湿度调节
工业	干燥机	50~100	0~50	陶瓷、木材
	干燥食品	50~100	0~50	防潮
	纤维	10~30	50~100	检测湿度
	电子器件	5~40	0~50	湿度监控
农林畜牧业	茶园防霜	-10~60	50~100	防结霜
	家禽家畜饲养	20~25	40~70	健康管理

8.6.1　湿度传感器结构和工作原理

几类常见的湿度计如图 8.32 所示[54]。

图 8.32（a）为毛发湿度计。毛发孔隙吸附水蒸气而引起毛发长度的变化，毛发孔隙及其孔隙表面对水蒸气分子的吸附情况决定其特性。毛发经脱脂处理后表面贯穿着许多微孔结构，能吸附周围环境中的水蒸气，在微孔中产生表面张力。

空气湿度的变化引起微孔弹性壁的形变，形成毛发长度的变化。

图 8.32（b）为干湿球湿度计。由两支规格完全相同的温度计组成，一支称为干球温度计，暴露在空气中用以测量环境温度；另一支称为湿球温度计，用特制的纱布包裹起来，纱布保持湿润，纱布中的水分不断向周围空气中蒸发，使湿球温度下降。空气湿度越低，水分蒸发速率越快，湿球温度越低。空气湿度与干湿球温差之间存在某种函数关系，干湿球湿度计通过测量干球和湿球温度来确定空气湿度。

图 8.32（c）为镜面式露点仪。不同水分含量的气体在不同温度下的镜面上会结露。采用光电检测技术检测出露层并测量结露时的温度，直接显示露点。镜面式露点仪采用的是直接测量方法，在保证检露准确、镜面制冷高效率和精密测量结露温度前提下，可作为标准露点仪使用。

图 8.32（d）为氯化锂湿度计。环境相对湿度增加时，氯化锂的吸湿量也随之增加，从而使氯化锂中导电的离子数随之增加，导致电阻率降低、电阻减小，即可利用氯化锂的电阻率随空气相对湿度变化的特性检测环境湿度。

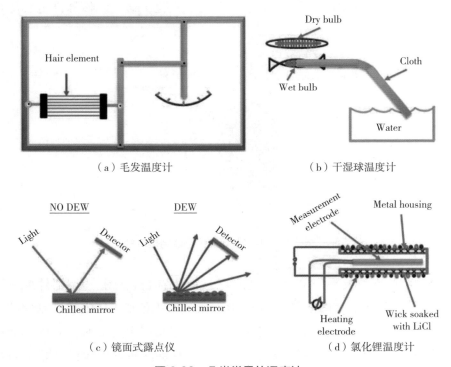

（a）毛发温度计　　　　　　　　　（b）干湿球温度计

（c）镜面式露点仪　　　　　　　　（d）氯化锂温度计

图 8.32　几类常见的湿度计

图 8.33 为阻抗型湿度传感器结构示意图[54]。在陶瓷衬底上制备 Ag-Pd 叉指电极，叉指电极上制备湿敏膜，湿敏膜上方为保护膜。湿敏膜利用亲水性湿敏材料制

备，一般为聚合物电解质。当环境湿度发生变化时，敏感膜发生相应的吸脱附，水分子含量的变化引起聚合物电解质电离、极化程度的改变，从而引起器件阻抗的变化。通过测量阻抗和环境湿度的关系实现对环境湿度的检测。

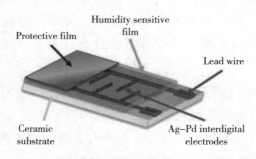

图 8.33　阻抗型湿度传感器结构示意图

图 8.34 为平板电容型湿度传感器结构示意图[3]。一般为三明治结构，上下为电极，中间为介电层。当环境湿度增加时，敏感膜发生吸附，由于敏感材料和水分子的介电常数不同，吸附水分子后介电性质发生变化。通过测试器件电容随环境湿度的变化实现湿度检测。

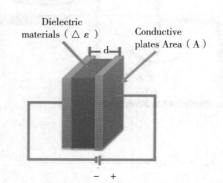

图 8.34　平板电容型湿度传感器结构示意图

图 8.35 为石英微天平型（QCM）湿度传感器结构示意图[54]。器件由一层薄压电石英晶片及覆盖在晶片两面的金属电极组成。QCM 是基于压电效应制成的传感器件，石英晶体作为电介质材料，当其受到外力作用而产生变形时，其内部会产生极化现象，同时两个表面会产生符号相反的电荷，从而实现非电量的测量。石英晶体在振荡电路中工作时，压电效应与逆压电效应交替作用，从而产生稳定的振荡输出频率。通过建立振荡频率和环境湿度的关系，可实现对环境湿度的检测。

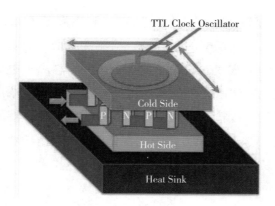

图 8.35　石英微天平型湿度传感器结构示意图

湿度传感器种类繁多，其特性参数也各不相同[55]。具体参数包括：

1）感湿特性：湿度传感器特征量（电阻、电容、频率、击穿电压等）随湿度（相对湿度、绝对湿度）变化的关系，常用感湿特征量 – 湿度特性曲线来表示。

2）湿度量程：表示湿度传感器技术规范规定的感湿范围。

3）灵敏度：湿度传感器感应特征量（如电阻、电容等）随环境湿度变化的程度，也是该传感器感湿特性曲线的斜率。由于大多数湿度传感器的感湿特性是非线性的，常用不同环境下的感湿特征量之比表示灵敏度。

4）湿滞特性：湿度传感器在环境吸湿过程和脱湿过程中，吸湿曲线和脱湿曲线并不重合，而是形成一个环形回线，称为湿滞特性。可用同一特征量值所对应的相对湿度的最大差值来表征。

5）响应时间：在一定环境温度下，当湿度发生跃变时，湿度传感器的感湿特征量达到稳定变化量的规定比例所需要的时间。一般以相应的起始湿度和终止湿度变化区间感湿特征量变化 90% 所需的时间来计算响应时间。

6）温度系数：当环境湿度恒定时，温度每变化 1 ℃引起湿度传感器相对湿度的变化量。表示湿度传感器的特征输出信号随温度变化的情况，单位一般为 % RH/℃。

8.6.2　典型的湿度传感器

基于不同结构和原理的湿度传感器对敏感层有不同要求，下面介绍几类典型的湿度传感器。

8.6.2.1　氯化锂基阻抗型湿度传感器

1937 年，F. W. Dunmore 开发了一种基于氯化锂的阻抗型湿度传感器[56]，具有较高的精度，且价格低廉、结构简单。氯化锂电解质湿度传感器现已广泛用于无线电高空测候器以及医疗领域。如图 8.36 所示，利用聚苯乙烯作为骨架，涂覆不同浓度氯化锂溶液和聚乙酸乙烯酯的混合物，给器件施加一个电势差以形成一个电解池。通过吸收环境中的水蒸气，氯化锂发生电离，材料离子电导率增加，从而达到检测湿度的目的。氯化锂湿敏元件的感湿区间与氯化锂溶液浓度有直接关系，如果想达到全湿度量程下的湿度检测，就要将不同浓度的氯化锂湿敏元件串联起来。由于锂离子对水分子有很强的亲和力，因此在低湿环境中能很好地对湿度进行测量，但无法在高湿环境下长期工作。

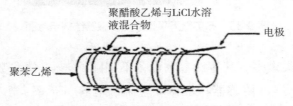

图 8.36　氯化锂湿度传感器示意图

8.6.2.2　半导体氧化物陶瓷基湿度传感器

高温环境湿度检测对于湿度传感器有更高的要求。半导体陶瓷材料因为其耐高温性且能够吸附水分子，成为高温湿度传感器的理想选择。在湿度环境中，半导体陶瓷材料表面会逐渐形成水层，其中的水相质子是主要的载流子。质子利用液相水中普遍存在的氢键从一个水分子隧穿到另一个水分子，达到电荷传输的目的。金属氧化物普遍对湿度比较敏感，此类传感器测量范围较宽，可覆盖整个相对湿度范围，而且响应时间快、稳定性好。半导体氧化物陶瓷湿度传感器的器件结构如图 8.37 所示[57]。金属氧化物半导体陶瓷湿度传感器具有成本低、稳定性好的优势，

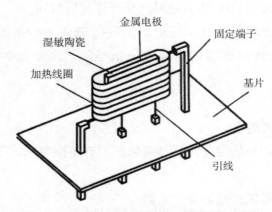

图 8.37　半导体氧化物陶瓷湿度传感器示意图

然而在长时间工作后，其内部会产生大量羟基使氢离子活性降低，为了恢复器件性能，需要对器件进行加热清洗，导致器件能耗较高。

8.6.2.3　聚酰亚胺基电容型湿度传感器

电容型湿度传感器最为典型的结构是三明治结构，即上下电极一般分别为透水性好的金属薄膜和金属梳状电极，中间层是聚酰亚胺敏感膜。电容型高分子湿度传感器通过测量介电常数的变化来检测湿度，如图8.38所示[58]。聚酰亚胺是最典型的湿敏电容敏感材料，自身表现出较小的介电常数，而当其从环境中吸附水分子后，导致敏感膜介电常数增加，通过测试器件的电容信号进而实现环境湿度检测。

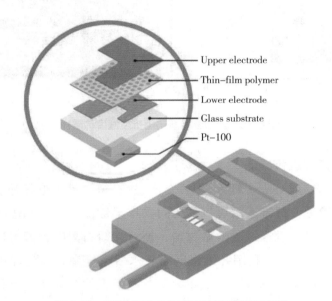

图 8.38　聚酰亚胺电容型湿度传感器示意图

8.6.2.4　聚合物电解质阻抗型湿度传感器

自从20世纪60年代将聚苯乙烯磺酸树脂高分子作为湿敏膜的阻抗型聚合物湿度传感器研制成功以来，聚合物电解质湿度传感器便在湿度传感领域占据重要地位。聚合物电解质成膜性好、结构可调、可溶液加工，且可与半导体工艺兼容。图8.39为基于亲水性聚合物和小分子固体电解质制备的阻抗型湿度传感器[59]。当环境湿度变化时，敏感膜对水分子发生相应的吸脱附，从而引起敏感膜中离子导电能力的变化。传感器对湿度变化表现出良好的响应，且聚合物具有柔性特征，可用于可穿戴设备进行湿度监测。

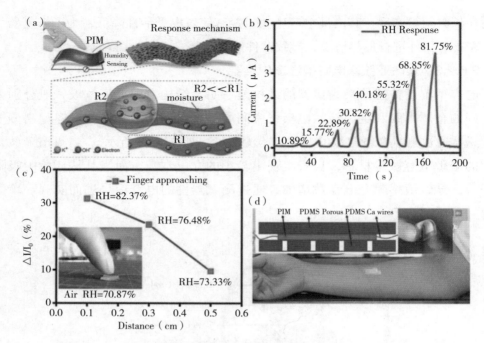

图 8.39　聚合物电解质阻抗型湿度传感器

8.6.2.5　纸基湿度传感器

构成纸张的主要成分——纤维素是一种天然材料,易于被各种溶剂浸润,具有多孔结构,易于渗透。纤维素纸可以作为自支撑柔性支撑衬底和敏感膜制备结构简单的湿度传感器。以纤维素纸为湿敏材料,通过涂写石墨电极即可形成纸基湿度传感器,如图 8.40 所示[60]。利用纤维素网络吸水后电导率升高的原理可以实现湿度的检测。将器件固定于口罩双层无纺布内部,经由无线蓝牙实现远程呼吸信号的获

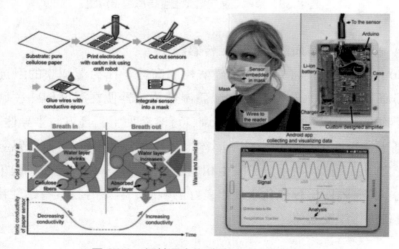

图 8.40　纸基湿度传感器及呼吸检测应用

取和处理,可对人体呼吸状态进行实时监测。通过对不同受试者不同模式呼吸信号的处理和分析,可得到每个样本的呼吸因子,用以衡量不同个体的身体健康状况。

8.6.3 湿度传感器发展趋势

敏感膜是湿度传感器的核心之一。近年来研究人员关注较多的有基于碳基材料(碳纳米管、石墨烯)的湿度传感器(图 8.41)[61]、基于天然高分子的湿度传感器(图 8.42)[62]、基于二维材料(黑磷、二硫化物等)的湿度传感器、基于导电聚合物的湿度传感器及基于各类复合材料的湿度传感器等。

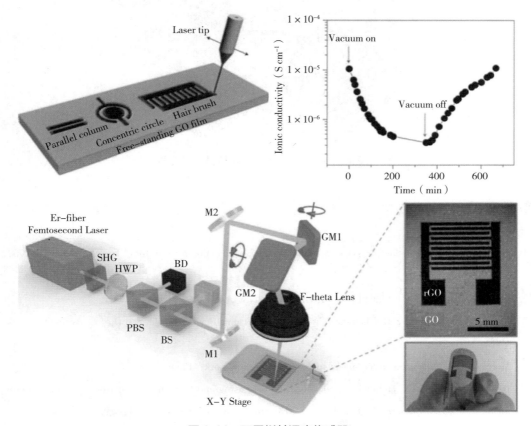

图 8.41 石墨烯基湿度传感器

目前,电子类湿度传感器的综合性能已有了很大提高,有利于湿度传感器与温度及其他传感器的集成。湿度传感器已不满足于单一的湿敏元件制备与生产,开始朝着系统化、集成化和网络化发展,在工业、农业、气象、医疗、国防等领域将发挥更加重要的应用。随着物联网技术的发展,传感器需求量增大,且新一代电子设备向便携化、可穿戴化发展,对湿度传感器的便携性、稳定性、可集成性、环境友好性等提出了更高要求，需要进一步加强敏感材料、器件结构和传感系统的综合设计。

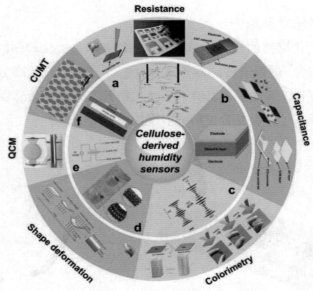

图 8.42　各种类型的纤维素基湿度传感器

参考文献

［1］Seiyama T. A new detector for gases components using semiconductive thin film［J］. Anl. Chem., 1962, （34）: 1502-1503.

［2］全宝富，邱法斌. 电子功能材料与元器件［M］. 吉林: 吉林大学出版社，2001.

［3］Madou M J, Morrison S R. Chemical sensing with solid state devices［M］. San Diego: Academic Press, 1989.

［4］Morrison S R. The chemical physics of surfaces［M］. New York: Plenum, 1977.

［5］Barsan N, Simion C, Heine T, et al. Modeling of sensing and transduction for p-type semiconducting metal oxide based gas sensors［J］. Journal of Electroceramics, 2009 (25): 11-19.

［6］Shimizu Y, Egashira M. Basic aspects and challenges of semiconductor gas sensors［J］. MRS Bulletin, 1999 (24): 18-24.

［7］Haridasa D, Chowdhuri A, Sreenivasa K, Gupta V. Enhanced room temperature response of SnO_2 thin film sensor loaded with Pt catalyst clusters under UV radiation for LPG［J］. Sens. Actuators B: Chem., 2011 (153): 152-157.

［8］Lu G Y, Xu J, Sun J B, et al. UV-enhanced room temperature NO_2 sensor using ZnO nanorods modified with SnO_2 nanoparticles［J］. Sens. Actuators B: Chem., 2012 (162): 82-88.

［9］Majhi S M，Mirzae A，Kim H W，et al. Recent advances in energy-saving chemiresistive gas sensors：review［J］．Nano energy，2021（79）：105369.

［10］张轶群．高性能燃烧催化剂的制备及其甲烷气敏特性的研究［D］．硕士学位论文，2012.

［11］王圣金．NC-170S 催化燃烧传感器失效分析［J］．失效分析与预防，2015（10）：41-46.

［12］杨跃华．接触燃烧式甲烷传感器的敏感材料的研究［D］．硕士学位论文，2010.

［13］夏睿．基于 WirelessHART 的可燃气体检测仪的开发与设计［D］．硕士学位论文，2015.

［14］左伯莉，刘国宏．化学传感器原理及应用［M］．北京：清华大学出版社，

［15］陈长伦，何建伟，等．电化学式气体传感器的研究进展［J］．传感器世界，2001（4）：11-15.

［16］Zen J M，Kumar A S，Tsai D M. Recent updates of chemically modified electrodes in analytical chemistry［J］．Electroanalysis，2003，15（13）：1073-1087.

［17］Gilmartin M A，Hart J P. Sensing with chemically and biologically modified carbon electrodes. A review［J］．The Analyst，1995，120（4）：1029-1045.

［18］Xie X D，Stueben D，Berner Z. The application of microelectrodes for the measurements of trace metals in water［J］．Analytical Letters，2005，38（14）：2281-2300.

［19］Wightman R M. Voltammetry with microscopic electrodes in new domains［J］．Science，1988，240（4851）：415-420.

［20］Aoki K. Theory of ultramicroelectrodes［J］．Electroanal，1993（5）：627-639.

［21］Bond M A. Past，Present and future contribution of microelectrodes to analytical studies employing voltammetric detection，a review［J］．Analyst，1994（119）：1-20.

［22］Pons S A F M. The behavior of microelectrodes［J］．Anal Chem，1987（59）：1391-1399.

［23］Niu X，Lan M，Zhao H，et al. Review：electrochemical stripping analysis of trace heavy metals using screen-printed electrodes［J］．Analytical Letters，2013，46（16）：2479-2502.

［24］Hart J P，S A Wring. Screen-printed voltammetric and amperometric electrochemical sensors for decentralized testing［J］．Electroanalysis，1994（6）：617-624.

［25］Mohamed H M. Screen-printed disposable electrodes：Pharmaceutical applications and recent developments［J］．Trac-Trends in Analytical Chemistry，2016（82）：1-11.

［26］R Gondosiswanto，C A Gunawan，D B Hibbert，et al. Microcontact Printing of thiol-functionalized ionic liquid microarrays for "Membrane-less" and "Spill-less" gas sensors［J］．ACS applied materials & interfaces，2016，8（45）：31368-31374.

［27］E W Graef，R D Munje，S Prasad. A robust electrochemical CO_2 sensor utilizing room temperature ionic liquids［J］．IEEE Transactions on Nanotechnology，2017，16（5）：826-831.

［28］Yuhang Zhang，Dongliang Cheng，Zicheng W，et al. Fumed SiO_2-H_2SO_4-PVA gel electrolyte CO electrochemical gas sensor［J］．Chemosensors，2020（8）：109.

［29］Knake R，Jacquinot P，Hodgson A W E，et al. Amperometric sensing in the gas-phase［J］．Anal. Chim. Acta，2005（549）：1-9.

［30］杨鑫宇 . 基于 Nafion 质子膜的燃料电池型硫化氢气体传感器研究［D］. 吉林：吉林大学，2020.

［31］Schelter M，Zosel J，Oelssner W，et al. A solid electrolyte sensor for trace gas analysis［J］. Sens. Actuators B Chem.，2013（187）：209-214.

［32］Fergus J W. Solid electrolyte based sensors for the measurement of CO and hydrocarbon gases［J］. Sens. Actuators B Chem.，2007（122）：683-693.

［33］Miura N，Nakatou M，Zhuiykov S. Impedancemetric gas sensor based on zirconia solid electrolyte and oxide sensing electrode for detecting total NOx at high temperature［J］. Sens. Actuators B Chem.，2003（93）：221-228.

［34］Weppner W. Solid-state electrochemical gas sensors［J］. Sens. Actuators B Chem.，1987（12）：107-119.

［35］Weppner W. Advanced principles of sensors based on solid state ionics［J］. Mater. Sci. Eng.，B，1992（15）：48-55.

［36］刘方猛 . 基于稳定氧化锆和复合氧化物敏感电极的全固态电化学气体传感器研究［D］. 吉林：吉林大学，2017.

［37］Liu F，Wang B，Yang X，et al. High-temperature stabilized zirconia-based sensors utilizing MNb_2O_6（ M：Co，Ni and Zn）sensing electrodes for detection of NO_2［J］. Sens. Actuators B Chem.，2016（232）：523-530.

［38］Wang J，Wang C，Liu A，et al. High-response mixed-potential type planar YSZ-based NO_2 sensor coupled with $CoTiO_3$ sensing electrode［J］. Sens. Actuators B Chem.，2019（287）：185-190.

［39］You R，Hao X，Yu H，et al. High performance mixed-potential-type Zirconia-based NO_2 sensor with self-organizing surface structures fabricated by low energy ion beam etching［J］. Sens. Actuators B Chem.，2018（263）：445-451.

［40］Liang X，Wang B，Zhang H，et al. Progress in NASICON-based mixed-potential type gas sensors［J］. Sens. Actuators B Chem.，2013（187）：522-532.

［41］刘彤 . 基于 $Ce_{0.8}Gd_{0.2}O_{1.95}$ 的混成电位型丙酮气体传感器研究及应用［D］. 长春：吉林大学，2020.

［42］郑凯元 . 腔增强红外气体检测技术与应用［D］. 长春：吉林大学，2021.

［43］胡立恩 . 基于石英增强光声 / 光热光谱的气体传感技术研究［D］. 长春：吉林大学，2021.

［44］刘志伟 . 近海底二氧化碳中红外原位探测系统的研制及应用［D］. 长春：吉林大学，2021.

［45］宋芳 . 中红外激光甲烷传感技术研究［D］. 长春：吉林大学，2020.

［46］Dong Y，Wang J，Zhou X，et al. Detection of Methane Hydrate in Deep Sea Based on Off-Axis Integrated Cavity Output Spectroscopy［J］. Chinese Journal of Lasers，2020，47（8）：0811003.

［47］Hoghooghi N，Wright R J，Makowiecki A S，et al. Broadband coherent cavity-enhanced dual-comb spectroscopy［J］. Optica，2019，6（1）：28.

［48］Ma Y. Review of recent advances in QEPAS-based trace gas sensing［J］. Applied Sciences，2018，8（10）：1822.

［49］Borri S，Patimisco P，Sampaolo A，et al. Terahertz quartz enhanced photo-acoustic sensor［J］. Applied Physics Letters，2013，103（2）：21105.

［50］Jin W，Cao Y，Yang F，et al. Ultra-sensitive all-fibre photothermal spectroscopy with large dynamic range［J］. Nature Communications，2015（6）：6767.

［51］Pi M，Zheng C，Zhao H，et al. Mid-infrared ChG-on-MgF$_2$ waveguide gas sensor based on wavelength modulation spectroscopy［J］，Optics Letters，2021，46（19）：4797-4800.

［52］W Wagnera，A Pruß，The IAPWS formulation 1995 for the thermodynamic properties of ordinary water substance for general and scientific use［J］. J. Phys. Chem. Ref. Data，2002（31）：387.

［53］齐容榕. 介孔二氧化硅导电高分子复合材料的湿敏性能研究［D］. 吉林：吉林大学，

［54］A. Tripathy，S Pramanik，J Cho，et al. Role of morphological structure，doping，and coating of different materials in the sensing characteristics of humidity sensors，Sensors［J］. 2014（14）16343.

［55］代建勋，聚合物电解质湿度传感器的制备及呼吸监测应用研究［D］. 吉林：吉林大学，

［56］F Dunmore. An electric hygrometer and its application to radio meteorography［J］. J. Research Nation. Bureau Standards，1938（226）：99.

［57］徐甲强，张全法，范福玲. 传感器技术［M］. 哈尔滨：哈尔滨工业大学出版社，2004.

［58］Vaisala DRYCAP® sensor for measuring humidity in dry conditions（www.vaisala.com）.

［59］T Li，L Li，H Sun，et al. Humidity sensors：porous ionic membrane based flexible humidity sensor and its multifunctional applications［J］. Adv. Sci.，2017（4）：5.

［60］F Güder，A Ainla，J Redston，et al. Paper-based electrical respiration sensor［J］. Angew. Chem. Inter. Edi.，2016（55）：5727.

［61］J An，T-S D Le，Y Huang，et al. All-graphene-based highly flexible noncontact electronic skin［J］. ACS Appl. Mater. Interfaces，2017（9）：44593.

［62］Z Li，J Wang，Y Xu，et al. Green and sustainable cellulose-derived humidity sensors：A review［J］. Carbohyd. Polym.，2021（270）：118385.

第九章　离子敏传感器

　　离子敏传感器是利用离子选择电极，将感受的离子量转换成可用输出信号的传感器，是电化学传感器器件中最早研发的一类化学传感器。早在 1893 年离子选择性电极就应用于电位分析。20 世纪初发现的氢离子选择性玻璃电极被广泛用于测定溶液的 pH 值[1]。50 年代末制成了测定碱金属离子的玻璃电极，其中钠离子电极性能较好。1965 年，Pungor 等将卤化银分散在惰性基质中，制成了卤素离子选择性电极。1967 年，Eiseman 在长期研究玻璃电极的基础上出版了关于玻璃电极组分及其响应的专著，对膜电位理论的发展作出了重大贡献[2]。这些重大的进展有力地推动了离子选择性电极的研制和应用，迄今已生产出几十种离子选择性电极，对微量物质的测定和生物样品的分析起了很大作用。离子敏传感器能在复杂的被测物质中迅速、灵敏、定量地测出离子或中性分子的体积浓度，广泛应用于工厂排水和河水监测的环境卫生领域，或用于实验室日常分析等用途。

　　根据传感器主体敏感部分最重要的敏感膜和感应物质的种类，离子敏传感器具体分类见图 9.1，其中属场效应晶体管型离子传感器（ISFET）的应用最为广泛。20 世纪 70 年代，P.Bergveld 发表了题为 Development of an ion-sensitive solid-state device for neurophysiological measurements 的论文[3]，他将金属 – 氧化物 – 半导体场效应晶体管（MOSFET）的金属栅极去掉，将 SiO_2 层直接插在 NaCl 溶液中，发现场效应管的漏源电流（IDS）与 Na^+ 的浓度在一定范围内呈线性变化关系，引起了各国学者们的广泛关注，揭开了 ISFET 研究的序幕。之后的 30 多年里，ISFET 及其应用得到了广泛的重视，成为学者们研究的热点，各国学者先后发表了 600 多篇相关文献并获得了多项专利，已研制和开发出 H^+、K^+、Na^+、F^-、Cl^-、Br^-、I^-、S^{2-}、Mg^{2+}、Ag^+、Ca^{2+} 等 ISFET。此外，在 ISFET 基础上发展起来的还有 NH_3、H_2S、H_2、CO、CO_2 以及青霉素、抗原（或抗体）等生物传感器件。近年来，作为生物传感器的一个分支，ISFET 正在蓬勃发展，并且在临床医学、环境监测、工业控制和有毒物质探测中得到了广泛应用。

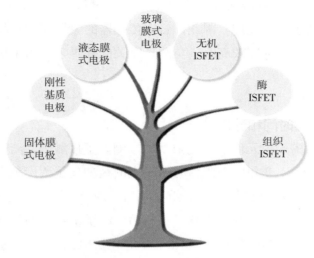

图 9.1 离子敏传感器的种类

虽然感应物质在离子传感器的支配因素中有最大的影响，但很多情况下，膜的生成技术和黏附技术等也是非常重要的因素，ISFET 要格外注重离子传感器器件化技术。例如，用于细胞内液体测定等目的，则传感器的超小型化和灵巧化的研究颇为重要；使用 ISFET 时，为了使离子感应膜与栅表面的间隙中渗入水分后不致缩短传感器的寿命，还要从栅绝缘膜和离子感应膜的化学结合方法等方面想办法；如果期望具有小型特点的 ISFET 在生物体内有效利用，则需要研究提高生物体适应性，并研制带电源和有遥测功能的器件。

9.1 离子敏传感器的主要参数和特性

9.1.1 灵敏度

灵敏度是指某方法对单位浓度或单位量待测物质变化所致的响应量变化程度，它可以用仪器的响应量或其他指示量与对应的待测物质的浓度或量之比来描述。灵敏度是离子敏元件的重要参数之一，标志着离子敏元件对离子的敏感程度，决定其监测精度。

离子敏传感器的灵敏度在数值上等于输出 – 输入特性曲线的斜率。如果离子敏传感器的输出和输入之间呈线性关系，则灵敏度 S 是一个常数；否则，它将随输入量的变化而变化。灵敏度是输出、输入量的量纲之比。假如某离子敏传感器当离子浓度变化 1 μM 时，输出电压变化为 100 mV，则其灵敏度 S 应表示为 100 mV/μM。

一般来说，在离子敏传感器的线性范围内，灵敏度越高，被测量变化对应的输出值越大，有利于信号处理。因此，希望传感器的灵敏度越高越好。但要注意的是，离子敏传感器的灵敏度较高时，与测量无关的外界干扰离子也容易被监测，影响监测精度。

9.1.2　响应范围、时间和速度

响应范围是指离子敏元件与一定浓度的被测离子接触后，离子敏元件的特性达到变化很小或者几乎不变化的极限值时所呈现的被测离子浓度范围。例如，离子选择性电极的标准曲线成直线部分的范围为能斯特响应范围（一般为 $10^{-1} \sim 10^{-6}$ mol/L）。

响应时间为离子敏元件与被测离子接触后，离子敏元件的特性达到新的恒定值所需要的时间。定义为从电极插入电解液中后，电位值稳定在 ±1 mV 时所需的时间。

响应速度对于连续监测是十分重要的，电极响应速度一般较快，有的电极甚至低于 1 分钟，一般也在数分钟之内。响应速度与测量溶液的浓度、试液中其他电解质的存在情况、测量的顺序以及前后两种溶液之间的浓度差等都有关系。测定浓溶液后再测稀溶液，平衡时间较长，可能是膜表面吸附所致，用纯水清洗几次可逐渐恢复。

9.1.3　选择性系数

在多种离子共存的条件下，离子敏元件区分气体种类的能力称为选择性。对某种离子的选择性好，表示离子敏元件对该离子有较高的灵敏度。离子敏传感器是否有使用价值，很重要的一条就是选择性是否好，理想的电极是只对特定的一种离子产生电位响应，其他共存离子不干扰，但实际上很难做到。

9.1.4　稳定性

用随时间延长电位的变化值表示。电极表面的沾污或物理性质的变化会影响电极的稳定性，电极密封不良、黏合剂选择不当或内部导线接触不良等也会导致电位不稳定。电极的良好清洗、浸泡处理、固体电极的表面抛光等都能改善这种情况。

9.1.5　内阻

选择性电极的内阻较高，一般为 $10^4 \sim 10^9$ Ω。需要使用阻抗高的电位计。

9.1.6　准确性

用分析结果的相对误差与电动势测量误差的关系表示。当测量误差为 1 mV 时，对一价离子可能引起的浓度相对误差约为 4%、二价离子约为 8%。

9.2　离子选择电极

9.2.1　离子选择电极的基本原理

如图 9.2 所示，离子选择电极的主要原理是离子识别，即利用固定在敏感膜上的离子识别材料有选择性地结合被传感的离子，从而发生膜电位或膜电流的改变。

离子选择电极主要有三个部分：电极膜、内充液、电极。电极膜可以是固体的，也可以是液体的。有的能让离子通过（如细胞膜和渗透膜），有的不能让离子直接通过（如玻璃膜）。内充液是含有待测离子的电解质溶液，浓度稳定且已知。无论何种类型的膜，其膜电势是不能单独直接测定出来的，但可以通过测定电化学电池（即原电池）的电动势计算出来。电极膜电位是膜内扩散电位和膜与电解质溶液形成的界面电位的代数和。

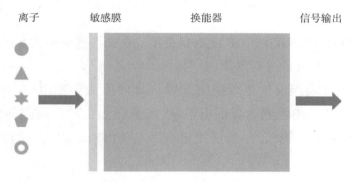

图 9.2　离子选择电极的基本原理图

9.2.1.1　膜内扩散电位

在两种不同离子或离子相同而活度不同的液 / 液界面上，由于离子扩散速度的不同，能形成液接电位（也可称为扩散电位），使离子的扩散速度趋于一致。扩散电位不仅存在于液 / 液界面，也存在于固体膜内。

9.2.1.2　界面电位

如果膜与溶液接触时，膜相中可活动的离子与溶液中的某些离子有选择地发生互相作用，从而造成两相界面的电荷分布不均匀，产生双电层形成电位差，这种电位称为界面电位。如 pH 玻璃电极，其电位与待测溶液的氢离子活度之间的关系复合能斯特公式

$$\varphi_G = K + \frac{RT}{F}\ln\alpha_{H^+} \qquad (9.1)$$

当玻璃膜电极与溶液接触时，原来骨架中的 Na^+ 与水中 H^+ 发生交换反应，$G^-Na^+ + H^+ \rightleftharpoons G^-H^+ + Na^+$，膜表面形成一层 $10^{-5}\sim10^{-4}$ nm 厚的水化层。由于硅氧结构与 H^+ 的键合强度远远大于它与 Na^+ 的键合强度，因而在酸性和中性溶液中，水化层表面 Na^+ 的点位基本上全被 H^+ 占有。在水化层中，H^+ 的扩散速度较快、电阻较小，因此由溶液和水化层界面到干玻璃层中的氢离子数目逐渐减少，而钠离子数目逐渐增多。玻璃膜电位应由玻璃内的扩散电位 φ_d 和玻璃膜内外的溶液与水化层界面上的电位 φ_D^{II}、φ_D^{I} 组成。

扩散电位 φ_d 是由于膜中 H^+ 和碱金属离子 Na^+ 流动性的差异而引起的，即 H^+ 倾向于向干玻璃移动，而 Na^+ 倾向于向溶液界面移动。这种不同的流动性使水化层产生了电荷分离，因而产生了扩散电位。如果敏感玻璃膜两侧与溶液的界面状态完全相同，那么就可以认为干玻璃膜两侧所产生的两个扩散电位数值相同、符号相反，敏感膜的净扩散电位等于零。水化层表面 $\equiv SiO^-$ 存在以下离解平衡

$$\equiv SiO^-H^+ + H_2O \leftrightarrow \equiv SiO^- + H_3O^+ \qquad (9.2)$$

水化层中的 H^+ 与溶液中的 H^+ 能进行交换。在交换过程中，水化层得到或失去 H^+ 都会影响水化层和溶液界面电位。

由上可知，玻璃膜电位主要决定于膜内外两侧的界面电位。由于电极内充液组成一定，因此，膜内测的界面电位 φ_D^{II} 的值是固定的；而膜外侧的界面电位 φ_D^{I} 的值则由 $\equiv SiO^-H^+$ 的离子平衡所决定，即它受溶液影响。总的膜电位 φ_M 可表示为

$$\varphi_M = \varphi_G^{\theta}K + \frac{RT}{F}\ln\alpha_{H^+} \qquad (9.3)$$

$$\varphi_G = K + \frac{RT}{F}\ln\alpha_{H^+} \qquad (9.4)$$

式中，φ_G^{θ} 为与膜内 H^+ 活度有关的常数，k 为与 φ_G^{θ} 和内参比电极电位 $\varphi_{内}$ 有关的常数。

晶体膜电极是以离子导电的固体膜为敏感膜。一般敏感膜是以金属难溶盐经加压或拉制成单晶、多晶或混晶活性膜，对构成晶体的金属离子或者难溶盐阴离子有响应，该响应满足能斯特公式（也称能斯特响应）。这类晶体物质一般在水中溶解

度极小，不受氧化剂、还原剂的干扰，且机械强度较大。

固体膜离子选择电极应用较为广泛，这类固体膜是难溶盐的晶体，最典型的是氟离子选择电极。下面以氟离子电极为例介绍晶体膜电极的原理。氟离子选择性电极是单晶膜电极，其敏感膜是掺杂少量的 EuF_2 或 CaF_2 的 LaF_3 单晶片，EuF_2 或 CaF_2 的作用是增强膜的导电能性能，使其电阻下降。离子接触的氟电极的内充液是含有一定浓度的 NaF 和 NaCl 溶液，其中氟离子活度用以控制 LaF_3 膜内表面的电位，氯离子活度用以固定 Ag-AgCl 内参比电极电位。

（1）LaF_3 单晶膜

LaF_3 晶体膜中由于存在晶体缺陷空穴，靠近缺陷空穴的 F 离子可移入空穴，F 离子的移动便能传递电荷，而 La^{3+} 固定在膜相中，不参与电荷的传递。由于晶格中缺陷空穴的大小、形状和电荷的分布只能允许特定的离子（F 离子）进入空穴，其他离子不能进入，因而 LaF_3 晶体膜对氟离子有选择性响应。

（2）膜电位的形成

由于 LaF_3 晶体膜中的 F 离子可以移动，当把氟电极浸入被测试液中，试液中的氟离子向氟电极表面扩散进入膜相，而膜相中的氟离子也可以进入溶液，形成双电层产生界面电位。同时，同于电极膜两侧的溶液浓度不同，电极表面离子向溶液中扩散的速度不同，在 LaF_3 晶体膜内产生扩散电位，这两种电位之和为电极的膜电位。

9.2.2　离子选择电极的分类

离子选择性电极发展最成熟、应用最广泛，已被应用于水、饮料、牛乳、牙膏、血清、尿液、骨头、空气等中的氟离子测定[7]。硫化银体系电极已被用于感光材料、矿石、合金中的银，矿石中的氯，电镀液中的氰、铜，污水及金属、合金中的硫，废水中的镉等的测定。此外，这些电极也可用于电位滴定和络合物作用的研究。

按电极膜的类型不同，离子电极分为玻璃电极、固体膜电极和液体膜电极三种。

9.2.2.1　玻璃电极（刚性基质电极）

刚性基质电极的敏感膜由离子交换型的薄玻璃片或其他刚性基质材料组成，其中 pH 玻璃电极是最重要、应用最广泛的电极。

pH 敏感玻璃膜一般为 Na_2O、CaO、SiO_2 按摩尔比 22：6：72 组成，玻璃化后，其中 SiO_2 形成硅氧四面体，彼此连接构成一个无限的三维网络。碱金属氧化物 Na_2O 中的 Na^+ 在网络中占有空穴或间隙位置，是敏感膜的电荷载体，是电极影响功能的决定因素。CaO 在膜中虽然不是主要成分，但对电极的内阻及温度效应等性能有重要影响。

玻璃电极是对氢离子敏感的指示电极，它是由特种玻璃膜制成的球形薄膜。用此种玻璃膜把 pH 值不同的两溶液隔开，膜电势的值由两边溶液的 pH 差值决定。如果固定一边溶液的 pH 值，则整个膜电势只随另一边溶液的 pH 值变化，因此，用它制成氢离子指示电极。在球形玻璃膜内放置一定 pH 值的缓冲溶液或 0.1 M HCl 溶液，并在溶液中浸入一支 Ag/AgCl（S）电极（称为内参比电极）。

9.2.2.2 晶体膜电极

晶体膜电极以离子导电的固体膜为敏感膜。敏感膜一般由金属难溶盐经加压或拉制成单晶、多晶或混晶活性膜，对构成晶体的金属离子或者难溶盐阴离子有响应，该响应满足能斯特公式，也称能斯特响应。这类晶体物质一般在水中溶解度极小，不受氧化剂、还原剂的干扰，且机械强度较大。

如果把含有某负离子的难溶盐压成薄片或制成单晶切片，就可以制成各种负离子的选择性电极，如指示氯离子浓度（活度）的 AgCl 电极，指示硫离子浓度（活度）的 Ag_2S 电极和指示氟离子浓度（活度）的 LaF_3 电极等。

9.2.2.3 液体膜电极（流动载体膜电极）

除了用固体膜作离子选择性电极之外，还有用液体离子交换剂制成液体膜的离子选择性电极。流动载体膜电极结构如图 9.3 所示。

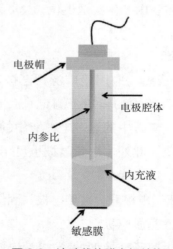

电极帽
电极腔体
内参比
内充液
敏感膜

图 9.3　流动载体膜电极结构

将不溶于水的有机溶剂中的离子交换剂渗透在多孔的塑料膜中，在膜的内侧装入已知浓度（活度）的盐溶液，膜的外侧为待测溶液。它和固体离子交换剂的区别在于离子交换剂可在膜内自由移动。液体膜可分为两类，一类是可电离的离子交换剂，另一类是以大环状化合物作为中性载体。如钙电极就是一种液体离子交换剂的液体膜电极，内参比溶液为 $CaCl_2$ 溶液，液体离子交换剂为二癸基磷酸钙溶于 2-N- 辛基磷酸酯的溶液，它与水互不相溶，渗透在多孔塑料中形成液体膜。

这类电极膜中含有流动的电荷载体，敏感膜由溶解在有机溶剂中的活性物质组成。对活性物质的要求是必须能与水相中的待测离子发生选择性离子交换反应或者形成络合物；对有机溶剂的要求是必须与水不相混溶。从活性物质来说，这类电极可分为荷电的离子交换剂电极及中性络合载体电极。从电极结构来说，这类电极可分为初期发展的用多孔材料作为支持体的液态膜电极，与近几年来改进用非多孔材料（如聚氯乙烯）作为支持体的膜电极。这里举例介绍多孔液态膜电极和聚氯乙烯（PVC）膜电极。

（1）多孔液态膜电极

初期发展的液态膜电极其结构是将活性物质溶解于有机溶剂中，生成的有机溶液浸润到一层合适的多孔膜材料上，由此形成有机相膜层将内充溶液与样品溶液分隔开来。膜材料一般采用厚 0.1~2 mm、孔径大小为 10~100 nm 的多孔塑料膜（纤维素、醋酸纤维素、聚氯乙烯等），也有采用多孔陶瓷膜的。许多商品液膜电极被设计成装卸式结构，便于使用者定期更换电极膜材料及补充活性物质溶液。

（2）聚氯乙烯（PVC）膜电极

从 1970 年起，穆迪及托马斯等人为改进液膜电极结构进行了大胆的尝试，他们将液膜电极的活性材料固着在 PVC 塑料中，制成 PVC 塑料膜电极。此后，态膜电极都逐渐改进为 PVC 膜电极。与多孔液膜电极相比 PVC 膜电极有下列优点：使用寿命长，一般可达半年至一年；耗费活性材料少；电极膜电势不受压力及机械搅动的影响；电极膜容易洗涤干净。

PVC 膜电极的典型制法是：将液态离子交换剂或中性络会载体与增塑剂、PVC 粉末一起溶解在四氢呋喃或环己酮中，混合均匀后倾倒到平底玻璃容器中。待四氢呋喃或环己酮挥发后成为活性物质，并分布在 PVC 支持体中的薄膜（一般厚为 0.3~0.5 mm）。将薄膜切成圆片，用四氢呋喃黏结到 PVC 塑料管支持杆的一端，灌入内充液，插入内参比电极，即成为 PVC 膜电极。目前已有 K^+、Ca^{2+}、NO_3^-、BF_4^- 以及 Li^+、Na^+、Ba^{2+}、ClO_4^-、SCN^- 等电极制作成 PVC 塑料膜结构，也有采用其他高聚物（如聚丙烯甲酯 PMA）及火棉胶等作为非孔支持体制做膜电极的。

9.2.2.4　气敏电极

气敏电极是一种气体传感器，由离子选择电极（如 pH 电极等）作为指示电极，与外参比电极一起插入电极管中组成复合电极。又称气敏探头，实质上是一个完整的电化学电池，由离子选择性电极和参比电极组成。主要应用于水质分析、环境监测、生化检验、土壤和食物分析等。

气敏电极亦被称为气体扩散电极，是应用离子选择电极最近发展起来的一种新型电极。这种间接传感气体的电极使用的气透膜不能渗透离子，而把测试溶液与内溶液分开，内溶液位于扩散膜与内玻璃 pH 电极或离子选择电极之间，当气体扩散进入内溶液反应达成平衡后，由内电极作出响应，所以选择性特别好。CO_2 电极是最先的一种，同一原理又有所谓气隙电极，用气隙代替气透膜，传感电极表面贴有泡沫塑料润湿电解液。目前气敏电极应用普遍的有 NH_3。测量时，试样中的气体通过透气膜或空隙进入中介液并发生作用，引起中介液中某化学平衡的移动，使得能引起选择电极响应的离子的活度发生变化，电极电位也发生变化，从而可以指示试样中气体的分压。

9.2.2.5 酶电极

酶电极是另一类敏化的离子选择电极，由离子敏感膜和覆盖在膜表面的涂层组成。涂层中含有对待测物质具有专效性反应的酶，而敏感膜对酶反应的产物有选择性响应。这类电极在生物、生理过程及医学研究中具有重要意义。研制酶电极的关键是找出一个合适的酶反应，这个反应必须有确定的产物且可用离子电极检测出来。有两种方法产生上述酶反应，其中一种是均相反应，如在氨基酸溶液中加入氨基酸氧化酶，氨基酸在酶催化下发生下列分解反应

$$R-CH_2-NH_2COO^-+O_2+H_2O \rightarrow R-COCOO^-+NH_4^++H_2O \qquad (9.5)$$

$$R-COCOO^-+H_2O \rightarrow R-COO^-+CO_2+2H^+ \qquad (9.6)$$

利用 CO_2 气敏电极测定反应产生的 CO_2 量，即可求得氨基酸含量。但是这种方法消耗的酶量太大，因此改进为另一种方法——在电极敏感膜上涂上一层含酶的明胶层。试样溶液与涂层接触时即发生酶催化反应，其产物由敏感电极测出。例如，用于血液中尿素含量测定的尿素酶电极基于下列酶催化水解反应

$$CO(NH_2)_2+2H_3O^+ \rightarrow 2NH_4^++CO_2+H_2O \qquad (9.7)$$

普遍应用的葡萄糖测定电极是一种以氧电极为基体的酶电极。从原理上来说，氧电极并不属于离子选择电极，而是一种伏安法敏感器件。由于葡萄糖电极的重要性，因此在此稍加说明。氧电极分为极谱式和原电池式两种，前者以金电极作为阴极，银/氯化银电极作为阳极，以饱和 KCl 溶液作为电解质用透气膜将电解质溶液与样品溶液分隔开。当在两极之间加上 0.2~0.9 V 电压时，氧在阴极上被还原，所产生电流的大小与氧浓度成正比。后者以铂丝（或金丝）作为阴极，金属铅作为阳极，KOH 溶液为电解质。此种氧电极不需要外加电压，当氧通过透气膜到达阴极表

面时发生还原反应，在阳极上发生的反应是铅被氧化。在葡萄糖电极中，葡萄糖氧化酶涂于氧电极表面，所发生的酶催化反应为

$$C_6H_{12}O_6 + O_2 + H_2O \rightarrow C_6H_{12}O_7 + H_2O_2 \qquad (9.8)$$

氧量的减少用氧电极测出，从而可计算出样品中葡萄糖浓度。此法已广泛用于临床生理生化测量，如用酶电极测定葡萄糖及尿素氮，方法快速、准确，一分钟即可得到测定结果，适用于抢救垂危病人。由于酶的种类极其繁多且反应效性高，目前已发展了许多种酶电极，应用也日趋广泛，是最有发展前途的电极之一。

9.2.3　全固态离子选择电极的发展

20世纪30年代，第一支离子选择性电极 – 玻璃电极的出现，使人们对它的研究开始逐渐广泛和深入。二十世纪六七十年代，离子选择性电极的研究取得了重大突破，具有代表性的研究有：发现卤化银薄膜的离子选择性电极，氧化锌对可燃性气体的选择性应答[5]，以及现代载基离子选择性电极，这为离子选择性电极的研究工作开启了新局面。这类电极通常被称为液接离子选择性电极，由离子选择性膜、内参比溶液和内参比电极以及惰性腔体四部分组成[6]。20世纪90年代，Pretsch等[7]提出了液接离子选择性电极中的稳态离子通量理论，实现了离子选择性电极机理研究的一大飞跃。时至今日，液接离子选择性电极发展相对成熟且应用广泛。但是，内参比液渗漏的问题干扰着痕量分析的准确性，通常这类电极的检出限一般仅在微摩尔，同时由于内参比液的存在，电极微型化及贮存方面也遇到了很多困难。介于上述缺点，将液接部分转变为固态即全固态离子选择性电极成为一大研究趋势。相对于传统的液接离子选择性电极，全固态离子选择性电极有许多优势：贮存方便、易维护、不受外界压强影响、低检测限、受温度影响小、可微型化制备等，目前已成为离子选择性电极一个重要的研究方向。

9.2.3.1　双电层电容型全固态离子选择性电极

双电层电容型全固态离子选择性电极是在导电基底和离子选择性膜之间添加的双电层电容材料作为离子电子转接层，以稳定界面电势，提高电子转移效率。双电层电容材料就像是不对称的电子电容器，一边是由离子选择性膜中透过的目标阳离子或阴离子携带的电荷，另一边是在转接层中的电子或空穴形成的电子电荷，电势的大小取决于双电层中的电荷总量。

响应过程如图9.4所示，样品溶液中的选择性目标离子与离子选择性膜中离子载体Ln络合通过离子选择性膜，在离子选择性膜和固接转换层之间的离子电子转换类似一个静电过程，离子选择性膜中的带电离子KLn+接触到固接转换层，部分

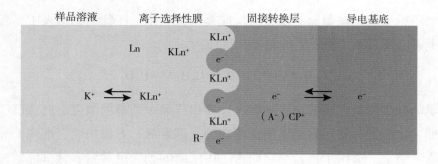

图 9.4　双电层电容转接层转换机理

电子与其发生电容耦合，双电层的电势被电势补偿离子改变，因此输出电势发生改变，继而标定了离子浓度。

双电层电容型的转接层材料的特点是具有较大的电容，增加电容最直接的方法就是增大转接层与离子选择性膜之间的接触面积。起初使用了石墨棒和压缩木炭增大接触面积，但是并没有对其进行测定。近些年来，研究者尝试将既能控制结构又能确定表面积的纳米结构碳材料作为固态转接层，如三维结构多孔碳、碳纳米管、富勒烯、石墨烯和多孔碳微球等。这些碳材料在电化学测试的条件下很稳定，并且由于独特的纳米结构其表面积很大，是一类很好的固态转接层材料。除用于离子电势传感外，这些材料还应用在生物传感、电容器的制备等领域。

9.2.3.2　赝电容型全固态离子选择性电极

在离子选择性膜和导电基底之间添加具备较大的氧化还原电容的导电材料作为固态转接层，所制备的离子选择性电极叫做赝电容型全固态离子选择性电极。这类材料既有电子导电性，又因掺杂离子而具有很好的离子传导性。它的响应机理是通过发生氧化还原反应（或掺杂反应）将电荷从离子传递到电子，继而通过导电基底，最后通过显示电压得到离子的浓度。离子 – 电子的转换过程如下：

$$CP^+A^- + K^+ + e^- \, CPA^-K^+$$

$$CP^+R^- + e^- \, CP + R^-$$

其中，CP 代表的是导电聚合物，A^- 是掺杂离子，K^+ 和 R^- 是选择性目标离子和疏水的对离子。它们在离子选择性膜和固态转换层之间转移传递如图 9.5 所示。目标离子与离子选择性膜中的离子载体 Ln 络合，通过离子选择性膜，随后目标离子与掺杂着疏水性交换阴离子的导电聚合物 CP^+A^- 发生氧化还原反应，将离子信号转换为电子信号传输到导电基底。

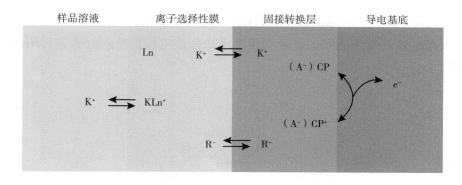

图 9.5　赝电容转接层的转移机理

9.2.3.3　双电层电容与赝电容混合型全固态离子选择性电极

双电层电容与赝电容型全固态离子选择性电极各自的优缺点可归纳总结如下：双电层电容型离子选择性电极电容大、电极电势稳定、化学性质稳定、抗干扰能力强，但是其疏水能力较差，易形成水层影响电极使用寿命。目前，双电层型固态转换层材料以碳材料为主，在新材料的应用方面有局限性。赝电容型固态转换层疏水性好、导电性好、电阻小、部分赝电容型固态转换层的化学性质稳定但是合成方法复杂（如金纳米簇），虽然导电聚合物赝电容型固态转换层的合成方法简单但是易受外部环境的影响，抗干扰能力差。鉴于此，利用双电层电容材料大电容的优势和赝电容材料优异的离子电子传导性，将双电层电容材料与赝电容材料混合在一起作为离子电子转接层，可实现混合型全固态离子选择性电极的制备。这样可以在保持离子电子转移效率的同时又具有足够大的电容来稳定电势。这类材料以碳纳米管和导电聚合物进行掺杂作为固态转接层的研究为代表。

9.2.4　离子选择电极的检测方法

传统的离子选择性电极属于电位型传感器，其检测原理基于电极敏感膜的电位响应与分析物离子的活度关系符合能斯特方程。近年来，离子选择性电极蓬勃发展，其换能方式已经从传统的零电流电位检测法发展到计时电位法、库仑法、安培法、离子迁移伏安法、光学法等多种传感新方法。这些新型信号输出方式的采用提高了聚合物膜离子选择性电极的检测性能，扩大了电极的应用范围。

目前，聚合物膜离子选择性电极是研究最为活跃的离子选择性电极，主要包括液体接触式电极和全固态电极两类。聚合物敏感膜通常由聚合物基体材料、离子载体、增塑剂和离子交换剂组成。其中，聚合物基体材料是敏感膜的骨架部分，用以保持膜的机械稳定性；离子载体能够特异性地识别目标离子，对离子选择性电极的检测性能起决定性作用；增塑剂可提高聚合物敏感膜的柔韧性，并保持膜组分的流动性；离子交换剂用以实现在液/膜界面的离子交换过程。

接下来，就近年来发展的聚合物膜离子选择性电极传感新方法进行阐述，具体分类见图9.6。

图 9.6　基于聚合物膜离子选择性电极的传感新方法

9.2.4.1　计时电位法

近些年来，计时电位法已经逐渐成为离子选择性电极常用的信号输出方式之一[8-9]，在该方法中，对聚合物膜离子选择性电极施加脉冲电流，可产生由溶液相到敏感膜相的净离子通量。此时，计时电位变化主要由样品/敏感膜界面的待测离子浓度决定。当溶液 - 敏感膜界面处的待测离子耗尽时，背景离子迁移进入膜内以满足离子通量，并引起电极电位急剧变化，该电位拐点对应的时间即为过渡时间。过渡时间和电位变化这两个变量均与样品中待测物的浓度相关，因此，可以电位变化和过渡时间这两种输出方式对待测物浓度进行定量分析。对聚合物膜离子选择性电极施加脉冲电流也可以产生由敏感膜相到溶液相的离子通量，利用计时电位信号变化实现对目标物的检测。

（1）以电位作为输出信号

此方法通过对电极施加恒定电流，待测离子在电流驱动下跨膜迁移产生离子通量，导致敏感膜/溶液两相界面处待测离子的消耗，并伴随膜电位的变化。该膜电位的大小与样品中待测离子的浓度相关，故可通过计时电位的变化对待测物浓度进行定量分析（图9.7）。根据外加电流产生的离子通量方向进行分类，以电位作为输出信号的计时电位法检测模式主要分为两种：一种是利用外加电流产生由样品向敏感膜相的离子通量，另一种是基于外加电流产生由敏感膜相向样品一侧的离子通量。

在基于由样品相向敏感膜相的离子通量而进行的计时电位检测方面，Bakker 等借助离子通道对离子通量的调节作用以及蛋白质 – 生物素之间的相互作用[10]，在生物素修饰的离子选择性膜表面上固定亲水性纳米孔膜，构筑了基于仿生离子通道的计时电位型传感器，用于蛋白质检测（检出限为 0.1~1 μg/mL）。Qin 等利用聚多巴胺类仿贻贝黏蛋白材料构建了基于表面分子印迹聚合物的计时电位型传感器[11]，以聚离子作为指示离子，基于表面印迹聚合物与生物分子之间发生反应造成的表面阻碍效应，引起指示离子通量的变化，可实现对蛋白质分子及细胞体的高灵敏、高选择性、快速电化学检测。与传统的检测方法相比，该方法的线性范围、检出限均有明显改善。

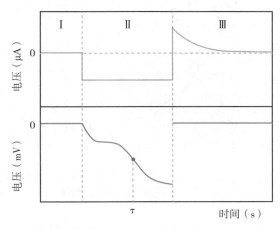

图 9.7　计时电位测量方法及响应曲线（以阳离子选择性电极为例）

（2）以过渡时间作为输出信号

在计时电位分析中，主离子在敏感膜界面处耗尽时的时间称为过渡时间。过渡时间的平方根与待测离子的浓度线性相关，其定量关系符合 Sand 方程，如式（9.9）所示。在该输出信号模式下，离子通量的方向大多是从样品相至敏感膜相。

$$\tau = \pi D_j^{aq} \left[\frac{Z_j F A c_j^{*,\,aq}}{2i} \right]^2 \tag{9.9}$$

其中，D_j^{aq} 为离子 j 在溶液相中的扩散系数，$c_j^{*,\,aq}$ 为溶液中 j 离子的浓度，i 为所施加的脉冲恒电流大小，Z_j 为离子 j 所带电荷，F 为法拉第常数，A 为膜面积。

9.2.4.2　库伦法

基于离子选择性电极的库伦分析法是指控制电位库仑法。在该方法中，离子定向迁移或离子 – 电子转导层的氧化还原反应可产生相关的衰减电流，当电流衰减到接近于零时，计算所得的 i-t 曲线积分即可得到总的电荷量，此电荷量的大小与样品中待测离子的活度或浓度变化相关。目前此技术的主要研究方向是薄层库仑分析法和基于氧化还原电容的恒电位库仑分析法。相比于传统的电位输出方式，该方法旨在开发具有稳定性高、可避免重复校准等优点的传感器。Bakker 等率先提出了基于离子选择性敏感膜的薄层库仑检测模式[12]，他们利用外加的脉冲电位迫使主离子从薄层样品溶液选择性地通过离子选择性膜进入外层溶液。在目标离子转移过程中可产生一个相应的衰减电流，通过积分计算得出电荷量，并基于电荷量与待测离子浓度之间的数学关系进行定量分析（图 9.8）。采用多脉冲方法可消除背景电流，以减少非法拉第过程对检测的影响。虽然该体系仍未真正实现理想化的免校准分析，但是这种多脉冲技术已被证明可以较好地改善传感器性能，目前该方法已成功应用于 K[+]、肝素、硝酸盐等多种物质的检测。

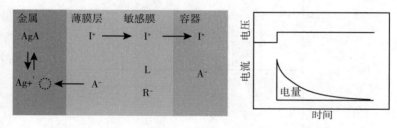

R[-]：阳离子交换剂；L：亲脂性离子载体；I[+]：待测阳离子

图 9.8　薄层库仑法检测示意图

除了薄层库仑分析技术，近年来，Bobacka 等还提出了基于氧化还原电容的恒电位库仑法[13]，该研究以 3，4- 聚乙烯二氧噻吩（PEDOT）作为离子－电子转导层构建了固体接触式阳离子选择性电极，并以此为指示电极。利用恒电位仪使参比电极与工作电极之间的电位恒定，此时溶液中的主离子活度变化将在引起膜界面电位变化的同时，在固体接触层产生一个数值相等的相反电位，而后固体接触层的电位变化可产生相应的电流直至新的平衡再次建立。最后，通过总电荷量与离子活度之间的数学关系对待测离子进行定量分析。2018 年，Bobacka 和 Bakker 等提出了一种针对上述库仑输出模式的电容理论模型[14]，阐明了导电聚合物层的膜电阻、厚度以及离子选择性敏感膜对瞬态电流、响应时间和总累积电荷的影响。这种库仑法信号输出模式可以通过增加离子－电子转导层的电容（厚度）放大分析信号，进一步提高离子检测的灵敏度。在优化条件下，K[+] 选择性电极可以检测 0.1% 的活度变化。利用库仑法可以提高离子检测灵敏度的优点，近期，Bakker 等利用电容器与离子选择性电极偶联实现了对海水 pH 值的高灵敏检测[15]，该方法测量精度可达0.001 个 pH 单位。

9.2.4.3 安培法

近些年，利用安培法提高离子选择性电极的分析性能已逐渐成为研究热点。与传统的电位测量相比，安培法的引入可以改善离子选择性电极的性能参数，如提高灵敏度、降低检测限、扩大测定范围等。安培法测量曲线如图 9.9 所示。

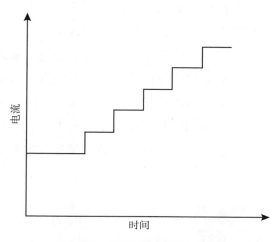

图 9.9　安培法测量响应曲线

Pretsch 等报道了在恒电位控制下离子选择性电极的电流响应性能[16]，并通过构建模型系统，从理论角度分析了在离子选择性膜上发生的电化学过程。该体系是在聚合物膜离子选择性电极上开展安培法研究的早期工作之一。Höfler 等也提出了一种安培检测模式[17]以提高传统离子选择性电极的选择性，降低检出限。这种安培模式的检测原理可简述如下：在三室的电化学检测池中，两种不同的离子选择性膜（一种含有离子载体，另一种不含离子载体）在与样品溶液接触时，相界电位的不对称变化可引起置于外部两个分析池内的两根 Ag/AgCl 电极之间产生电流。通过检测此电流，可以对样品中待测离子活度进行定量分析。在该体系中，检测电流可以达到 pA 级水平，在 0.1 mM K^+ 背景下可实现对 200 nM NH_4^+ 的准确检测。光电化学分析作为一种新兴的、有前景的分析技术，已经引起了研究人员的广泛关注。溶液中离子活度的变化可引起参比电极的电位变化，从而电极上产生光电流，以光电流作为指示信号，实现对离子的定量分析。

9.2.4.4 离子迁移伏安法

基于固体接触式聚合物膜离子选择性电极的离子迁移伏安法是利用离子－电子转导层的氧化还原反应引发待测离子在两个互不相溶的液相界面处（即待测溶液相和聚合物敏感膜相）产生迁移以获得电流信号，实现对待测离子的定量分析。这种传感模式已被列为离子选择性电极的新型信号输出方式之一，其检测过程可简述如下：当施加特定电压时，固体接触式聚合物膜离子选择性电极的离子－电子转导层发生氧化－还原反应，进而引发溶液中的待测离子从溶液相向聚合物敏感膜相一侧迁移；当再次施加电压使离子－电子转导层发生氧化－还原逆反应时，聚合物敏感膜相中的待测离子会重新释放至溶液相，以此在两相界面处产生离子流并获得伏安电流信号。虽然该方法与伏安法在检测过程上相似，但在工作原理和定量方式上却截然不同。溶出伏安法是利用单一溶液相中待测离子在电极表面发生的氧化－还原反应产生相应电流，并根据电流强度与待测离子浓度之间的线性关系对离子进行定量分析；而基于固体接触式聚合物膜离子选择性电极的离子迁移伏安法并未涉及待测离子的氧化－还原反应，且检测对象也不局限于具有电化学反应活性的离子。此外，基于固体接触式聚合物膜离子选择性电极的离子迁移伏安法检测模式的原理如图 9.10 所示。

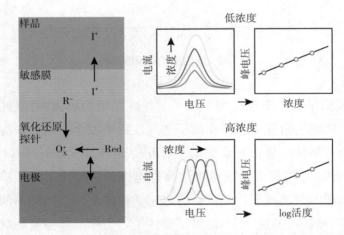

图 9.10　基于固体接触式聚合物膜离子选择性电极的离子迁移伏安法
检测原理（R^-：阳离子交换剂；I^+：待测阳离子）

　　当待测离子浓度低于 10 μM 时，其在两相界面处的迁移受扩散传质过程的影响，此时所得 i-E 曲线的峰电流强度与离子浓度呈线性相关，峰电流强度作为信号输出，可测定溶液中待测离子的浓度；当待测离子浓度大于 10 μM 时，电极响应受热力学平衡影响，此时所得 i-E 曲线的峰电位随待测离子浓度的增加发生位移，且电位位移的数值与溶液中待测离子的活度满足能斯特方程，将峰电位位移的数值作为信号输出，可测定待测离子的活度，此时电极表现出传统离子选择性电极的性能特征。

9.2.4.5 光学法

基于聚合物膜离子选择性电极的光学信号输出模式主要是将离子选择性电极的电极电位转化为光学信号，记录并进行分析的方法。研究者主要利用电致变色效应和电化学发光等手段来实现信号的转化，这种光学信号输出模式具有不受样品颜色和浊度影响、装置简单、灵敏度高等优点。

近些年，电化学发光（ECL）将光谱技术与电化学紧密结合，并在生物免疫分析、纳米材料、发光器件等领域得到了深入研究。Bakker 等率先报道了电化学发光在离子选择性电极上的应用[18]，其基本原理是通过在以联吡啶钌 $[Ru(bpy)_3^{2+}]$ 和 N，N– 二丁基醇胺（DBAE）修饰的金电极（工作电极）与 K^+ 离子选择性电极（参比电极）之间施加恒定电位，使 $Ru(bpy)_3^{2+}$ 和 DBAE 发生氧化反应，在金电极上产生光，然后用光电倍增管收集光信号。工作电极的电位与样品中 K^+ 活度直接相关，而工作电极电位的变化可进一步改变 ECL 的输出，故利用 ECL 强度与 K^+ 活度对数的线性关系，可进行待测离子的定量分析（图 9.11），其线性响应范围为 10 μM~ 10 mM。近期，他们还基于计时电位法，利用氢离子选择性膜电极对 0.06~0.62 mM 的碳酸碱度进行了可视化检测。该研究工作成功地将计时电位检测过程中的电极电位变化转换为 ECL 信号，并利用特定电压下光脉冲信号发生的时间（而非传统计时电位技术的过渡时间）与待测物浓度间的数学关系进行定量分析。相比于利用光强度定量的检测方法，该方法无须额外的光信号收集器，仅通过照相机甚至肉眼即可观测到光脉冲信号，使其在野外现场检测方面极具应用优势。

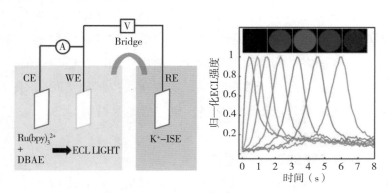

图 9.11 电化学发光型电位传感器装置示意图及响应曲线

基于比色分析的传感平台已成为重要的分析工具，其中基于酶与相应底物之间的特异性反应并借助显色剂产生颜色变化的检测方法已被广泛研究，此类方法可以使人们在不借助特殊仪器的前提下用肉眼观察到目标物的浓度信息。Qin 等提出了一种基于电位调控释放酶的光学离子传感平台[19]，其基本原理是在铁 – 海藻酸－辣根过氧化物酶（HRP）修饰的玻碳电极（工作电极）和常规的离子选择性电极（参比电极）之间施加一个恒定电位，样品室中分析物浓度的变化导致离子选择性电极的电位变化并改变工作电极的电位，这会进一步引发酶的释放和检测室中的颜色变化。Xie 等近年来在离子选择性电极的光学信号读出方法方面做了大量的研究工作[20]，提出了一种在计时电流法模式下基于发光二极管（LED）的离子选择性电极电位信号－光学信号转导机制，通过 LED 的光强度直接反映离子活度变化，实现了高灵敏度、宽浓度范围的实时检测，对 Pb^{2+} 的检测范围为 10 nM~100 μM。Bakker 等将双极电极系统与比色分析方法相结合[21]，将离子选择性电极的电位响应变化转化为双极电极指示层的颜色变化，并建立了相应的理论模型。

9.3 离子敏场效应管

离子敏场效应晶体管（ISFET）是离子敏感、选择电极制造技术与固态微电子学相结合的产物，ISFET 的一大突出优势是可以采用 CMOSIC 工艺批量制作，工艺简单。ISFET 是一种微电子离子选择性敏感元件，兼有电化学和晶体管的双重特性[25]，与传统离子选择电极相比，具有以下优点：①灵敏度高，响应快，测仪表简单方便，输入阻抗高，输出阻抗低，兼有阻抗变换和信号放大的功能，可避免外界感应与次级电路的干扰作用；②体积小，重量轻，特别适用于生物体内的动态监测；③不仅可以实现单个器件的小型化，而且可以采用集成电路工艺和微加工技术，实现多种离子和多功能器件的集成化，适于批量生产，成本低，并具有微型化、集成化的发展潜力；④可以实现全固态结构，机械强度大，适用范围广，适应性强；⑤易于与外电路匹配，使用方便，并可与计算机连接，实现在线控制和实时监测；⑥ ISFET 的敏感材料具有广泛性，不局限于导电材料，也包括绝缘材料。

9.3.1 离子敏场效应管的工作原理

ISFET 是一种电位测量装置，其工作方式类似于金属氧化物半导体场效应晶体管（Metal-Oxide-Semiconductor Field Effect Transistor，MOSFET）。MOSFET 由四个端子组成，即源、漏、栅、衬底。场效应晶体管的栅极电压控制源极和漏极之间的电流流动。电流控制机制基于施加在栅极上的电压所产生的电场，电场导致底部源漏之间的沟道内载流子产生积累或耗尽，引起沟道电导增加或减少，从而导致源漏之间电流的变化。ISFET 的结构与测试如图 9.12 所示。

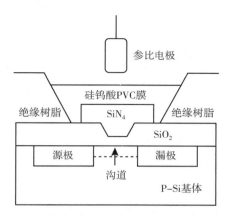

图 9.12　ISFET 的结构图和测试示意图

使用时，ISFET 的栅介质（或离子敏感膜）直接与待测溶液接触，在溶液中必须设置参考电极，以便通过它施加电压使 ISFET 工作。待测溶液相当于一个溶液栅，它与栅介质界面处产生的电化学势将对 ISFET 的 Si 表面的沟道电导起调制作用，所以 ISFET 对溶液中离子活度的响应可由电化学势对阈电压 V_T 的影响来表征

$$V_T = (\varphi_1 + V_1) - \left[\frac{Q_{ox}}{C_{ox}} - 2\varphi_F + Q_B / C_{ox} \right] \tag{9.10}$$

式中，φ_1 为溶液与栅介质界面处的电化学势，V_1 为参考电极和溶液之间的结电势，Q_{ox} 为氧化层和等效界面态的电荷密度，Q_B 为衬底耗尽层中单位面积的电荷，φ_F 为衬底体费米势；C_{ox} 为单位面积栅电容。对确定结构的 ISFET，式（9.10）中除 φ_1 外，其余各项均为常数，所以 V_T 的变化只取决于 φ_1 的变化，而 φ_1 的大小取决于敏感膜的性质和溶液离子活度。

与 MOSFET 不同的是，ISFET 的栅极被离子选择膜、电解液和参比电极取代，顶部施加电压的液体也可称为液栅。当在参比电极上施加固定电压时，电解液中不同的离子浓度以及不同的选择性膜使栅绝缘层上产生不同的界面电势，相当于在栅极施加了栅压，从而进一步引起沟道中的载流子分布以及源漏电流的变化。实际上，ISFET 就是将普通的 MOSFET 的金属铝栅换为对离子有选择性响应的敏感膜，让敏感膜直接与被测离子溶液接触，通过离子与敏感膜的相互作用调制场效应晶体管的漏极电流和源极电流的变化，达到检测溶液中离子活度的目的。作为离子敏感电极，它的可逆性、阶跃响应特性（即响应的灵敏度）和跨导（相当于放大率）只要在合适的离子膜下面，就可以得到令人非常满意的结果。实验证明，ISFET 的稳定性和寿命完全符合化学分析要求。

9.3.2 离子敏场效应管的分类

ISFET 的种类主要按照敏感膜的不同和敏感层的敏感机理来分类[26]。

9.3.2.1 按照敏感膜的不同分类

（1）无机 ISFET

其敏感膜一般为无机绝缘栅、固态膜或有机高分子 PVC 膜，用于检测 NH_4^+、H^+、K^+、Na^+、F^-、Cl^- 等无机离子。

（2）酶 FET

酶 FET 由一层含酶的物质与 ISFET 结合所构成，即在敏感栅表面固定一层酶膜，利用酶与底物之间高效、专一的反应进行选择性地测定，是研究最多的一种场效应管生物传感器。

（3）免疫 FET

免疫 FET 是由具有免疫反应的分子识别功能敏感膜与 ISFET 相结合所构成，其中包括非标记免疫 FET 和标记免疫 FET 两种。各种基于免疫 FET 的传感器的研制已经获得初步成功[24]。

（4）组织 FET

组织 FET 是以哺乳动物或植物的组织切片作为分子识别元件与 ISFET 相结合所构成。由于组织只是生物体的局部，组织细胞内的酶品种可能少于生命整体的微生物细胞内酶品种，因此组织 FET 可望有较高的选择性。

（5）微生物 FET

微生物 FET 是由具有分子识别能力的微生物与 ISFET 相结合构成。其原理是利用微生物对某些特定物质的转化作用，产生可被 ISFET 检测到的信号。微生物 FET 的测定原理有两种类型；一类是利用微生物在同化底物时消耗氧的呼吸作用；另一类是利用不同的微生物含有不同的酶。

ISFET 传感器按敏感层的敏感机理分为三类，即阻挡型界面绝缘体、非阻挡型离子交换膜、固定酶膜。所有 ISFET 传感器的硅表面钝化层和防水化层是相同的，不同的仅是离子敏感层的表面。

9.3.2.2 按照器件结构分类

此外，根据器件结构的不同，ISFET 还可分为基于传统栅结构的 ISFET 和基于延展栅结构型的 ISFET。

（1）基于传统栅结构的 ISFET

基于传统栅结构的 ISFET 在场效应晶体管的沟道上直接覆盖传感膜和选择性膜，通过液栅的方式，缓冲液中的离子浓度变化直接影响沟道中的载流子及电流的变化。纳米尺度器件具有比表面积大、可消除非特异性分子吸附的特点，有助于提高生物传感器的检测限和选择性。

1）基于二维材料石墨烯的 ISFET

石墨烯具有独特的物理和化学性质。例如，在室温下具有超高载流子迁移率、较大的比表面积以及较好的化学稳定性[25]，而且石墨烯具有流动性高、固有噪声低、灵敏度高和价格低廉等优点，使制成的生物传感器可替代传统的比色方法进行检测。

2）基于硅纳米线的 ISFET

纳米线具有比表面积大、生物兼容性好、灵敏度高等特点，可用来制备高灵敏度的纳米线 ISFET 生物传感器，并用于蛋白质分子、DNA、抗原和抗体等生物标志物检测。其中，硅纳米线场效应晶体管（Si/NW-FET）生物传感器与集成电路工艺相兼容，更容易实现微型化和商业化，因而日益受到重视[26]。基于硅纳米线的 ISFET 传感器如图 9.13 所示。

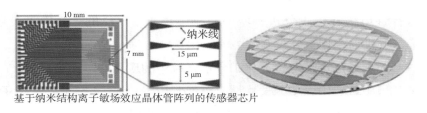

基于纳米结构离子敏场效应晶体管阵列的传感器芯片

图 9.13　基于硅纳米线阵列和 ISFET 传感器实物图

（2）基于延展栅结构型的 ISFET

在检测过程中，传统栅结构的 ISFET 器件主要缺点在于传感器敏感区域长时间暴露在水电解质中，会对较薄的表面介质薄膜产生化学腐蚀与损伤。为了克服这些缺点，研究者提出了稳定性更高的延展栅场效应晶体管（Extended-Gate Field-Effect Transistor，EGFET）器件。如图 9.14 所示，该器件主要由两个部分组成：传统的场效应晶体管器件（MOSFET）和通过导线与栅极连接的延展电极，该电极浸入待检测的离子/分子溶液中。EGFET 的传感机制与 ISFET 几乎相同，但 EGFET 只有延展电极接触溶液，晶体管不与液体直接接触，可避免晶体管的化学腐蚀与损伤。多次检测之后，只需要对传感电极部分进行替换，更为自由和方便，可应用于不同的传感场景。

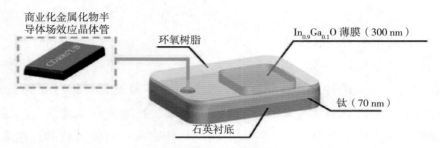

图 9.14　延展栅场效应晶体管的结构图

9.4　离子敏传感器的应用及发展趋势

离子敏传感器的主要应用范围可以归纳为环境保护方面的分析、工业流程的分析以及医学上的分析。目前已经出现了许多应用离子敏传感器的专用分析仪、自动分析仪、水质分析仪及大气组分分析仪等商用仪器。

9.4.1　在化工分析领域中的应用

离子选择性电极在化工分析领域中的应用是非常广泛的，其中主要包括阳离子、阴离子、有机物在化工分析领域中的应用。

9.4.1.1　阳离子选择性电极在化工分析领域中的应用

在化工分析领域，阳离子的选择性电极通常用于 Ca^{2+}、K^+、Na^+ 等离子的测定，或用来检测铜离子的含量[27]。如图 9.15 所示，通过简便的水热/溶剂热法制备不同形貌的 $NiCo_2S_4$ 材料作为固体接触，构建了 Ca^{2+}–ISE 并记录了该电极在 $10^{-1} \sim 10^{-9}$ M 浓度范围内对 Ca^{2+} 的电位响应。随着膜技术的迅速发展，惰性电极也逐渐进入研究

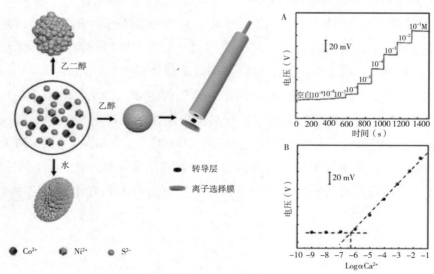

图 9.15　钙离子选择电极及其检测性能曲线[28]

范围，并应用于化工领域。其中，钙离子选择性电极的研究历时最久，在化工分析领域中的检测技术也越来越成熟。近几年，科研人员在自动化检测钙离子方面进行了多次的研究和尝试，使得它在选择性和敏感度方面都有了很大的进展，使用寿命方面也得到了提高，研究也已经有了比较理想的成效。

9.4.1.2　阴离子选择性电极在化工分析领域中的应用

一般选用氟离子作为电极，目前对于氟离子的检测方法还是比较成熟的。同时，电极法也可以检测出溴离子、氯离子、碘离子等离子（图 9.16）。对于生乳中碘离子含量的检测，科研人员对电极法和化学法这两种方法进行了详细的对比分析。结果发现，利用微量化学法进行检测需要的时间更长，并且在重现性方面有一定的局限性，不能满足常规检测的要求。这些不足都可以通过电极法得以有效的弥补。

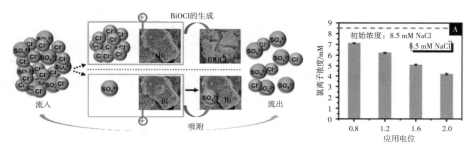

图 9.16　铋电极选择性检测氯离子[29]

9.4.2　在临床医学中的应用

在临床医学中，主要的检查对象是人或动物的体液（包括血液、脑髓液和汗液等）和活性组织。由于人体内除了尿液和汗液外，其他体液的组成在身体正常与不正常的情况下变化很小，而 ISFET 可以迅速而准确地检测出人或动物体液中某些与身体器官病态有关的无机离子（如 H^+、K^+、Na^+、Cl^-、F^-、I^- 等）的微量变化（图 9.17），为正确诊断病情和临床抢救提供了可靠依据。

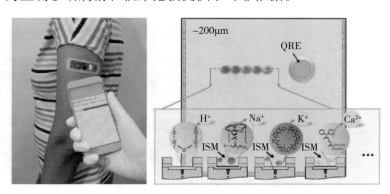

图 9.17　离子选择性膜功能化的 Na^+、K^+、Ca^{2+} 传感[30]

9.4.3 在环境保护方面的应用

ISFET 在大气污染的监测中具有重要作用，监测的内容很多，如通过检测雨水中各种离子的浓度监测大气污染情况，并采用对各种离子敏感的 ISFET 及测量系统集成化的离子敏感探头迅速查明污染原因（图 9.18）。

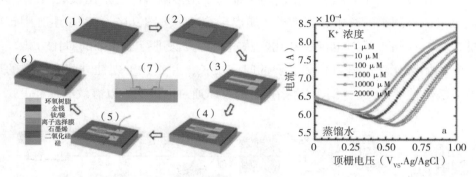

图 9.18　石墨烯基 ISFET 对 K+ 离子的高灵敏检测 [31]

ISFET 可用于土壤中某些营养物质的测定，同时也可测定某些肥料分解转化产物。为了判断土壤肥力，对氮素的供应状况通常利用植株中的氨基酸来判断。传统的比色法受植株颜色的干扰，且不能区分不同的氨基酸，而 ISFET 则不受这些限制。某些微量元素的增产机理实际上与酶的活性有关，微量元素并不直接参与种子内部淀粉、糖类或蛋白质的生成，而是经过酶的活性中心促进合成过程，利用 ISFET 传感器可研究微量元素的作用。在土壤中发生的电化学过程也不单纯是无机物之间的传质过程，而是伴随着有酶参与的反应，因此，ISFET 传感器也可应用于土壤的生物电化学研究（图 9.19）。

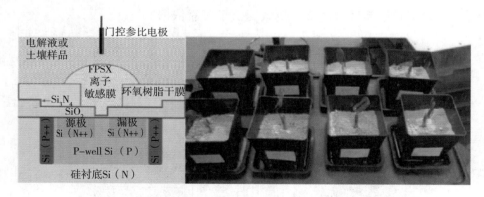

图 9.19　ISFET 检测土壤中的氮基离子 [32]

9.4.4　其他方面的应用

ISFET 具有小型化、全固态化的优点，因此对被测样品的污染影响很小。在食品工业中，可以用它来测量发酵面粉的酸碱度，随时监测发酵情况；还可以检测药品纯度及洗涤剂的浓度等。

9.4.5　离子敏传感器的发展趋势

首先，离子选择性电极的发展是电位分析法自 20 世纪 60 年代以来最重要的进展，是电化学分析方法的重要分支，也是能斯特公式在分析中的直接应用。尽管电极分析方法具有一系列优点，但该方法以目前发展水平，在实际应用中仍受到不少限制。所以，科研人员正逐步加强有关基本理论研究，以期进一步解决离子电极的制造与应用中存在的各种问题，为设计性能优良的电极提供理论与实验依据。除对本文所介绍的电极进行系统研究，为了寻找对不同离子具有选择性的电极膜，人们对其他的一些离子选择电极也进行了探索和试验。

1）在提升固体膜电极性能方面，用金属锡或铅作电流引出线制成全固态氟电极，用以提高电极的稳定性和重复性。此外，对氯电极、铅电极等也有较为深入的研究。

2）在固相离子选择电极的敏感材料方面，研究人员对硫族玻璃电极做了大量的研究工作，经研制的银、铅、镉、铜、溴等硫族玻璃电极与普通晶体离子电极相比，显示出较好的灵敏度和选择性；在耐强酸、强氧化物或腐蚀性方面明显优于后者。这种类型的电极较普通二元化合物电极灵敏度高几十倍，响应时间快一倍，选择性高一倍。

3）在中性载体电极的发展层面，已经在生物体中发现各种环状链状抗生素，它们具有诱导离子穿过生物膜的功能，这类物质统称离子载体。目前，商品化中性载体电极有钾、钠、钙、氢等电极。中性载体电极可分开链和大环两大类。

4）在计算机应用方面，近年来离子选择电极越来越广泛地渗透到各类分析仪器中。离子选择电极应用微机具有以下特点：不必预先分离干扰离子；可同时测定多种离子的活度，使分析方法简便快速；分析结果可设计一个软件，以分析在非能斯特区域的反应曲线，大大提高了分析数据的准确性；既可用于实验室分析，还可进行现场监测，这种由计算机控制的仪表使离子选择电极实现了现场监测。

除研制各种新型离子电极外，离子选择电极正在向微型化、多功能化、集成化、智能化、离子敏场效应晶体电极方向发展。近 30 多年来，尽管研制出了各种 ISFET 器件，但其在生物化学传感器领域中能够商品化的器件并不多，主要原因在于稳定性不好、温度漂移性、时间漂移性和使用寿命短等。为了克服这些不利因素，近年来，国内外进行了广泛而深入的研究。

1）零温度系数工作点调节法。ISFET 原理是基于传统的 MOSFET，其阈值电压及沟道载流子浓度都随温度升高而增大，所以在 ISFET 的偏置条件特性中存在一个零温度系数点。然而，零温度系数工作点随制造工艺及工作环境的改变而变化。因此，设定 ISFET 尽量靠近零温度系数工作点可大大改善温度对器件性能的影响。

2）参比电极的微型化。ISFET 在使用过程中需要参比电极来提供电位基准，器件和参比电极的分离将影响 ISFET 的应用，因此，将参比电极微型化集成到芯片上是改进 ISFET 的普遍方法。

3）外延栅极的场效应管。ISFET 工作在导电溶液中，器件与溶液的绝缘性成为影响 ISFET 稳定性和使用寿命的一个关键性因素。针对这个问题，有人提出了一种新的结构——外延栅极场效应管。许多 ISFET 采用的封装方法是涂胶保护结构，只露出敏感区。而延长栅极后，测量时只需将延长的栅极浸入待测液中，从而保护场效应管不受溶液的干扰和腐蚀，也可完全解决光的影响，提高了器件的可靠性和使用寿命。

4）复合多功能场效应管。复合多功能场效应管是将独立的场效应管进一步集成化的结果。在同一硅片上集成多个 ISFET，并修饰上不同的敏感膜，可实现对不同离子、生物分子乃至气体的测定。

5）结合流动注射分析的场效应管。研究表明，当被测溶液呈流动状态时，不会对 ISFET 器件的测量结果产生影响[33]，且参比电极的电位对被测溶液的影响也可忽略。将流动注射分析与 ISFET 相结合，可减少取样量，且易于实现在线控制和自动化；对 ISFET 稳定性要求低，不会对器件敏感性、稳定性和测量结果产生影响，还可以自动校准。

参考文献

［1］黄德培. 离子选择电极的原理及应用［M］. 北京：新时代出版社，1982.

［2］俞汝勤. 离子选择性电极分析法［M］. 北京：人民教育出版社，1980.

［3］Bergveld P. Development of an ion-sensitive solid-state device for neurophysiological measurements［J］. IEEE Transactions on Biomedical Engineering, 1970, 17（1）: 70-71.

［4］吴国强. 离子选择电极在临床检验中的应用［M］. 南京：南京大学出版社，2017.

［5］Seiyama T, Kato A, Fujiishi K, et al. A new detector for gaseous components using semiconductive thin films［J］. Analytical Chemistry, 1962, 34（11）: 1502-1503.

［6］Potyrailo R A, Mirsky V M. Combinatorial and high-throughput development of sensing materials: the first 10 years［J］. Chemical Reviews, 2008, 108（2）: 770-813.

［7］Sokalski T, Ceresa A, Zwickl T, et al. Large improvement of the lower detection limit of ion-selective polymer membrane electrodes［J］. Journal of the American Chemical Society, 1997, 119（46）: 11347-11348.

［8］Crespo G A, Afshar M G, Bakker E. Reversible sensing of the anticoagulant heparin with protamine permselective membranes［J］. Angewandte Chemie International Edition, 2012, 124（50）: 12575-12578.

［9］Makarychev M S, Shvarev A, Bakker E, et al. Calcium pulstrodes with 10-fold enhanced sensitivity for measurements in the physiological concentration range［J］. Analytical Chemistry, 2006, 78（8）: 2744-2751.

［10］Xu Y, Bakker E. Ion channel mimetic chronopotentiometric polymeric membrane ion sensor for surface-confined protein detection［J］. Langmuir, 2009, 25（1）: 568-573.

［11］Liang R, Ding J, Gao S, et al. Mussel-inspired surface-Imprinted sensors for potentiometric label-free detection of biological species［J］. Angewandte Chemie International Edition, 2017（56）: 6833-6837.

［12］Pawlak E, Bakker E. Ferrocene bound poly（vinyl chloride）as ion to electron transducer in electrochemical ion sensors［J］. Analytical Chemistry, 2010, 82（16）: 6887-6894.

［13］Vanamo U, Hupa E, Yrjänä V, et al. New signal readout principle for solid-contact ion-selective electrodes［J］. Analytical Chemistry, 2016, 88（8）: 4369-4374.

［14］Jarolímová Z, Han T, Mattinen U, et al. Capacitive model for coulometric readout of ion-selective electrodes［J］. Analytical Chemistry, 2018, 90（14）: 8700-8707.

［15］Kraikaew P, Jeanneret S, Soda Y, et al. Ultrasensitive seawater pH measurement by capacitive readout of potentiometric sensors［J］. ACS Sensor, 2020, 5（3）: 650-654.

［16］Morf W E, Pretsch E, Rooij N F. Computer simulation of ion-selective membrane electrodes and related systems by finite-difference procedures［J］. Journal of Electroanalytical Chemistry, 2007, 602（1）: 43-54.

［17］Stefan G, Gabe N, Nicola L B, et al. Recent advances in the analysis of complex glycoproteins［J］. Analytical Chemistry, 2017, 89（1）: 389-413.

［18］Crespo G A, Mistlberger G, Bakker E. Electrogenerated chemiluminescence for potentiometric sensors ［J］. Journal of the American Chemical Society, 2012, 134（1）: 205-207.

［19］Zhu J B, Zhang L B, Zhou Z X, et al. Aptamer-based sensing platform using three-way DNA junction-driven strand displacement and its application in DNA logic circuit［J］. Analytical Chemistry, 2014, 86（1）: 312-316.

［20］Zhai J, Yang L, Du X, et al. A plasticizer-free miniaturized optical ion sensing platform with ionophores and silicon-based particles [J]. Analytical Chemistry, 2018, 90 (9): 12791-12795.

[21] Jansod S, Bakker E. Tunable optical sensing with PVC membrane-based ion-selective bipolar electrodes [J]. ACS Sensor, 2019 (4): 1008-1016.

[22] 黄德培. 离子敏感器件及其应用 [M]. 北京: 科学出版社, 1991.

[23] 张彩霞, 马小芬, 申霖, 等. 离子敏场效应晶体管（ISFET）的研究进展 [J]. 材料导报, 2007, 21 (6): 9-12.

[24] Anayagam S, Neuzil Z E, Go P, et al. An ISFET-based immunosensor for the detection of beta-Bunga-rotoxin [J]. Biosensors and Bioelectronics, 2002, 17 (9): 821.

[25] Fu W, Nef C, Tarasov A, et al. High mobility graphene ion-sensitive field-effect transistors by noncovalent functionalization [J]. Nanoscale, 2013, 5 (24): 12104-12110.

[26] Tarasov A, Wipe M, Stoop R L, et al. Understanding the electrolyte background for biochemical sensing with ion-sensitive field-effect transistors [J]. ACS Nano, 2012, 6 (10): 9291-9298.

[27] Marcineka A, Chapoulie A, Smith S, et al. Revised application of copper ion selective electrode (Cu-ISE) in marine waters: a new meta-calibration approach [J]. Talanta, 2021, 226 (1): 122170.

[28] Li Y H, Li J H, Qin W. All-solid-state polymeric membrane ion-selective electrodes based on NiCo2S4 as a solid contact [J]. Analytical Chemistry, 2022 (94): 3574-3580.

[29] Chang J J, Li Y P, Duan F, et al. Selective removal of chloride ions by bismuth electrode in capacitive deionization [J]. Separation and Purification Technology, 2020, 204 (1): 116600.

[30] Zhang J R, Rupakula M, Bellando F. Sweat biomarker sensor incorporating picowatt, three-dimensional extended metal gate ion sensitive field effect transistors [J]. ACS Sensor, 2019, 4 (8): 2039-2047.

[31] Li H M, Zhu Y H, Islam M, et al. Graphene field effect transistors for highly sensitive and selective detection of K^+ ions [J]. Sensors and Actuators, 2017 (253): 759-765.

[32] Joly M, Marlet M, Durieu C, et al. Study of chemical field effect transistors for the detection of ammonium and nitrate ions in liquid and soil phases [J]. Sensors and ActuatorsB, 2022, 351 (15): 130949.

[33] Wal P D, Sudholter E J, Reinhoudt D N. Design and properties of a flow-injection analysis cell using potassium-selective ion-sensitive field-effect transistors as detection element [J]. Analytica Chimica Acta, 1991, 245 (22): 159.

第十章　生化量传感器

生化量传感器是以生命活动及其相关的化学物质为检测对象，可识别、响应生物化学变化并将其转化为可用信号输出的器件，是研究生物化学变化规律的必要前提和重要工具。由于被测物本身的多样性，生化量传感器种类丰富、形式多样，在生命科学研究、医疗健康、食品安全、环境监测等多个领域发挥重要作用，并不断向着高灵敏度、高选择性、多功能集成、微型化、智能化的方向发展。本章首先介绍生化量传感器的相关基本概念和主要类型，然后依次从检测原理、研制方法、检测系统、应用测试这几个方面，结合具体实例对几种不同类型的生化传感器进行详细阐述。

10.1　生化量传感器概述

10.1.1　研究背景

生命活动的本质是一系列生物化学反应的集合。在生命个体增殖、代谢并且与外界环境不断相互作用的过程中，涉及数量庞大、错综复杂的生物化学变化。例如，核酸基于碱基互补原则完成遗传信息的传递；蛋白质、糖类、脂类都是构建细胞结构的重要物质，其分解又为生命活动提供能量；钾、钠、氯、钙等离子帮助维持细胞渗透压，并参与神经冲动传导；抗原抗体特异性结合参与机体免疫应答；细胞因子、神经递质、激素以及多种小分子可参与细胞间的信息传递及其他复杂生理功能。当机体功能出现异常时，也往往伴随着细胞活动及相关生化标志物浓度的改变。因此，及时准确地对这些生命活动过程及相关生化物质进行检测，了解其变化规律，是深入理解生命机制、开展相关疾病诊断及治疗方法研究的重要途径。与此同时，机体外界环境中的微生物及其代谢产物、残留药物等也会对生命活动产生有利或不利的影响，开展相关检测对保障生命安全、提高健康水平具有重要意义。

随着科学与技术的不断进步，针对多种生化物质的检测手段已得到了长足的发展。从 20 世纪初开始，基于质谱法、色谱法、光谱法、分光光度法、荧光法、比色法、X 射线衍射等的大型分析仪器被逐渐开发并不断成熟，目前几乎已经可以覆盖以上所有类别化学物质的定量检测。但它们的共同特点是样品前处理过程较为复杂，大多需要破坏细胞，无法实现原位、实时、动态、快速检测。另外，这些仪器内部可能包含多种光学或机械部件，体积庞大，仅适用于实验室分析。因此，针对不同被测物，研究新的敏感材料和检测机理，构建小型化、方便使用而又准确可靠的生化量传感器，成为长期以来生化检测手段发展的重要方向。

由于被测对象的多样性与复杂性，生化量传感器涵盖的范围很广，所采用的检测原理和器件形式也多种多样。1939 年，英国生理学家 Hodgkin 和 Huxley 用充满海水的玻璃管电极首次测到了乌贼的神经轴突动作电位[1]，这类将细胞膜内外离子浓度变化转换成电位信号的电极，即可被看作是一种最简单的生化量传感器，该工作也开创了活细胞原位电生理检测技术。1962 年，英国学者 Clark 和 Lyons 首次提出酶电极的概念，他们将葡萄糖氧化酶固定在两层半透膜中间，再将其附着在铂电极表面，利用酶促反应和电化学方法将葡萄糖浓度转化为电流信号[2]。五年后，Updike 和 Hicks 将酶分子和凝胶聚合固定在电极表面，并使其能够重复使用，形成第一支葡萄糖氧化酶传感器[3]。此后，基于类似的方法，核酸、抗体、微生物、组织或细胞器等也被固定在电极表面，用于不同生化量的检测。这类以固定化的生物活性材料为敏感元件的传感器被称为生物传感器[4]。到了 20 世纪 60 年代，兴起的 MEMS 技术为生化量传感器的进一步微型化、集成化提供了契机。1972 年，美国哈佛医学院学者 Thomas 等首次在玻璃基片上制备了集成 30 个检测通道的微电极阵列（Microelectrode Array，MEA），用于离体培养的心肌细胞电生理检测[5]。1988 年，美国密歇根大学 Kenneth 等[6]首次研制出在同一硅探针表面集成多个检测位点的植入式微电极阵列，而美国犹他大学 Kelly 等于 1991 年首次报道了包含 100 个硅针通道的三维微电极阵列[7]，这两种器件为活体动物脑内神经细胞多通道检测提供了高效工具。1990 年，瑞士 Ciba-Geigy 公司的 Manz 等在微芯片上制备微沟道，实现了此前一直需要在毛细管内才能完成的生物样本电泳分离，首次提出了用于生化传感的微全分析系统概念[8]，为现代微流控芯片发展奠定了基础。2000 年，IBM 瑞士苏黎世实验室的 Lang 等人研制出阵列式微悬臂梁传感器，可用于自然芳香剂、DNA 和蛋白质分子等的识别[9]。可见，随着生物技术、MEMS 技术、纳米技术等的学科交叉和持续发展，新型生物敏感材料、微纳传感器新结构层出不穷，生化量传感器的范围也被不断拓宽。

10.1.2 基本概念及分类

生化量传感器是指能感受（或响应）生物化学量的变化，并按一定规律将其转换成可用信号输出的器件。其检测对象主要包括微米纳米尺度的细胞、细菌、病毒等生命体以及各种相关的生物化学分子。它涵盖了传统意义上以生物活性材料为敏感元件的生物传感器，以及用于生物参量测定、但构成中不含生物活性材料的生物敏传感器[10]。

如图10.1所示，生化量传感器的结构一般有两个主要组成部分：一是与被测物直接接触并识别界面生化状态改变的感受器，二是将生化状态的改变转换为电或其他信号的换能器。在多数情况下，感受器是与换能器紧密结合在一起的敏感膜，膜内包含具有分子识别能力的生物活性物质（如组织切片、细胞、细胞器、细胞膜、酶、抗原抗体、核酸、生物素亲和素等），还可包含用于辅助增强敏感性、选择性的其他功能化材料（如荧光基团、纳米材料、有机聚合物等）。该类传感器的工作原理为：在一定条件下，感受器内的敏感元件可与被测物特异性结合或发生化学反应，引起界面电荷分布改变或者光、热等状态变化，换能器则将这些变化转换为可以定量输出的电信号或光信号等。这些信号将通过检测系统进行放大滤波、采集存储、显示分析、控制传输等处理，最终达到检测目的。

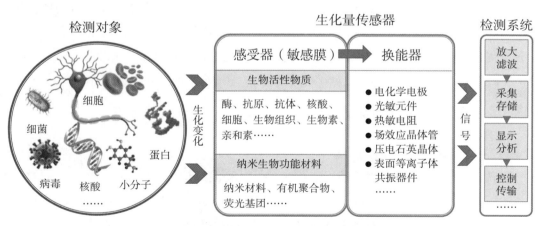

图 10.1 生化量传感器及其检测系统组成框图

对于种类形式如此多样的生化量传感器，目前没有完全统一的分类方法。按照感受器中用于分子识别的敏感元件分类，可分为酶传感器、免疫传感器、核酸传感器、细胞传感器、组织传感器、微生物传感器等，如果在敏感元件中借助了纳米材料，还可称之为纳米生物传感器；按照换能器工作原理分类，可分为电化学生物传感器、光学生物传感器、热敏生物传感器、场效应管生物传感器、压电生物传感器、表面等离子共振生物传感器等；如果以被测目标与分子识别敏感元件的相互作用方式进行分类，还可分为亲和型、代谢型、催化型生物传感器。以上这些分类和命名方法之间有时也会相互交叉使用。其中，由于电化学传感器易于与多种敏感材料相结合，且具有结构简单、响应快速、可原位在线检测等优点，已在众多生化量传感器中占据主导地位[10]。

10.1.3 性能要求与发展趋势

作为生物信息获取的源头，生化量传感器的性能直接关系到生命科学、临床医学、食品工业与安全、环境监测、军事科学等诸多应用领域的技术进步。在传感器研制和使用过程中，需结合不同的应用场景，综合考虑以下性能要求。第一，由于细胞、微生物等待测物尺寸微小，生化变化引发的信号瞬态、微弱，且待测分子天然含量低、干扰物多，要求传感器具有高时空分辨率、高灵敏度、高选择性；第二，为了提高检测效率并研究多种生化信号的动态同步变化规律，希望在传感器上集成多个检测通道，同时检测多种模式的信号，实现高通量、多功能；第三，为了开展生化量的原位长时程、连续监测，需要传感器具有良好的生物相容性、高可靠性、高稳定性；第四，为了完成在特定应用场景下的佩戴式或现场即时检测，还需要传感器及其检测系统具有微型、便携、集成化、智能化的优势。目前，生化量传感器研究发展迅速，目标在于发现新的敏感机理、运用新的敏感材料、制备新的器件结构，不断突破关键技术，实现以上各项性能的不断提升。最后，在万物互联的大背景下，实现高性能生化量传感器的芯片化、网络化也是其重要发展趋势。

10.2 生化量传感器检测原理

10.2.1 酶传感器及其检测原理

酶传感器是将酶作为生物敏感元件，利用酶促反应所产生的或消耗的物质的量，通过电化学装置转换成电信号，进而选择性地测定出某种成分的器件，主要由固定化酶膜构成的分子识别元件和生物-电信号转换器构成[10]。人体中的很多生化参数（如血糖、酮体、乳酸）以及谷氨酸、五羟色胺等神经化学物质，均可以采用酶传感器进行检测。酶生物传感器检测基于生物敏感膜内的酶催化反应。与其他催化剂相比，酶催化具有高度专一性、高效性、活性可调节性、易变性等特点[11]。酶催化反应的原理复杂，有多种假说。1958年，Koshland提出诱导契合机制[12]，即当酶与底物靠近时，酶与底物相互诱导变形，契合形成中间产物，催化后酶复原。基于酶反应动力曲线，Michalis-Mermen提出了中间产物学说，并给出了酶催化反应的方程（10.1）米氏方程，在此基础上，根据化学平衡原理推导出表示被测化学物质浓度与催化反应速度之间的关系方程式（10.2）：

$$E + S \underset{k_2}{\overset{k_1}{\rightleftharpoons}} ES \xrightarrow{K_{cal}} E + P \qquad (10.1)$$

$$v = V_m [S] / (K_M + [S]) \qquad (10.2)$$

其中，V_m 为最大反应速度；K_M 为米氏常数，在数值上等于酶催化反应速度达到最大速度一半时的底物浓度，是酶的重要特征常数。由方程（10.1）可以看出，当被测物浓度很低时，反应速度随被测物的浓度增加线性增长；随着被测物浓度增加，反应速度的增长速度放缓；当被测物浓度继续增大，反应速度趋平。该方程对生物传感器的设计和响应动力学分析具有科学指导意义。

自 20 世纪 70 年代酶生物传感器诞生以来，其发展十分迅速，应用范围不断拓展。其中，电流型电化学酶生物传感器是应用最为广泛的，该生物传感器施加一个恒电位诱发酶促反应，将电子从反应中心快速转移到电极表面，通过检测电流的变化获取被测底物的浓度量。电流型酶生物传感器发展至今已经经历了三代（图10.2）[13]。第一代酶传感器的出现以 1962 年 Clark 等发现以分子氧（O_2）为中继体的葡萄糖氧化酶生物传感器为标志，它通过间接测量空气中氧的消耗、反应生成的过氧化氢（H_2O_2）或酸度变化来测定分析物（如葡萄糖）的含量，但存在背景电流大、响应特性差、易受环境中氧浓度影响等缺点。为了克服以上缺点，自 80 年代开始，第二代酶生物传感器（介体酶电极）迅速发展起来。第二代酶传感器与上一代传感器相比，增加了电子媒介体作为中间介质，在传感器电极表面修饰电子媒介体，其具有较强的电子活性，可以作为酶和工作电极之间的电子通道，提高电子转移效率，降低工作电压，大大提高了传感器性能。21 世纪以来，研究者开始研究发展第三代酶生物传感器，新的传感器无需电子媒介体，电子直接从酶的氧化还原活性中心转移到电极表面，产生可测试的电流信号[14]。

此外，新的酶材料也不断出现。"纳米酶"这一概念是由 Scrimin 和 Pasquato 于 2004 年提出的，他们在研究金 – 锌纳米簇时，发现其具有类似于酶的催化性能。纳米酶是一种兼具纳米材料性能与催化活性的模拟酶材料，具有类似天然酶的良好催化活性，可替代或协同天然酶构建纳米酶生物传感器[15]。目前，研究者发现了多种纳米材料可以作为纳米酶（如过氧化物酶、过氧化氢酶、超氧化物歧化酶、氧化酶等），并应用于新型生物传感器的构建，为提高传感器性能发挥了重要作用。

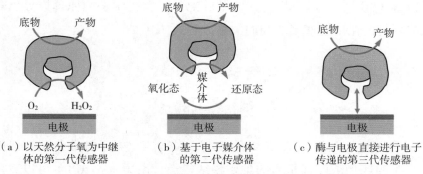

图 10.2　三代电化学酶生物传感器的测试原理示意图

10.2.2　免疫传感器及其检测原理

随着传感技术的发展，20 世纪 70 年代研究者开始研制基于免疫分析技术的传感器，1990 年，Henry 等[16]正式提出免疫传感器的概念，是耦联含有抗原/抗体分子的生物敏感膜与信号转换器的一种新型生物传感器，基于抗原－抗体特异性结合来选择性识别和测定待测物中的抗体或抗原。免疫传感器具有很高的选择性，可有效减少非特异性干扰，提高检测微量生化物质的准确性；将高灵敏的微传感器技术与高特异性结合起来，具有检测范围宽、灵敏度高、特异性强、成本低且使用简便等优点，发展潜力巨大。而与一般免疫分析方法相比，免疫传感器能弥补常规免疫方法无法实现定量检测的缺点，无需分离，能实现对抗原抗体反应的动力学实时监测。免疫传感器的发展将促使传统的免疫分析向定量化、智能化和现场检测方向发展。目前，免疫传感器常用于人体多种蛋白的测定，如甲胎蛋白、癌胚抗原、碱性磷酸酶、免疫球蛋白、胰岛素等。此外，还可用于（如巨细胞病毒、肝炎病毒等）多种病毒的检测，对肿瘤早期诊断、流行病防治等具有重要价值。

免疫传感器具有三元复合物的结构，即分子识别元件（感受器）、信号转换器（换能器）和电子放大器，其工作原理是以固定在敏感膜内的抗原或抗体作为分子识别元件，当识别待测物中的抗体或抗原并与之结合形成稳定的复合物，将导致质量、光学、电化学等信号发生改变，再通过换能器转变成可定量检测的电、光等信号，最终实现定量检测。免疫传感器主要分为电化学免疫传感器和光学免疫传感器，其中，电化学免疫传感器是目前传感器中发展最为成熟、应用最多的集成器件，尤其是基于传感电极上氧化还原反应产生电流的电流测量式电化学免疫传感器，因测量电流与浓度线性相关且具有高度敏感性，已有部分产品实现了商品化。但目前多数电化学免疫传感器还依赖于双抗体夹心法，如图 10.3（a）所示，在抗体传感界面先与待测抗原结合，再加上标记抗体进一步结合形成夹心结构，还需要使用碱性磷酸酶、辣根过氧化物酶等酶类标记对其进行化学放大，灵敏度高、选择性好，但需加标记物，操作过程较为复杂。

对于电化学免疫传感器而言，工作电极表面的修饰成为提升传感器性能的关键，电化学研究者一直致力于提高电子转移速度、实现检测信号的有效放大。随着纳米技术的迅猛发展，电化学免疫传感器呈现出向纳米材料修饰传感器转化的趋势，尤其是低维纳米材料和纳米复合材料在生化传感器的制备及修饰过程中发挥了至关重要的作用，电化学免疫传感器研究取得突破性进展，并向着智能化、微型化、实用化方向发展。纳米材料主要被用于修饰传感器、负载生物分子以及标记产生的信号，除了能提高传感器电极的比表面积、导电性和生物分子的负载量之外，功能化纳米复合材料的协同还可以起到多重放大信号的作用，从而获得具有高灵敏度的传感器。图 10.3（b）所示即为一种基于纳米修饰的无标记电化学免疫传感器检测方法[17-18]：在电极表面修饰纳米复合材料（石墨烯或碳纳米管 / 电活性物质 / 纳米金）和抗体，抗体与被测抗原高特异性结合产生电场变化，将阻碍电活性物质向电极表面扩散，使检测到的电化学电流减小，被测抗原浓度与电流大小成反比关系，最终实现对抗原的定量、高灵敏检测。

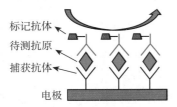
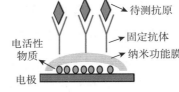

（a）常规的双抗体夹心电化学免疫传感器　　　（b）无标记的电化学免疫传感器

图 10.3　电化学免疫传感器检测原理

10.2.3　核酸适配体传感器及其检测原理

核酸适配体传感器是以核酸适配体为生物信号识别元件的新型传感器，通过自组装等方法将适配体固定于传感器表面，待测靶分子与适配体特异性结合后产生可识别的生物信号，进而由换能器转换成可定量检测的电或光等信号。核酸适配体是 20 世纪 90 年代兴起的一类新型识别分子，通过体外指数富集配体系统进化技术合成并筛选出来的单链寡核苷酸（RNA 或 DNA 片段）可通过分子内相互作用折叠形成特定的三维结构，与小分子、蛋白质等靶标分子特异性结合，具有类似于抗体的高亲和性结合与高特异性识别功能，但与抗体相比，又具有分子量小、可化学合成、稳定性良好等优势，是理想的生物传感器分子识别元件。由于同时融合了适配体和生物传感技术的优势，适配体传感器在特异性、稳定性、快速响应等方面具有优势，在医疗、卫生、环境检测等领域具有广阔的应用前景。

适配体传感器根据传感器检测信号的不同，可分为电化学适配体传感器、光电化学适配体传感器和荧光适配体传感器等。电化学适配体传感器利用适配体与靶标结合后发生构象或空间位阻的改变，通过换能器将该变化转化为电学信号，根据电极表面电化学电流或电位的改变实现对被测物质的定量检测；光电化学适配体传感器是将光电化学高灵敏性检测与适配体特异性识别相结合的一类传感器，适配体与目标物进行特异性结合，通过检测电极表面光电材料光电流的大小或性质变化来实现对待测物的定量检测；荧光适配体传感器通过适配体与待测物的特异性结合引起检测体系荧光信号的变化，实现对待测物的定性和定量分析。

电化学适配体传感器是近年来发展最为快速广泛的一类适配体传感器，具有检出限低、灵敏度高、特异性强、简单便携、成本较低和微型化等特点，是现场快速检测较为理想的检测装置，成为继电化学免疫传感器后新的研究热点。电化学适配体传感器可分为标记型、非标记型两大类（图 10.4），其中，标记型电化学适配体传感器通过物理吸附、化学修饰等方法将一些亚甲基蓝、生物酶等具有电活性或催化活性的功能性标记物标记在适配体探针末端，核酸适配体与靶分子特异性结合后发生构型转换，导致标记物的位置发生改变，进而使检测到的电化学信号也发生变化；非标记型电化学传感器则无需在适配体探针上标记电活性物质，直接测量适配体和靶分子之间的相互作用来实现对待测物的检测。相比之下，非标记型电化学适配体传感器无需标记，实际应用意义较标记型更大。纳米技术的不断发展为电化学适配体传感技术的发展起到了积极的推动作用。如中国科学院空天信息创新院等针对肿瘤标志物和激素等检测需求，以微流控纸芯片为基底研发了一系列无标记的电化学

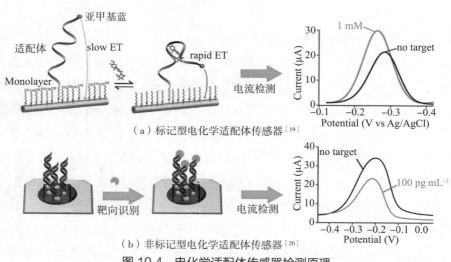

（a）标记型电化学适配体传感器[19]

（b）非标记型电化学适配体传感器[20]

图 10.4 电化学适配体传感器检测原理

适配体传感器，在电极表面修饰上纳米复合材料（石墨烯或碳纳米管／电活性物质／纳米金）和适配体，通过检测适配体与待测靶标物质高特异性结合引起检测到的电流变化来实现对待测靶标物质的定量、高灵敏检测[20]。

10.2.4 细胞传感器及其检测原理

细胞传感器是使用固定化的生物活体细胞结合换能器，用来检测胞内或胞外的微环境生理代谢化学物质、细胞电位变化或与免疫细胞等起特异性交互作用后产生响应的一种器件[21]。在这里，活细胞既可以作为感受器里的敏感元件，与换能器结合，用于检测微环境中的外来生化物质；又可以作为被测对象，用传感器检测细胞自身的电或化学活动。

活细胞之所以可作为敏感元件，主要有两方面原因。一方面，细胞膜表面存在着种类丰富的膜蛋白，这些蛋白可能与被测生物化学物质产生相互作用。例如，细胞膜表面的各种受体能"识别"环境中的特异化学物质（如激素、神经递质、抗原、药物等）并与之结合，进而引发一系列级联反应，导致细胞自身状态的变化。如果通过一定手段将这种状态变化转换为荧光、阻抗、膜电位等的变化，即可输出能反映待测化学物质浓度的信号。另一方面，对于感觉细胞（视觉、味觉、嗅觉等）、心肌细胞、神经细胞来说，它们本身就具有电生理活动的特性，且通过微电极可以将细胞电生理活动直接转换为电位信号输出，在待测物的刺激下，可记录到电位信号特征的改变，从而反映待测化学物质的种类和变化。目前，基于以上两种原理的细胞传感器已被用于检测细菌、病毒等病原微生物，以及检测气味、爆炸物和开展药物筛选。事实上，更为重要的是，神经细胞作为大脑结构和功能的基本单位，其电生理、递质化学活动决定了神经信息的产生、传递、处理、存储。开展神经细胞传感器研究，对神经细胞的电活动以及神经递质信息进行全面实时检测、对神经性疾病及脑认知功能研究具有重要意义。因此，以下将以神经细胞为例，介绍细胞电、化学活动的检测原理。

10.2.4.1 神经细胞电生理传感器检测原理

脑内含有数以亿计的神经细胞，它们大小不一、形态功能各异，但基本都由胞体和突触两部分组成。神经细胞可通过突触相互连接，构成神经网络及环路，并基于电生理活动和神经递质释放两种模式实现神经信息的传递，如图10.5（a）所示。

如图10.5（b）所示，在没有外来刺激的情况下，大多数神经细胞膜电位均保持在静息电位水平。当神经细胞接收外来刺激时，如果刺激达不到一定强度，则虽可使膜电位去极化，但并不能触发动作电位产生。只有当刺激强度达到一定程度，致使膜电位去极化达到一定阈值，方可触发动作电位。神经细胞动作电位是一个连续的膜电位瞬态变化过程，它从膜内为负的静息电位开始，在极短的时间内突然变为正电位，然后又回到静息电位水平[22]。

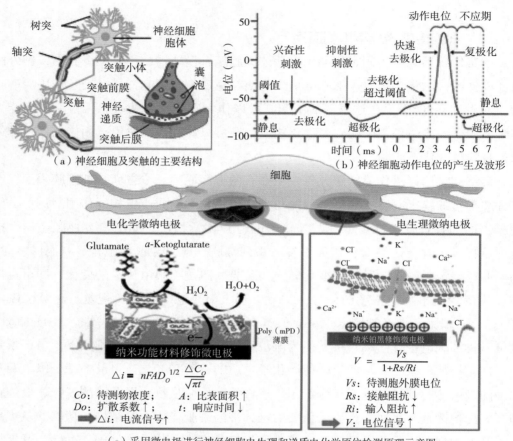

（a）神经细胞及突触的主要结构

（b）神经细胞动作电位的产生及波形

（c）采用微电极进行神经细胞电生理和递质电化学原位检测原理示意图

图 10.5　神经细胞及其电生理、神经递质检测示意图

　　由于神经细胞尺寸非常小（直径约 5~50 μm），单个细胞的电活动需要采用微电极来检测。无论是传统的玻璃管微电极、碳纤维微电极、金属丝微电极，还是基于现代微工艺制备的金属薄膜微电极，其共同特点是尖端仅裸露出一个直径为几到十几微米的导电表面。如图 10.5（c）所示，当电极表面与细胞膜接触时，微电极可以实时响应细胞膜电位的改变，记录到电生理信号。根据感应电位方程，微电极越接近细胞膜，电极表面阻抗越低，接触阻抗越低，获得的电生理信号越大、信噪比越高。此外，微电极表面的电位还会受到周围脑组织中多个神经细胞电活动的共同影响，所记录到的神经电生理信号除了来自单个细胞的高频动作电位（1 kHz 左右），还同时叠加了脑组织中低频（250 Hz 以下）的局部场电位信号。

10.2.4.2　神经细胞递质传感器检测原理

神经细胞之间的信息传递大多是化学性传递。如图 10.5（a）所示，一个神经细胞的胞体可延伸出多个树突和一个轴突。其中，树突呈放射状，经反复分支而变细，形如树枝。而轴突可延伸较长距离，其末梢经多次分支后，每一小支末端膨大呈杯状或球状，称为突触小体。这些突触小体可与其他神经细胞的胞体或树突相靠近，形成突触。在突触结构中，来自上一级神经细胞的突触前膜与来自下一级神经细胞的突触后膜之间形成 20~30 nm 的突触间隙。当一个神经细胞产生动作电位后，细胞膜电位的变化将沿着轴突传导到达突触，触发突触小体内的多个囊泡与突触前膜相融合，并将其内包裹的神经化学物质快速释放到突触间隙，这一过程仅需 1~2 ms。这些神经化学物质被称为神经递质，而由于每个囊泡内的神经递质含量是固定的，这种释放方式又被称为量子化释放[22]。神经递质被释放到突触间隙后，便很快与突触后膜表面的受体结合，引发离子通道开放，离子跨膜流动进而产生去极化电位或超极化电位，使下一级神经细胞的兴奋性升高或降低。多余的神经递质可通过突触前膜再回收或酶解的方式终止其作用。通过这种方式，来自上一级神经细胞的电活动信息被传递给下一级神经细胞，并在下一级神经细胞中被整合，这种信息传递是单向的。除了化学性传递，一些特殊的神经细胞之间还存在一种电突触，其突触间隙仅为 2~3 nm，动作电位可直接跨过这个间隙实现快速双向传递。电突触常见于无脊椎动物，也存在于哺乳动物平滑肌细胞、心肌细胞、感受器细胞与感觉神经元之间。

目前已知的神经递质超过 100 种，可分为小分子神经递质和大分子神经多肽两大类。小分子递质除了最早发现的乙酰胆碱，还有单胺类神经递质，如多巴胺、去甲肾上腺素、肾上腺素、5-羟色胺等；以及氨基酸类神经递质，如谷氨酸、甘氨酸、γ-氨基丁酸等。大分子神经多肽则种类更多，如 β 内啡肽、脑啡肽、P 物质、神经加压素、胆囊收缩素等。这些递质有些是兴奋性的，有些是抑制性的，还有些对神经细胞起到更加复杂的调控作用。由于神经递质种类繁多、理化性质各有不同，对神经递质的检测并未形成完全统一的方法。如采用基于色谱、质谱方法的大型仪器，样品要经过较为复杂的前处理过程，从活体取样到获得最终检测结果至少需要 10 s 以上的时间，因此无法响应神经细胞递质释放活动的快速变化。相对而言，基于微电极的电化学方法最适合对活细胞神经递质进行原位、实时、快速检测，其基本前提是待测递质可以直接或间接在电极表面发生氧化还原反应，产生电子转移而引起电极电流的变化。如图 10.5（c）所示，根据电化学微扩散电流方程，微电极尺寸越小，表面纳米功能材料效应越好，电极比表面积越大，获得的电流信号越大、灵敏度越高。

电化学检测首先需要在细胞外液中构建三电极体系。如图 10.6 所示，该体系包含工作电极、参比电极和对电极。其中，工作电极通常为金、铂、碳等材料，与待测细胞紧密接触；参比电极采用 Ag|AgCl 电极，可用于提供标准而稳定的参考电位；对电极通常采用铂材料，其作用是与工作电极组成回路以通过电流。对于多巴胺等单胺类递质，它们本身具有电化学活性，当在工作电极上施加一定电位时，被测递质将在电极表面发生氧化还原反应，产生电子进而形成电流，检测电流的大小即可反映被测递质的浓度。而对于谷氨酸这种不具备电化学活性的递质，首先需要在工作电极表面固定谷氨酸氧化酶，该酶可特异性地催化谷氨酸的氧化反应，生成具有电化学活性的 H_2O_2，H_2O_2 在一定工作电位下进一步被氧化，释放电子产生电流，该电流可间接反映谷氨酸的浓度。此外，由于活细胞外周环境中还存在尿酸、抗坏血酸等诸多具有电化学活性的代谢产物，会对待测递质的信号产生干扰，因此，还需要在电极表面修饰其他选择性透过膜，以提高对待测递质的选择性。当电极与突触部位贴得很近时，可检测到递质囊泡量子释放引起的脉冲电流，如图 10.5（c）所示，脉宽为 ms 级，幅值为 pA 级；当电极位于细胞之间的组织液中，距离突触较远时，则只能检测到递质扩散后引起的缓慢变化电流。

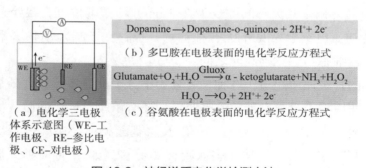

（a）电化学三电极体系示意图（WE-工作电极、RE-参比电极、CE-对电极）

（b）多巴胺在电极表面的电化学反应方程式

（c）谷氨酸在电极表面的电化学反应方程式

图 10.6　神经递质电化学检测方法

10.2.5　纳米生物传感器及纳米效应

将纳米材料与其他生物敏感元件相结合，基于纳米效应提高生物分子识别能力、加速信号传导或实现信号放大，可构建许多新型纳米生物传感器。纳米材料的独特性质为细胞与生物分子的高灵敏检测提供了新的途径，使一些用传统方法难以检测的痕量物质可以被识别并定量检测，带来了生化量传感器的突破性革命。例如，在微电极表面定向修饰纳米颗粒或具有纳米结构的功能材料，利用其小尺寸效应使检测更精确，达到神经细胞或分子水平；利用其界面效应提高吸附性和生物相容性，同时对电化学电极来说，提高表面体积比，可提高电子传递能力、增强电催化能力、大幅度降低它们的氧化电位、增大氧化峰电流，提高传感器的灵敏度和选择性；对电生理电极来说，增加表面积，可降低阻抗、提高信噪比；利用选择性透过纳米薄膜的抗干扰性和酶固定化提高选择性和稳定性等性能。在过去十几年中，科学家们设计合成了不同组成和形状各异的纳米材料，并辅之以生物分子的识别能力，发展了一系列高灵敏、高特异性、快速、高通量的纳米生物传感器件[23]。目前，几乎所有类型的生化量传感器都在与纳米材料相结合，在提升检测性能方面发挥越来越重要的作用。

10.2.5.1　贵金属纳米材料生物传感器及纳米生物效应

常用于生物传感的贵金属纳米材料主要包括金、铂、银、钯等制成的纳米颗粒及纳米簇，一般采用还原法制备。例如，在氯金酸溶液中加入硼氢化钠、柠檬酸钠、壳聚糖等物质，在加热搅拌条件下，金离子被还原成球状的金纳米颗粒，并由于静电作用均匀分散在溶液中成为稳定胶体状态（称为胶体金）。其粒径可通过调整各反应物的比例来控制，且不同粒径的金纳米颗粒会使溶液呈现不同颜色。金纳米颗粒对蛋白具有极强的静电吸附能力，且表面易于形成金－硫键，可利用自组装方法及生物分子间的特异性结合能力，实现对蛋白、抗体、核酸、荧光基团等生物功能分子的大量负载，同时有效保持其生物活性，形成生物功能化的金纳米探针。在溶液状态下，当被测生化物质与探针表面的功能分子结合后，可能引起金纳米颗粒的团聚而改变粒径，进而导致溶液颜色变化。因此，可以通过比色、吸光度等测量方法来反映被测物的浓度。如果将探针固定到试条、电极等载体表面［图 10.7（a）］，被测物将引起界面颜色、荧光、阻抗、等离子吸光特性等的变化，因此可进一步通过图像识别、光学、电化学、等离子共振等方法来检测信号。

如果在还原法基础上，将蛋白模板分子、合成高分子、表面活性剂等加入氯金酸溶液并控制条件，还可制备出各种金纳米簇，直径仅为几纳米。在强烈的量子效应作用下，电子在不连续能级间跃迁，使纳米簇呈现出荧光，可满足生化量检测中的荧光标记需求。

另外，采用电化学方法可将贵金属纳米颗粒直接定向沉积在电极表面，实现对电极的表面修饰和改性。例如，将电极置于氯铂酸溶液并施加一个负的工作电位，氯铂酸将在电极表面被还原，原位生长一层黑色的铂纳米颗粒（称为铂黑）［图 10.7（b）（c）］，其颗粒大小、沉积厚度可通过改变电位和沉积时间来控制。由于金属纳米颗粒层具有很大的比表面积，可有效降低电极阻抗、降低噪声，提高信号检测灵敏度[23]。

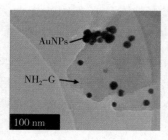
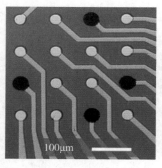

（a）金纳米颗粒（AuNPs）与氨基　　（b）微电极表面选择性定向　　（c）纳米铂黑修饰微电极表面形貌
　　功能化石墨烯（NH$_2$–G）复合　　　　修饰纳米铂黑　　　　　　　　　SEM 照片[24]
　　修饰纳米材料 TEM 照片

图 10.7　纳米材料用于电极表面修饰

10.2.5.2　碳纳米材料修饰生物传感器及纳米生物效应

用于电化学电极等生物传感器修饰的纳米材料还包括多种碳纳米材料，如碳纳米管、石墨烯、碳纤维等，主要采用化学气相沉积法制备。在高温条件下，使乙烯、乙炔、苯、甲烷等含有碳源的气体（或蒸气）流经金属或金属氧化物等催化剂表面，碳源气体被催化分解，通过精确控制催化剂成分和沉积条件，可在基底上得到单壁、多壁碳纳米管或片层状的石墨烯等材料。这些材料具有良好的导电性、独特的原子排列结构，表面有很多边缘碳位点，且经过硝酸等氧化处理，可在不破坏原子排列结构的同时在边缘碳位点上形成含氧基团，有利于与生物分子共价结合，并催化生物化学反应。

碳纳米材料本身在溶液中分散度不佳，在生化量传感应用中，大多利用滴涂、丝网印刷、聚合物共沉积等方法将其固定在电极等换能器件表面，同时基于自组装、蛋白特异性结合等方式对其进行生物功能化，最终实现对被测物的富集以及对生化反应的信号放大。同样，电极表面修饰碳纳米材料可有效提高电极比表面积，同时降低氧化还原反应电位，有利于提高电化学信号检测的灵敏度和选择性。

10.2.5.3　传感器多层纳米材料复合修饰及纳米生物效应

在实际应用中，经常采用多种纳米功能材料复合修饰的方法来提高生物传感器综合性能。如图 10.8 所示，通过电化学方法在电极上定向修饰多壁碳纳米管 / 聚乙烯二氧噻吩 – 聚苯乙烯磺酸（MWCNTs/PEDOT–PSS）复合纳米材料[25]。首先利用硝酸对多壁碳纳米管进行羧基化处理，使其具有弱亲水性，再依次加入聚苯乙烯磺酸 PSS 和单体 EDOT，超声条件下分散于水溶液中。待修饰电极施加正电位，单体 EDOT 在电极表面被氧化成自由基 EDOT ++，接着两个 EDOT 之间发生聚合反应，脱去 2 个 H$^+$ 生成二聚物，再将二聚物氧化成阳离子自由基并发生聚合反应形成共轭链，共轭链与多壁碳纳米管表面的自由 π 电子反应形成 π–π 共轭。最终，PEDOT 与多壁碳纳米管共同沉积在电极表面，形成高性能纳米复合薄膜。在扫描电镜下观察修饰后的微电极，可见 MWCNTs/PEDOT：PSS 纳米复合材料已经成功沉积在电极表面，PEDOT 通过化学偶联反应将多壁碳纳米管包埋于长链结构中，并将其牢牢固定。多壁碳纳米管堆叠和弯曲的结构在微电极表面形成纳米纤维网状结构，具有大量的纳米孔洞，从而有效增加了微电极的比表面积、降低了界面阻抗，也更有利于组织和细胞的贴附。对修饰前后的电极进行电化学阻抗谱扫描，可见与裸电极相比，MWCNTs/PEDOT：PSS 修饰在宽频率范围内（10 Hz~1 MHz）有效降低了电极的阻抗和相位延迟，有利于获取高信噪比信号。

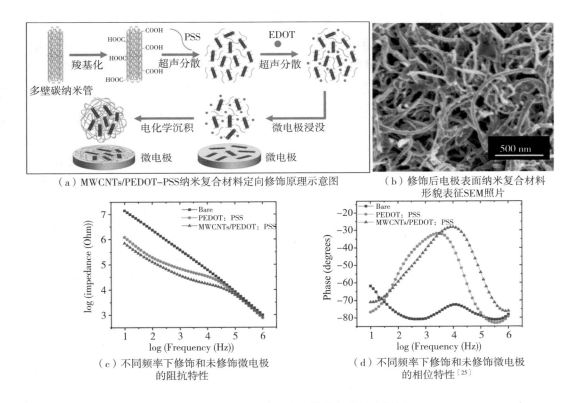

（a）MWCNTs/PEDOT–PSS纳米复合材料定向修饰原理示意图　（b）修饰后电极表面纳米复合材料形貌表征SEM照片

（c）不同频率下修饰和未修饰微电极的阻抗特性　（d）不同频率下修饰和未修饰微电极的相位特性[25]

图 10.8　微电极表面定向修饰复合纳米材料

10.3　生化量传感器研制

生化量传感器种类繁多，器件结构、功能各有不同，以下选取具体实例，对几种典型的传感器设计研制及测试方法进行详细介绍。主要包括基于酶传感原理的血生化参数传感器、基于免疫传感原理的肿瘤标志物传感器、基于核酸适配体传感原理的肿瘤标志物传感器以及基于细胞传感原理的脑机接口微电极阵列芯片。

10.3.1 血生化参数电化学酶传感器

10.3.1.1 无创血糖酶传感器

糖尿病是一种非常常见的代谢性疾病，目前尚无有效的治疗手段。临床上主要通过准确的检测和胰岛素注入的方式，并配合日常的饮食注意和运动，从而达到血糖控制的目的。通过采血的方式进行血糖检测会带给患者疼痛，且伤口易引起感染。而无创血糖检测可以消除扎血带来的痛苦和植入式电极长期工作给皮肤带来的损伤，因此受到人们的欢迎。

中国科学院空天信息创新研究院研制了基于反离子电渗原理的无创血糖检测酶生物传感器[26-27]。以往研究表明，人体血液中葡萄糖浓度与组织液中的葡萄糖浓度具有相关性，因此可以通过间接地测试组织液葡萄糖浓度实现对血糖的检测。在表皮皮肤的相邻位置施加合适电压，在电场作用下，皮肤下层组织液中的阳离子（如 Na^+）向阴极迁移、阴离子（如 Cl^-）向阳极迁移；在生理条件（pH=7.4）下，皮肤（等电点为 4）带负电荷，使组织液中一些小分子中性物质（如葡萄糖）表面感应出正电荷，倾向于随阳离子（如 Na^+）流一起向阴极迁移，并可透过皮肤，被抽取至体外，如图 10.9（a）所示。然后使用酶生物传感器对抽取出的组织液葡萄糖进行检测，并通过一系列数据处理方法将检测电流值换算为对应的浓度值，即可实现血糖的无创检测。

其中，酶生物传感器包括两个传感器电极，成对使用，如图 10.9（b）所示。该电极采用经典的三电极体系，包括工作电极、对电极和参比电极。工作电极表面构建双酶工作体系，即葡萄糖氧化酶（GOD）和辣根过氧化物酶（HRP），采用锇聚合物（osmium redox polymer- horseradish peroxidase，Os-HRP）作为电极媒介体形成介体酶电极。

电极制备流程如下：①选用具有生物兼容性的柔性材料聚碳酸酯作为基板，使用刻绘机在基板保护膜上刻出电极图形；②去掉电极图形处的保护膜，溅射 150 nm 厚的金导电薄膜，再去掉其余部位保护膜，即形成所需三电极体系；③使用氧反应离子刻蚀工艺，活化金电极表面；④采用丝网印刷技术，在参比电极和对电极上同时印刷 Ag|AgCl 浆；⑤在医用绝缘胶膜上刻绘出圆形反应区图案，覆盖粘贴到电极前端，隔离出反应区域；⑥将制备好的 Os-HRP 溶液滴加到工作电极上，室温储存 3~5 天；⑦采用戊二醛作为交联剂，固定 GOD 层，并置于室温干燥 3 小时；⑧采用去离子水冲洗传感器，再次干燥后，密封保存于 4 ℃冰箱中备用。

具体反应过程如图 10.9（d）所示，葡萄糖氧化酶催化扩散至 GOD 凝胶层中

的葡萄糖生成 H_2O_2，该氧化产物扩散至下层含有固定化辣根过氧化酶的锇聚合物膜中，将固定在聚合物膜中的还原态 HRP（red）转化为氧化态 HRP（Ox），后者被二价锇离子（Os^{2+}）还原，生成的 Os^{3+} 在较低工作电位下被还原，生成可检测的电流。该响应电流与葡萄糖浓度成正比，可通过伏安法检测电流强度获得葡萄糖浓度信息。传感器的对电极分别复用作电渗取样电极的阳极和阴极。本研究选用 Ag|AgCl 电极作为抽取电极，因为 Ag|AgCl 电极是非极性电极，较小的能量输入能够产生较大的电流输出，通电过程中，Ag|AgCl 电极表面存在平衡反应，这些特点可以防止抽取过程中发生水解，保持抽取状态下电极周围的电解质平衡，也可以起到保护电极的作用。葡萄糖检测分为两个阶段：在抽取阶段，一对传感器的两个 Ag|AgCl 对电极分别作为离子电渗电极的阴、阳极，在两电极间通以小的恒定电流，与皮下组织液形成一个电流回路；在检测阶段，抽取到的葡萄糖分子经过传感器表面的凝胶收集盘扩散到工作电极表面，然后通过工作电极进行检测。

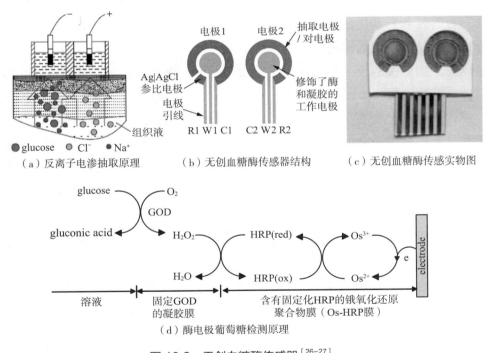

（a）反离子电渗抽取原理　　（b）无创血糖酶传感器结构　　（c）无创血糖酶传感实物图

（d）酶电极葡萄糖检测原理

图 10.9　无创血糖酶传感器[26-27]

10.3.1.2　多参数联合检测酶传感器

不同的生化参数表征不同的生理状态，多参数联合检测可以更好地早筛和诊断，受到患者和医生的欢迎。比如，血糖检测可诊断糖尿病，酮体（丙酮、乙酰乙酸和 β- 羟丁酸的统称，主要检测 β- 羟丁酸）、乳酸检测可诊断糖尿病急性酸中毒，三者联合检测对于重症糖尿病的治疗和预后具有非常重要的意义。但是，不同于单参数检测，集成多参数生物传感器研制面临诸多问题。首先，需要解决进样问题，常见的平面进样方式（所有进样通道均处于同一平面）存在交叉干扰，难以满足三参数以上的集成检测，其次，多参数检测需要多个检测回路，如何保证各个检测回路不形成交叉干扰是一个问题；此外，多参数酶传感器需要在不同工作电极上固定不同的酶，需要解决多种酶分区精准固定的难题。

中国科学院空天信息创新研究院研制了一种血糖、乳酸和酮体三参数联合检测传感器，给出了解决上述问题的思路。该传感器采用二电极电化学体系进行待测物检测，以降低检测回路复杂度。此外，选择铁氰化钾作为电子媒介体，其工作电位低（0.2V）、电子传递速度快，满足毫摩尔量级待测物检测需求；且由于三个工作电极均采用铁氰化钾，工作电位一致，因此可以共用一个参比电极，进一步降低了复杂度。在进样方式上，采用桥型进样的方法，不同的进样通道被亲水性掩膜完全隔离。待测样品（如检测溶液、血液）进入不同的工作电极通道，在不同的平面上流动，最终流动到共用的参比电极通道。如图 10.10（a）所示，血糖工作电极为第一通道，样品直接在平面进样，与参比电极导通；乳酸通道为第二通道，样品需要跨越隔离血糖电极的桥，与参比电极导通；酮体工作电极在第三通道，样品跨越隔离血糖、乳酸的桥与参比导通。

三参数电极器件的具体制备工艺如下：①采用前述刻绘及溅射方法，在聚碳酸酯基材上形成多个金电极；②使用刻绘形成的亲水性掩膜版 1（Mask1），隔离出通道 1；③在工作电极上修饰滴加 GOD / BSA-Ferri 溶液，自然晾干后滴加戊二醛（GA），成膜后，在参比电极滴加曲拉通溶液，以提高整个通道表面的亲水性，便于样品流动；④将掩膜版 2（Mask2）粘贴到 Mask1 上，形成通道 2 和桥 1；⑤按步骤②–④完成工作电极 2 制备，形成通道 3 和桥 2；⑥按步骤②–④完成工作电极 3 制备；⑦覆盖掩膜版 4（Mask4），传感器制备完成，在 4℃保存。

为实现血糖、乳酸和酮体的特异性检测，三个工作电极上固定有不同的酶体系，同时修饰了纳米铂黑以提高电子转移效率。其中，血糖检测采用葡萄糖氧化酶，反应过程可以参考上一节。乳酸检测采用乳酸氧化酶，可以特异性地将乳酸转化为丙酮酸，在此过程中乳酸氧化酶由还原态（LO_x（$FADH_2$））转化为氧化态，工作电极上的 $Fe(CN)_6^{3-}$ 被还原为 $Fe(CN)_6^{4-}$，在此过程中产生的电流与样品乳酸浓度成正比，如图 10.10（b）所示。酮体检测采用双酶体系，工作电极上修饰 β-羟丁酸脱氢酶（β-HBDH）和辅酶（烟酰胺腺嘌呤二核苷酸，NAD），β-羟丁酸在 β-HBDH 的催化下与辅酶 NAD 作用生成乙酰乙酸和 NAD 的还原态 NADH。在 NADH 转化为氧化态 NAD 的过程中，工作电极上的 $Fe(CN)_6^{3-}$ 被还原为 $Fe(CN)_6^{4-}$，通过检测电流变化可以获得待测样本中酮体的浓度［图 10.10（c）］。

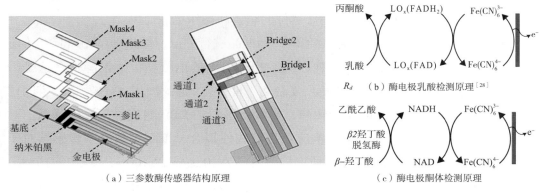

（a）三参数酶传感器结构原理 （b）酶电极乳酸检测原理[28] （c）酶电极酮体检测原理

图 10.10　血糖、乳酸和酮体三参数酶传感器

10.3.2　肿瘤标志物电化学免疫传感器

肿瘤标志物电化学免疫传感器是针对临床肿瘤标志物定量检测的需求，基于抗原 - 抗体免疫反应原理和电化学检测法而研制的一类电化学传感器。肿瘤标志物的浓度变化能够反映肿瘤的存在、发生、发展，可帮助癌症早诊、降低致死率，对临床诊断和用药具有极为重要的指导价值。以肿瘤增殖性抗原类肿瘤标志物为例，生长因子及其受体对肿瘤的发生、发展起着十分重要的作用，如血管内皮细胞生长因子 C（VEGF-C）是一种特异性的淋巴管内皮细胞调节因子，在肿瘤的血管增生、慢性炎症中起着重要的调控作用，其检测有助于预防晚期疾病和癌症风险。

中国科学院空天信息创新研究院基于直接电化学检测方法，研制了纳米复合材料修饰的折纸型电化学免疫传感器[29]，能实现对 VEGF-C 的快速、灵敏检测。如图 10.11（a）所示，该免疫传感器具有三个区域，从左到右分别是辅助电极区、样品处理区以及工作电极检测区，通过折叠的方式进行工作，并通过器件的侧端进样，待测样品进入器件后，经亲水沟道并向下渗透到达预先固定有电活性物质、纳米复合材料和抗体的工作电极，与固定的抗体发生免疫反应，通过检测电流来实现定量检测。

该传感器的制备工艺如下：①利用喷蜡打印工艺在同一张滤纸上打印出设计好的图案后，经 120℃烘箱烘烤 3 min，使表面的蜡融化并开始向滤纸内部渗透，形成相应的亲、疏水区域；②利用丝网印刷工艺，按设计将导电碳浆和导电 Ag|AgCl 浆分别印刷到传感器的工作电极区、辅助电极区，形成电化学检测三电极体系的碳工作电极、碳对电极和 Ag|AgCl 参比电极；③利用滴涂法将制备好的新亚甲基蓝 / 氨基化多壁碳纳米管 / 纳米金（NMB/NH₂-SWCNTs/AuNPs）复合物和 VEGF-C 抗体依

次固定到工作电极表面，再利用巯基己醇封闭多余的活性位点，从而完成对该传感器工作电极表面的修饰。该纸基传感器集成了过滤、检测的功能，优点在于通过简单的折叠便可实现相应功能，从而使器件的制备和操作更加简单。

采用该传感器对不同浓度的 VEGF-C 标准品进行测试，结果如图 10.11（b）所示。随着 VEGF-C 浓度的逐渐增加，DPV 扫描得到的电流峰值逐渐降低，这是因为抗原 - 抗体特异性结合产生的免疫复合物不能导电，会增大电活性物质的空间位阻，从而阻碍电活性物质的电子转移，导致传感器的 DPV 响应电流峰值降低。对 VEGF-C 浓度与 DPV 测到的电流响应值进行线性拟合，该双参数纸基传感器对于 VEGF-C 表现出良好的线性关系，线性检测范围为 10 pg/mL ~ 100 ng/mL（R^2=0.988），最低检测限为 10 pg/mL（S/N ⩾ 3）。此外，还开展了 13 例临床血清样本的对比检测研究，该传感器的检测结果与临床大型仪器检测值之间的偏差小于 9.81%，说明该传感器具有较好的临床应用前景。

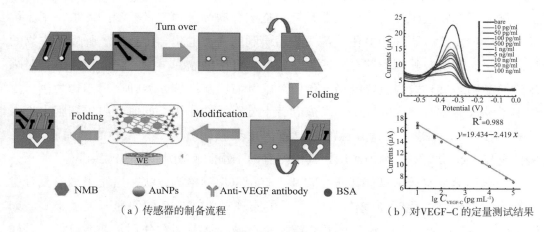

（a）传感器的制备流程 （b）对VEGF-C的定量测试结果

图 10.11　微流控纸基电化学免疫传感器[29]

10.3.3　肿瘤标志物电化学适配体传感器

肿瘤标志物电化学适配体传感器是针对临床肿瘤标志物定量检测的需求，利用核酸适配体为分子识别元件而研制的一类电化学传感器。以恶性肿瘤中发病率和致死率均居首位的肺癌为例，每年我国大约新增 78.1 万肺癌患者，居全球第一位，且呈逐年上升趋势，肿瘤标志物检测对实现肺癌早期诊断、降低死亡率具有重要的临床价值。目前，可用于肺癌早期诊断的肿瘤标志物包括癌胚抗原（CEA）、神经元特异性烯醇化酶（NSE）、细胞角蛋白 19 片段等。CEA 浓度变化可直接反映肿瘤细胞数量，并与肺癌的病例类型息息相关；NSE 在小细胞肺癌中有过量表达，被认为是检测小细胞肺癌的首选标志物。已有临床数据表明，CEA 和 NSE 的联合检测可提高肺癌检测过程中的特异性和准确性，对肺癌的早期诊断和疗效检测更具价值。

针对 CEA 和 NSE 的联合快速检测，中国科学院空天信息创新研究院采用适配体作为识别元件，基于喷蜡打印、丝网印刷工艺和纳米材料修饰等技术，研制了双参数微流控纸基电化学适配体传感器[20]，实现了对 CEA 和 NSE 的快速、高灵敏度检测。如图 10.12（a）所示，该纸基传感器具有四层结构，自上而下包括进样与过滤层、辅助电极层、微流控沟道层以及工作电极层，各层利用喷蜡打印工艺来形成具有亲疏水区域的图案（带颜色的为疏水区域，白色为亲水区域），并利用丝网印刷工艺制作参比电极、对电极和工作电极，从而同时集成样品过滤以及双参数电化学检测的功能。其中，进样与过滤层设计有进样孔、微流控沟道以及过滤膜，过滤膜可根据检测需求采用不同的孔隙度，有效滤除全血样本中红细胞、白细胞以及血小板对检测的干扰；辅助电极层、微流控沟道层以及工作电极层共同构成检测区域，实现电化学检测通路，各层由喷蜡打印形成的亲水性微流沟道来引导检测样本在器件内部的流动，使同一检测样本可以到达器件两端工作电极的检测反应区。

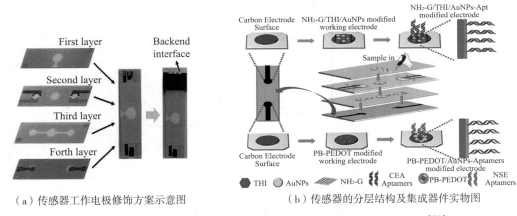

（a）传感器工作电极修饰方案示意图　　　　（b）传感器的分层结构及集成器件实物图

图 10.12　肺癌肿瘤标志物双参数微流控纸基电化学适配体传感器[20]

传感器的两端工作电极分别修饰有含有不同电活性物质的纳米复合材料和适配体，可基于直接电化学测试方法来实现待测样品中双参数抗原的浓度检测。如图 10.12（b）所示，一端工作电极修饰有还原性石墨烯/硫堇/纳米金（NH₂–G/THI/AuNPs）复合物和 CEA 适配体，另一端修饰有聚 3，4 乙烯二氧噻吩 – 普鲁士蓝 – 纳米金（PEDOT/PB/AuNPs）复合物和 NSE 适配体，通过 THI、PB 等电活性物质自身发生氧化还原反应产生电流，而石墨烯、纳米金等修饰不仅利于适配体在工作电极表面的固定，还能大大提升电子转移能力，增加检测灵敏度。集成后的纸基传感器能够通过后端接口与实验室自制的便携式电化学检测仪直接连接，实现快速、便携式的检测。

利用该双参数检测纸基电化学适配体传感器对同一样本溶液中的 CEA 和 NSE 抗原浓度进行同时检测，发现随着 CEA 和 NSE 抗原浓度逐渐增加，DPV 扫描得到的电流峰值在逐渐降低，这是由于适配体－抗原特异性结合形成的免疫复合物导致的。因此，抗原浓度越高，适配体－抗原免疫复合物形成越多，电流越小，这与直接电化学检测法的原理是一致的。如图 10.13 所示，对不同浓度的抗原溶液与 DPV 测到的电流响应值进行线性拟合，该双参数适配体传感器对于 CEA 和 NSE 抗原均表现出良好的线性关系，对 CEA 检测线性范围为 10 pg mL^{-1}~500 ng mL^{-1}，最低检测限为 2 pg mL^{-1}（S/N ≥ 3）；对 NSE 检测线性范围为 50 pg mL^{-1}~500 ng mL^{-1}，最低检测限为 10 pg mL^{-1}（S/N ≥ 3）。此外，还开展了 15 例临床血清样本的对比检测研究，该传感器对 CEA 的检测结果与临床大型 E602 罗氏电化学发光仪结果之间的偏差均小于 7.81%，对 NSE 的检测结果与临床参考值和测试值间的最大偏差为 22.43%，说明该传感器具有较好的临床应用前景。

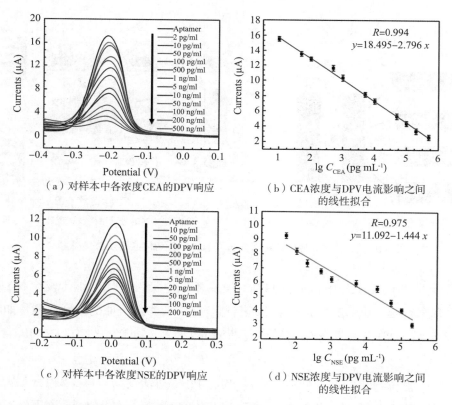

图 10.13　利用双参数微流控纸基电化学适配体传感器对 CEA 和 NSE 标准品的测试结果[20]

10.3.4　脑机接口神经微电极阵列传感器

脑机接口（Brain-Computer Interface，BCI）是在大脑（或者脑细胞的培养物）与外部设备间建立的信息交互通路。作为脑机接口的核心传感器件，神经微电极阵列可与脑内或离体培养神经网络中的细胞直接接触，获取细胞水平的神经电生理及递质化学活动信息，具有高时空分辨、高灵敏、高选择性、多通道、多模式检测调控的优异特性，已成为重大脑疾病、脑认知研究及新一代人工智能中不可或缺的关键传感器件，也是目前生化量传感的代表性前沿技术。下面将分别从离体和植入式两方面对神经微纳电极阵列传感器的基本结构和研制方法加以介绍。

10.3.4.1　离体神经微纳电极阵列

离体神经微纳电极阵列是在平面基底上集成以阵列形式排布的多通道微电极，可对体外培养神经细胞的活动信息进行检测调控的传感器件。对离体培养的脑组织切片或神经细胞网络进行检测调控，其优点在于：①在显微镜下可以直接观察脑组织切片或细胞的结构以及微电极的位置，定位方便；②根据研究目的，可在芯片上引导神经细胞网络的定向生长；③根据实验需求，可随时迅速调整神经细胞外环境，包括加入药物及改变 pH 值、温度、离子浓度等。因此，离体神经微电极阵列芯片已逐渐成为神经科学研究的重要工具。自 1972 年 Thomas 等人首次应用离体微电极阵列记录培养细胞的动作电位以来，离体微电极阵列芯片已得到长足发展，德国 Multichannel Systems 公司生产的商品化器件已形成一定应用规模。但目前绝大多数芯片仅有电生理检测的功能，无法实现神经递质检测，难以了解这两种信息的同步变化规律。中国科学院空天信息创新研究院研制了一系列可实现细胞电生理及神经递质（双模）信息同步检测的离体微纳电极阵列脑机接口新器件（图 10.14），可弥补单一模式检测造成的信息缺失，并在海马脑切片调控检测[24]、干细胞分化神经细胞递质囊泡量子释放检测、神经细胞网络可塑性调控检测等方面取得重要进展。

离体微电极阵列芯片的主要层次结构包括四个部分：基底层、微电极阵列层、绝缘层、培养层。基底层是整个微电极阵列芯片的载体，常采用的基底材料为硅片或耐热的石英玻璃。硅片基底的优点是易于开展各种三维立体结构加工且与 COMS 工艺兼容，但性脆易裂，适合大批量制备小体积器件，封装形式比也较复杂，成本较高。相对而言，石英玻璃具有足够的机械强度，能够承载微加工或细胞检测过程中的各种应力，此外，透明的玻璃基底更有利于以透射的方式在显微镜下对细胞进行观察，因此被大多数离体芯片采用。

微电极阵列层是以金、铂、铂铱合金、氧化铟锡等生物相容性导电材料制备的图形化导电薄膜，厚度几百纳米，其图形结构包括阵列微电极、导线、焊盘。其中，阵列微电极是直接与神经细胞接触、检测胞外神经信号的敏感单元，每个电生理微电极直径范围 1~30 μm，与细胞胞体大小相匹配。电极直径越小，空间分辨率越高，越有利于检测单个神经细胞的电活动。随着电极尺寸增大，同一微电极上记录到相邻多个神经元的电活动越多，将增大信号分离难度，当电极位点超过 50 μm后，可能较难分辨出单细胞放电活动。微电极通道数可达几十个至上千个，按照需要排成不同的阵列，以满足神经网络中大量细胞的同步检测。这些微电极经过表面纳米生物功能材料修饰后，既可用于检测细胞动作电位、场电位信号，又可基于电化学方法检测神经递质释放信号，还可以反向对细胞施加电刺激。信号将通过引线连接至外围信号处理系统。除了微电极和焊盘区域，芯片表面所有区域均需要用氮化硅 / 氧化硅等绝缘层覆盖。

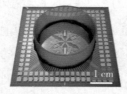

（a）可用于脑组织切片或神经细胞网络检测的 128 通道离体微电极阵列芯片

（b）大鼠海马脑组织切片专用离体微电极芯片显微镜照片[25]

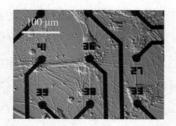

（c）离体电极阵列表面培养神经细胞网络

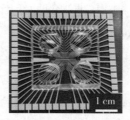

（d）集成微流控层的 64 通道离体电极阵列芯片，包含 4 个培养腔室及多个微沟道

图 10.14　离体微电极阵列设计研制

最后，在芯片上还需设置合适的培养层，加入培养液，为离体脑组织切片、神经细胞网络提供可长期保持活性的生存环境。通常，一个与芯片紧密贴合的圆环状培养池即可满足要求 [图 10.14（a）]。近年来，随着微流控技术的发展，越来越多的离体微电极阵列芯片采用聚二甲基硅氧烷（PDMS）弹性材料制备培养层，其内部可设计加工微米尺度的培养腔室和微沟道 [图 10.14（d）]，用于在同一芯片上不同区室细胞的分立培养，神经细胞轴突可通过微沟道与其他区室的细胞相连接，相关信号检测可用于神经网络逻辑功能、神经再生功能等方面的研究。

　　离体微电极阵列芯片需采用 MEMS 工艺进行加工制备，典型的工艺流程如图 10.15 所示。其主要步骤包括：①导电层的制备［图 10.15（a）-（d）］：对基底进行彻底清洁后旋涂光刻胶，并采用标准光刻工艺在光刻胶上形成导电层的预设图形。在光刻胶图形表面溅射 Cr/Au 或 Cr/Pt 作为导电层，其中 Cr（厚度 30 nm）有助于 Au（厚度 200 nm）导电层和玻璃基底的黏合。然后采用剥离工艺，通过丙酮浸泡溶解光刻胶，多余的金属被去掉，在基底上只留下图形化的导电层。②绝缘层的制备［图 10.15（e）-（g）］：采用等离子体增强化学气相沉积工艺在低温下沉积 SiO_2/Si_3N_4 绝缘层，厚度 800 nm。然后进行第二次光刻，形成的光刻胶图形覆盖大部分绝缘层，但暴露出微电极位点和焊盘区域。采用反应离子刻蚀工艺，对光刻暴露出的绝缘层进行刻蚀，直到露出微电极位点和焊盘处的导电层。最后对光刻胶进行彻底清洗，除去微电极阵列芯片表面的残留杂质。③细胞培养微流控层制备［图 10.15（i）-（n）］：在硅片表面旋涂薄层 SU8 光刻胶（5 μm 左右），光刻显影后形成微沟道模具，再旋涂厚层 SU8 光刻胶（100 μm 左右），第二次光刻显影后形成细胞生长腔室模具。将 PDMS 预聚物浇筑在上述模具中，彻底烘烤，脱模后用打孔器在成型的细胞生长腔室上端打出细胞种植孔。④键合封装及电极修饰：将微流控层的沟道、腔室与制备好的微电极阵列进行精确对准，并与玻璃基底键合成为一体［图 10.15（o）］。此外，为了提高神经信息检测的信噪比与选择性，可通过电化学沉积等方式在微电极位点表面定向修饰多种纳米生物功能材料［图 10.15（h）］，包括铂纳米颗粒、碳纳米管、谷氨酸氧化酶等，以提高微电极检测的灵敏度、信噪比和对特种神经递质的选择性。

　　离体微电极阵列芯片制备完成后，可通过接口电路，将微电极阵列的各个焊盘与神经信息检测调控系统相连接。开展检测前，需将活性脑组织切片（或离体神经细胞）贴附在微电极阵列表面，培养池中加入合适的培养液，并持续通入含 95% 氧气和 5% 二氧化碳的混合气体，在严格控制条件下，离体细胞可稳定存活或继续分化生长形成网络，甚至长达数月以上。在此期间，即可用离体电极阵列芯片对细胞活动的电生理、神经递质信息进行连续监测或调控刺激，研究其活动变化规律。

　　如图 10.16 所示，利用 MWCNTs/PEDOT：PSS 纳米复合材料修饰的新型离体微电极阵列，开展大鼠海马脑组织切片癫痫调控检测研究[25]。该离体微电极阵列能精确地定位海马切片各主要亚区的主细胞层，成功记录高浓度钾离子诱导下，切片内神经细胞的癫痫放电动作电位特征信号，并发现痫样放电在海马区的神经信号投射通路：痫样放电起源于 CA3b 区，沿着主细胞层双向传播至 CA1 区和 DG 区，且痫样放电逆向传播速度（CA3b → DG）要快于顺向传播速度（CA3b → CA1）。该工作为海马脑片的研究提供了专用的检测平台，为进一步探索海马区功能等神经科学

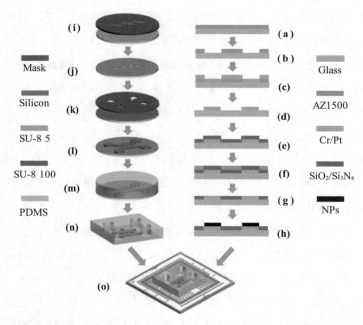

（a）玻璃基底表面涂覆光刻胶；（b）光刻形成导电层图形；（c）溅射金属导电层；（d）剥离形成电极阵列；（e）化学气相沉积绝缘层；（f）光刻暴露微电极位点及焊盘；（g）等离子刻蚀去掉电极位点及焊盘表面的绝缘层；（h）电化学沉积纳米材料；（i）硅基底表面涂覆薄层SU8胶并进行光刻；（j）硅基底表面形成微沟道模具；（k）进行厚层SU8胶光刻；（l）形成培养池结构模具；（m）PDMS浇筑；（n）PDMS脱模；（o）微流控层与微电极阵列键合

图 10.15　微流控离体微电极阵列芯片制备工艺流程图

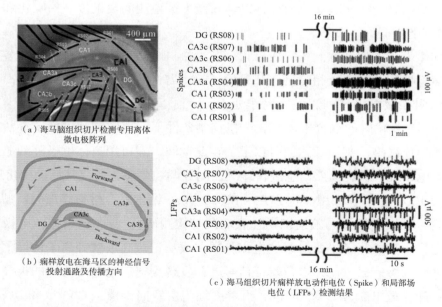

（a）海马脑组织切片检测专用离体微电极阵列

（b）痫样放电在海马区的神经信号投射通路及传播方向

（c）海马组织切片痫样放电动作电位（Spike）和局部场电位（LFPs）检测结果

图 10.16　离体微电极阵列及其海马组织切片癫痫调控检测应用[25]

研究提供了有效工具。

　　此外，利用 PEDOT：PSS/PtNPs 纳米复合材料修饰的高时空分辨离体微电极阵列，还开展了电调控激活神经网络可塑性过程中的神经信息检测研究[30]。通过在该离体微电极阵列上培养原代海马神经元并同步检测其神经电生理功能，发现体外培养 3 周后，神经元连接成密集的网络，其电活动呈现典型的尖峰和爆发特征；进而对体外海马神经网络开展了神经元级别的精准电调控，成功诱导出体外培养神经元的学习、记忆功能（图 10.17）。研究发现，随着电刺激训练次数的增加，网络中神经元的放电活动逐渐转变为密集的放电簇，放电模式向产生记忆特征模式（即 burst 放电模式）转变，且训练后神经元动作电位信号至少能维持四小时基本不变。该研究建立了细胞与网络层面评价电调控诱导神经网络学习、记忆等可塑性功能的神经动力学机制的方法，可为大脑学习、记忆等功能研究提供新的工具。

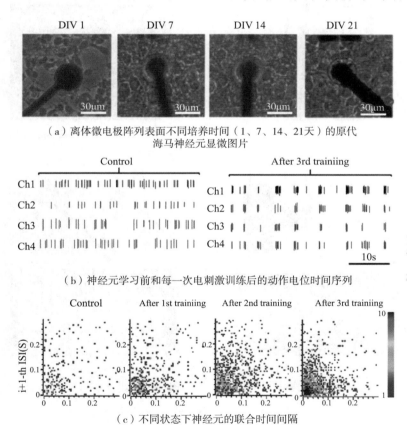

（a）离体微电极阵列表面不同培养时间（1、7、14、21天）的原代海马神经元显微图片

（b）神经元学习前和每一次电刺激训练后的动作电位时间序列

（c）不同状态下神经元的联合时间间隔

图 10.17　离体微电极阵列及其原代神经网络可塑性调控检测应用[30]

10.3.4.2　植入式神经微纳电极阵列

　　植入式微电极阵列是可植入活体脑内，使多个阵列化排布的微电极与神经细

2

2

2

2

2

2

off

胞直接接触，对脑内多通道神经细胞活动信息进行检测调控的传感器件。采用植入式微电极进行活体神经信息检测，最突出的优点是能够结合疾病动物模型、行为学和各项任务，在大脑网络完整的条件下对神经活动进行检测调控，是实现脑重大疾病精准功能定位与靶向调控、高级脑认知功能研究、脑机接口人机交互的关键器件。目前，植入式电极阵列的代表包括已被用于临床的美国犹他（Utah）三维微电极阵列以及美国密歇根（Michigan）电极阵列，但这些器件同样多用于神经电生理检测。中国科学院空天信息创新研究院研制了多种植入式微纳电极阵列脑机接口（图10.18），可实现从啮齿类到灵长类动物脑深部的细胞水平神经信息检测，在高时空分辨率和神经电生理及递质化学（双模）检测方面具有特色和优势[30-32]。

（a）用于啮齿类动物活体神经信息检测的硅基16通道（4×4）微电极阵列

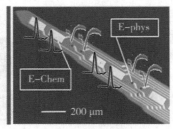

（b）植入式微电极阵列表面的电生理及递质电化学检测位点[31]

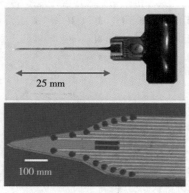

（c）适用于非人灵长类动物的16通道（2×8）硅基微电极阵列[32]

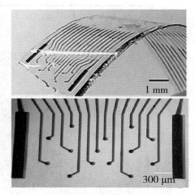

（d）PDMS和Parylene复合柔性基底颅内皮层微电极阵列[33]

图10.18　植入式微电极阵列设计研制

植入式微电极阵列芯片的主要层次结构包括三个部分：基底层、微电极阵列层、绝缘层。根据不同的应用需求，植入式微电极阵列的基底材料可以选择为刚性材料的硅、陶瓷，也可采用柔性材料聚酰亚胺、聚对二甲苯等。可植入部分为探针状，用于植入动物脑深部核团开展检测。其中，刚性基底具有机械强度大、易于穿刺植入的优点；而柔性基底由于杨氏模量与柔软的脑组织更为匹配，长期检测过程中造成的植入损伤更小。与离体微电极阵列不同，植入式微电极阵列需要尽量减小植入部分的尺寸，以最小的创伤获取尽量多通道的神经信息，因此对整个器件的微型化、集成化提出了更高要求。微电极阵列层多采用金、铂、铂铱合金制备，单个微电极尺寸设计与离体芯片类似，但电极位点的分布要结合动物的脑立体定位图谱，根据待测脑区的位置和大小来确定，对于啮齿类动物来说，探针长度为 1 cm 以内，而对于不同种类灵长类动物的脑深部检测，探针长度最大需达 5~10 cm。如此长路径的多通道、高密度微电极位点及引线分布也增加了器件工艺制备和封装的难度。此外，为了实现颅内脑皮层、视网膜等弯曲表面的神经细胞检测调控，可制备基于柔性材料基底的平面微电极阵列，有利于使电极位点紧密贴附在神经组织表面。

典型的硅基微电极阵列制备工艺流程如图 10.19 所示，主要步骤依次为：①以 SOI 硅片为基底，经过标准清洗流程后，在顶层硅（厚度 20~30 μm）的表面热氧化生长一层 SiO_2 绝缘层，SiO_2 厚度为 300 nm；②在 SiO_2 层表面旋涂光刻胶，并采用标准光刻工艺在光刻胶上形成导电层的预设图形；③在光刻胶图形表面溅射 Cr/Pt 导电层，经剥离工艺在基底上形成图形化的导电层；④采用等离子体增强化学气相沉积工艺，在低温下沉积 SiO_2/Si_3N_4 绝缘层，厚度为 800 nm；⑤进行第二次光刻，形成的光刻胶图形覆盖大部分绝缘层，但暴露出微电极位点和焊盘区域；⑥采用反应离子刻蚀工艺对光刻暴露出的绝缘层进行刻蚀，直到露出微电极位点和焊盘处的导电层；⑦进行第三次光刻，形成的光刻胶图形覆盖硅探针整体外形，暴露其他区域；⑧采用反应离子刻蚀工艺对顶部绝缘层和顶层硅进行刻蚀，形成 20~30 μm 厚的硅针针体结构，硅针背面仍通过埋氧层连接在底层硅上；⑨在针体正面使用密封胶进行图形保护，在 KOH 溶液中进行底层硅湿法腐蚀，达到埋氧层后腐蚀自停止；⑩在有机溶剂中溶解密封胶并进行清洗，完成硅针电极阵列的释放分离。

微电极阵列器件制备完成后，可通过金丝键合等方式将焊盘与外部微型化的接口电路相连接。根据神经电生理、神经递质检测需要，可在微电极位点表面修饰不同纳米生物功能材料，以降低电极阻抗，提高微弱神经信号检测的信噪比、灵敏度和选择性。

为了开展活体动物脑内神经信息检测，需要在动物麻醉状态下实施脑立体定位手术。根据脑立体定位图谱，在颅骨相应部位用颅钻打开一个直径为 2 mm 左右的小窗口。将微电极阵列探针与相应的神经信息检测系统连接，利用电极微推进器将探针以微米级的定位精度缓慢推进植入脑深部预定位置，进行活体原位神经信号的实时检测。如果需要进行动物活动状态下的长期慢性信号检测，则需要利用牙科水泥等材料将电极器件接口与颅骨密封固定在一起，待动物清醒恢复后再开展相关检测。

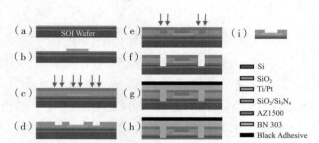

（a）在SOI硅片顶层硅表面热氧化形成二氧化硅绝缘层；（b）第一次光刻后形成图形化的导电层；（c）导电层表面沉积绝缘层并进行第二次光刻；（d）等离子刻蚀绝缘层，暴露电极位点和焊盘；（e）第三次光刻形成硅针外形图案；（f）顶层硅刻蚀形成针体结构；（g）针体正面进行密封胶保护；（h）背面湿法自停止腐蚀；（i）硅针电极释放

图 10.19　硅基植入式微电极阵列设计制备流程图

图 10.20 所示即为利用植入式微电极阵列芯片开展大鼠脑内神经信息检测及癫痫病灶精准功能定位的应用测试[34]。由于海马区是颞叶癫痫涉及的主要病灶区，根据大鼠脑组织结构及脑立体定位图谱，设计研制出 32 通道硅基植入式微纳电极阵列，其检测位点排布次序与大鼠海马脑区细胞层解剖结构相互匹配，可同步检测海马内 DG、Hilus、CA3 和 CA1 四个子区的神经细胞电生理信号。每个电极位点直径 15 μm，限制在单个神经细胞胞体大小范围，可实现单细胞水平的神经信号检测。微电极位点表面修饰铂黑纳米颗粒，以降低阻抗、提高电生理检测信噪比。

将这种定制化的 32 通道微纳电极阵列植入大鼠脑深部海马区，配合神经信息检测系统，可实时记录多个子区、多通道的神经细胞电生理信号，包括动作电位 Spike 和场电位 LFP。通过腹腔注射匹鲁卡品等致痫剂，可制备颞叶癫痫大鼠模型，诱导大鼠从正常状态进入癫痫发作状态。根据检测到的电生理信号及其统计分析，可将这一过程细分为正常期、平静期、发作初期、发作中期、大发作期。测试结果表明，诱发癫痫后，Hilus 区的神经细胞最先开始癫痫发作，发放率提升速度显著高于其他区域。根据不同阶段的细胞放电能量空间分布图，诱发的癫痫样活动从 Hilus 区和 CA3 区向 DG 和 CA1 区域扩散。此外，根据 Spike 信号波形可将检测到的神经细胞分类为中间神经元和锥体神经元。结果显示，Hilus 和 CA3 区中的中间神经元 Spike 发放率显著高于锥体神经元。以上工作实现了癫痫病灶精准功能定位，并发现了癫痫病灶异常神经活动的起源、传递及时空动态变化，为癫痫机制研究提供了重要依据。

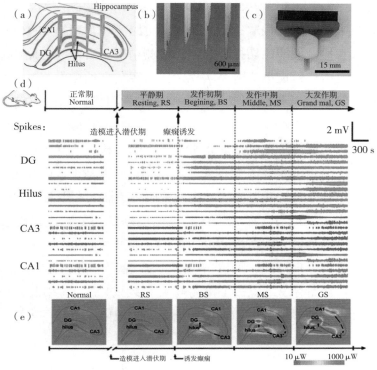

（a）用于大鼠脑内海马区多层次细胞检测的微电极阵列结构示意图；（b）32通道硅基微电极阵列显微镜照片；（c）完成接口封装的微电极阵列器件整体照片；（d）癫痫发作不同阶段，海马内多个亚区的多通道神经细胞动作电位信号；（e）癫痫发作不同阶段，海马内多个亚区的神经细胞放电能量空间分布图

图 10.20　植入式微电极阵列用于大鼠癫痫病灶精准定位[34]

10.4　生化传感检测系统与测试应用

研制与生化量传感器配套的检测系统，充分发挥传感器的信号识别与转换能力，是传感信号最终可被有效利用的重要保障。这些系统需要将来自传感器的微弱信号进一步放大，通过滤波等手段去除噪声，再进行快速、实时的采集存储，并完成显示分析、控制传输等多种功能，以实现生化量传感信息的进一步系统化应用。以下将结合具体实例介绍生化量传感器配套检测系统的基本组成、工作原理以及最终输出的信号特征，并从不同角度体现现代传感器系统的优异性能，包括小型化、智能化、高时空分辨、多功能、无线化等。

10.4.1　便携现场快速检测系统与测试应用

10.4.1.1　无创血糖检测系统研究

针对无创血糖检测传感器，中国科学院空天信息创新研究院研制了佩戴式无创血糖检测仪[34]，仪表系统结构如图 10.21（a）所示。其中，反离子电渗抽取电路用于实现组织液中葡萄糖的抽取；传感器后端电路实现葡萄糖浓度的检测；多路切换开关实现抽取和检测功能的切换，并保障检测精度不受开关电路的影响。反离子电渗抽取电路主要通过恒定电流电路实现，恒流源输出的微电流通过抽取电极流经皮肤，形成电流回路，从而达到反离子电渗抽取的目的。如图 10.21（b）所示，I 为恒流源，R 是一个小电阻，运算放大器 A 负责放大 R 上的电压降。当取样电极与皮肤接触良好时，反离子电渗抽取正常进行；当电极与皮肤未接触时，恒流源电路相当于断路，反离子电渗抽取没有进行。因此，可以基于该电路进行检测状态判定，消除由电极相对皮肤运动造成的干扰。相应传感器后端电路如 10.21（c）所示，B1~B8 为运算放大器，B1~B4 和 B5~B8 构成的电路模块分别连接电极 1 和电极 2。最先进行反离子电渗抽取，以电极 2 为阴极，完成抽取后进行检测，同时检测两个电极。由反离子电渗原理可知，抽取结束后，葡萄糖分子在电极 2 表面聚集，而电极 1 附近则没有葡萄糖分子。电极 1 检测电流主要由皮肤电位引起，作为背景电流；电极 1 检测电流包含了背景电流和葡萄糖分子的响应电流，将两者取差分可以得到仅与葡萄糖分子相关的响应电流。

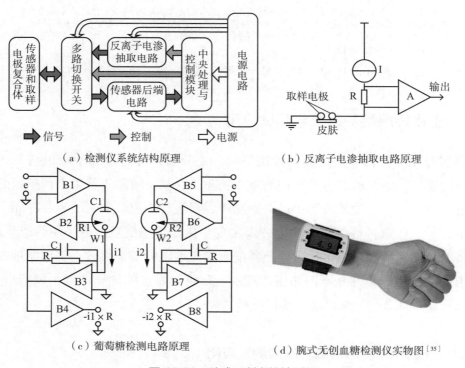

图 10.21 腕式无创血糖检测仪

采用研制的传感器和仪表进行一系列动物在体实验和临床应用研究。通过与市售的有创血糖仪的测量结果进行对比，无创监测的血糖变化趋势与有创血糖仪测量结果一致。无创检测的结果峰值约为有创检测的 50%，并且有约为 15min 的延时，这表明组织液葡萄糖浓度低于血糖浓度，其变化也滞后于血糖浓度的变化。但是通过数据拟合，无创血糖仪配合高灵敏度葡萄糖传感器能够较好地对血糖变化趋势进行监测。

10.4.1.2 手持式多参数电化学检测仪

针对血糖、乳酸和酮体三参数联合检测传感器，研制了手持式多参数检测仪表（图 10.22），其系统主要包括多通道检测电路、工作电压生成电路、多路模数转换电路、主控制器和显示模块等模块 [图 10.22（a）]。其中，工作电压生成电路生成前端传感器所需要的工作电压，并施加到各个工作电极上。各个电极输出的电流信号经过信号检测电路和多路模数转换电路最后至主控制器，主控制器再将检测结果进行显示。多通道电化学信号检测电路由前述的三个工作电压发生电路与三个信号调理电路构成，对应的三通道检测电路如图 10.22（b）所示。由于工作电位不是直接接入三个工作电极，而是通过运放的"虚短"特性接入，因此三个检测通道在电路上是相互独立的，避免了各个通道的信号的混扰。

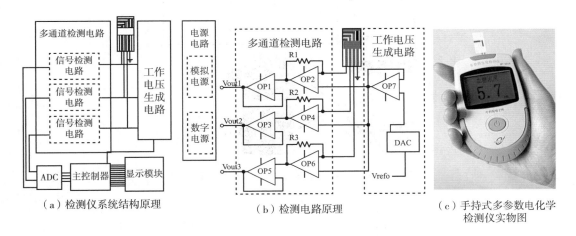

（a）检测仪系统结构原理　　　　（b）检测电路原理　　　　（c）手持式多参数电化学
　　　　　　　　　　　　　　　　　　　　　　　　　　　　　　检测仪实物图

图 10.22　手持式多参数电化学检测仪

利用研制的检测仪配合传感器开展了葡萄糖溶、乳酸和 β-羟丁酸的测试验证，其中，葡萄糖检测时间为 10 s，乳酸检测时间为 30 s，β-羟丁酸检测时间为 90 s，与市售仪表检测结果相比，线性度良好且具有检测三种血液参数的能力，满足现场快速检测需求。此外，为了满足手持式仪表低功耗的需求，该仪器还从器件选择、硬件设计和软件算法等方面进行了优化。比如，优选低功耗元器件；充分及时使用各种低功耗模式；在不影响各模块正常工作的情况下，尽量采用低电压进行供电；禁止不工作 I/O 口，降低无谓的功耗；在算法方面，尽量采用乘法代替除法等。最终，仪表在内置电池的供电下能够持续工作超过 100 h，满足了便携式设备的需求。

10.4.1.3　基于智能手机的电化学检测系统

目前，智能手机功能强大、应用广泛，作为智能终端，可以用于数据的采集、存储和传输，因此，基于智能手机开发生化检测模块成为一个研究热点。针对纸芯片传感器，中国科学院空天信息创新研究院将智能手机与电化学检测模块结合研制了基于 Type-C 口能量收集的智能检测系统（图 10.23）[36]。其中，智能手机通过 Type-C 口向电化学检测模块供电，并通过手机 App 进行数据传输和控制。电化学检测模块由接口单元、中央控制单元和检测单元等构成。其中，检测单元是最重要的模块，主要由恒电位仪和电流 – 电压转换器两部分组成。恒电位仪主要由反相器和电压跟随器构成，并且与相应电容进行搭配设计，起到防止电化学检测电流影响以及源和负载间缓冲的作用。

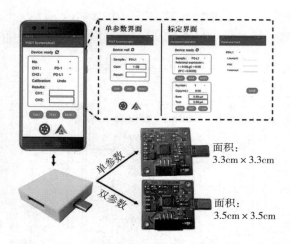

图 10.23　基于智能手机的电化学检测系统[36]

为了满足高灵敏检测需求，采用差分脉冲伏安法（Differential Pulse Voltammetry，DPV）进行电化学检测。DPV 是一种高灵敏高选择性的电化学检测方法，其输出波形可看作是线性增加的电压与恒定振幅的矩形脉冲的叠加，将波形加到工作电极和对电极之间，然后在施加矩形脉冲波形一个周期内进行两次电流测量，两次电流相减去除了双层充电电流带来的干扰，同时也去除了测量过程待测溶液中由于杂质氧化还原引起的背景电流影响。通常情况下，传感器 DPV 幅值会随着待测物浓度的增加而下降，一般电流峰值与取 log 后的浓度值成反比。结合研制的纸芯片传感器，进行癌症标志物程序性细胞死亡蛋白 –1（Programmed death–1，PD–1）及其配体（Programmed Cell Death–Ligand 1，PD–L1）的检测。结果显示，PD–1 的线性范围为

50 pg/mL ～ 50 ng/mL，最低检测限为 50 pg/mL；PD–L1 的线性范围 5 pg/mL ～ 5 ng/mL，最低检测限为 5 pg/mL。检测结果可以通过手机 App 进行显示和管理，并可通过移动网络实现与医生或医院的远程连接。

10.4.2　高时空分辨脑机接口检测调控系统与测试应用

大脑是由上千亿个神经细胞组成的极其复杂的信息处理系统，其信息活动涉及微观的神经细胞层次、经过神经回路的介观层次、脑网络和脑功能的宏观层次，而神经细胞与神经细胞之间的信息交流基于神经电和递质化学两种基本模式传导，其蕴藏的信息变化都在毫秒量级，对这两种模式信号开展原位实时和同步高速探测，可以弥补单一模式记录所造成的信息缺失，对阐明脑功能、发现重大脑疾病发病机制具有重大科学意义[37]，但仍缺少相应的综合一体化仪器手段。中国科学院空天信息创新研究院围绕神经微电极阵列制作工艺、多层次调控与高通量神经信号同步检测的难题，基于微电极阵列技术研制出高时空分辨脑机接口检测调控系统（图10.24），发现了帕金森食蟹猴脑深部神经电和多巴胺递质双模信息流动和相互联系的变化规律，相关技术是新兴交叉前沿技术，在脑科学、脑重大疾病诊治和脑机交互方面具有广泛的应用前景。

图 10.24　高时空分辨脑机接口检测调控系统

该仪器具有双模检测、高通量、高时空分辨等性能，可更加准确地捕捉神经细胞递质化学和电活动信息，弥补单模式检测的信息缺失，实现了脑内化学递质释放的高速检测，可精确地反映多层次调控信号、神经电与递质信号之间的精确时序关系，为揭示大脑复杂多维的信息处理机制提供了有力工具，为突破国外对中国脑机接口新兴技术的限制提供了基础技术。

整个仪器系统由集成有电刺激模块、药物刺激模块、光刺激模块、多通道电生理信号检测模块、电化学检测模块等各个功能子模块的仪器硬件，含有神经信息分析处理算法的系统软件，以及多层次调控刺激器件组成。仪器采用模块化设计，各子模块在系统软硬件的协调下同步工作。系统软件采用多线程设计，由数据通信、多层次刺激操控控制、数据处理分析和存储、数据显示界面等线程组成，实现对系统硬件的控制和数据的获取、处理与显示。通过结合配套的多层次调控刺激器件（化学微注射刺激器、电刺激微电极、光刺激器）和神经信息同步检测微电极阵列传感器，该系统可与神经系统形成双向信息流的闭环系统，从而达到神经信息调控刺激与检测同步的目的。

10.4.2.1　药物刺激技术

脑内相关神经递质的浓度含量变化与相关疾病的发病机制有紧密的联系，研究脑内相关神经递质药物调控神经细胞活动对于癫痫等脑重大疾病的发病机理与新的治疗方案研究具有重要的科学意义。常用的刺激调控药物有兴奋性调控药物谷氨酸和抑制性调控药物 γ - 氨基丁酸。高时空分辨脑机接口检测调控系统设计了两个药物刺激通道，通过微量注射器实现兴奋性和抑制性的药物调控。

10.4.2.2　电刺激技术

脑深部电刺激将电极植入脑深部核团，刺激调控神经细胞活动，对于治疗帕金森、癫痫等脑重大疾病具有显著疗效，是一种用于治疗与神经疾病相关的神经症状的手术技术[38]。研究人员在 1987 年首次利用高频电刺激通过刺激位点丘脑腹中核来调控帕金森病的震颤[39]。利用脑深部电刺激来控制治疗神经性疾病得到了许多研究人员的关注，已有大量临床及基础研究。因为脑深部电刺激具有微创、可调节以及可逆等优点，应用在神经疾病的手术治疗方面具有很好的效果，并且已通过大规模的临床实验验证了其有效性以及安全稳定性，目前已经批准应用在治疗帕金森病、肌张力障碍以及强迫症等疾病。

高时空分辨脑机接口检测调控系统的电刺激模块包含 4 个独立的电刺激通道。每个通道同时包含电压和电流输出功能，并能根据需求，通过软件控制电子开关实现电流和电压输出切换。电压输出电路实现比较简单，只需对刺激波形加以驱动。对于电流刺激电路，则需要将输出电压通过转换电路转换为输出电流[39]，其实现原理如图 10.25 所示。

10.4.2.3　光刺激技术

新型的光学神经调控技术主要利用光敏化学物质为媒介来实现神经活动调控。近年来，研究人员将光敏药物与纳米自组装体结合，创建了生物兼容性更好、分辨率更高、靶向更为精准的纳米光敏复合物及调控方法。高时空分辨脑机接口检测调控系统具有两个光刺激通道，结合光敏纳米自组装体可以实现蓝光（470nm）和

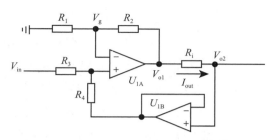

图 10.25　电流刺激输出电路[40]

紫外光（365nm）对神经细胞的光刺激调控。脂质体是一种可以在体外自组装的纳米载体。中国科学院空天信息创新研究院研制的纳米靶向光敏自组装体将光敏药物 RuBi–GABA 与纳米脂质体结合，并在表面修饰能够靶向结合神经细胞表面 CB1 分子的 CB1 抗体，形成 100 ~ 200nm 粒径的复合物（图 10.26）[41]。RuBi–GABA 能够在 470nm 蓝光照射下释放 GABA 物质。将纳米靶向光敏自组装体注射到癫痫大鼠脑内，靶向结合海马区神经细胞。利用高时空分辨脑机接口检测调控系统施加蓝光刺激，该纳米靶向光敏自组装体将靶向释放 GABA，抑制神经细胞活动，从而实现对癫痫病灶的靶向抑制。中国科学院空天信息创新研究院和国家纳米科学中心合作研发了一种动力学靶向光敏纳米自组装体，可以在体内有炎症反应的高活性氧区进行自组装。将该纳米光敏自组装体药物注射到癫痫大鼠脑内，该药物将会动力学靶向富集在海马区高活性氧的 CA3 区域，利用高时空分辨脑机接口检测调控系统施加 365nm 紫外光刺激，该纳米光敏自组装体药物将释放 GABA，实现对癫痫病灶的精准靶向光调控。

10.4.2.4　多通道电生理信号检测技术

神经电生理信号极其微弱，幅值一般在几十到几百微伏，需要特殊的微弱信号

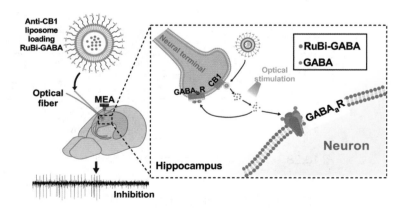

图 10.26　纳米靶向光敏自组装体靶向调控大鼠海马脑区神经细胞活动[40]

放大电路来实现对神经电生理信号的检测。中国科学院空天信息创新研究院设计研制了能实现 128 通道神经电生理信号检测的电生理检测模块及配套的数据处理软件模块。每个通道包含前置差分放大和滤波放大两部分，前置放大器可以实现对微弱电生理信号的阻抗转换和 10 倍放大，放大后的信号将被输入如图 10.27 所示的电生理滤波放大部分；滤波放大包含两级带通滤波器，将前置差分放大器输出的信号再放大 250 倍。电生理信号最终被放大 2500 倍（60dB）后输出。

图 10.27　电生理信号检测电路

10.4.2.5　电化学检测技术

脑内神经递质含量极其微弱，浓度为 nM~μM 级。对于微弱神经递质含量探测，中国科学院空天信息创新研究院设计了基于三电极体系的电化学信号检测电路，如图 10.28 所示，RE、CE 和 WE 分别代表参比电极、对电极和工作电极[42]。电化学检测电路由恒电位器、电流电压转换电路和差分放大电路组成。在恒电位的作用下，神经递质在工作电极表面发生氧化还原反应，产生微弱的电化学电流，经过电流电压转换电路，将微弱的电流信号转换为电压信号。该电压信号经过差分放大，再经采集卡的 A/D 转换，进行显示分析。电流电压转换电路设置了不同的反馈放大电阻，通过调整反馈电阻的大小可以实现不同量程切换。差分放大电路实现电流电压转换电路与数据采集卡之间的隔离。

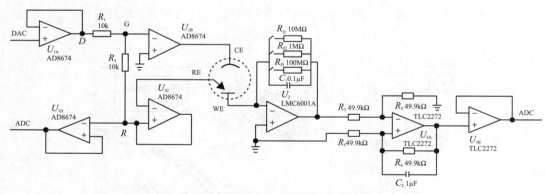

图 10.28　多量程电化学信号检测电路原理图[42]

10.4.2.6　啮齿类动物脑深部神经双模信息测试应用

利用研制的多通道微电极阵列及高时空分辨脑机接口检测调控系统，开展了啮齿类动物脑深部双模神经信息检测应用研究。将微电极阵列植入癫痫小鼠海马脑区，进行清醒小鼠的神经电生理活动和多巴胺、谷氨酸神经递质活动的同步检测。如图 10.29 所示，结果表明，小鼠从正常到癫痫发作前期，神经递质的浓度和神经电生理活动的强度都比正常状态增加了 20%~70%；在癫痫发作期，谷氨酸浓度急剧上升到正常值的 10 倍，而多巴胺的浓度则急剧下降到正常值的 1/3。动作电位的发放率和场电位功率增大为正常状态的 3 倍以上；在癫痫抑制阶段，神经递质和神经电活动得到显著抑制，然后逐渐恢复正常[43]。该研究揭示了癫痫发作时神经细胞异常放电和神经递质浓度变化的调制关系，为研究癫痫等脑重大疾病的发病机理、癫痫监测和探索新的癫痫治疗方法提供了有效工具。

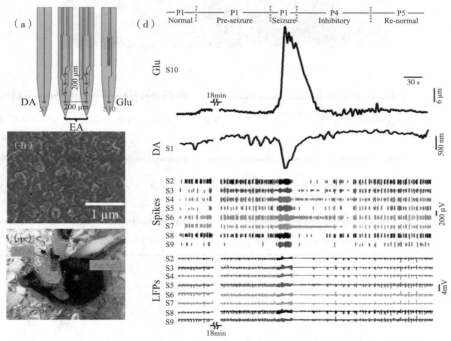

（a）植入式微纳电极阵列修饰不同纳米功能材料；（b）电极修饰铂纳米颗粒 / 氧化石墨烯（PtNPs/GO）表面形貌；（c）微电极阵列植入清醒癫痫小鼠脑内；（d）癫痫发作不同阶段，谷氨酸、多巴胺和电生理信号（动作电位Spike和场电位LFP）的动态同步变化，一次完整的癫痫发作过程包括正常阶段（P1）、发作前阶段（P2）、发作阶段（P3）、癫痫抑制阶段（P4）和恢复阶段（P5）

图 10.29　清醒癫痫小鼠癫痫发作过程多模式同步检测[43]

10.4.2.7　非人灵长类动物脑深部神经双模信息测试应用

如图 10.30 所示，利用研制的仪器和微纳电极阵列开展了帕金森病神经机制研究，通过记录食蟹猴脑内从皮层到纹状体的神经电生理信号和多巴胺浓度，发现帕金森食蟹猴脑内动作电位发放更加密集，发放频率高且容易出现簇状放电，纹状体

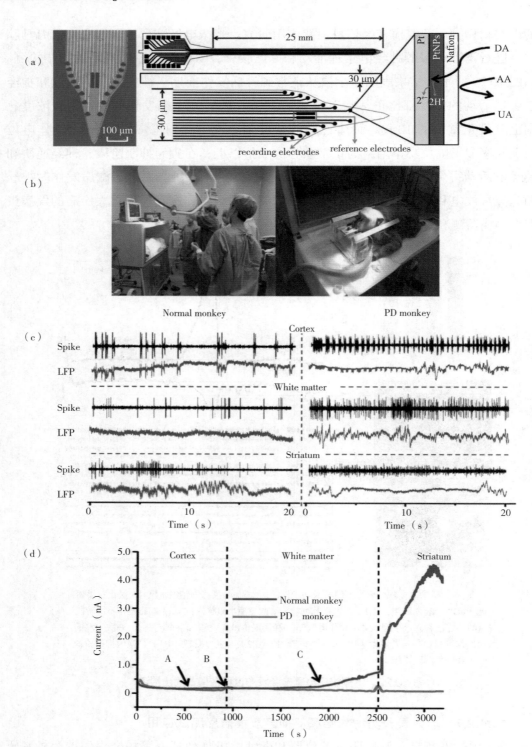

（a）非人灵长类专用长款微电极阵列；（b）非人灵长类动物脑深部检测现场照片；（c）正常和帕金森食蟹猴皮层到纹状体神经电生理信号对比；（d）正常和帕金森食蟹猴皮层到纹状体多巴胺递质电化学信号对比[32, 44]

图 10.30　正常和帕金森食蟹猴多脑区双模探测

区多巴胺大量减少[32, 44]，实现了对食蟹猴脑神经细胞的高时空分辨检测，发现了帕金森病食蟹猴脑深部双模原位同步变化规律，解决了非人灵长类动物脑深部细胞水平的双模神经信号同步检测难题。

10.4.3　脑机接口无线集成芯片微系统与测试应用

2021年，美国Neurlink公司向世界展示了一款脑机接口无线集成芯片系统Link V0.9，只有硬币大小（直径23 mm，厚度8 mm），可植入头部。该系统拥有1024个电生理信号检测通道，并能无线传输数据和无线充电[45]。将该脑机接口无线集成芯片系统植入猪的大脑中，可实时读取猪的脑皮层神经信息；植入一只9岁的恒河猴脑皮层，可实现用意念玩乒乓球游戏。至此，人们对脑机接口系统有了全新认识。随着微电子技术的发展，脑机接口系统逐渐向微型化方向发展，芯片系统具有体积小、无线数据传输、便携等优势，脑机接口无线集成芯片系统成了国内外的研究热点。

美国布朗大学团队研发的高带宽无线脑机接口系统（Brown Wireless Device，BWD）能实现96通道神经电生理信号的采集与无线传输，该系统采用电池进行系统供电，采用的无线传输方式是射频无线发送[46]。美国加州大学分校研制的双向交互脑机接口系统（Wireless Artefact-free Neuromodulation Device，WAND）包括2片专用集成电路芯片（每片包括64个信号检测采集通道和4个刺激通道）、FPGA、射频无线发送芯片以及电源管理，可实现128通道的电生理场电位信号检测和8通道的电刺激以及无线数据传输，已经在非人灵长类动物中开展了应用验证[47]。这两款无线脑机接口系统是不能直接植入动物体内的，需要结合微电极阵列来实现信号检测与刺激。

目前，国内脑机接口无线集成芯片系统还处于研究阶段，主要集中在无线神经采集芯片的研发方面。中国科学院空天信息创新研究院与北京理工大学微电子学院团队合作研发了4通道无线脑机接口芯片，由低噪声放大器、ADC、功率放大器、开关键控调制器、压控振荡器、基准源、射频低噪声放大器和开关键控解调等组成。研究人员采用模拟信号发生器模拟实际神经信号对芯片进行了测试，测试的动作电位和场电位波形如图10.31所示[48]。复旦大学类脑芯片与片上智能系统研究院团队研发了64通道脑机接口无线集成芯片，可实现54 Mbps数据率的无线数据传输，并支持13.56MHz的无线充电及指令传输，续航超过24 h，整个芯片面积小于16 mm²，模组体积小于3 cm³，重量不超过3g[49]。复旦大学团队正在脑机接口芯片上集成深度学习技术，探索对帕金森、阿尔兹海默病等神经功能认知疾病的预测。

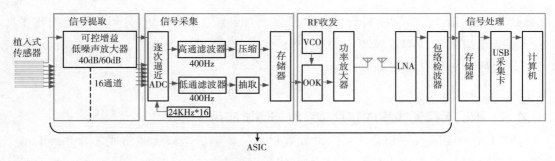

（a）无线脑机接口芯片方案设计图

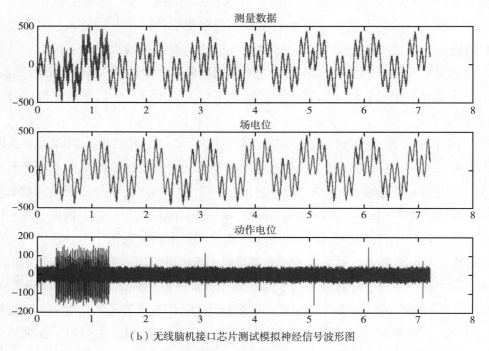

（b）无线脑机接口芯片测试模拟神经信号波形图

图 10.31　无线脑机接口芯片[48]

参考文献

[1] Hodgkin A L，Huxley A F. Action potentials recorded from inside a nerve fiber［J］. Nature，1939（144）：710–711.

[2] Clark B L，Lyons C R. Electrode systems for continuous monitoring in cardiovascular surgery［J］. Annals of the New York Academy of Sciences，1962，102（1）：29–45.

[3] Updike S J，Hicks G P. The enzyme electrode［J］. Nature，1967，214（5092）：986–988.

[4] Turner A P F，Karube I，Wilson G S. Biosensors：Fundamentals and applications［M］. Oxford：Oxford University Press，1987.

［5］Thomas C A J，Springer P A，Berwald Y N，et al. A miniature microelectrode array to monitor the bioelectric activity of cultured cells［J］. Experimental Cell Research，1972，（74）：61-66.

［6］Kenneth L D，Kensall D W，Jamille F，et al. Performance of planar multisite microprobes in recording extracellular single unit intracortical activity［J］. IEEE Transactions on Biomedical Engineering，1988，35（9）：719-732.

［7］Patrick K C，Kelly E J，Robert J H，et al. A Silicon-Based，Three-Dimensional Neural Interface：Manufacturing Processes for an Intracortical Electrode Array［J］. IEEE Transactions on Biomedical Engineering，1991，38（8）：758-768.

［8］Manz A，Graber N，Widmer H M. Miniatturizad total chemical analysis systems：a novel concept for chemical sensing［J］. Sensors and Actuators B，1990，1（1）：244-248.

［9］Fritz J，Baller M K，Lang H P，et al. Translating biomolecular recognition into nanomechanics［J］. Science，2000（288）：316-318.

［10］张先恩. 生物传感器［M］. 北京：化学工业出版社，2005.

［11］邹国林，朱汝璠. 酶学［M］. 武汉：武汉大学出版社，1997.

［12］Koshland D E. Application of a theory of enzyme specificity to protein synthesis［J］. Proc Natl Acad Sci USA，1958，44（2）：98-104.

［13］Wang J. Glucose biosensors：40 years of advances and challenges［J］. Electroanalysis，2001，13（12）：983-987.

［14］Zhang W，Li G. Third-Generation Biosensors Based on the Direct Electron Transfer of Proteins［J］. Analytical Sciences，2004，20（4）：603-609.

［15］Manea F，Houillon F B，Pasquato L，et al. Nanozymes：Gold-Nanoparticl-Based Transphosphorylation Catalysts［J］. Angewandte Chemie International Edition，2004，43（45）：6165.

［16］Henry J B. The impact of biosensors on the clinical laboratory［J］. Mlo Med Lab Obs，1990，22（7）：32-45.

［17］Yang Wang，Huiren Xu，Jinping Luo，et al. A novel label-free microfluidic paper-based immunosensor for highly sensitive electrochemical detection of carcinoembryonic antigen［J］. Biosensors & Bioelectronics，2016（83）：319-326.

［18］Yang Wang，Jinping Luo，Juntao Liu，et al. Electrochemical integrated paper-based immunosensor modified with multiwalled carbon nanotubes nanocomposites for point-of-care testing of 17β-estradio［J］. Biosensors and Bioelectronics，2018（107）：47-53.

［19］Netzahualcóyotl Arroyo-Currás，Philippe Dauphin-Ducharme，Gabriel Ortega，et al. Subsecond-resolved molecular measurements in the living body using chronoamperometrically interrogated aptamer-based sensors［J］. ACS Sensors，2018（3）：360-366.

［20］Yang Wang，Jinping Luo，Juntao Liu，et al. Label-free microfluidic paper-based electrochemical aptasensor for ultrasensitive and simultaneous multiplexed detection of cancer biomarkers［J］.

Biosensors and Bioelectronics，2019（136）：84-90.

［21］王平. 细胞传感器［M］. 北京：科学出版社，2007.

［22］孙凤艳. 医学神经生物学［M］. 上海：上海科学技术出版社，2008.

［23］鞠熀先，张学记，约瑟夫·王. 纳米生物传感：原理、发展与应用［M］. 北京科学出版社，2012.

［24］Guihua Xiao，Yu Zhang，Shengwei Xu，et al. High resolution functional localization of epileptogenic focus with glutamate and electrical signals detection by ultramicroelectrode arrays［J］. Sensors and Actuators，2020（317）：128137.

［25］Enhui He，Shengwei Xu，Guihua Xiao，et al. MWCNTs/PEDOT：PSS nanocomposites-modified microelectrode array for spatial dynamics recording of epileptic discharges in multi-subregion of hippocampal slice［J］. Sensors and Actuators，2021（329）：129190.

［26］刘红敏，刘春秀，姜利英，等. 皮下葡萄糖的无创抽取与检测方法研究［J］. 测试技术学报，2006（20）：161-165.

［27］Lingqian Chang，Chunxiu Liu，Yinzeng HE，et al. Small-volume Solution Current-Time Behavior Study for Application in Reverse Iontophoresis based Non-invasive Blood Glucose Monitoring［J］. Sci China Chem，2011，54（1）：223-230.

［28］Chunxiu Liu，Hongmin Liu，Qingde Yang，et al. Development of Amperometric Lactate Biosensor Modified with Pt-black Nanoparticles for Rapid Assay［J］. Chinese Journal of Analytical Chemistry，2009，37（4）：624-628.

［29］Shuai Sun，Yang Wang，Tao Ming，et al. An origami paper-based nanoformulated immunosensor detects picograms of VEGF-C per milliliter of blood［J］. Communications Biology，2021（4）：121.

［30］Shihong Xu，Yu Deng，Jinping Luo，et al. High-throughput PEDOT：PSS/PtNPs-modified microelectrode array for simultaneous recording and stimulation of hippocampal neuronal networks in gradual learning process［J］. ACS Applied Materials & Interfaces，2022，https：//doi.org/10.1021/acsami.1c23170.

［31］Wenjing Wei，Yilin Song，Li Wang，et al. An implantable microelectrode array for simultaneous L-glutamate and electrophysiological recordings in vivo［J］. Microsystems & Nanoengineering，2015(1)：15002.

［32］Song Zhang，Yilin Song，Mixia Wang，et al. Real-time simultaneous recording of electrophysiological activities and dopamine overflow in the deep brain nuclei of a non-human primate with Parkinsons' disease using nano-based microelectrode arrays［J］. Microsystems & Nanoengineering，2018（4）：17070.

［33］Xinrong Li，Yilin Song，Guihua Xiao，et al. Flexible electrocorticography electrode array for epileptiform electrical activity recording under glutamate and GABA modulation on the primary somatosensory cortex of rats micromachines［J］. Micromachines，2020，11（8）：732.

［34］Yuchuan Dai，Yilin Song，Jingyu Xie，et al. In vivo microelectrode arrays for detecting multi-region epileptic activities in the hippocampus in the latent period of rat model of temporal lobe epilepsy［J］. Micromachines，2021（12）：659.

［35］肖宏辉，常凌乾，杨庆德，等．一种透皮无创血糖检测系统的设计与实验验证［J］．仪器仪表学报，2010，31（12）：2796-2802.

［36］Yu Xing，Juntao Liu，Jinping Luo，et al. Dual-Channel Intelligent Point-of-Care Testing System for Soluble Programmed Death-1 and Programmed Death-Ligand 1 Detection Based on Folding Paper-Based Immunosensor［J］. ACS sensors，2022，7（2）：584-592.

［37］György Buzsáki. Large-scale recording of neuronal ensembles［J］. Nature Neuroscience，2004（7）：446-451.

［38］Alexander I Tröster. Some clinically useful information that neuropsychology provides patients，carepartners，neurologists，and neurosurgeons about deep brain stimulation for Parkinson's disease［J］. Arch Clin Neuropsychol，2017，32（7）：810-828.

［39］A L Benabid，P Pollak，D Hoffmann，et al. Long term suppression of tremor by chronic stimulation of theventral intermediate thalamic nucleus［J］. The Lancet，1991，337（8738）：403-406.

［40］Shengwei Xu，Yu Zhang，Song Zhang，et al. An integrated system for synchronous detection of neuron spikes and dopamine activities in the striatum of Parkinson monkey brain［J］. Journal of Neuroscience Methods，2018（304）：83-91.

［41］Yuchuan Dai，Yilin Song，Jingyu Xie，et al. CB1-antibody modified liposomes for targeted modulation of epileptiform activities synchronously detected by microelectrode Arrays［J］. ACS Applied Materials & Interfaces，2020，37（12）：41148-41156.

［42］林楠森，宋轶琳，刘春秀，等．16通道神经信息双模检测分析仪的研制与应用［J］．分析化学，2011（5）：770-774.

［43］Guihua Xiao，Shengwei Xu，Xinxia Cai，et al. In situ detection of neurotransmitters and epileptiform electrophysiology activity in awake mice brains using a nanocomposites modified microelectrode array［J］. Sensors and Actuators B，2019（288）：601-610.

［44］Song Zhang，Yilin Song，Xinxia Cai，et al. A silicon based implantable microelectrode array for electrophysiological and dopamine recording from cortex to striatum in the non-human primate brain［J］. Biosensors and Bioelectronics，2016（85）：53-61.

［45］Do-Yeon Yoon，Sonal Pinto，SungWon Chung，et al. A 1024-channel simultaneous recording neural SoC with stimulation and real-time spike detection. 2021 Symposium on VLSI Circuits Digest of Technical Papers［C］. 2021：C13-1.

［46］John D Simeral，Thomas Hosman，Jad Saab，et al. Home use of a percutaneous wireless intracortical brain-computer interface by individuals with tetraplegia［J］. IEEE Transactions on Biomedical Engineering，2021，68（7）：2313-2325.

[47] Andy Zhou, Samantha R Santacruz. A wireless and artefact-free 128-channel neuromodulation device for closed-loop stimulation and recording in non-human primates [J]. Nature Biomedical Engineering, 2019 (3): 15-26.

[48] Ruoyuan Qu, Tong Li, Shengwei Xu, et al. Neural signal acquisition and wireless transmission system design [C]. 2013 IEEE 11th International Conference on Dependable, Autonomic and Secure Computing, 2013: 314-317.

[49] Liangjian Lyu, Dawei Ye, Rongjin Xu, et al. A fully-integrated 64-channel wireless neural interfacing SoC achieving 110 dB AFE PSRR and supporting 54 Mb/s symbol rate, meter-range wireless data transmission [J]. IEEE Transactions on Circuits and Systems—II: Express Briefs, 2020, 67 (5): 831-835.

第十一章 生理量传感器

11.1 生理量传感器概述

人体内的生理机制是多种多样的，其中可表征的生理信号数量也是巨大的。在漫长的人类发展史上，人们从未停下对自身生命现象的探索和追求。人体生命活动的探索发展与医学的发展息息相关，人们在医治疾病的过程中必然要对生物体自身功能表征的许多问题进行研究。在临床上，我们利用有效手段，通过技术方式描述、检测并分析参与生命活动的多种生理量指标，从而对人体健康进行评估，以及疾病的诊断和治疗。本章所述"生理量"就是以人体生理学为基础，以获取人体有效信息为目标，描述某一生理现象的信号的总称。生理量传感器则是检测生理量的传感器的集合。

11.1.1 生理量传感器的定义

生理量传感器作为一种特殊的电子设备，是能够感受人体的各类生理信号并将其按照一定规律转换成可用输出信号的变换装置[1]。这其中包含了几层含义：①生理量传感器是一种转换装置，能够完成待测生理量的检测；②生理量传感器的输入量是生理信号，它可能是生物量，也可能是化学量、物理量等；③生理量传感器的输出是某种易于传输、处理、显示的物理量，这种量可能是电信号，也可能是非电量信号；④生理量传感器的输入输出存在映射关系。生理量传感器扩展了人体器官的感知能力，拓宽了医学分析诊断的思路。生理传感技术既是收集人类生理和病理信息的关键技术，也是生物医学工程研究领域的一个重要学科分支。

从广义上来说，生理信号是人体各种感官的延伸，其背后涉及的生理结构和基本机制是复杂的。生理量传感器的设计需要对人体的生理状况有深入了解，并从生理学角度正确理解并解释生理信号的产生，从而选择合适的敏感元件以准确获取待测生理量。生理量传感器的工作原理主要分为三个阶段：第一阶段，敏感元件直接或间接地采集待测生理信号；第二阶段，由敏感元件获取的生理信号经由转换元件及转换系统变换为电信号，有时敏感元件自身也是转化元件，可直接输出所需信号；第三阶段，对转换后的电信号进行分析，直接输出或提取有效的生理参数。

需要注意的是，通常经由生理量传感器所记录的生物信号与临床实践所需的生理参数之间有时会存在明显的差异。传感器记录的为原始（电）信号，生理参数常蕴藏在这些原始生理信号之中，需要通过各种信号处理方法进行提取。

根据以上要求，生理量传感器应具有以下特性[1]：

1）高灵敏度，高信噪比。生物信号是微小的，包含了不必要的干扰或噪声，掩盖了生理信号中的相关信息。因此，要求精细化的传感器能够屏蔽大量无用信号，从微弱信号中提取重要信息。

2）良好的线性和快速响应，以保证信号变换后不失真，并能使输出信号及时跟随输入信号的变化。

3）良好的稳定性和互换性，以保证输出信号受环境影响小而保持稳定。同类型传感器的性能要基本相同，在互相调换时不至于影响测量数据。

除具有上述特性外，还必须考虑到生物体的解剖结构和生理功能，尤其是安全性和可靠性。首先，生理量传感器需要保证与生物体内的化学成分相容，既不被腐蚀，也不给生物体带来毒性，保证生物体的安全；其次，传感器的形状、尺寸和结构应与被检测部位的结构相适应，使用时不应损伤组织，不给正常生理活动带来干扰；另外，在面对某些特殊的使用场景及需求时，对传感器还有更严格的安全要求。

11.1.2　生理量传感器的分类

作为被测量的生理信号，其种类几乎是无限的，因此，我们无法对生理量传感器进行统一的、单一的分类。通常来说，我们有多种分类方法。

1）按照被测量性质及测量原理，可将生理量传感器分为物理传感器、化学传感器和生物传感器[1]。

物理传感器是指根据被测量的物理性质制作的传感器，如体温、血压、肌肉力、血流量、生物组织对辐射的吸收、反射或散射等。这些被测量都属于物理量，设计传感器时多利用这些非电量的物理效应。

化学传感器是指根据被测量的化学性质和反应制作的传感器。这类传感器通常利用自体化学反应或诱导化学反应，将人体内某些化学成分、浓度等转换成与之有函数关系的电学量。在测量时，通常利用成分敏感的功能性膜将特定成分选择性地筛选出来，再利用转换元件或经由转换系统映射为易于分析记录的电学量。如用离子选择性电极测量纳、氯、钙等离子，利用气敏电极测定氧分压和二氧化碳分压。

值得注意的是生理电信号（如心电、脑电、眼电、肌电等）由人体自身产生，被测量本身属于物理量，但采集过程中使用的电极与人体皮肤或组织之间会形成一个半电极，而电极的反应与设计通常被划归为电化学的研究范畴，因此，生理电的测量也被纳入化学传感器的范畴。

生物传感器是指以酶、核酸、细胞等生物活性物质为敏感元件，根据生物活性物质识别靶向分子原理制作的传感器。生物传感器的敏感部分具有生物识别功能，有很强的特异性和高度的敏感性，能有选择地与被测物质发生作用。常用于生物酶、抗原、抗体、核糖核酸、脱氧核糖核酸等物质的检测。敏感元件是生物传感器的核心。根据生物传感器敏感元件的不同，可将其分为酶传感器、免疫传感器、微生物传感器、DNA 传感器、细胞传感器、分子印迹传感器等。

2）按照传感器的工作原理，可将生理量传感器分为电阻式传感器、电感式传感器、电容式传感器、压电式传感器、光电式传感器、光导纤维式传感器、红外传感器、热电式传感器、超声波式传感器、半导体式传感器、声表面波传感器、超导传感器等。

3）按照人体生理参数的实际被测对象，可将生理量传感器具体分为血压传感器、血氧传感器、温度传感器、心音传感器、呼吸音传感器、脉搏波传感器、葡萄糖传感器、基因传感器等。

实际上，存在大量的生理信号和生理现象可以作为生理量传感器的被测量，本章集中阐述那些在临床实践中更感兴趣的重要现象，如心跳、呼吸、血液循环、血氧和体温等。

11.1.3 生理量传感器的研究及意义

生理量传感技术与医学相互交叉、彼此融合，对于临床中的化验、检查、诊断、监护、治疗均具有重要意义。

一方面，生理量传感器能够为临床提供诊断学信息。在开展治疗前，医生需要对患者的初始信息和身体状态有基本了解，如体温、血压、心率、血氧等，这些基本信息对临床诊断和后续治疗是至关重要的。生理量传感器可直接从人体收集信息，也可通过各类生物样本利用化学传感器或生物传感器获得检验信息，从而帮助医生快速地作出判断，加快诊断速度，避免病情的进一步发展。

另一方面，生理量传感器能够提供持续性监护信息。在临床上，慢性疾病患者或术后患者通常需要长时间连续测定某些生理参数，通过观察重要生理参数的浮动范围了解患者的当前状态，进而判断治疗进展并辅助医生进行下一步的治疗计划。

此外，生理量传感器能够提供疾病康复和控制信息。对于某些特殊疾病或特殊患者，需要利用生理量传感器检测特定生理参数，从而帮助人体控制组织、器官的某些生理活动。例如，呼吸衰竭的患者需要传感器检测其呼吸信号来控制自动呼吸机的动作，使之与人体呼吸同步；电子假肢通过捕获人体肌电信号控制人工肢体的运动等。

生理量传感器的出现对人类机体功能状态的评估具有重要意义，不仅为医学诊断和后续康复治疗提供了依据，也为今后的医学发展提供了新的思路。

限于篇幅，本章更多地从物理传感器角度来阐述，首先从各种生物电、生理音、呼吸信号、体内压强量、体温、血氧以及血液生理的血流速、血流量等展开，然后从近年来生理量传感器的研究热点中选择无感式、电子皮肤以及新型连续血压监测等三项具有代表意义的技术进行阐述。

11.2 生物电传感器

生物电现象是生命活动的基本特性，生物电能够反映出生物体的各种生理状态。人体生物电信号对于人体组织器官的检测、疾病临床诊断和治疗有着重要意义。使用电极来实现人体生物电信号的采集，能够将人体电化学反应所产生的离子电位转换为电子测量系统的电位[1]。在生物体内，电流通过离子进行传导，在电极与电解的质界面上发生离子电流与电子电流的互换，从而使生物体和检测设备构成了电流回路。生物电极在这个过程中的作用相当于换能器，是一种传感器。根据导电膏的使用方式，用于体表生物电测量的电极可分为湿电极、干电极和半干电极。在临床和研究中，常见的生物电信号有心电信号、脑电信号、肌电信号、眼电信号和胃电信号。

11.2.1 电极电位与极化

生物电信号的采集需要电极将离子导电信号转换为电子导电信号，这个过程依靠发生在电极上的电化学反应来实现。

通常情况下，电极是经过一定处理的金属或其他具有优良导电性能的材料。电极测量生物电信号时，电极直接接触电解质溶液（如导电膏、人体汗液等），从而形成一个电极－电解质溶液界面，发生氧化还原反应并引起电荷交换、形成双电层。由此双电层产生的电位差称电极电位，又称半电池电动势。

电极电位和电解质中的金属离子有一定的依赖关系，电极电位 E 可以通过能斯特方程确定

$$E = E_0 + \frac{RT}{nF} \ln \frac{C}{K} \qquad (11.1)$$

在上式中，R 为摩尔气体常数；F 为法拉第常数；T 为热力学温度；n 为金属离子价数；C 为金属离子的有效浓度；K 为一个与金属特性有关的常数；E_0 为标准电极电位，指的是常温下该电极的有效浓度 $C=1mol/L$ 时的电极电位。

当电流流经一对电极时，电极会出现极化现象并产生极化电压。电极极化是指电极与电解质溶液的双电层在有电流通过时，原有的平衡被打破，电极－电解质界面的电位从原有的平衡电位变为新的电极电位，这种现象即为极化现象。而这两个电位的偏差就称为极化电压，也称超电压。

极化电极是指在给电极施加电压或是通入电流时，在电极和电解质界面上没有电荷通过、但是有位移电流通过的电极。Ag、Pt 和 Au 等惰性金属难以被氧化和分解，性能接近于完全可极化电极。非极化电极指的是不需要能量，电流就能够通过电极－电解质界面的电极。Ag/AgCl 电极和甘汞电极等性能接近于非极化电极。由于非极化电极的独特优点，使用时不会产生超电压，对测量结果产生的干扰较小，所以在测量生物电信号时通常选用非极化 Ag/AgCl 电极。

11.2.2 电极－皮肤界面

在生物电信号的采集过程中，生物电位变化经过人体组织传递到体表，其间经过电极感应、后端放大、信号采集电路处理，整个过程中会受到皮肤、电极、电极－皮肤界面的综合影响[2]。

电极－电解质界面的电学特性可以用电化学等效电路表示，如图 11.1 所示。电阻 R_d 与电容 C_d 形成并联的 RC 回路，再串联电阻 R_s 和电压源 E_{hc}，其中 E_{hc} 表示因电荷分布在电极－电解质界面产生的半电池电位，R_d 表示双电层漏电阻，C_d 表示双电层电容，R_s 表示界面效应和电解质溶液之间的电阻[2]。

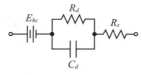

图 11.1 电极－电解质界面等效电路模型

皮肤是个复杂的多层结构，主要分为表皮层、真皮层和皮下组织，它们各自又可以分成多个子层，汗腺和毛囊贯穿各层。表皮由角质层、透明层、颗粒层和生发层组成，其中角质层具有很高的阻抗特性，是测量生物电时的阻抗产生的主要来源。角质层的阻抗大小与皮肤湿度、角质层厚度等因素有关，通常采用酒精或导电膏来增加角质层的湿度，或用磨砂膏去除角质层以达到降低阻抗的目的[2]。

皮肤的等效电路如图11.2所示。角质层阻抗很高，可视为一种介电常数较大的电介质。金属电极和人体组织通过角质层耦合电容，因此，表皮的阻抗用并联RC电路模拟，C_e为皮肤电容，R_e为表皮层电阻，E_{se}为皮肤电位。真皮和皮下组织层是一个导电的液体环境，可视为一个阻值不变的电阻，用R_u表示。汗腺分泌的汗液中包含离子，离子浓度不同导致真皮、皮下组织下层与汗液和导管间产生电位E_p，汗腺与导管壁可视为由R_p和C_p并联构成的RC回路。在大部分情况下，汗腺影响可以忽略，即等效电路中的E_p、R_p和C_p可忽略不计，因此皮肤阻抗主要来源于表皮电容C_e和表皮电阻R_e[2-3]。

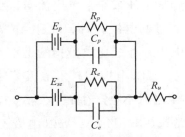

图11.2　皮肤等效电路模型

11.2.3　人体常见医用电极

在生物医学测量中，作为测量系统最关键的核心部件之一，用于体表采集生物电信号的生物医用电极种类很多，可分为湿电极、干电极和半干电极。

11.2.3.1　湿电极

湿电极是一种传统的电极类型，也是最早一代的电极。使用时，在传感器与人体皮肤之间涂抹导电膏充当电解质，以提高导电性、降低皮肤–电极界面的阻抗。Ag/AgCl电极因为具有良好的电化学特性，一直被视为生物电采集的金标准。

当湿电极接触生物体表面时，会在电极–电解质界面上形成半电池，如图11.3（b）所示。其中，E_{hc}是半电池的电势，由一个电容C_d和一个电阻R_d并联而成RC回路。电解质与皮肤、电解质与电极界面效应相关的电阻视为电阻R_g，串联在电路中。角质层可视为离子半透膜，膜的两侧存在离子浓度差，将产生电位差E_{se}，表皮可等效为并联电阻R_e和电容C_e。真皮和皮下组织的电容可忽略，阻抗可视为纯

电阻 R_u [3, 5-6]。

　　金属平板电极是临床实践中常用的生物电测量电极之一，材料通常选用镍－银合金，主要形式是夹持式金属板电极，即在夹头一侧内部设置导电金属板，检测仪器的外部导线通过插针或夹钳与金属板夹子电极导通，如图 11.3（c）所示。

　　吸附电极是金属平板电极的另一种形式。一个空心圆柱体，一端与采集生物电信号的半球体金属电极连接，另一端连接橡皮球，如图 11.3（d）所示。使用时，吸附式电极靠挤压橡皮球产生的自身负压吸附在皮肤上。这种电极通常作为胸导联电极使用，适用于短时间心电测量[7]。

　　另一种便携式的 Ag/AgCl 湿电极如图 11.3（e）所示。在泡沫圆盘或者非织造布的一侧嵌入一个涂有 AgCl 的镀银圆盘，再覆盖一层黏性的电解质水凝胶，另一侧嵌入金属纽扣。与前两种电极不同的是，该电极不具备反复使用的功能，一次使用完毕后就被丢弃，但是自带电解质水凝胶，使用更为便捷。

（a）电极－皮肤原理图[5]

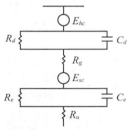

（b）电极－皮肤等效电路图[5]

（c）夹持式金属平板导联电极

（d）吸附式电极

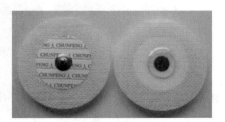

（e）一次性 Ag/AgCl 电极

图 11.3　湿电极

11.2.3.2　干电极

　　干电极区别于湿电极最重要的一点是，使用时不需要在电极和皮肤的接触表面涂抹导电膏等导电介质，适用于长时间的生物电信号采集。干电极分为侵入式干电极、非接触式干电极和接触式干电极[4-5]。

侵入式电极（即微针电极）在不同的衬底材料表面有着很多尖刺形成的阵列，这种尖刺结构称为微针。其简化的等效电路模型如图 11.4（b）所示，除了导电真皮和下层组织的电阻外，只有电极与表皮导电层的耦合存在，这种耦合由半电池电位 E_{hc}、电阻 R_e 和电容 C_e 并联构成[5]。

侵入式电极通常将柔性基板与硬微针阵列相结合，这种方法既能保证微针电极贴近皮肤，又能使微针顺利穿透角质层。微针阵列干电极的制造工艺日趋成熟，文献中报道较多的干电极制作材料主要包括单晶硅、金属（钛、镍、不锈钢）、高分子聚合物等[3]，如图 11.4 所示。

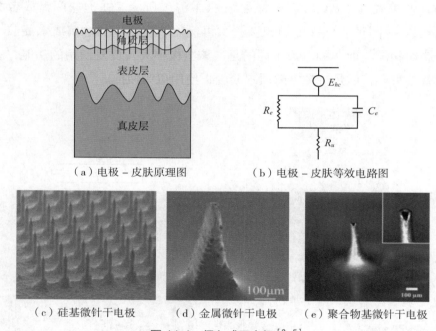

（a）电极 – 皮肤原理图　　　　　（b）电极 – 皮肤等效电路图

（c）硅基微针干电极　　　（d）金属微针干电极　　　（e）聚合物基微针干电极

图 11.4　侵入式干电极[3, 5]

接触式干电极不需要额外添加导电膏，仅靠电极触面与皮肤之间的汗液充当电解质，电极与皮肤直接接触。接触式干电极的等效电路模型如图 11.5（b）所示。与传统的湿电极相比，电极与皮肤表面之间没有导电膏，因此电阻 R_g 被并联连接的电容 C_i 和电阻 R_i 所取代[5]。

对于金属材料制造的接触式干电极，其设计结构包括惰性金属小柱电极、梳子状导电弹性体电极等。另一种柔性接触式干电极选择柔性基板、沉积金属薄膜、混合具有优良导电性能的碳基材料，或选用导电性能良好的高分子聚合物材料，通常设计为刷状结构、织物电极和电子皮肤等，如图 11.5 所示。

非接触式干电极是基于另一种原理设计的干电极，也被称为电容电极[6, 8-9]。

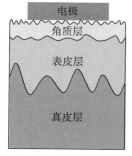

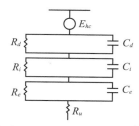

（a）电极 – 皮肤原理图[5]　　　　　　　（b）电极 – 皮肤等效电路图[5]

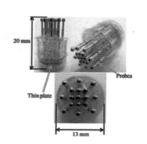

（c）指状金属接触式干电极[3]　　（d）弹性金属干电极[3]　　　　（e）刷状柔性干电极[3]

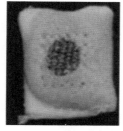

（f）织物电极[3]　　　　　（g）碳基柔性干电极[5]　　　　　（h）电子皮肤[5]

图 11.5　接触式干电极

在非接触式干电极应用中，电极与皮肤之间有一层绝缘介质，皮肤和绝缘电极等同于一个电容器，生物电信号通过电容器耦合到放大器输入端，实现对生物电位变化的测量。非接触式干电极的等效电路如图 11.6（b）所示，在电极和皮肤之间的空气、毛发、衣服或其他介质的阻抗用电容 C 来描述，等效电路的其余部分与常规湿电极相同[5]。

11.2.3.3　半干电极

半干电极概念介于湿电极与干电极之间，使用时不需要额外涂抹导电膏来充当电解质，但是电极结构内设计了盛有电解液的容器，在生物电信号的采集过程中，利用电极材料的自动渗透或外部施加压力，从容器中释放电解液作为电解质，在电极和表皮之间构成离子通道[2]。由于测量时，电极和皮肤表层有电解质存在，因此半干电极的等效电路与湿电极相同。

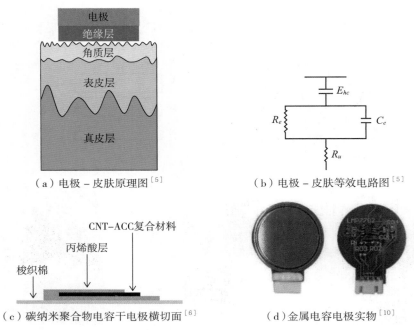

（a）电极－皮肤原理图[5]

（b）电极－皮肤等效电路图[5]

（c）碳纳米聚合物电容干电极横切面[6]

（d）金属电容电极实物[10]

图 11.6　非接触式电极

半干电极通常针对其电解液和电解液的存储与释放过程进行研究，已有研究通过高分子电极芯、多孔陶瓷等材料实现了半干电极的制作[2]，如图 11.7 所示。

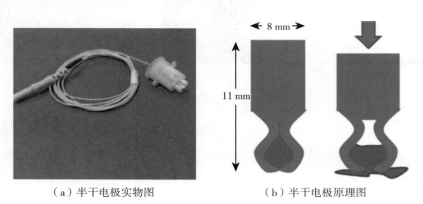

（a）半干电极实物图

（b）半干电极原理图

图 11.7　半干电极[2]

11.2.4　常见生物电信号

生物电是生物体生命活动的基本属性，所有的细胞活动都会伴有生物电的产生。生物电的变化可以反映细胞或生物体的复杂生命现象，如反映某些脏器功能状态、疾病的发生与发展等。常见的生物电信号有心电、脑电、肌电、眼电、胃肠电等。

11.2.4.1　心电信号

在单次心动周期里，兴奋从窦房结发出，然后按照一定的途径和时程依次传向心房和心室，最后引起整个心脏兴奋。这种生物电变化通过心脏周围的导电组织和体液传导到身体表面，使身体表面的电位也随着心动周期发生有规律的电位变化[11]。把测量电极放置在人体表面适当部位，记录下来的电位变化曲线即临床常规心电图，反映了心脏兴奋产生、传导和恢复过程的电位变化[11]。

心电信号主要由 P 波、QRS 波群、T 波和 U 波几部分组成（图 11.8），其中 U 波较小，一般不作为心电信号的研究部分[11]。

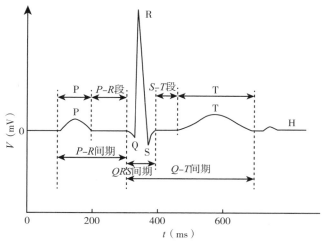

图 11.8　心电信号波形图

P 波主要由心房处的心肌细胞去极化过程产生，其幅值较小，约为 0.2~0.3 mV，持续时间在 0.08~0.12s。P-R 间期指的是 P 波起始点到 QRS 波起始点之间的一个时间跨度，正常的 P-R 段间期的时间值在 0.11~0.21s，P-R 间期又称房室传导时间。QRS 波群主要由心室肌细胞去极化过程产生，QRS 波群的持续时间为 0.06~0.1s。S-T 段指的是 QRS 波末端与 T 波起始点之间的一段时间跨越。S-T 段电位较小，持续时间在 0.1~0.15s。T 波是由心室肌细胞的复极化产生的，幅值范围为 0.1~0.8 mV，持续时间为 0.05~0.25s。正常心电信号的 T 波与 QRS 波的振幅方向一致，T 波的幅值应为 R 波的 1/10 以上。Q-T 间期指 QRS 波的起始点与 T 波末端的时间跨度，反映的是心室肌细胞去极化的起始时刻到复极化的起始时刻之间的时间长短，与心率的大小成反比，持续时间在 0.32~0.44s。

在心电测量中，临床上使用最为广泛的是 Ag/AgCl 湿电极。基于电容耦合设计的非接触式电极适用于皮肤无法直接与电极接触的应用场景，可嵌入椅子、靠背实现心电测量。在心电可穿戴监测设备的前沿研究中，织物电极和电子皮肤等柔性电极使用较多。

11.2.4.2　脑电信号

脑电信号的产生依赖于神经细胞中神经元的活动[2, 11]。神经元是脑电信号产生和传递的基本单元，当某一个神经元产生冲动后，经过突触将冲动传导至另一个神经元，过程中会形成动作电位。在头皮检测到的脑电信号不是单一细胞的电位变化，而是许多神经细胞共同活动的结果。

依据频段高低，脑电信号可划分为不同的波段[11]，如图 11.9 所示。

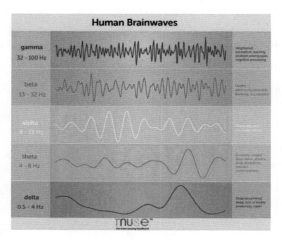

图 11.9　脑电信号波形图

Delta 频段的频率范围为 0.5~4 Hz，主要出现在额叶和枕叶，一般振幅比较大，约为 20~200 μV。Theta 频段的频率范围为 4~8 Hz，主要存在于顶叶、额叶及与手部运动无关的皮层区域，振幅为 100~150 μV。Alpha 频段的频率范围为 8~13 Hz，振幅范围在 20~100 μV，这是正常的基本脑电波节律，在人处于清醒状态并保持安静、闭眼时可以明显观察到，频率非常恒定，在枕叶和顶叶后部观察到的波形最显著，会出现一个梭状的波形。Beta 频段的频率范围为 13~32 Hz，振幅较小，约为 5~20 μV，呈对称分布，主要集中在中央区域和额叶。Gamma 频段是脑电波中的高频成分，频率在 32 Hz 以上，多存在于躯体感觉中枢。

在头皮部位测量脑电时，通常使用 Ag/AgCl 湿电极，电极触面与头皮之间有许多头发，大大增加了阻抗，需要在待测部位涂抹导电膏，但这同时会给受试者带来不适感。微针干电极可直接刺入头皮，而刷状干电极可直接穿过头发与头皮接触，这两种电极均可避免导电膏的使用，因此十分适用于脑电测量。

11.2.4.3　肌电信号

人体内脊髓前角细胞中的 α 运动神经元及其轴突、神经肌肉接头和所支配的肌纤维共同构成一个运动单位。当人体产生运动冲动时，运动神经元会把兴奋通过突触传递给肌纤维，兴奋沿着肌肉细胞膜传递，产生动作电位，进而在周围产生电场。当神经元持续产生兴奋冲动时，运动单元的所有肌纤维将会连续产生动作电位，形成运动单元动作电位序列[11-12]。通常在皮肤表层测量的表面肌电信号是由多个运动单元的动作电位序列在时间、空间上叠加形成的。

表面肌电信号的幅值在本质上是随机的，可以使用高斯分布函数合理的表示。信号的幅值范围是 0~10 mV，信号的有用能量集中在 0~500 Hz 的频率范围内，主要能量集中在 50~150 Hz 的频率范围内（图 11.10）。

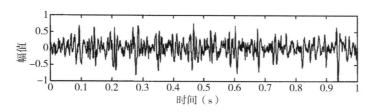

图 11.10　肌电信号波形图[12]

在体表的肌电信号测量中，仍然以 Ag/AgCl 湿电极为主。面对区域性肌电采集与穿戴式长期诊疗等场景的需求，以织物电极和电子皮肤为代表的柔性电极受到极大欢迎。

11.2.4.4　眼电信号

眼电是产生于角膜和视网膜之间的静态电位。眼部相当于一个球形电池，角膜等效于正极，视网膜等效于负极，二者之间形成电位差，使眼球周围形成一个电场。当眼球转动时，该电场的空间相位发生变化，导致眼睛周围的皮层电位发生相应变化[11]。眨眼和眼动所产生的生物电信号统称为眼电信号。

国内部分研究认为眼电生理信号的幅值范围为 0.05~3.5 mV，频率范围为 0~40 Hz；国际有关研究 AASM 判读手册中的采集标准眼电频率范围为 0.3~35 Hz，ISCEV 眼电标准中的眼电频带为 0.1~30 Hz[13]。眼电波型可反映出眼部活动状态，以眨眼片段为例，图 11.11 中出现了四个完整的眨眼片段。

眼电信号采集时通常选用 Ag/AgCl 湿电极，湿电极被放置于眼眶的上下两侧和左右两侧体表；而一些眼电采集设备的新型设计（如隐形眼镜等）则选用生物相容性好的材料制作柔性接触式干电极，在眼球表面测量眼电信号。

11.2.4.5　胃电信号

胃肠电是胃电和肠电的统称。胃肠道平滑肌细胞的电活动是消化道运动生理的基础[11]。小肠、结肠和胃尾端 2/3 部位的平滑肌细胞，其电位具有周期性的波动，

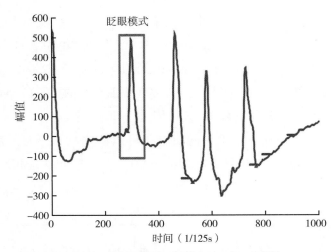

图 11.11　眨眼时的眼电信号波形图[14]

这种震荡电位称为慢波、基本电节律或起步电位。当慢波的震荡电位使细胞膜除极超过某一阈值电位水平，将引起细胞膜发生快速发放的电震荡，称为峰电或快波。慢电位又称为慢波，它控制胃的蠕动和张力，是维持胃的正常舒缩功能的基础，因此又称为基本电节律[4]。

　　胃肠电信号具有幅值小、频率低和窄带宽的特点，通常认为无症状健康人的胃肠电信号幅度范围为 50~500 μV、频率为 2~4 次 / 分钟，肠电信号幅度为 100~200 μV、频率范围为 2~13 次 / 分钟[15]（图 11.12）。

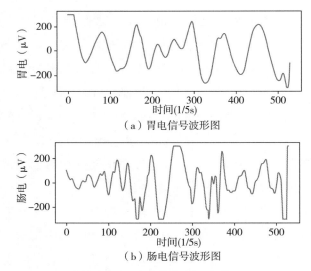

（a）胃电信号波形图

（b）肠电信号波形图

图 11.12　胃电信号与肠电信号

　　通常使用 Ag/AgCl 湿电极进行胃肠电信号的测量，将电极安放在胃部和结肠等部位在体表的投影处，便可捕获胃肠电信号。

11.3　生理音传感器

11.3.1　生理音传感器原理

声音的本质是一种波,它通过介质(空气、固体或液体)传播并能够被人或动物的听觉器官所感知。生物医学领域常将生物机体在进行生理活动时心、肺、肠等器官机械运动所产生的声音统称为生理音。生理音传感器就是将这些机械振动信号按照一定规律转换成与之有确定函数关系的电信号的变换装置。临床上,生理音传感器多用于医生的听诊环节,因此人们习惯将这类用于听诊的集成了生理音传感器的声学医疗设备统称为听诊器。

在现代听诊器发明以前,医生通常将耳朵贴在患者的胸口上直接聆听各类脏器的声音。直到 1816 年法国医生雷奈克设计并制造了世界上第一个木制听诊器[16]。起初,听诊器仅由一根木管组成,为单声道收音。直到 1851 年爱尔兰内科医生 Arthur Leared 发明了一种双耳听诊器;并由 George Philip Cammann 在 1852 年完善设计,投入商业化生产,并建立起听诊器设备的初始标准。自此,人们开始普遍使用双耳听诊器作为生理音听诊的主要工具。

目前,被临床医生广泛认可并使用的听诊器共有两大类,分别是传统声学听诊器和电子听诊器。传统声学听诊器(图 11.13)均为双面听诊器,通常由拾音部分(胸件)、传导部分(胶管)、听音部分(耳件)三部分组成。胸件既有膜式也有钟式,膜式侧可以良好听取高频声音,而钟式侧则适合听取低频声音或细微杂音。

图 11.13　传统声学听诊器

人耳能够识别的声音范围为 20~20000 Hz。通过传统声学听诊器听到的声级偏低且主要依赖人耳进行分辨,具有一定的局限性和主观性,极容易出现误判和漏判。为了解决传统声学听诊器的弊端,电子听诊器应运而生(图 11.14)。

11.3.2　电子听诊器

电子听诊器主要包含换能器（拾音器）、放大及滤波电路和信号处理芯片[17]。换能器作为电子听诊器的核心部件，将各类生理音产生的机械振动转换为电信号，经由放大滤波电路对微弱信号进行处理，最终输出为方便分析的生理特征信息。图 11.14 为 3M 电子听诊器。

图 11.14　3M 电子听诊器[18]

由于声音信号的特殊性，生理音采集需要在获取微弱信号的同时减少外部杂音的干扰。因此，电子听诊器传感器需要选择灵敏度高、抗干扰能力强、频率范围宽、动态范围大的传感器。

按照换能器原理的不同，可以将电子听诊器分为以下三类。

11.3.2.1　麦克风式电子听诊器

麦克风式生理音传感器基于声学传感器的原理，得到麦克风中振膜振动所产生的声压变化，并将其转换为电信号，经过 A/D 转换模块输出生理音信号。这一类的生理音传感器由于感知元件不直接与人体接触，空气介质会带来额外的噪声并导致生理音信号传输的损失。

11.3.2.2　压电式电子听诊器

压电式生理音传感器的感知膜与压电传感器机械耦合，当振膜发生变形时，压电材料也发生形变，并产生电压信号。

11.3.2.3　基于 MEMS 的电子听诊器

MEMS 电子听诊器的核心部件是基于微电子技术的 MEMS 传感器。电容式 MEMS 听诊器前端隔膜的中心部分是一个可以自由移动的悬浮重物（质量块）。该质量块与隔膜之间具有标称电容值。当隔膜受到声压源的影响时，它将随声压源一起移动，从而导致其标称电容值发生变化以感知声音[18]。MEMS 传感器具有体积小、稳定性好等优点，为开发高性能的生理音传感系统提供了可能性。

实际上，生理音信号复杂多变，杂乱的原始信号无法直接表征人体复杂的器质性病变。后续内容将具体介绍心音、肺音、胃肠炎三类生理音信号蕴含的生理参数信息和常见的分析方法。

11.3.3　常见的生理音信号

11.3.3.1　心音信号

心音是人体的一种重要生理信号，它反映了心脏及心血管系统机械运动的生理及病理情况，对心血管系统疾病的诊断具有重要意义。

随着现代信号处理技术和计算机技术的快速发展，国内外学者对心音的研究逐渐从定性走向定量分析。心音图作为一种描述心音序列的有效手段，通过计算机的辅助分析，进一步提高了心血管疾病的诊断水平。

心音图是将心音的振动转变成时间序列振动波记录的图形。心音图仪的工作原理是将拾音的声波转变为电信号，经过滤波、放大，最后用记录装置描记出心音图。心音信号的主要频率为 2~1000 Hz，总体信号强度较弱。心音图能够将人耳不敏感的声音信息客观的表达出来，因此心音图信号的解释对识别心脏至关重要。正常心音通常能够监听到第一和第二心音，在某些特殊情况下可监测到第三或第四心音。心音各成分产生顺序及持续时间如图 11.15 所示。

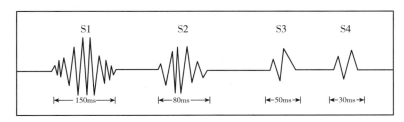

图 11.15　心音各成分示意图

第一心音又称为 S1，主要由于心室收缩、二尖瓣和三尖瓣突然关闭、瓣叶突然紧张引起振动而产生。S1 开始于心脏收缩期，频率低，响度强，持续时间长（约 0.15s），与心尖搏动同时出现。

第二心音又称为 S2，主要是由主动脉瓣和肺动脉瓣突然关闭引起的瓣膜振动产生。S2 开始于心脏舒张期的初始，频率较高，响度弱，持续时间短（约 0.08s），不与心尖搏动同步。

第三心音又称为 S3，是由心室舒张早期，血液快速涌进心室冲击室壁引起室壁振动产生的。第三心音少见于成年个体，多见于青年及儿童。第三心音频率低，持续时间短（约 0.05s）。

第四心音又称为 S4，是由心房收缩时血液急速进入心室引起心室壁低频振动产生的。正常的心房收缩听不到声音，但当心房异常有力和在左心室壁变硬的情况下则可产生第四心音。第四心音振幅低、持续时间短（约 0.03s），通常听不到，偶在正常的婴幼儿、老年个体能听及。

在正常心音之外出现的额外心音统称为心脏杂音。当心脏出现结构性或病理性病变时，部分改变无法从心电图信号上察觉，但却能在心音信号中反映出来。心音信号改变和杂音的出现往往预示着心脏和心血管疾病的早期进程，心音波形任何形状的变化都可能是器质性病变的迹象和症状反映。

11.3.3.2　呼吸音信号

呼吸音是人在呼吸时，因气流通过呼吸道和肺泡引起振动，并通过肺组织及胸壁传至体表产生的。正常呼吸音是指人体肺部无器质性病变、呼吸道无过多病理性分泌物、支气管等无狭窄/扩张时，气体经过呼吸道所产生的呼吸音，分别包括支气管呼吸音、支气管肺泡呼吸音、肺泡呼吸音、气管呼吸音四种正常呼吸音。当肺部产生病变，出入肺泡的空气流量改变，流速也随之改变，会导致不同程度的声音变化，这样的呼吸音改变统称为异常呼吸音（也称病理性附加肺音）。正常呼吸音与异常呼吸音共同组成呼吸音。

临床上对于呼吸音的听诊是呼吸系统疾病诊断的最常用方法之一。呼吸音能够反映出呼吸系统与外界进行气体交换的完整过程，包含了丰富的生理病理信息。相比于 CT 等其他检查，呼吸音听诊具有成本低、操作简单、无创无痛等特点。近年来，基于时频域分析的现代信号处理技术为肺音信号的采集、检测、特征提取提供了有效的技术支撑，呼吸音检测在诊断评估各类肺部疾病工作上展现出较高的可靠性。通过呼吸音监测，可对患者的新冠肺炎病情状态实时评估。考虑到医生和患者需要保持物理隔离状态，无线听诊设备显得非常关键。

11.3.3.3　肠鸣音信号

肠鸣音是肠道蠕动时，肠管内的气体和液体随之流动产生的一种断断续续的咕噜声或气管水声。在正常情况下，肠鸣音大约每分钟 4~5 次，其频率声响及音调变异较大，餐后频繁而明显。当人体肠道状态异常时，肠鸣音也会发生改变。例如，机械性肠梗阻患者的肠鸣音次数增多、音调高亢甚至发出叮当声或金属声，不同于正常状态的肠鸣音。研究表明，肠鸣音的出现次数、音调高低、持续时间等特征对肠道疾病的诊断和预防都可以起到指示作用。

随着电子听诊器的开发和研究日渐成熟，利用电子听诊器结合计算机对心肺音、肠鸣音信号进行采集和分析，为各类信号的可靠性分析和处理提供了便利，也为疾病预防、诊断和监测提供了更有利的保障。

11.4　呼吸信号传感器

呼吸是人体与外界环境进行气体交换的过程，是人体最基本的生命体征之一，对受试者的健康状况评估有重要意义。呼吸信息的监测能够帮助诊断呼吸系统疾病，如哮喘、睡眠呼吸暂停和慢性阻塞性肺病。同时，呼吸作为心肺循环的重要组成部分，也可以用来识别心力衰竭，作为神经系统、心血管系统或排泄系统等产生病变的指标。另外，呼吸监测还可应用于人类情绪识别。在运动健康领域，可以根据呼吸监测系统提供的测量结果优化运动员训练方案，科学提高运动成绩[19]。

　　常见呼吸参数如图 11.16。呼吸监测中最常见的生理参数是呼吸频率，其监测在技术上易于实现且方法多样。潮气量、用力呼气量、1 秒内用气呼气量、峰值呼吸流量、每分钟通气量是肺功能测试的主要参数，其中用力呼气量和 1 秒内用气呼气量是慢性阻塞性肺炎分类的金标准。另外，耗氧量、二氧化碳排出量是气体交换的主要参数，可以实现代谢率测量，对代谢类疾病的诊断和管理至关重要。下面从呼吸频率传感器、呼吸流量传感器、气体交换传感器三个方面进行介绍。

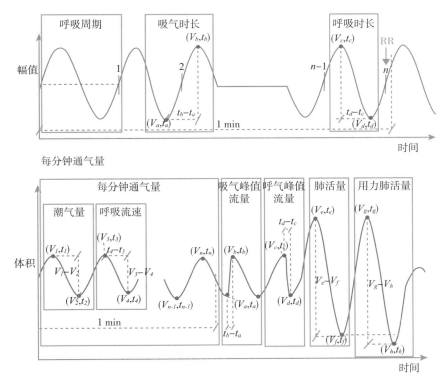

图 11.16　常见呼吸参数

11.4.1　呼吸频率传感器

　　呼吸频率传统测量方法主要分为三种：热敏法、机械法和阻抗法[20]，另外，从已有生理信号中提取呼吸频率信号的技术也日趋成熟。

　　热敏法是测量鼻腔或气管导管外口在呼气和吸气时的气流温度变化，这种变化通过传感器转化为电信号，描记出呼吸波形和呼吸次数。

机械法将由密封有水银或其他电介质的弹性橡皮管构成的呼吸带缠绕在受试者胸部或腹部，感受呼吸时胸廓或腹部的周期性形变。在人体呼吸过程中使用可拉伸感应线圈的弹性绑带分别绑在肋骨周围的胸部和脐带附近的腹部，胸腹运动会使感应线圈发生拉伸，从而引起线圈电感量变化，通过调幅检波电路检测该变化，即可实现呼吸信号的监测。

阻抗法是利用阻抗式传感器来检测呼吸过程中因胸廓运动引起的人体胸阻抗变化，以此获取呼吸信号。常用的阻抗检测法有电桥法、恒流法和恒压法。恒流法使用高频电路产生的恒定电流检测呼吸信号：将电极放置在人体胸部，采集胸部阻抗变化引起的电压变化信号，最后经过放大器和滤波器处理得到呼吸信号。阻抗法检测具有无创、安全且不会给患者带来任何不适的优点，但抗干扰能力差，特别是血流、心动、身体运动的干扰会使检测结果不准确。

从已有的测量装置记录中推导出呼吸信号具有经济价值和现实价值，常见的有从心电图[21]、光电血管容积图[22]、生物雷达[23]和机器视觉[24]测量结果中提取呼吸频率的研究。心电图的振幅、基线和频率分别通过心脏和呼吸窦性心律失常的运动被呼吸调节，产生十几种呼吸指标。光电血管容积图与心电原理相似。生物雷达监测是使用生物雷达发射器向人体投射能穿过非金属介质（衣服、被褥等）的电磁波信号，根据多普勒效应，反射回来的电磁波信号与人体的呼吸运动具有一定的相关性，采用信号滤波算法从电磁波信号中提取出呼吸信号。机器视觉检测法通过摄像头跟踪腹部或胸部运动的轨迹信号，从而间接检测信号。

11.4.2 呼吸流量传感器

常见的用于监测呼吸流量的传感器有涡轮流量传感器、超声流量传感器、热线式流量传感器和压差式流量传感器。

涡轮流量计[25]利用涡轮叶片转动时会遮挡内置发光二极管和光电接收器之间的通路，由光电调制原理得到一系列电脉冲（图11.17）。对脉冲计数、单位时间脉冲数与叶片的旋转速度成正比，经过信号处理可得到流速值。涡轮流量计的优点是流阻低、测量范围宽、流速与转速呈线性关系，缺点在于惯性和轴承之间的摩擦力等因素会导致"起始滞后"和"结束延迟"，影响测量精度。

热线流量计[26]将热电阻丝放置在气体通道中，热线是惠斯通电桥电路的一部分，气体经过通道导致热丝冷却，从而导致热电丝阻值的变化，根据其变化程度来计算流量（图11.18）。系统有两种工作模式：恒温模式和恒流模式。恒温模式是指保持热电丝温度恒定，流速越高，建立热平衡的电流值就越高；恒流模式是指保持通过热电阻的电流恒定，热电丝的温度取决于流量。热线流量计的优点是流阻小、准确性高、灵敏度高，缺点是易受环境因素的影响、价格昂贵、使用寿命短。

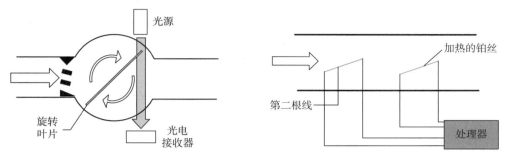

图 11.17　涡轮流量计原理示意图　　　　　图 11.18　热线流量计原理示意图

　　超声流量计[27]（图 11.19）有三种不同类型：①基于超声信号在一对换能器之间的传输，分析介质速度引起传输时间的变化；②利用超声波感应放置在气流中的物体所产生的气体涡流。涡旋原理适用于单向气流，基于多普勒效应，超声压力波形由介质流中流动的粒子反射出来。发射波形和接收波形的频率差与介质速度有关。在这种流量计中，必须有足够数量的颗粒散布在介质中。超声流量计的超声波信号在流动气体中传输时，其速度与气流速度成比例变化。优点是无压力损失、不受气体成分和环境因素的影响，缺点是抗干扰能力差、易受其他声源影响、使用寿命短、价格昂贵。

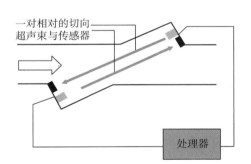

图 11.19　超声流量计原理示意图

　　差压式流量计[28]是在气体通道上安装节流元件，气流通过时上下游两侧产生压差，根据伯努利原理可得压差与流量之间固定的数值关系（图 11.20）。常用于呼吸监测的压差式流量计包括皮托管、Fleisch/Lilly 型毛细网孔型差压式流量计和可变孔板流量计。差压式流量计结构简单、应用广泛，但是受限于流量与压差呈二次关系，量程比小。

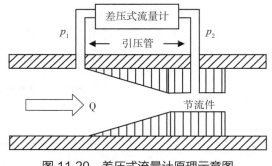

图 11.20 差压式流量计原理示意图

11.4.3 气体交换传感器

人体不断从外界摄取氧气，氧气进入血液后，到达全身各组织内部进行气体交换，氧被释放出来供细胞利用；与此同时，细胞的代谢产物二氧化碳被血液带走，通过内循环运送到肺部，通过呼气排出体外。气体交换保证了新陈代谢的正常运行，是体内代谢的直接表现，可通过定量化耗氧量、二氧化碳排出量、呼吸商等指标来衡量肺脏功能，反映细胞水平的气体交换状况。呼吸气体交换监测的核心传感器是氧气传感器和二氧化碳传感器。

二氧化碳传感器普遍采用 NDIR 非分光红外法[29]，通过二氧化碳对 $4.2\sim4.5~\mu m$ 的红外光吸收特性进行测量。当红外光束穿过测量气室时，红外光能够激发电子跃迁到高能级，气体分子会将红外光的部分热能吸收到气体中形成分子内部振动－转动能量而使出射光的能量衰减，红外光强的损失是测量气室内的特定气体分子数量的函数。其技术成熟稳定，传感器响应迅速、体积小，适合作为穿戴式设备中二氧化碳分析元件。

氧气传感器主要有两种：顺磁式氧气传感器[30]和电化学氧气传感器[31]，原理如图 11.21、图 11.22 所示。

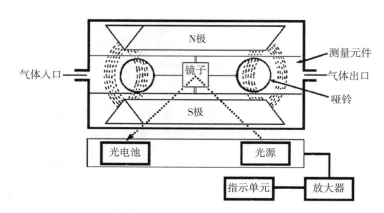

图 11.21 顺磁式氧气传感器原理示意图

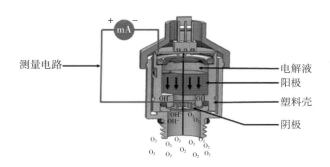

图 11.22 电化学氧气传感器原理示意图

顺磁式氧气传感器[30]利用氧气分子具有顺磁性这一物理特性进行氧气浓度检测。当氧气分子在一个具有一定磁场梯度的磁场中，氧气分子会受到这个磁场作用在分子上的一个力，这个力就是氧气分子的顺磁性带来的力。当外界磁场梯度已知时，在一定体积的气体中氧分子数量也是已知的，从而气体受到的力就是已知的。气体受到的力经过计算又可以转化为气体压力的大小，通过测量气体压强的大小就可以得到混合气体中的氧气浓度。这一工作原理决定了它易受温度、流量和压力的影响，所有安装角度的偏差、环境湿度和粉尘以及工作中的振动都会对其产生严重干扰，并不适合穿戴式设备。

电化学方法[31]是根据氧气的氧化还原反应来测量混合气体中的氧气浓度，常见于呼吸机的应用，需要已知氧气浓度的气体校准。其有成本低和抗干扰能力强的优点，缺点是阳极金属充足时可以稳定输出平稳信号，阳极金属不充足时信号强度减弱。

11.5 血压测量

血压是血管中的血液在流动过程中对血管壁产生的侧压力，是人体重要的生理参数之一，反映了心脏泵血功能。人体的血压需要维持在正常范围内，收缩压130mmHg，舒张压 85mmHg，过高或者过低都将造成一定伤害。血压测量对人体健康监控具有重大意义。依据测量方式的不同，血压的测量可以分为直接测量和间接测量。

11.5.1 有创式血压测量

直接测量是一种有创的测量方式。有创血压测量需要动脉内插管、输液管、传感单元三个部件协作完成。动脉内插管被穿刺进入血管内，另一端连接输液管，把血压的压力波以血液为载体传送到传感单元的压力传感器上，压力传感器把压力转换成模拟电信号，电信号经过差分放大电路放大、低通滤波器去噪，最后经过模数转换器得到压力的数字信号。动脉内插管是一种由不同材料（如 PU、PVC、硅橡胶等）制成的短且平行的导管，可以减少血栓的形成以及细菌感染。有创血压测量的优点是准确、无操作偏差，是血压测量的金标准，但需要专业人员操作，并不适合日常生活或诊疗中的血压监测。

11.5.2 无创式血压测量

间接测量是一种无创的测量方式，如柯氏音听诊法、示波法。

柯氏音听诊法是苏联医生 Korotkoff 在 1905 年提出的一种利用声音（柯氏音）测量血压的无创方法。柯氏音听诊主要包括以下过程：先将袖带捆绑在被试者上臂，听诊器置于袖带与上臂之间；接下来对袖带打气以加压，使其压力大于收缩压，此时听诊器没有血流声音；最后使袖带放气以减小压力，听诊器出现血流声音即柯氏音。当袖带压力减小到小于收缩压、大于舒张压的压力区间内，血流部分通过血管，血管壁振动发出柯氏音；当袖带压力减小到舒张压以下时，血流完全通过，柯氏音消失。柯氏音出现时的袖带压力值是收缩压，柯氏音消失时的袖带压力值是收缩压。

柯氏音听诊器成本低、测量结果准确，是无创血压测量金标准，但是听诊器的血压计是水银血压计，损坏时将对环境造成严重影响，并且对操作人员要求较高，容易受操作人员主观影响。

示波法测血压的原理和柯氏音法略有不同（图 11.23）。示波法血压计包括充气袖带以及压力传感系统两部分，可以自动完成袖带充气放气、处理压力信号并显示血压结果。示波法测血压主要包括以下过程：利用充气袖带加压，阻断上臂的动脉血流至脉搏波幅值最小；随后充气袖带进行放气，袖带压力降低至脉搏波幅值达到最大。脉搏波幅值在血压测量时不断变化，当它达到最大时，袖带压力为平均动脉压，利用平均动脉压和收缩压、舒张压之间的关系可得到血压。示波法测血压的关键点在于对袖带压力信号和脉搏波信号的采集以及收缩压和舒张压的具体计算。提取袖带压力信号以及脉搏波信号需要用到袖带里内置的压力传感器，完成从袖带压力信号到电信号的转换，再将电信号处理成压力信号和脉搏波信号。根据平均压和收缩压、舒张压之间的关系来计算血压的方法有比例系数法、波形特征法等[32]。

临床上，由于示波法听诊具有操作简单、便于携带等优点，被广泛使用。目前也有基于示波法的电子血压计产品，如欧姆龙、松下等。示波法电子血压计作为简单、高效、快捷的检测工具，适于日常血压检测。

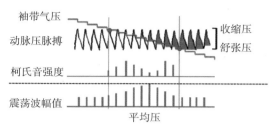

图 11.23　柯氏音听诊法、示波法

11.6　体温测量

体温是人体的基本生理参数之一，连续长期监测基础体温、创面周围局部温度、浅血管附近皮温等可为临床诊断提供重要依据，并对术中、术后的生命监护有重要意义。从测量方式上看，体温测量可分为接触式、非接触式两种方式。接触式体温计包括传统的水银体温计、电子体温计等，非接触式体温计主要包括红外体温计。

11.6.1　接触式体温测量

接触式体温计的检测部分与被测对象直接接触，通过热传导或对流达到热平衡实现温度测量。常用的温度计有双金属温度计、玻璃体温计、压力式温度计等。

物质的电阻率随着温度变化而变化的现象称为热电阻效应。其中，电子体温计中常用的感温元件就是热敏电阻。热敏电阻根据物质随温度变化情况分为正温度系数热敏电阻、负温度系数热敏电阻和临界温度系数热敏电阻，如图 11.24 所示。

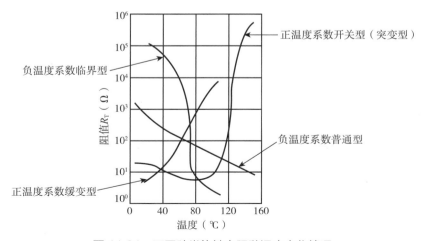

图 11.24　不同种类热敏电阻随温度变化情况

测量体温过程中，热敏电阻的电阻值随温度变化，通过转换电路将温度信号转换成电信号。电信号在经过模拟电路的放大滤波、AD 转换后，由 CPU 计算得到当前温度。

11.6.2　非接触式体温测量

非接触式体温传感器主要是红外传感器，利用被测对象热辐射而发出的红外线实现体温测量，常见的红外体温计有额温枪、耳温计等。人体向外界辐射的能量和温度满足如下关系

$$E = \sigma\varepsilon(T^4 - T_0^4) \tag{11.2}$$

其中，E 为人体辐射能量，σ 为玻尔兹曼常数，ε 为人体辐射率，T 为人体温度。

红外传感器接收人体表面辐射的红外线能量并将其转换成电信号，电信号经过信号处理单元处理计算后得到人体温度，再通过显示单元把温度数值可视化。红外温度计的优点在于携带便携、测量快速，但它一般测量的是额头温度，与水银体温计测量的腋温有一定差距。

尽管接触式体温测量较为准确，但是红外测温仪更加安全、快捷，尤其是 2019 年爆发新冠肺炎疫情以来，非接触式测温逐渐得到广泛应用。相信随着这一技术的不断完善，不久的将来，红外测温仪会有更大的发展。

11.7　血氧饱和度测量

血液中氧合血红蛋白的浓度反映称为血氧饱和度（SaO_2）。血氧饱和度是人体呼吸循环的重要生命体征参数，临床上使用动脉血氧饱和度来评估肺的氧合血红蛋白携带氧的能力，通过脉搏血氧饱和度能有效发现肺部病变和机体氧合功能。因此，血氧饱和度是检测和评估患者病情严重程度的重要指标。血氧饱和度的突然下降意味着呼吸不足，难以保持体内氧气充足，缺氧对机体有巨大影响，日常监测血氧饱和度对预防低氧血症发作有重要意义。

临床上的金标准是通过直接抽取动脉血进行 SaO_2 测定，这种方法有创且易造成感染，无法实现连续监测。经皮无创脉搏血氧饱和度法可实现无创、连续性 SaO_2 监测。为了与直接抽取动脉血法相区分，将经皮法测得的血氧饱和度称为 SpO_2。目前，经皮无创脉搏血氧饱和度信号的测量是一门已经相对成熟的技术，其原理包括分光光度测量和血液容积描述两部分[33]。

11.7.1　分光光度测量

分光光度测量是指根据氧合血红蛋白（HbO₂）和还原血红蛋白（Hb）的光吸收特性不同计算得出的血氧饱和度值。在红光区，Hb 对光的吸收能力高于 HbO₂，在红外光区则相反。另外，组织中的其他成分（如静脉血、骨骼等）吸收光比是恒定的，但血液中 HbO₂ 和 Hb 对光的吸收是随着脉搏波周期性变化而变化的。心脏收缩时，外周血容量最多，血液对光吸收量最大，测得的光能量最小；而心脏舒张时则与之相反。

11.7.2　血液容积描述

血液容积原理是指只有动脉的血容量能得到变化的光照强度。根据 Lambert–Beer 定律，光在透过溶液后会产生一定的强度衰减（图 11.25），其衰减程度与光程长度、溶液浓度等有关

$$\lg \frac{I_o}{I_t} = k \cdot l \cdot c \tag{11.3}$$

其中，I_o 为入射光强度，I_t 为透过光强度，k 为物质吸光系数，l 为光程长度，c 为物质浓度。

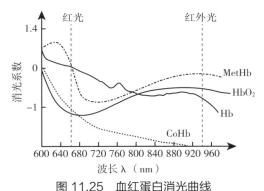

图 11.25　血红蛋白消光曲线

如图 11.26 所示，使用波长 660nm 的红光和 940nm 的红外光作为入射光源对手指进行照射，手指中的非血液组织（皮肤、骨骼、肌肉等）不会改变出射光强，这部分信号称为直流信号。随着脉搏波的搏动，动脉血流会发生有节律的变化，导致透过手指的光程变化，进而导致出射光强度改变，由此产生对入射光强的调制作用，这部分信号称作交流信号。

直流和交流信号共同构成了光电容积脉搏波，一个完整的脉搏波如图 11.27 所示。一个完整的脉搏波有四个特征点：主波（A），潮波（B），重搏波峰（C），重

搏波谷（D）。通常情况下，所采集的脉搏波 B 特征点并不明显，主要包含主波和重搏波。

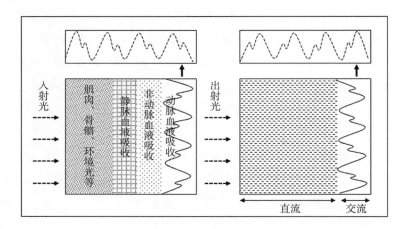

图 11.26　光电容积脉搏波检测示意图

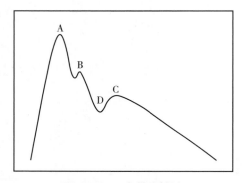

图 11.27　完整脉搏波

11.7.3　其他

根据脉搏波采集方式的不同，又可以分为透射式和反射式两种[34]，结构如图11.28 所示。

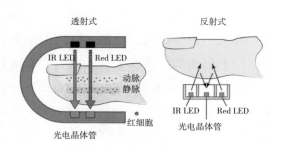

图 11.28　透射式和反射式血氧传感器

透射式血氧饱和度传感器是较为成熟的血氧测量手段，在医院临床监护和家庭保健上都有广泛应用。透射式是指手指在发射器（即 LED）和接收器（即光电探测器）之间，光电探测器测量通过选定血管床（如指尖或耳垂）传输的光量。在组织的一侧，血氧仪探头发射光脉冲，一个是红光，一个是红外线；在组织的另一侧，一个检测器被放置在光的对面。二极管按快速顺序打开和关闭，探测器测量差异。测量结果被送入一个微处理器中的算法，其中的氧合血红蛋白的饱和度被计算出来并最终显示给用户。然而，透射式血氧检测方法受到探头安放位置的限制，无法满足智能穿戴设备的要求，因此近年来出现了反射式血氧饱和度传感器。

在反射式方法中，发射器和接收器放在同一侧。由于手指的原因，会有一些固定的光反射回传感器。每一次心跳都会有手指血容量的增加，这将导致更多的光反射回到传感器。因此，接收到的光信号波形由每个心跳的峰值组成，心搏之间存在一个固定的低值读数，这个值可以认为是恒定反射，而这个减去恒定反射值的峰值的差值就是由于心搏时血流引起的反射值。

11.8　前沿技术研究及发展

11.8.1　超声血液生理

人体的心血管系统承担了向脑、监测肝脏、肾脏等重要器官输送血液的功能，因此心血管的健康状况对人体维持正常的生理功能至关重要。超声作为一种非侵入性的医学检查手段，可用于患者的血管解剖结构和血流速度检查，并且与其他非侵入式方法（电脑断层扫描、核磁共振）相比，超声没有电离辐射，非常适合制造低成本、便携的医疗系统。超声波的穿透性允许直接监测深层次的颈动脉或主动脉解剖结构或者血液流速的实时变化，因此在血液流速、流量、心输出量检查中得到广泛应用。

11.8.1.1　血流速度

血流速度是表征心血管性能的重要参数，当心血管系统发生病变时，血流速度也会发生相应改变，血流速度的测量对心血管疾病的诊断和治疗具有重要意义。在临床上，血流速度的检查通常基于超声多普勒原理，超声波在介质中传播时，当波源和观测点发生相对位移时，观测到的超声波频率会发生改变且频率改变量与相对位移速度直接相关，这种现象就是多普勒效应。因此，超声可以通过测量从运动的血液中散射的超声频率变化来评估血流。

医用多普勒超声原理如图 11.29 所示，通常超声换能器保持静止，血液相对于换能器运动，检测到的多普勒频移频率（f_d）是发射频率（f_t）和接收频率（f_r）之差。多普勒频移频率（f_d）取决于传输的超声频率（f_t）、超声在人体组织中传输的速度（c）和血液速度（v）以及收发换能器与血流方向的角度关系，这种关系可以用多普勒方程来表示

$$f_d = f_r - f_t = \frac{2f_t v \cos\theta \cos(\delta/2)}{c} \qquad (11.4)$$

式中，θ 是超声波发射方向与血流方向之间的夹角，也被称为多普勒夹角；δ 为发射、接收换能器之间的夹角。多普勒超声仪器按照超声信号发射方式，可以分为连续波多普勒和脉冲多普勒。顾名思义，连续波多普勒以连续波的形式持续发射超声波，这种方式需要至少两个超声换能器分别承担超声的发射和接收作用；而脉冲多普勒以脉冲的形式间断地发射超声脉冲，允许发射和接收使用同一个换能器。

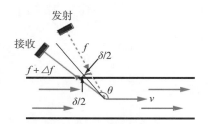

图 11.29　多普勒血流速度检测原理图

在现代临床应用中，多普勒超声通常与 B 型超声成像同时使用，多普勒信号叠加在 B 超图像上形成二维彩色超声图像，称为双工超声，也就是我们熟知的彩超或 D 超。操作员可以根据超声成像仪屏幕上的实时超声图像调整超声探头的位置和取样容积的角度，从而在最佳位置获得准确的血流速度信息[35]。彩色超声图像如图 11.30 所示，包括 B 超图像和叠加的彩色编码血流以及实时血流频谱。

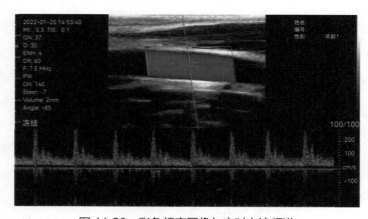

图 11.30　彩色超声图像与实时血流频谱

此外，在传统超声多普勒原理上还发展出了一种被称作矢量多普勒的技术，解决了传统多普勒技术只能反映沿血管方向平均流速信息的局限，可以反映血管狭窄、分叉、瓣膜处的复杂的流动信息[36-37]，为疾病诊断提供了新的手段。除了多普勒频移方法，基于血流成像技术的自相关目标追踪法[38]、时延估计法[39]也得到了发展，这些技术使超声方法成为目前临床最广泛使用的血流速度检测方法。

得益于电子皮肤技术和 MEMS 工艺的发展，已经有学者研发出可贴在皮肤表面的超轻薄柔性超声阵列。例如，加州大学圣地亚哥分校的研究团队研制出 12×12 的柔性超声阵列，可以在一定程度上进行相控阵聚焦，从而对深层次的动脉进行血流速度测量[40]，如图 11.31 所示。清华大学的研究团队将超声换能器以特定的角度固定在硅橡胶基底上，通过双声束多普勒的方法确定多普勒夹角，从而对血流速度进行测量[41]，双声束多普勒方法原理和传感器实物如图 11.32 所示。

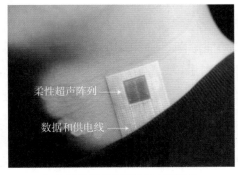
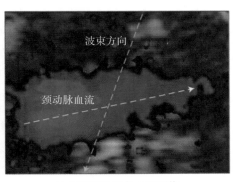

（a）柔性超声阵列粘贴在颈动脉　　　　　　（b）颈动脉彩色血流图像

图 11.31　加州大学圣地亚哥分校研制的柔性超声阵列

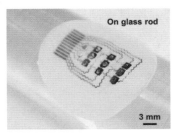
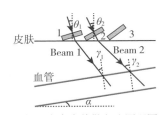

（a）实物图　　　　　　（b）双声束多普勒方法原理图

图 11.32　清华大学研制的柔性超声多普勒传感器

11.8.1.2　血管血流量

器官的血液灌注不仅取决于血液流速，还取决于血流量。血流量指单位时间内流经血管横截面积的血液体积量，通常以每分钟升数或毫升数为单位。血流量可以通过动脉血流速度 – 时间积分（Velocity–Time Integral，VTI）、平均血管横截面积

（A）以及心率（HR）的乘积表示

$$Blood\ Flow = VTI \times A \times HR \tag{11.5}$$

对于医用双工超声仪器，可以在进行 B 超成像的同时测量血流速度频谱，VTI通过对单个心动周期内的血流速度积分得到，心率 HR 则可以直接通过血流频谱周期确定。而对于动脉横截面积，一种方法是通过动脉横截面的 B 超图像确定，但此法对成像质量和操作员手法要求极高，容易引入测量误差，一般在不规则动脉中使用。在健康的大动脉中（如主动脉、颈动脉、肱动脉等），由于动脉压的原因，动脉截面是较为理想的圆形，可以通过动脉纵切面的 B 超图像或 M 型超声测量动脉直径进而计算横截面积。

11.8.1.3 心输出量

心输出量指单心室每分钟射血的总体积量，单位与血管血流量相同，是每搏输出量与心率的乘积。心输出量是重要的血流动力学参数，决定了器官的供氧情况，准确地测量心输出量对于手术指导、心血管功能诊断、临床用药等具有重要意义。

在临床中，超声方法是重要的心输出量检测手段，常用的方法按照探头测量位置可以分为经食道多普勒和经胸多普勒。经食道多普勒是将带有多普勒和 M 型超声探头的套管插入食道内与降主动脉平行处（大约距离门齿 35~40cm 处），通过多普勒探头测量降主动脉血液流速、M 型探头测量降主动脉直径，最后通过式（11.5）计算降主动脉血流量。由于左心室射血量的 70% 流向降主动脉，因此可以通过降主动脉血流量直接计算得到心输出量。澳大利亚 USCOM 公司的产品 USCOM-1A 是经胸多普勒的典型代表，它使用连续多普勒探头从胸骨上窝测量主动脉血流速度、从肋间隙测量肺动脉血流量，通过已知的经验公式换算主动脉和肺动脉的横截面积，进而计算左心排和右心排。这两种方法测量的心输出量与有创的肺动脉导管方法具有良好的一致性，在重症监护室取得了广泛应用[42-43]。

11.8.2 无感式生理参数监测技术

目前的生理量测量需要用户佩戴传感器或电极，存在用户依存性问题，当使用者不愿意佩戴或者忘记佩戴传感器时，无法进行生理量测量[44]。近年来，研究者基于光纤、压电陶瓷与雷达等传感设备研究非接触式生理量监测手段，这些手段能够在用户毫无察觉的情况下进行监测，无须用户佩戴任何传感器，从而解决了用户依从性问题。研究表明，非接触式生理量监测手段能够持续地监测用户的生理体征，不仅能够全面、细致地反映人体健康状况，而且能够在出现心脏骤停等紧急情况时及时示警，降低死亡或致残的风险，减轻社会医疗负担。

当人体呼气、吸气时，肺部的胸腔表面会收缩、扩张，导致胸腔表面相对于雷达的径向运动，称为呼吸努力值[45]，如图 11.33（a）所示。有关心脏振动描记图与心冲击描记器[46]的研究表明，在人体表面的特定区域存在心脏活动导致的周期性振动，如图 11.33（b）所示。呼吸、心跳等生理体征导致的人体表面特定区域的振动能够被测量，这也是非接触式生理量测量的基本原理。

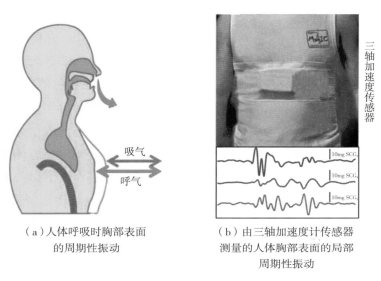

（a）人体呼吸时胸部表面　　　（b）由三轴加速度计传感器
　　的周期性振动　　　　　　　测量的人体胸部表面的局部
　　　　　　　　　　　　　　　　　周期性振动

图 11.33　非接触式生理量监测的理论依据

11.8.2.1　基于光纤的无感式监测

呼吸与心跳导致的人体振动会对接触面产生周期性变化的压力，基于该原理，光纤压力传感器能够实现一系列生理参数监测。对于光纤压力传感器，光源发出的光线在纤芯中的传输路径如图 11.34 所示。设光纤以角度 θ_i 入射到纤芯中，光线在纤芯与空气的交界面处发生折射，设该折射角为 θ_r。由 Snell 定理，θ_i 与 θ_r 存在以下定量关系

$$n_0 \sin\theta_i = n_1 \sin\theta_r \tag{11.6}$$

其中，n_0 与 n_1 分别为空气与纤芯的折射率。

设以入射角 θ_r 进入纤芯的光纤在到达纤芯和包层的交界面 A_0 时，该光线相对于 A_0 的入射角为 φ。当入射角 φ 大于临界角 φ^* 时，光线在交界面 A_0 发生全反射，能够在光纤中无损耗地传输，其中

$$n_1 \sin\varphi^* = n_2 \sin\frac{\pi}{2} \tag{11.7}$$

其中，n_2 为包层的折射率。由于 $\theta_r + \varphi = \pi/2$，基于式（11.6）与式（11.7），光线在交界面 A_0 发生全反射的条件是 θ_i 满足

$$\theta_i \geqslant \arcsin\left[\frac{n_1}{n_0}\sqrt{1-\left(\frac{n_2}{n_1}\right)^2}\right] \tag{11.8}$$

当压力导致光纤发生弯曲时，纤芯和包层处的入射角 θ_i 与 φ 发生改变，导致传输的光线发生损耗，如图 11.34 红色箭头所示。常规的光纤压力传感器的组成结构由光源、光纤、光调制器以及检测器组成。光源发出的光线通过光纤传导至传感区域，在此区域，压力通过改变其传感区域中光传播的损耗和色散性，使光的频率、强度以及相位发生改变，通过探测器检测其调制光的变化就可实现压力测量。对于生理量监测这一应用，研究者将光纤压力传感器集成在坐垫、床垫等物品中，实现在用户毫无察觉的情况下进行监测。2012 年，马里博尔大学的研究团队使用迈克尔逊干涉仪作为光纤的解析设备，同时光纤以环形分布铺设在床上进行心跳与呼吸信号的获取[47]。2013 年，来自新加坡科技研究局的研究团队提出光纤微弯曲原理，并设计了三明治结构的微变形器用于获取身体的振动信号，从而实现心率检测，实验测试结果表明通过该方法获取的心率与标准血氧得出的心率值一致[48]。

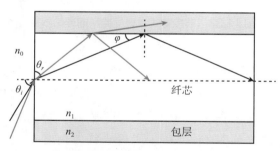

图 11.34　光在纤芯中的传输过程

11.8.2.2　基于压电陶瓷的无感式监测

与光纤压力传感器相同，压电陶瓷也能够通过测量压力实现生理量的监测。压电陶瓷的化学名称为锆钛酸铅或铌镁酸铅，是一种人工合成的特殊陶瓷材料。该材料能够实现机械量与电学量的相互转化，作为传感器和驱动器已被广泛使用。最常用的压电陶瓷元件是压电陶瓷片，一般为很薄的圆片，圆片一面被烧结于黄铜材质的基片上，另一面镀银。金属基片具有良好的弹性和一定的强度，而铜与银都具有良好的导电性。压电陶瓷的基本特性是具有正、逆压电效应，其中，正压电效应是指当压电陶瓷受到外来压力时，随着几何形状改变，其两电极面之间会产生电压，并且在一定范围的外力作用下，电压与压力的变化成正比例关系；而逆压电效应是

指在外加电场的作用下产生应变且应变大小与电场大小成正比。生理量的监测主要利用了压电陶瓷的正压电效应，其原理如图 11.35 所示。Peng 等人将压电陶瓷嵌入床垫中，基于小波分解与经验模式分解等信号处理方法，从获取到的压力信号中提取呼吸与心跳信号，并计算呼吸率与心率两种生理量[49]。Wang 等人开发了一种基于低成本压电陶瓷传感器的新型智能枕头，用于计算卧床状态下的心率与呼吸率，实现了 99.18% 的心率估计准确率[50]。

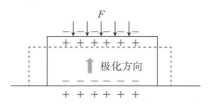

图 11.35　正压电效应示意图

11.8.2.3　基于毫米波雷达的无感式监测

雷达是非接触式生理量监测的常用无线设备。本部分主要介绍基于连续波（Continuous Wave，CW）雷达与调频连续波（Frequency–Modulated Continuous Wave，FMCW）雷达的生理量监测原理。对于 CW 雷达，发射天线（Transmit Antenna，Tx）发射单频连续波信号

$$S_c(t) = A_T \exp(2\pi f_t) \tag{11.9}$$

其中，A_T 为发射信号幅度，f 为发射信号频率。经过人体反射由接收天线（Received Antenna，Rx）捕获到的信号为

$$R_c(t) = A_R \exp\left[2\pi f_t - \frac{4\pi f(d_0 + \delta(t))}{c}\right] \tag{11.10}$$

其中，A_R 为信号幅值，d_0 是人体与雷达的相对位置，c 为光速，$\delta(t)$ 为呼吸、心跳等生理体征导致的人体表面的微小振动。将发射信号 $S_c(t)$ 与反射信号 $R_c(t)$ 混频后，中频（Intermediate Frequency，IF）信号可以被表示为

$$IF_c(t) = A \exp\left[4\pi f \frac{d_0 + \delta(t)}{c}\right] \tag{11.11}$$

因此，基于 CW 雷达可获取到中频信号的相位，能够测量由生理体征导致的人体表面的微小振动，从而进行生理量监测。文献[51]基于 CW 雷达设计心跳监测系统，该工作指出颈动脉区域、右心房上方的胸腔表面、心脏中心上方的胸腔表面这

些人体表面的特定区域能够检测到心跳引起的周期性振动。文献[52]基于 CW 雷达 IF 信号的相位提取雷达心跳信号波形，并估计心房收缩期等心脏活动所处的时间段。然而，CW 雷达在生理量监测中存在一定局限性。在实际应用中，雷达视场内会存在其他运动目标，如被监测用户以外的运动的人体。这些运动目标会干扰生理量的监测。

FMCW 雷达是通过对连续波进行频率调制，基于发射信号和反射信号的频率差、相位差来获取目标信息的一种雷达体系。与 CW 雷达相比，FMCW 雷达能够隔离非感兴趣区域的噪声，具备同时监测不同个体健康状况的潜力。基于 FMCW 雷达测量生理量的原理如图 11.36 所示。对于 FMCW 雷达，Tx 周期性地发射频率随着时间线性增长的信号为

$$S_F(t) = A_T \exp(2\pi f_c t + \pi \frac{B}{T_c} t^2) \tag{11.12}$$

该信号被称为 Chirp，其中 f_c 是 Chirp 的起始频率，A_T 是 Chirp 的幅度，B 和 T_c 分别是 Chirp 的带宽与持续时间。Rx 捕获的反射信号由雷达视场内多个目标对应的反射信号分量组成，其中每个反射信号分量都是发射信号的缩放与移位版本，可以表示为

$$R_F(t) = \sum_{i=1}^{n} A_R \exp\left[2\pi f_c(t - \frac{2d_i}{c}) + \pi \frac{B}{T_c}(t - \frac{2d_i}{c})^2 \right] \tag{11.13}$$

其中，d_i 为第 i 个距离单元内的反射面与雷达的距离。与 CW 雷达相同，将发射信号 $S_F(t)$ 与反射信号 $R_F(t)$ 混频，得到的 IF 信号为

$$IF_F(t) = A_t \sum_{i=0}^{n} \alpha_i \exp(4\pi \overbrace{\frac{Bd_i}{cT_c}}^{f_i} t + 4\pi \overbrace{\frac{f_c d_i}{c}}^{\phi_i}) \tag{11.14}$$

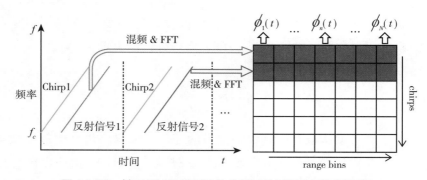

图 11.36　基于 FMCW 雷达的生理量监测基本原理示意图

其中，f_i 与 ϕ_i 分别为 IF 信号中第 i 个反射分量对应的频率与相位。对于不同距离的目标，其反射信号分量的频率不同。因此，对经过数字化的 IF 信号进行 FFT 变换，其每个频率对应着雷达视场内的不同距离区间，称为 Range Bin。在生理量监测这一应用场景中，如果由生理体征导致的轻微振动的人体表面特定区域（如胸腔等）位于第 i 个 Range Bin，即

$$d_i(t) = d_i + \delta_i(t) \tag{11.15}$$

则第 i 个 Range Bin 对应的反射信号的相位为

$$\phi_i(t) = 4\pi \frac{f_c(d_i + \delta_i(t))}{c} \tag{11.16}$$

因此，选择在合适的 Range Bin 中提取相位信号，生理体征就能够被捕获。

最具有代表性的 FMCW 雷达生理量监测的早期研究成果来自麻省理工学院多媒体实验室的 Fadel Adib[53]。Adib 博士的这一成果[53]阐述了其基于 FMCW 雷达获取被试者 30 s 平均心率及呼吸率的方法，展示了 FMCW 雷达在生理量监测这一应用上的潜力，引领了新一轮的非接触式生理量监测技术的研究热潮。文献[54]首次基于 FMCW 雷达心跳信号进行逐搏间期（Inter-beat Interval，IBI）估计，该研究利用二阶差分去除呼吸谐波，然后基于获取的心跳信号，将模板匹配算法与动态规划结合用于 IBI 估计。文献[55]使用变分模态分解算法从 FMCW 雷达相位信号中提取心跳信号，并去除呼吸干扰，通过对心跳信号的包络进行峰值检测估计 IBI，达到了 28 ms 的 IBI 误差中位数。

非接触式生理量监测系统在实际场景中的应用面临着一些挑战，其中最主要的挑战是身体运动干扰。由于呼吸与心跳引起的体表振动分别为毫米级、亚毫米级，即使轻微的身体运动也会导致呼吸努力值与心跳信号的严重失真，而且身体运动具有随机性，难以建模。上述原因导致了非接触式手段难以在人体运动时进行生理量监测。

11.8.3 无创连续血压测量技术

血压是心血管系统的重要生命体征之一，被广泛应用于日常健康监护、临床疾病诊断、围手术期观察系统循环功能等，对心血管疾病的诊断、治疗和预后具有重要意义。传统的血压测量方法，如柯氏音法、示波法等间歇测量方法测得的血压是某一时刻的压力值（即测得的收缩压、舒张压不在同一心动周期内），很难观测到患者在各种生理或病理状态下的血压波动。动脉导管法是连续血压测量过程中最准

确的测量方法，被称为"黄金标准"。但由于放置动脉导管需要培训和经验，比无创血压监测更昂贵，而且存在发生出血、动脉闭塞、血肿和局部感染等不良事件的风险，只能用于危重患者的抢救和大手术。

近年来，随着生理传感技术及系统集成化技术的快速发展，一些连续估计测量动脉血压的非侵入性方法被重新研究，无创连续血压测量技术在各方面都有了较大突破。下面主要介绍脉搏波传导时间法、动脉张力法、恒定容积法等代表性的无创连续血压测量技术的原理及特点，同时阐述目前面向可穿戴、小型化方向的无创连续血压测量新技术。

11.8.3.1　脉搏波传导时间法

脉搏波传导时间法（pulse wave transit time，PWTT）基于血管弹性腔理论。脉搏波传导时间与血压相关理论由 Bramwell 和 Hill 提出[56]，其基本原理建立在脉搏波传导时间与血管容积弹性率的关系上。

依据经典的 Moens-Korteweg 方程[57]建立的动脉血管特性与 PWV 的关系式以及 Hughes 等人[58]展开实验定义的血管内压力与杨氏模量的动态关系式，Chen 等人[59]尝试将两个关系式联系起来，证明人体动脉血压呈现负相关。但两者之间的回归系数因人而有较大的变化，而在同一个人身上回归系数变化不大。也就是说，只要能够设法得到每个人的这种回归系数，就可以借助测量脉搏波传导时间而间接地得到动脉血压值。但是个体在不同生理状态下的回归系数是会发生变化的，而且测量的准确度还受血管平滑肌状态、神经控制等多种因素的影响，同时该方法无法替代有创测量获得逐拍的血压波形进而获取其他血流动力学参数。目前，通过该方法测量的连续血压还未得到权威机构及临床医疗的认可，尚处于科研阶段。

11.8.3.2　动脉张力法

桡动脉张力法测量理论最早由 Pressman 提出[60]。其基本原理为：当血管被外部压力压扁时，血管壁的内周应力发生改变，当血管平均压力与外力相等时，在施压点所产生的振幅达到最大值，通过安置于动脉部位的压力传感器来测量该表面的压力，此时测得逐拍的动脉压力波形即为动脉内血压（图 11.37）。

其实现方法为：通过气囊对测量探头施加压力，使探头能通过压电传感器阵列检测到振动波；当振动达到最大波幅时，气囊内压力等于平均动脉压，此时气囊内压力不变，通过传感器读出振动波幅，再通过肱动脉血压校正其压力值。该技术已形成商业化产品，如日本 Colin 公司、美国 Tensys Medical 公司的产品。但该法对测量探头放置的位置要求极其严格，若不能准确放置于动脉上方，会出现较大误差，因此该方法易受外界干扰。另外，其传感器读出的不是压力值，因此需要反复测量肱动脉血压进行校正[61]。

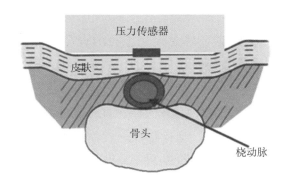

图 11.37　动脉张力法血压测量原理

11.8.3.3　恒定容积法

恒定容积法（Vascular Unloading Technique，VUT）又称容积补偿法，最早由波兰科学家 Penaz 提出的血管去负载理论[62]。其基本原理是：通过控制系统，利用血管外压力在任何时刻都与血管内血压相等时，血管直径将不再随血管内血压波形变化（即不再搏动）而被嵌定在其无载状态时的直径上[63]，如图 11.38 所示。

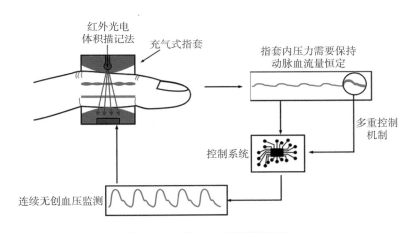

图 11.38　恒定容积法测量原理

恒定容积法的测量系统包括一个用于对动脉进行外部加压的气囊和一个用于检测动脉脉搏的光电传感器以及一个反馈控制系统，根据检测到的动脉脉搏信号对气囊压力进行控制[64]。在利用恒定容积法连续测量血压时，首先在开环状态下，在一定的范围内改变气囊压力，寻找使气囊压力等于动脉内的平均压（即使动脉血管处于最柔软的状态、使脉搏信号振幅呈现最大值时的无载点）V_0；进而在闭环状态下，反馈控制系统利用检测到的动脉脉搏 PPG 信号去进一步控制气囊压力，使其在平均压的基础上跟随脉搏波形变化。一旦使加在被测动脉血管壁外部的压力波形在形状和幅值上都与该动脉内的血压周期性变化的波形完全相同（即使被测动脉血管壁的内外两侧的受力在任何时刻都达到动态平衡时），被测动脉的血管直径将不再随血管内血压波形变化而被嵌定在其无载状态时的直径上，即 PPG 信号振幅接近零。这时，只要用压力传感器连续测出气囊的压力值，即可实现连续的血压波形和血压值测量。

与传统的有创伤连续测量血压的动脉内插管直接测压法相比，该方法具有无创伤、无痛苦，不会引起出血、感染、血栓形成、栓塞以及神经损伤等并发症或后遗症，操作简化等优点，同时也具有测量结果不易受患者体动干扰的优点。但恒定容积法容易受血管平滑肌及动脉顺应性变化的影响，使无载伺服参考点 V_0 易发生改变，从而影响血压测量的准确性。无载伺服参考点 V_0 在闭环测量过程中的实时更新确定是当前恒定容积法的技术难点，如 Finapres（FMS 公司）的 Physiocal 校准算法[65] 及 CNAP（Cnsystems 公司）的 VERIFI 校准算法[66] 都是在闭环过程中对无载伺服参考点 V_0 的更新校准，但真正意义上的闭环无中断无载伺服参考点 V_0 校准仍是重要的研究方向。

11.8.3.4　容积控制技术

针对当前 PWTT 的可穿戴设备缺乏临床准确性且现有的血压测量设备过于笨重的问题，CNSystems Medizintechnik 公司于 2021 年提出了一种创新的基于容积控制技术（Volume Control Technique，VCT）的无创连续血压测量技术，具备自我校准的优点，可小型化以用于可穿戴设备。该技术为无创连续血压监测提供了新的方向[67]。

如图 11.39（a）所示，VCT 的基本原理更像是动脉张力法与恒定容积法的结合，基本理念是更慢地执行血容量控制，以便能够使用缓慢移动的小型硬件；同时这种硬件既不需要泵也不需要阀门，极大地缩小了体积与功耗。VCT 技术使动脉在心跳时间尺度上保持容量恒定，同时允许血量随着心跳而波动，在每个心脏周期内平衡手指动脉中的血液流入和流出，而维持容积恒定的压力即为血管的平均压；同时，在血管为无载状态下的 PPG 信号与动脉压信号是无负荷的最佳线性状态，对 PPG 的交流信号进行标准血压校准，将校准后的波形叠加到袖套平均压上即可获取实时无创连续血压波形。另外，这种方法可以抵抗血管舒缩张力的变化。

VCT 可用于集成在指环或手环腕表中的小型可穿戴传感器，该传感器利用光发射器（LED）和接收器（光电二极管）。LED 和光电二极管的接触压力的修改，可以通过执行器按照 mBP 的变化率来改变环直径或直线伺服推进距离的方法来实现。目前，VCT 的准确性及血压趋势跟随能力已经在其商业化产品 CNAP Monitor HD 上得到了验证，但尚无使用缓慢制动器的小型化可穿戴产品的面世。

VCT 是目前极有前景的新型无创连续血压测量技术，但同时也面临自校准的临床准确性问题、长时间测量静脉充血引发的佩戴不适感以及血压波形与实际有创血压波形形状失真的问题。因而自校准技术、周期间隔测量技术及实际血压波形的精准重建技术的解决，将为该方法带来更加实用的应用场景与发展，有望取得无创血压和血流的可穿戴传感器的突破。

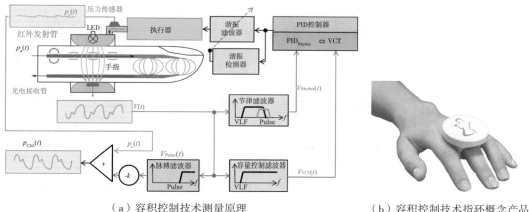

（a）容积控制技术测量原理　　　　（b）容积控制技术指环概念产品

图 11.39　容积控制技术测量原理及概念产品图

参考文献

［1］Wang P，Liu Q. Biomedical Sensors and Measurement［M］. Hangzhou：Zhejiang University Press，2011.

［2］李广利．新型被动式半干脑电电极应用基础研究［D］．武汉：武汉大学，2016.

［3］Yuan H，Li Y，Yang，J，et al. State of the Art of Non-Invasive Electrode Materials for Brain-Computer Interface［J］．Micromachines 2021，12（12）：1521.

［4］Wolpert N，Rebollo I，Catherine Tallon Ⅲ audry. Electrogastrography for psychophysiological research：Practical considerations，analysis pipeline，and normative data in a large sample［J］．Psychophysiology，2020，57（9）：1–25

［5］Fu Y，Zhao J，Dong Y，et al. Dry Electrodes for Human Bioelectrical Signal Monitoring［J］．Sensors，2020，20（13）：3651.

［6］Yao S，Zhu Y. Nanomaterial-Enabled Dry Electrodes for Electrophysiological Sensing：A Review［J］．Jom，2016，68（4）：1145–1155.

［7］段亚茹．聚吡咯/棉织物心电电极的制备和性能评价［D］．上海：东华大学，2014.

［8］Umar A H，Othman M A，Harun F K C，et al. Dielectrics for Non-Contact ECG Bioelectrodes：A Review［J］．IEEE Sensors Journal，2021，21（17）：18353–18367.

［9］Kim J H，Lee S M，Lee S-H. Capacitive monitoring of bio and neuro signals［J］．Biomedical Engineering Letters，2014，4（2）：142–148.

［10］汪毅峰，李江涛，徐峥一，等．基于电容耦合式电极的非接触式 ECG 采集方法研究［J］．仪器仪表学报，2022，43（2）：10.

［11］朱大年，王庭槐．生理学．第 8 版［M］．北京：人民卫生出版社，2013.

［12］李强．表面肌电信号的运动单位动作电位检测［D］．北京：中国科学技术大学，2008.

［13］侯冲．基于眼电的睡眠眼罩监测系统的研究与设计［D］．杭州：浙江大学，2018.

［14］张宇飞．基于前额眼电和眼动数据的疲劳驾驶检测研究［D］．上海：上海交通大学，2016.

［15］金乃时，汪克明，曹柏松．国内胃肠电应用研究现状［M］．北京：中国科学技术大学出版社，1993.

［16］R.T.H. Laennec：On mediate auscultation or treatise on the diagnosis of the diseases of the lungs and heart. Paris，1819.

［17］Pinto C，Pereira D，Ferreira-Coimbra J，et al. A comparative study of electronic stethoscopes for cardiac auscultation［J］. Conf Proc IEEE Eng Med Biol Soc，2017：2610-2613.

［18］Leng S，Tan，R S，Chai K T C，et al. The electronic stethoscope. BioMed Eng OnLine 14，66(2015). https：//doi.org/10.1186/s12938-015-0056-y.

［19］Schwartzstein R M，Parker M J. Respiratory Physiology：A Clinical Approach［M］. Lippincott Williams & Wilkins，2015.

［20］席涛，杨国胜，汤池．呼吸信号检测技术的研究进展［J］．医疗卫生装备，2004，25（12）：26-28，31.

［21］Lepine N N，Tajima T，Ogasawara T，et al. Robust respiration rate estimation using adaptive Kalman filtering with textile ECG sensor and accelerometer［C］. Engineering in Medicine & Biology Society，2016.

［22］S A Kazmi，M H Shah，S Khan，et al. Respiratory rate(RR)based analysis of PPG signal for different physiological conditions［C］. 2015 International Conference on Smart Sensors and Application(ICSSA)，2015.

［23］Walterscheid I，Biallawons O，Berens P. Contactless Respiration and Heartbeat Monitoring of Multiple People Using a 2-D Imaging Radar［C］. 2019 41st Annual International Conference of the IEEE Engineering in Medicine and Biology Society(EMBC)，2019.

［24］Massaroni C，Schena E，Silvestri S，et al. Measurement system based on RGB camera signal for contactless breathing pattern and respiratory rate monitoring［C］. 2018 IEEE International Symposium on Medical Measurements and Applications(MeMeA)，2018.

［25］Sharma J，Singh J. Design and Development of Miniature Turbine Based Flow Sensing Device for Respiratory Flow Diagnosis［J］. International Journal of Science and Research，2014，3（7）：754-758.

［26］Schena E，Massaroni C，Saccomandi P，et al. Flow measurement in mechanical ventilation：A review［J］. Medical Engineering & Physics，2015，37（3）：257-264.

［27］Latzin P, Sauteur L, Thamrin C, et al. Optimized temperature and deadspace correction improve analysis of multiple breath washout measurements by ultrasonic flowmeter in infants.［J］. Pediatr Pulmonol, 2010, 42（10）: 888-897.

［28］Bridgeman D, Tsow F, Xian X, et al. A New Differential Pressure Flow Meter for Measurement of Human Breath Flow: Simulation and Experimental Investigation［J］. AIChE Journal, 2015, 62（3）: 956-964.

［29］Gibson D, Macgregor C. A Novel Solid State Non-Dispersive Infrared CO2 Gas Sensor Compatible with Wireless and Portable Deployment［J］. Sensors, 2013, 13（6）: 7079-7103.

［30］Presley T, Kuppusamy P, Zweier J L, et al. Electron Paramagnetic Resonance Oximetry as a Quantitative Method to Measure Cellular Respiration: A Consideration of Oxygen Diffusion Interference［J］. Biophysical Journal, 2006, 91（12）: 4623-4631.

［31］Usui T, Asada A, Nakazawa M, et al. Gas polarographic oxygen sensor using an oxygen/zirconia electrolyte［J］. Journal of The Electrochemical Society, 1989, 136（2）: 534-542.

［32］Geddes L A. The direct and indirect measurement of blood pressure［M］. Year Book Medical Publishers, 1970.

［33］Ursino M, Cristalli C. A mathematical study of some biomechanical factors affecting the oscillometric blood pressure measurement［J］. Biomedical Engineering IEEE Transactions on, 1996, 43（8）: 761-778.

［34］苫飞霸, 陈维平, 徐力, 等. 基于光电容积脉搏波法血氧饱和度测量系统研究［J］. 工业仪表与自动化装置, 2015（5）: 3.

［35］Hoskins P R. A review of the measurement of blood velocity and related quantities using Doppler ultrasound［J］. Proceedings of the Institution of Mechanical Engineers Part H Journal of Engineering in Medicine, 1999, 213（5）: 391-400.

［36］Overbeck J R, Beach K W, Strandness D E. Vector doppler: Accurate measurement of blood velocity in two dimensions［J］. Ultrasound in Medicine & Biology, 1992, 18（1）: 19-31.

［37］Jensen J A, Nikolov S I, Gammelmark K L, et al. Synthetic aperture ultrasound imaging［J］. Ultrasonics, 2006（44）: E5-E15.

［38］Kasai C, Namekawa K, Koyano A, et al. Real-Time Two-Dimensional Blood Flow Imaging Using an Autocorrelation Technique［J］. IEEE Transactions on Sonics and Ultrasonics, 1985, 32（3）: 458-64.

［39］Bonnefous O, Pesqué P. Time domain formulation of pulse-Doppler ultrasound and blood velocity estimation by cross correlation［J］. Ultrasonic Imaging, 1986, 8（2）: 73-85.

［40］Wang C H, Qi B Y, Lin M Y, et al. Continuous monitoring of deep-tissue haemodynamics with stretchable ultrasonic phased arrays［J］. Nature Biomedical Engineering, 2021, 5（7）: 749-758.

［41］Wang F, Jin P, Feng Y, et al. Flexible Doppler ultrasound device for the monitoring of blood flow velocity［J］. Science advances, 2021, 7（44）: eabi9283.

[42] Yoshitake S, Matsumoto S, Miyakawa H, et al. Intraoperative cardiac output monitoring by transtracheal Doppler tube[J]. Canadian Journal of Anaesthesia, 1990, 37 (4 Pt 2): S110.

[43] Tan H L, Pinder M, Parsons R, et al. Clinical evaluation of USCOM ultrasonic cardiac output monitor in cardiac surgical patients in intensive care unit[J]. British Journal of Anaesthesia, 2005, 94 (3): 287-291.

[44] Villeneuve E, Harwin W, Holderbaum W, et al. Reconstruction of angular kinematics from wrist-worn inertial sensor data for smart home healthcare [J]. IEEE Access, 2017 (5): 2351-2363.

[45] Liu Z, Kong Y, Zhang X, et al. Vital Sign Extraction in the Presence of Radar Mutual Interference [J]. IEEE Signal Processing Letters, 2020 (27): 1745-1749.

[46] Taebi A, Solar B E, Bomar A J, et al. Recent advances in seismocardiography [J]. Vibration, 2019, 2 (1): 64-86.

[47] Fajkus M, Nedoma J, Martinek R, et al. A non-invasive multichannel hybrid fiber-optic sensor system for vital sign monitoring [J]. Sensors, 2017, 17 (1): 111.

[48] Ali S Z Z, Ashfaq R, Afzal R, et al. Smart Pillow: Sleep Apnea Monitoring & Minimization Device[C]. 2019 7th International Conference on Robot Intelligence Technology and Applications (RiTA), 2019.

[49] Peng M, Ding Z, Wang L, et al. Detection of sleep biosignals using an intelligent mattress based on piezoelectric ceramic sensors [J]. Sensors, 2019, 19 (18): 3843.

[50] Wang W, Pang Z, Peng L, et al. Non-intrusive vital sign monitoring using an intelligent pillow based on a piezoelectric ceramic sensor [J]. Journal of Engineered Fibers and Fabrics, 2020 (15): 1558925020977268.

[51] Will C, Shi K, Schellenberger S, et al. Local pulse wave detection using continuous wave radar systems [J]. IEEE Journal of Electromagnetics, RF and Microwaves in Medicine and Biology, 2017, 1 (2): 81-89.

[52] Lin F, Song C, Zhuang Y, et al. Cardiac scan: A non-contact and continuous heart-based user authentication system [C]. Proceedings of the 23rd Annual International Conference on Mobile Computing and Networking, 2017.

[53] Adib F, Mao H, Kabelac Z, et al. Smart homes that monitor breathing and heart rate [C]. Proceedings of the 33rd annual ACM conference on human factors in computing systems, 2015.

[54] Zhao M, Adib F, Katabi D. Emotion recognition using wireless signals [C]. Proceedings of the 22nd Annual International Conference on Mobile Computing and Networking, 2016.

[55] Wang F, Zeng X, Wu C, et al. mmHRV: Contactless heart rate variability monitoring using millimeter-wave radio [J]. IEEE Internet of Things Journal, 2021, 8 (22): 16623-16636.

[56] Ku D N. Blood flow in arteries [J]. Annual review of fluid mechanics, 1997, 29 (1): 399-434.

[57] Solà i Carós J M. Continuous non-invasive blood pressure estimation [D]. Zurich: ETH Zurich, 2011.

[58] Hughes D J, Babbs C F, Geddes L A, et al. Measurements of Young's modulus of elasticity of the canine

aorta with ultrasound [J]. Ultrasonic imaging, 1979, 1 (4): 356-367.

[59] Chen W, Kobayashi T, Ichikawa S, et al. Continuous estimation of systolic blood pressure using the pulse arrival time and intermittent calibration [J]. Medical and Biological Engineering and Computing, 2000, 38 (5): 569-574.

[60] Matthys K, Verdonck P. Development and modelling of arterial applanation tonometry: a review [J]. Technology and Health Care, 2002, 10 (1): 65-76.

[61] Meidert A S, Huber W, Müller J N, et al. Radial artery applanation tonometry for continuous non-invasive arterial pressure monitoring in intensive care unit patients: comparison with invasively assessed radial arterial pressure [J]. British journal of anaesthesia, 2014, 112 (3): 521-528.

[62] Penaz J. Photoelectric measurement of blood pressure, volume and flow in finger [J]. Dig 10th ICMBE, 1973, 104.

[63] Fortin J, Marte W, Grüllenberger R, et al. Continuous non-invasive blood pressure monitoring using concentrically interlocking control loops [J]. Computers in biology and medicine, 2006, 36 (9): 941-957.

[64] Biais M, Vidil L, Roullet S, et al. Continuous non-invasive arterial pressure measurement: evaluation of CNAP device during vascular surgery [J]. Annales Francaises Danesthesie Et De Reanimation, 2010, 29 (7-8): 530-535.

[65] Wesseling K H. Physiocal, calibrating finger vascular physiology for Finapres [J]. Homeostasis, 1995 (36): 67-82.

[66] Fortin J, Fellner C, Mocnik N, et al. The importance of VERIFI ("Vasomotoric Elimination and Reconstructed Identification of the Initial set-point") for the performance of the CNAP technology [M]. Singapore: Springer, 2017.

[67] Fortin J, Rogge D E, Fellner C, et al. A novel art of continuous noninvasive blood pressure measurement [J]. Nature communications, 2021, 12 (1): 1-14.

第十二章 传感器的智能化

本章介绍传感器智能化的概念和发展历程，给出智能传感器的主要特征和实现方式，并结合人工智能科学的发展，从传感器滤波、自标定、自补偿、分类、机器学习及多传感器信息融合六个方面出发，阐述传感器智能化的常用方法。最后介绍人体运动意图识别的一个案例，以期加深读者对传感器智能化概念的整体理解。

12.1 传感器智能化概述

传感器在传统意义上输出的多是模拟量信号，一般由敏感元件、转换元件和信号调理电路及其他辅助元件组成，组成方式如图 12.1 所示。

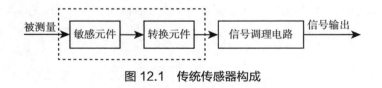

图 12.1 传统传感器构成

传统传感器实现了被测量到电信号的转化，不具备信号处理和组网功能，需连接到特定测量仪表才能完成信号的处理和传输功能，在数据采集、存储、计算等方面存在明显缺陷。因此，从 20 世纪 70 年代开始，在传统传感器概念的基础上引入了微处理器，逐步形成了智能传感器概念。

智能传感器结构一般由传感器、微处理器及相关电路构成，如图 12.2 所示。其过程为：传感器首先将被测量（物理量或化学量等）转化为电信号，随后对信号进行调理，一般经过信号放大、模 / 数转换后送到微处理器，微处理器对接收到的调理后信号进行计算、分析和储存后，一方面通过控制系统实现被测量的自动调节和控制，另一方面通过数字接口输出定制化的测量结果。由于微处理器的存在，智能传感器具有强大的计算能力，不仅具有传统传感器的检测功能，还具有自动采集数据、校零、标定、补偿、信号处理、通信以及管理功能，特别是随着人工智能技术的发展，有些智能传感器还具备了推理、判断和学习能力。

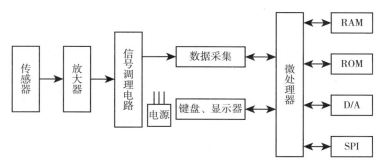

图 12.2　智能传感器构成

传感器智能化是指传统传感器向智能传感器演变的过程，与人工智能技术的发展密切相关，其目标是使智能传感器具备判断、学习和创造能力。传感器智能化目前还在快速发展中，还没有统一的模式，其大体发展路径是：在传感器获得数据的基础上，通过融合和学习方法获得被测量的数据特征，构建被测量的知识图谱，实现被测对象的模型参数估计和分类，并通过知识的表达和理解，结合人类的认知和情感，最终形成以人为中心的感知信息。

12.1.1　传感器智能化发展历程

迄今为止，智能传感器的定义和称谓还没有统一说法。智能传感器早期的定义为："一个良好的智能传感器是由微处理器驱动的传感器与仪表套装，并且具有通信和板载诊断功能，为监控系统提供相关信息，以提高工作效率及减少维护成本。"也有将智能传感器定义为具有信息处理功能的传感器。其英文表述有 Intelligent Sensor、Smart Sensor、Integrated Smart Sensor 等。

回顾智能传感器的发展历史，一般认为其概念始于 20 世纪 70 年代，由美国宇航局在研制宇宙飞船过程中首先提出，之后随着大规模集成电路和微处理器的广泛使用得以迅速发展。近年来，人工智能的再次兴起为智能传感器赋予了更多的"智能"内涵，促使传感器从信号转换器到智能传感器的转变。传感器智能化发展和演变大致可分为三个阶段，即数字化阶段、智能化补偿和校准阶段、智能化网络应用阶段。

12.1.1.1 数字化阶段

该阶段的特征是：将放大电路和 A/D 转换电路集成到传感器中，实现了模拟信号处理到数字信号处理的转变。该结构的改变可有效提高传感器的可靠性和抗干扰能力，克服了模拟传感器信号传输距离短、抗干扰能力差等缺点。但仍不能提升传感器本身的性能，若电路的设计和器件选择不当，会导致传感器性能下降。

12.1.1.2 智能化补偿和校准阶段

20 世纪 80 年代，数字化传感器实现了传感器与微处理机的结合。主要以微处理器为核心，把传感器的信号调理电路、微计算机、存储器及接口电路集成在一块芯片上，使传感器具有了智能化的硬件基础。20 世纪 90 年代，随着智能化测量技术的进一步提高，传感器具备了自诊断、记忆与信息处理等功能，操作复杂度更低，使用更加便捷。2000 年以后，MEMS 技术的大规模应用进一步推动了传感器向微型化、集成化、智能化方向发展。

该阶段的传感器普遍拥有微处理器系统，采用数字信号处理和人工智能方法，具备零点、线性、温度、滞后、蠕变等补偿功能。

12.1.1.3 智能化网络应用阶段

2010 年以后，受人工智能研究的再次兴起、智能制造与物联网产业发展的驱动，传感器已经超越了传统意义上信号变换器的概念，具有测量、监控、分析评估、决策以及外部环境信息自主感知等能力。体系结构也由单个传感器向网络化转变，催生了多传感器信息融合、数据驱动的机器学习、物联网等技术的产生和发展。

这一阶段的传感器具有一定的智能，可以作为物联网的智能终端，具备数据采集、数据处理、数据上传、指令执行、自校正和自动补偿等功能。目前，此类传感器已应用于物联网、机器人、虚拟现实/增强现实、无人机、智慧城市、智能家居、智能运输、智能医疗等诸多领域。

12.1.2 智能传感器的主要特征

根据 EDC（Electronic Development Corporation）的定义，智能传感器应具备如下特征：可以通过软件控制，根据输入信号值进行判断和决策，可以与外部进行信息交换，有输入输出接口，具有自检测、自修正和自保护等功能。除此以外，相较于传统传感器，智能传感器还具有如下特征和优势。

12.1.2.1 高精度

智能传感器可以通过软件自动修正各种确定性系统误差，包括非线性误差、零点误差、正反行程误差等，可以自动校零去零、自标定、适时补偿随机误差等。故而，智能传感器拥有高精度。

12.1.2.2　高可靠性

智能传感器是一个集成化的传感系统，能自行消除传统结构存在的不可靠因素，并补偿因工作条件与环境参数发生变化而引起的系统特性的漂移。当被测参数变化时，可自动变换量程，可进行自行检查、分析、判断所采集数据的合理性，进行异常情况的应急处理，具备良好的稳定性。

12.1.2.3　高信噪比

由于智能传感器可通过软件实现相关滤波算法，去除输入的原始信号中的噪声，最大程度保留了信号中的有用信息，提高了信号的信噪比。

12.1.2.4　高自适应性

智能传感器具备分析、处理、判断功能，能根据检测对象或条件的改变采取不同测量策略，有一定的自适应能力。

12.1.3　智能传感器的实现

智能传感器的实现主要有以下三种方式，即非集成化、集成化和混合模式。

12.1.3.1　非集成化实现

非集成化实现方式的工作原理如图 12.3 所示。

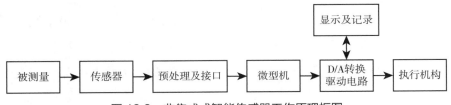

图 12.3　非集成式智能传感器工作原理框图

从图 12.3 中可以看出，被测量由传感器采集后送入预处理模块中，该模块主要是对信号进行放大以及模 / 数转换，再将转换后的信号送入微型机，利用集成在内部的软件实现控制、自校正、自补偿、数据处理等功能，最后再经过数 / 模转换后，结合驱动电路送到执行结构，执行机构接收到指令后完成相应动作。此外，这类传感器还留有数字总线接口，可以很方便地挂在现场数字总线上，从而组成智能传感器检测系统。

非集成化传感器因具有实现容易、价格低廉等优势，得以广泛应用。例如，美国 SMART 公司生产的电容式智能压力变送器系列产品就是在原有的传统非集成化电容式变送器的基础上，通过附加一块带有数字总线接口的微处理器插板后组装而成的。

12.1.3.2　集成化实现

集成化传感器是借助半导体技术，将传感器、信号放大调理电路、接口电路和微处理器等制作在同一片芯片上并封装在一个外壳内的传感器。它嵌入了标准的通信协议和标准的数字接口，使传感器具有信号提取、信号处理、双向通信、逻辑判断和计算等功能，同时具有自校准、自补偿、自诊断等功能。

MEMS 传感器是典型的集成化智能传感器，如图 12.4 所示。它是在传统半导体材料和工艺基础上，将传感器、机械元件、制动器与电子元件集成在一块芯片内，是目前微型传感器的主流实现方案。

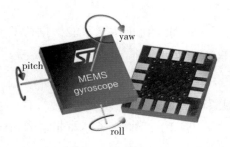

图 12.4　MEMS 集成化传感器

12.1.3.3　混合式实现

智能传感器的混合式实现方式是根据使用者的需求，将系统中的各环节（敏感单元、调理电路、微处理单元、数字总线接口）以不同组合方式集成在不同芯片上并封装在一个外壳内，图 12.5 展现的是智能传感器的混合实现方式。其中，敏感单元模块主要由弹性敏感元件和变换器构成；信号调理模块主要包括信号放大器、滤波器、模 / 数转换器等；微处理器模块包括存储器、I/O 口、MCU、数 / 模转换器。

12.2　传感器智能化方法

判断、自适应与自学习是传感器智能化的重要特征，传感器要实现这些特征，首先需要对传感器模拟输出信号采样后获得的数字信号进行处理，突出被测量的特征，进而采用模式识别的方法对数据进行分类和判断，并采用机器学习的方法对积累的数据进行学习，形成被测对象的知识。智能化方法种类繁多，涉及数字信号处理、参数拟合、模式识别、机器学习等。本节主要介绍一些传感器智能化中常用的滤波、自标定、自补偿、分类和学习方法。

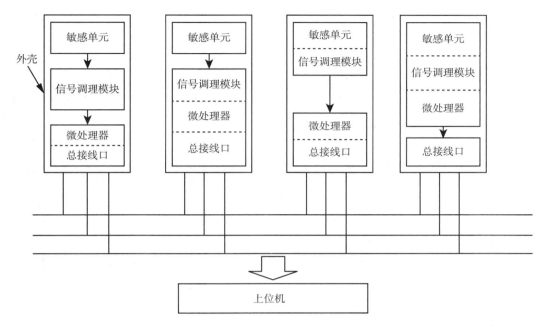

图 12.5　智能传感器混合式实现方式

12.2.1　传感器智能化常用滤波方法

信号滤波技术是信号处理中的重要内容，是抑制信号干扰、提高信噪比的一项重要措施。滤波一般分为模拟滤波和数字滤波两种方式，电路原理、电子线路和数字信号处理等课程详细阐述了低通滤波器、带通滤波器、高通滤波器等的原理、分析和设计方法。这里主要介绍传感器信号处理中常用的滤波方法，重点介绍小波滤波方法。

12.2.1.1　算术平均滤波

算术平均值滤波是典型的线性滤波算法，采用的方法为邻域平均法，即连续取 N 个采样值进行算术平均运算。当 N 值较大时，信号平滑度较高，但灵敏度较低；当 N 值较小时，信号平滑度低，但灵敏度高。

该算法适用于随机干扰信号的滤波，但不适用于测量速度较慢或者要求数据计算速度较快的实时控制。

12.2.1.2　中值滤波

设一个一维序列记为 $f=\{f_1, f_2, \cdots, f_n\}$，取窗口长度为 m（m 为奇数）。对其进行中值滤波，就是从输入序列中相继取出 m 个数，将这 m 个数进行大小排序，取其序号为中心点的那个数作为滤波输出。该方法可以去除信号中的异常点、噪声点、干扰点。计算公式如下

$$y_i = Med\{f_{i-v}, \cdots, f_i \cdots, f_{i+v}\} \quad i \in n, \quad v = \frac{m-1}{2} \tag{12.1}$$

其中，y_i 表示长度为 n 的序列经滤波后的任意点，m 表示窗口长度。

该方法能有效克服因偶然因素引起的波动干扰。缺点是对流量、速度等快速变化过程的参数处理效果欠佳。

12.2.1.3　限幅滤波

限幅滤波又称嵌位滤波或程序判断滤波。该方法是先根据经验进行判断，确定两次采样允许的最大偏差值（设为 A），对每次检测到的新采样值进行判断，如果本次值与上次值之差 $\leq A$，则本次值有效；如果本次值与上次值之差 $>A$，则本次值无效，放弃本次值，用上次值代替本次值。

该滤波方法的优点是能有效克服因偶然因素引起的脉冲干扰，缺点是无法抑制那种周期性的干扰，平滑度差。

12.2.1.4　一阶滞后滤波

一阶滞后滤波又称 RC 低通滤波，通过将本次采样值与上次滤波输出值进行加权，得到有效滤波值，使输出对输入有反馈作用。一阶滞后滤波本次的滤波结果由本次采样值和上次滤波结果所决定，其关系满足如下公式

$$Y(n) = \alpha X(n) + (1-\alpha)Y_{n-1} \tag{12.2}$$

其中，$Y(n)$ 表示本次滤波结果；$X(n)$ 表示本次采样值；Y_{n-1} 表示上次滤波结果；α 表示滤波系数，范围为 $[0\sim1]$。

该算法对周期性干扰具有良好的抑制作用，适用于波动频率较高的场合；缺点是相位滞后、灵敏度低。

12.2.1.5　小波滤波

信号中的噪声可能来自获取数据的过程，也可能来自外界环境及所采集的设备的电磁干扰。噪声的存在会掩盖信号本身所要表现的真实信息，因此在实际的信号处理中需要对信号进行预处理，已达到降噪目的。

小波滤波作为一种频域滤波器，通过一个面积固定但形状可变的窗口，将信号中各种不同的频率分解到互不重叠的频带上，为信号滤波、信噪分离和特征提取提供了有效途径。其特点是将信号与噪声在不同的频率进行分离，抑制有用信号频带以外的噪声，使有用信号通过，但不能抑制与有用信号占据相同频带的噪声。

一个含噪信号可以表示为

$$S(k) = f(k) + \varepsilon * e(k) \tag{12.3}$$

其中，$S(k)$ 表示含噪的原始信号，$f(k)$ 表示有用信号，$e(k)$ 表示噪声，ε 表示噪声系数的标准偏差。

电子信息领域中的信号可近似认为是平稳信号，平稳信号的定义为：设随机信号 $S(k)$ 的 n 维概率密度函数为 $f(x_1, x_2, \cdots, x_n; t_1, t_2, \cdots, t_n)$ 其中 t_i 为任意时刻的 n 个时刻，$t_n > t_{n-1} > \cdots > t_2 > t_1$，$n$ 可以取自然数中的任意值。对于将 t_1 移动任意 τ，而保持所有时间间隔不变，随机信号的 n 维概率密度函数满足 $f(x_1, x_2, \cdots, x_n; t_1, t_2, \cdots, t_n) = f(x_1, x_2, \cdots, x_n; t_1, t_2, \cdots, t_n; t_1+\tau, t_2+\tau, \cdots, t_n+\tau)$，则称信号 $S(k)$ 为严平稳随机信号。

假设原平稳随机信号中所含的噪声 $e(k)$ 为高斯白噪声，通常情况下有用信号表现为低频部分或是一些比较平稳的信号，而噪声信号则表现为高频信号，我们对 $S(k)$ 信号进行小波分解时，噪声部分通常包含在 HL（高低频）、LH（低高频）和 HH（高高频）中。因此，只要对 HL、LH、HH 作相应的小波系数处理，然后对信号进行重构，即可以达到消噪的目的。

小波去噪的基本思想是将平稳随机信号通过小波变换后，使信号产生的小波系数含有信号的重要信息，信号经小波分解后小波系数较大，噪声的小波系数较小，并且噪声的小波系数要小于信号的小波系数，通过选取一个合适的阈值，大于阈值的小波系数被认为是有信号产生的，应予以保留；小于阈值的，则认为是噪声产生的，并将小于阈值的信号置为零，从而达到去噪的目的。小波去噪可以看成是一个低通滤波，但由于去噪后仍能成功地保留原始信号的主要特征，因此在该点上小波去噪的优越性高于低通滤波器。小波去噪的原理如图 12.6 所示。具体步骤如下：①小波变换：对含噪的信号 $S(k)$ 进行小波变换，得到一组小波分解系数 $W_{j,k}$；②高频系数阈值处理：通过对小波系数 $W_{j,k}$ 进行阈值处理，得到估计小波系数 $u_{j,k}$，使 $W_{j,k} - u_{j,k}$ 尽可能地小；③小波重构：利用估计的小波系数 $u_{j,k}$ 进行重构，得到估计信号 $f(k)$，该信号即为去噪后的信号。

图 12.6　小波去噪基本原理图

（1）小波基的选择

通常希望所选取的小波基满足以下条件：正交性、高消失矩、紧支性、对称性或反对称性。但事实上，同时具备上述性质的小波是不存在的。满足小波基是对称或反对称性质的只有 Haar 小波，并且高消失矩与紧支性是一对矛盾，所以应用时一般选取具有紧支的小波，以及根据信号特征来选取较为合适的小波。

（2）阈值的选择

直接影响去噪效果的一个重要因素就是阈值的选取，不同的阈值选取将有不同的去噪效果，目前主要有 VisuShrink 阈值、SureShrink 阈值、Minimax 阈值、BayesShrink 阈值等。

（3）阈值函数的选择

阈值函数是修正小波系数的规则，不同的阈值函数体现了处理小波系数的不同策略。最常用的阈值函数有两种：一种是硬阈值函数，另一种是软阈值函数。还有一种介于软、硬阈值函数之间的 Garrote 函数。此外，对于去噪效果好坏的评价，常用信号的信噪比（SNR）与估计信号同原始信号的均方根误差（RMSE）来判断。

（4）小波去噪的优点

低熵性：小波系数的稀疏分布使信号变换后的熵降低。

低分辨率：由于采用了多分辨率的方法，可以刻画信号的非平稳特性。

去相关性：经小波变换后的信号进行去相关，噪声在变化后具有白化趋势。

12.2.2　传感器自校准与自补偿方法

12.2.2.1　传感器自校准

我们在使用传感器时，希望其输入量与输出量之间呈线性关系，但受材料及制作工艺等影响，传感器的输入与输出会呈现一定的非线性关系，从而产生系统误差。因此，为消除传感器测量的系统误差、提高传感器的测量精度，智能传感器应具备非线性校准能力。

传感器的非线性校准是将传感器标定时所采集的输入/输出点进行非线性拟合，并将此拟合曲线作为传感器实际的工作曲线。从图 12.7（a）可以看出，传感器的输入/输出特性曲线呈现明显的非线性特征，并且两标定点之间的输出预测值与实际输出值有较大偏离。而采用非线性拟合过的曲线，如图 12.7（b）所示，输出预测值与实际值相差更小，测量的精度更高。

传感器自校准的一般流程如图 12.8 所示：首先根据传感器的标定数据拟合出传感器输入–输出工作曲线，并将其储存在 PC 或 MCU 中；待测量经过传感器的敏感元件和调理电路之后产生数字信号，再将该信号输入计算机或 MCU 中完成传感器的自校准。常用于传感器自校准的智能化方法有查表法、曲线拟合法以及连接型神经网络法，此处我们着重介绍曲线拟合法。

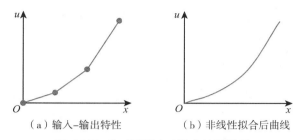

（a）输入–输出特性　　　　　（b）非线性拟合后曲线

图 12.7　传感器输入/输出特性关系

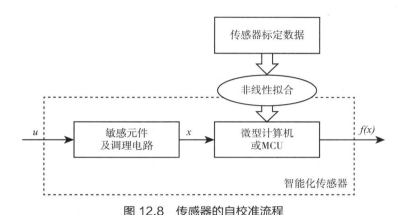

图 12.8　传感器的自校准流程

由魏尔斯特拉斯（Weirstrass）定理可知：任何闭区间上的连续函数可被多项式逼近，曲线拟合法首先建立一个待定系数的 n 次多项式，随后再将已有数据点代入最小二乘法中求得 n 次多项式的待定系数。曲线拟合法的具体步骤如下。

1）通过对传感器进行标定实验，获得标定数据为 $\{(x_i, u_i) | 1 \leqslant i \leqslant N\}$，其中 N 为采集的标定点个数。

2）根据预期精度确定拟合多项式次数 n，随后建立传感器输入–输出特性的非线性拟合方程：

$$f(u) = a_0 + a_1 u + a_2 u^2 + \cdots + a_n u^n \tag{12.4}$$

其中，$a_0, a_1, \cdots, a_n$ 为待定系数。

3）求解拟合方程中的待定系数。最小二乘法求解的目标是所有点到拟合曲线的欧式距离最小，即

$$\min \sum_{i=1}^{N} [u_i - f(x_i)]^2 \tag{12.5}$$

要求解上述方程，可以对式（12.4）中每一个待定系数求偏导，即

$$-2\sum_{i=1}^{N}[u_i-(a_0+a_1x_i+\cdots+a_nx_i^n)]^2x_i^0=0$$

$$-2\sum_{i=1}^{N}[u_i-(a_0+a_1x_i+\cdots+a_nx_i^n)]^2x_i^1=0$$

$$\vdots$$

$$-2\sum_{i=1}^{N}[u_i-(a_0+a_1x_i+\cdots+a_nx_i^n)]^2x_i^n=0$$

（12.6）

整理后可得：

$$a_0\sum_{i=1}^{N}x_i^0+a_1\sum_{i=1}^{N}x_i+\cdots+a_n\sum_{i=1}^{N}x_i^n=\sum_{i=1}^{N}x_i^0u_i$$

$$a_0\sum_{i=1}^{N}x_i+a_1\sum_{i=1}^{N}x_i^2+\cdots+a_n\sum_{i=1}^{N}x_i^{n+1}=\sum_{i=1}^{N}x_i^1u_i$$

$$\vdots$$

$$a_0\sum_{i=1}^{N}x_i^n+a_1\sum_{i=1}^{N}x_i^{n+1}+\cdots+a_n\sum_{i=1}^{N}x_i^{2n}=\sum_{i=1}^{N}x_i^nu_i$$

（12.7）

将式（2.7）用矩阵形式表示为：

$$\begin{pmatrix}\sum_{i=1}^{N}1 & \sum_{i=1}^{N}x_i^1 & \cdots & \sum_{i=1}^{N}x_i^n\\ \sum_{i=1}^{N}x_i^1 & \sum_{i=1}^{N}x_i^2 & \cdots & \sum_{i=1}^{N}x_i^{n+1}\\ \vdots & \vdots & \ddots & \vdots\\ \sum_{i=1}^{N}x_i^n & \sum_{i=1}^{N}x_i^{n+1} & \cdots & \sum_{i=1}^{N}x_i^{2n}\end{pmatrix}\cdot\begin{pmatrix}a_0\\a_1\\\vdots\\a_n\end{pmatrix}=\begin{pmatrix}\sum_{i=1}^{N}x_i^0u_i\\\sum_{i=1}^{N}x_i^1u_i\\\vdots\\\sum_{i=1}^{N}x_i^nu_i\end{pmatrix}$$

令

$$X=\begin{pmatrix}\sum_{i=1}^{N}1 & \sum_{i=1}^{N}x_i^1 & \cdots & \sum_{i=1}^{N}x_i^n\\ \sum_{i=1}^{N}x_i^1 & \sum_{i=1}^{N}x_i^2 & \cdots & \sum_{i=1}^{N}x_i^{n+1}\\ \vdots & \vdots & \ddots & \vdots\\ \sum_{i=1}^{N}x_i^n & \sum_{i=1}^{N}x_i^{n+1} & \cdots & \sum_{i=1}^{N}x_i^{2n}\end{pmatrix},\ \vec{a}=\begin{pmatrix}a_0\\a_1\\\vdots\\a_n\end{pmatrix},\ U=\begin{pmatrix}\sum_{i=1}^{N}x_i^0u_i\\\sum_{i=1}^{N}x_i^1u_i\\\vdots\\\sum_{i=1}^{N}x_i^nu_i\end{pmatrix}$$

则上式可写成 $X\cdot\vec{a}=U$，求解该式即可得出拟合曲线 $f(x)$ 的待定系数

$\vec{a} = (a_0, a_1, \cdots, a_n)^{\mathrm{T}}$。

4）将拟合多项式及系数存入计算机或 MCU，待传感器将原始信号输入之后，通过简单的多项式运算即可得出校准后的输出值。

12.2.2.2 传感器自补偿

受外界环境影响，传感器的测量值与实际值会产生偏差，这种偏差一般称为漂移。传感器常见的漂移包括零点漂移、灵敏度漂移、温度漂移以及响应频率漂移，这些漂移会给传感器的测量带来较大误差。经典传感器的漂移补偿通常采用优化敏感元件结构、硬件电路等来实现。随着机器学习技术的日渐成熟，智能传感器常采用优化算法、支持向量机和神经网络等来对传感器的漂移进行补偿。此处将介绍支持向量回归（Support Vector Regression，SVR）和遗传算法的补偿方法。

（1）基于 SVR 的传感器补偿方法

假设传感器高低温实验中采集了一组样本点 $D = \{(x_1, y_1), (x_2, y_2), \ldots, (x_m, y_m)\}$，温度补偿就是找到一个函数 $f(x)$，使样本点中的每一个 f_i 对应的 $f(x_i)$ 与 y_i 尽可能接近，即

$$\min \sum_{1 \leqslant i \leqslant m} \|f(x_i) - y_i\| \tag{12.8}$$

SVR 尝试在样本空间中找到一个超平面，使每个样本到超平面的距离最大。由于样本空间中的超平面可以用线性方程来描述

$$\boldsymbol{w}^{\mathrm{T}} x + b = 0 \tag{12.9}$$

其中，$\boldsymbol{w} = (w_1, w_2, \ldots, w_d)$ 为法向量，决定了超平面的方向；b 为偏移量，决定法向量与原点间的距离，因此 SVR 所对应的模型为

$$f(x) = \boldsymbol{w}^{\mathrm{T}} x + b \tag{12.10}$$

传统拟合方法（如曲线拟合法等）通常根据函数预测输出与实际输出之间的差异来计算损失，当且仅当两者相等时，损失才为零，如图 12.9（a）所示。而 SVR 则容忍预测输出与实际输出之间存在不超过 ε 的误差，即当 $f(x_i)$ 与 y_i 之间的距离不大于 ε 时，认为函数的损失为零。如图 12.9（b）所示，红色实线为 $f(x)$，以 $f(x)$ 为中心、以宽度 2ε 建立一条间隔带，在间隔带内的样本点不计算损失。

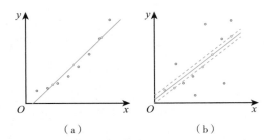

图 12.9　传统回归方法与 SVR 对比示意图

因此，根据上面描述，SVR 问题可以表述为

$$\min_{w,b} \frac{1}{2}\|w\|^2 + C\sum_{i=1}^{m} \ell_\varepsilon(f(x_i) - y_i) \tag{12.11}$$

其中，C 为正则化参数，ℓ_ε 为 $\varepsilon-$ 不敏感损失函数：

$$\ell_\varepsilon(z) = \begin{cases} 0 & if\ |z| \leqslant \varepsilon \\ |z| - \varepsilon & otherwise \end{cases} \tag{12.12}$$

为方便计算，引入松弛变量 ζ^+，ζ^- 用来表示 $\varepsilon-$ 不敏感损失函数的输出，则式（12.11）可重写为：

$$\min \frac{1}{2}\boldsymbol{\omega}^{\mathrm{T}}\boldsymbol{\omega} + C\sum_{i=1}^{m}(\zeta_i^+ + \zeta_i^-)$$
$$s.t. \begin{cases} y_i - \boldsymbol{\omega}^{\mathrm{T}}x_i - b \leqslant \varepsilon + \zeta_i^+ \\ \boldsymbol{\omega}^{\mathrm{T}}x_i + b - y_i \geqslant \varepsilon + \zeta_i^- \\ \qquad \zeta_i^+ \geqslant 0 \\ \qquad \zeta_i^- \geqslant 0 \end{cases} \tag{12.13}$$

注意，$f(x)$ 的两侧对误差的容忍程度可以不同，因此 ζ^+、ζ^- 可能不同。

至此，我们得出了 SVR 的目标函数及其约束条件。接下来，我们的任务就是求解一个有约束极值问题，拉格朗日乘子法常用于解决这类问题。利用拉格朗日乘子法，引入拉格朗日乘子 $\mu_i \geqslant 0, \mu_i^* \geqslant 0, \alpha_i \geqslant 0, \alpha_i^* \geqslant 0$，可以得到拉格朗日函数：

$$L(\boldsymbol{w}, b, \alpha, \alpha^*, \mu, \mu^*, \zeta^+, \zeta^-)$$
$$= \frac{1}{2}\|\boldsymbol{w}\|^2 + C\sum_{i=1}^{m}(\zeta_i^+ + \zeta_i^-) - \sum_{i=1}^{m}\mu_i\zeta_i^+ - \sum_{i=1}^{m}\mu_i^*\zeta_i^- \tag{12.14}$$
$$+ \sum_{i=1}^{m}\alpha_i(f(\boldsymbol{x}_i) - y_i - \varepsilon - \zeta_i^+) + \sum_{i=1}^{m}\alpha_i^*(y_i - f(\boldsymbol{x}_i) - \varepsilon - \zeta_i^-)$$

令拉格朗日函数中的 $\boldsymbol{w}$、b、ζ_i^+、ζ_i^- 的偏导为零，可得

$$
\begin{aligned}
\frac{\partial L}{\partial \boldsymbol{w}} &= 0 \rightarrow \boldsymbol{w} = \sum_{i=1}^{m} (\alpha_i^* - \alpha_i)\boldsymbol{x}_i \\
\frac{\partial L}{\partial b} &= 0 \rightarrow \sum_{i=1}^{m} (\alpha_i^* - \alpha_i) = 0 \\
\frac{\partial L}{\partial \zeta_i^+} &= 0 \rightarrow C = \alpha_i + \mu_i \\
\frac{\partial L}{\partial \zeta_i^-} &= 0 \rightarrow C = \alpha_i^* + \mu_i
\end{aligned}
\tag{12.15}
$$

将式（12.13）代入（12.12）中可得 SVR 的对偶问题

$$
\begin{aligned}
\max_{\alpha,\alpha^*} &\sum_{i=1}^{m} y_i(\alpha_i^* - \alpha_i) - \varepsilon(\alpha_i^* + \alpha_i) - \frac{1}{2}\sum_{i=1}^{m}\sum_{j=1}^{m}(\alpha_i^* - \alpha_i)(\alpha_j^* - \alpha_j)\boldsymbol{x}_i^{\mathrm{T}}\boldsymbol{x}_j \\
&s.t. \sum_{i=1}^{m}(\alpha_i^* - \alpha_i) = 0, \quad 0 \leqslant \alpha_i, \quad \alpha_i^* \leqslant C
\end{aligned}
\tag{12.16}
$$

上述过程应满足 KKT 条件

$$
\begin{cases}
\alpha_i(f(\boldsymbol{x}_i) - y_i - \varepsilon - \zeta_i^+) = 0 \\
\alpha_i^*(y_i - f(\boldsymbol{x}_i) - \varepsilon - \zeta_i^-) = 0 \\
\alpha_i\alpha_i^* = 0, \quad \zeta_i^+\zeta_i^- = 0 \\
(C - \alpha_i)\zeta_i^+ = 0, \quad (C - \alpha_i^*)\zeta_i^- = 0
\end{cases}
\tag{12.17}
$$

求解式（12.13）并代入（12.10），可得 SVR 的解形式为

$$
f(\boldsymbol{x}) = \sum_{i=1}^{m}(\alpha_i^* - \alpha_i)<x_i, \ x> + b
\tag{12.18}
$$

其中，$\boldsymbol{w} = \sum\limits_{i=1}^{n}(\alpha_i^* - \alpha_i)x_i$，$b = y_i + \varepsilon - \sum\limits_{j=1}^{n}(\alpha_j^* - \alpha_j)<x_j^{\mathrm{T}}, x_i>$。

    得到 SVR 的解型以及其中的参数 w、b 后，就可将其储存在计算机中。当传感器将原始信号输入计算机时，计算机就可以使用 SVR 对原始信号进行补偿，从而消除传感器的温度漂移，进而提升传感器在温度变化较为剧烈的环境下的测量精度。

    （2）基于遗传算法的传感器补偿方法

    遗传算法（Genetic Algorithm，GA）是 20 世纪 60 年代由密歇根大学的 John Holland 教授和他的同事提出的一种模拟达尔文生物进化论中自然选择和遗传机理进化过程的计算模型，通过选择、交叉、变异机制实现个体适应值的提高，主要

特点是群体搜索策略和群体中个体之间的信息交换，具有简单通用、鲁棒性强和使用范围广的特点，广泛应用于组合优化、机器学习、信号处理、自适应控制和人工生命等领域。

在遗传算法中，每个个体都代表了所求解问题的一个潜在解，一群个体构成种群 P（t），每个个体均被评价优劣并对应相应的适应度值。在进化过程中，个体经历变异、交叉的遗传操作生成新的子代个体 C（t）。父代个体与子代个体择优选后生成新的种群，不断迭代后得到的最优个体很有可能代表了问题的最优解或次优解。GA 算法的流程如图 12.10 所示。

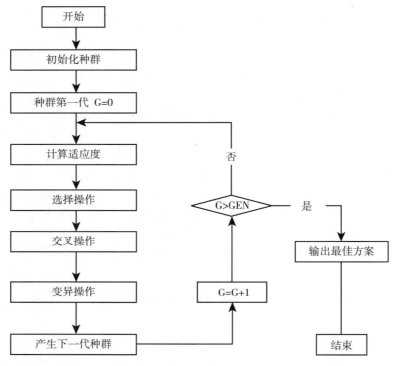

图 12.10　基本遗传算法流程图

遗传算法的主要步骤为：

1）编码：遗传算法需要通过编码（如二进制编码、实数编码、议案数据结构编码等）将信息表示成遗传空间的基因型结构数据，算法通过对编码组进行计算从而确定其参数。

2）初始群体的生成：随机产生 n 个初始串结构数据，每个串结构数据称为一个个体，n 个个体构成一个群体，遗传算法以这 n 个串结构数作为初始点开始迭代。

3）适应度函数：算法使用适应度函数的值来表明个体或解的优劣性，并作为后续遗传操作的依据。

4）选择操作：根据适应度值的大小，从当前群体中择优选择出优良个体并作为父代为下一代繁殖子孙，个体的适应度越高，其被选择的机会就越多，选择实现的方式有很多，如轮盘赌、($\mu+\lambda$) 选择、竞争选择、共享机制等。

5）交叉操作：是遗传算法中的重要操作，交叉操作产生新一代个体，保证了群体的多样性。

6）变异操作：是遗传算法产生新个体的另一种方法，它实现了个体的补位运算，变异个体的选择、变异位置的确定采用随机方式。

重复上述的遗传操作，直到达到迭代次数或满足精度要求，算法结束。

由于多数传感器的输入输出特性呈非线性，影响测量的准确度，为提高传感器检测的准确度和稳定性，通常需要对传感器的非线性误差进行校正，目前主要有硬件补偿和软件校正两种方法。软件校正中较成熟的方法是最小二乘法，但最小二乘法存在确定的系数为局部最优而非全局最优解、存在噪声时求解的矩阵方程可能存在病态等缺点，破坏了方法的有效性。有学者提出采用遗传算法确定函数式，即采用遗传算法智能地选择初等函数的形式和组合，该方法具有不需要预先确定方程的结构形式，只需给定拟合精度即可。遗传算法具有全局搜索能力，同时具有较强的鲁棒性，可以有效克服噪声对求解的干扰。

如非线性自校正系统中，首先对传感器及其调理电路进行静态实验，标定得到校准曲线，标定点的数据为输入 x_i、输出 u_i、标定点 $i=1$，2，$\cdots$，n（根据要求的准确度具体选择 n 大小）。假设反非线性特性拟合方程为

$$x_i(u_i) = a_0 + a_1 u_1 + a_2 u_2^2 + a_3 u_3^3 \qquad (12.19)$$

其中，a_0、a_1、a_2、a_3 为待定常数，待求解，求解方法为式（12.19）中 $x_i(u_i)$ 值与标定值 x_i 的均方差最小，如式（12.20）所示

$$\sum_{i=1}^{n}\left[x_i(u_i) - x_i\right]^2 = \sum\left[(a_0 + a_1 u_1 + a_2 u_2^2 + a_3 u_3^3) - x_i\right]^2 \qquad (12.20)$$

遗传算法迭代运算求解式（12.20）中的系数 a_0、a_1、a_2、a_3。

12.2.3 传感器智能化常用分类方法

传感器输出的模拟信号经过 AD 转换和数字信号处理后，形成了拥有大量数据的数据集，这些数据蕴含了被测对象的特征，可以利用这些特征对数据进行分类和判断决策，实现对被测对象的识别。分类问题通常也称为模式识别，即通过分析被

测对象的数据特征，决定其所属类别的决策。常用的分类方法有统计模式识别、语义模式识别、神经网络模式识别等，这里介绍一些在传感器数据分析处理中常用的分类方法。

12.2.3.1 K 均值法

K 均值法是常用的分类方法之一，其本质上是一种迭代求解的聚类分析算法。该方法将待分类数据预分为 K 组，随机选取 K 个点作为初始的种子聚类中心，然后计算每个数据点与各个种子聚类中心之间的距离，如果有一个点到某一质心的距离比到其他质心都近，这个点则指派到这个最近的质心所代表的簇。依次，利用当前已聚类的数据点找出一个新中心，再利用中心给新的数据指派一个簇。这个过程将不断重复，直到满足某个终止条件。终止条件可以是没有数据点被重新分配给不同的聚类，聚类中心也没有再发生变化，误差平方和局部最小。

K 均值法是典型的聚类分析方法，旨在发现紧密相关的数据组群，同一组群的数据之间尽可能类似，这些组群被称为簇。如图 12.11 所示，依据空间距离的大小将数据分为两个簇，这些簇内的点在空间距离上是紧密相关的，两个簇之间的点则是不相关或弱相关的。组内的相似性越大，组间的差别越大，聚类的结果就越好。聚类分析是要将数据划分成有意义或者有用的簇，我们通常会将一些具有相似属性的事物划分总结成某一"类别"，这就是聚类的过程。

（a）一些数据点　　　　　　（b）两个簇

图 12.11　聚类产生不同的簇

K 均值方法中的簇中心取值为一组点的均值，与此方法类似的还有一种 K 中心点方法，就是将质心换为一组最具代表性的中心点。这里只讨论 K 均值算法，其工作流程如下所示。

算法：K 均值算法
1:　　选择 k 个点作为初始质心
2:　　do
3:　　将数据集中的其他点指派到距其最近的质心
4:　　重新计算每个簇的质心
5:　　while 质心不再变化

K 均值法一般采用欧氏距离进行距离计算与判断，采用误差平方和（Sum of the Squared Error，SSE）作为度量聚类质量的目标函数，SSE 定义为

$$SSE = \sum_{i=1}^{k} \sum_{x \in C_i} dist(c_i, x)^2 \qquad (12.21)$$

其中，C_i 代表第 i 个簇，c_i 代表簇 C_i 的质心，c_i 定义为

$$c_i = \frac{1}{m_i} \sum_{x \in C_i} x \qquad (12.22)$$

其中，m_i 是第 i 个簇中对象的个数。

K 均值法实际上是在试图直接最小化 SSE，然而这种方法通常会产生局部最优问题，而且其性能受到初始质心选择、属性数目的影响。

以上介绍的 K 均值法是基于欧氏距离来分类的，除此以外还有图聚类方法、基于密度的划分方法等。

12.2.3.2　贝叶斯分类法

贝叶斯分类法在众多分类方法中占有重要地位，属于统计学分类的范畴，是一种非规则的分类方法。贝叶斯分类法建立在数据统计基础上，依据条件概率公式计算当前特征的样本属于某个分类的概率，选择最大的概率分类。

对于多分类问题，我们假定样本 $x \in R^d$ 是由 d 维实数特征组成的，即 $x = [x_1, x_2, \cdots, x_d]^T$；研究的类别有 n 个，记作 c_i，$i = 1, 2, \cdots, n$，且每个类别的先验概率都已知，且样本的分布密度 $p(x|c_i)$ 是已知或可求出的。我们需要做的决策是，对于某个未知样本 x，判断其所属的类别。

根据上述条件，对于两类问题，在样本 x 上错误的概率为：

$$p(e|x) = \begin{cases} p(c_2|x) & \text{政策 } x \in c_1 \\ p(c_1|x) & \text{政策 } x \in c_2 \end{cases} \qquad (12.23)$$

错误率定义为所有服从同样分布的独立样本上错误概率的期望。即

$$p(e) = \int p(e|x)p(x)\mathrm{d}x \qquad (12.24)$$

在所有样本上作出正确决策的概率就是正确率，通常记作 $p(c)$，显然

$$p(c) = 1 - p(e) \qquad (12.25)$$

在一般的分类问题中，我们往往更倾向于减少分类的错误，也就是追求最小错误率。这种情况下，贝叶斯决策规则可以表示为

$$\min P(e) = \int p(e|x)p(x)\mathrm{d}x \qquad (12.26)$$

对于所有 x，$P(x|c_i) \geqslant 0$，$P(x) \geqslant 0$，再根据式（12.25），可知使错误率最小的决策就是使后验概率最大的决策，这种决策方法被称为最小错误率贝叶斯决策。

有些问题在决策过程中往往还需要考虑错误带来的损失，对于这种问题，就需要引入损失函数的概念。现在我们使用 $\lambda(c_i, \alpha_j)$ 来表示实际状态为 α_i 的样本 x 采取决策 c_i 所带来的损失。那么，对于某个样本 x，它属于各个状态的后验概率 $P(\alpha_j|x)$，$j=1, \cdots, d$，对它采取决策 c_i，$i=1, \cdots, c$ 的期望损失是

$$R(\alpha_j|x) = E\left[\lambda(c_i, \alpha_j)|x\right] = \sum\nolimits_{j=1}^{c} \lambda(c_i, \alpha_j)P(\alpha_j|x), \quad i=1,\cdots, c \qquad (12.27)$$

设某一决策规则 $\alpha(x)$，它对特征空间中所有可能的样本 x 采取决策所造成的期望损失是

$$R(\alpha) = \int R(\alpha(x)|x)p(x)\mathrm{d}x \qquad (12.28)$$

其中，$R(\alpha)$ 称作平均风险或期望风险。当最小化这一期望风险，即 $\min R(\alpha)$ 时，即可得到最小风险贝叶斯决策。

贝叶斯分类的基础是概率密度函数的估计，即根据一定的训练样本来估计统计决策中所需的先验概率和条件概率密度。如果能够很好地估计出样本的概率密度模型，就能使用贝叶斯决策最优地实现两类或者多类的分类。贝叶斯分类器通过对已分类的样本集进行训练，学习归纳出分类函数，然后再利用训练得到的分类器实现对未分类数据的分类。通过对比分析不同的分类算法，发现朴素贝叶斯分类算法（Naive Bayes）的应用效果比神经网络分类算法和判定树分类算法好，特别是待分类数据量非常大时，贝叶斯分类方法相较其他分类算法具有高准确率。

12.2.3.3 传感器故障诊断与分类

传感器在系统中是数据的源头，是系统决策和控制的基本依据，也是智能化的根本保障。一旦传感器发生故障，往往会导致系统的不稳定甚至瘫痪。传感器的故障可分为硬故障（传感器完全失效）和软故障（传感器性能降低），二者都会使系统表现出不希望的特性或事件。因此，对传感器数据进行监测、诊断和分类就显得尤为重要。

传感器故障诊断方法依据是否使用模型，可以分为依赖模型的故障诊断方法和不依赖模型的故障诊断方法。基于模型的故障诊断方法的基本思想是：通过构造观测器估计出系统输出，再与系统输出的实际测量值做比较得到残差信号。系统没有出现故障时，残差为零或者近似为零；当系统出现故障时，残差明显地偏离零点。残差数据含有丰富的故障信息，经过故障辨识，可以从中隔离出故障的部位，实现故障诊断的目的。基于模型的故障诊断常用的方法有参数估计法、状态估计法和等价空间法，其优点是易于分析和诊断，缺点是计算量大，需要精确地建立系统的数学模型。

由于实际工作中很难建立传感器的精确数学模型，因此不依赖于模型的故障诊断方法受到了研究者们的高度重视。不依赖模型的故障诊断方法主要可以分为基于信号处理的故障诊断方法和基于知识的故障诊断方法。基于信号处理的故障诊断方法不需要建立传感器的准确模型，常用的方法有小波变换法、信息匹配诊断法、基于信息融合的方法等；基于知识的故障诊断方法同样不需要建立精确的数学模型，常用的方法有专家系统法、故障树诊断法、基于模式识别的故障诊断方法、基于模糊数学的故障诊断方法以及基于人工神经网络的故障诊断方法。下面介绍基于模糊数学的故障诊断方法。

基于模糊数学的故障诊断的成功依赖于正确地建立故障征兆与故障原因之间的隶属关系。现介绍如何用模糊数学的基本原理建立故障诊断模型。设 X 是一个普通集合，在这个集合的基础上进行讨论就可以称 X 为论域。X 的所有普通子集构成的集合记为 $P（X）$，若 $A \in P(X)$，则 A 可由其特征函数 $\mu_A(\bullet)$ 唯一确定：

$$\mu_A(X) = \begin{cases} 1, & X \in A \\ 0, & X \notin A \end{cases} \qquad （12.29）$$

即 $X \in A$ 和 $X \notin A$ 这两种情况只有一个成立，其界限分明。而模糊数学的分解确实采用含糊不清的策略，为了描述模糊现象，将离散的 0、1 两点扩充到区间 ［0，1］，这样普通集合的特征函数扩展为模糊集的隶属函数。定义隶属度函数：设 A 是论域 X 到 ［0，1］ 的一个映射，即

$$A: X \to [0,1], \ X \to A(X) \qquad （12.30）$$

式中，A 是 X 上的模糊集；函数 $A(\bullet)$ 为模糊集 A 的隶属度，记作 $\mu_A(\bullet)$，$\mu_A(\bullet)$ 为 X 对模糊集 A 的隶属度。

隶属度函数用于模糊神经网络中对输入值的模糊化，就是将准确的数值边界模

糊化,隶属度(0-1)表示该值属于某个区间的概率,下面总结几种常见的隶属度函数。

三角形函数:

$$trig(x,a,b,c) = \begin{cases} 0 & x \leqslant a \\ \dfrac{x-a}{b-a} & a \leqslant x \leqslant b \\ \dfrac{c-x}{c-b} & b \leqslant x \leqslant c \\ 0 & x \geqslant c \end{cases} \tag{12.31}$$

式中,a、b、c 分别是函数的起点、峰值点和重点,如图 12.12 所示。

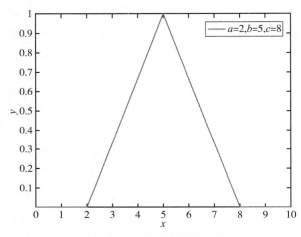

图 12.12 三角形隶属度函数图

梯形函数(图 12.13):

$$trap(x,a,b,c,d) = \begin{cases} 0 & x \leqslant a \\ \dfrac{x-a}{b-a} & a \leqslant x \leqslant b \\ 1 & b \leqslant x \leqslant c \\ \dfrac{d-x}{d-c} & c \leqslant x \leqslant d \\ 0 & x \geqslant d \end{cases} \tag{12.32}$$

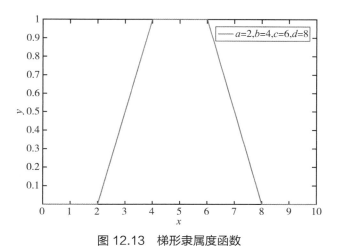

图 12.13 梯形隶属度函数

高斯函数（图 12.14）：

$$gauss(x,c,\sigma) = e^{-\frac{1}{2}\left(\frac{x-c}{\sigma}\right)^2} \quad\quad (12.33)$$

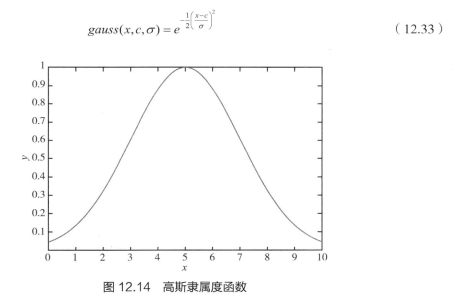

图 12.14 高斯隶属度函数

高斯函数中的 c 代表峰值位置，也是函数的中心，σ 是控制函数的宽度。

模糊诊断方法通过某些征兆的隶属度来求出各种故障原因的隶属度，再通过阈值原则、最大隶属度原则来确定待诊断传感器的故障原因。

模糊诊断的一般步骤为：①诊断对象可能表现的故障征兆有 m 种，表示为 x_1，x_2，$\cdots$，x_m，存在的故障原因有 n 种，表示为 y_1，y_2，$\cdots$，y_n；②故障征兆模糊向量为 $X=(\mu_{x1}, \mu_{x2}, \cdots, \mu_{xm})$，其中 μ_{xi}（$i=1$，2，$\cdots$，m）是对象具有征兆 x_i 的隶属度；③故障原因模糊向量为 $Y=(\mu_{y1}, \mu_{y2}, \cdots, \mu_{yn})$，其中 μ_{yi}（$i=1$，2，$\cdots$，m）是对象具有故障 y_i 的隶属度。Y 和 X 具有模糊关系：

$$Y = X \cdot R$$

上式是故障原因与征兆之间的模糊关系方程，式中"·"是模糊算子，R 是体现故障诊断专家经验知识的模糊诊断矩阵：

$$R = \begin{bmatrix} r_{11} & r_{12} & \cdots & r_{1n} \\ r_{21} & r_{22} & \cdots & r_{2n} \\ \cdots & \cdots & \cdots & \cdots \\ r_{m1} & r_{m2} & \cdots & r_{mn} \end{bmatrix} = (r_{ij})_{m \times n} \qquad (12.34)$$

其中，$0 \leqslant r_{ij} \leqslant 1$，$1 \leqslant i \leqslant m$，$1 \leqslant j \leqslant n$。模糊数学诊断矩阵式（12.34）描述了故障征兆与故障原因之间的关系。经过运算后，可以得到故障原因模糊向量 Y，然后通过阈值原则、最大隶属度原则等来确定对象的故障原因。

（1）故障征兆论域和故障原因论域的确定

对于待诊断的传感器，经过对传感器的机理分析和对以往诊断的实例进行总结，确定出一些典型的故障征兆，设有 m 个故障征兆，构成故障征兆集合 X，$X=\{x_1, x_2, \cdots, x_m\}$。同样可以确定出一些典型的传感器故障原因，设有 n 个故障原因，构成故障原因集合 Y，$Y=\{y_1, y_2, \cdots, y_n\}$。

根据上述分析，采用隶属度函数表示诊断对象的故障信息与故障征兆之间的模糊关系，进而得到故障征兆的不同组合情况，每一种组合为一个故障征兆群，记做 G_k（$k=1, 2, \cdots$）。所有的故障征兆群就组成了故障征兆群集合 G

$$G = \{G_1, G_2, \cdots\} \qquad (12.35)$$

由于实际系统中的复杂性，一个故障原因的出现一般会出现一组故障征兆，而不是一个故障征兆。在给定的故障征兆群 G_k 中，对于出现的征兆的隶属度标记为 g_{ki}（$g_{ki} \leqslant 1$，$i = 1, 2, \cdots, m$），这样 G_k 可以表示成如下形式

$$G_k = \{g_{k1}, g_{k2}, \cdots, g_{km}\} \qquad (12.36)$$

其中，g_{ki} 表示该故障属于第 i 个故障（$i=1, 2, \cdots, m$）的隶属度。对于每一个故障原因 $Y=\{y_1, y_2, \cdots, y_n\}$，看成时论域 G 的模糊子集：

$$Y_j \subset G \ (j = 1, 2, \cdots, n) \qquad (12.37)$$

模糊故障诊断就是确定已知 G 中某个元素 G_k 对每一个模糊子集的隶属度。

（2）故障诊断模糊关系矩阵的确定

为了找到故障原因到故障征兆的模糊关系，需要研究故障原因与每个故障征兆

之间的关联程度。传感器的故障诊断往往是多征兆多原因的情况，同一种故障征兆往往对应着几种故障原因，一种故障原因也会引起多种故障征兆。确定用于故障诊断的模糊关系矩阵，就是确定每个故障原因 Y_j 与每个故障征兆 X_i 之间的隶属程度，从而得到故障原因集合 Y 和故障征兆集合 X 之间的模糊关系矩阵 $R=(\mu_{ij})_{m \times n}$。其中，$\mu_{ij}$ 表示第 i 种故障征兆 X_i 与第 j 种故障原因 Y_j 对应的权系数，或者称为第 i 种故障征兆 X_i 对第 j 种故障原因 Y_j 的隶属度。

（3）模糊故障诊断的一般方法

模糊故障诊断就是依据诊断信息得出的故障征兆群 G_k 以及模糊关系矩阵 R，计算出该故障征兆群对每个故障原因的隶属度，再按最大隶属度原则得出诊断结论。即如果：

$$\mu(Y_j) = \max\{\mu(Y_1), \mu(Y_2), \cdots, \mu(Y_n)\} \tag{12.38}$$

则诊断结果即为故障原因 Y_j。

12.2.4　传感器智能化常用学习方法

传感器智能化的一个重要标志是自学习能力。学习需要教师指导，传感器产生的数据就是最好的老师，人工智能中的机器学习方法为传感器智能化的学习提供了诸多学习方法。机器学习致力于使用计算手段模拟人类学习活动，学习到数据中潜在的规律。机器学习模型可以简单描述为：一台具有数据存储和处理功能的机器 A 尝试完成某一任务 T，在工作过程中收获到经验 E。完成后，由一个函数来对任务完成进行评价并量化为 P。如果 T 是一个需要运行多次的任务，那么每次 A 完成 T 后都记录 P，一段时间以后，如果 P 随着 E 的增加而增加，那么 A 就具有机器学习的能力。

机器学习可以分为监督学习、半监督学习和无监督学习，它们的区别在于对教师样本的依赖程度，教师样本通常也称为学习样本。如果机器学习的目标是依赖教师样本的特征 x 和标签 y 之间的关系，并且训练集中每个样本都有标签，那么这类机器学习称为监督学习。大部分学习模型属于监督学习，常见的监督学习算法有线性分类器、支持向量机、k– 近邻算法、决策树、朴素贝叶斯等。

跟监督学习相反，无监督学习中的数据集是完全没有标签的，依据相似样本在数据空间中一般距离较近这一假设将样本分类。常见的无监督学习算法有稀疏自编码、主成分分析、K 均值算法、DBSCAN 算法、最大期望算法等。

12.2.4.1　线性回归学习模型

机器学习中，最基本的预测函数模型就是线性模型。由给定的 d 个属性描述示

例 $x=(x_1, x_2, \cdots, x_d)$，其中 x_i 是 x 在第 i 个属性上的取值。线性模型是通过找到这些示例之间的线性关系，通过其属性的线性组合来进行预测的函数。可以表示为

$$f(x) = \omega_1 x_1 + \omega_2 x_2 + \cdots + \omega_d x_d + b \qquad (12.39)$$

向量形式的表示为

$$f(x) = \omega^{\mathrm{T}} x + b \qquad (12.40)$$

其中，$\omega=(\omega_1, \omega_2, \cdots, \omega_d)$。

线性模型中得到 ω 和 b 就意味着模型能够确定，并且可以进行较为准确的预测。得到 ω 和 b 的过程叫作线性回归，我们首先考虑一种最为简单的情形：输入属性只有一个。那么，我们可以定义数据集 $D = \{(x_i, y_i)\}_{i=1}^{m}$，其中 $x_i \in R$。则根据式（12.40），可知线性回归的目的是

$$f(x_i) = \omega x_i + b, \ \text{使得} f(x_i) \simeq y_i \qquad (12.41)$$

为了实现这一目的，我们需要衡量 $f(x)$ 与 y 之间的差别。本书介绍一种常用的性能度量——均方误差：

$$E(f;\ D) = \frac{1}{m} \sum_{i=1}^{m} (f(x_i) - y_i)^2 \qquad (12.42)$$

同时，我们经常使用的最小二乘法就是基于均方误差最小化来进行的。从几何意义上来看，最小二乘法实际上就是在寻找一条直线，使所有样本到直线上的欧氏距离之和最小。

结合式（12.41）与式（12.42），我们设关于 ω 和 b 的凸函数

$$E(\omega,\ b) = \frac{1}{m} \sum_{i=1}^{m} (y_i - \omega x_i - b)^2 \qquad (12.43)$$

根据最小二乘参数估计，对 $E(\omega, b)$ 关于 ω 和 b 分别求偏导，得

$$\frac{\partial E(\omega,b)}{\partial \omega} = 2\left(\omega \sum_{i=1}^{m} x_i^2 - \sum_{i=1}^{m} (y_i - b)x_i\right) \qquad (12.44)$$

$$\frac{\partial E(\omega,b)}{\partial b} = 2\left[mb - \sum_{i=1}^{m} (y_i - \omega x_i)\right] \qquad (12.45)$$

令式（12.44）、（12.45）等于零，可解得 ω 和 b 的最优闭式解

$$\omega = \frac{\sum_{i=1}^{m} y_i(x_i - \overline{x})}{\sum_{i=1}^{m} x_i^2 - \frac{1}{m}\left(\sum_{i=1}^{m} x_i\right)^2} \qquad （12.46）$$

$$b = \frac{1}{m}\sum_{i=1}^{m}(y_i - \omega x_i) \qquad （12.47）$$

如果输入的属性不唯一，即 $D = \{(x_1, y_1),(x_2, y_2),\cdots,(x_m, y_m)\}$，其中 $x_i = (x_{i1}, x_{i2}, \cdots, x_{id})$，则线性回归的目标就要变为

$$f(x_i) = \omega T x_i + b, \ 使得 f(x_i) \approx y_i \qquad （12.48）$$

此时称为多元线性回归。我们依然可以利用最小二乘法来对 ω 和 b 进行估计，将 ω 和 b 写成向量形式 $\widehat{\omega} = (\omega; b)$，再把输入、输出都写为 X、y 矩阵形式，则此时 ω 和 b 的凸函数可设为

$$E\widehat{\omega} = (y - X\widehat{\omega})^{\mathrm{T}}(y - X\widehat{\omega}) \qquad （12.49）$$

对 $\widehat{\omega}$ 求导得

$$\frac{\partial E\widehat{\omega}}{\partial \widehat{\omega}} = 2X^{\mathrm{T}}(X\widehat{\omega} - y) \qquad （12.50）$$

令式（12.50）为零，即可得最优闭式解。复杂的矩阵计算这里不做展开，仅讨论一个特殊情况：当 $X^{\mathrm{T}}X$ 为满秩矩阵或正定矩阵时，多元线性回归所得线性模型为

$$f(\widehat{x}_i) = \widehat{x}_i^{\mathrm{T}}(X^{\mathrm{T}}X)^{-1}X^{\mathrm{T}}y \qquad （12.51）$$

在线性模型的训练过程中，可能由于参数设置问题而出现异常现象，最常见的两种异常是过拟合与欠拟合。其中过拟合产生的原因是，建立回归模型时对于训练数据能够给出极高的预测精度，但对于测试数据的预测精度却较低，这样的模型太过复杂，在训练过程中被排除的"异常"可能过多或者对数据的处理过于复杂，导致了这种过拟合现象。欠拟合则是在建立回归模型时，无论对于训练数据还是测试数据都无法给出足够高的预测精度，这样的模型过于简单，无法反馈样本的变化趋势，结果误差值较大。

当然，由于线性模型的形式简单，所以其预测能力是有限的，对于复杂问题难

以准确预测。因此，需要更为强大的非线性模型引入更多的层级结构或高维映射。然而，线性模型通常能够更加直观地表示各属性在预测中的重要性，即具有很好的可解释性。

12.2.4.2　BP 神经网络学习

神经网络是机器学习领域当前最热的主题，与符号主义相比，它是由具有适应性的简单单元组成的广泛并行互联的网络，它的组织能够模拟神经系统对真实世界物体作出的交互反应。神经网络由一些简单的"神经元"组成，这些神经元也称为感知机，它的主要功能是接收若干个输出后，经过函数处理产生一个输出信号。

图 12.15 所示为感知机的数学模型，其中：x_1，x_2，$\cdots$，x_n 是感知机的输入；w_1，w_2，$\cdots$，w_n 是感知机每个输入对应的权值；圆圈代表的是一个求和装置，也叫线性组合器，求和方式是输入乘以权值再相加；θ 是阈值，其主要功能是在激活之前控制线性组合器的输出；$f(\cdot)$ 是激活函数，它将决定感知机的最终输出结果 y。激活函数有很多种，不同的激活函数能够实现不同的效果，如分类、去噪、近似表示等。激活函数是区别多层感知机和神经网络的依据。

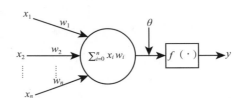

图 12.15　感知机数学模型

单个感知机能够实现逻辑运算、权值优化和自我学习的基本功能。感知机能够通过调整权值和阈值来实现算数运算和逻辑运算。将若干个感知机连在一起形成一个级联网络结构，这种网络结构就是多层前馈神经网络，也称全连接网络。"前馈"是指将前一层的输出作为后一层的输入的逻辑结构（图 12.16）。

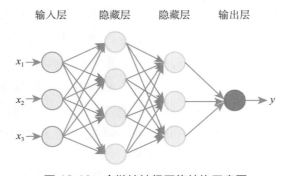

图 12.16　全链接神经网络结构示意图

在神经网络中，将输入信号的综合转换为输出信号的函数被称为激活函数。之前我们已经提到了，根据激活函数的不同，多层网络结构被划分为多层感知机和神经网络。其原因主要在于，激活函数能够将多层感知机的输出转换为非线性输出，使神经网络可以任意逼近任何的非线性函数，这样，神经网络就可以应用到众多的非线性模型中。常用的激活函数有：

1）线性函数：一类连续值与激发总量成正比的激活函数，如图 12.17 所示。

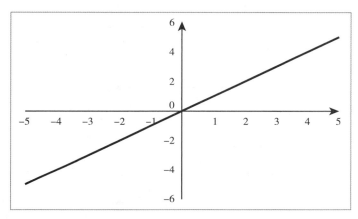

图 12.17　线性激活函数示例

2）阶跃函数：阶跃函数是二值函数，也称为硬限幅器函数，常用的硬限幅器函数有两种，一种是二值硬限幅器函数（图 12.18），另一种是对称硬限幅器函数（图 12.19）。

二值硬限幅器函数：

$$y = f(x) = \begin{cases} 0 & x < n \\ 1 & x \geqslant n \end{cases} \tag{12.52}$$

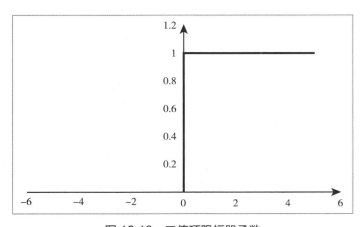

图 12.18　二值硬限幅器函数

对称硬限幅器函数：

$$y = f(x) = \begin{cases} -1 & x < n \\ 0 & x = n \\ 1 & x > n \end{cases} \qquad (12.53)$$

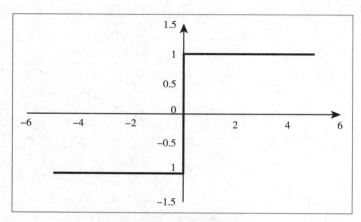

图 12.19　对称硬限幅器函数

3）Sigmoid 函数：也称 Logistic 函数，此函数的输出是非线性的，常用于神经网络中的隐层神经元输出。其取值范围为（0，1），能够将某个实数映射到（0，1）区间中用于实现二分类（图 12.20）。

$$f(x) = \frac{1}{1 + e^{-ax}} \qquad (12.54)$$

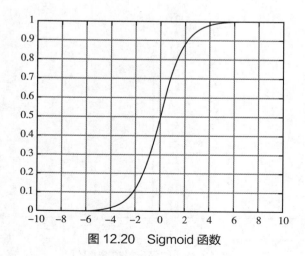

图 12.20　Sigmoid 函数

4）修正线性单元：也称 ReLU 函数（图 12.21），它克服了 Sigmoid 函数可能造成梯度消失的缺陷，同时也克服了梯度爆炸的问题，能够更加有效率地进行梯度下降和反向传播，而且计算简单，是常用的激活函数。

$$y = f(x) = \begin{cases} 0 & x \leq n \\ x & x > n \end{cases} \qquad （12.55）$$

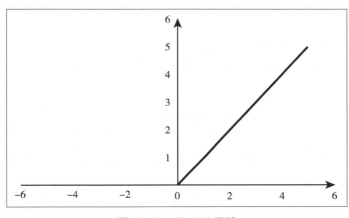

图 12.21 ReLU 函数

以上是几种常见的激活函数，除这些激活函数以外，还有很多更为复杂的激活函数能够实现不同的效果，我们需要根据实际情况去选用。

BP 神经网络就是将误差反向传播算法应用于神经网络的一种神经网络结构。BP 算法是一种根据输出层的输出值来反向调整隐藏层权重的一种方法。正向传播网络是将前一层的输出作为后一层的输入的逻辑结构，但是对于全连接的网络来说，虽然网络能够具有更加强大的表征能力，然而数量庞大的网络参数训练严重限制了多层神经网络的应用与发展。于是，优化神经网络结构的算法开始逐渐出现。BP 算法就是其中出现最早、应用最为广泛的算法之一。

BP 算法中核心的数学工具是微积分中的链式求导法则，即

$$\frac{\partial z}{\partial x} = \frac{\partial z}{\partial y} \cdot \frac{\partial y}{\partial x} \qquad （12.56）$$

接下来我们进行数学推导：对于一个单隐层前馈神经网络，给定训练集

$$D = \{(x_1, y_1), (x_2, y_2), \cdots, (x_m, y_m)\}, x_m \in R, y_m \in R \qquad （12.57）$$

对于样本（x_k，y_k），假定神经网络输出为$\widehat{y}k = (\widehat{y}_1^k, \widehat{y}_2^k, \cdots, \widehat{y}_l^k)$，$l$ 为输出层神经元个数，即

$$\widehat{y}_i^k = f(\beta_j - \theta_j) \tag{12.58}$$

其中，β_j 是输出层第 j 个神经元的输入，θ_j 是输出层第 j 个神经元的阈值。

$$\beta_j = \sum_{h=1}^{q} w_{hi} b_h \tag{12.59}$$

b_h 为隐层第 h 个神经元的输出，q 为隐层神经元个数。

则网络在样本（x_k，y_k）上的均方误差为

$$E_k = \frac{1}{2} \sum_{j=1}^{l} (\widehat{y}_j^k - y_j^k)^2 \tag{12.60}$$

BP 算法基于梯度下降策略，以目标的负梯度方向对参数进行调整。调整的规则为

$$v = v + \Delta v \tag{12.61}$$

$$\Delta v = -\eta \frac{\partial E_k}{\partial v} \tag{12.62}$$

计算输出层阈值 θ_j 的梯度 $\frac{\partial E_k}{\partial \theta_j}$，由上可得 E_k 是 $\widehat{y}_j^k$ 的函数且在 $\widehat{y}_j^k$ 方向上可导；$\widehat{y}_j^k$ 则是 θ_j 的函数且在 θ_j 方向上可导，则可使用链式法则

$$\frac{\partial E_k}{\partial \theta_j} = \frac{\partial E_k}{\partial \widehat{y}_j^k} \cdot \frac{\partial \widehat{y}_j^k}{\partial \theta_j} \tag{12.63}$$

再由均方误差表达式可得

$$\frac{\partial E_k}{\partial \widehat{y}_j^k} = \widehat{y}_j^k - y_j^k \tag{12.64}$$

设激活函数使用 Sigmoid 函数，则

$$\frac{\partial \widehat{y}_j^k}{\partial \theta_j} = -\widehat{y}_j^k(1 - \widehat{y}_j^k) \tag{12.65}$$

所以有：

$$\frac{\partial E_k}{\partial \theta_j} = \frac{\partial E_k}{\partial \widehat{y}_j^k} \cdot \frac{\partial \widehat{y}_j^k}{\partial \theta_j} = \widehat{y}_j^k (1 - \widehat{y}_j^k)(y_j^k - \widehat{y}_j^k) \qquad (12.66)$$

记为：

$$g_j = \frac{\partial E_k}{\partial \theta_j} = \widehat{y}_j^k (1 - \widehat{y}_j^k)(y_j^k - \widehat{y}_j^k) \qquad (12.67)$$

计算隐层到输出层连接权值 w_{ij} 的梯度 $\dfrac{\partial E_k}{\partial w_{ij}}$，同理，使用链式法则

$$\frac{\partial E_k}{\partial w_{ij}} = \frac{\partial E_k}{\partial \widehat{y}_j^k} \cdot \frac{\partial \widehat{y}_j^k}{\partial \beta_j} \cdot \frac{\partial \beta_j}{\partial w_{ij}} \qquad (12.68)$$

已知：

$$\frac{\partial E_k}{\partial \widehat{y}_j^k} = \widehat{y}_j^k - \widehat{y}_j^k \qquad (12.69)$$

设激活函数为 Sigmoid 函数，则

$$\frac{\partial \widehat{y}_j^k}{\partial \beta_j} = \widehat{y}_j^k (1 - \widehat{y}_j^k) \qquad (12.70)$$

由 β_j 定义可得

$$\frac{\partial \beta_j}{\partial w_{ij}} = b_h \qquad (12.71)$$

综上：

$$\frac{\partial E_k}{\partial w_{ij}} = -g_j b_h \qquad (12.72)$$

再计算隐层阈值 γ_h 的梯度 $\dfrac{\partial E_k}{\partial \gamma_h}$，同理：

$$\frac{\partial E_k}{\partial \gamma_h} = \frac{\partial E_k}{\partial b_h} \cdot \frac{\partial E_k}{\partial b_h} \qquad (12.73)$$

又：

$$\frac{\partial E_k}{\partial b_h} = \sum_{j=1}^{l} \cdot \frac{\partial E_k}{\partial \widehat{y}_j^k} \cdot \frac{\partial \widehat{y}_j^k}{\partial \beta_j} \cdot \frac{\partial \beta_j}{\partial b_h} = -\sum_{j=1}^{l} g_j w_{ij} \qquad (12.74)$$

$$\frac{\partial b_h}{\partial \gamma_h} = \frac{\partial_f (\alpha_h - \gamma_h)}{\partial \gamma_h} = -f(\alpha_h - \gamma_h) = -b_h(1 - b_h) \qquad (12.75)$$

α_h 为隐层第 h 个神经元的输入：

$$\alpha_h = \sum_{h=1}^{q} v_{ih} x_i \qquad (12.76)$$

可得：

$$\frac{\partial E_k}{\partial \gamma_h} = b_h(1 - b_h)\sum_{j=1}^{l} g_j w_{ij} \qquad (12.77)$$

根据以上各式，可知隐层阈值梯度 $\dfrac{\partial E_k}{\partial \gamma_h}$ 取决于隐层神经元输出、输出层阈值梯度和隐层与输出层的链接权值。

引申一下，在多层前馈神经网络中，将隐层阈值梯度表述为 m 层的阈值梯度 $g_h^{(m)}$，隐层神经元输出表述为 m 层神经元的输出 $b_h^{(m)}$，隐层与输出层的链接权值表述为 $m+1$ 层的权值 $w_{ij}^{(m+1)}$，将输出层阈值梯度表述为 $m+1$ 层的阈值梯度 $g_i^{(m+1)}$，则上式可变形为

$$g_h^{(m)} = b_h^{(m)}(1 - b_h^{(m)})\sum_{j=1}^{l} g_j^{(m+1)} w_{ij}^{(m+1)} \qquad (12.78)$$

由上式可知，在阈值调整的过程中，当前层的阈值梯度取决于下一层的阈值梯度，这就是 BP 算法的精髓。

同理，对于

$$\frac{\partial E_k}{\partial wi_j} = -g_j b_h \qquad (12.79)$$

进行类似变换，可得 m 层连接权值梯度 $p_{hi}^{(m)}$

$$p_{hi}^{(m)} = -g_i^{(m)} b_h^{(m-1)} \qquad (12.80)$$

可知，当前层的链接权值梯度取决于当前层神经元阈值梯度和上层神经元输

出。因此，我们只需要知道上一层神经元阈值梯度，就可以计算出当前层神经元阈值梯度和连接权值梯度，再根据 g_j 公式即可算出输出层神经元阈值梯度，从而能够计算出整个网络的神经元阈值和连接权值梯度，达到训练网络的目的。

BP 算法在神经网络发展史上是有重要位置的算法，也是早期比较成功的算法。近年来研究的眼光已被深度学习所吸引，诞生了多种多样的网络结构和算法，如卷积神经网络、循环神经网络、图神经网络、生成神经网络等，有兴趣的读者请自行查阅资料学习。

12.2.4.3　传感器数据挖掘

我们使用传感器采集数据的最终目的是从数据中获得各种各样的信息，当采集到了一定体量的数据之后，就可以使用适当的统计分析、模式识别、数据挖掘等方法对收集来的大量数据进行分析、提取有用信息，进而概括总结出知识，如图 12.22 所示。

输入数据 ⟶ 数据预处理 ⟶ 数据挖掘 ⟶ 后处理 ⟶ 信息

图 12.22　知识发现的过程

数据挖掘往往是针对极大体量的数据展开的，我们通过传感器采集到海量数据后，需要将其进行持久化存储，也就是储存于文件或数据库中。对于数据库中数据的处理以及知识的发现，就是数据挖掘的核心。

数据挖掘任务分为两大类，即预测任务和描述任务。预测任务是根据数据中某些目标的属性来预测某个特定属性的值。通俗来说，就是对某些数据进行分类预测、变化趋势预测等，这种任务通常涉及分类与回归的知识。描述任务是发掘数据中潜在联系的模式，通常需要完成关联分析、聚类分析、轨迹分析、异常分析等任务。此类任务是探查性的，往往还需要后处理技术验证和解释结果。

关联分析是为了发现并描述数据中强关联特征的模式，所发现的模式通常用蕴含规则或特征子集的形式来表示。关联分析是为了发现隐藏于数据中的有意义的联系，这些联系被称为关联规则。关联规则的强度一般由支持度和置信度两个指标来度量。支持度确定规则可以用于给定数据集的频繁程度，而置信度则是确定某一事务包含于另一事务中出现的频繁程度。我们假设事务 X、Y，其关联规则为 X → Y 且 X ∩ Y=Φ，那么支持度 s 和置信度 c 可表示为：

$$s(X \to Y) = \frac{\sigma(X \cup Y)}{N} \quad （12.81）$$

$$c(X \rightarrow Y) = \frac{\sigma(X \cup Y)}{\sigma(X)} \qquad (12.82)$$

支持度是一种重要的度量，而且具有一种期望的性质，可以用于关联规则的有效发现。置信度则通过规则进行推理，对于给定的关联规则 $X \rightarrow Y$，置信度越高，Y 在包含 X 的事务中出现的可能性就越大。根据这两个指标，我们在进行关联规则挖掘的过程中就能有效对关联规则进行评估。但是需要注意的是，关联规则的推论并不必然蕴含因果关系。

由上面的描述可知，只要计算每个可能规则的支持度和置信度，就可以从中挖掘关联规则。然而，这种方法的代价极大，由排列组合的知识可知，包含 d 个项的数据集潜在的规则总数达 $N=3^d-2^{d+1}+1$，呈指数级增长。为了提高关联规则发掘的效率，需要舍弃一些不必要的计算。为了实现关联规则剪枝，我们引入频繁项集的概念。以集合 S={1，2，3，4} 为例，其所有项集组合可表示为图 12.23。

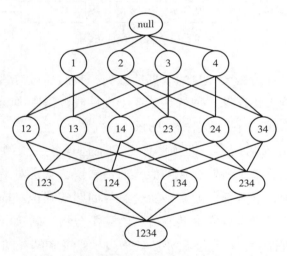

图 12.23　集合 S 中所有可能项集组合

先验原理指出：如果一个项集是频繁的，则其所有子集一定也是频繁的（图 12.24），因此我们可以有效减少候选项集的数目。比如，已知 {3，4} 是频繁项集，则其子集 {3}，{4}，Φ 也都是频繁项集。

当我们发现某个项集的支持度小于规定阈值时，可以判断该项集为非频繁的，再根据先验原理可知这个集合的所有超集也一定是非频繁的，这样我们就可以将包含该集合超集的子图全部删除。这种基于支持度度量修剪指数搜索空间的策略称为基于支持度的剪枝。例如，发现 {1，2} 为非频繁项集后，包含该项集的所有超集 {1，2，3}、{1，2，4}、{1，2，3，4} 都要被删除，如图 12.25 所示。

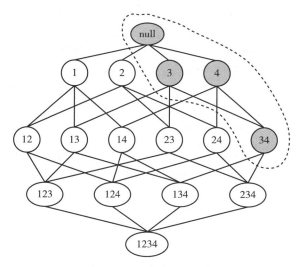

图 12.24　先验原理示例

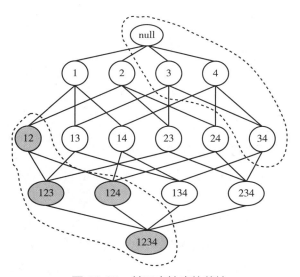

图 12.25　基于支持度的剪枝

基于支持度的剪枝实际上是依赖了支持度的一个关键性质，就是支持度度量的反单调性，即一个项集的支持度绝不会超过它子集的支持度。

频繁项集产生完毕后，接着就可以从频繁项集中提取所有高置信度的规则，这些高置信度的规则就是强规则。

接下来，我们介绍一个常用的关联规则发掘算法——Apriori 算法。此算法通过迭代生成候选项集并对候选项支持度进行计数，然后删除所有支持度计数小于最小支持度阈值的候选项集来实现基于支持度的剪枝。

算法：Apriori 算法

1:　　k=1

2:　　$F_k=\{x \mid x \in X \cap \sigma(\{x\}) \geq N \times minsup\}$ // 发现所有的频繁项集

3:　　do

4:　　k++

5:　　C_k=apriori-gen（F_{k-1}）// 产生候选项集

6:　　for t in T

7:　　C_t=subset（C_k, t）// 识别属于某一事务的所有候选

8:　　for c in C_t

9:　　$\sigma(c)=\sigma(c)+1$// 支持度计数

10:　end for

11:　end for

12:　$F_k=\{c \mid c \in C_k \cap \sigma(c) \geq N \times minsup\}$ // 提取频繁 k- 项集

13:　while $F_k=\phi$

14:　$R=UF_k$

15:　for f_k in R

16:　$H_1=\{i \mid i \in f_k\}$

17:　call ap-genrules（$f_{k\square}H_1$）

18:　end for

以上伪代码中，除了基于支持度的剪枝还使用了一个 ap-genrules（）函数，此函数是使用频繁项集产生时计算的支持度计数来确定每个规则的置信度，并根据置信度来进行剪枝。

Apriori 算法是第一个关联规则发掘的算法，在后期的不断研究中，频繁项集的结构也在不断优化，出现了一些闭频繁项集、极大频繁项集、FP 树等更为优秀的表示方法，由于涉及数据结构、图论、决策论等多学科知识融合，这里不做展开介绍，请读者阅读相关资料学习。

12.3　多传感器信息融合

12.3.1　多传感器信息融合概述

在一个复杂系统中，通常会设置多个传感器，这些传感器采集的数据往往存在相关性，彼此之间存在互补关系，综合利用多传感器的数据可以对目标的状况作出更准确预判，因此，多传感器信息融合技术应运而生。多传感器信息融合（Multi-sensor Information Fusion，MSIF），就是利用计算机技术将来自多传感器或多源的信

息和数据在一定的准则下加以自动分析和综合，以完成所需要的决策和估计而进行的信息处理过程。信息融合的基本原则就是充分利用目标周围的多个信息源，并依据某些准则对这些信息进行分类组合，以获得更好的目标性能。

多传感器数据融合根据数据被处理程度不同，可分为分布式数据融合、集中式数据融合以及混合式数据融合。

12.3.1.1　分布式多传感器数据融合

分布式数据融合也称自主式数据融合或后传感器处理融合，它的最小融合粒度为单个传感器。在分布式数据融合结构中，每个子传感器都会完成原始数据生成、数据预处理以及对数据所蕴含的信息进行提取与决策。融合中心将会把所有传感器的决策信息进行整合，形成全局估计并输出；同时也会向每个传感器提供反馈，让每个传感器进行适当的调整以达到更好的检测效果。

在分布式数据融合结构中，各传感器具有独立的检测与决策能力，并且融合中心还提供了数据全局监控与整体态势评估能力。针对同一个任务，分布式数据融合不容易产生误判现象，但是由于各传感器输出给融合中心的数据需要做决策处理，因此需要保证每个子传感器系统拥有较强的信息处理能力。图 12.26 为分布式多传感器数据融合结构框图。

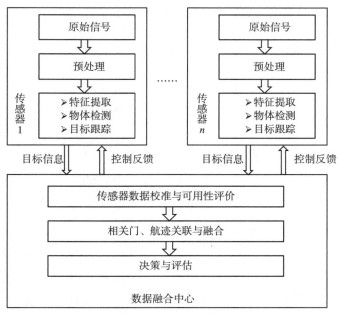

图 12.26　分布式多传感器数据融合结构框图

12.3.1.2　集中式多传感器数据融合

集中式多传感器数据融合也称前传感器处理融合，与分布式多传感器数据融合相反,它的融合粒度为每个传感器预处理后的数据。每个子传感器只负责完成数据生成以及对该数据进行最低程度的预处理,融合中心负责对子传感器的数据进行数据对准、关联、预测以及跟踪。

在集中式多传感器数据融合结构中,每个传感器无须具有强大的数据处理能力,主要的数据处理决策等任务由融合中心负责,这样可以降低子传感器系统的复杂性。这种融合方式的优点在于可以较大程度保持数据的完整性,有利于融合中心作出的决策覆盖所有数据,但不足之处是融合中心的计算任务重,并且数据传输的开销大。图 12.27 为集中式多传感器数据融合结构框图。

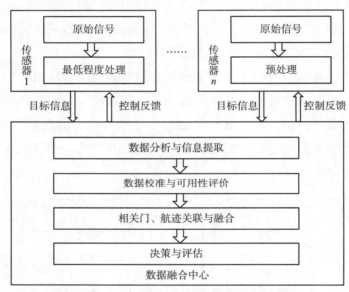

图 12.27　集中式多传感器数据融合结构框图

12.3.1.3　混合式多传感器数据融合

混合式多传感器数据融合结合了分布式与集中式的特点,既设置分布式数据融合中心来接收传感器的信息,也设置集中式数据融合中心来处理分布式数据融合中心的决策信息,从而作出整体决策。

混合式多传感器数据融合的结构框图如图 12.28 所示。可以看到,各传感器将处理过的数据发送至分布式数据融合中心,分布式数据融合中心根据分布式多传感器数据融合的方法对数据进行处理与决策,之后再将决策后的数据发送至集中式数据融合中心。这种混合式数据融合结构不仅可以提升单一多传感器数据融合任务的能力,还可以对传感器信息进行复用,实现多任务处理。

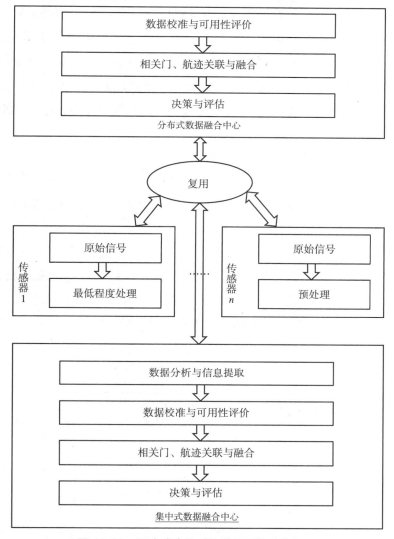

图 12.28　混合式多传感器数据融合结构框图

12.3.2　多传感器融合相关算法

对于多传感器系统而言，信息具有多样性和复杂性，用于处理多传感器信息融合的算法需要具有并行性以及鲁棒性，同时还需具有能够与其他数据处理方法协同工作的能力。多传感器信息融合算法涉及多个领域，如信号处理、通信、模式识别、机器学习、决策论等。

很多算法都可以用于多传感器数据融合，根据算法所处理的信息粒度来划分，可以将分为数据融合算法、特征融合算法以及决策算法。数据融合算法几乎不处理收集到的同类型数据而直接对其进行整合，保留了更多的初始细节信息，通常包括加权平均法以及卡尔曼滤波法；特征融合算法能够自动提取原始数据中具有代表性特征的信息源并对其进行整合，保留重要信息，从而为后期的决策提供数据支持，通常包括聚类分析法、神经网络算法以及模糊算法；决策融合属于最高层次的融合方式，该方式在每个传感器独立完成监测数据的特征提取和识别任务的条件下，整合多个传感器的结果，通常实现方式包括贝叶斯估计以及 D–S 证据理论法。

下面，我们重点介绍卡尔曼滤波以及 D–S 证据理论在多传感器数据融合中的应用。

12.3.2.1 多传感器信息融合中的卡尔曼滤波

卡尔曼滤波是根据测量模型的统计特性进行递归计算的过程。它适用于平稳随机过程，并要求系统具有线性的动态模型且系统噪声符合高斯分布的白噪声模型，另外还要对错误信息比较敏感。

卡尔曼滤波的基本思想是采用最小均方误差为最佳估计准则，采用信号与噪声为状态空间模型，利用前一时刻的估计值和当前时刻的观测值来更新状态变量估计，从而求出当前时刻的估计值。采用卡尔曼滤波法可以有效减小数据间的误差，从而改善融合效果。图 12.29 为卡尔曼滤波的流程框图。

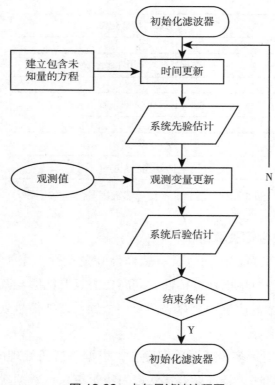

图 12.29　卡尔曼滤波流程图

卡尔曼滤波的数学模型可由 3 个状态预测方程及 2 个状态更新方程表示。

（1）预测状态变量 $\tilde{X}$ 可以表示为

$$\tilde{X}(k) = X(k-1) + v \tag{12.83}$$

其中，$X(k-1)$ 表示 $k-1$ 时刻的状态变量，v 表示控制量，即传感器的输入。

（2）预测值的协方差 $\tilde{P}(k)$ 表示为

$$\tilde{P}(k) = P(k-1) + Q(k) \tag{12.84}$$

其中，$P(k-1)$ 表示 $k-1$ 时刻协方差。

（3）计算 k 时刻的卡尔曼增益

$$K_g(k) = \frac{\tilde{P}(k)}{\tilde{P}(k) + R(k)} \tag{12.85}$$

其中，$R(k)$ 为 k 时刻的观测值，即 k 时刻传感器的输出值。

（4）更新预测值

$$X(k) = \tilde{X}(k) + K_g[Y(k) - \tilde{X}(k)] \tag{12.86}$$

（5）更新协方差

$$P(k) = \tilde{P}(k) + [1 - K_g(k)] \tag{12.87}$$

卡尔曼滤波用于多传感器信息融合中时，通常会有串行和并行两种架构。假设对 n 个传感器数据进行融合，在串行架构中，首先对传感器 1 的数据进行一次完整的卡尔曼滤波流程，随后对传感器 2 的数据进行卡尔曼滤波，但这时无须对其进行下一步预测，直接使用传感器 1 得到的状态估计结果作为预测值，然后使用传感器 2 的量测进行测量更新过程，得到第二次卡尔曼滤波过程的最优状态估计；同样，传感器 2 的最优状态估计将作为传感器 3 量测更新时的一步预测结果，以此类推，第 n 个传感器输出的最优状态估计就是这 n 个传感器数据融合的结果。

而在并行架构中，则是将 n 个传感器的量测结果采用合适的规则进行统一，然后将统一后的 n 个传感器的结果作为观测输入，代入卡尔曼滤波过程中。这种架构涉及各个量测之间的数据关联过程，而且不同传感器之间的量测数据可能不一定一致。因此，如何统一每个传感器的结果成为并行架构发挥作用的关键。

12.3.2.2　多传感器信息融合中的 D-S 证据理论

D-S 证据理论将事物的不确定性描述并转换成可用概率分布函数表示的不确定性描述集，然后获得似然函数以描述不同数据对命题结果的支持率，并通过推理获得目标融合结果。该方法的最大优点是能够根据不确定信息的情况，通过信任函数和不信任函数将证据区间分为支持、信任和拒绝三类并进行快速分类，且在最终的决策层可以很好地进行分类决策以推动最后的结果。

假设 F 为所有可能的证据构成的有限集合，为了确定集合 F 中的某个证据，首先需选择一个置信度函数 $B(f) \in [0, 1]$，该函数用来表示每个证据的置信度。置信度函数 $B(f)$ 应满足以下条件：

$$B(F) = 1, \quad B(\Phi) = 0,$$
$$B(A_1 \cup A_2 \cup \cdots \cup A_n) \geq \sum_{i<j} A_i \cap A_j + \cdots + (-1)^{n-1} B(A_1 \cap A_2 \cap \cdots \cap A_n) \tag{12.88}$$

进一步可得

$$B(A) = B(\overline{A}) \leq 1 \tag{12.89}$$

其次，再引入基础概率分配函数 $m(f) \in [0,1]$，满足

$$m(\Phi) = 0$$
$$\sum_{A \in F} m(A) = 1 \tag{12.90}$$

由基础概率分配函数可以定义与之相对应的置信度函数

$$B(A) = \sum_{C \subseteq A} m(C), \quad A, C \subseteq F \tag{12.91}$$

在使用 n 个传感器检测 M 个特征时，每一个特征为 F 中的一个元素。第 i 个传感器在第 $k-1$ 时刻所获得的包括 $k-1$ 时刻前关于第 j 个特征的所有证据用基础概率分配函数 $m_j^i(k-1)$ 表示，其中 $i = 1, 2, \ldots, m$。第 i 个传感器在第 k 时刻所获得的关于第 j 个特征的新证据用基础概率分配函数 $m_j^i(k)$ 表示。由 $m_j^i(k-1)$ 和 $m_j^i(k)$ 可获得第 i 个传感器在第 k 时刻关于第 j 个特征的联合证据 $m_j^i(k)$。

同理，利用证据组合算法，由 $m_j^i(k)$ 和 $m_j^{i,i+1}(k)$ 可获得在 k 时刻关于第 j 个特征的第 i 个传感器和第 $i+1$ 个传感器的联合证据 $m_j^{i,i+1}(k)$。如此递推，可获得所有 n 个传感器在 k 时刻对第 j 个特征的信任函数，信任度最大的元素即为信息融合过程最终确定的特征。

12.4　传感器智能化实例——人体运动意图识别

早期传感器注重的是检测功能，现代传感器正在向集检测、推理、判断及学习等功能为一体的方向转变，这种趋势推动了传感器智能化研究的快速发展。前面几节从信号处理和信息处理的角度出发，挂一漏万地简要介绍了一些滤波、自校准、自补偿、分类、学习和信息融合的常用基础方法。除此以外，传感器智能化还有很多方法，如何运用这些方法解决实际问题有待读者去探究。本节主要介绍笔者团队的一个研究工作，以便读者更全面地理解传感器智能化的概念。

12.4.1　研究背景概述

随着机器人技术的快速发展，可穿戴机器人作为机器人领域的重要分支，目前被国内外学者广泛关注。可穿戴助力机器人正由被动接受人指令的方式向主动识别理解人体运动意图的方向发展。机器人根据人体运动意图对人体运动进行实时跟随和适时助力，从而实现人机协调运动。图 12.30 是可穿戴机器人应用于肢体运动的人机交互流程图，一方面，大脑在下发运动指令信息后，经脊髓达到神经单元后，由肌肉、骨骼协同运动，共同实现肢体的自然动作；另一方面，我们可通过生物信息传感器采集人体肌肉表面有效的生物信号，对运动意图实现准确识别后，将识别结果应用于可穿戴机器人系统，帮助残疾人及行动不便者实现目标动作。可以看出，人体运动意图的准确识别是实现人机协调运动的关键。然而，目前在如何实现稳定、便捷地获取人体运动信息和实时、连续地识别人体运动意图等仍然是个难题，以致机器人难以实时跟随人体连续运动并适时提供实时助力，影响了人机协调运动的自然性和灵活性。

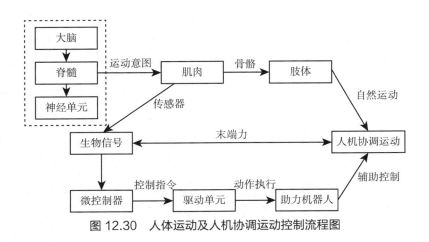

图 12.30　人体运动及人机协调运动控制流程图

肌肉作为完成人体关节运动实现协调运动的重要组成，可以反映人体运动意图、肌肉健康状况和疲劳程度，在可穿戴机器人柔顺控制、健康度评估以及疾病诊断等方面有着至关重要的理论指导意义。肌音（Mechanomyogram，MMG）信号是一种由肌肉收缩期间肌肉纤维的机械振动所产生的低频振动信号。研究表明，MMG信号可以提供反映肌肉活动特征的募集运动单元数量和放电率信息，并可通过麦克风、加速度计等在皮肤表面检测到。MMG信号具有如下优势：①可从标准麦克风产生 50 mV 强度的原始 MMG 信号，其强度高于原始 sEMG 信号，比较容易克服环境噪声的干扰；②无须直接皮肤接触，不受皮肤阻抗变化的影响；③对传感器放置在肌肉上的位置选择不敏感。MMG 信号目前已被成功应用于肌肉疲劳、肌力估计、肌肉活动识别、假肢控制等方面的研究，是人机交互乃至人机融合领域的一个重要方向。

本节将以人体下肢膝关节股四头肌为对象，围绕 MMG 信号的获取、信号处理、特征提取以及回归建模展开论述。下肢运动意图识别研究框架如图 12.31 所示。

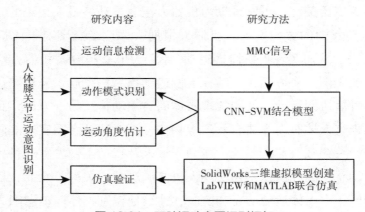

图 12.31　下肢运动意图识别框架

12.4.2　MMG 信号获取

常见的 MMG 信号采集传感器主要有传声器、压电传感器和加速度传感器等，其中加速度传感器使用最多。加速度传感器特别适合对振动、冲击等进行动态测量，常见的加速度传感器包括电容式、电感式、应变式、压阻式、压电式等。由于电容式加速度传感器有更高的灵敏度、抗环境振动和冲击的能力，而且对温度不敏感，稳定性好，线性度高。本实验 MMG 信号采集平台如图 12.32 所示，采用了 ADI 公司的电容式三轴加速度传感器（型号 ADXL335，测量范围 ±3g，灵敏度 300 mV/g），设定带宽 50Hz，并取垂直于肌肉表面的 z 轴输出信号以测量 MMG，其重量约 2.89 g。将 4 只 MMG 传感器隔衣放置在选定的 4 块肌肉上，并用类似护膝的固定带（厚度约 2.2 mm，OK 布材质）包裹固定。另外，为了测量膝关节实际运动角度，将 SENTOP 角度传感器（型号 WDD35D4–5k）安装在一个关节固定支具上，并用绑带将固定支具与腿部绑缚在一起随动。根据角度信号曲线变化可确定一个动作的起始点和终止点，方便对动作类别标签的标注。MMG 传感器和角度传感器的信号线和电源线连接到一个便携式 USB 采集器（型号 NI USB–6215）上，采样率为 500 Hz，数据由个人电脑上 LabVIEW 编写的图形用户程序采集、存储并在 MATLAB 环境下处理、分析。

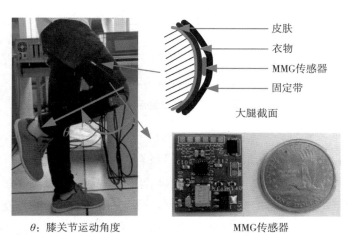

皮肤
衣物
MMG传感器
固定带

大腿截面

θ：膝关节运动角度   MMG传感器

图 12.32　实验平台搭建

为了能够实时、连续地识别膝关节等速运动，实验选取受试者（年龄 24—36 岁，其中 3 名为女性）静态站立、膝关节屈曲、膝关节伸展、膝关节外旋、膝关节内旋及膝关节弯曲固定角度六种状态。膝关节运动的顺序定义如下：静态站立（2s）—膝关节屈曲（外旋或内旋轮流）至约 90° 的膝关节角度（角速度约 1rad/s）—暂停（2s）—膝关节伸展（角速度约 1rad/s）—静态站立（2s）。每个序列进行至少 10 次重复，每次重复 4 次，每次结束后充分休息。实验数据选取其中的 50% 用于训练，剩下的 50% 用于测试。

12.4.3　MMG 信号预处理

12.4.3.1　滑动窗处理

MMG 信号与 sEMG 信号一样具有非稳态性，为了减少 MMG 信号暂态和随机特性的影响，采用滑动窗加步进的方式来读取连续的信号流，如图 12.33 所示。对于一个实时的假肢控制系统而言，其响应时间应在人有延迟感的 300ms 内。因此，步进量应不超过这一时间，在下一次步进前要完成所有处理工作，包括数据预处理、算法执行和结果输出等。对于窗口大小和步进量的选择，本研究对窗口从 600~1600ms 范围内的步进量分别为 100ms 和 200ms 的情况做了对比，最终确定

1200ms（采样率500Hz，即600个数据点）的窗口和200ms（100个数据点）的步进量这一组合效果最好，因此本研究采用这一组合。

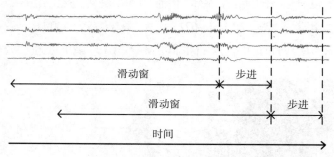

图 12.33　滑动窗示意图

12.4.3.2　滤波处理

MMG 信号的频率一般低于100Hz，并且信号主要能量集中在5~35Hz，因此这里采用1~50Hz的三阶椭圆数字带通滤波器来滤除环境噪声和人体运动伪迹。在相同性能下，椭圆数字滤波器的阶数要比巴特沃斯和切比雪夫滤波器更少，而且过渡带较窄。另外，使用加速度传感器带来的人体运动伪迹成分频率比1Hz小很多，因此通过1Hz的下限截止频率很容易将这一成分滤掉。

图 12.34 所示为某参与者在膝关节不同动作期间的一段四通道 MMG 信号波形及其频谱。可以看出，不同通道的信号波形变化相似，且在动作状态由直立或屈静

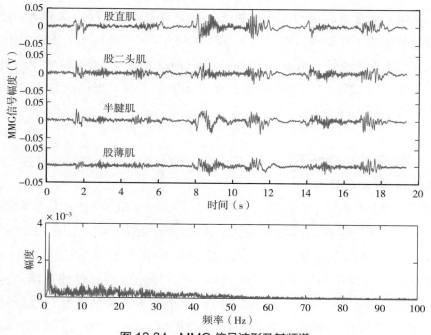

图 12.34　MMG 信号波形及其频谱

止切换到其他动作时波动剧烈；但在不同运动状态时，各通道的信号幅度和波形又会有些差异，这些特性说明 MMG 信号隐含了不同动作模式信息。另外，从对四通道 MMG 信号之和进行的频谱分析可以看出，大多数信号能量在 30Hz 以内并主要集中在几 Hz，且信号原始幅值可达 50mV。相对于 sEMG 信号，MMG 信号频率要低得多，原始幅值也相对较高，较低的频率和较高的原始幅值可降低对采集硬件的要求和信号处理难度，而且还可以隔衣检测。

12.4.3.3 归一化

在模式识别系统中，一般需要将输入数据进行归一化处理，以消除不同特征值取值范围差异过大或量纲不统一造成的影响。同样，将 MMG 信号输入模型之前也需要归一化，简单的方法是用均值和标准差估计值来做归一化。假设有 n 通道 MMG 信号，在训练集中第 i 通道有 N 个元素，即 $x_i = [x_{i1}, \cdots, x_i, \cdots, x_{iN}]$，$i = 1$，$2$，$\cdots$，$n$，$j = 1$，$2$，$\cdots$，$N$，则第 i 通道的第 j 个元素 x_{ij} 可以通过下式来归一化：

$$\begin{cases} \mu_i = \dfrac{1}{N} \sum_{j=1}^{N} x_{ij} \\ \sigma_i = \sqrt{\dfrac{1}{N-1} \sum_{j=1}^{N} \left(x_{ij} - \mu_i\right)^2} \\ x_{Nij} = \dfrac{x_{ij} - \mu_i}{\sigma_i} \end{cases} \qquad (12.92)$$

式中，μ_i 和 σ_i 是第 i 通道的均值和标准差，x_{Nij} 是 x_{ij} 归一化后的值，归一化后该通道具有 0 均值和 1 标准差。对于测试集，由于在训练好的模型上属于未知数据，在归一化时需要应用训练集的均值和标准差，因此对于测试集中第 i 通道的任一元素 x_{Nij} 可通过下式来归一化：

$$x_{Nit} = \dfrac{x_{it} - \mu_i}{\sigma_i} \qquad (12.93)$$

12.4.4 MMG 信号特征提取

为了满足实时性要求，本研究中使用的特征（如均值、绝对值均值、标准差、方差、均方根、功率谱密度估计）已被证明是 MMG 信号用于分类的有效特征。此外，我们提出了一种新的特征来计算滑动窗口的前半部分和后半部分之间的 MAV 差（DMAV），定义如下：

$$DMAV_i = \frac{2}{N}\sum_{j=N/2+1}^{N}\left|x_{ij}\right| - \frac{2}{N}\sum_{j=1}^{N/2}\left|x_{ij}\right| \qquad (12.94)$$

其中，N 是滑动窗口的样本数，x_{ij} 是 MMG 信号第 i 个信道的第 j 个样本。该特征在一定程度上反映了波形的变化趋势。

为了消除分类器不同特征之间的维数和幅值大小的影响，需要对特征向量 $x_i \in R_n$，$x_i = (x_{i1}, \cdots, x_{ij}, \cdots, x_{iN})$，$i = 1, 2, \cdots, l$；$j = 1, 2, \cdots, n$；$x_{ij}$ 进行归一化，然后再将其输入分类器。假设存在训练特征向量可以被标准化为：

$$\begin{cases} \mu_j = \dfrac{1}{l}\sum_{i=1}^{l} x_{ij} \\[2ex] \sigma_j = \sqrt{\dfrac{1}{l-1}\sum_{i=1}^{l}\left(x_{ij} - \mu_j\right)^2} \\[2ex] x_{Nij} = \dfrac{x_{ij} - \mu_j}{\sigma_j} \end{cases} \qquad (12.95)$$

其中，μ_j 和 σ_j 分别是训练特征向量的均值和标准差；x_{Nij} 是 x_{ij} 标准化后的特征向量，其平均值为零、标准差为 1。

给定一个测试特征向量 $x \in Rn$，$x = (x_1, \cdots, x_j, \cdots, x_n)$，$j = 1, 2, \cdots, n$，通过 μ_j 和 σ_j 可将 x_j 标准化为：

$$x_{Nj} = \frac{x_j - \mu_j}{\sigma_j} \qquad (12.96)$$

其中，x_{Nj} 是 x_j 标准化后的特征向量。

12.4.5 基于 CNN-SVM 算法的运动意图识别

本研究将采用 CNN 算法与 SVM 算法相结合的方式实现对人体下肢运动意图的识别。SVM 是一种基于统计学习理论和结构风险最小化原则的机器学习算法，具有良好的泛化能力，能够解决小样本问题。SVM 采用核函数方法，将向量从低维空间映射到高维空间，解决非线性二类分类问题。由于 CNN 本身就是一个分类器，可以独立完成分类识别任务，为弥补 CNN 的不足，本研究引入了 SVM 算法来进一步提高 CNN 模型性能，将 CNN 的全连接层由 SVM 来取代；剩下的卷积层和子采样层用从输入数据中自动提取的特征作为 SVM 的输入，并经过 SVM 算法处理后实现分类或回归。CNN-SVM 算法的实现步骤如图 12.35 所示，主要步骤可概括如下：①将多通道 MMG 信号经数据预处理后形成的二维数据作为 CNN 的输入样本，并将样本按一定比例随机分为训练样本（包括验证样本）和测试样本；②在训练阶段，设计和优化 CNN 结构，并用训练样本对 CNN 进行训练，训练好之后，每个训练样本相应的特征向量被自动提取出来；③采用上一步自动提取的训练样本的特征向量对 SVM 进行训练；④在测试阶段，将训练好的 SVM 取代训练好的 CNN 的全连接层，然后将测试样本输入到训练好的 CNN 中（此时只剩卷积层和子采样层），获得每个测试样本相应的特征向量；⑤测试样本的特征向量经过训练好的 SVM 进行分类或回归。

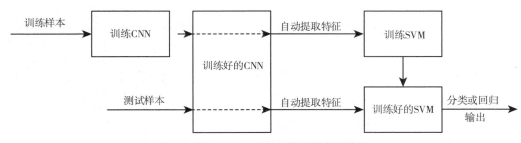

图 12.35　CNN-SVM 模型的实现步骤

12.4.6　结果分析

12.4.6.1　MMG 信号的波形和频率

图 12.36 显示了从参与者获得的四通道 MMG 信号滤波后的典型波形和频率。其中，上图显示了每个运动的开始和结束以及相应的类标签。中间图显示了 MMG 信号的不同通道之间存在类似的波形变化，并且当运动状态从静止或暂停切换到其他状态时，信号波形波动很大。在不同的运动状态下，信号幅值和波形各不相同，MMG 信号的这些特性有助于特征提取。下图显示了四通道 MMG 信号总和的频谱分析。大部分信号功率在 30Hz 以内，主要集中在几个赫兹以内，远低于 sEMG 信号。与 sEMG 信号相比，MMG 信号的频率更低、原始振幅更高，可以降低信号处理的硬件要求和难度。

12.4.6.2　RMS、MAV 和 DMAV 特征提取

RMS 和 MAV 常被用作特征，并被证明在 MMG 和 sEMG 信号的分类中是有效的。图 12.37 显示了股直肌 MMG 信号的 RMS、MAV 和 DMAV 的特征提取情况。可以看出，RMS 和 MAV 表现出几乎一致的趋势，伴随 MMG 信号波形波动平缓，均为正值；而 DMAV 波动稍大，有正值和负值，其他通道信号也有类似情况。结果表明，DMAV 比 RMS 和 MAV 更能反映 MMG 信号的变化趋势。

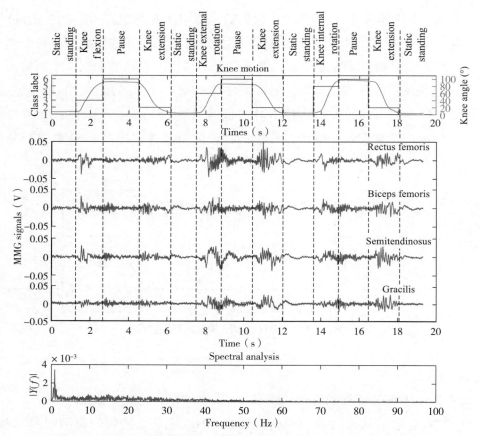

图 12.36　参与者膝关节运动过程 MMG 信号滤波后的典型波形和频率

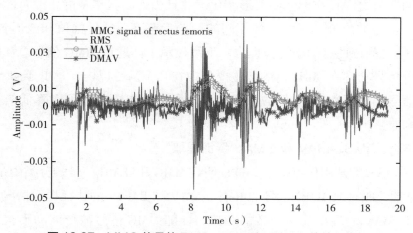

图 12.37　MMG 信号的 RMS、MAV 和 DMAV 的特征提取

12.4.6.3　膝关节运动模式识别

为了能够实时、连续地识别右腿膝关节做等速运动过程中的动作模式，包括直

立、膝伸、膝屈、膝外旋、膝内旋和屈静止等6个动作状态，将模式分类标签定义为1、2、3、4、5、6。膝关节动作状态如图12.38所示，其中屈静止是指膝关节的屈、外旋或内旋动作到达屈位末端时的间歇状态。

混淆矩阵，可以更加详细地分析分类器的性能，常用在监督学习中以实现算法性能的可视化效果。在混淆矩阵中，矩阵的每一行表达了样本所属的真实类别，每一列则表达了分类器对样本的识别结果，所有正确的识别结果都在对角线上，而错误的识别结果则呈现在对角线以外，所以从混淆矩阵中可以很方便、直观地看出错分情况。表12.1和表12.2分别总结了CNN和CNN-SVM模型在测试集上的混淆矩阵，混淆矩阵的数据以百分比形式呈现并且取所有参与者识别结果的平均值。从表12.1中可以看出，CNN对每个动作模式获得了良好的识别率（表中阴影部分），表明CNN通过卷积和池化运算能够自动提取有效的特征进行分类。与表12.1相比，表12.2中每个动作模式的识别率有较大提高，尤其对与膝屈动作相似而比较难识别的膝外旋和膝内旋动作有很大提高。对于总体识别率，CNN-SVM模型达到94.04%±1.10%，比CNN的88.45%±2.79%高出许多。上述结果表明，将CNN与SVM结合后，分类模型的性能能够得到有效提高。

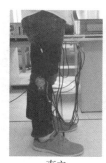  

直立　　　　　　　　膝伸　　　　　　　　膝屈

膝外旋　　　　　　膝内旋

图 12.38　膝关节动作状态

表 12.1　CNN 在所有参与者测试集上的混淆矩阵

真实类别	平均识别结果（%）					
	直立	膝伸	膝屈	膝外旋	膝内旋	屈静止
直立	91.43	2.67	3.55	0.33	1.45	0.57
膝伸	1.77	89.84	2.40	0.30	0	5.69
膝屈	2.17	3.00	91.70	0.41	1.72	1.00
膝外旋	3.95	3.67	1.47	71.78	17.89	1.24
膝内旋	4.86	0.25	1.43	7.73	84.33	1.41
屈静止	0.28	4.10	1.30	0.28	0.29	93.75

表 12.2　CNN-SVM 模型在所有参与者测试集上的混淆矩阵

真实类别	平均识别结果（%）					
	直立	膝伸	膝屈	膝外旋	膝内旋	屈静止
直立	95.06	2.17	1.23	0.64	0.57	0.34
膝伸	1.06	93.45	0.32	0.10	0	5.07
膝屈	1.95	2.00	95.26	0	0	0.79
膝外旋	3.45	0	0	91.79	4.39	0.37
膝内旋	4.50	0	0	4.37	90.88	0.25
屈静止	0.38	2.81	0.59	0.49	0.20	95.54

　　图 12.39 所示为参与者膝关节连续运动的一段四通道 MMG 信号以及对该段 MMG 信号进行连续动作模式识别的过程。该段连续 MMG 信号是额外的测试数据，即不在之前随机分配的训练集和测试集中，分类标签 1、2、3、4、5 和 6 分别代表直立、膝伸、膝屈、膝外旋、膝内旋和屈静止等 6 个动作状态。从图中可以看出，MMG 信号波形随膝关节不同动作而变化，在直立和屈静止时信号较平缓，而在其他动作处波动明显，且外旋和内旋动作相比于屈和伸动作的信号波动幅度稍大一些，这些变化特征说明 MMG 信号中隐含着不同动作的模式信息，因此可以作为识别人体运动的有效特征。

　　对于连续的动作识别，CNN-SVM 模型以滑动窗和步进的方式将连续读取的信号流简单预处理后直接输入 CNN，然后通过 CNN 的卷积和池化运算挖掘出 MMG 信号中的有效信息，再输入 SVM 进行处理和分类以提高识别率。对于实时的模式识别系统，在步进时间内应完成一次模式识别过程且不能使人感觉到系统有延迟。

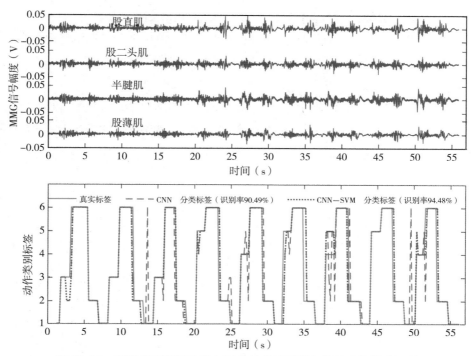

图 12.39　膝关节连续运动的 MMG 信号波形段与连续动作模式识别

CNN–SVM 模型在 MATLAB R2015a 环境下完成一次识别过程（从信号预处理到输出识别结果）的处理时间仅仅约 12ms，远远小于滑动窗步进时间和人有所延迟感。可以看出，该结合模型可以有效应用在实时、连续的人机协调运动控制系统中。

参考文献

［1］沙占友.智能传感器系统设计与应用［M］.北京：水利电力出版社，2004.

［2］栾桂冬，张金铎，金欢阳.传感器及其应用［M］.西安：西安电子科技大学出版社，2018.

［3］刘君华，汤晓君，张勇，等.智能传感器系统［J］.西安：西安电子科技大学出版社，2010.

［4］何金田，刘晓.智能传感器原理、设计与应用［M］.北京：电子工业出版社，2012.

［5］刘梦娟，胡进伟.智能传感器在智能家电中的应用现状［J］.科技与创新，2021（9）：3.

［6］兰之康.智能传感器在航天运输系统中的应用［J］.中国集成电路，2021，30（5）：3.

［7］高国富，罗均，谢少荣，等.智能传感器及其应用［M］.北京：化学工业出版社，2005.

［8］吴春艳.智能传感器技术在汽车上的应用［J］.农机使用与维修，2021（8）：2.

［9］申玉玲.嵌入式智能传感器系统设计与实现［J］.信息记录材料，2021，22（10）：2.

［10］沙占友.智能化集成温度传感器原理与应用［M］.北京：机械工业出版社，2002.

［11］吴盘龙.智能传感器技术［M］.北京：中国电力出版社，2015.

[12] 黄玉兰. 物联网传感器技术与应用 [M]. 北京：人民邮电出版社，2014.

[13] 张志勇，王雪文，翟春雪. 现代传感器原理及应用 [M]. 北京：电子工业出版社，2014.

[14] 张志勇. 现代传感器原理及应用 [M]. 北京：电子工业出版社，2014.

[15] 王之芳. 传感器应用技术 [M]. 西安：西北工业大学出版社，1991.

[16] 周浩敏，钱政. 智能传感技术与系统 [M]. 北京：北京航空航天大学出版社，2008.

[17] 吴海峰. 基于肌音和 CNN-SVM 模型的人体膝关节运动意图识别研究 [D]. 合肥：中国科学技术大学，2018.

后 记

　　根据中国科协学会联合体建设项目实施管理规定，中国检验检测学会、中国机械工程学会作为中国科协智能制造学会联合体成员单位，分别以项目责任单位（乙方）和项目承担单位（丙方）于 2021 年 7 月与中国科协学会学术部（项目归口管理部门）签署"中国科学技术协会项目合同书"，共同承担了学会联合体品牌建设项目的子项目"科技经济融合发展项目"之《智能传感器导论》编写任务。参与单位有中国自动化学会、中国科学院上海微系统与信息技术研究所、中国科学院空天信息创新研究院、吉林大学、中国科学院合肥物质科学研究院、中国科学院上海技术物理研究所、中北大学、国防科技大学。

　　传感器是检验检测仪器设备的核心技术，智能传感器更是检验检测领域实现数字化智慧检测的关键科技所在。检验检测科技是以标准为基础、以科学计量为工具、以风险管理为目的的综合交叉学科，推动学科建设、服务市场监管、促进经济发展是检验检测科技行业的神圣使命。

　　为了高水平、高质量完成编写任务，成立了以吴一戎院士为主任委员的编辑委员会，各位编委尽心竭力，克服新冠肺炎疫情干扰、时间紧、任务重的困难，如期完成了各章节编写任务，《智能传感器导论》的付梓出版发行，必将对各行各业数字化、智能化科技进步发挥重要的促进作用。在此，我谨代表项目责任单位中国检验检测学会，对大家的辛勤付出表示衷心感谢，同时对程建功以及学会秘书处相关人员为组织协调工作所做的努力致上诚挚的谢意。

中国检验检测学会会长、研究员　李怀林

2022 年 4 月 18 日于北京